"粤港澳大湾区丝路科技创新研究智库"资助出版
国家社科基金《"一带一路"倡议实施中的科技创新开放合作重点与难点研究》
（项目编号：18BGJ075）阶段成果
国家科技部专业技术二级研究员专项经费资助研究

中国省域科技创新
竞争力分析与预测报告

主　编　赵新力　曹　立　叶　强

副主编　鞠晓峰　孙永波

科学技术文献出版社
SCIENTIFIC AND TECHNICAL DOCUMENTATION PRESS

·北京·

图书在版编目（CIP）数据

中国省域科技创新竞争力分析与预测报告 / 赵新力，曹立，叶强主编. —北京：科学技术文献出版社，2020.12
ISBN 978-7-5189-7469-6

Ⅰ.①中… Ⅱ.①赵… ②曹… ③叶… Ⅲ.①省—科技竞争力—研究报告—中国
Ⅳ.① G322.7

中国版本图书馆 CIP 数据核字（2020）第 253991 号

中国省域科技创新竞争力分析与预测报告

策划编辑：李 蕊　　责任编辑：张 红　　责任校对：张永霞　　责任出版：张志平

出　版　者	科学技术文献出版社
地　　　址	北京市复兴路15号　　邮编 100038
编　务　部	(010) 58882938，58882087（传真）
发　行　部	(010) 58882868，58882870（传真）
邮　购　部	(010) 58882873
官 方 网 址	www.stcp.com.cn
发　行　者	科学技术文献出版社发行　全国各地新华书店经销
印　刷　者	北京时尚印佳彩色印刷有限公司
版　　　次	2020 年 12 月第 1 版　2020 年 12 月第 1 次印刷
开　　　本	710×1000　1/16
字　　　数	532千
印　　　张	32.5
书　　　号	ISBN 978-7-5189-7469-6
定　　　价	128.00元

主要编写人员简介

赵新力，工学博士，国家科技部二级专技，国际欧亚科学院院士，博导，国务院政府特殊津贴获得者。福建省人民政府顾问、国家自贸区（横琴）咨委会委员。获得省部级奖励多项，在国内外发表论文200多篇，出版著作30多部。曾在北京航空航天大学、沈阳飞机工业集团、美国洛克希德飞机公司、清华大学、原国家科委、澳门中联办、中国科学技术信息研究所、国家行政学院、中央党校、中国科技交流中心、浦东干部学院、中国常驻联合国代表团等学习或工作。

曹立，经济学博士，中共中央党校（国家行政学院）经济学部副主任，教授，博导。研究领域为宏观经济理论与政策、区域经济与区域发展战略、工业化与产业结构理论等。中央党校教学优秀奖获得者、人才强校基金优秀教研人才项目奖获得者。出版专著《混合所有制研究——兼论社会主义市场经济的体制基础》《小康经济论》《打造中国经济升级版》《路径与机制：转变发展方式研究》4部，参与编写经济学著作16部，发表论文90多篇。

叶强，管理学博士，哈尔滨工业大学经济与管理学院长江学者特聘教授，博导，院长，国家杰青基金获得者。国务院学位委员会学科评议组成员，教育部管理科学与工程类教指委委员、MBA教指委委员。管理科学与工程学会副理事长、大数据与商务分析分会理事长，中国信息经济学会副理事长、哈尔滨市决策咨询委员会委员。研究领域为金融科技、电子商务、人工智能与大数据商务分析等。近年来发表论文50余篇。连续4年入选爱思唯尔中国高被引学者。

鞠晓峰，管理学博士，哈尔滨工业大学教授，博导，哈尔滨工业大学大数据集团董事长。曾任哈尔滨工业大学党办校办主任、经济与管理学院党委书记、科学与工业技术研究院副院长等职。中国软科学研究会理事、中国技术经济研究会理事、黑龙江省科技教育人力资源专顾委委员。研究领域为高技术产业发展与高技术风险投资、企业（产业）竞争力、技术创新与创业、公共管理。主持过国家自然科学基金、省部级课题 20 余项。获得工业和信息化部等省部级奖项多项。

孙永波，管理学博士，黑龙江科技大学教授，龙江学者后备人才，省领军人才梯队工商管理学科后备带头人，校学术委员会委员，校教学名师。国家社科基金项目评审专家，省科技经济技术顾问委员会专家，省煤炭经济管理学会秘书长，教育部学位办论文评审专家，省经济学会理事，省企业家联合会咨询专家，黑龙江、江西、河北、山西等省科技奖励评审专家。完成国家社科基金项目 2 项，省部级项目多项，获省部级奖项多项，完成著作 1 部，发表论文 30 余篇。

前　言

自工业革命以来，科学技术创新成果的广泛运用无疑是人类社会发展的关键因素和重要组成部分。随着新一轮科技革命与产业变革携手并进、渐入佳境，科技与社会、经济、文化等领域呈现更广范围、更深程度融合发展的趋势。在新的发展场景中，科技创新的影响力无处不在，科技创新能力更成为区域经济、社会可持续发展的决定性促进力量和区域综合竞争力的核心要素。为更好地开展、落实科技创新，人们渴望更深入、全面地了解区域科技创新状况。

学术界采用科技创新竞争力（亦称科技创新能力）指标评价方法来总体衡量特定区域在科学研究、技术研发和成果转化方面的综合实力。该方法选取若干相互联系的科技创新评价指标，从多个方面表征评价区域科技创新能力，着力揭示区域科技创新发展的内在脉络及结构。

随着近年来国际格局的变化，各国普遍越来越重视内生发展要素，国家间竞争烈度不断走强。"工欲善其事，必先利其器。"面对新的国际竞争格局，我国亟须加深对国情的认识，知己而后动。"科技创新是提高社会生产力和综合国力的战略支撑。"因此，考察评估各省域科技创新能力，分析省域科技创新竞争力，是我国发展转型的重要思想准备工作之一。

省域科技创新系统是国家科技创新系统的子系统，也是省域创新系统的子系统，是由经济、科技、教育等诸多要素形成的一体化的发展机制和体制。它推动企业、地方政府、教育科研机构等相互联合，构成以创造、储备和转让科技创新知识、技能和新产品的创新网络系统。该体系是将科学技术创新成果转化为省域经济增长的主要力量，负担着促进省域产业升级、优化省域创新资源配置、使省域经济持续高速发展及协调省域间发展关系等功能。

中国是一个大国，各省域差别很大，资源禀赋、要素结构乃至发展周期各有特色。一直以来，我国各省域间的竞争和合作，有力地推动了科技创新要素的聚集、流动，有效地促进了我国经济、社会的发展，重视科技进步的企业及战略性新兴产业、高技术产业更由此受益匪浅。脱胎于国家竞争力研究框架的传统区域科技创新竞争力评价方法，并没有充分体现出经典创新理论对发展周期的思考，也没有充分考虑源于区域合作的竞争力，因而亟须根据中国国情进行增益。为此，我们在综合评分之外，还进行了与周期性有关的增长分析，希望引起人们对省域自身增长的重视。

传统省域科技创新评价所采用的评价指标体系大致可分成两类：科技投入能力指标和科技产出能力指标，即用投入和产出两个方面来衡量科技创新能力。这种方法存在指标设定重复、烦琐、受科技创新能力滞后影响因素的困扰、评价结果偏差、计算量大等不足。为此，本报告根据希克斯知识生产函数推导出科技创新投入产出函数，并在此基础上提出科技创新评价指标的选择范围，从总量指标和均量指标两个角度对省域科技创新竞争力进行评价。结果表明，总量指标下，省域科技创新竞争力历年得分及排名波动小于均量指标下科技创新竞争力历年得分及排名。

本报告共分 3 个部分，基本框架如下。

第一部分：总报告，即评价指标的选择、评价指标的历年权重，以及 2001—2018 年（受疫情影响，未能及时收集全 2019 年度相关统计数据）中国 31 个省域科技创新竞争力得分、增长率及排名。

第二部分：分省域科技创新竞争力及影响因素分析报告，即选取不同的指标对科技创新竞争力进行分析，以及对科技创新竞争力投入要素进行细分（研发人员投入、研发经费支出）。考虑到不同省域之间的差异，一部分省域侧重考察共时性（排名），另一部分省域侧重考察历时性（增长）。

第三部分：省域科技创新竞争力预测专题报告，即通过时间序列预测法、加权序时平均数法进行预测，通过指数平滑法进行误差修正，进而预测各省域"十四五"及中长期的科技创新竞争力。

目　录

第一部分
总报告　省域科技创新竞争力指标设定及评价

1 省域科技创新评价指标的选取及权重

评价指标体系是指由表征评价对象各个方面特性及其相互联系的多个指标所构成的具有内在结构的有机整体。省域科技创新评价指标体系构建历来遵循传统的系统性、典型性、动态性、简明性、可比性及综合性原则。由于是原则性的总体指导，无论是科技文献还是评价报告，指标选择的边界都比较模糊，指标范围没有统一标准，出现了各种各样或复杂或简单的评价指标体系。现有的评价指标多则上百个（包括投入指标、产出指标、环境指标、潜力指标等），少则仅用一个指标（如专利数量）来评价科技创新竞争力。即使评价指标选择准确了，在指标选择的基础上还涉及各指标滞后影响，创新基础、创新环境及转化效率对科技创新竞争力的影响等。虽然专门的相关研究文献较多，但大多都集中在滞后期确定及滞后权重的处理上。到底哪种评价指标体系最适合，目前没有统一定论，亦没有相关的理论依据。本报告力求从实际出发，在遵循相关原则的基础上，提出科技创新指标的设定方法。

1.1 省域科技创新竞争力评价指标的选取

根据科技创新评价指标确定的理论依据、现实依据及历年科技统计年鉴产出指标，本报告从总量和均量角度分别选择省域科技创新评价指标，原则如下。

（1）系统性原则

各指标之间要有一定的逻辑关系，它们不但要从不同的侧面反映出生态、经济、社会子系统的主要特征和状态，还要反映生态—经济—社会系统之间的内在联系。每一个子系统由一组指标构成，各指标之间相互独立，又彼此联系，共同构成一个有机统一体。指标体系的构建具有层次性，自上而下，从宏观到微观层层深入，形成一个不可分割的评价体系。

（2）典型性原则

务必确保评价指标具有一定的典型代表性，尽可能准确反映出特定省域的环境、经济、社会变化的综合特征，即使在减少指标数量的情况下，也要便于数据计算和提高结果的可靠性。另外，评价指标体系的设置、权重在各指标间的分配及评价标准的划分都应该与区域的自然和社会经济条件相适应。

（3）动态性原则

生态—经济—社会效益的互动发展需要通过具有时间尺度的指标才能反映出来。因此，指标的选择要充分考虑到动态的变化及其在不同年份的变化特点，在此需要收集若干年份的变化数值。

（4）简明科学性原则

各指标体系的设计及评价指标的选择必须以科学性为原则，能客观真实地反映环境、经济、社会发展的特点和状况，能客观全面地反映出各指标之间的真实关系。各评价指标应该具有典型代表性，既不能过多过细，使指标过于烦琐，相互重叠，又不能过少过简，避免信息遗漏，出现错误、不真实的现象，并且数据要容易获得且计算方法需简明易懂。

（5）可比、可操作、可量化原则

在指标选择上，特别要注意在总体范围内的一致性，指标体系的构建是为省域政策制定和科学管理服务的，指标选取的计算量度和计算方法必须一致，各指标尽量简单明了、微观性强、便于收集，各指标间应该要具有很强的现实可操作性和可比性。而且，选择指标时也要考虑能否进行定量处理，以便于进行数学计算和分析。

（6）综合性原则

生态—经济—社会的互动"双赢"是生态经济建设的最终目标，也是综合评价的重点。在相应的评价层次上，全面考虑影响环境、经济、社会系统的诸多因素，并进行综合分析和评价。本报告从投入和产出两个维度选取省域科技创新评价指标，具体指标如表1-1-1所示。

表 1-1-1　总量科技创新竞争力评价指标

一级指标	二级指标	三级指标	四级指标	单位
总量科技创新竞争力评价指标	产出指标	检索类期刊	SCI 检索（X_1）	篇
			EI 检索（X_2）	篇
		授权专利	发明专利（X_3）	件
			实用新型（X_4）	件
		技术合同成交量	技术合同流出金额（X_5）	万元
			技术合同流入金额（X_6）	万元
		高新技术产品	新产品出口额（X_7）	万美元
			新产品销售额（X_8）	万元
	投入指标	研发经费	研发经费支出（X_9）	万元
			研发经费投入强度（X_{10}）	%
		科研人员	研发人员全时当量（X_{11}）	人年
			研发人员比例（X_{12}）	%

1.2　省域科技创新竞争力指标权重

　　对科技创新能力的评价是人们认识和把握创造性活动的本质与规律、系统总结创新经验的主要手段。它对于省域进行科技创新、建立和保持竞争优势、获得最佳的经济效益都具有重要的理论价值和现实意义。

1.2.1　科技创新竞争力评价方法

　　科技创新能力评价是一种系统评价，评价方法基本上可分为定性评价法、半定性评价法和定量评价法 3 种类型。

　　（1）定性评价法

　　定性评价法是在缺乏量化指标、多为定性指标的条件下，主要依据专家的知识与经验，给出一个相对的量值，如德尔菲法。德尔菲法由美国著名的兰德公司首创，是一种以专家的知识、经验、直觉和判断为基础的评估与预测方法。

德尔菲法采取"背靠背"征询问卷形式，各专家能够独立、不受权威人士干扰地提出自己的判断意见，而且在相互反馈的基础上进行多次修正，最终得出结论。定性评价法虽有一定的合理性，但也不可避免地会带有一定的主观随意性，影响评价结果。

（2）半定性评价法

半定型评价法是指定性评价与定量评价相结合的方法，主要包括模糊评价法、层次分析法、网络分析法等。模糊评价法是基于1965年美国的L. A. Zadeh教授创立的"模糊集合论"，结合之后一些学者的研究，并开始在应用领域发展，进而成为评价的一种方法。模糊评价法又可划分为若干类型。其中，模糊综合评价法用于综合评价的程序，是通过建立登记综合评价的指标体系来得出评价等级；模糊数学多级综合评价则是先将要评价的同一类事务的多种因素，按其属性分成若干大因素，然后对每一类大因素进行初级的综合评价，在此基础上再对初级评价的结果进行高一级的综合评价，这种方法的困难在于如何确定指标权重；模糊聚类分析是系统分析中的一种分析方法，管理者对各个分支按其管理特征、研究特征、经济方法、基础数据及系统评价指标，建立各个分支直接的模糊相容关系，同时按该种模糊相容关系进行定量计算，找出模糊登记的定量计算数据结果，该数据可作为决策依据。层次分析法（AHP）是1973年美国著名运筹学家T. L. Saaty提出来的。层次分析法是一种定性和定量相结合的、系统化、层次化的分析方法。由于它在处理复杂的决策问题上的实用性和有效性，很快在世界范围得到重视。它的应用已遍及经济计划和管理、能源政策和分配、行为科学、军事指挥、运输、农业、教育、人才、医疗和环境等领域。但这类方法的困难在于原指标间的相关性，即指标之间往往包括互相重复的部分，在这种情况下，即便给出正确的权重，由此得到的加权综合值可能也是不可靠的。

（3）定量评价法

定量评价法是指指标的权重由数学方法确定而未经人为判定影响的评价法，如主成分分析法、因子分析法、灰色关联度分析法等。主成分分析法是由皮尔逊（K. Pearson）所创，由霍特林（Hoteling）加以发展的一套统计方法。作为一种定量分析方法，主成分分析法克服了专家评价法、层次分析法等评价方法存在的因受到人为因素的影响，夸大或降低某些指标的作用的弊端。主成分分析法适用于较低层次上可量化的指标，而对于较高层次上不易量化的指标，则难以体现其实用性。因子分析法是20世纪初英国统计学家斯皮尔曼为了分析智力测试的结果而发明的。它是主成分分析法的推广，是用少数几个因子去描述许多指标或因素之间的联系，即将关系比较密切的几个变量归在同一类中，每一类变量就成为一个因子（之所以称其为因子，是因为它是不可观测的，即不是具体的变量），从而以较少的几个因子反映原资料的大部分信息。运用这种研究技术，为我们分析实际问题提供了方便。但是，主成分分析法及因子分析法的缺点在于：①在主成分分析中，我们首先应保证所提取的前几个主成分的累计贡献率达到一个较高的水平（即变量降维后的信息量须保持在一个较高的水平）；其次，对这些被提取的主成分必须都能够给出符合实际背景和意义的解释（否则主成分将空有信息量而无实际含义）。②对于主成分的解释多少带有一些模糊性，不像原始变量的含义那么清楚、确切，这是变量降维过程中不得不付出的代价。因此，提取的主成分个数 m 通常应明显小于原始变量个数 p（除非 p 本身较小），否则维数降低的"利"可能抵不过主成分含义不如原始变量清楚的"弊"。

灰色关联度分析法（Grey Relational Analysis）是灰色系统分析方法的一种，是根据因素之间发展趋势的相似或相异程度，即"灰色关联度"，作为衡量因素间关联程度的一种方法。对于两个系统之间的因素，其随时间或不同对象而变化的关联性大小的量度，称为关联度。在系统发展过程中，若两个因素变化的趋势具有一致性，即同步变化程度较高，二者关联程度较高；反之，则较低。灰色关联度分析法是一种多因素统计分析方法，它是以各因素的样本数据为依据，用灰色关联度来描述因素间关系的强弱、大小和次序，若样本数据反映出的两个因素变化的态势（方向、大小和速度等）基本一致，则它们之间的关联度较大；反之，关联度较小。此方法的优点在于思路明晰，可以在很大程度上减少由于信息不对称带来的损失，并且对数据要求较低，工作量较少；灰色系统理论提出了对各子系统进行灰色关联度分析的概念，对于一个系统发展变化态势提供了量化的度量，非常适合动态历程分析。其主要缺点在于需要对各项指标的最优值进行现行确定，主观性过强，同时部分指标最优值难以确定。基于本报告所选择的各项指标数据均是越大越好，因此，可以选择最优值数据列作为参考数列，基本上克服了灰色关联度的弊端。基于以上分析，本报告采用灰色关联度分析法确定科技创新竞争力各评价指标的权重。同时，本报告并没有按照传统的方法计算各样本的关联度，也不是利用样本的截面关联度简单排名，而是根据各省域 2001—2018 年各指标的关联系数得出年度指标动态权重，通过动态权重分析各省域历年科技创新指标权重的变化，以及各省域对基础科技创新与应用科技创新的重视程度。

其模型原理如下。

①设置系统特征行为序列与系统的相关因素行为序列。系统特征行为序列设为：$X_0(k)=(x_0(1), x_0(2), \cdots, x_0(n))$；系统的相关因素行为序列设为：$X_i(k)=(x_i(1), x_i(2), \cdots, x_i(n))$。$X_0$定义为各指标最优值。需要测度的是省域科技创新竞争力评价指标，具体包括 SCI 检索（X_1）、EI 检索（X_2）、发明专利（X_3）、实用新型（X_4）、技术合同流出金额（X_5）、技术合同流入金额（X_6）、新产品出口额（X_7）、新产品销售额（X_8）、研发经费支出（X_9）、研发经费投入强度（X_{10}）、研发人员全时当量（X_{11}）、研发人员比例（X_{12}）。

②数据进行可比较处理。在多指标评价中，由于各个指标的单位不同、量纲不同、数量级不同，不便于分析，甚至会影响评价的结果。因此，为统一标准，首先要对所有评价指标进行相应处理，以消除量纲，将其转化成无量纲、无数量级差别的标准分，然后再进行分析评价。常见的标准化方法有 3 种：极差正规化法、标准化法和均值化法。

极差正规化法的表达式为：

$$y = \frac{x - x_{\min}}{x_{\max} - x_{\min}}。 \tag{1-1-1}$$

式中的分母仅与原始指标的最大值和最小值有关，与指标的其他值无关。当最大值和最小值之差很大时，无量纲化后的值会很小，这样会使相关指标权重过小，反之又会使相关指标权重过大，相当于提高了该指标权重。由于仅仅两个值就影响了指标权重，所以这种无量纲化处理在多指标综合评价中是不可取的。

标准化法是最常用的无量纲化处理方法，其表达式为：

$$y = \frac{x - \bar{x}}{\sigma}。 \tag{1-1-2}$$

标准化后，指标均值为 0，标准差为 1，虽然消除了量纲的影响，但也消除了各指标间变异程度的差异，使标准化后的数据不能反映原始数据包含的全部信息，进而导致评价结果不准确。

均值化法的表达式为：

$$y = \frac{x}{\bar{x}}。 \tag{1-1-3}$$

均值化后，各指标的均值都是 1，方差为：

$$\text{var}(y) = E\big[(y-1)^2\big] = \frac{E(x-\bar{x})^2}{\bar{x}^2} = \frac{\text{var}(x)}{\bar{x}^2} = (\frac{\sigma}{\bar{x}})^2 。 \qquad （1-1-4）$$

均值后，各指标的方差为 $\frac{\sigma}{\bar{x}}$（各指标变异系数）的平方，即均值化法在去掉量纲的同时保留了各指标变异程度的信息。由此可见，均值化法评价省域科技创新竞争力优于其他方法。

③计算关联系数和关联度。

邓氏关联系数：

$$\xi_{0i}(k) = \frac{\min\limits_{i}\min\limits_{k}\big|X_0(k)-X_i(k)\big| + \rho\max\limits_{i}\max\limits_{k}\big|X_0(k)-X_i(k)\big|}{\big|X_0(k)-X_i(k)\big| + \rho\max\limits_{i}\max\limits_{k}\big|X_0(k)-X_i(k)\big|} 。 \qquad （1-1-5）$$

其中，$X_0(k)$ 表示参考列；$X_i(k)$ 表示比较列；$k = 0，1，2，\cdots$；m 表示指标个数；ρ 为分辨系数，取值 $0 \sim 1$，其作用是用来调节 $\xi_{0i}(k)$ 的大小，并控制其变化范围。计算时，一般取 $\rho = 0.5$ 便可达到满意的分辨率。

关联度：

$$\gamma(X_0, X_i) = \frac{1}{n}\sum_{i=1}^{n}\xi_{0i} 。 \qquad （1-1-6）$$

关联系数表示各个时刻参考序列和比较序列之间的关联程度，由于参考序列选择的是各指标最优值，也就是各省域在最优情况下的科技创新竞争力值，所以，每时刻各指标与科技创新竞争力最优值的关联程度也可看作各指标的重要程度。

各指标权重：

$$W_i = \frac{\xi_{0i}}{\sum\limits_{k=0}^{m}\xi_{0i}} 。 \qquad （1-1-7）$$

1.2.2 科技创新竞争力评价指标权重

本报告数据来源为 2001—2018 年《中国科技统计年鉴》《中国统计年鉴》，各省域统计年鉴及 Wind 数据库，利用灰色关联度模型计算 2001—2018 年各指标的灰色关联系数，如表 1-1-2 所示。

表 1-1-2　历年各指标的灰色关联系数

年份	X_1	X_2	X_3	X_4	X_5	X_6	X_7	X_8	X_9	X_{10}	X_{11}	X_{12}
2001	0.720	0.756	0.931	0.888	0.766	0.853	0.801	0.862	0.729	0.652	0.825	0.387
2002	0.613	0.637	0.882	0.885	0.692	0.817	0.723	0.769	0.713	0.626	0.797	0.390
2003	0.588	0.821	0.896	0.872	0.647	0.792	0.658	0.735	0.728	0.642	0.787	0.391
2004	0.558	0.628	0.885	0.843	0.563	0.761	0.627	0.749	0.688	0.619	0.744	0.392
2005	0.520	0.594	0.784	0.815	0.450	0.752	0.589	0.704	0.706	0.642	0.718	0.392
2006	0.505	0.534	0.736	0.793	0.371	0.692	0.482	0.584	0.625	0.625	0.688	0.404
2007	0.553	0.581	0.774	0.808	0.371	0.484	0.515	0.669	0.665	0.667	0.709	0.467
2008	0.549	0.540	0.802	0.792	0.371	0.450	0.485	0.615	0.730	0.736	0.740	0.517
2009	0.590	0.570	0.801	0.774	0.371	0.531	0.478	0.695	0.737	0.760	0.754	0.580
2010	0.617	0.581	0.751	0.781	0.371	0.500	0.485	0.704	0.732	0.798	0.767	0.635
2011	0.574	0.545	0.655	0.760	0.372	0.476	0.424	0.641	0.683	0.793	0.723	0.598
2012	0.608	0.591	0.667	0.698	0.374	0.478	0.420	0.697	0.683	0.833	0.729	0.634
2013	0.610	0.570	0.635	0.692	0.372	0.485	0.407	0.649	0.668	0.840	0.710	0.666
2014	0.610	0.573	0.617	0.615	0.371	0.493	0.369	0.591	0.643	0.847	0.688	0.681
2015	0.613	0.617	0.670	0.595	0.369	0.503	0.369	0.641	0.677	0.866	0.688	0.713
2016	0.591	0.585	0.664	0.632	0.414	0.502	0.367	0.590	0.695	0.877	0.683	0.732
2017	0.568	0.598	0.595	0.606	0.434	0.503	0.369	0.643	0.708	0.890	0.685	0.749
2018	0.584	0.566	0.597	0.641	0.486	0.502	0.369	0.557	0.724	0.902	0.685	0.776

由历年各指标的灰色关联系数，根据式（1-1-7）可以得到历年各指标权重，如表 1-1-3 所示。

表 1-1-3　历年各指标权重

年份	X_1	X_2	X_3	X_4	X_5	X_6	X_7	X_8	X_9	X_{10}	X_{11}	X_{12}
2001	0.079	0.082	0.102	0.097	0.084	0.093	0.087	0.094	0.080	0.071	0.090	0.042
2002	0.072	0.075	0.103	0.104	0.081	0.096	0.085	0.090	0.084	0.073	0.093	0.046
2003	0.069	0.096	0.105	0.102	0.076	0.093	0.077	0.086	0.085	0.075	0.092	0.046
2004	0.069	0.078	0.110	0.105	0.070	0.094	0.078	0.093	0.085	0.077	0.092	0.049
2005	0.068	0.078	0.102	0.106	0.059	0.098	0.077	0.092	0.092	0.084	0.094	0.051
2006	0.072	0.076	0.105	0.113	0.053	0.098	0.068	0.083	0.089	0.089	0.098	0.057
2007	0.076	0.080	0.107	0.111	0.051	0.067	0.071	0.092	0.092	0.092	0.098	0.064
2008	0.075	0.074	0.110	0.108	0.051	0.061	0.066	0.084	0.100	0.100	0.101	0.071
2009	0.077	0.075	0.105	0.101	0.049	0.070	0.063	0.091	0.096	0.100	0.099	0.076
2010	0.080	0.075	0.097	0.101	0.048	0.065	0.063	0.091	0.095	0.103	0.099	0.082
2011	0.079	0.075	0.090	0.105	0.051	0.066	0.059	0.089	0.094	0.109	0.100	0.083
2012	0.082	0.080	0.090	0.094	0.050	0.065	0.057	0.094	0.092	0.113	0.098	0.086
2013	0.084	0.078	0.087	0.095	0.051	0.066	0.056	0.089	0.091	0.115	0.097	0.091
2014	0.086	0.081	0.087	0.087	0.052	0.070	0.052	0.083	0.091	0.119	0.097	0.096
2015	0.084	0.084	0.092	0.081	0.050	0.069	0.051	0.088	0.092	0.118	0.094	0.097
2016	0.081	0.080	0.091	0.086	0.057	0.069	0.050	0.081	0.095	0.120	0.093	0.100
2017	0.077	0.081	0.081	0.083	0.059	0.068	0.050	0.088	0.096	0.121	0.093	0.102
2018	0.079	0.077	0.081	0.087	0.066	0.068	0.050	0.075	0.098	0.122	0.093	0.105

2　省域科技创新竞争力评价分析

科技创新能力是指企业、学校、科研机构等在某一学科技术领域具备的发明创新的综合实力。在某个地区，通过各科技要素相互作用促进省域经济发展的能力被称为省域科技创新能力。它不仅是省域创新效率的指标，也反映了省域产业结构优化程度。之所以对省域科技创新能力进行评价，其原因在于：一方面，从定量上能够把握省域科技创新能力的程度和现状，为政府拟定宏观决策提供帮助；另一方面，为科技企业在该地区的科技发展提供信息，分析自身的优势和劣势，促进企业技术升级和结构调整，增强企业在本地区的科技竞争力。为更好体现省域科技创新能力，本报告分别从均量指标的数值及其增长率（均为百分比数，下文不再另行标注）、各省排名切入，讨论各省域的科技创新竞争力。

2.1　各省域科技创新总排名分析

根据前文的各省域历年科技创新竞争力指标动态权重，得出各省域历年科技创新竞争力得分，进而对各省域历年科技创新竞争力进行排名。附表 1 至附表 13 是各省域 2001—2018 年（以下简称"历年"）科技创新竞争力与各指标得分及排名，以及 2002—2018 年（以下也简称"历年"）的增长率。由附表 1 各省域历年科技创新竞争力得分及排名可知，各省域历年排名比较稳定，基本没有突兀变化的情况。在一般情况下，省域科技创新竞争力需要一定的积淀及人力和资本的投入，产出也不可能在短时间内波动很大，但科技投入，尤其是资本投入可能受政策等影响出现个别年份的异常增加或减少情况。因此，相邻年份省域科技创新竞争力得分或排名如果变化很大，可能是指标选择或评价方法出现了问题。

2.1.1　各省域科技创新竞争力得分、增长率及排名分析

历年标准化得分及排名仅显示当年各省域科技创新竞争力，总体排名可以用历年均值得分表示，具体如表 1-2-1。表 1-2-1 显示，历年科技创新竞争力均值得分及排名比较靠前的有北京、广东、江苏等几个省域，其后是上海、浙江和山东。北京历年科技创新竞争力均值得分及排名大部分年份都排在第 1 位，比较稳定，得分领先其他省域比较多，广东和江苏紧随其后。历年均值得分排名靠后的省域包括西藏、海南、青海、宁夏、新疆、贵州等省域，其余地区处于中间层次。从增长率看，各省域相对接近，均在百分之十几左右。

表 1-2-1 各省域历年科技创新竞争力均值得分、增长率及排名

省域	北京	天津	河北	山西	内蒙古	辽宁	吉林	黑龙江	上海	江苏	浙江
得分	4.02	1.08	0.52	0.36	0.23	0.98	0.44	0.55	2.36	3.35	1.82
增长率 /%	13.8	14.4	15.2	14.6	16.5	11.4	11.8	11.8	14.1	19.2	19.6
排名	1	8	18	21	25	11	19	17	4	3	5

省域	安徽	福建	江西	山东	河南	湖北	湖南	广东	广西	海南	重庆
得分	0.78	0.76	0.36	1.73	0.74	1.11	0.72	3.55	0.26	0.08	0.64
增长率 /%	19.1	17.2	15.6	17.9	16.8	16.9	16.1	19.7	15.7	27.0	18.0
排名	12	13	20	6	14	7	15	2	24	30	16

省域	四川	贵州	云南	西藏	陕西	甘肃	青海	宁夏	新疆		
得分	1.01	0.19	0.26	0.03	1.03	0.31	0.10	0.12	0.15		
增长率 /%	15.8	15.3	13.7	9.7	13.3	11.0	11.6	13.0	13.8		
排名	10	26	23	31	9	22	29	28	27		

2.1.2 各省域科技创新竞争力聚类分析

为进一步分析省域科技创新竞争力，将各省域科技创新竞争力进行系统聚类分析。系统聚类的步骤一般是先根据一批数据或指标找出能度量这些数据或指标之间相似程度的统计量；然后以统计量作为划分类型的依据，把一些相似程度大的变量（或样品）聚合为一类，而把另一些相似程度较小的变量（或样品）聚合为另一类，直到所有的变量（或样品）都聚合完毕；最后根据各类之间的亲疏关系，逐步画成一张完整的分类系统图，又称谱系图。其相似程度由距离或者相似系数定义。进行类别合并的准则是使得类间差异最大，而类内差异最小。报告采用 Ward 离差平方和法计算样本间距离。该方法的思想来源于方差分析。如果分类正确，那么同类样品的离差平方和应当较小，而类与类之间的离差平方和应当较大。设将 n 个样品分成 k 类：G_1, G_2, $\cdots$, G_k；x_{it} 表示类 G_i 中的第 i 个样品（注意 x_{it} 是 p 维向量）；n_i 表示 G_i 中的样品个数；x_t 是类 G_i 的重心；则在类 G_i 中的样品离差平方和是：

$$s_i = \sum_{i=1}^{nt} (x_{it} - \bar{x})^T (x_{it} - \bar{x})。 \qquad (1-2-1)$$

整个类内平方和是：

$$S = \sum_{t=1}^{k} \sum_{i=1}^{n t} (x_{it} - \overline{x})^{T} (x_{it} - \overline{x}) = \sum_{t=1}^{k} S_{t} 。 \qquad (1\text{-}2\text{-}2)$$

当 k 固定时，要选择是 S 达到极小的分类，n 个样品，分成 k 类，一切可能的分法有：

$$R(n, k) = \frac{1}{k_{i}} \sum_{i=0}^{k} (-1)^{k-i} \left(\frac{k}{i} \right) i^{n} 。 \qquad (1\text{-}2\text{-}3)$$

当 n，k 较大时，$R（n，k）$ 就达到了天文数字。因此，要比较这么多分类来选择最小的 S，即使大容量、高速度的计算机也难以完成。于是，只好放弃在一切分类中求 S 的极小值的要求，而是设计出某种规格，直到达到一个局部最优解。Ward 法就是寻找局部最优解的一个方法，其思路是先将 n 个样品归成一类，然后缩小一类，每缩小一类离差平方和就要增大，选择使 S 增加最小的两类合并，直至所有的样品归为一类为止。所用分析软件 SPSS17.2，数据为各省域历年科技创新竞争力得分。

根据系统聚类分析结果和国际上四分法排名，将 31 个省域分成 4 类区域。一类：北京、广东、江苏、上海、浙江、山东、辽宁、湖北；二类：天津、陕西、四川、河南、福建、安徽、湖南、重庆；三类：吉林、黑龙江、河北、江西、山西、云南、甘肃、广西；四类：内蒙古、贵州、新疆、宁夏、青海、海南、西藏。以下对各区域的科技创新竞争力各类别排名进行详细分析。

（1）一类区域分析

一类区域包括北京、广东、江苏、上海、浙江、山东、辽宁、湖北，具体如图 1-2-1 所示。北京历年科技创新竞争力得分及排名绝大部分年限处于第 1 位，广东紧随其后，江苏总体居第 3 位，上海排名略有下降，浙江排名上升明显，山东基本在第 6 位上下波动，辽宁排名近年来下降明显，湖北呈波动上升趋势。

（2）二类区域分析

二类区域包括天津、陕西、四川、河南、福建、安徽、湖南、重庆，具体如图 1-2-2 所示。天津、陕西排名呈波动趋势，四川排名多年稳定后逐渐上升，河南排名呈波动上升趋势，福建排名上升明显但近年略有回落，安徽排名上升幅度在 31 个省域中居首，湖南、重庆排名均呈波动趋势。

（3）三类省域分析

三类省域包括吉林、黑龙江、河北、江西、山西、云南、甘肃、广西，具体如图 1-2-3 所示。黑龙江和吉林排名均明显下降，河北、山西、广西排名波动幅度较小，江西排名呈逐年上升趋势，云南排名呈波动趋势，甘肃排名有所下降。

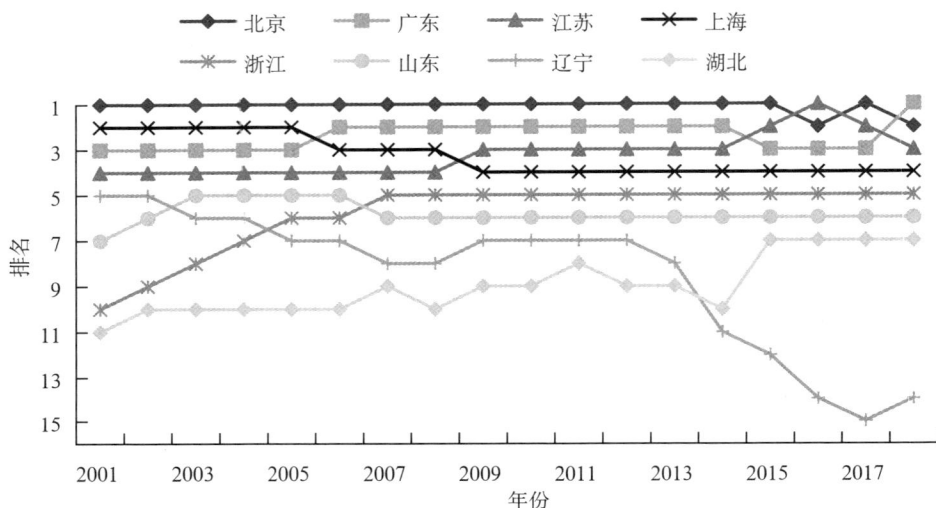

图 1-2-1　一类省域历年科技创新竞争力排名

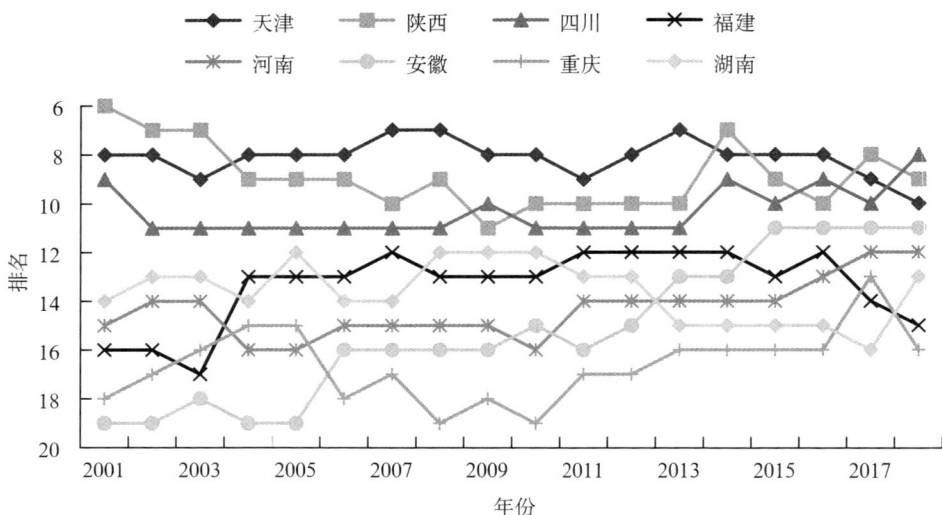

图 1-2-2　二类省域历年科技创新竞争力排名

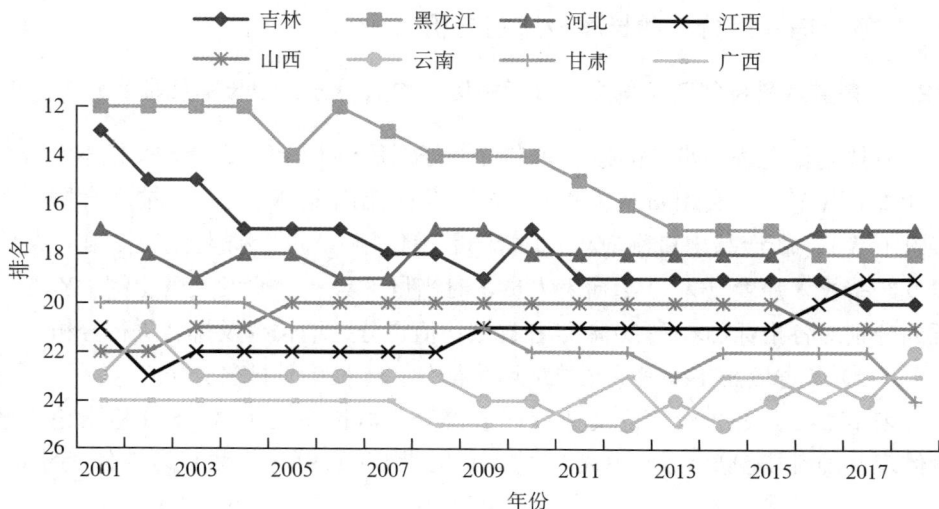

图 1-2-3　三类省域历年科技创新竞争力排名

（4）四类省域分析

四类省域包括内蒙古、贵州、新疆、宁夏、青海、海南、西藏，具体如图 1-2-4 所示。内蒙古、贵州排名呈波动回归状态，内蒙古波动幅度较大，贵州波动幅度较小。新疆、宁夏、青海、海南、西藏排名呈波动趋势。

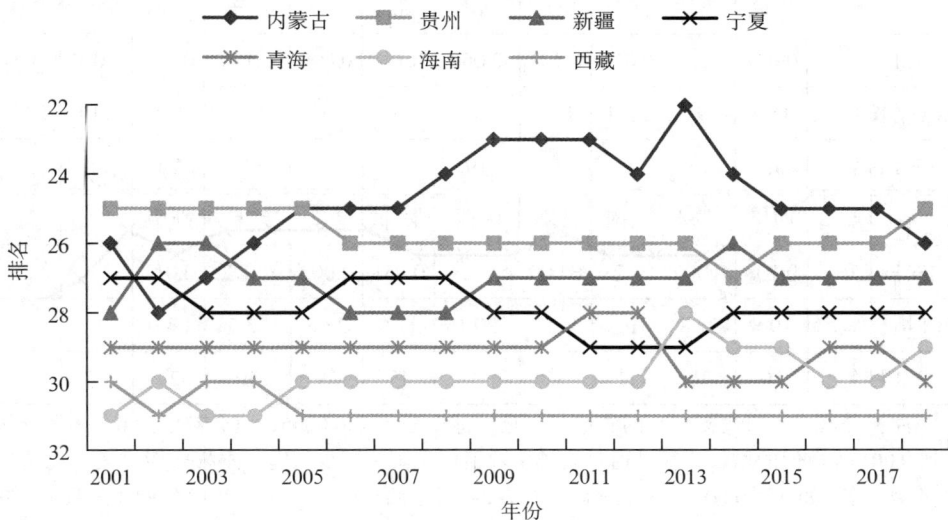

图 1-2-4　四类省域历年科技创新竞争力排名

2.2 各级指标得分、增长率及排名分析

2.2.1 各省域科技创新竞争力四级指标历年均值得分、增长率及排名分析

科技创新竞争力四级指标共有 12 个，分别是 SCI 检索（X_1）、EI 检索（X_2）、发明专利（X_3）、实用新型（X_4）、技术合同流出金额（X_5）、技术合同流入金额（X_6）、新产品出口额（X_7）、新产品销售额（X_8）、研发经费支出（X_9）、研发经费投入强度（X_{10}）、研发人员全时当量（X_{11}）、研发人员比例（X_{12}）。下面分别对各指标 2001—2018 年各省域均值得分、增长率及排名进行分析。

（1）各省域 SCI 检索论文数量均值得分、增长率及排名分析

表 1-2-2 是 SCI 检索论文数量均值得分、增长率及排名。SCI 检索论文数量体现基础科技创新实力。由表 1-2-2 可知，北京（1，括号内数字为排名，余同）、

表 1-2-2　各省域 SCI 检索论文均值得分、增长率及排名

省　域	北京	天津	河北	山西	内蒙古	辽宁	吉林	黑龙江	上海	江苏	浙江
SCI 得分	0.564	0.035	0.032	0.025	0.007	0.114	0.082	0.072	0.299	0.262	0.156
SCI 增长率 /%	12.5	14.9	18.4	19.5	16.4	15.5	12.3	20.3	13.8	18.2	18.1
SCI 排名	1	12	20	22	27	9	14	15	2	3	4
省　域	安徽	福建	江西	山东	河南	湖北	湖南	广东	广西	海南	重庆
SCI 得分	0.084	0.058	0.022	0.131	0.050	0.145	0.090	0.150	0.017	0.004	0.051
SCI 增长率 /%	15.5	19.4	25.4	18.9	23.4	17.5	19.0	18.8	27.2	20.1	23.3
SCI 排名	13	16	23	7	19	6	11	5	24	28	18
省　域	四川	贵州	云南	西藏	陕西	甘肃	青海	宁夏	新疆		
SCI 得分	0.108	0.009	0.028	0.000	0.128	0.051	0.002	0.002	0.011		
SCI 增长率 /%	19.8	21.8	16.7	8.82	20.1	11.9	22.5	23.5	23.0		
SCI 排名	10	26	21	31	8	17	29	30	25		

注：经济、人口规模较小的省域，一旦指标得分小于 0.0005，就会被记为 0。其得分从 0 到 0.001 等数值的增长，很难通过增长率数值体现。为减少误差，本报告对这类情况给出估计增长率（如 0 到 0.001 记为 150%）。表 1-2-2 中，西藏由 2017 年、2018 年两年的数据（参见附表 2）可计算其增长率。

上海（2）、江苏（3）、浙江（4）、广东（5）、湖北（6）等省域SCI检索论文得分较高，西藏（31）、宁夏（30）、青海（29）、海南（28）、内蒙古（27）、贵州（26）等省域排名较低。广西、江西、宁夏、河南、重庆、新疆、青海、贵州、黑龙江、海南等省域增长率较高，西藏、甘肃、吉林、北京、上海、天津增长率较低。

图1-2-5是各省域SCI检索排名与科技创新竞争力排名比较，由图1-2-5可见，两者趋势基本吻合。我们将两者排名相同或相差不到1位（包括1位）的称为基本一致，相差2～3位称为一般波动，相差3位（不包括3位）以上称为波动较大，以下分析按此标准。以上排名中，北京、辽宁、江苏、浙江、安徽、山东、广西、重庆、四川、贵州、西藏、陕西、青海等省域SCI检索排名与科技创新竞争力排名基本一致；吉林、河南、湖南、甘肃等省域SCI检索排名与科技创新竞争力排名相差较大，其余处于一般波动状态。

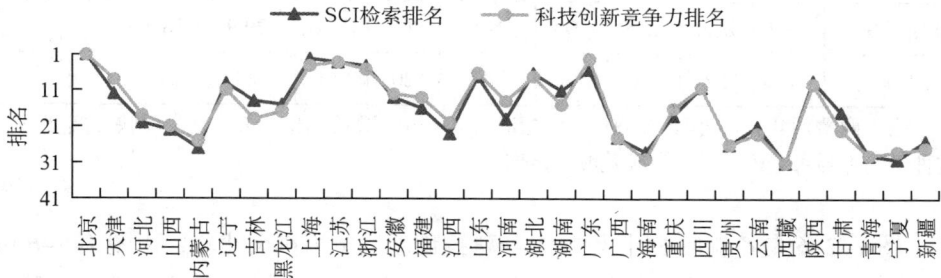

图1-2-5 各省域SCI检索排名与科技创新竞争力排名比较

（2）各省域EI检索论文数量均值得分、增长率及排名分析

表1-2-3是EI检索论文数量均值得分、增长率及排名。EI检索论文数量体现基础科技创新实力。由表1-2-3可知，北京（1）、江苏（2）、上海（3）、陕西（4）、湖北（5）、浙江（6）等省域EI论文检索数量较高，西藏（31）、青海（30）、宁夏（29）、海南（28）、贵州（27）、新疆（26）等省域排名较靠后。湖南、宁夏、河南、吉林、山西、贵州、陕西、海南、天津等省域增长率较高，湖北、北京、黑龙江、新疆、浙江、河北、上海、广西、青海增长率较低。

表 1-2-3　各省域 EI 检索论文均值得分、增长率及排名

省　域	北京	天津	河北	山西	内蒙古	辽宁	吉林	黑龙江	上海	江苏	浙江
EI 得分	0.553	0.087	0.039	0.025	0.007	0.135	0.078	0.115	0.250	0.258	0.138
EI 增长率/%	16.2	24.3	19.0	25.4	21.2	22.7	25.5	17.6	19.5	23.4	18.7
EI 排名	1	13	19	21	25	7	14	10	3	2	6
省　域	安徽	福建	江西	山东	河南	湖北	湖南	广东	广西	海南	重庆
EI 得分	0.061	0.034	0.017	0.079	0.037	0.113	0.094	0.088	0.010	0.001	0.041
EI 增长率/%	22.3	22.4	22.3	24.1	26.2	15.6	31.9	20.1	19.6	24.5	23.3
EI 排名	15	18	22	12	17	5	9	11	24	28	16
省　域	四川	贵州	云南	西藏	陕西	甘肃	青海	宁夏	新疆		
EI 得分	0.096	0.004	0.012	0.000	0.140	0.030	0.001	0.001	0.005		
EI 增长率/%	22.7	25.0	22.5	0	24.9	20.5	19.6	29.9	18.3		
EI 排名	8	27	23	31	4	20	30	29	26		

注：西藏历年得分小于 0.0005，只能记为 0，相应增长率也为 0，无法反映真实变动。这种情况不列入全国增长率比较范畴，余同。

图 1-2-6 是各省域 EI 检索排名与科技创新竞争力排名比较，由图 1-2-6 可见，两者趋势基本吻合，但依然有些省域两者排名有差距。EI 检索排名与科技创新竞争力排名比较吻合的省域有北京、河北、山西、内蒙古、上海、江苏、浙江、江西、广西、重庆、贵州、云南、西藏、青海、宁夏和新疆；两者排名相差较大的省域有吉林、黑龙江、福建、山东、湖南、广东、陕西。

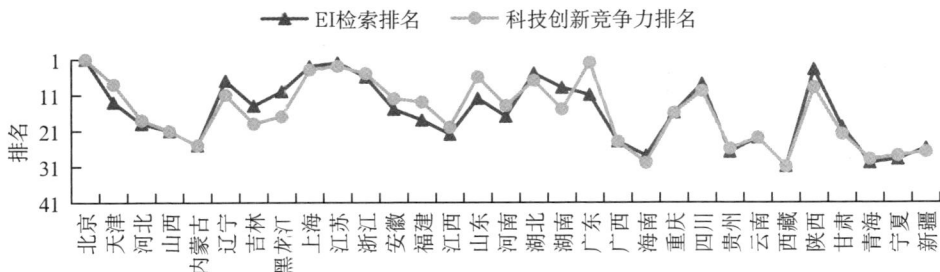

图 1-2-6　各省域 EI 检索排名与科技创新竞争力排名比较

（3）各省域发明专利数量均值得分、增长率及排名分析

表 1-2-4 是各省域发明专利数量均值得分、增长率及排名。发明专利与检索论文一样，属于基础科技创新范畴。由表 1-2-4 可知，北京（1）、广东（2）、江苏（3）、浙江（4）、上海（5）、山东（6）等省域发明专利得分较高，西藏（31）、青海（30）、宁夏（29）、海南（28）、新疆（27）、内蒙古（26）等省域排名较后。浙江、广东、安徽、重庆、福建、江苏、上海等省域增长得分率较高，青海、山西、西藏、辽宁、内蒙古、云南、河北、甘肃、吉林、新疆等省域增长率较低。

表 1-2-4　各省域发明专利均值得分、增长率及排名

省 域	北京	天津	河北	山西	内蒙古	辽宁	吉林	黑龙江	上海	江苏	浙江
发明得分	0.346	0.054	0.035	0.024	0.008	0.069	0.026	0.040	0.186	0.273	0.194
发明增长率 /%	24.7	26.8	19.3	16.9	18.5	17.8	19.5	21.2	30.1	33.9	36.9
发明排名	1	13	18	21	26	10	20	16	5	3	4
省 域	安徽	福建	江西	山东	河南	湖北	湖南	广东	广西	海南	重庆
发明得分	0.073	0.047	0.015	0.140	0.051	0.070	0.060	0.336	0.026	0.005	0.036
发明增长率 /%	36.3	34.2	24.8	26.0	23.9	27.1	24.6	36.8	27.5	21.7	34.9
发明排名	8	15	23	6	14	9	12	2	19	28	17
省 域	四川	贵州	云南	西藏	陕西	甘肃	青海	宁夏	新疆		
发明得分	0.078	0.015	0.022	0.001	0.064	0.012	0.002	0.004	0.008		
发明增长率 /%	24.5	23.8	19.1	17.6	28.4	19.3	15.9	27.2	19.8		
发明排名	7	24	22	31	11	25	30	29	27		

图 1-2-7 是各省域发明专利排名与科技创新竞争力排名比较，由图 1-2-7 可见，两者趋势基本吻合，但依然有些省域两者排名有差距。发明专利排名与科技创新竞争力排名比较吻合的省域有北京、河北、山西、内蒙古、辽宁、吉林、黑龙江、上海、江苏、浙江、山东、河南、广东、重庆、云南、西藏、青海、宁夏和新疆；两者排名相差较大只有天津、安徽、广西、陕西。

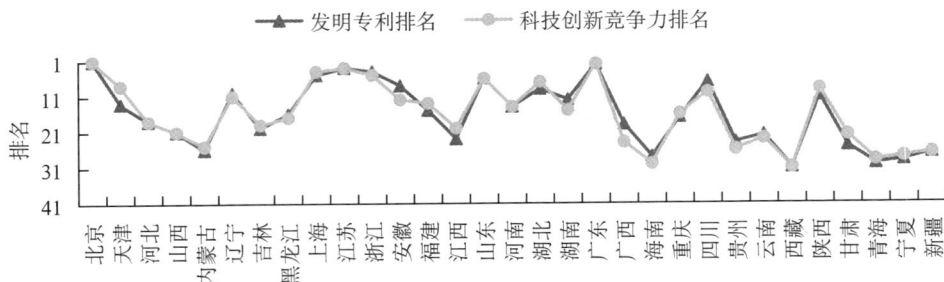

图 1-2-7 各省域发明专利排名与科技创新竞争力排名比较

（4）各省域实用新型专利数量均值得分、增长率及排名分析

表 1-2-5 是实用新型专利数量均值得分、增长率及排名。实用新型专利与发明专利一样，也属于基础科技创新范畴。由表 1-2-5 可知，实用新型专利得分及排名比较高的省域包括浙江（1）、江苏（2）、广东（3）、山东（4）、北京（5）、上海（6）等，排名较靠后的省域包括西藏（31）、青海（30）、海南（29）、宁夏（28）、内蒙古（27）、甘肃（26）等，其他处于中间省域。安徽、宁夏、福建、重庆、天津、浙江、江苏、广东、江西增长率较高，辽宁、吉林、黑龙江、内蒙古、新疆、西藏、山西、北京、山东增长率较低。

表 1-2-5 各省域实用新型专利均值得分、增长率及排名

省 域	北京	天津	河北	山西	内蒙古	辽宁	吉林	黑龙江	上海	江苏	浙江
SYXX 得分	0.162	0.084	0.067	0.025	0.013	0.088	0.025	0.052	0.148	0.392	0.417
SYXX 增长率/%	15.4	22.5	13.9	14.8	13.1	7.60	9.67	11.5	18.0	21.7	22.4
SYXX 排名	5	13	16	20	27	12	21	18	6	2	1
省 域	安徽	福建	江西	山东	河南	湖北	湖南	广东	广西	海南	重庆
SYXX 得分	0.123	0.103	0.036	0.274	0.104	0.090	0.070	0.382	0.024	0.004	0.075
SYXX 增长率/%	25.8	23.5	21.1	16.3	17.2	17.6	14.7	21.5	13.9	19.2	23.4
SYXX 排名	7	10	19	4	9	11	15	3	22	29	14
省 域	四川	贵州	云南	西藏	陕西	甘肃	青海	宁夏	新疆		
SYXX 得分	0.105	0.021	0.023	0.000	0.057	0.015	0.002	0.005	0.017		
SYXX 增长率/%	19.0	19.0	16.9	14.7	17.2	20.0	18.9	24.0	14.3		
SYXX 排名	8	24	23	31	17	26	30	28	25		

注：SYXX 表示实用新型。

图 1-2-8 是各省域实用新型排名与科技创新竞争力排名比较，由图 1-2-8 可见，两者趋势基本吻合，但依然有些省域两者排名有所差距。实用新型排名与科技创新竞争力排名基本吻合的省域有山西、辽宁、吉林、黑龙江、江苏、湖南、广东、海南、云南、西藏、青海、宁夏；两者排名相差较大的省域有北京、天津、浙江、安徽、河南、湖北、陕西、甘肃。

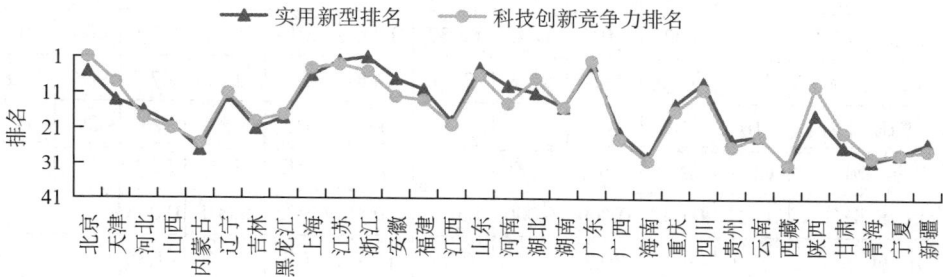

图 1-2-8　各省域实用新型排名与科技创新竞争力排名比较

（5）各省域技术合同流出金额均值得分、增长率及排名分析

表 1-2-6 是技术合同流出金额均值得分、增长率及排名。技术合同流出金额和新产品销售及出口一样，属于应用科技创新范畴。由表 1-2-6 可知，技术合同流出金额得分及排名较高的省域包括北京（1）、广东（2）、上海（3）、江苏（4）、重庆（5）、天津（6）等省域，排名较靠后的省域包括西藏（31）、宁夏（30）、海南（29）、贵州（28）、青海（27）、新疆（26），其他省域居中。除北京、辽宁、黑龙江外，海南、贵州、广西、湖北、广东、内蒙古、山西、云南、安徽增长率较高，新疆、河北、上海、浙江、甘肃、福建、江西、天津增长率较低。

图 1-2-9 是各省域技术合同流出金额排名与科技创新竞争力排名比较，由图 1-2-9 可见，技术合同流出金额排名与科技创新竞争力排名基本吻合的省域有北京、天津、黑龙江、上海、山东、湖南、广东、广西、海南、四川、贵州、西藏、新疆；两者排名差距较大的省域包括吉林、浙江、河南、重庆、陕西。

表 1-2-6　各省域技术合同流出金额均值得分、增长率及排名

省　域	北京	天津	河北	山西	内蒙古	辽宁	吉林	黑龙江	上海	江苏	浙江
LCJE 得分	0.307	0.048	0.008	0.008	0.007	0.039	0.006	0.012	0.191	0.183	0.036
LCJE 增长率 /%	156.2	18.8	10.8	34.6	42.0	30.7	232.5	320.6	13.7	26.4	14.3
LCJE 排名	1	6	21	22	23	8	24	17	3	4	10
省　域	安徽	福建	江西	山东	河南	湖北	湖南	广东	广西	海南	重庆
LCJE 得分	0.015	0.023	0.010	0.043	0.037	0.032	0.018	0.302	0.005	0.001	0.048
LCJE 增长率 /%	30.1	17.1	18.5	25.2	27.5	48.8	25.5	48.7	67.7	98.2	26.8
LCJE 排名	16	14	18	7	9	11	15	2	25	29	5
省　域	四川	贵州	云南	西藏	陕西	甘肃	青海	宁夏	新疆		
LCJE 得分	0.031	0.002	0.009	0.000	0.031	0.009	0.002	0.001	0.003		
LCJE 增长率 /%	23.3	71.4	30.2	0	22.6	15.4	22.3	23.5	-1.35		
LCJE 排名	12	28	20	31	13	19	27	30	26		

注：LCJE 表示技术合同流出金额。北京、辽宁、黑龙江2018年较为特殊，得分增长率超过2500%，严重影响其平均增长率数值。因此，这3个省域的平均增长率不列入全国增长率比较范畴。

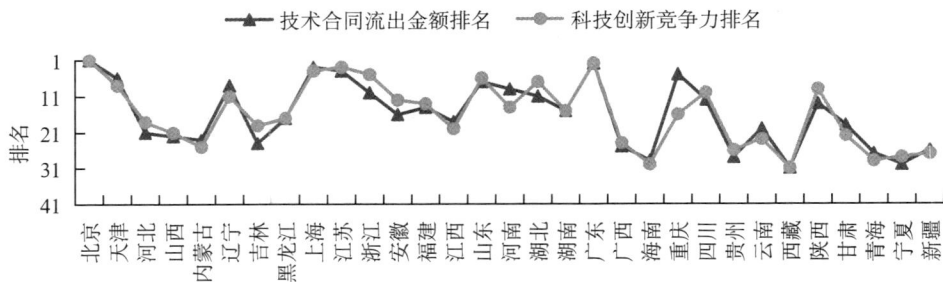

图 1-2-9　各省域技术合同流出金额排名与科技创新竞争力排名比较

（6）各省域技术合同流入金额均值得分、增长率及排名分析

表1-2-7是技术合同流入金额均值得分、增长率及排名。技术合同流入金额和新产品销售及出口一样，属于应用科技创新范畴。由表1-2-7可知，技术合同流入金额得分及排名较高的省域包括北京（1）、江苏（2）、上海（3）、广东（4）、山东（5）、辽宁（6）等省域，排名较靠后的省域包括西藏（31）、宁夏（30）、青海（29）、海南（28）、广西（27）、吉林（26），其他省域居中。

海南、贵州、西藏、宁夏、广西、山西、重庆、青海、内蒙古增长率较高，黑龙江、上海、河南、湖南、云南、天津、北京增长率较低。

表 1-2-7 各省域技术合同流入金额均值得分、增长率及排名

省 域	北京	天津	河北	山西	内蒙古	辽宁	吉林	黑龙江	上海	江苏	浙江
LRJE 得分	0.395	0.093	0.051	0.045	0.054	0.105	0.021	0.035	0.193	0.209	0.079
LRJE 增长率 /%	18.6	19.1	29.2	31.1	30.2	26.0	24.2	14.3	16.3	26.0	23.0
LRJE 排名	1	8	15	16	14	6	26	21	3	2	9
省 域	安徽	福建	江西	山东	河南	湖北	湖南	广东	广西	海南	重庆
LRJE 得分	0.040	0.077	0.030	0.112	0.040	0.099	0.039	0.182	0.021	0.017	0.070
LRJE 增长率 /%	25.5	23.0	32.0	23.3	16.7	27.7	17.6	22.8	31.5	103.9	30.8
LRJE 排名	17	10	23	5	18	7	20	4	27	28	12
省 域	四川	贵州	云南	西藏	陕西	甘肃	青海	宁夏	新疆		
LRJE 得分	0.069	0.028	0.039	0.003	0.074	0.033	0.016	0.009	0.030		
LRJE 增长率 /%	27.2	49.1	17.5	36.4	30.9	25.8	30.8	31.5	20.6		
LRJE 排名	13	25	19	31	11	22	29	30	24		

注：LRJE 表示技术合同流入金额。

图 1-2-10 是各省域技术合同流入金额排名与科技创新竞争力排名比较，由图 1-2-10 可见，技术合同流入金额排名与科技创新竞争力排名基本吻合的省域有北京、天津、上海、江苏、山东、湖北、贵州、西藏、甘肃；两者排名相差较大的省域有山西、内蒙古、辽宁、吉林、黑龙江、浙江、安徽、河南、湖南、重庆、云南、陕西，其余省域波动合理。

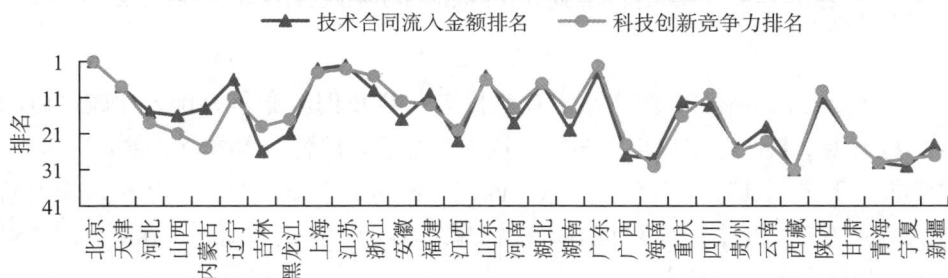

图 1-2-10 各省域技术合同流入金额排名与科技创新竞争力排名比较

（7）各省域新产品出口额均值得分、增长率及排名分析

表 1-2-8 是新产品出口额均值得分、增长率及排名，新产品出口额属于应用科技创新范畴。由表 1-2-8 可知，新产品出口额得分及排名较高的省域包括广东（1）、江苏（2）、上海（3）、天津（4）、山东（5）、重庆（6）等省域；排名较靠后的省域包括青海（31）、西藏（30）、宁夏（29）、黑龙江（28）、甘肃（27）、内蒙古（26），其他处于中间省域。重庆、河南增长率远高于其他省域，云南、贵州、安徽、广西、陕西、上海增长率较高，海南、黑龙江、宁夏、吉林、内蒙古、北京、天津、山东、广东、新疆、福建、江苏增长率较低。

表 1-2-8　各省域新产品出口额均值得分、增长率及排名

省　域	北京	天津	河北	山西	内蒙古	辽宁	吉林	黑龙江	上海	江苏	浙江
XPCK 得分	0.044	0.048	0.008	0.007	0.001	0.014	0.001	0.001	0.235	0.346	0.042
XPCK 增长率 /%	15.8	16.4	19.7	33.9	15.6	18.9	14.7	11.8	33.0	17.8	18.3
XPCK 排名	7	4	17	18	26	14	24	28	3	2	9

省　域	安徽	福建	江西	山东	河南	湖北	湖南	广东	广西	海南	重庆
XPCK 得分	0.009	0.038	0.010	0.046	0.043	0.016	0.005	0.586	0.005	0.001	0.046
XPCK 增长率 /%	37.3	17.6	19.6	17.0	70.4	25.7	25.6	17.2	35.3	8.82	71.3
XPCK 排名	16	10	15	5	8	12	20	1	19	23	6

省　域	四川	贵州	云南	西藏	陕西	甘肃	青海	宁夏	新疆		
XPCK 得分	0.037	0.001	0.003	0.000	0.015	0.001	0.000	0.000	0.001		
XPCK 增长率 /%	28.7	42.4	44.7	0	35.0	18.6	0	11.8	17.6		
XPCK 排名	11	22	21	30	13	27	31	29	25		

注：XPCK 表示新产品出口额。

图 1-2-11 是各省域新产品出口额排名与科技创新竞争力排名比较，由图 1-2-11 可见，新产品出口额排名与科技创新竞争力排名基本吻合的省域有河北、内蒙古、上海、江苏、山东、广东、四川、西藏、宁夏；两者排名相差较大的有北京、辽宁、吉林、黑龙江、浙江、安徽、江西、河南、湖北、湖南、广西、海南、陕西、重庆、甘肃。

新产品出口额排名　　　　科技创新竞争力排名

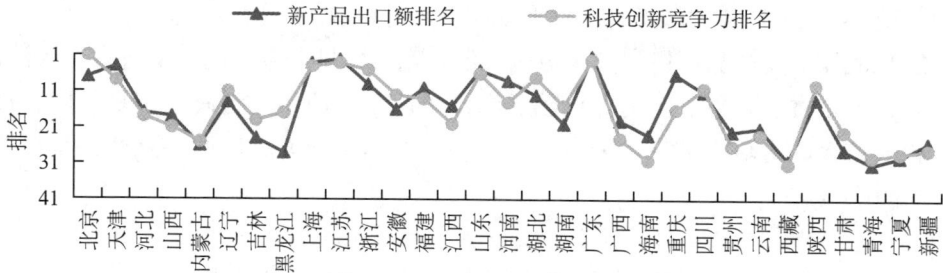

图 1-2-11　各省域新产品出口额排名与科技创新竞争力排名比较

（8）各省域历年新产品销售额均值得分、增长率及排名分析

表 1-2-9 是新产品销售额均值得分、增长率及排名。新产品销售额属于应用科技创新范畴。由表 1-2-9 可知，新产品销售额得分及排名较高的省域包括广东（1）、江苏（2）、上海（3）、山东（4）、浙江（5）、北京（6）等；排名较靠后的省域包括西藏（31）、新疆（30）、青海（29）、宁夏（28）、海南（27）、甘肃（26），其他省域居中。广西、海南、湖南、山西、新疆、重庆、安徽、河南、云南、内蒙古增长率较高，西藏、上海、黑龙江、北京、天津、辽宁、甘肃、青海增长率较低。

表 1-2-9　各省域新产品销售额均值得分、增长率及排名

省　域	北京	天津	河北	山西	内蒙古	辽宁	吉林	黑龙江	上海	江苏	浙江
XPXS 得分	0.079	0.072	0.023	0.010	0.007	0.039	0.022	0.011	0.157	0.399	0.086
XPXS 增长率/%	15.0	15.1	20.5	38.4	32.6	16.8	26.4	12.9	11.0	22.0	21.3
XPXS 排名	6	7	18	22	24	12	19	21	3	2	5

省　域	安徽	福建	江西	山东	河南	湖北	湖南	广东	广西	海南	重庆
XPXS 得分	0.030	0.064	0.034	0.151	0.061	0.041	0.035	0.490	0.018	0.002	0.039
XPXS 增长率/%	34.6	21.0	26.2	21.9	33.4	23.6	39.5	24.9	51.8	40.7	36.5
XPXS 排名	16	9	15	4	10	11	14	1	20	27	13

省　域	四川	贵州	云南	西藏	陕西	甘肃	青海	宁夏	新疆
XPXS 得分	0.068	0.008	0.005	0.000	0.025	0.002	0.001	0.001	0.001
XPXS 增长率/%	26.3	26.6	33.2	2.94	20.1	17.4	19.6	25.5	38.2
XPXS 排名	8	23	25	31	17	26	29	28	30

注：XPXS 表示新产品销售额。

图 1-2-12 是各省域新产品销售额排名与科技创新竞争力排名比较，由图 1-2-12 可见，新产品销售额排名与科技创新竞争力排名基本吻合的省域有天津、河北、内蒙古、吉林、上海、江苏、浙江、广东、西藏、青海、宁夏；两者排名相差较大的省域有北京、黑龙江、福建、江西、河南、广西、陕西；其他处于中间区域。

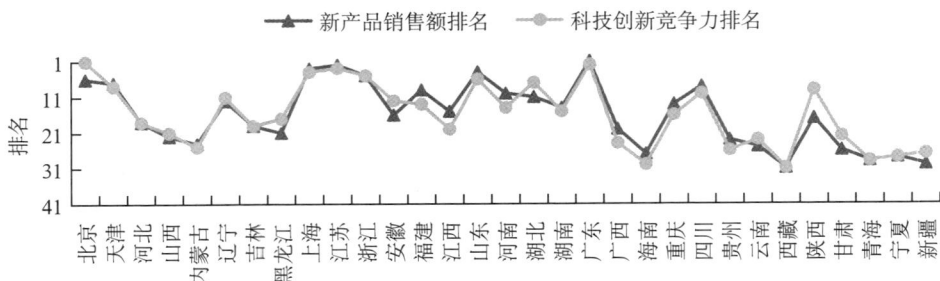

图 1-2-12　各省域新产品销售额排名与科技创新竞争力排名比较

（9）各省域研发经费支出额均值得分、增长率及排名分析

表 1-2-10 是研发经费支出额均值得分、增长率及排名。由表 1-2-10 可知，江苏（1）、广东（2）、北京（3）、山东（4）、上海（5）、浙江（6）等省

表 1-2-10　各省域研发经费支出额均值得分、增长率及排名

省　域	北京	天津	河北	山西	内蒙古	辽宁	吉林	黑龙江	上海	江苏	浙江
YFJF 得分	0.298	0.090	0.064	0.031	0.023	0.097	0.030	0.039	0.189	0.329	0.185
YFJF 增长率 /%	6.37	11.7	8.42	12.9	20.8	9.68	14.0	11.6	5.95	7.86	11.0
YFJF 排名	3	10	16	20	22	8	21	18	5	1	6
省　域	安徽	福建	江西	山东	河南	湖北	湖南	广东	广西	海南	重庆
YFJF 得分	0.071	0.069	0.032	0.254	0.079	0.099	0.071	0.322	0.022	0.003	0.041
YFJF 增长率 /%	8.28	7.87	13.2	9.95	9.13	9.10	8.71	6.31	15.5	31.2	8.73
YFJF 排名	14	15	19	4	12	7	13	2	23	29	17
省　域	四川	贵州	云南	西藏	陕西	甘肃	青海	宁夏	新疆		
YFJF 得分	0.097	0.012	0.019	0.001	0.082	0.017	0.003	0.005	0.010		
YFJF 增长率 /%	7.19	13.6	9.15	16.6	5.65	7.81	23.4	19.0	18.5		
YFJF 排名	9	26	24	31	11	25	30	28	27		

注：YFJF 表示研发经费支出额。

域研发经费支出额得分及排名较高，西藏（31）、青海（30）、海南（29）、宁夏（28）、新疆（27）、贵州（26）等排名较靠后，其他省域居中。海南、青海、内蒙古、宁夏、新疆、西藏、广西增长率较高，陕西、上海、广东、北京、四川、江苏、甘肃、福建增长率较低。

图1-2-13是各省域研发经费支出额排名与科技创新竞争力排名比较。由图1-2-13可见，研发经费支出额排名与科技创新竞争力排名基本吻合的省域有山西、黑龙江、上海、浙江、安徽、湖北、广东、广西、海南、重庆、贵州、云南、西藏、青海、宁夏、新疆；其余省域波动合理。

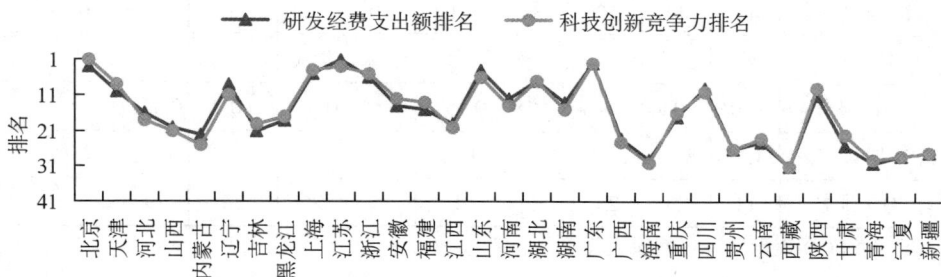

图1-2-13　各省域研发经费支出额排名与科技创新竞争力排名比较

（10）各省域研发经费投入强度均值得分、增长率及排名分析

表1-2-11是研发经费投入强度均值得分、增长率及排名。由表1-2-11可知，北京（1）、上海（2）、天津（3）、陕西（4）、江苏（5）、浙江（6）等省域研发经费投入强度得分及排名较高，西藏（31）、海南（30）、新疆（29）、内蒙古（28）、广西（27）、青海（26）等排名较靠后，其他省域居中。海南、西藏、内蒙古、青海、安徽、新疆、广东增长率较高，北京、重庆、江西、四川、陕西、上海、江苏、天津、云南增长率较低。

图1-2-14是各省域研发经费投入强度排名与科技创新竞争力排名比较。由图1-2-14可见，研发经费投入强度排名与科技创新竞争力排名基本吻合的省域有北京、辽宁、吉林、浙江、安徽、江西、海南、四川、西藏；两者排名相差较大的省域有天津、湖南、广东、甘肃，其余省域波动合理。

表 1-2-11　各省域研发经费投入强度均值得分、增长率及排名

省　域	北京	天津	河北	山西	内蒙古	辽宁	吉林	黑龙江	上海	江苏	浙江
YFQD 得分	0.408	0.181	0.057	0.070	0.036	0.112	0.070	0.079	0.209	0.146	0.128
YFQD 增长率/%	4.39	5.62	8.14	8.00	14.6	6.62	8.53	7.72	5.46	5.57	6.19
YFQD 排名	1	3	22	18	28	9	19	15	2	5	6

省　域	安徽	福建	江西	山东	河南	湖北	湖南	广东	广西	海南	重庆
YFQD 得分	0.094	0.081	0.066	0.114	0.062	0.110	0.076	0.120	0.041	0.023	0.086
YFQD 增长率/%	12.0	6.54	4.49	9.47	8.48	6.16	8.61	11.3	8.76	38.9	4.40
YFQD 排名	12	14	20	8	21	10	17	7	27	30	13

省　域	四川	贵州	云南	西藏	陕西	甘肃	青海	宁夏	新疆
YFQD 得分	0.104	0.044	0.044	0.018	0.157	0.077	0.044	0.055	0.031
YFQD 增长率/%	4.58	8.16	5.76	18.3	4.74	6.27	13.6	7.57	11.4
YFQD 排名	11	24	25	31	4	16	26	23	29

注：YFQD 表示研发经费投入强度。

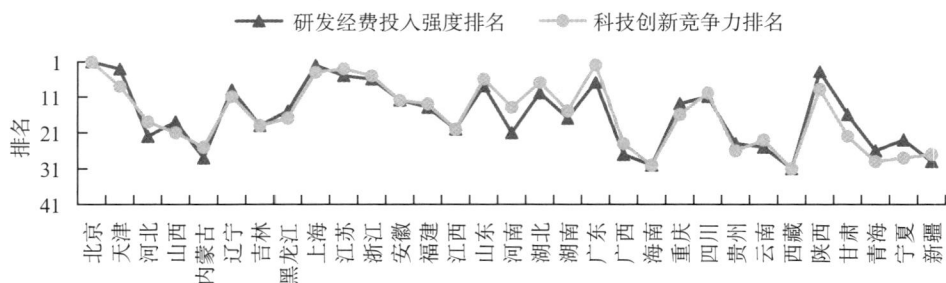

图 1-2-14　各省域研发经费投入强度排名与科技创新竞争力排名比较

（11）各省域研发人员全时当量均值得分、增长率及排名分析

表 1-2-12 是研发人员全时当量均值得分、增长率及排名。由表 1-2-12 可知，广东（1）、江苏（2）、北京（3）、浙江（4）、山东（5）、上海（6）等省域研发人员全时当量得分及排名较高，西藏（31）、青海（30）、海南（29）、宁夏（28）、新疆（27）、贵州（26）等排名较靠后，其他省域居中。海南、西藏、浙江、广东、江苏、山东、福建、安徽增长率较高，甘肃、陕西、辽宁、黑龙江、吉林、四川、北京、广西、湖北、上海增长率较低。

表 1-2-12　各省域研发人员全时当量均值得分、增长率及排名

省　域	北京	天津	河北	山西	内蒙古	辽宁	吉林	黑龙江	上海	江苏	浙江
YFDL 得分	0.229	0.076	0.075	0.045	0.027	0.094	0.044	0.062	0.138	0.324	0.220
YFDL 增长率 /%	7.45	10.7	9.68	9.61	9.81	5.02	5.56	5.05	8.46	14.3	19.4
YFDL 排名	3	15	16	18	24	10	20	17	6	2	4

省　域	安徽	福建	江西	山东	河南	湖北	湖南	广东	广西	海南	重庆
YFDL 得分	0.080	0.086	0.038	0.204	0.112	0.109	0.080	0.342	0.033	0.005	0.045
YFDL 增长率 /%	12.3	12.9	9.08	13.5	11.0	8.43	10.5	14.6	8.38	21.6	10.9
YFDL 排名	13	12	21	5	7	8	14	1	22	29	19

省　域	四川	贵州	云南	西藏	陕西	甘肃	青海	宁夏	新疆
YFDL 得分	0.104	0.018	0.027	0.001	0.089	0.026	0.004	0.007	0.014
YFDL 增长率 /%	6.90	9.54	10.1	17.6	3.86	3.33	9.65	10.7	9.36
YFDL 排名	9	26	23	31	11	25	30	28	27

注：YFDL 表示研发人员全时当量。

图 1-2-15 是各省域研发人员全时当量排名与科技创新竞争力排名比较。由图 1-2-15 可见，研发人员全时当量排名与科技创新竞争力排名基本吻合的省域有辽宁、江苏、浙江、安徽、福建、江西、山东、湖北、湖南、广东、海南、贵州、云南、西藏、青海、宁夏、新疆；两者排名相差较大的省域有天津、河南，其余省域波动合理。

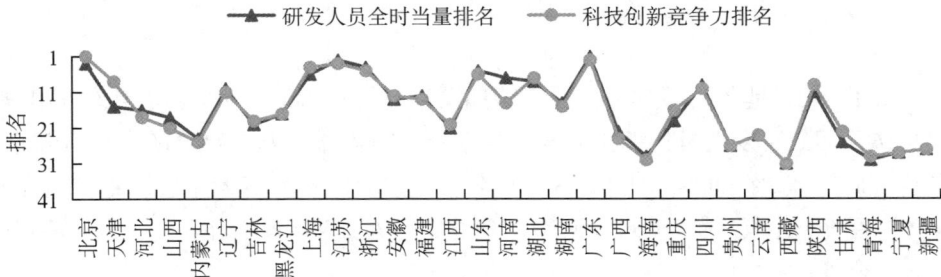

图 1-2-15　各省域研发人员全时当量排名与科技创新竞争力排名比较

（12）各省域研发人员比例均值得分、增长率及排名分析

表 1-2-13 是研发人员比例均值得分、增长率及排名。由表 1-2-13 可知，研发人员比例得分及排名较高的省域包括北京（1）、上海（2）、天津（3）、江苏（4）、浙江（5）、广东（6）等省域，排名较靠后的省域包括西藏（31）、贵州（30）、海南（29）、云南（28）、广西（27）、青海（26），其他省域居中。青海、西藏、山东、浙江、广东、宁夏、江苏、海南增长率较高，黑龙江、辽宁、陕西、新疆、上海、云南、江西增长率较低。

表 1-2-13 各省域研发人员比例均值得分、增长率及排名

省 域	北京	天津	河北	山西	内蒙古	辽宁	吉林	黑龙江	上海	江苏	浙江
YFBL 得分	0.185	0.084	0.017	0.022	0.018	0.034	0.027	0.027	0.100	0.061	0.055
YFBL 增长率 /%	15.9	17.5	18.1	10.1	13.6	7.57	7.02	5.84	8.14	24.6	32.1
YFBL 排名	1	3	21	15	19	8	11	12	2	4	5
省 域	安徽	福建	江西	山东	河南	湖北	湖南	广东	广西	海南	重庆
YFBL 得分	0.017	0.031	0.013	0.030	0.016	0.025	0.018	0.054	0.010	0.008	0.023
YFBL 增长率 /%	15.8	12.0	9.76	37.4	19.2	10.7	20.5	31.4	11.5	21.6	13.3
YFBL 排名	20	9	24	10	22	13	17	6	27	29	14
省 域	四川	贵州	云南	西藏	陕西	甘肃	青海	宁夏	新疆		
YFBL 得分	0.018	0.008	0.008	0.005	0.039	0.014	0.011	0.018	0.012		
YFBL 增长率 /%	10.3	12.3	8.89	47.4	7.61	10.8	108.2	27.5	7.86		
YFBL 排名	16	30	28	31	7	23	26	18	25		

注：YFBL 表示研发人员比例。

图 1-2-16 是各省域研发人员比例排名与科技创新竞争力排名比较。由图 1-2-16 可见，研发人员比例排名与科技创新竞争力排名基本吻合的省域有北京、江苏、浙江、海南、西藏、甘肃；两者排名相差较大的省域有天津、山西、内蒙古、吉林、黑龙江、安徽、山东、河南、湖北、广东、四川、云南、宁夏，其余省域波动合理。

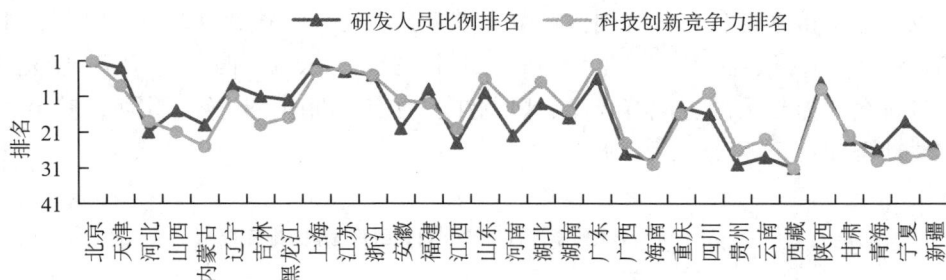

图 1-2-16 各省域研发人员比例排名与科技创新竞争力排名比较

2.2.2 各省域科技创新竞争力三级指标历年均值得分及排名分析

（1）各省域历年论文检索均值得分及排名分析

表 1-2-14 是论文检索历年均值得分及排名。由表 1-2-14 可知，论文检索得分及排名较高的省域包括北京（1）、上海（2）、江苏（3）、陕西（4）、浙江（5）、湖北（6）等省域；排名较靠后的省域包括西藏（31）、青海（30）、宁夏（29）、海南（28）、内蒙古（27）、贵州（26），其他处于中间层次。

表 1-2-14 各省域论文检索均值得分及排名

省 域	北京	天津	河北	山西	内蒙古	辽宁	吉林	黑龙江	上海	江苏	浙江
JSLW 得分	1.823	0.284	0.119	0.085	0.023	0.406	0.261	0.309	0.893	0.871	0.481
JSLW 排名	1	13	20	21	27	8	15	12	2	3	5

省 域	安徽	福建	江西	山东	河南	湖北	湖南	广东	广西	海南	重庆
JSLW 得分	0.264	0.167	0.074	0.386	0.164	0.477	0.345	0.436	0.051	0.010	0.174
JSLW 排名	14	17	22	9	18	6	11	7	24	28	16

省 域	四川	贵州	云南	西藏	陕西	甘肃	青海	宁夏	新疆		
JSLW 得分	0.382	0.024	0.072	0.000	0.508	0.145	0.005	0.005	0.029		
JSLW 排名	10	26	23	31	4	19	30	29	25		

注：JSLW 表示论文检索。

图 1-2-17 是各省域论文检索排名与科技创新竞争力排名比较。由图 1-2-17

可见，论文检索排名与科技创新竞争力排名基本吻合的省域有北京、山西、江苏、浙江、安徽、江西、广西、重庆、四川、贵州、云南、西藏、青海、宁夏；两者排名相差较大的省域有天津、黑龙江、河南、湖南、广东、陕西，其余省域波动合理。

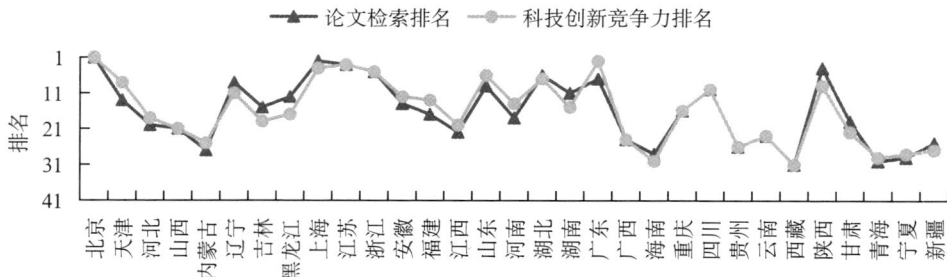

图1-2-17　各省域论文检索排名与科技创新竞争力排名比较

（2）各省域历年专利均值得分及排名分析

表1-2-15是专利历年均值得分及排名。由表1-2-15可知，专利得分及排名较高的省域包括北京（1）、江苏（2）、广东（3）、浙江（4）、上海（5）、山东（6）等省域；排名较靠后的省域包括西藏（31）、青海（30）、宁夏（29）、海南（28）、内蒙古（27）、新疆（26），其他处于中间层次。

表1-2-15　各省域专利均值得分及排名

省　域	北京	天津	河北	山西	内蒙古	辽宁	吉林	黑龙江	上海	江苏	浙江
专利得分	1.415	0.272	0.158	0.088	0.032	0.349	0.177	0.239	0.768	1.080	0.822
专利排名	1	13	19	21	27	10	18	14	5	2	4

省　域	安徽	福建	江西	山东	河南	湖北	湖南	广东	广西	海南	重庆
专利得分	0.322	0.231	0.087	0.584	0.231	0.390	0.295	0.954	0.077	0.013	0.191
专利排名	11	16	22	6	15	7	12	3	24	28	17

省　域	四川	贵州	云南	西藏	陕西	甘肃	青海	宁夏	新疆		
专利得分	0.365	0.047	0.079	0.001	0.363	0.097	0.006	0.012	0.039		
专利排名	8	25	23	31	9	20	30	29	26		

图 1-2-18 是各省域专利排名与科技创新竞争力排名比较。由图 1-2-18 可见，专利排名与科技创新竞争力排名基本吻合的省域有北京、山西、吉林、上海、江苏、浙江、山东、河南、湖北、湖南、广东、广西、海南、重庆、四川、西藏、青海、宁夏、新疆，其余省域波动合理。

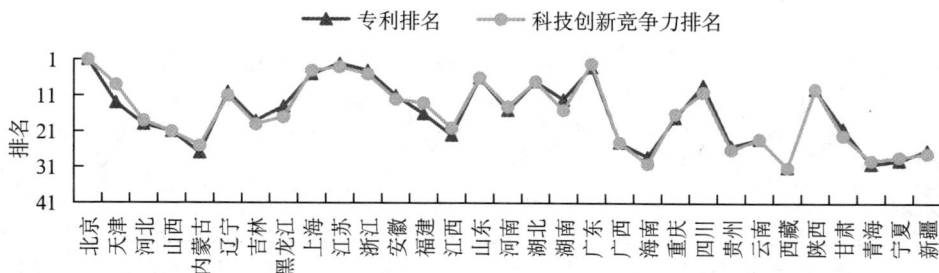

图 1-2-18　各省域专利排名与科技创新竞争力排名比较

（3）各省域历年技术合同成交金额均值得分及排名分析

表 1-2-16 是技术合同成交金额历年均值得分及排名。由表 1-2-16 可知，技术合同成交金额得分及排名较高的省域包括北京（1）、上海（2）、江苏（3）、广东（4）、湖北（5）、山东（6）等省域；排名较靠后的省域包括西藏（31）、宁夏（30）、青海（29）、海南（28）、贵州（27）、新疆（26），其他处于中间层次。

表 1-2-16　各省域技术合同成交金额均值得分及排名

省　域	北京	天津	河北	山西	内蒙古	辽宁	吉林	黑龙江	上海	江苏	浙江
CJJE 得分	1.692	0.294	0.125	0.101	0.074	0.349	0.162	0.199	0.833	0.827	0.361
CJJE 排名	1	11	19	21	24	9	17	14	2	3	7
省　域	安徽	福建	江西	山东	河南	湖北	湖南	广东	广西	海南	重庆
CJJE 得分	0.192	0.181	0.081	0.362	0.157	0.393	0.228	0.731	0.052	0.025	0.202
CJJE 排名	15	16	23	6	18	5	12	4	25	28	13
省　域	四川	贵州	云南	西藏	陕西	甘肃	青海	宁夏	新疆		
CJJE 得分	0.302	0.047	0.087	0.004	0.357	0.114	0.021	0.014	0.048		
CJJE 排名	10	27	22	31	8	20	29	30	26		

注：CJJE 表示技术合同成交金额。

图 1-2-19 是各省域技术合同成交金额排名与科技创新竞争力排名比较。由图 1-2-19 可见，技术合同成交金额排名与科技创新竞争力排名基本吻合的省域有北京、天津、河北、山西、内蒙古、江苏、安徽、山东、湖南、广西、海南、贵州、云南、西藏、青海、宁夏、新疆；两者排名相差较大的省域只有重庆，其余省域波动合理。

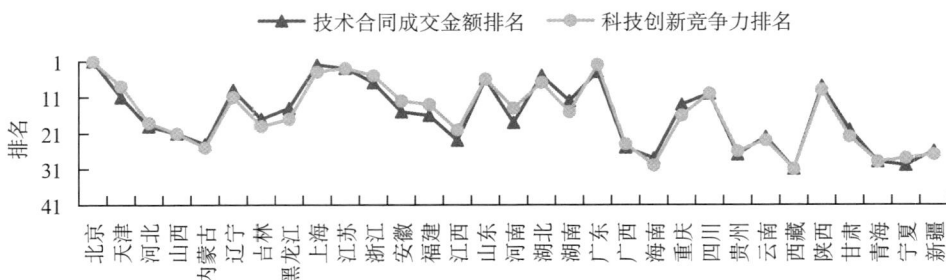

图 1-2-19　各省域技术合同成交金额排名与科技创新竞争力排名比较

（4）各省域历年新产品均值得分及排名分析

表 1-2-17 是新产品历年均值得分及排名。由表 1-2-17 可知，新产品得分及排名较高的省域包括北京（1）、江苏（2）、广东（3）、上海（4）、山东（5）、浙江（6）等省域；排名较靠后的省域包括西藏（31）、青海（30）、宁夏（29）、海南（28）、新疆（27）、内蒙古（26），其他处于中间层次。

表 1-2-17　各省域新产品均值得分及排名

省　域	北京	天津	河北	山西	内蒙古	辽宁	吉林	黑龙江	上海	江苏	浙江
新产品得分	1.004	0.261	0.089	0.060	0.018	0.251	0.150	0.160	0.841	1.210	0.366
新产品排名	3	10	19	22	26	11	18	17	4	2	6

省　域	安徽	福建	江西	山东	河南	湖北	湖南	广东	广西	海南	重庆
新产品得分	0.170	0.187	0.083	0.392	0.194	0.291	0.210	1.359	0.051	0.008	0.179
新产品排名	16	14	20	5	13	8	12	1	23	28	15

省　域	四川	贵州	云南	西藏	陕西	甘肃	青海	宁夏	新疆
新产品得分	0.300	0.023	0.042	0.001	0.287	0.073	0.003	0.004	0.015
新产品排名	11	26	23	31	9	22	29	28	27

图 1-2-20 是各省域新产品排名与科技创新竞争力排名比较。由图 1-2-20 可见，新产品排名与科技创新竞争力排名基本吻合的省域有天津、河北、山西、内蒙古、吉林、黑龙江、上海、江苏、浙江、福建、江西、山东、湖北、湖南、广东、广西、海南、西藏、青海、宁夏、新疆；两者排名相差较大的省域只有辽宁，其余省域波动合理。

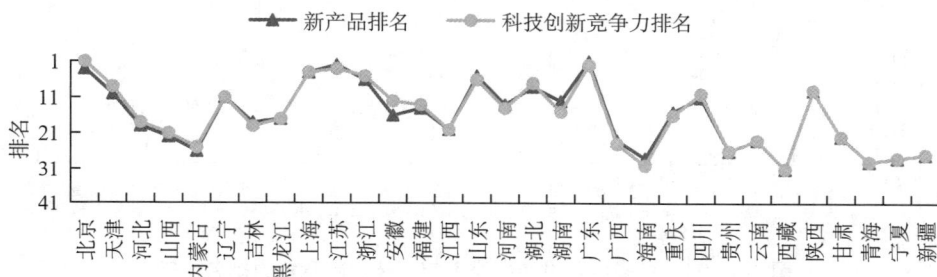

图 1-2-20　各省域新产品排名与科技创新竞争力排名比较

（5）各省域历年研发经费均值得分及排名分析

表 1-2-18 是研发经费历年均值得分及排名。由表 1-2-18 可知，研发经费得分及排名较高的省域包括北京（1）、江苏（2）、上海（3）、广东（4）、山东（5）、浙江（6）等省域；排名较靠后的省域包括西藏（31）、海南（30）、青海（29）、新疆（28）、贵州（27）、宁夏（26），其他处于中间层次。

表 1-2-18　各省域研发经费均值得分及排名

省　域	北京	天津	河北	山西	内蒙古	辽宁	吉林	黑龙江	上海	江苏	浙江
研发经费得分	1.611	0.416	0.188	0.144	0.075	0.413	0.227	0.268	0.855	0.925	0.569
研发经费排名	1	9	19	21	25	10	17	14	3	2	6

省　域	安徽	福建	江西	山东	河南	湖北	湖南	广东	广西	海南	重庆
研发经费得分	0.307	0.243	0.140	0.583	0.230	0.451	0.326	0.691	0.090	0.033	0.220
研发经费排名	13	15	22	5	16	8	12	4	24	30	18

省　域	四川	贵州	云南	西藏	陕西	甘肃	青海	宁夏	新疆		
研发经费得分	0.395	0.070	0.102	0.019	0.488	0.167	0.051	0.066	0.056		
研发经费排名	11	26	23	31	7	20	29	27	28		

　　图 1-2-21 是各省域研发经费排名与科技创新竞争力排名比较。由图 1-2-21
可见，研发经费排名与科技创新竞争力排名基本吻合的省域有北京、天津、河北、
山西、内蒙古、上海、江苏、浙江、安徽、山东、河南、湖北、湖南、广西、重庆、
贵州、西藏、青海；没有两者排名相差较大的省域，其余省域波动合理。

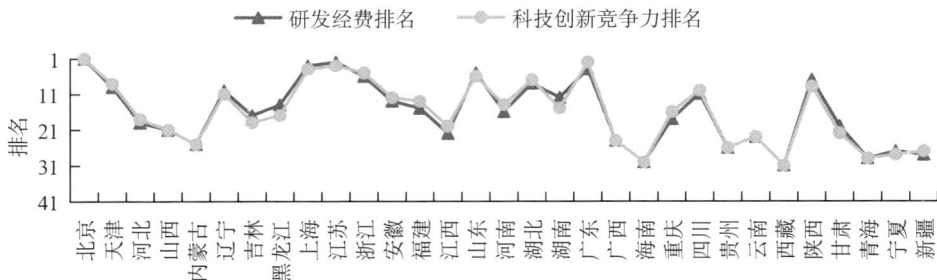

图 1-2-21　各省域研发经费排名与科技创新竞争力排名比较

　　（6）各省域历年研发人员均值得分及排名分析
　　表 1-2-19 是研发人员历年均值得分及排名。由表 1-2-19 可知，研发人员
得分及排名较高的省域包括北京（1）、江苏（2）、上海（3）、广东（4）、
浙江（5）、山东（6）等省域；排名较靠后的省域包括西藏（31）、海南（30）、
青海（29）、宁夏（28）、贵州（27）、新疆（26），其他处于中间层次。

表 1-2-19　各省域研发人员均值得分及排名

省　域	北京	天津	河北	山西	内蒙古	辽宁	吉林	黑龙江	上海	江苏	浙江
研发人员得分	1.302	0.301	0.152	0.107	0.057	0.325	0.198	0.237	0.676	0.822	0.526
研发人员排名	1	11	19	21	25	9	17	13	3	2	5
省　域	安徽	福建	江西	山东	河南	湖北	湖南	广东	广西	海南	重庆
研发人员得分	0.230	0.203	0.089	0.428	0.210	0.365	0.268	0.627	0.068	0.018	0.153
研发人员排名	14	16	22	6	15	8	12	4	24	30	18
省　域	四川	贵州	云南	西藏	陕西	甘肃	青海	宁夏	新疆		
研发人员得分	0.309	0.038	0.072	0.006	0.371	0.110	0.019	0.028	0.039		
研发人员排名	10	27	23	31	7	20	29	28	26		

图 1-2-22 是各省域研发人员排名与科技创新竞争力排名比较。由图 1-2-22 可见，研发人员排名与科技创新竞争力排名基本吻合的省域有北京、天津、河北、山西、内蒙古、上海、江苏、浙江、安徽、山东、河南、湖北、湖南、广西、重庆、四川、贵州、西藏、青海、宁夏、新疆；两者排名相差较大的省域只有陕西，其余省域波动合理。

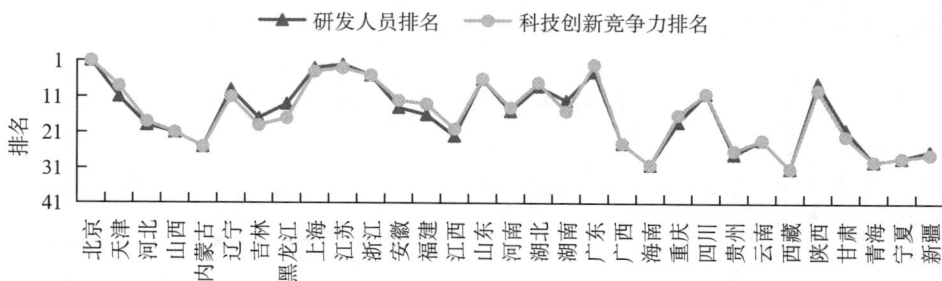

图 1-2-22 各省域研发人员排名与科技创新竞争力排名比较

2.2.3 各省域科技创新竞争力二级指标历年均值得分及排名分析

（1）各省域历年科技产出指标均值得分及排名

表 1-2-20 是科技产出历年均值得分及排名。由表 1-2-20 可知，科技产出得分及排名较高的省域包括北京（1）、广东（2）、江苏（3）、上海（4）、

表 1-2-20 各省域科技产出均值得分及排名

省　域	北京	天津	河北	山西	内蒙古	辽宁	吉林	黑龙江	上海	江苏	浙江
KJCC 得分	3.307	0.706	0.323	0.214	0.115	0.770	0.374	0.463	2.048	2.760	1.340
KJCC 排名	1	11	19	22	25	10	18	17	4	3	5

省　域	安徽	福建	江西	山东	河南	湖北	湖南	广东	广西	海南	重庆
KJCC 得分	0.571	0.529	0.222	1.181	0.518	0.872	0.586	2.866	0.160	0.042	0.503
KJCC 排名	13	14	20	6	15	7	12	2	24	28	16

省　域	四川	贵州	云南	西藏	陕西	甘肃	青海	宁夏	新疆		
KJCC 得分	0.808	0.107	0.179	0.005	0.796	0.221	0.029	0.028	0.091		
KJCC 排名	8	26	23	31	9	21	29	30	27		

注：KJCC 表示科技产出。

浙江（5）、山东（6）等省域；排名较靠后的省域包括西藏（31）、宁夏（30）、青海（29）、海南（28）、新疆（27）、贵州（26），其他处于中间层次。

图1-2-23是各省域科技产出排名与科技创新竞争力排名比较。由图1-2-23可见，科技产出排名与科技创新竞争力排名基本吻合的省域有北京、天津、河北、山西、内蒙古、吉林、黑龙江、上海、江苏、浙江、安徽、福建、江西、山东、河南、湖北、湖南、广东、广西、海南、重庆、四川、贵州、西藏、青海、宁夏、新疆；没有两者排名相差较大的省域，其余省域波动合理。

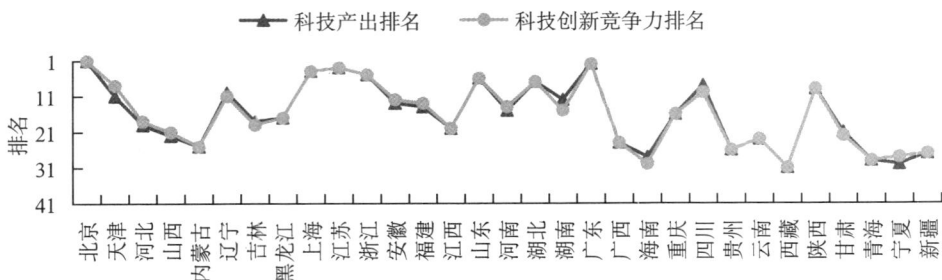

图1-2-23　各省域科技产出排名与科技创新竞争力排名比较

（2）各省域历年科技投入指标均值得分及排名

表1-2-21是科技投入历年均值得分及排名。由表1-2-21可知，科技投入得分及排名较高的省域包括北京（1）、江苏（2）、广东（3）、上海（4）、

表 1-2-21　各省域科技投入均值得分及排名

省　域	北京	天津	河北	山西	内蒙古	辽宁	吉林	黑龙江	上海	江苏	浙江
KJTR 得分	2.038	0.582	0.285	0.212	0.121	0.543	0.300	0.356	1.102	1.338	0.864
KJTR 排名	1	9	19	20	25	10	17	16	4	2	5
省　域	安徽	福建	江西	山东	河南	湖北	湖南	广东	广西	海南	重庆
KJTR 得分	0.411	0.367	0.194	0.829	0.364	0.590	0.430	1.113	0.134	0.046	0.292
KJTR 排名	13	14	22	6	15	8	12	3	24	30	18
省　域	四川	贵州	云南	西藏	陕西	甘肃	青海	宁夏	新疆		
KJTR 得分	0.523	0.097	0.140	0.025	0.619	0.207	0.067	0.092	0.082		
KJTR 排名	11	26	23	31	7	21	29	27	28		

注：KJTR 表示科技投入。

浙江（5）、山东（6）等省域；排名较靠后的省域包括西藏（31）、海南（30）、青海（29）、新疆（28）、宁夏（27）、贵州（26），其他处于中间层次。

　　图1-2-24是各省域科技投入排名与科技创新竞争力排名比较。由图1-2-24可见，科技投入排名与科技创新竞争力排名基本吻合的省域有北京、天津、河北、山西、内蒙古、黑龙江、上海、江苏、浙江、安徽、福建、山东、河南、湖北、湖南、广东、广西、重庆、贵州、西藏、青海、宁夏；没有两者排名相差较大的省域，其余省域波动合理。

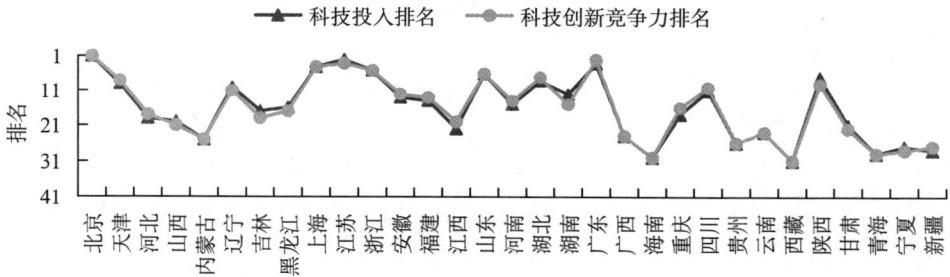

图1-2-24　各省域科技投入排名与科技创新竞争力排名比较

第二部分

分省域科技创新竞争力及影响因素分析报告 ①

---

① 本部分中,第一、第二类省域科技创新竞争力分析侧重得分与排名,第三、第四类省域侧重得分与增长率。

1 北京科技创新竞争力各指标及影响因素分析

1.1 科技创新竞争力得分及排名分析

图 2-1-1 是 2001—2018 年北京科技创新竞争力历年得分及排名。北京科技创新竞争力得分呈逐年上升趋势。排名呈波动趋势，从 2001 年的第 1 位波动下降至 2018 年的第 2 位。

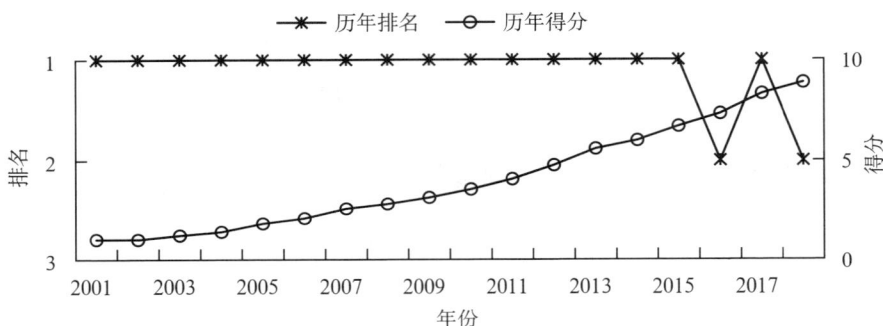

图 2-1-1　北京历年科技创新竞争力得分及排名

1.2 科技创新竞争力各指标得分及排名

（1）SCI 检索论文得分及排名

由图 2-1-2 可知，北京 SCI 检索论文得分呈逐年上升趋势，排名一直处于第 1 位。

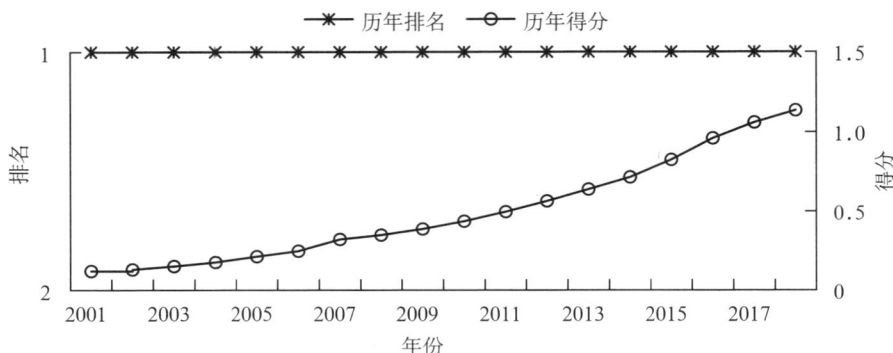

图 2-1-2　北京 SCI 检索得分及排名

（2）EI 检索论文得分及排名

图 2-1-3 是 2001—2018 年北京 EI 检索论文历年得分及排名。北京 EI 检索论文得分呈逐年上升趋势，排名始终处于第 1 位。

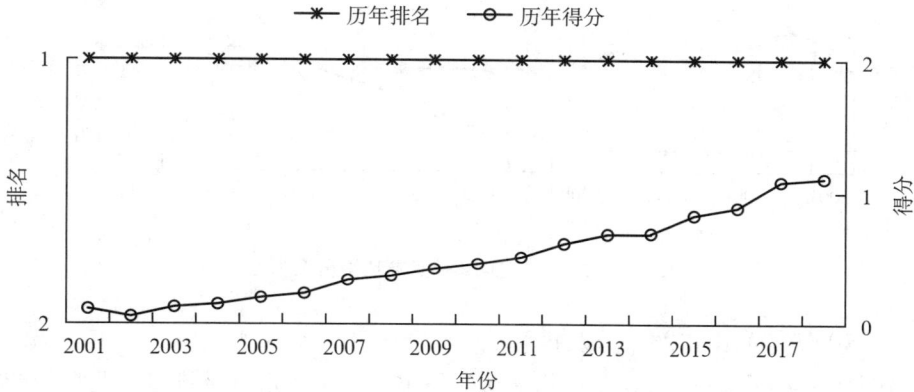

图 2-1-3　北京 EI 检索得分及排名

（3）发明专利得分及排名

图 2-1-4 是 2001—2018 年北京发明专利历年得分及排名。北京发明专利得分呈逐年上升趋势，排名在第 1 位到第 2 位之间波动。

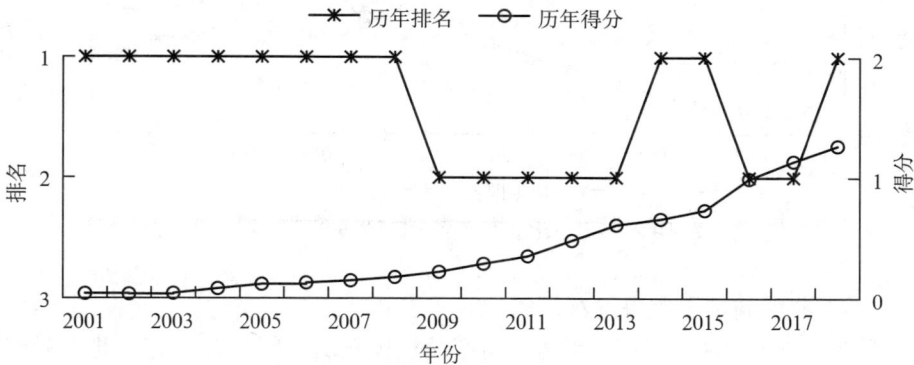

图 2-1-4　北京发明专利得分及排名

（4）实用新型专利得分及排名

图 2-1-5 是 2001—2018 年北京实用新型专利历年得分及排名。北京实用新

型专利得分呈逐年波动上升趋势，排名在第 4 位到第 6 位之间波动。

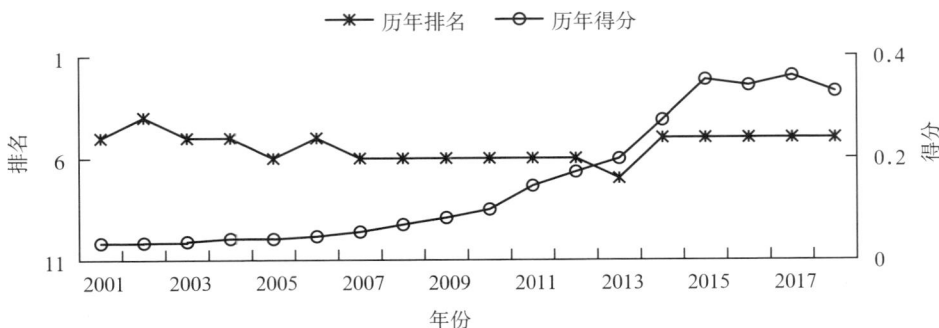

图 2-1-5　北京实用新型专利得分及排名

（5）新产品出口额得分及排名

图 2-1-6 是 2001—2018 年北京新产品出口额历年得分及排名。北京新产品出口额得分呈波动上升趋势，排名从 2001 年的第 6 位波动下降至 2018 年的第 13 位。

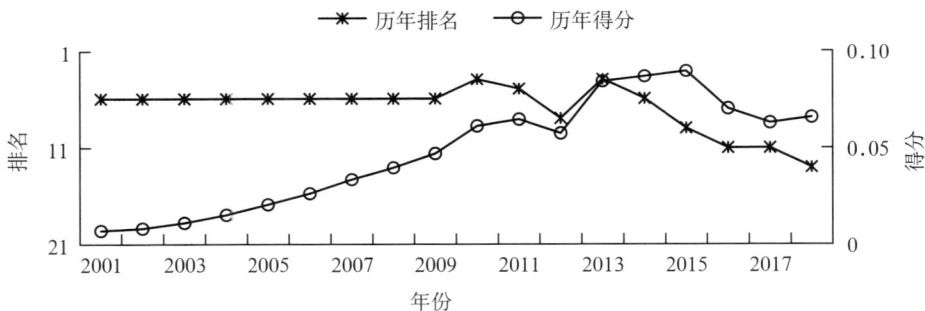

图 2-1-6　北京新产品出口额得分及排名

（6）新产品销售额得分及排名

图 2-1-7 是 2001—2018 年北京新产品销售额历年得分及排名。北京新产品销售额得分呈逐年上升趋势，排名从 2001 年的第 5 位波动下降至 2018 年的第 9 位。

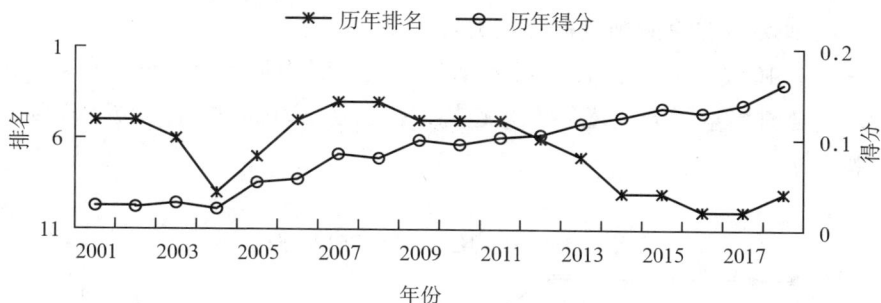

图 2-1-7　北京新产品销售额得分及排名

（7）技术合同流出金额得分及排名

图 2-1-8 是 2001—2018 年北京技术合同流出金额历年得分及排名。北京技术合同流出金额得分呈波动上升趋势，排名从 2001 年的第 1 位波动回归至 2018 年的第 1 位。

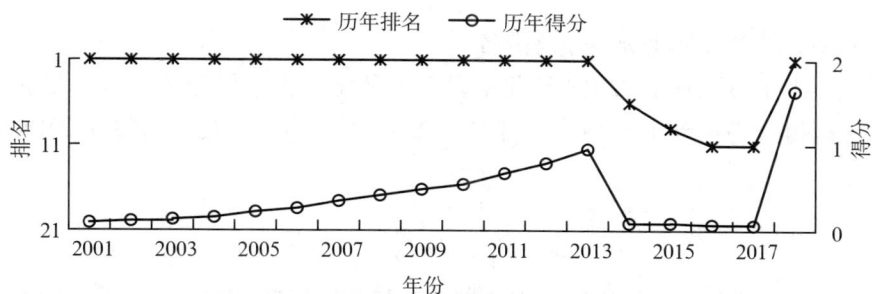

图 2-1-8　北京技术合同流出金额得分及排名

（8）技术合同流入金额得分及排名

图 2-1-9 是 2001—2018 年北京技术合同流入金额历年得分及排名。北京技术合同流入金额得分呈逐年上升趋势，排名一直处于第 1 位。

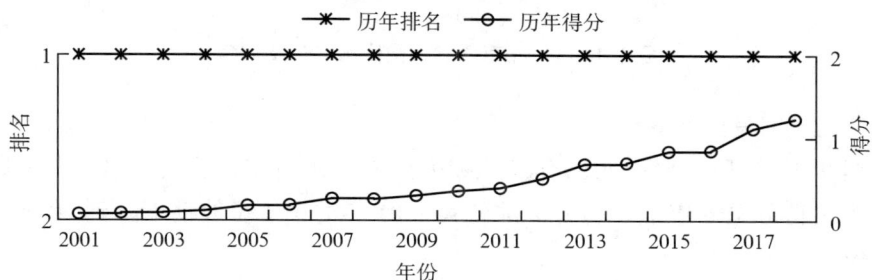

图 2-1-9　北京技术合同流入金额得分及排名

（9）研发人员全时当量得分及排名

图 2-1-10 是 2001—2018 年北京研发人员全时当量历年得分及排名。北京研发人员全时当量得分呈逐年上升趋势，排名从 2001 年的第 1 位下降到 2018年的第 5 位。

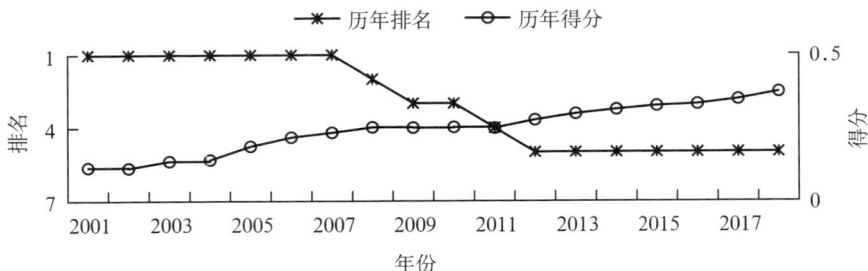

图 2-1-10　北京研发人员全时当量得分及排名

（10）研发人员比例得分及排名

图 2-1-11 是 2001—2018 年北京研发人员比例历年得分及排名。北京研发人员比例得分呈波动上升趋势。排名从 2001 年的第 1 位波动回归到 2018 年的第 1 位。

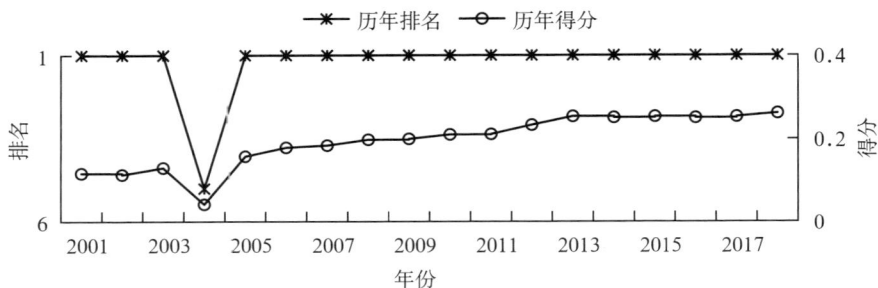

图 2-1-11　北京研发人员比例得分及排名

（11）研发经费支出得分及排名

图 2-1-12 是 2001—2018 年北京研发经费支出历年得分及排名。北京研发经费支出得分呈逐年上升趋势，排名从 2001 年的第 1 位波动下降到 2018 年的第 4 位。

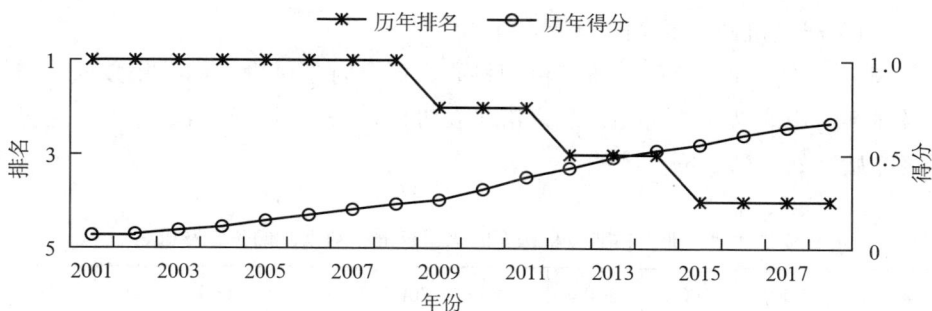

图 2-1-12　北京研发经费支出得分及排名

（12）研发经费投入强度得分及排名

图 2-1-13 是 2001—2018 年北京研发经费投入强度历年得分及排名。北京研发经费投入强度得分呈逐年上升趋势，排名始终处于第 1 位。

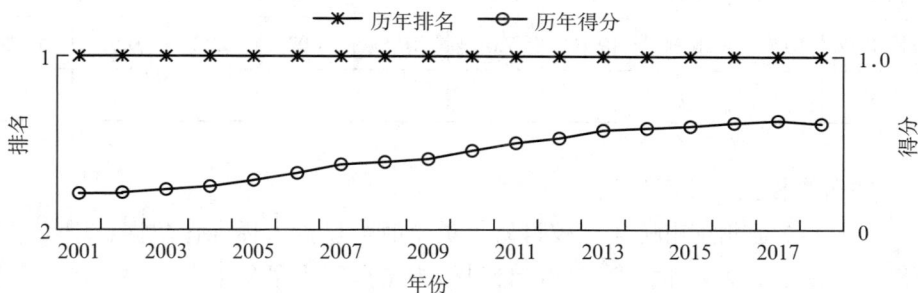

图 2-1-13　北京研发经费投入强度得分及排名

1.3　科技创新竞争力投入要素细分

1.3.1　研发人员投入分析

研发人员以全时当量（原始数据单位：人年）为基础，分别从各省域总研发全时当量、研发机构科研人员全时当量、高校研发人员全时当量、大中型企业研发人员全时当量几个方面来进行分析。为了使横向及纵向比较清晰、简化，相关数据经平均值法标准化处理。在此需要说明的是，这里的均值标准化并非某年的均值，而是各分析单元面板数据的总体均值，只有这样处理才能进行横向及纵向标准化数据及排名比较，以下涉及均值标准化数据均按此方法得出。

（1）研发机构人员全时当量分析

表 2-1-1 是北京市历年研发机构科研人员全时当量投入标准化数据、增长率及排名。由表 2-1-1 可知，北京市研发机构科研人员全时当量呈上升趋势，排名亦始终处于第 1 位。

表 2-1-1　北京市研发机构全时当量标准化数据、增长率及排名

年份	2001	2002	2003	2004	2005	2006	2007	2008	2009
得分	6.443	5.687	4.964	5.458	5.690	5.794	6.213	6.627	7.411
增长率 /%		−11.7	−12.7	9.95	4.25	1.83	7.23	6.66	11.8
排名	1	1	1	1	1	1	1	1	1
年份	2010	2011	2012	2013	2014	2015	2016	2017	2018
得分	7.472	8.095	8.832	9.457	10.45	10.87	10.97	11.06	11.19
增长率 /%	0.82	8.34	9.10	7.08	10.5	4.02	0.92	0.82	1.18
排名	1	1	1	1	1	1	1	1	1

（2）高校人员全时当量分析

表 2-1-2 是北京市历年高校科研人员全时当量投入标准化数据、增长率及排名。由表 2-1-2 可知，北京市高校科研人员全时当量呈上升趋势，排名亦始终处于第 1 位。

表 2-1-2　北京市高校全时当量标准化数据、增长率及排名

年份	2001	2002	2003	2004	2005	2006	2007	2008	2009
得分	2.059	2.115	2.197	2.294	2.450	2.881	2.966	3.138	3.003
增长率 /%		2.72	3.88	4.42	6.80	17.6	2.95	5.80	−4.30
排名	1	1	1	1	1	1	1	1	1
年份	2010	2011	2012	2013	2014	2015	2016	2017	2018
得分	3.127	3.634	3.648	3.777	3.883	4.057	4.166	3.908	3.127
增长率 /%	4.13	16.2	0.39	3.54	2.81	4.48	2.69	−6.19	−20.0
排名	1	1	1	1	1	1	1	1	1

（3）大中型企业人员全时当量分析

表 2-1-3 是北京市历年大中型企业科研人员全时当量投入标准化数据、增长率及排名。由表 2-1-3 可知，北京市大中型企业人员全时当量总体呈上升趋势。2006 年增长突出（100% ～ 500%），2009 年、2013 年增长显著（30% ～ 100%）。

表 2-1-3 北京市大中型企业全时当量标准化数据、增长率及排名

年份	2001	2002	2003	2004	2005	2006	2007	2008	2009
得分	0.260	0.254	0.301	0.230	0.291	0.735	0.543	0.436	0.583
增长率/%		−2.31	18.5	−23.6	26.5	153	−26.1	−19.7	33.7
排名	9	15	12	14	14	6	11	16	14
年份	2010	2011	2012	2013	2014	2015	2016	2017	2018
得分	0.659	0.666	0.716	1.221	1.311	1.422	1.415	1.244	1.253
增长率/%	13.0	1.06	7.51	70.5	7.37	8.47	−0.49	−12.1	0.72
排名	13	15	16	12	13	15	15	14	14

1.3.2 研发经费支出分析

研发经费包括总研发经费（原始数据单位：万元）支出、人均研发经费支出（原始数据单位：万元/人年）、研发机构经费支出、人均研发机构经费支出、高校研发经费支出、人均高校研发经费支出、企业研发经费支出、人均企业研发经费支出、基础研发经费支出、人均基础研发经费支出、试验研发经费支出、人均试验研发经费支出、应用研发经费支出、人均应用研发经费支出。如无特殊说明，这里的支出均指总量指出，以下逐一分析。

（1）研发机构研发经费内部支出

表 2-1-4 是北京市历年研发机构内部经费总支出、人均研发机构经费内部支出标准化数据、增长率及排名。由表 2-1-4 可知，北京总经费内部支出与研发机构人均经费内部支出历年标准化数据均呈上升趋势，排名均处于第 1 位。人均投入 2010 年增长显著，2018 年下降明显（降幅超 30%）。

表 2-1-4　北京市研发机构经费支出标准化数据、增长率及排名

年　　份		2001	2002	2003	2004	2005	2006	2007	2008	2009
总投入	数据	3.101	2.712	2.868	3.696	4.351	4.889	5.734	5.975	7.491
	增长率/%		−12.5	5.75	28.9	17.7	12.4	17.3	4.20	25.4
	排名	1	1	1	1	1	1	1	1	1
人均投入	数据	2.990	2.244	2.460	2.628	3.233	2.636	2.739	2.899	3.263
	增长率/%		−24.9	9.63	6.83	23.0	−18.5	3.91	5.84	12.6
	排名	1	1	1	1	1	1	1	1	1
年　　份		2010	2011	2012	2013	2014	2015	2016	2017	2018
总投入	数据	8.213	10.16	12.66	13.68	15.39	18.98	20.20	22.14	23.02
	增长率/%	9.64	23.7	24.6	8.06	12.5	23.3	6.43	9.60	3.97
	排名	1								
人均投入	数据	4.318	5.338	5.146	5.340	6.403	6.723	7.362	7.419	4.318
	增长率/%	32.3	23.6	−3.60	3.77	19.9	5.00	9.50	0.77	−41.8
	排名	1	1	1	1	1	1	1	1	1

（2）高校研发经费支出

表 2-1-5 是北京市历年高校经费支出、人均高校经费支出标准化数据、增长率及排名。由表 2-1-5 可知，北京市 2001—2018 年高校经费总量呈上升趋势；高校经费支出排名始终处于第 1 位。人均高校研发经费支出标准化数据自 2001年开始逐年增加，排名除 2006 年之外，在第 1 位到第 10 位波动，2011 年后排名均列前两位。总投入 2002 年、2012 年增长显著，人均投入 2012 年增长显著。

（3）大中型企业研发经费支出

表 2-1-6 是北京市历年大中型企业经费支出、人均大中型企业经费支出标准化数据、增长率及排名。由表 2-1-6 可知，北京市 2001—2018 年大中型企业经费总量呈上升趋势；大中型企业经费支出排名在第 6 位到第 14 位波动。人均研发经费支出标准化数据自 2001 年开始逐年增加，排名在第 29 位到第 30 位波动。总投入 2003 年、2004 年、2008 年、2011 年、2013 年增长显著，人均投入2003 年、2005 年、2008 年、2011 年、2013 年增长显著。

表 2-1-5 北京市高校经费支出标准化数据、增长率及排名

年 份		2001	2002	2003	2004	2005	2006	2007	2008	2009
总投入及排名	数据	0.787	1.170	1.399	1.580	1.705	1.926	2.453	2.498	3.196
	增长率 /%		48.7	19.6	12.9	7.91	13.0	27.4	1.83	27.9
	排名	1	1	1	1	1	1	1	1	1
人均投入排名	数据	0.724	0.923	1.144	1.071	1.208	0.990	1.117	1.156	1.327
	增长率 /%		27.5	23.9	−6.38	12.8	−18.0	12.8	3.49	14.8
	排名	4	2	2	4	4	13	10	8	6
年 份		2010	2011	2012	2013	2014	2015	2016	2017	2018
总投入及排名	数据	3.744	4.697	7.387	8.272	9.183	9.164	9.768	10.91	10.76
	增长率 /%	17.1	25.5	57.3	12.0	11.0	−0.21	6.59	11.7	−1.37
	排名	1	1	1	1	1	1	1	1	1
人均投入排名	数据	1.539	1.908	2.971	2.966	3.038	2.947	3.101	3.458	3.308
	增长率 /%	16.0	24.0	55.7	−0.17	2.43	−3.00	5.23	11.5	−4.34
	排名	7	2	1	1	1	2	1	3	2

表 2-1-6 北京市企业经费支出标准化数据、增长率及排名

年 份		2001	2002	2003	2004	2005	2006	2007	2008	2009
总投入及排名	数据	0.117	0.124	0.166	0.225	0.284	0.325	0.313	0.464	0.483
	增长率 /%		5.99	33.9	35.5	26.2	14.4	−3.69	48.2	4.09
	排名	10	7	6	6	7	7	7	7	9
人均投入排名	数据	0.138	0.126	0.175	0.196	0.259	0.215	0.184	0.277	0.258
	增长率 /%		−8.70	38.9	12	32.1	−17.0	−14.4	50.5	−6.86
	排名	30	25	28	28	28	29	29	29	29
年 份		2010	2011	2012	2013	2014	2015	2016	2017	2018
总投入及排名	数据	0.560	0.897	0.837	1.301	1.557	1.681	1.842	1.926	2.011
	增长率 /%	15.9	60.2	−6.69	55.4	19.7	7.96	9.58	4.56	4.41
	排名	11	11	13	12	14	14	14	13	14
人均投入排名	数据	0.296	0.470	0.434	0.601	0.664	0.697	0.754	0.787	0.797
	增长率 /%	14.7	58.8	−7.66	38.5	10.5	4.97	8.18	4.38	1.27
	排名	29	29	29	30	30	30	30	30	30

2 天津科技创新竞争力各指标及影响因素分析

2.1 科技创新竞争力得分及排名分析

图 2-2-1 是 2001—2018 年天津科技创新竞争力历年得分及排名。天津科技创新竞争力得分呈逐年上升趋势，排名呈波动趋势，从 2001 年的第 8 位波动下降至 2018 年的第 10 位。

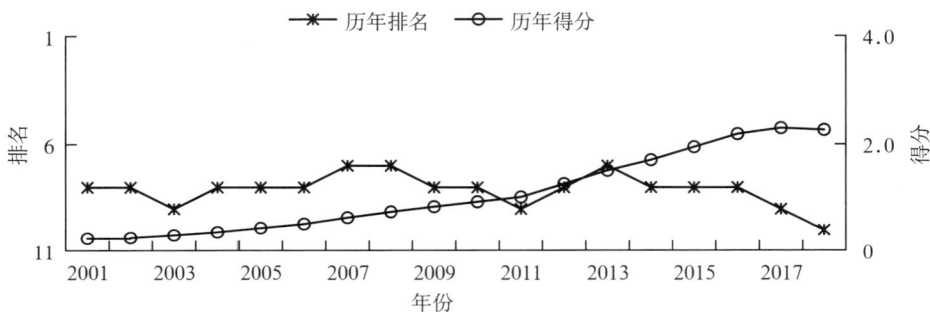

图 2-2-1　天津历年科技创新竞争力得分及排名

2.2 科技创新竞争力各指标得分及排名

（1）SCI 检索论文得分及排名

图 2-2-2 是 2001—2018 年天津 SCI 检索论文历年得分及排名。天津 SCI 检索论文得分呈逐年上升趋势，排名由 2001 年的第 10 位下降到 2018 年的第 12 位。

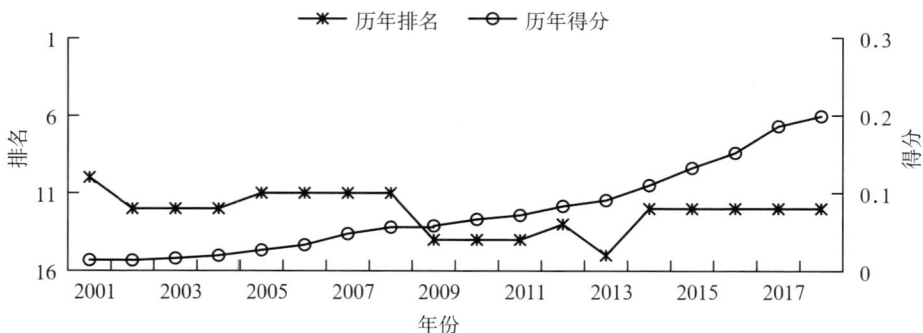

图 2-2-2　天津 SCI 检索得分及排名

（2）EI 检索论文得分及排名

图 2-2-3 是 2001—2018 年天津 EI 检索论文历年得分及排名。天津 EI 检索论文得分呈逐年上升趋势，排名从 2001 年的第 15 位波动上升至 2018 年的第 13 位。

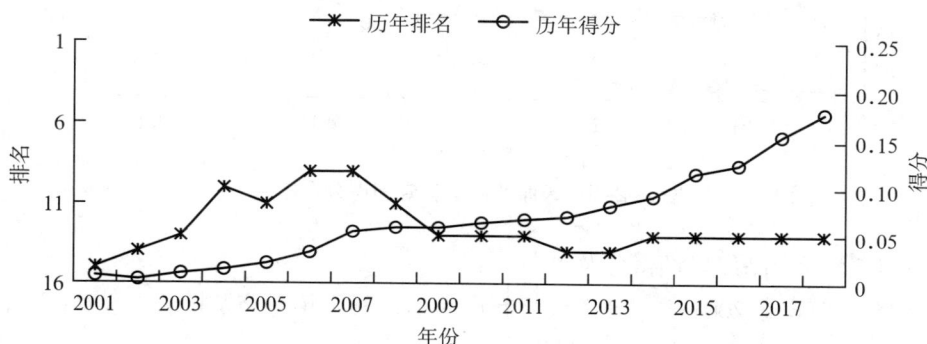

图 2-2-3　天津 EI 检索得分及排名

（3）发明专利得分及排名

图 2-2-4 是 2001—2018 年天津发明专利历年得分及排名。天津发明专利得分呈逐年上升趋势，排名从 2001 年的第 15 位波动下降到 2018 年的第 16 位。

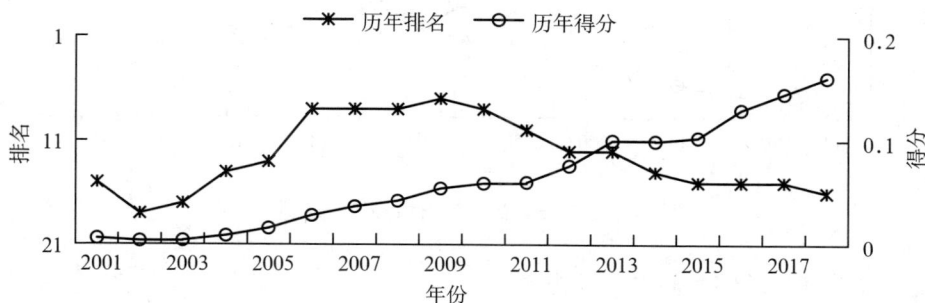

图 2-2-4　天津发明专利得分及排名

（4）实用新型专利得分及排名

图 2-2-5 是 2001—2018 年天津实用新型专利历年得分及排名。天津实用新型专利得分呈波动上升趋势，排名从 2001 年的第 17 位波动上升至 2018 年的第 11 位。

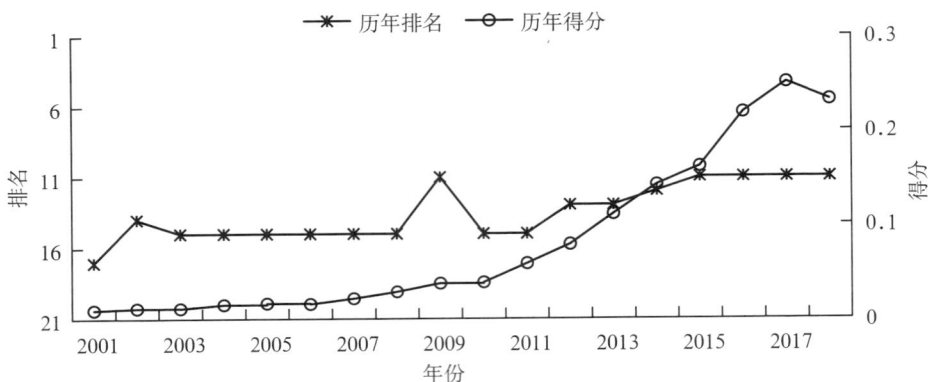

图 2-2-5　天津实用新型专利得分及排名

（5）新产品出口额得分及排名

图 2-2-6 是 2001—2018 年天津新产品出口额历年得分及排名。天津新产品出口额得分呈波动上升趋势，排名从 2001 年的第 4 位波动下降至 2018 年的第 9 位。

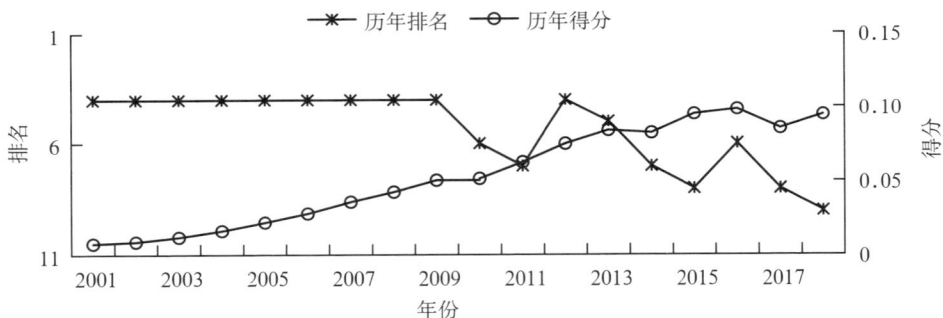

图 2-2-6　天津新产品出口额得分及排名

（6）新产品销售额得分及排名

图 2-2-7 是 2001—2018 年天津新产品销售额历年得分及排名。天津新产品销售额得分呈波动上升趋势，排名从 2001 年的第 7 位波动下降至 2018 年的第 10 位。

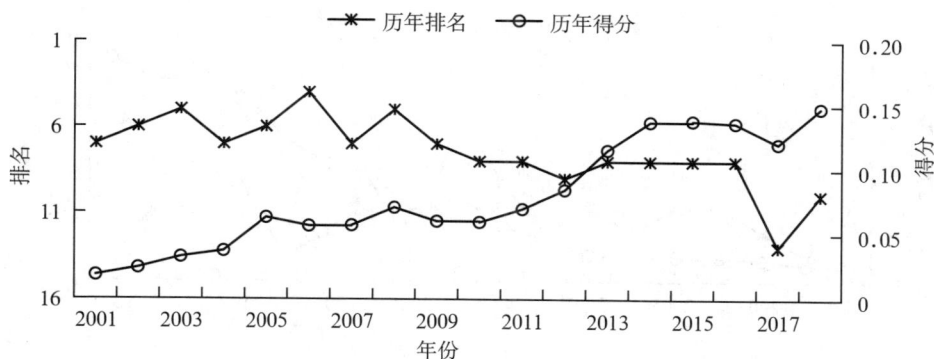

图 2-2-7　天津新产品销售额得分及排名

（7）技术合同流出金额得分及排名

图 2-2-8 是 2001—2018 年天津技术合同流出金额历年得分及排名。天津技术合同流出金额得分呈波动上升趋势，排名从 2001 年的第 11 位波动上升至 2018 年的第 6 位。

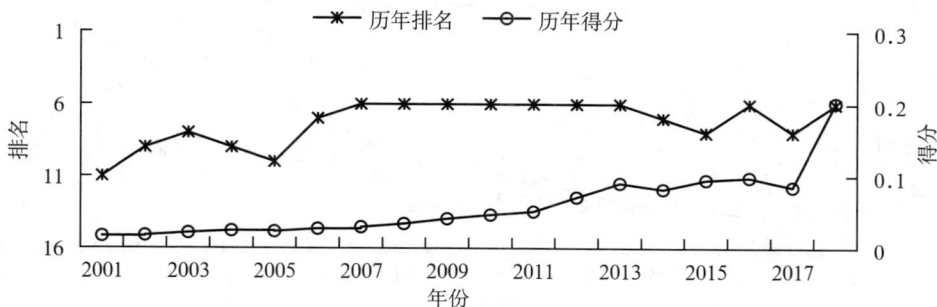

图 2-2-8　天津技术合同流出金额得分及排名

（8）技术合同流入金额得分及排名

图 2-2-9 是 2001—2018 年天津技术合同流入金额历年得分及排名。天津技术合同流入金额得分呈逐年上升趋势，排名从 2001 年的第 8 位波动下降至 2018 年的第 10 位。

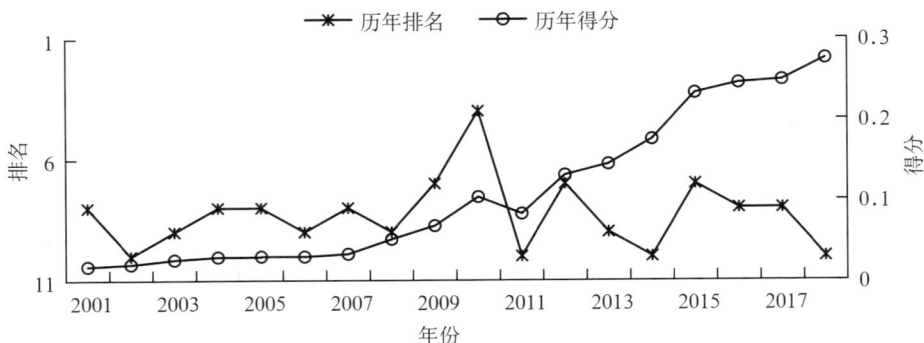

图 2-2-9　天津技术合同流入金额得分及排名

（9）研发人员全时当量得分及排名

图 2-2-10 是 2001—2018 年天津研发人员全时当量历年得分及排名。天津研发人员全时当量得分呈波动上升趋势，排名从 2001 年的第 17 位波动上升到 2018 年的第 14 位。

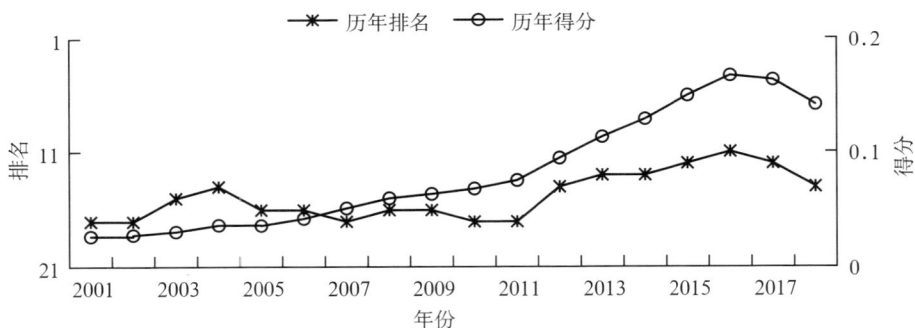

图 2-2-10　天津研发人员全时当量得分及排名

（10）研发人员比例得分及排名

图 2-2-11 是 2001—2018 年天津研发人员比例历年得分及排名。天津研发人员比例得分呈波动上升趋势，排名从 2001 年的第 3 位波动下降到 2018 年的第 4 位。

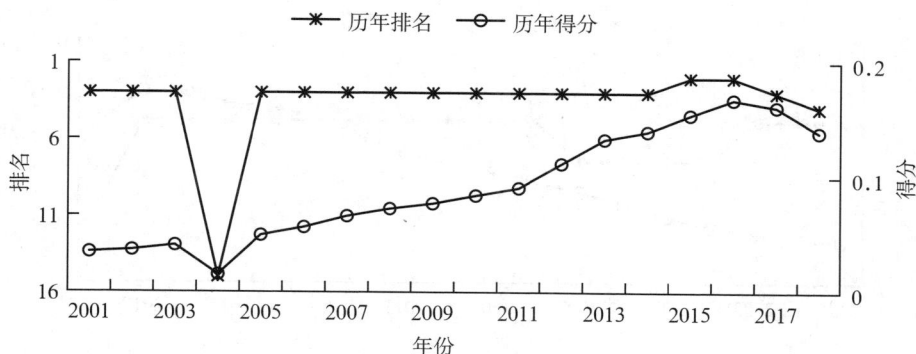

图 2-2-11 天津研发人员比例得分及排名

（11）研发经费支出得分及排名

图 2-2-12 是 2001—2018 年天津研发经费支出历年得分及排名。天津研发经费支出得分呈波动上升趋势，排名从 2001 年的第 13 位波动下降到 2018 年的第 14 位。

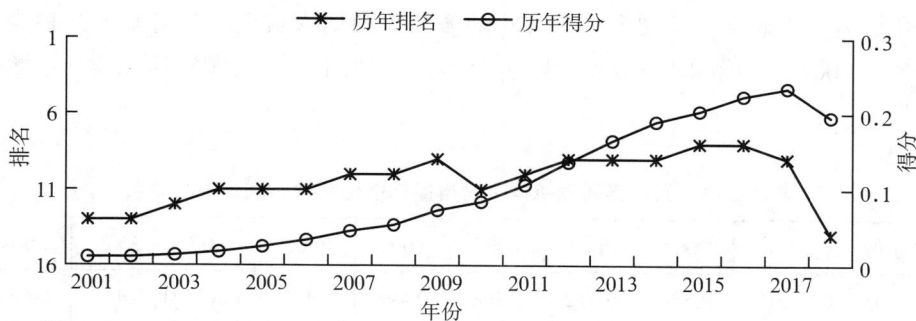

图 2-2-12 天津研发经费支出得分及排名

（12）研发经费投入强度得分及排名

图 2-2-13 是 2001—2018 年天津研发经费投入强度历年得分及排名。天津研发经费投入强度得分呈波动上升趋势，排名从 2001 年的第 3 位波动下降到 2018 年的第 5 位。

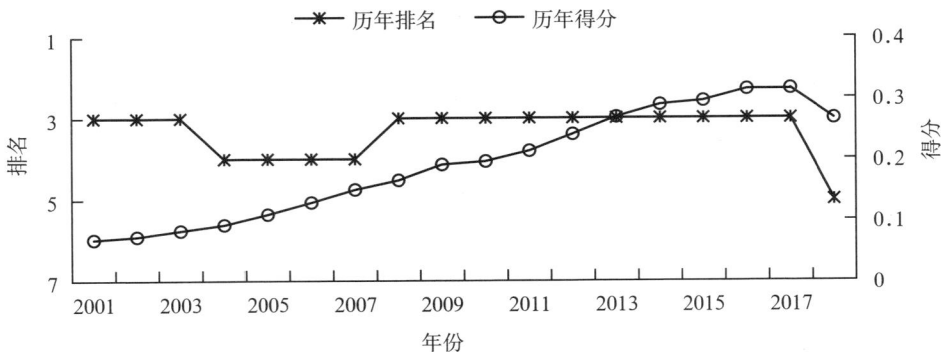

图 2-2-13 天津研发经费投入强度得分及排名

2.3 科技创新竞争力投入要素分析

2.3.1 研发人员投入分析

（1）研发机构人员全时当量分析

表 2-2-1 是天津市历年研发机构科研人员全时当量投入标准化数据、增长率及排名。由表 2-2-1 可知，天津市研发机构科研人员全时当量呈上升趋势，排名从 2001 年的第 10 位波动下降至 2018 年的第 12 位。2005 年、2009 年增长显著。

表 2-2-1 天津市研发机构全时当量标准化数据、增长率及排名

年份	2001	2002	2003	2004	2005	2006	2007	2008	2009
得分	0.619	0.554	0.412	0.368	0.494	0.487	0.475	0.477	0.646
增长率 /%		−10.5	−25.6	−10.7	34.2	−1.42	−2.46	0.42	35.4
排名	10	12	16	17	14	14	15	17	11
年份	2010	2011	2012	2013	2014	2015	2016	2017	2018
得分	0.542	0.693	0.719	0.819	0.891	0.967	1.113	1.136	1.187
增长率 /%	−16.1	27.9	3.75	13.9	8.79	8.53	15.1	2.07	4.49
排名	17	13	14	11	12	12	11	11	12

（2）高校人员全时当量分析

表 2-2-2 是天津市历年高校科研人员全时当量投入标准化数据、增长率及排名。由表 2-2-2 可知，天津市高校人员全时当量呈上升趋势，排名从 2001 年的第 17 位波动回归至 2018 年的第 17 位。

表 2-2-2　天津市高校全时当量标准化数据、增长率及排名

年份	2001	2002	2003	2004	2005	2006	2007	2008	2009
得分	0.607	0.564	0.606	0.635	0.646	0.748	0.797	0.842	0.959
增长率 /%		−7.08	7.45	4.79	1.73	15.8	6.55	5.65	13.9
排名	17	15	16	16	16	14	15	15	15
年份	2010	2011	2012	2013	2014	2015	2016	2017	2018
得分	1.010	0.971	1.075	1.092	1.154	1.310	1.349	1.374	1.252
增长率 /%	5.32	−3.86	10.7	1.58	5.68	13.5	2.98	1.85	−8.88
排名	15	14	16	16	16	15	14	14	17

（3）大中型企业科研人员全时当量分析

表 2-2-3 是天津市历年大中型企业科研人员全时当量投入标准化数据、增长率及排名。由表 2-2-3 可知，天津市大中型企业科研人员全时当量标准化数据呈上升趋势，排名从 2001 年的第 13 位波动上升至 2018 年的第 12 位。2006 年、2009 年、2013 年增长显著。

表 2-2-3　天津市大中型企业科研人员全时当量标准化数据、增长率及排名

年份	2001	2002	2003	2004	2005	2006	2007	2008	2009
得分	0.212	0.186	0.226	0.208	0.213	0.297	0.305	0.319	0.437
增长率 /%		−12.3	21.5	−7.96	2.40	39.4	2.69	4.59	37.0
排名	13	18	17	15	20	16	19	20	19
年份	2010	2011	2012	2013	2014	2015	2016	2017	2018
得分	0.534	0.567	0.690	1.172	1.487	1.670	1.936	2.065	1.919
增长率 /%	22.2	6.18	21.7	69.9	26.9	12.3	15.9	6.66	−7.07
排名	18	18	17	13	11	11	10	10	12

2.3.2 研发经费支出分析

（1）研发机构研发经费支出

表 2-2-4 是天津市历年研发机构经费内部总支出、人均研发机构经费内部支出标准化数据、增长率及排名。由表 2-2-4 可知，天津总研发经费内部支出与人均科研经费内部支出历年标准化数据均呈上升趋势；总研发经费内部支出排名从 2001 年的第 10 位波动回归至 2018 年的第 10 位；人均研发经费内部支出排名从 2001 年的第 9 位波动下降至 2018 年的第 14 位。总投入 2005 年、2012 年、2015 年增长显著，2010 年增长突出；人均投入 2010 年增长突出。

表 2-2-4　天津市研发机构经费支出标准化数据、增长率及排名

年　　份		2001	2002	2003	2004	2005	2006	2007	2008	2009
总投入及排名	数据	0.176	0.166	0.141	0.153	0.217	0.264	0.289	0.310	0.296
	增长率 /%		−5.68	−15.1	8.51	41.8	21.7	9.47	7.27	−4.52
	排名	10	11	12	15	11	10	14	13	16
人均投入排名	数据	0.751	0.584	0.484	0.477	0.615	0.729	0.707	0.681	0.539
	增长率 /%		−22.2	−17.1	−1.45	28.9	18.5	−3.02	−3.68	−20.9
	排名	9	9	15	18	14	14	13	14	18
年　　份		2010	2011	2012	2013	2014	2015	2016	2017	2018
总投入及排名	数据	0.594	0.571	0.771	0.812	0.913	1.311	1.215	1.393	1.469
	增长率 /%	101	−3.87	35.0	5.32	12.4	43.6	−7.32	14.7	5.46
	排名	9	13	10	11	11	9	11	11	10
人均投入排名	数据	1.004	0.897	1.072	0.893	0.833	1.069	0.876	0.915	1.006
	增长率 /%	86.3	−10.7	19.5	−16.7	−6.72	28.3	−18.1	4.45	9.95
	排名	12	14	9	14	16	14	16	18	14

（2）高校研发经费支出

表 2-2-5 是天津市历年高校经费内部总支出、人均高校经费内部支出标准化数据、增长率及排名。由表 2-2-5 可知，天津高校总研发经费内部支出与人

均科研经费内部支出历年标准化数据均呈上升趋势；总研发经费内部支出排名从 2001 年的第 10 位波动上升至 2018 年的第 5 位；人均研发经费内部支出排名从 2001 年的第 6 位波动上升至 2018 年的第 3 位。总投入 2004 年、2005 年、2007 年增长显著，人均投入 2004 年增长显著。

表 2-2-5　天津市高校经费支出标准化数据、增长率及排名

年　份		2001	2002	2003	2004	2005	2006	2007	2008	2009
总投入及排名	数据	0.161	0.185	0.179	0.307	0.410	0.518	0.734	0.900	1.009
	增长率 /%		14.9	−3.24	71.5	33.6	26.3	41.7	22.6	12.1
	排名	10	12	13	12	13	12	10	9	7
人均投入排名	数据	0.652	0.619	0.584	0.914	1.108	1.364	1.709	1.886	1.753
	增长率 /%		−5.06	−5.65	56.5	21.2	23.1	25.3	10.4	−7.05
	排名	6	6	9	7	6	4	2	1	1
年　份		2010	2011	2012	2013	2014	2015	2016	2017	2018
总投入及排名	数据	1.308	1.447	1.689	2.131	2.704	3.408	3.832	4.103	4.273
	增长率 /%	29.6	10.6	16.7	26.2	26.9	26.0	12.4	7.07	4.14
	排名	7	9	8	9	7	4	4	5	5
人均投入排名	数据	2.107	2.165	2.238	2.234	2.351	2.649	2.634	2.571	2.788
	增长率 /%	20.2	2.75	3.37	−0.18	5.24	12.7	−0.57	−2.39	8.44
	排名	1	1	3	3	3	3	3	6	3

（3）大中型企业研发经费支出

表 2-2-6 是天津市历年大中型企业经费内部总支出、人均大中型企业经费内部支出标准化数据、增长率及排名。由表 2-2-6 可知，天津大中型企业总研发经费内部支出与人均科研经费内部支出历年标准化数据均呈上升趋势；总研发经费内部支出排名从 2001 年的第 18 位波动上升至 2018 年的第 11 位；人均研发经费内部支出排名从 2001 年的第 19 位波动上升至 2018 年的第 10 位。总投入 2002 年、2006 年、2007 年、2010 年、2011 年增长显著，人均投入 2006 年、2007 年、2010 年增长显著。

表 2-2-6　天津市企业经费支出标准化数据、增长率及排名

年　　份		2001	2002	2003	2004	2005	2006	2007	2008	2009
总投入及排名	数据	0.067	0.092	0.101	0.119	0.122	0.193	0.303	0.387	0.490
	增长率/%		37.3	9.78	17.8	2.52	58.2	57.0	27.7	26.6
	排名	18	11	11	11	15	13	8	9	8
人均投入排名	数据	0.350	0.399	0.425	0.457	0.426	0.654	0.910	1.046	1.096
	增长率/%		14	6.52	7.53	−6.78	53.5	39.1	14.9	4.78
	排名	19	5	4	9	13	9	7	5	6
年　　份		2010	2011	2012	2013	2014	2015	2016	2017	2018
总投入及排名	数据	0.708	0.977	1.098	1.663	2.019	2.367	2.547	2.783	2.761
	增长率/%	44.5	38.0	12.4	51.5	21.4	17.2	7.60	9.27	−0.79
	排名	8	8	9	8	8	8	9	8	11
人均投入排名	数据	1.471	1.885	1.876	2.247	2.261	2.371	2.256	2.246	2.321
	增长率/%	34.2	28.1	−0.48	19.8	0.62	4.87	−4.85	−0.44	3.34
	排名	4	2	2	3	3	3	7	9	10

3　河北科技创新竞争力各指标及影响因素分析

3.1　科技创新竞争力得分及增长率分析

图 2-3-1 是 2001—2018 年河北科技创新竞争力历年得分及增长率。由图 2-3-1 可知，河北科技创新竞争力得分呈逐年上升趋势，增长率呈波动趋势。

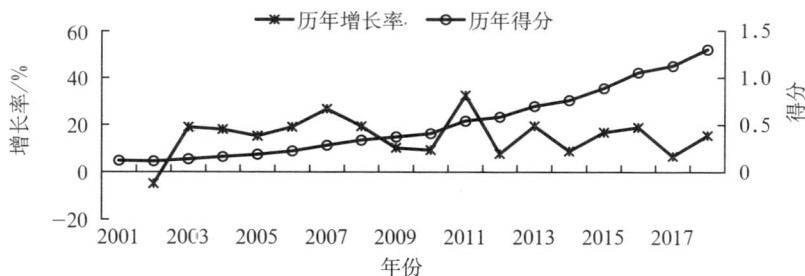

图 2-3-1　河北历年科技创新竞争力得分及增长率

3.2　科技创新竞争力各指标得分及增长率

（1）SCI 检索论文得分及增长率

图 2-3-2 是 2001—2018 年河北 SCI 检索论文历年得分及增长率。由图 2-3-2 可知，河北 SCI 检索论文得分呈波动上升趋势，增长率呈波动趋势。

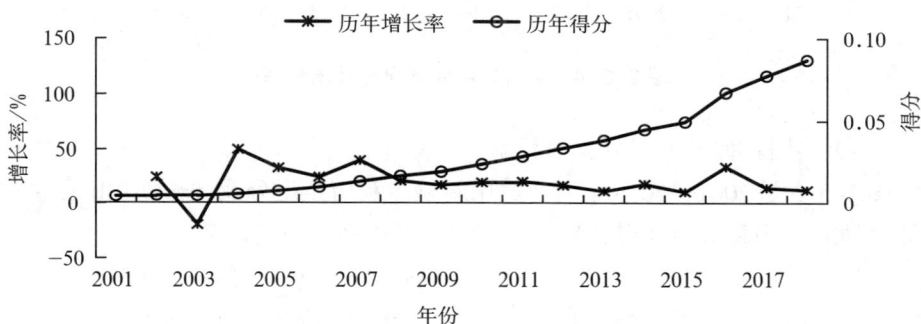

图 2-3-2　河北 SCI 检索得分及增长率

（2）EI 检索论文得分及增长率

图 2-3-3 是 2001—2018 年河北 EI 检索论文历年得分及增长率。由图 2-3-3 可知，河北 EI 检索论文得分呈波动上升趋势，增长率呈波动趋势。

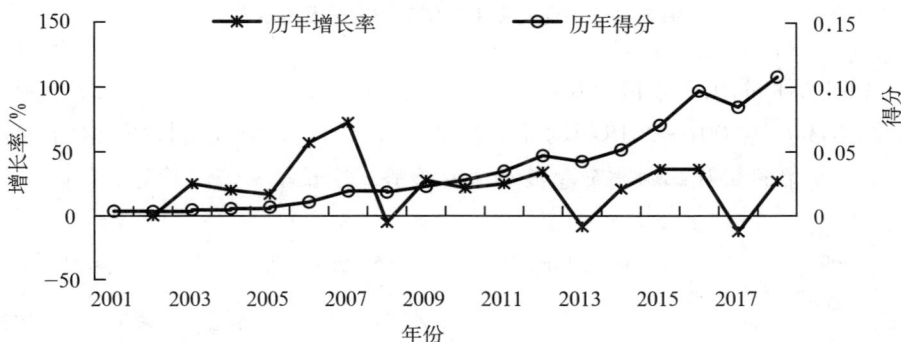

图 2-3-3　河北 EI 检索得分及增长率

（3）发明专利得分及增长率

图 2-3-4 是 2001—2018 年河北发明专利历年得分及增长率。由图 2-3-4 可知，河北发明专利得分呈逐年上升趋势，增长率呈波动趋势。

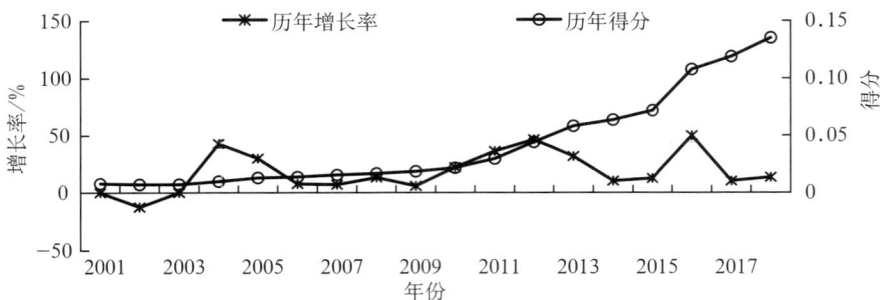

图 2-3-4　河北发明专利得分及增长率

（4）实用新型专利得分及增长率

图 2-3-5 是 2001—2018 年河北实用新型专利历年得分及增长率。由图 2-3-5 可知，河北实用新型专利得分呈上升趋势，增长率呈波动趋势。

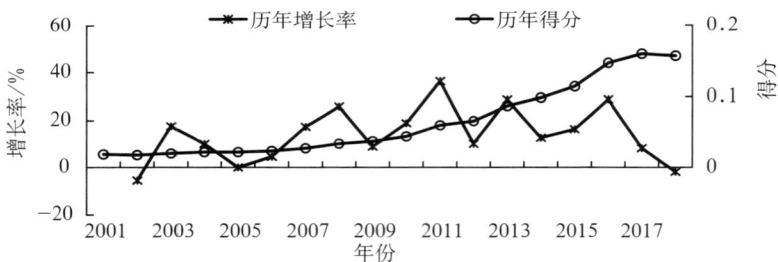

图 2-3-5　河北实用新型专利得分及增长率

（5）新产品出口额得分及增长率

图 2-3-6 是 2001—2018 年河北新产品出口额历年得分及增长率。由图 2-3-6 可知，河北新产品出口额得分呈波动上升趋势，增长率呈波动趋势。

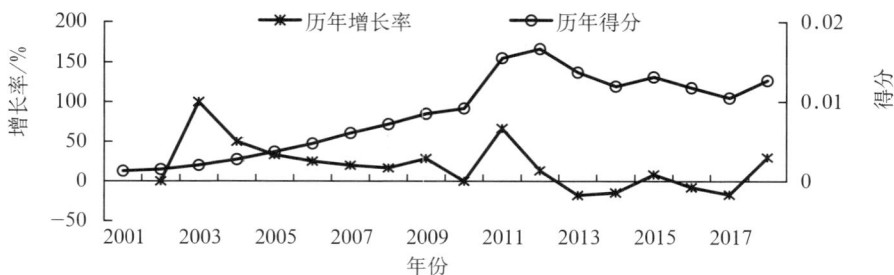

图 2-3-6　河北新产品出口额得分及增长率

（6）新产品销售额得分及增长率

图 2-3-7 是 2001—2018 年河北新产品销售额历年得分及增长率。由图 2-3-7 可知，河北新产品销售额得分呈上升趋势；增长率呈波动趋势，2009 年增长突出。

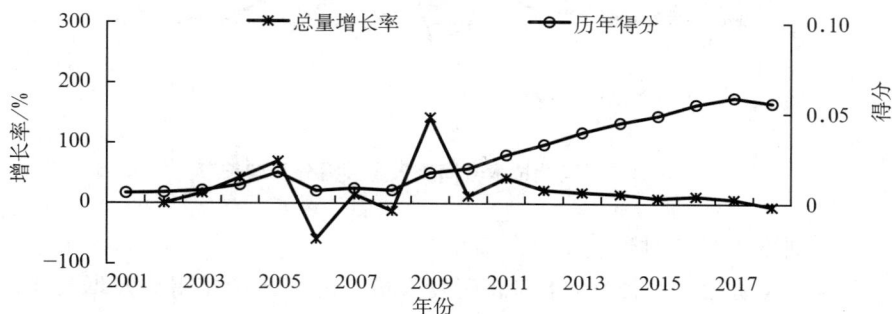

图 2-3-7　河北新产品销售额得分及增长率

（7）技术合同流出金额得分及增长率

图 2-3-8 是 2001—2018 年河北技术合同流出金额历年得分及增长率。由图 2-3-8 可知，河北技术合同流出金额得分呈波动上升趋势；增长率呈波动趋势，2018 年增长突出。

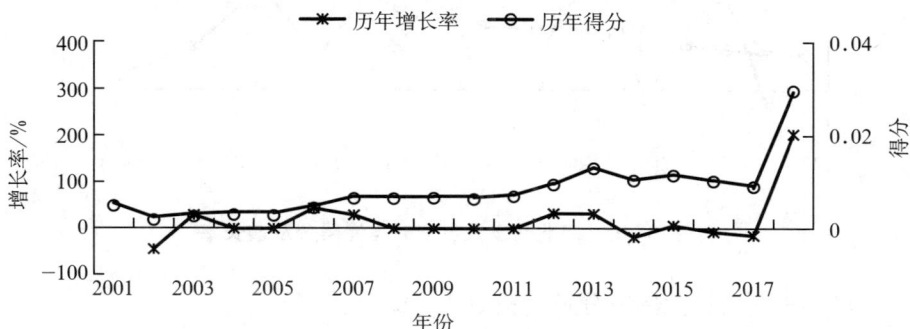

图 2-3-8　河北技术合同流出金额得分及增长率

（8）技术合同流入金额得分及增长率

图 2-3-9 是 2001—2018 年河北技术合同流入金额历年得分及增长率。由图 2-3-9 可知，河北技术合同流入金额得分呈波动上升趋势；增长率呈波动趋势，2011 年增长突出。

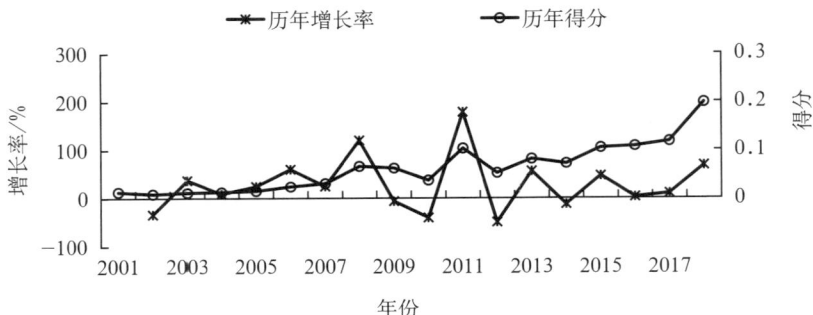

图 2-3-9　河北技术合同流入金额得分及增长率

（9）研发人员全时当量得分及增长率

图 2-3-10 是 2001—2018 年河北研发人员全时当量历年得分及增长率。由图 2-3-10 可知，河北研发人员全时当量得分呈逐年上升趋势，增长率呈波动趋势。

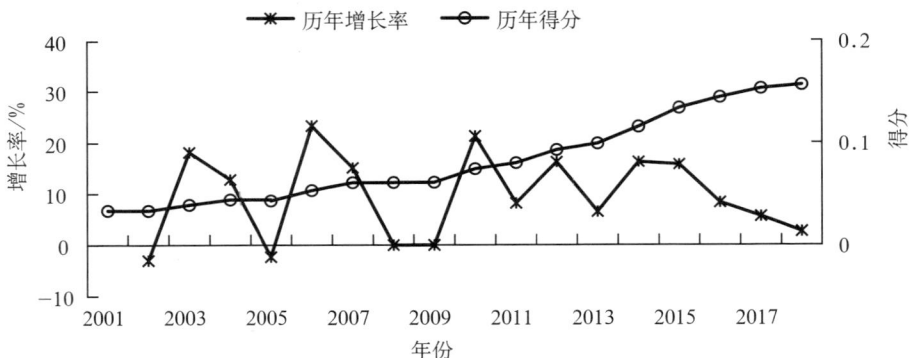

图 2-3-10　河北研发人员全时当量得分及增长率

（10）研发人员比例得分及增长率

图 2-3-11 是 2001—2018 年河北研发人员比例历年得分及增长率。由图 2-3-11 可知，河北研发人员比例得分呈波动上升趋势；增长率呈先波动后平缓的趋势，2004 年增长突出。

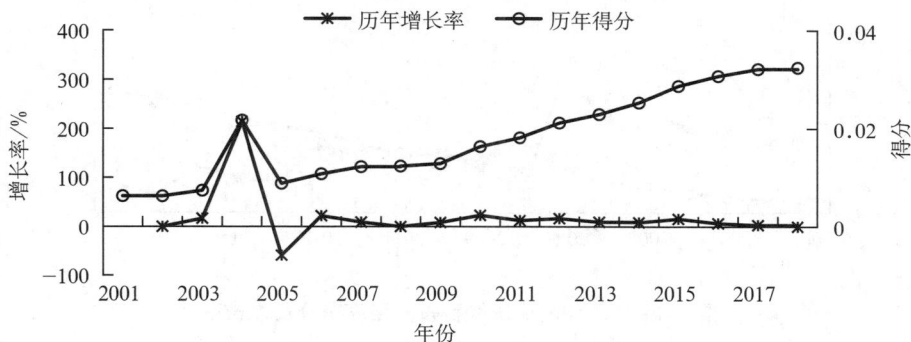

图 2-3-11　河北研发人员比例得分及增长率

（11）研发经费支出得分及增长率

图 2-3-12 是 2001—2018 年河北研发经费支出历年得分及增长率。由图 2-3-12 可知，河北研发经费支出得分呈波动上升趋势，增长率呈波动趋势。

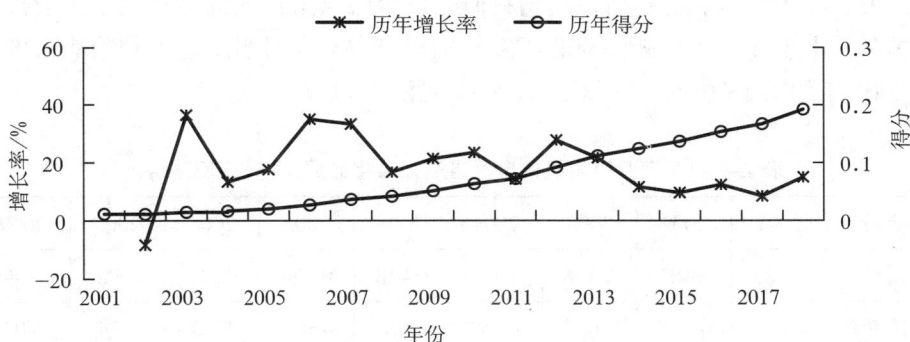

图 2-3-12　河北研发经费支出得分及增长率

（12）研发经费投入强度得分及增长率

图 2-3-13 是 2001—2018 年河北研发经费投入强度历年得分及增长率。由图 2-3-13 可知，河北研发经费投入强度得分呈逐年上升趋势，增长率呈波动趋势。

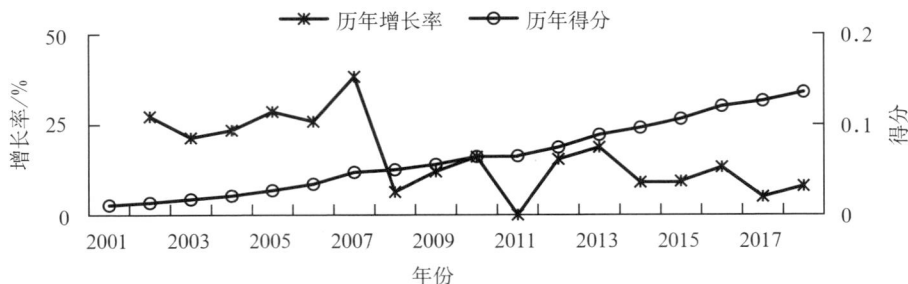

图 2-3-13　河北研发经费投入强度得分及增长率

3.3　科技创新竞争力投入要素分析

3.3.1　研发人员投入分析

（1）研发机构人员全时当量分析

表 2-3-1 是河北历年研发机构科研人员全时当量投入标准化数据、增长率及排名。由表 2-3-1 可知，河北研发机构科研人员全时当量呈上升趋势，排名从 2001 年的第 13 位波动回归至 2018 年的第 13 位。

表 2-3-1　河北研发机构全时当量标准化数据、增长率及排名

年份	2001	2002	2003	2004	2005	2006	2007	2008	2009
得分	0.583	0.487	0.396	0.366	0.458	0.428	0.518	0.556	0.584
增长率/%		−16.5	−18.7	−7.58	25.1	−6.55	21.0	7.34	5.04
排名	13	14	17	19	15	16	12	13	14
年份	2010	2011	2012	2013	2014	2015	2016	2017	2018
得分	0.608	0.650	0.700	0.725	0.817	0.848	0.928	0.988	1.042
增长率/%	4.11	6.91	7.69	3.57	12.7	3.79	9.43	6.47	5.47
排名	14	16	16	16	13	14	13	13	13

（2）高校人员全时当量分析

表 2-3-2 是河北历年高校科研人员全时当量投入标准化数据、增长率及排名。由表 2-3-2 可知，河北高校人员全时当量呈上升趋势，排名从 2001 年的第

14 位波动下降至 2018 年的第 15 位。

表 2-3-2 河北高校全时当量标准化数据、增长率及排名

年份	2001	2002	2003	2004	2005	2006	2007	2008	2009
得分	0.662	0.632	0.709	0.720	0.724	0.633	0.670	0.738	0.821
增长率 /%		−4.53	12.2	1.55	0.56	−12.6	5.85	10.1	11.2
排名	14	13	13	14	14	17	16	17	17

年份	2010	2011	2012	2013	2014	2015	2016	2017	2018
得分	0.826	0.715	0.893	0.933	1.002	1.048	1.095	1.213	1.291
增长率 /%	0.61	−13.4	24.9	4.48	7.40	4.59	4.48	10.8	6.43
排名	17	18	17	17	17	17	16	16	15

（3）大中型企业科研人员全时当量分析

表 2-3-3 是河北历年大中型企业科研人员全时当量投入标准化数据、增长率及排名。由表 2-3-3 可知，河北大中型企业科研人员全时当量标准化数据呈上升趋势，排名从 2001 年的第 11 位波动回归至 2018 年的第 11 位。2013 年增长显著。

表 2-3-3 河北大中型企业科研人员全时当量标准化数据、增长率及排名

年份	2001	2002	2003	2004	2005	2006	2007	2008	2009
得分	0.228	0.271	0.292	0.327	0.420	0.477	0.565	0.587	0.604
增长率 /%		18.9	7.75	12.0	28.4	13.6	18.4	3.89	2.90
排名	11	12	14	10	12	12	10	12	12

年份	2010	2011	2012	2013	2014	2015	2016	2017	2018
得分	0.621	0.805	0.926	1.262	1.371	1.594	1.841	1.946	2.033
增长率 /%	2.81	29.6	15.0	36.3	8.64	16.3	15.5	5.70	4.47
排名	16	11	10	11	12	12	12	12	11

3.3.2 研发经费支出分析

（1）研发机构研发经费支出

表 2-3-4 是河北历年研发机构经费内部总支出、人均研发机构经费内部支出标准化数据、增长率及排名。由表 2-3-4 可知，河北总研发经费内部支出与人均科研经费内部支出历年标准化数据均呈上升趋势；总研发经费内部支出排名从 2001 年的第 12 位波动回归至 2018 年的第 12 位；人均研发经费内部支出排名从 2001 年的第 13 位波动下降至 2018 年的第 17 位。总投入 2004 年、2007 年、2008 年、2017 年增长显著；人均投入 2004 年、2007 年、2008 年增长显著，2002 年明显下降。

表 2-3-4 河北研发机构经费支出标准化数据、增长率及排名

年 份		2001	2002	2003	2004	2005	2006	2007	2008	2009
总投入及排名	数据	0.154	0.135	0.137	0.262	0.219	0.234	0.403	0.564	0.643
	增长率/%		−12.3	1.48	91.2	−16.4	6.85	72.2	40.0	14.0
	排名	12	12	13	10	10	12	8	8	8
人均投入排名	数据	0.630	0.381	0.397	0.651	0.519	0.549	0.790	1.053	1.159
	增长率/%		−39.5	4.20	64.0	−20.3	5.78	43.9	33.3	10.1
	排名	13	18	18	13	18	18	11	7	9
年 份		2010	2011	2012	2013	2014	2015	2016	2017	2018
总投入及排名	数据	0.618	0.732	0.670	0.709	0.903	0.819	0.957	1.279	1.209
	增长率/%	−3.89	18.4	−8.47	5.82	27.4	−9.30	16.8	33.6	−5.47
	排名	8	8	12	12	12	15	13	12	12
人均投入排名	数据	1.094	1.059	0.878	0.793	0.939	0.747	0.775	0.977	0.887
	增长率/%	−5.61	−3.20	−17.1	−9.68	18.4	−20.4	3.75	26.1	−9.21
	排名	10	10	13	15	14	19	18	15	17

（2）高校研发经费支出

表 2-3-5 是河北历年高校经费内部总支出、人均高校经费内部支出标准化

数据、增长率及排名。由表 2-3-5 可知，河北高校总研发经费内部支出与人均科研经费内部支出历年标准化数据均呈上升趋势；总研发经费内部支出排名从 2001 年的第 17 位波动下降至 2018 年的第 19 位；人均研发经费内部支出排名从 2001 年的第 19 位波动下降至 2018 年的第 28 位。总投入 2002 年增长突出，2005 年增长显著，2003 年下降明显；人均投入 2002 年增长突出，2005 年增长显著，2003 年下降明显。

表 2-3-5　河北高校经费支出标准化数据、增长率及排名

年　份		2001	2002	2003	2004	2005	2006	2007	2008	2009
总投入及排名	数据	0.058	0.213	0.130	0.165	0.238	0.276	0.253	0.316	0.409
	增长率 /%		267	−39.0	26.9	44.2	16.0	−8.33	24.9	29.4
	排名	17	10	14	15	15	16	17	17	17
人均投入排名	数据	0.226	0.576	0.359	0.390	0.538	0.618	0.473	0.562	0.703
	增长率 /%		155	−37.7	8.64	37.9	14.9	−23.5	18.8	25.1
	排名	19	7	16	19	18	19	22	22	20
年　份		2010	2011	2012	2013	2014	2015	2016	2017	2018
总投入及排名	数据	0.469	0.455	0.500	0.566	0.642	0.684	0.751	0.854	1.066
	增长率 /%	14.7	−2.99	9.89	13.2	13.4	6.54	9.80	13.7	24.8
	排名	17	18	18	18	18	20	19	19	19
人均投入排名	数据	0.791	0.627	0.625	0.604	0.637	0.595	0.580	0.622	0.746
	增长率 /%	12.5	−20.7	−0.32	−3.36	5.46	−6.59	−2.52	7.24	19.9
	排名	20	23	24	26	26	27	28	29	28

（3）大中型企业研发经费支出

表 2-3-6 是河北历年大中型企业经费内部总支出、人均大中型企业经费内部支出标准化数据、增长率及排名。由表 2-3-6 可知，河北大中型企业总研发经费内部支出与人均科研经费内部支出历年标准化数据均呈上升趋势；总研发经费内部支出排名从 2001 年的第 8 位波动下降至 2018 年的第 12 位；人均研发

经费内部支出排名从 2001 年的第 9 位波动下降至 2018 年的第 11 位。总投入 2006 年、2007 年、2008 年、2010 年、2013 年增长显著，2002 年下降明显；人均投入 2010 年增长显著，2002 年下降明显。

表 2-3-6　河北企业经费支出标准化数据、增长率及排名

年　份		2001	2002	2003	2004	2005	2006	2007	2008	2009
总投入及排名	数据	0.132	0.085	0.091	0.116	0.150	0.196	0.275	0.361	0.433
	增长率 /%		−35.6	7.06	27.5	29.3	30.7	40.3	31.3	19.9
	排名	8	12	14	13	12	11	11	10	11
人均投入排名	数据	0.664	0.295	0.323	0.354	0.438	0.566	0.661	0.829	0.959
	增长率 /%		−55.6	9.49	9.60	23.7	29.2	16.8	25.4	15.7
	排名	9	11	10	15	12	12	12	12	10
年　份		2010	2011	2012	2013	2014	2015	2016	2017	2018
总投入及排名	数据	0.575	0.736	0.851	1.252	1.563	1.836	2.057	2.255	2.435
	增长率 /%	32.8	28	15.6	47.1	24.8	17.5	12.0	9.63	7.98
	排名	10	13	12	14	13	13	13	12	12
人均投入排名	数据	1.250	1.308	1.371	1.720	1.997	2.058	2.045	2.116	2.194
	增长率 /%	30.3	4.64	4.82	25.5	16.1	3.05	−0.63	3.47	3.69
	排名	8	12	9	9	7	8	11	13	11

4　山西科技创新竞争力各指标及影响因素分析

4.1　科技创新竞争力得分及增长率分析

图 2-4-1 是 2001—2018 年山西科技创新竞争力历年得分、增长率。由图 2-4-1 可知，山西科技创新竞争力得分呈逐年上升趋势，增长率呈波动趋势。

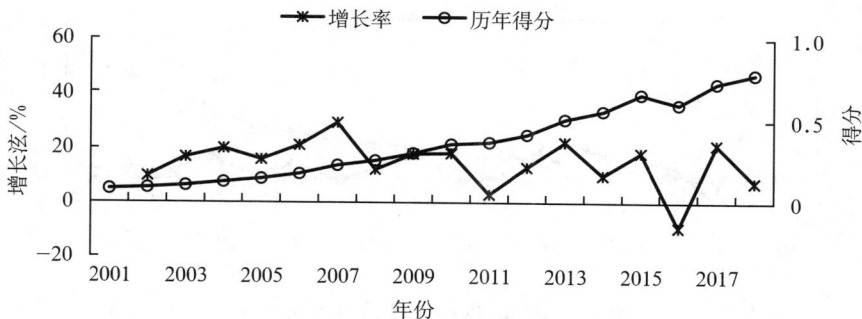

图 2-4-1　山西历年科技创新竞争力得分及增长率

4.2　科技创新竞争力各指标得分及增长率

（1）SCI 检索论文得分及增长率

图 2-4-2 是 2001—2018 年山西 SCI 检索论文历年得分及增长率。由图 2-4-2 可知，山西 SCI 检索论文得分呈逐年上升趋势，增长率呈波动趋势。

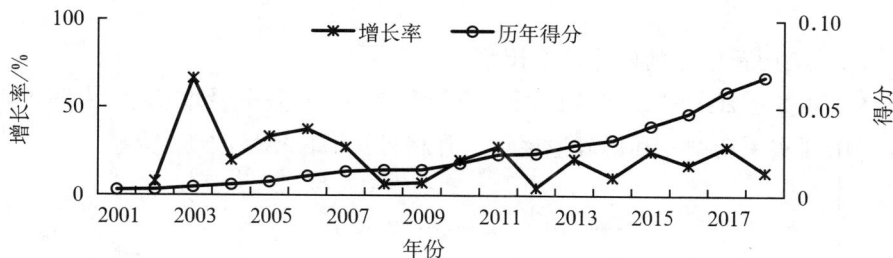

图 2-4-2　山西 SCI 检索得分及增长率

（2）EI 检索论文得分及增长率

图 2-4-3 是 2001—2018 年山西 EI 检索论文历年得分及增长率。由图 2-4-3 可知，山西 EI 论文检索得分呈逐年上升趋势，增长率呈波动趋势。

（3）发明专利得分及增长率

图 2-4-4 是 2001—2018 年山西发明专利历年得分及增长率。由图 2-4-4 可知，山西发明专利得分呈波动上升趋势，增长率呈波动趋势。

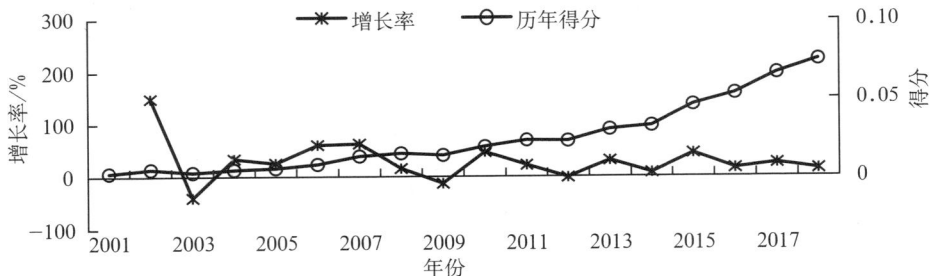

图 2-4-3　山西 EI 检索得分及增长率

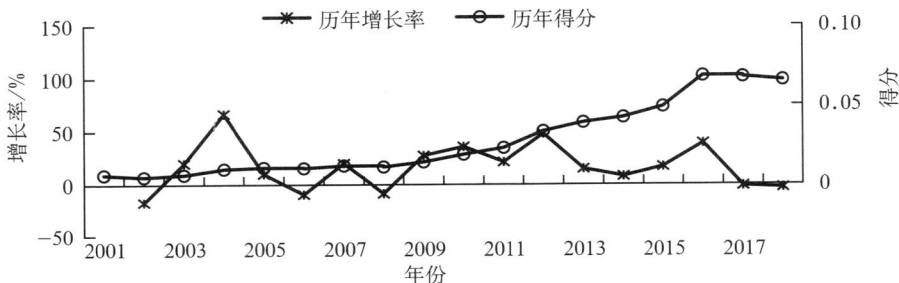

图 2-4-4　山西发明专利得分及增长率

（4）实用新型专利得分及增长率

图 2-4-5 是 2001—2018 年山西实用新型专利历年得分及增长率。由图 2-4-5 可知，山西实用新型专利得分呈逐年上升趋势，增长率呈波动趋势。

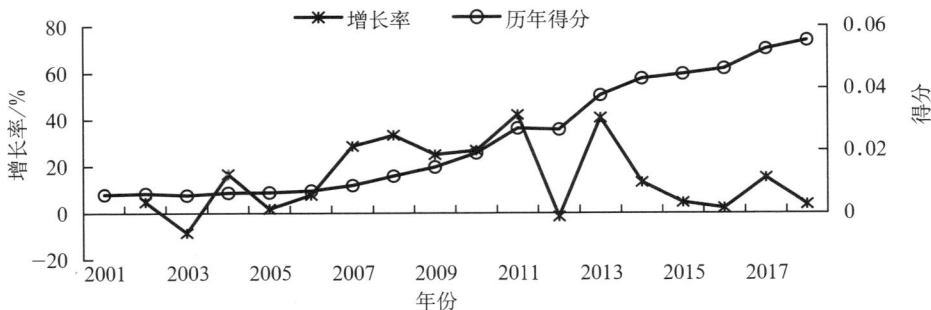

图 2-4-5　山西实用新型专利得分及增长率

（5）新产品出口额得分及增长率

图 2-4-6 是 2001—2018 年山西新产品出口额历年得分及增长率。由图 2-4-6

可知，山西新产品出口额得分呈波动上升趋势，增长率呈波动趋势。

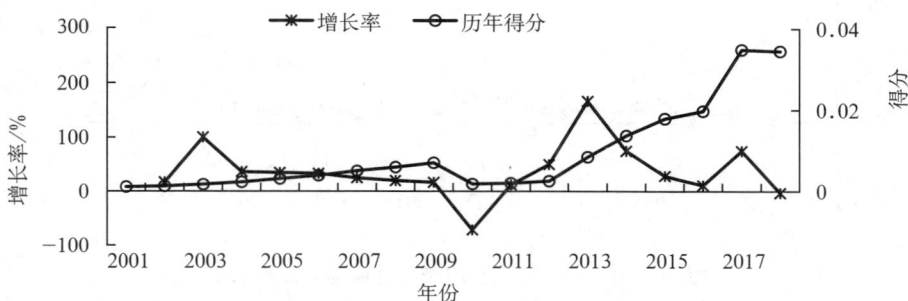

图 2-4-6　山西新产品出口额得分及增长率

（6）新产品销售额得分及增长率

图 2-4-7 是 2001—2018 年山西新产品销售额历年得分及增长率。由图 2-4-7 可知，山西新产品销售额得分呈逐年上升趋势，增长率呈波动趋势。

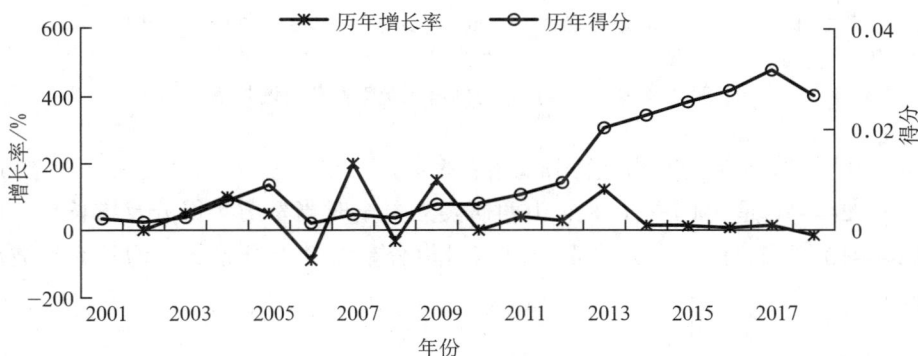

图 2-4-7　山西新产品销售额得分及增长率

（7）技术合同流出金额得分及增长率

图 2-4-8 是 2001—2018 年山西技术合同流出金额历年得分及增长率。由图 2-4-8 可知，山西技术合同流出金额得分呈波动上升趋势，增长率呈波动趋势。

（8）技术合同流入金额得分及增长率

图 2-4-9 是 2001—2018 年山西技术合同流入金额历年得分及增长率。由图 2-4-9 可知，山西技术合同流入金额得分呈波动上升趋势，增长率呈波动趋势。

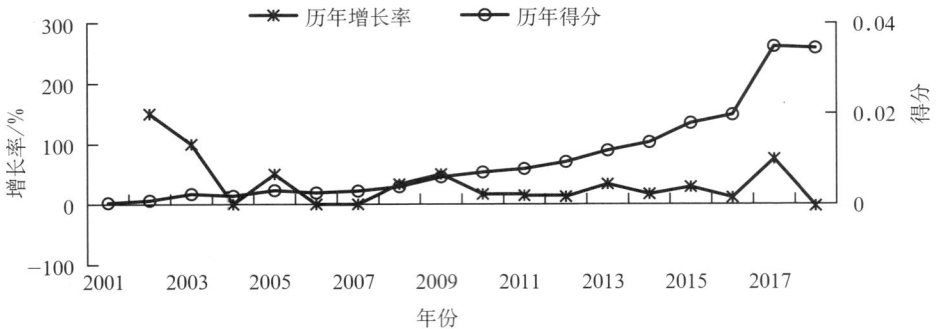

图 2-4-8　山西技术合同流出金额得分及增长率

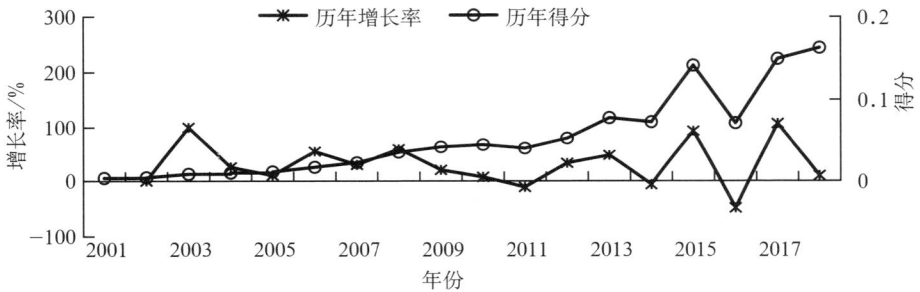

图 2-4-9　山西技术合同流入金额得分及增长率

（9）研发人员全时当量得分及增长率

图 2-4-10 是 2001—2018 年山西研发人员全时当量历年得分及增长率。由图 2-4-10 可知，山西研发人员全时当量得分呈波动上升趋势，增长率呈波动趋势。

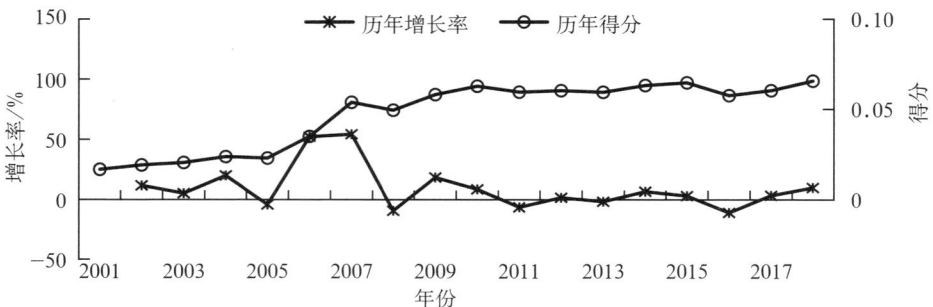

图 2-4-10　山西研发人员全时当量得分及增长率

（10）研发人员比例得分及增长率

图 2-4-11 是 2001—2018 年山西研发人员比例历年得分及增长率。由图 2-4-11 可知，山西研发人员比例得分呈波动上升趋势，增长率呈波动趋势。

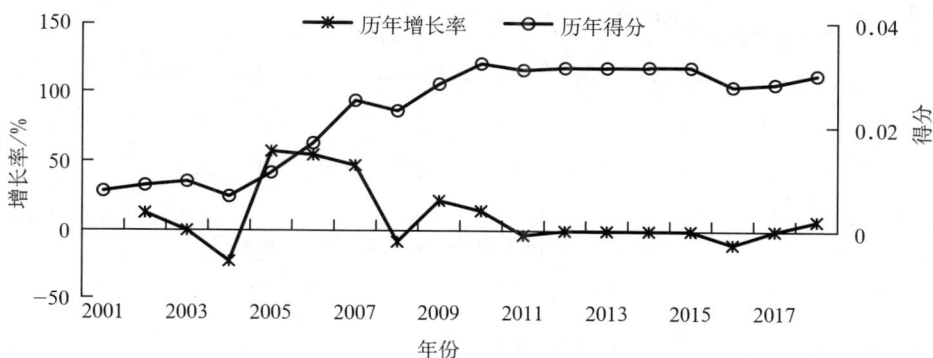

图 2-4-11　山西研发人员比例得分及增长率

（11）研发经费支出得分及增长率

图 2-4-12 是 2001—2018 年山西研发经费支出历年得分及增长率。由图 2-4-12 可知，山西研发经费支出得分呈上升趋势，增长率呈波动趋势。

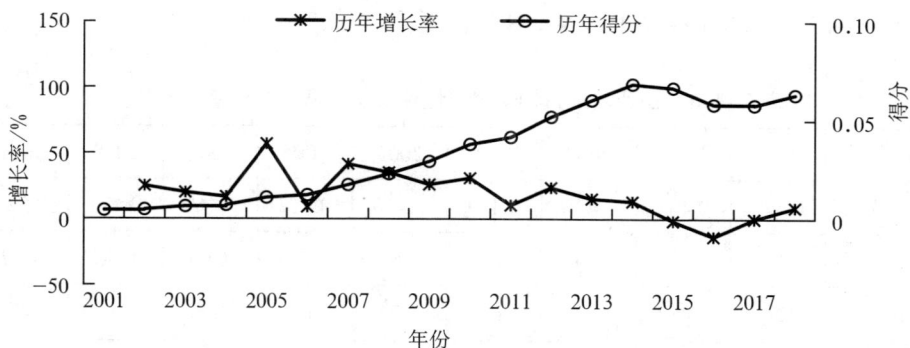

图 2-4-12　山西研发经费支出得分及增长率

（12）研发经费投入强度得分及增长率

图 2-4-13 是 2001—2018 年山西研发经费投入强度历年得分及增长率。由图 2-4-13 可知，山西研发经费投入强度得分呈上升趋势，增长率呈波动趋势。

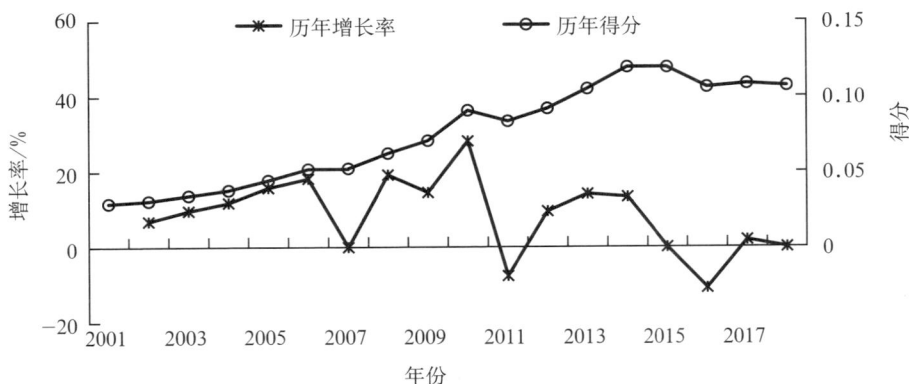

图 2-4-13　山西研发经费投入强度得分及增长率

4.3　科技创新竞争力投入要素分析

4.3.1　研发人员投入分析

（1）研发机构人员全时当量分析

表 2-4-1 是山西历年研发机构科研人员全时当量投入标准化数据、增长率及排名。由表 2-4-1 可知，山西研发机构科研人员全时当量呈上升趋势，排名从 2001 年的第 21 位波动下降至 2018 年的第 24 位。

表 2-4-1　山西研发机构全时当量标准化数据、增长率及排名

年份	2001	2002	2003	2004	2005	2006	2007	2008	2009
得分	0.377	0.482	0.446	0.419	0.430	0.418	0.460	0.489	0.527
增长率 /%		27.9	−7.47	−6.05	2.63	−2.79	10.0	6.30	7.77
排名	21	15	15	14	17	17	16	16	17
年份	2010	2011	2012	2013	2014	2015	2016	2017	2018
得分	0.494	0.552	0.586	0.634	0.660	0.647	0.468	0.484	0.474
增长率 /%	−6.26	11.7	6.16	8.19	4.10	−1.97	−27.7	3.42	−2.07
排名	18	18	18	18	18	19	22	21	24

（2）高校人员全时当量分析

表 2-4-2 是山西历年高校科研人员全时当量投入标准化数据、增长率及排名。由表 2-4-2 可知，山西高校人员全时当量呈上升趋势，排名从 2001 年的第 20 位波动下降至 2018 年的第 22 位。2007 年增长显著。

表 2-4-2　山西高校全时当量标准化数据、增长率及排名

年份	2001	2002	2003	2004	2005	2006	2007	2008	2009
得分	0.442	0.444	0.521	0.485	0.458	0.492	0.654	0.812	0.837
增长率/%		0.45	17.3	−6.91	−5.57	7.42	32.9	24.2	3.08
排名	20	19	18	18	20	20	18	16	16
年份	2010	2011	2012	2013	2014	2015	2016	2017	2018
得分	0.809	0.721	0.715	0.721	0.738	0.729	0.710	0.778	0.801
增长率/%	−3.35	−10.9	−0.83	0.84	2.36	−1.22	−2.61	9.58	2.96
排名	18	17	20	21	21	21	22	22	22

（3）大中型企业科研人员全时当量分析

表 2-4-3 是山西历年大中型企业科研人员全时当量投入标准化数据、增长率及排名。由表 2-4-3 可知，山西大中型企业科研人员全时当量标准化数据呈上升趋势，排名从 2001 年的第 18 位波动下降至 2018 年的第 21 位。2005 年增长突出，2003 年、2007 年、2008 年、2010 年增长显著，2002 年、2004 年下降明显。

表 2-4-3　山西大中型企业科研人员全时当量标准化数据、增长率及排名

年份	2001	2002	2003	2004	2005	2006	2007	2008	2009
得分	0.180	0.106	0.163	0.103	0.236	0.230	0.378	0.606	0.546
增长率/%		−41.1	53.8	−36.8	129	−2.54	64.3	60.3	−9.90
排名	18	23	22	23	18	20	16	10	16
年份	2010	2011	2012	2013	2014	2015	2016	2017	2018
得分	0.733	0.755	0.735	0.796	0.773	0.834	0.876	0.709	0.721
增长率/%	34.2	3.00	−2.65	8.30	−2.89	7.89	5.04	−19.1	1.69
排名	11	12	15	17	19	19	19	21	21

4.3.2 研发经费支出分析

（1）研发机构研发经费支出

表 2-4-4 是山西历年研发机构经费内部总支出、人均研发机构经费内部支出标准化数据、增长率及排名。由表 2-4-4 可知，山西总研发经费内部支出与人均科研经费内部支出历年标准化数据均呈上升趋势；总研发经费内部支出排名从 2001 年的第 21 位波动下降至 2018 年的第 22 位；人均研发经费内部支出排名从 2001 年的第 25 位波动上升至 2018 年的第 15 位。总投入2002 年、2003 年、2010 年、2013 年增长显著，人均投入 2002 年、2013 年、2017 年增长显著。

表 2-4-4　山西研发机构经费支出标准化数据、增长率及排名

年份		2001	2002	2003	2004	2005	2006	2007	2008	2009
总投入及排名	数据	0.051	0.075	0.099	0.118	0.114	0.100	0.119	0.143	0.160
	增长率/%		47.1	32	19.2	−3.39	−12.3	19	20.2	11.9
	排名	21	20	17	17	18	20	20	20	21
人均投入排名	数据	0.290	0.430	0.499	0.562	0.502	0.440	0.356	0.301	0.354
	增长率/%		48.3	16.0	12.6	−10.7	−12.4	−19.1	−15.4	17.6
	排名	25	15	14	15	19	20	22	25	24
年份		2010	2011	2012	2013	2014	2015	2016	2017	2018
总投入及排名	数据	0.233	0.297	0.269	0.386	0.365	0.456	0.387	0.487	0.490
	增长率/%	45.6	27.5	−9.43	43.5	−5.44	24.9	−15.1	25.8	0.62
	排名	20	20	22	20	22	20	22	22	22
人均投入排名	数据	0.433	0.507	0.475	0.667	0.635	0.760	0.646	0.928	0.906
	增长率/%	22.3	17.1	−6.31	40.4	−4.80	19.7	−15	43.7	−2.37
	排名	24	23	25	18	21	18	21	16	15

（2）高校研发经费支出

表 2-4-5 是山西历年高校经费内部总支出、人均高校经费内部支出标准化

数据、增长率及排名。由表 2-4-5 可知，山西高校总研发经费内部支出与人均科研经费内部支出历年标准化数据均呈上升趋势；总研发经费内部支出排名从 2001 年的第 20 位波动下降至 2018 年的第 23 位；人均研发经费内部支出排名从 2001 年的第 21 位波动回归至 2018 年的第 21 位。总投入 2004 年、2006 年增长突出，2015 年增长显著；人均投入 2004 年、2006 年增长突出，2015 年增长显著。

表 2-4-5　山西高校经费支出标准化数据、增长率及排名

年份		2001	2002	2003	2004	2005	2006	2007	2008	2009
总投入及排名	数据	0.034	0.041	0.041	0.098	0.093	0.189	0.211	0.271	0.271
	增长率 /%		20.6	0	139	−5.10	103	11.6	28.4	0
	排名	20	20	22	18	21	18	19	18	20
人均投入排名	数据	0.183	0.223	0.196	0.446	0.393	0.795	0.599	0.545	0.573
	增长率 /%		21.9	−12.1	128	−11.9	102	−24.7	−9.02	5.14
	排名	21	20	22	16	21	16	20	23	22
年份		2010	2011	2012	2013	2014	2015	2016	2017	2018
总投入及排名	数据	0.341	0.399	0.420	0.481	0.597	0.825	0.717	0.767	0.654
	增长率 /%	25.8	17.0	5.26	14.5	24.1	38.2	−13.1	6.97	−14.7
	排名	21	20	22	21	19	18	20	20	23
人均投入排名	数据	0.603	0.650	0.708	0.792	0.990	1.311	1.140	1.393	1.153
	增长率 /%	5.24	7.79	8.92	11.9	25	32.4	−13.0	22.2	−17.2
	排名	23	21	22	24	18	14	20	16	21

（3）大中型企业研发经费支出

表 2-4-6 是山西历年大中型企业经费内部总支出、人均大中型企业经费内部支出标准化数据、增长率及排名。由表 2-4-6 可知，山西大中型企业总研发经费内部支出与人均科研经费内部支出历年标准化数据均呈上升趋势；总研发经费内部支出排名从 2001 年的第 15 位波动下降至 2018 年的第 20 位；人均研

发经费内部支出排名从 2001 年的第 11 位波动下降至 2018 年的第 20 位。总投入 2004 年、2006 年、2008 年、2009 年、2013 年增长显著，2002 年下降明显；人均投入 2006 年、2009 年增长显著，2002 年下降明显。

表 2-4-6　山西企业经费支出标准化数据、增长率及排名

年份		2001	2002	2003	2004	2005	2006	2007	2008	2009
总投入及排名	数据	0.083	0.044	0.045	0.062	0.075	0.126	0.132	0.197	0.287
	增长率 /%		−47.0	2.27	37.8	21.0	68	4.76	49.2	45.7
	排名	15	18	18	19	20	17	20	20	17
人均投入排名	数据	0.582	0.308	0.282	0.359	0.406	0.684	0.482	0.511	0.782
	增长率 /%		−47.1	−8.44	27.3	13.1	68.5	−29.5	6.02	53.0
	排名	11	10	16	13	16	8	17	22	16
年份		2010	2011	2012	2013	2014	2015	2016	2017	2018
总投入及排名	数据	0.371	0.477	0.533	0.707	0.844	0.977	0.984	0.796	0.770
	增长率 /%	29.3	28.6	11.7	32.6	19.4	15.8	0.72	−19.1	−3.27
	排名	17	17	18	18	18	18	19	20	20
人均投入排名	数据	0.846	1.001	1.156	1.498	1.801	1.999	2.017	1.864	1.751
	增长率 /%	8.18	18.3	15.5	29.6	20.2	11.0	0.90	−7.59	−6.06
	排名	19	18	15	14	11	10	13	15	20

5　内蒙古科技创新竞争力各指标及影响因素分析

5.1　科技创新竞争力得分及增长率分析

图 2-5-1 是 2001—2018 年内蒙古科技创新竞争力历年得分及增长率。由图 2-5-1 可知，内蒙古科技创新竞争力得分呈波动上升趋势，增长率呈波动趋势。

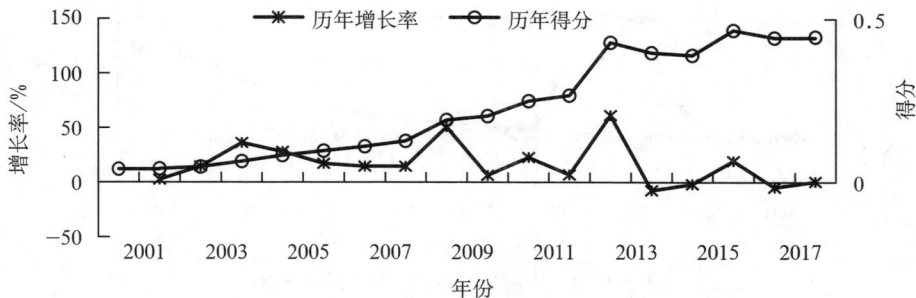

图 2-5-1   内蒙古历年科技创新竞争力得分及增长率

5.2   科技创新竞争力各指标得分及增长率

（1）SCI 检索论文得分及增长率

图 2-5-2 是 2001—2018 年内蒙古 SCI 检索论文历年得分及增长率。由图 2-5-2 可知，内蒙古 SCI 检索论文得分呈逐年上升趋势，增长率呈波动趋势。

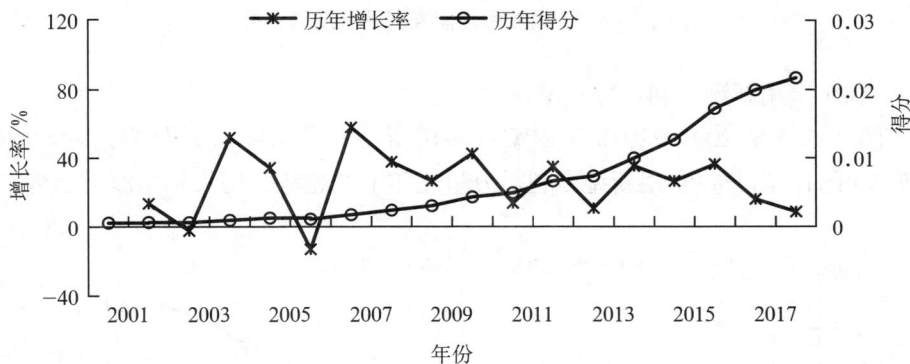

图 2-5-2   内蒙古 SCI 检索得分及增长率

（2）EI 检索论文得分及增长率

图 2-5-3 是 2001—2018 年内蒙古 EI 检索论文历年得分及增长率。由图 2-5-3 可知，内蒙古 EI 论文检索得分呈逐年上升趋势，增长率呈波动趋势。

（3）发明专利得分及增长率

图 2-5-4 是 2001—2018 年内蒙古发明专利历年得分及增长率。由图 2-5-4 可知，内蒙古发明专利得分呈波动上升趋势，增长率呈波动趋势。

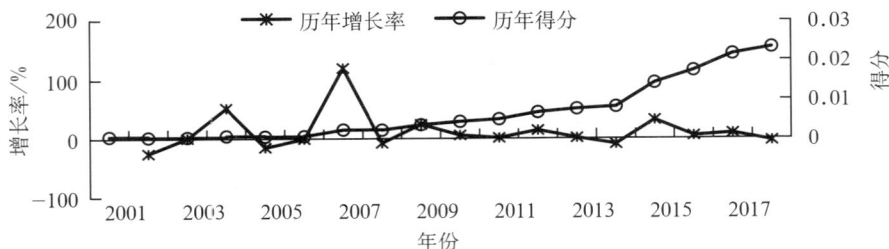

图 2-5-3　内蒙古 EI 检索得分及增长率

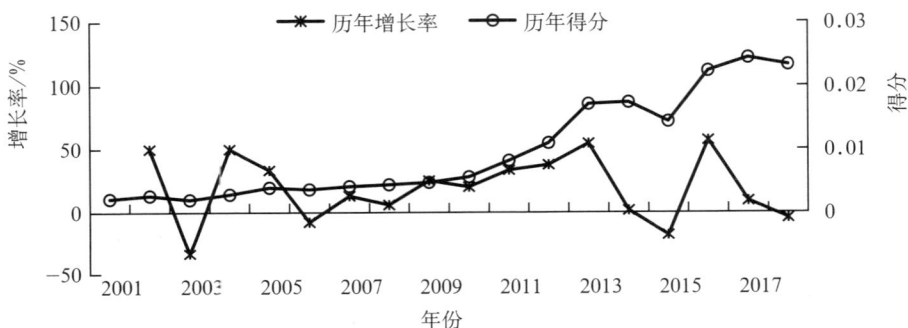

图 2-5-4　内蒙古发明专利得分及增长率

（4）实用新型专利得分及增长率

图 2-5-5 是 2001—2018 年内蒙古实用新型专利历年得分及增长率。由图 2-5-5 可知，内蒙古实用新型专利得分呈逐年上升趋势，增长率呈波动趋势。

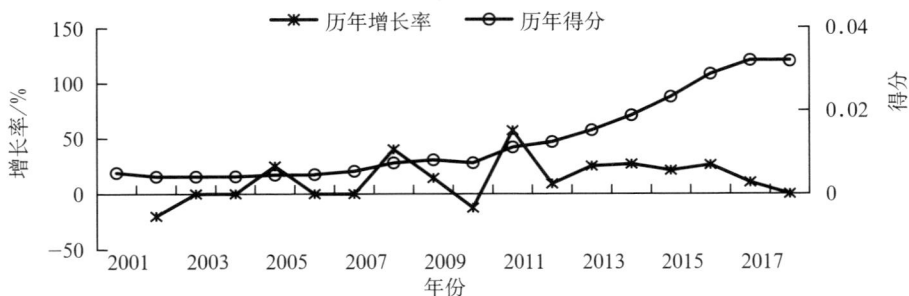

图 2-5-5　内蒙古实用新型专利得分及增长率

（5）新产品出口额得分及增长率

图 2-5-6 是 2001—2018 年内蒙古新产品出口额历年得分及增长率。由图

2-5-6 可知，内蒙古新产品出口额得分呈波动上升趋势，增长率呈波动趋势，2011 年、2015 年两年增长突出。

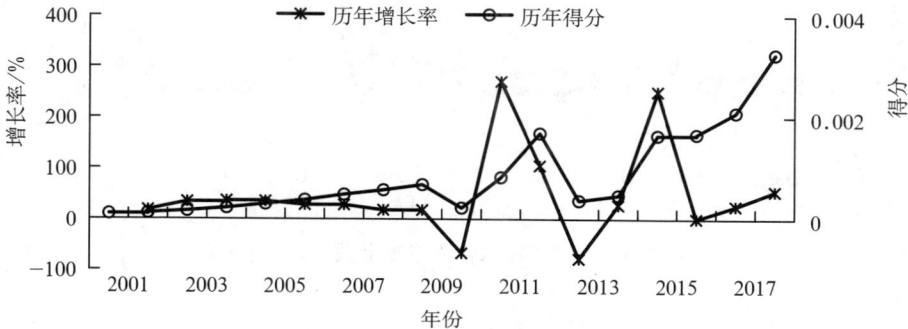

图 2-5-6　内蒙古新产品出口额得分及增长率

（6）新产品销售额得分及增长率

图 2-5-7 是 2001—2018 年内蒙古新产品销售额历年得分及增长率。由图 2-5-7 可知，内蒙古新产品销售额得分呈波动上升趋势，增长率呈波动趋势。

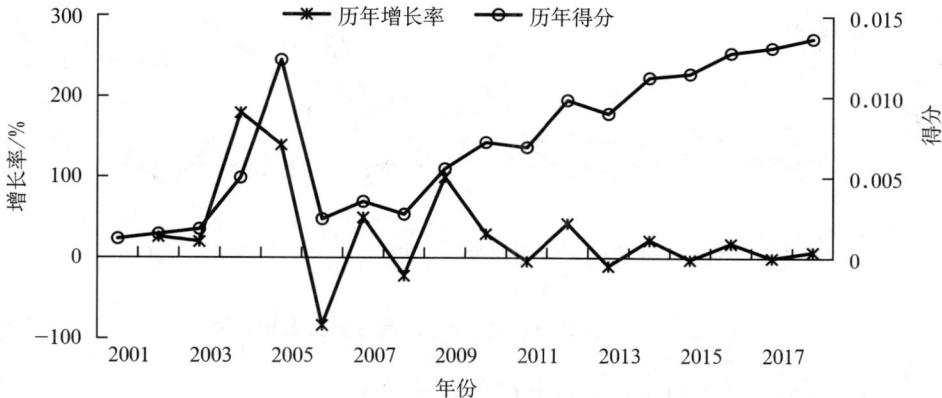

图 2-5-7　内蒙古新产品销售额得分及增长率

（7）技术合同流出金额得分及增长率

图 2-5-8 是 2001—2018 年内蒙古技术合同流出金额历年得分及增长率。由图 2-5-8 可知，内蒙古技术合同流出金额得分呈波动上升趋势，增长率呈波动趋势，2013 年增长突出。

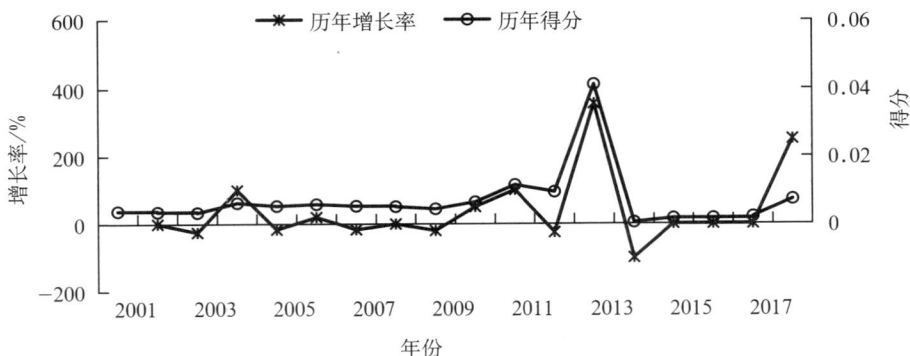

图 2-5-8　内蒙古技术合同流出金额得分及增长率

（8）技术合同流入金额得分及增长率

图 2-5-9 是 2001—2018 年内蒙古技术合同流入金额历年得分及增长率。由图 2-5-9 可知，内蒙古技术合同流入金额得分呈波动上升趋势，增长率呈波动趋势。

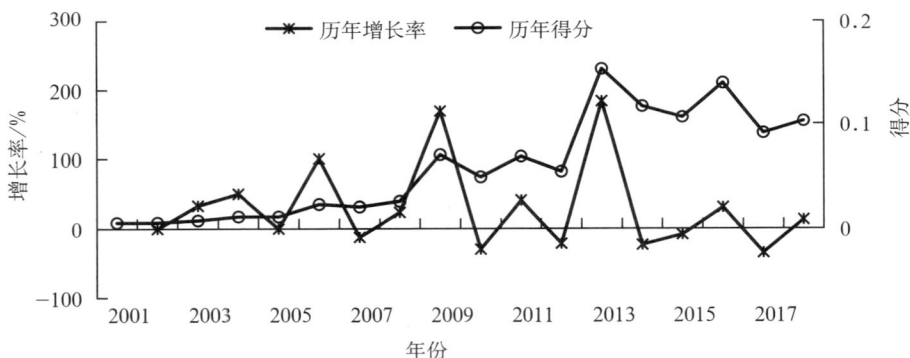

图 2-5-9　内蒙古技术合同流入金额得分及增长率

（9）研发人员全时当量得分及增长率

图 2-5-10 是 2001—2018 年内蒙古研发人员全时当量历年得分及增长率。由图 2-5-10 可知，内蒙古研发人员全时当量得分呈上升趋势，增长率呈波动趋势。

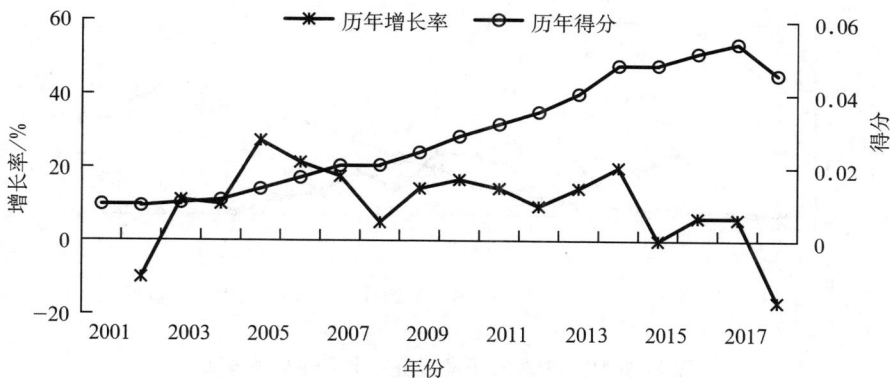

图 2-5-10　内蒙古研发人员全时当量得分及增长率

（10）研发人员比例得分及增长率

图 2-5-11 是 2001—2018 年内蒙古研发人员比例历年得分及增长率。由图 2-5-11 可知，内蒙古研发人员比例得分呈上升趋势，增长率呈波动趋势，2005 年增长突出。

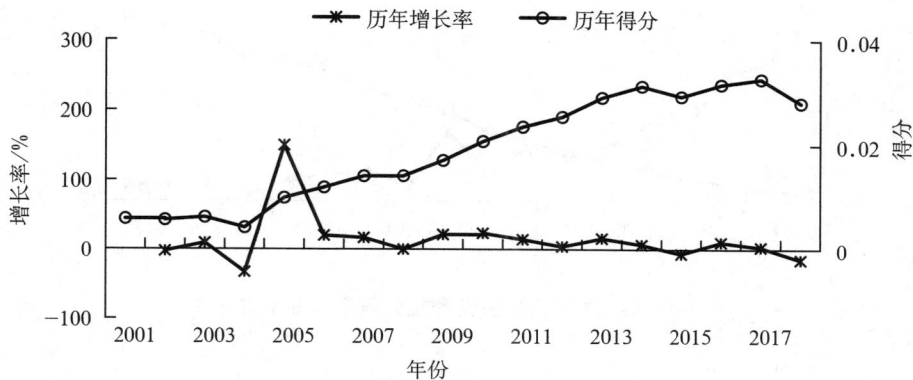

图 2-5-11　内蒙古研发人员比例得分及增长率

（11）研发经费支出得分及增长率

图 2-5-12 是 2001—2018 年内蒙古研发经费支出历年得分及增长率。由图 2-5-12 可知，内蒙古研发经费支出得分呈上升趋势，增长率呈波动趋势。

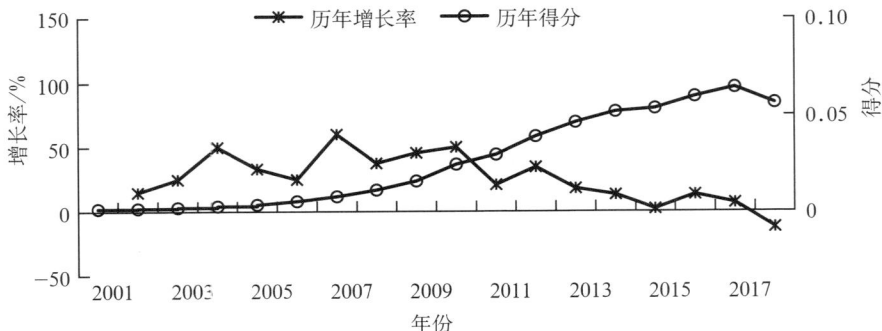

图 2-5-12 内蒙古研发经费支出得分及增长率

（12）研发经费投入强度得分及增长率

图 2-5-13 是 2001—2018 年内蒙古研发经费投入强度历年得分及增长率。由图 2-5-13 可知，内蒙古研发经费投入强度得分呈上升趋势，增长率呈波动下降趋势。

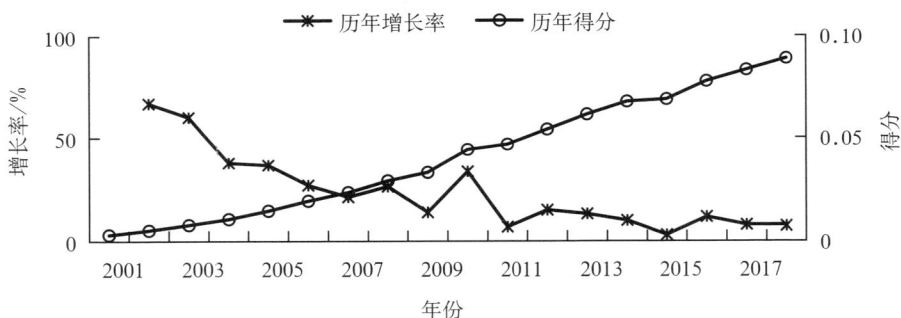

图 2-5-13 内蒙古研发经费投入强度得分及增长率

5.3 科技创新竞争力投入要素分析

5.3.1 研发人员投入分析

（1）研发机构人员全时当量分析

表 2-5-1 是内蒙古历年研发机构科研人员全时当量投入标准化数据、增长率及排名。由表 2-5-1 可知，内蒙古研发机构科研人员全时当量呈上升趋势，排名从 2001 年的第 23 位波动下降至 2018 年的第 27 位。2010 年增长显著。

表 2-5-1　内蒙古研发机构全时当量标准化数据、增长率及排名

年份	2001	2002	2003	2004	2005	2006	2007	2008	2009
得分	0.244	0.266	0.257	0.264	0.282	0.286	0.256	0.230	0.207
增长率 /%		9.02	−3.38	2.72	6.82	1.42	−10.5	−10.2	−10
排名	23	23	22	22	22	22	22	24	25
年份	2010	2011	2012	2013	2014	2015	2016	2017	2018
得分	0.325	0.344	0.337	0.354	0.359	0.351	0.276	0.325	0.321
增长率 /%	57.0	5.85	−2.03	5.04	1.41	−2.23	−21.4	17.8	−1.23
排名	22	22	23	24	24	26	27	27	27

（2）高校人员全时当量分析

表 2-5-2 是内蒙古历年高校科研人员全时当量投入标准化数据、增长率及排名。由表 2-5-2 可知，内蒙古高校人员全时当量呈上升趋势，排名从 2001 年的第 26 位波动下降至 2018 年的第 27 位。2008 年增长显著。

表 2-5-2　内蒙古高校全时当量标准化数据、增长率及排名

年份	2001	2002	2003	2004	2005	2006	2007	2008	2009
得分	0.223	0.191	0.208	0.242	0.235	0.273	0.203	0.290	0.324
增长率 /%		−14.3	8.90	16.3	−2.89	16.2	−25.6	42.9	11.7
排名	26	25	25	25	25	25	26	24	24
年份	2010	2011	2012	2013	2014	2015	2016	2017	2018
得分	0.352	0.361	0.423	0.466	0.480	0.504	0.517	0.394	0.402
增长率 /%	8.64	2.56	17.2	10.2	3.00	5	2.58	−23.8	2.03
排名	24	24	24	24	24	24	25	27	27

（3）大中型企业科研人员全时当量分析

表 2-5-3 是内蒙古历年大中型企业科研人员全时当量投入标准化数据、增长率及排名。由表 2-5-3 可知，内蒙古大中型企业科研人员全时当量标准化数

据呈上升趋势，排名从2001年的第23位波动上升至2018年的第20位。2004年、2006年增长显著。

表2-5-3　内蒙古大中型企业科研人员全时当量标准化数据、增长率及排名

年份	2001	2002	2003	2004	2005	2006	2007	2008	2009
得分	0.081	0.070	0.071	0.078	0.118	0.137	0.208	0.225	0.234
增长率/%	−13.6	1.43	9.86	51.3	16.1	51.8	8.17	4	−13.6
排名	23	25	25	25	23	21	21	21	21
年份	2010	2011	2012	2013	2014	2015	2016	2017	2018
得分	0.277	0.275	0.352	0.432	0.527	0.661	0.663	0.715	0.738
增长率/%	18.4	−0.72	28	22.7	22.0	25.4	0.30	7.84	3.22
排名	21	22	22	23	22	21	21	20	20

5.3.2　研发经费支出分析

（1）研发机构研发经费支出

表2-5-4是内蒙古历年研发机构经费内部总支出、人均研发机构经费内部支出标准化数据、增长率及排名。由表2-5-4可知，内蒙古总研发经费内部支出与人均科研经费内部支出历年标准化数据均呈上升趋势；总研发经费内部支出排名从2001年的第26位波动下降至2018年的第27位；人均研发经费内部支出排名从2001年的第29位波动上升至2018年的第24位。总投入2003年、2008年、2010年、2011年、2015年、2017年增长显著，人均投入2003年、2011年、2015年、2017年增长显著。

表2-5-4　内蒙古研发机构经费支出标准化数据、增长率及排名

年份		2001	2002	2003	2004	2005	2006	2007	2008	2009
总投入及排名	数据	0.019	0.021	0.030	0.033	0.040	0.044	0.053	0.069	0.070
	增长率/%		10.5	42.9	10	21.2	10	20.5	30.2	1.45
	排名	26	26	25	25	25	25	25	24	25

年份		2001	2002	2003	2004	2005	2006	2007	2008	2009
人均投入排名	数据	0.217	0.206	0.303	0.312	0.377	0.317	0.321	0.383	0.371
	增长率/%		−5.07	47.1	2.97	20.8	−15.9	1.26	19.3	−3.13
	排名	29	27	19	21	21	22	23	22	23

年份		2010	2011	2012	2013	2014	2015	2016	2017	2018
总投入及排名	数据	0.098	0.167	0.163	0.199	0.201	0.276	0.204	0.295	0.276
	增长率/%	40	70.4	−2.40	22.1	1.01	37.3	−26.1	44.6	−6.44
	排名	25	25	25	25	26	25	27	25	27
人均投入排名	数据	0.439	0.631	0.538	0.590	0.516	0.605	0.458	0.629	0.571
	增长率/%	18.3	43.7	−14.7	9.67	−12.5	17.2	−24.3	37.3	−9.22
	排名	23	18	23	20	26	23	24	24	24

（2）高校研发经费支出

表 2-5-5 是内蒙古历年高校经费内部总支出、人均高校经费内部支出标准化数据、增长率及排名。由表 2-5-5 可知，内蒙古高校总研发经费内部支出与人均科研经费内部支出历年标准化数据均呈上升趋势；总研发经费内部支出排名从 2001 年的第 26 位波动下降至 2018 年的第 27 位；人均研发经费内部支出排名从 2001 年的第 28 位波动下降至 2018 年的第 31 位。总投入 2002 年、2005 年、2006 年、2008 年、2011 年增长显著，2004 年增长突出，2003 年下降明显；人均投入 2002 年、2004 年、2005 年、2008 年、2011 年增长突出，2003 年下降明显。

表 2-5-5　内蒙古高校经费支出标准化数据、增长率及排名

年份		2001	2002	2003	2004	2005	2006	2007	2008	2009
总投入及排名	数据	0.010	0.018	0.011	0.022	0.034	0.048	0.055	0.088	0.083
	增长率/%		80	−38.9	100	54.5	41.2	14.6	60	−5.68
	排名	26	25	27	27	25	25	25	25	25

年份		2001	2002	2003	2004	2005	2006	2007	2008	2009
人均投入 排名	数据	0.105	0.166	0.108	0.198	0.309	0.329	0.317	0.467	0.422
	增长率/%		58.1	−34.9	83.3	56.1	6.47	−3.65	47.3	−9.64
	排名	28	23	27	29	25	24	29	26	29

年份		2010	2011	2012	2013	2014	2015	2016	2017	2018
总投入及 排名	数据	0.078	0.134	0.166	0.208	0.234	0.265	0.275	0.219	0.259
	增长率/%	−6.02	71.8	23.9	25.3	12.5	13.2	3.77	−20.4	18.3
	排名	26	26	26	26	26	26	26	27	27
人均投入 排名	数据	0.333	0.482	0.522	0.587	0.572	0.555	0.587	0.447	0.511
	增长率/%	−21.1	44.7	8.30	12.5	−2.56	−2.97	5.77	−23.9	14.3
	排名	31	27	27	27	29	28	27	31	31

（3）大中型企业研发经费支出

表2-5-6是内蒙古历年大中型企业经费内部总支出、人均大中型企业经费内部支出标准化数据、增长率及排名。由表2-5-6可知，内蒙古大中型企业总研发经费内部支出与人均科研经费内部支出历年标准化数据均呈上升趋势；总研发经费内部支出排名从2001年的第27位波动上升至2018年的第19位；人均研发经费内部支出排名从2001年的第29位波动上升至2018年的第7位。总投入2004—2011年、2013年增长显著；人均投入2003年、2005年、2007—2011年、2013年增长显著，2002年下降明显。

表2-5-6　内蒙古企业经费支出标准化数据、增长率及排名

年份		2001	2002	2003	2004	2005	2006	2007	2008	2009
总投入及 排名	数据	0.015	0.011	0.014	0.019	0.028	0.038	0.065	0.095	0.152
	增长率/%		−26.7	27.3	35.7	47.4	35.7	71.1	46.2	60
	排名	27	27	27	26	26	24	23	22	21

续表

年份		2001	2002	2003	2004	2005	2006	2007	2008	2009
人均投入排名	数据	0.203	0.125	0.173	0.221	0.328	0.336	0.480	0.647	0.995
	增长率/%		−38.4	38.4	27.7	48.4	2.44	42.9	34.8	53.8
	排名	29	27	29	26	22	25	18	16	8
年份		2010	2011	2012	2013	2014	2015	2016	2017	2018
总投入及排名	数据	0.212	0.308	0.374	0.554	0.677	0.792	0.852	0.936	1.010
	增长率/%	39.5	45.3	21.4	48.1	22.2	17.0	7.58	9.86	7.91
	排名	21	21	21	21	21	20	20	19	19
人均投入排名	数据	1.164	1.427	1.517	2.013	2.137	2.134	2.348	2.456	2.567
	增长率/%	17.0	22.6	6.31	32.7	6.16	−0.14	10.0	4.60	4.52
	排名	9	7	4	5	4	4	3	4	7

6　辽宁科技创新竞争力各指标及影响因素分析

6.1　科技创新竞争力得分及排名分析

图 2-6-1 是 2001—2018 年辽宁科技创新竞争力历年得分及排名。辽宁科技创新竞争力得分呈逐年上升趋势，排名呈波动趋势，从 2001 年的第 5 位波动下降至 2018 年的第 14 位。

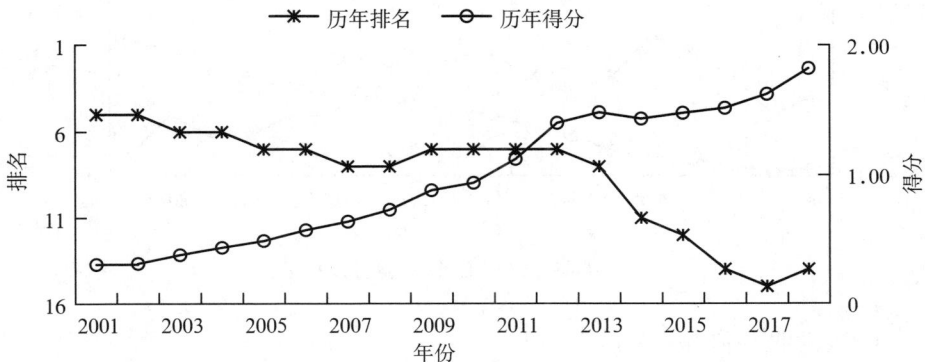

图 2-6-1　辽宁历年科技创新竞争力得分及排名

6.2 科技创新竞争力各指标得分及排名

（1）SCI 检索论文得分及排名

图 2-6-2 是 2001—2018 年辽宁 SCI 检索论文历年得分及排名。辽宁 SCI 检索论文得分呈逐年上升趋势，排名由 2001 年的第 8 位波动下降到 2018 年的第 10 位。

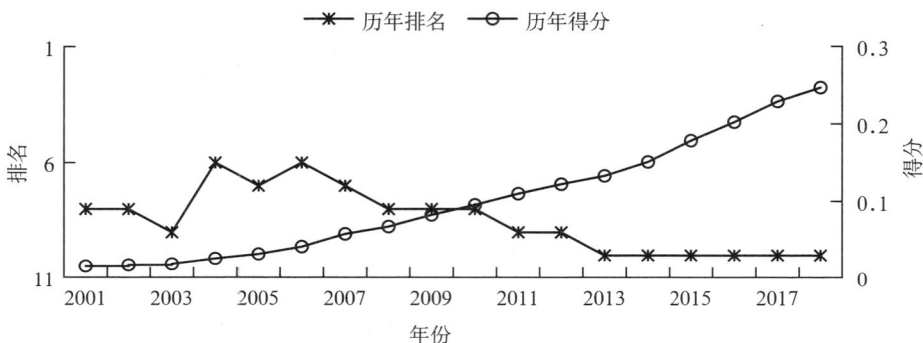

图 2-6-2 辽宁 SCI 检索得分及排名

（2）EI 检索论文得分及排名

图 2-6-3 是 2001—2018 年辽宁 EI 检索论文历年得分及排名。辽宁 EI 论文检索得分呈逐年上升趋势，排名从 2001 年的第 7 位波动下降至 2018 年的第 10 位。

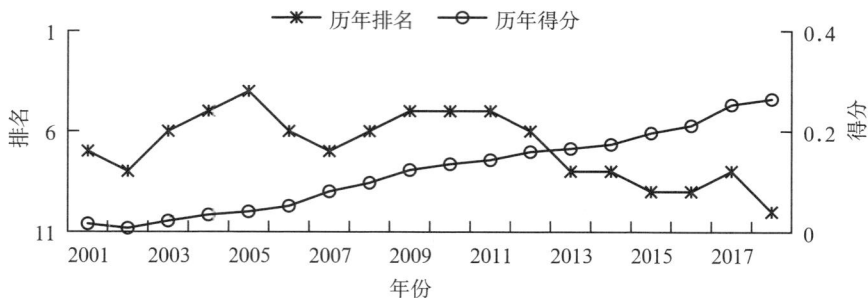

图 2-6-3 辽宁 EI 检索得分及排名

（3）发明专利得分及排名

图 2-6-4 是 2001—2018 年辽宁发明专利历年得分及排名。辽宁发明专利得

分呈逐年上升趋势，排名从 2001 年的第 2 位波动下降到 2018 年的第 14 位。

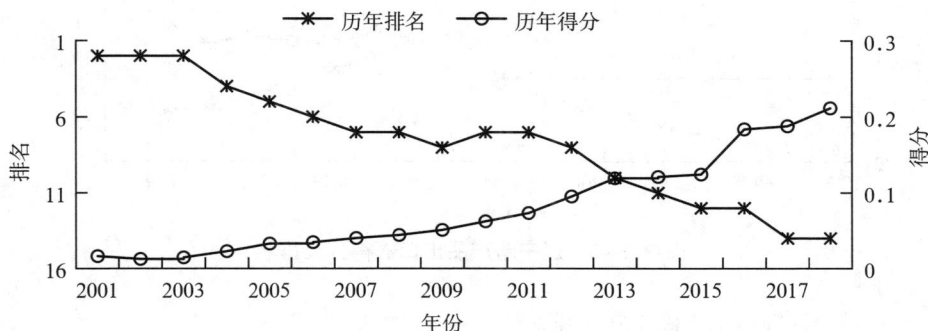

图 2-6-4 辽宁发明专利得分及排名

（4）实用新型专利得分及排名

图 2-6-5 是 2001—2018 年辽宁实用新型专利历年得分及排名。辽宁实用新型专利得分呈波动上升趋势，排名从 2001 年的第 4 位波动下降至 2018 年的第 18 位。

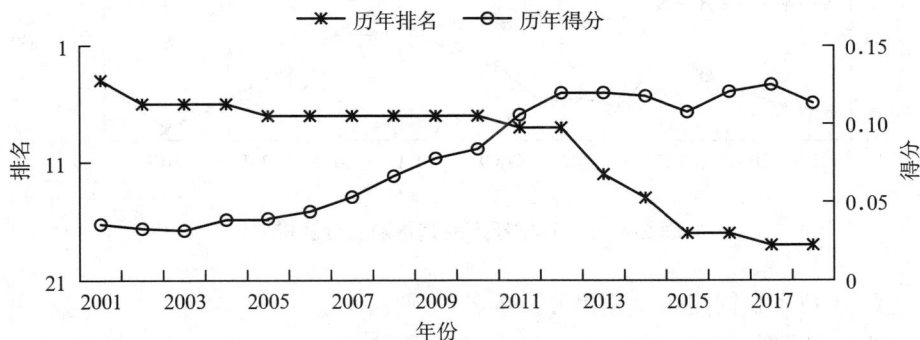

图 2-6-5 辽宁实用新型专利得分及排名

（5）新产品出口额得分及排名

图 2-6-6 是 2001—2018 年辽宁新产品出口额历年得分及排名。辽宁新产品出口额得分呈波动上升趋势，排名从 2001 年的第 13 位波动下降至 2018 年的第 15 位。

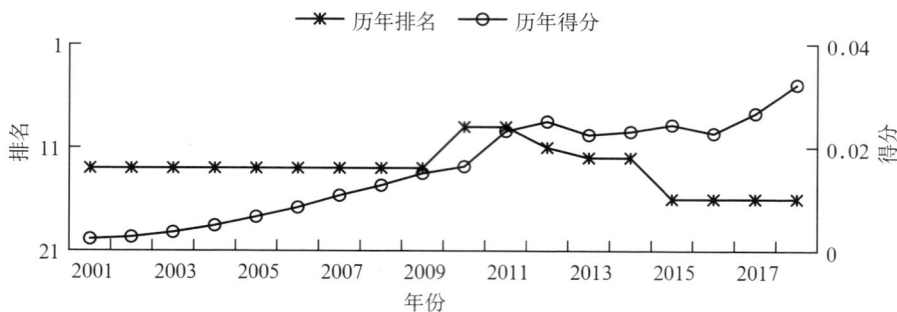

图 2-6-6　辽宁新产品出口额得分及排名

（6）新产品销售额得分及排名

图 2-6-7 是 2001—2018 年辽宁新产品销售额历年得分及排名。辽宁新产品销售额得分呈波动上升趋势，排名从 2001 年的第 8 位波动下降至 2018 年的第 17 位。

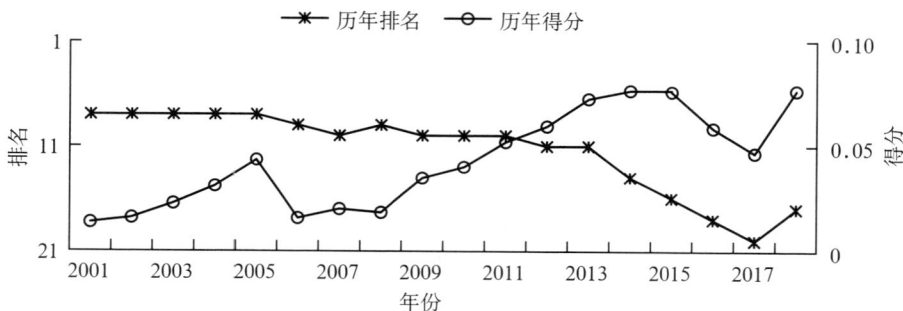

图 2-6-7　辽宁新产品销售额得分及排名

（7）技术合同流出金额得分及排名

图 2-6-8 是 2001—2018 年辽宁技术合同流出金额历年得分及排名。辽宁技术合同流出金额得分呈波动上升趋势，排名从 2001 年的第 5 位波动下降至 2018 年的第 9 位。

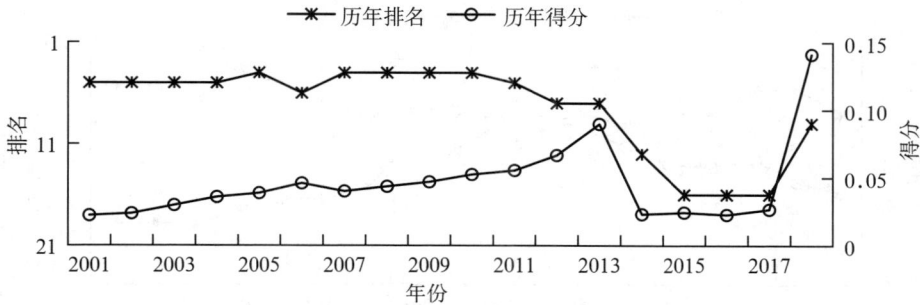

图 2-6-8 辽宁技术合同流出金额得分及排名

（8）技术合同流入金额得分及排名

图 2-6-9 是 2001—2018 年辽宁技术合同流入金额历年得分及排名。辽宁技术合同流入金额得分呈波动上升趋势，排名从 2001 年的第 6 位波动下降至 2018 年的第 12 位。

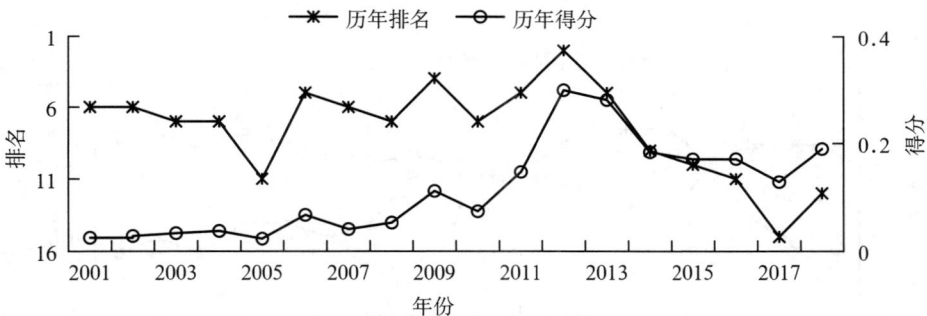

图 2-6-9 辽宁技术合同流入金额得分及排名

（9）研发人员全时当量得分及排名

图 2-6-10 是 2001—2018 年辽宁研发人员全时当量历年得分及排名。辽宁研发人员全时当量得分呈上升趋势，排名从 2001 年的第 7 位波动下降到 2018 年的第 16 位。

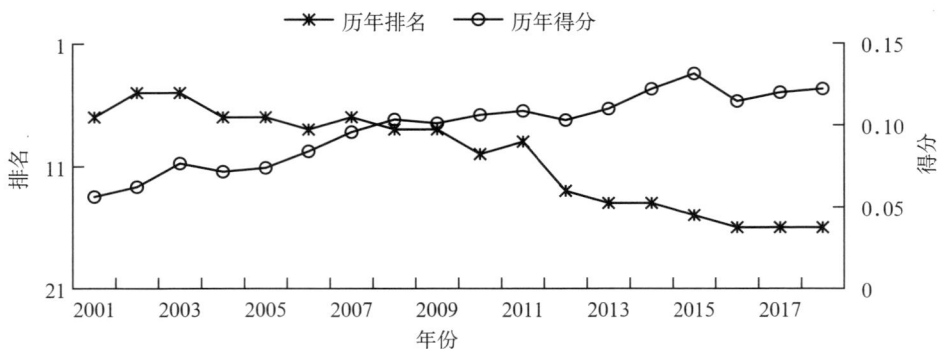

图 2-6-10　辽宁研发人员全时当量得分及排名

（10）研发人员比例得分及排名

图 2-6-11 是 2001—2018 年辽宁研发人员比例历年得分及排名。辽宁研发人员比例得分呈波动上升趋势，排名从 2001 年的第 5 位波动下降到 2018 年的第 12 位。

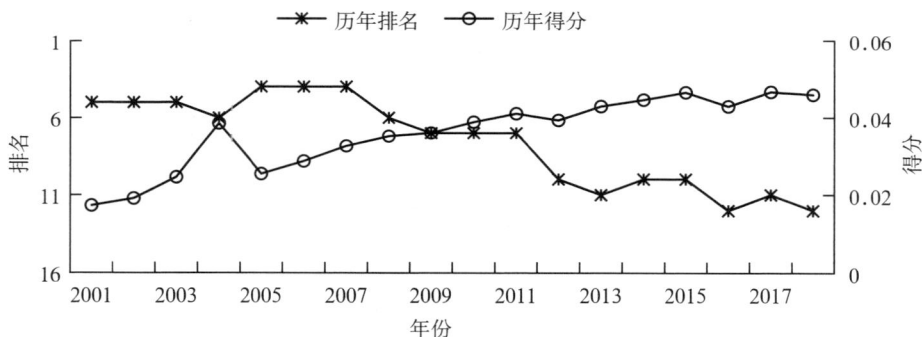

图 2-6-11　辽宁研发人员比例得分及排名

（11）研发经费支出得分及排名

图 2-6-12 是 2001—2018 年辽宁研发经费支出历年得分及排名。辽宁研发经费支出得分呈上升趋势，排名从 2001 年的第 8 位波动下降到 2018 年的第 16 位。

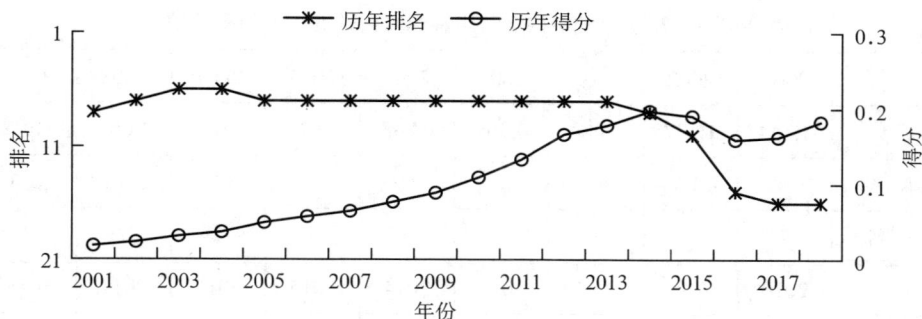

图 2-6-12　辽宁研发经费支出得分及排名

（12）研发经费投入强度得分及排名

图 2-6-13 是 2001—2018 年辽宁研发经费投入强度历年得分及排名。辽宁研发经费投入强度得分呈上升趋势，排名从 2001 年的第 4 位波动下降到 2018 年的第 12 位。

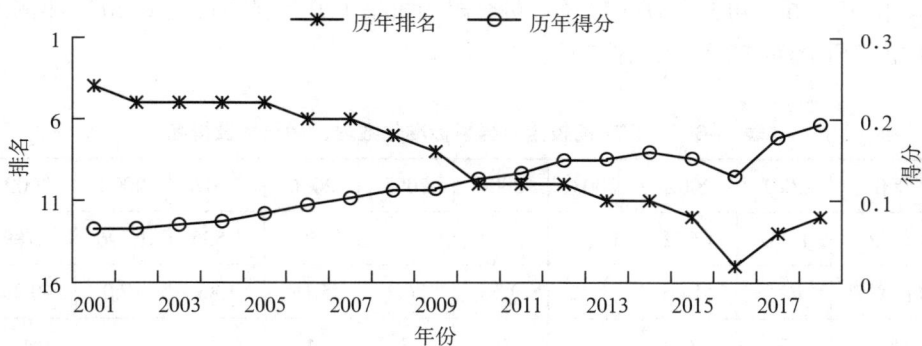

图 2-6-13　辽宁研发经费投入强度得分及排名

6.3　科技创新竞争力投入要素分析

6.3.1　研发人员投入分析

（1）研发机构人员全时当量分析

表 2-6-1 是辽宁历年研发机构科研人员全时当量投入标准化数据、增长率及排名。由表 2-6-1 可知，辽宁研发机构科研人员全时当量呈上升趋势，排名从 2001 年的第 7 位波动下降至 2018 年的第 8 位。

表 2-6-1　辽宁研发机构全时当量标准化数据、增长率及排名

年份	2001	2002	2003	2004	2005	2006	2007	2008	2009
得分	1.144	1.137	1.084	0.968	0.898	0.970	1.030	1.052	1.107
增长率 /%		−0.61	−4.66	−10.7	−7.23	8.02	6.19	2.14	5.23
排名	7	7	7	8	7	7	7	7	7
年份	2010	2011	2012	2013	2014	2015	2016	2017	2018
得分	1.149	1.247	1.270	1.384	1.458	1.419	1.466	1.461	1.550
增长率 /%	3.79	8.53	1.84	8.98	5.35	−2.67	3.31	−0.34	6.09
排名	7	7	7	7	7	7	7	8	8

（2）高校人员全时当量分析

表 2-6-2 是辽宁历年高校科研人员全时当量投入标准化数据、增长率及排名。由表 2-6-2 可知，辽宁高校人员全时当量呈上升趋势，排名从 2001 年的第 5 位波动下降至 2018 年的第 7 位。

表 2-6-2　辽宁高校全时当量标准化数据、增长率及排名

年份	2001	2002	2003	2004	2005	2006	2007	2008	2009
得分	1.232	1.052	1.036	1.135	1.433	1.507	1.535	1.796	1.789
增长率 /%		−14.6	−1.52	9.56	26.3	5.16	1.86	17.0	−0.39
排名	5	6	6	7	3	4	6	4	4
年份	2010	2011	2012	2013	2014	2015	2016	2017	2018
得分	1.945	1.825	1.894	1.866	1.984	2.006	2.023	2.025	2.116
增长率 /%	8.72	−6.17	3.78	−1.48	6.32	1.11	0.85	0.099	4.49
排名	4	4	5	7	5	6	6	7	7

（3）大中型企业科研人员全时当量分析

表 2-6-3 是辽宁历年大中型企业科研人员全时当量投入标准化数据、增长率及排名。由表 2-6-3 可知，辽宁大中型企业科研人员全时当量标准化数据呈

上升趋势，排名从 2001 年的第 4 位波动下降至 2018 年的第 15 位。2003 年增长显著。

表 2-6-3 辽宁大中型企业科研人员全时当量标准化数据、增长率及排名

年份	2001	2002	2003	2004	2005	2006	2007	2008	2009
得分	0.563	0.503	0.733	0.602	0.733	0.795	0.844	0.831	1.012
增长率/%		−10.7	45.7	−17.9	21.8	8.46	6.16	−1.54	21.8
排名	4	6	4	6	4	5	5	6	5
年份	2010	2011	2012	2013	2014	2015	2016	2017	2018
得分	0.980	1.012	1.088	1.164	1.275	1.448	1.553	1.203	1.207
增长率/%	−3.16	3.27	7.51	6.99	9.54	13.6	7.25	−22.5	0.33
排名	6	8	8	14	14	13	13	15	15

6.3.2 研发经费支出分析

（1）研发机构研发经费支出

表 2-6-4 是辽宁历年研发机构经费内部总支出、人均研发机构经费内部支出标准化数据、增长率及排名。由表 2-6-4 可知，辽宁总研发经费内部支出与人均科研经费内部支出历年标准化数据均呈上升趋势；总研发经费内部支出排名从 2001 年的第 7 位波动下降至 2018 年的第 8 位；人均研发经费内部支出排名从 2001 年的第 16 位波动上升至 2018 年的第 8 位。总投入、人均投入 2012 年增长显著。

（2）高校研发经费支出

表 2-6-5 是辽宁历年高校经费内部总支出、人均高校经费内部支出标准化数据、增长率及排名。由表 2-6-5 可知，辽宁高校总研发经费内部支出与人均科研经费内部支出历年标准化数据均呈上升趋势；总研发经费内部支出排名从 2001 年的第 4 位波动下降至 2018 年的第 10 位；人均研发经费内部支出排名从 2001 年的第 8 位波动上升至 2018 年的第 6 位。总投入 2003 年增长突出，2006 年、2013 年增长显著，2002 年下降明显；人均投入 2003 年增长突出，2005 年、2013 年增长显著，2002 年下降明显。

表 2-6-4　辽宁研发机构经费支出标准化数据、增长率及排名

年份		2001	2002	2003	2004	2005	2006	2007	2008	2009
总投入及排名	数据	0.295	0.344	0.410	0.391	0.480	0.505	0.567	0.628	0.788
	增长率 /%		16.6	19.2	-4.63	22.8	5.21	12.3	10.8	25.5
	排名	7	6	6	7	6	6	7	7	7
人均投入排名	数据	0.557	0.579	0.635	0.494	0.699	0.688	0.701	0.743	0.834
	增长率 /%		3.95	9.67	-22.2	41.5	-1.57	1.89	5.99	12.2
	排名	16	10	10	17	13	15	14	12	13
年份		2010	2011	2012	2013	2014	2015	2016	2017	2018
总投入及排名	数据	0.902	0.983	1.391	1.441	1.680	1.779	1.706	1.898	2.197
	增长率 /%	14.5	8.98	41.5	3.59	16.6	5.89	-4.10	11.3	15.6
	排名	7	7	6	7	6	7	7	8	8
人均投入排名	数据	0.961	0.992	1.342	1.454	1.574	1.532	1.399	1.817	2.043
	增长率 /%	15.2	3.23	35.3	8.35	8.25	-2.67	-8.68	29.9	12.4
	排名	13	12	8	8	9	8	8	7	8

表 2-6-5　辽宁高校经费支出标准化数据、增长率及排名

年份		2001	2002	2003	2004	2005	2006	2007	2008	2009
总投入及排名	数据	0.294	0.163	0.379	0.408	0.513	0.684	0.821	1.047	1.162
	增长率 /%		-44.6	133	7.65	25.7	33.3	20.0	27.5	11.0
	排名	4	13	6	10	11	7	7	5	6
人均投入排名	数据	0.528	0.262	0.560	0.491	0.714	0.889	0.967	1.181	1.173
	增长率 /%		-50.4	114	-12.3	45.4	24.5	8.77	22.1	-0.68
	排名	8	18	10	14	15	15	12	7	8
年份		2010	2011	2012	2013	2014	2015	2016	2017	2018
总投入及排名	数据	1.417	1.600	1.640	2.186	2.498	2.774	2.837	3.122	2.883
	增长率 /%	21.9	12.9	2.50	33.3	14.3	11.0	2.27	10.0	-7.66
	排名	6	8	11	8	9	9	9	8	10
人均投入排名	数据	1.440	1.540	1.509	2.103	2.232	2.277	2.219	2.849	2.557
	增长率 /%	22.76	6.94	-2.01	39.37	6.13	2.02	-2.55	28.4	-10.25
	排名	8	10	12	5	4	4	6	4	6

（3）大中型企业研发经费支出

表 2-6-6 是辽宁历年大中型企业经费内部总支出、人均大中型企业经费内部支出标准化数据、增长率及排名。由表 2-6-6 可知，辽宁大中型企业总研发经费内部支出与人均科研经费内部支出历年标准化数据均呈上升趋势；总研发经费内部支出排名从 2001 年的第 5 位波动下降至 2018 年的第 15 位；人均研发经费内部支出排名从 2001 年的第 17 位波动上升至 2018 年的第 12 位。总投入 2003—2006 年、2013 年增长显著，2002 年下降明显；人均投入 2005 年、2013 年增长显著，2002 年下降明显。

表 2-6-6　辽宁企业经费支出标准化数据、增长率及排名

年份		2001	2002	2003	2004	2005	2006	2007	2008	2009
总投入及排名	数据	0.241	0.157	0.211	0.299	0.420	0.552	0.665	0.678	0.862
	增长率 %		−34.9	34.4	41.7	40.5	31.4	20.5	1.95	27.1
	排名	5	5	5	5	5	5	6	6	6
人均投入排名	数据	0.558	0.325	0.401	0.464	0.752	0.923	1.010	0.985	1.122
	增长率 %		−41.8	23.4	15.7	62.1	22.7	9.43	−2.48	13.9
	排名	13	9	6	7	4	5	5	6	5
年份		2010	2011	2012	2013	2014	2015	2016	2017	2018
总投入及排名	数据	1.018	1.305	1.510	2.167	2.284	2.628	2.558	1.908	1.910
	增长率 %	18.1	28.2	15.7	43.5	5.40	15.1	−2.66	−25.4	0.10
	排名	6	6	6	6	6	6	8	14	15
人均投入排名	数据	1.332	1.619	1.790	2.686	2.629	2.780	2.578	2.244	2.182
	增长率 %	18.7	21.5	10.6	50.1	−2.12	5.74	−7.27	−13.0	−2.76
	排名	6	4	3	1	2	2	2	10	12

7 吉林科技创新竞争力各指标及影响因素分析

7.1 科技创新竞争力得分及增长率分析

图 2-7-1 是 2001—2018 年吉林科技创新竞争力历年得分及增长率。由图 2-7-1 可知，吉林科技创新竞争力得分呈逐年上升趋势，增长率呈波动趋势。

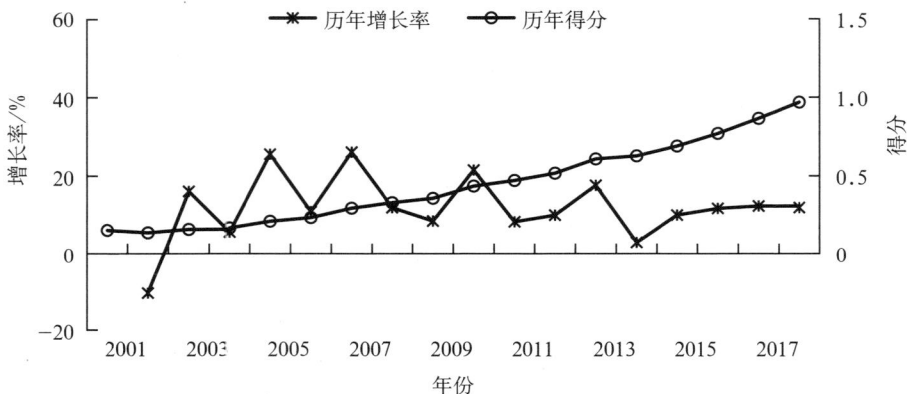

图 2-7-1 吉林历年科技创新竞争力得分及增长率

7.2 科技创新竞争力各指标得分及增长率

（1）SCI 检索论文得分及增长率

图 2-7-2 是 2001—2018 年吉林 SCI 检索论文历年得分及增长率。由图 2-7-2 可知，吉林 SCI 检索论文得分呈逐年上升趋势；增长率呈波动趋势，2008 年后波动幅度趋缓。

（2）EI 检索论文得分及增长率

图 2-7-3 是 2001—2018 年吉林 EI 检索论文历年得分及增长率。由图 2-7-3 可知，吉林 EI 论文检索得分呈上升趋势；增长率呈波动趋势，2003 年增长突出。

（3）发明专利得分及增长率

图 2-7-4 是 2001—2018 年吉林发明专利历年得分及排名。由图 2-7-4 可知，吉林发明专利得分呈上升趋势，增长率呈波动趋势。

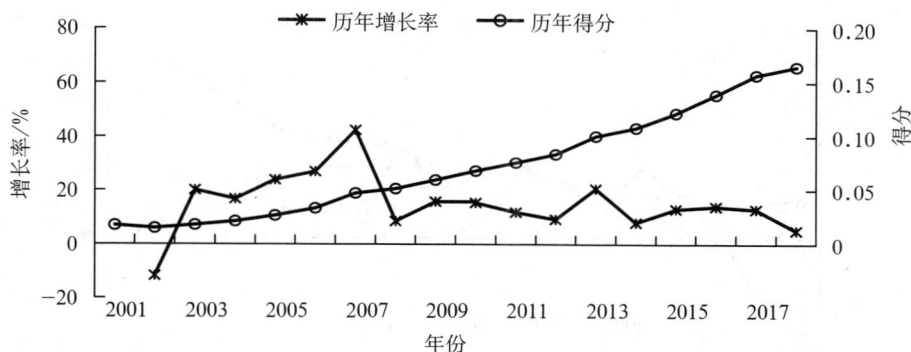

图 2-7-2　吉林 SCI 检索得分及增长率

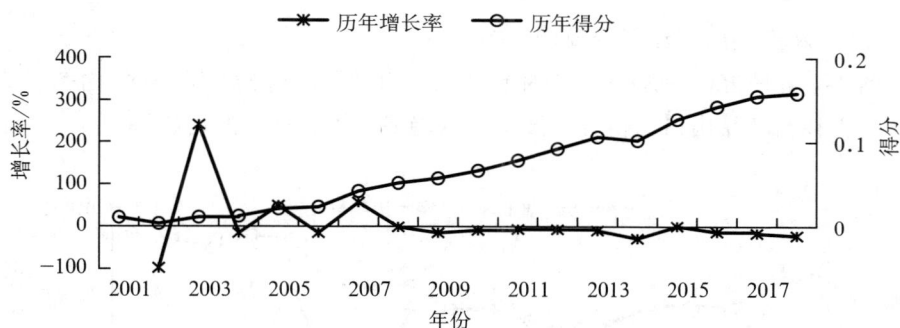

图 2-7-3　吉林 EI 检索得分及增长率

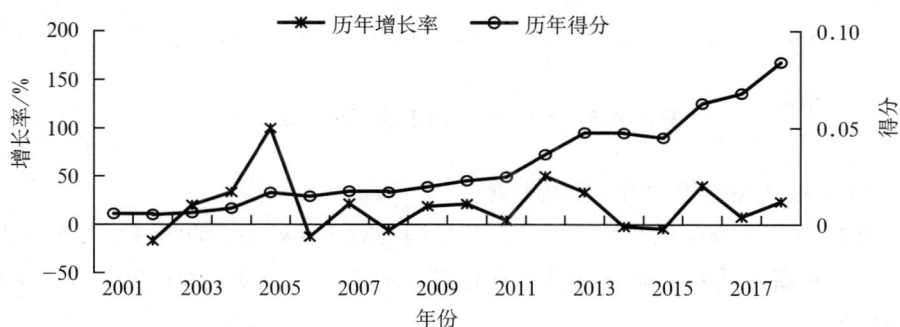

图 2-7-4　吉林发明专利得分及增长率

（4）实用新型专利得分及增长率

图 2-7-5 是 2001—2018 年吉林实用新型专利历年得分及增长率。由图 2-7-5 可知，吉林实用新型专利得分呈上升趋势，增长率呈波动趋势。

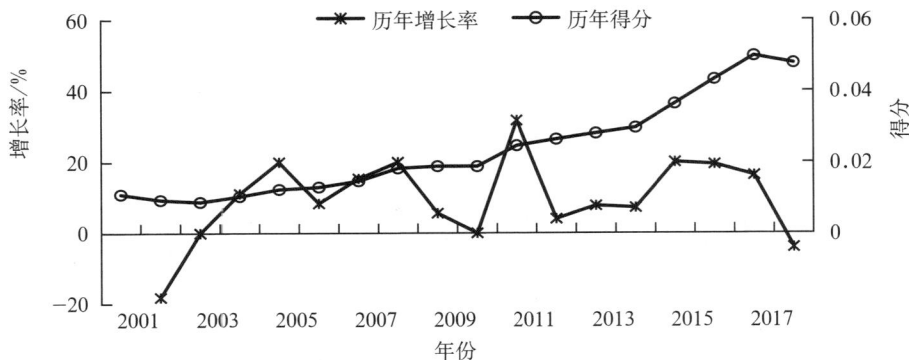

图 2-7-5　吉林实用新型专利得分及增长率

（5）新产品出口额得分及增长率

图 2-7-6 是 2001—2018 年吉林新产品出口额历年得分及增长率。由图 2-7-6 可知，吉林新产品出口额得分呈波动上升趋势，增长率呈波动趋势。

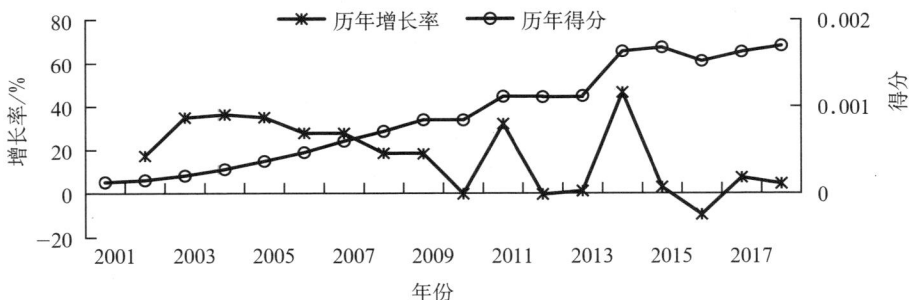

图 2-7-6　吉林新产品出口额得分及增长率

（6）新产品销售额得分及增长率

图 2-7-7 是 2001—2018 年吉林新产品销售额历年得分及增长率。由图 2-7-7 可知，吉林新产品销售额得分呈上升趋势；增长率呈波动趋势，2005 年、2009 年增长突出。

（7）技术合同流出金额得分及增长率

图 2-7-8 是 2001—2018 年吉林技术合同流出金额历年得分及增长率。由图 2-7-8 可知，吉林技术合同流出金额得分呈波动上升趋势；2018 年增长率极其突出，其他年份增长率呈波动趋势。

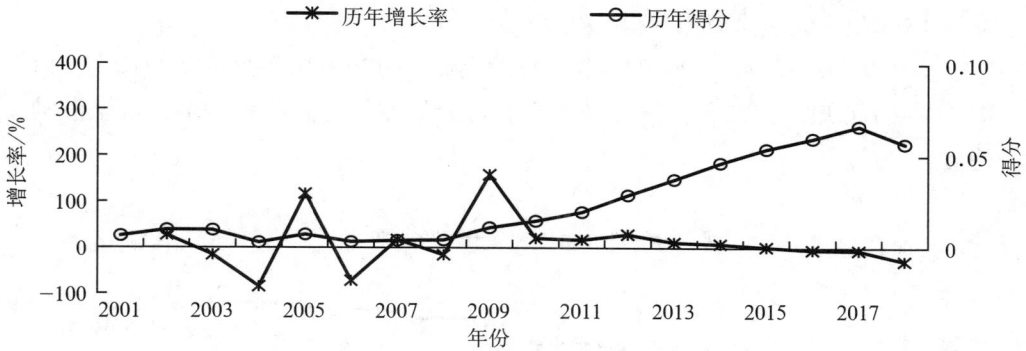

图 2-7-7　吉林新产品销售额得分及增长率

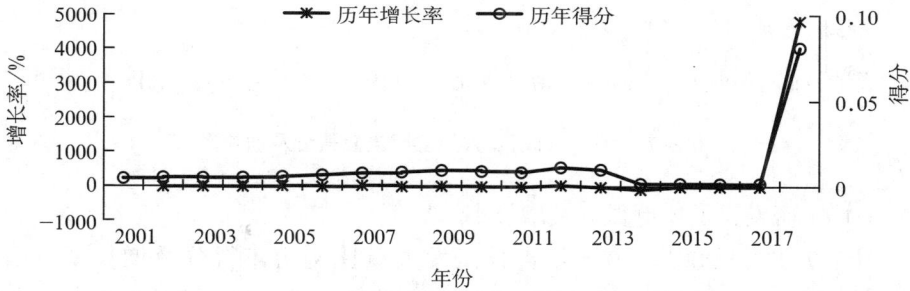

图 2-7-8　吉林技术合同流出金额得分及增长率

（8）技术合同流入金额得分及增长率

图 2-7-9 是 2001—2018 年吉林技术合同流入金额历年得分及增长率。由图 2-7-9 可知，吉林技术合同流入金额得分呈逐年上升趋势，增长率呈波动趋势。

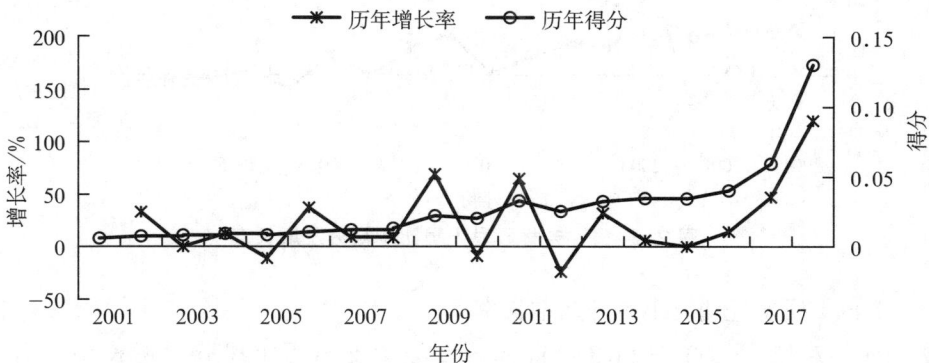

图 2-7-9　吉林技术合同流入金额得分及增长率

（9）研发人员全时当量得分及增长率

图 2-7-10 是 2001—2018 年吉林研发人员全时当量历年得分及增长率。由图 2-7-10 可知，吉林研发人员全时当量得分呈逐年上升趋势，增长率呈波动趋势。

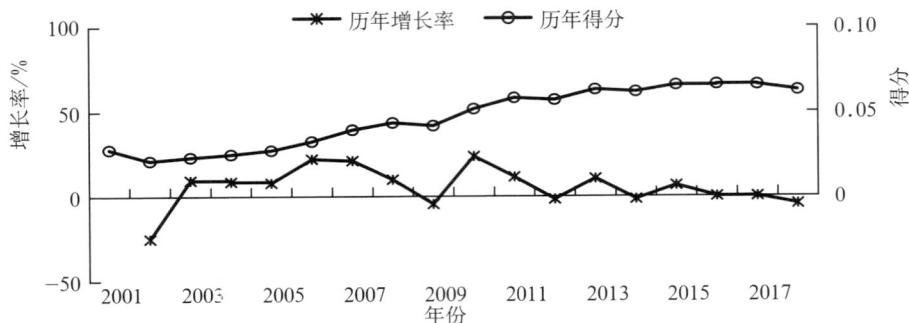

图 2-7-10 吉林研发人员全时当量得分及增长率

（10）研发人员比例得分及增长率

图 2-7-11 是 2001—2018 年吉林研发人员比例历年得分及增长率。由图 2-7-11 可知，吉林研发人员比例得分呈上升趋势，增长率呈波动趋势。

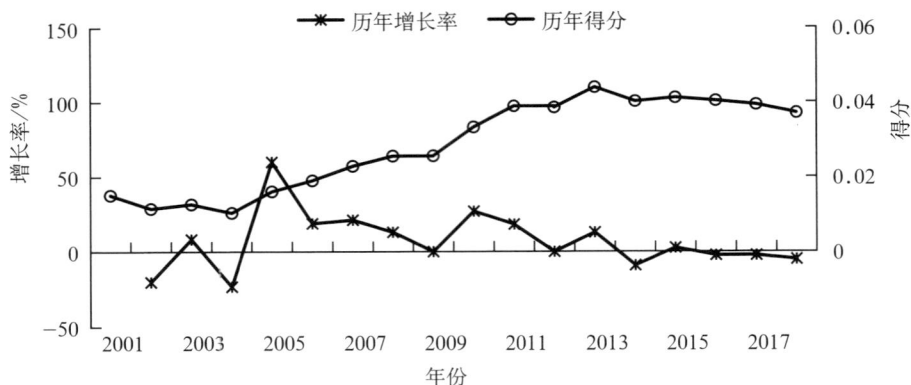

图 2-7-11 吉林研发人员比例得分及增长率

（11）研发经费支出得分及增长率

图 2-7-12 是 2001—2018 年吉林研发经费支出历年得分及增长率。由图 2-7-12 可知，吉林研发经费支出得分呈上升趋势，增长率呈波动趋势。

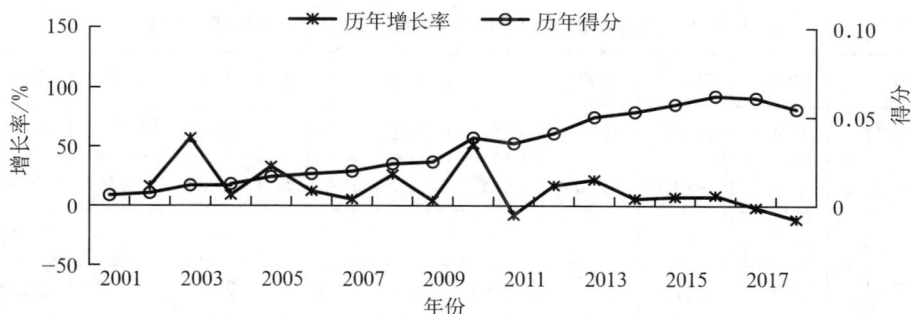

图 2-7-12 吉林研发经费支出得分及增长率

（12）研发经费投入强度得分及增长率

图 2-7-13 是 2001—2018 年吉林研发经费投入强度历年得分及增长率。由图 2-7-13 可知，吉林研发经费投入强度得分呈上升趋势，增长率呈波动趋势。

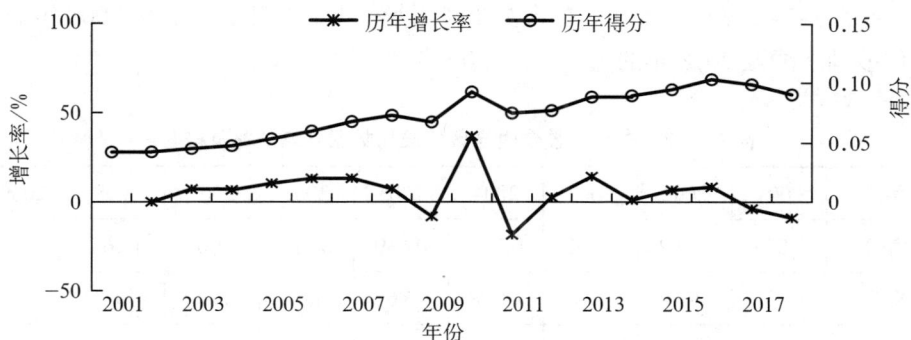

图 2-7-13 吉林研发经费投入强度得分及增长率

7.3 科技创新竞争力投入要素分析

7.3.1 研发人员投入分析

（1）研发机构人员全时当量分析

表 2-7-1 是吉林历年研发机构科研人员全时当量投入标准化数据、增长率及排名。由表 2-7-1 可知，吉林研发机构科研人员全时当量呈上升趋势，排名从 2001 年的第 11 位波动下降至 2018 年的第 14 位。

表 2-7-1　吉林研发机构全时当量标准化数据、增长率及排名

年份	2001	2002	2003	2004	2005	2006	2007	2008	2009
得分	0.601	0.564	0.524	0.521	0.508	0.495	0.482	0.500	0.609
增长率/%		−6.16	−7.09	−0.57	−2.50	−2.56	−2.63	3.73	21.8
排名	11	11	11	10	12	13	14	15	13
年份	2010	2011	2012	2013	2014	2015	2016	2017	2018
得分	0.640	0.684	0.736	0.734	0.753	0.820	0.864	0.829	0.860
增长率/%	5.09	6.88	7.60	−0.27	2.59	8.90	5.37	−4.05	3.74
排名	12	14	13	15	16	15	15	15	14

（2）高校人员全时当量分析

表 2-7-2 是吉林历年高校科研人员全时当量投入标准化数据、增长率及排名。由表 2-7-2 可知，吉林高校人员全时当量呈上升趋势，排名从 2001 年的第 10 位波动下降至 2018 年的第 11 位。2006 年增长显著。

表 2-7-2　吉林高校全时当量标准化数据、增长率及排名

年份	2001	2002	2003	2004	2005	2006	2007	2008	2009
得分	0.874	0.792	0.738	0.730	0.689	0.951	1.062	1.265	1.469
增长率/%		−9.38	−6.82	−1.08	−5.62	38.0	11.7	19.1	16.1
排名	10	10	12	13	15	12	11	10	9
年份	2010	2011	2012	2013	2014	2015	2016	2017	2018
得分	1.626	1.464	1.644	1.983	1.776	1.568	1.677	1.800	1.735
增长率/%	10.7	−9.96	12.3	20.6	−10.4	−11.7	6.95	7.33	−3.61
排名	8	10	9	5	9	12	11	10	11

（3）大中型企业科研人员全时当量分析

表 2-7-3 是吉林历年大中型企业科研人员全时当量投入标准化数据、增长率及排名。由表 2-7-3 可知，吉林大中型企业科研人员全时当量标准化数据呈

上升趋势，排名从 2001 年的第 15 位波动下降至 2018 年的第 22 位。2005 年、2007 年、2011 年、2012 年、2014 年增长显著，2003 年、2004 年下降明显。

表 2-7-3　吉林大中型企业科研人员全时当量标准化数据、增长率及排名

年份	2001	2002	2003	2004	2005	2006	2007	2008	2009
得分	0.195	0.204	0.084	0.054	0.104	0.124	0.175	0.205	0.224
增长率/%		4.62	−58.8	−35.7	92.6	19.2	41.1	17.1	9.27
排名	15	16	23	26	25	22	22	22	22
年份	2010	2011	2012	2013	2014	2015	2016	2017	2018
得分	0.203	0.323	0.476	0.438	0.597	0.581	0.598	0.568	0.575
增长率/%	−9.38	59.1	47.4	−7.98	36.3	−2.68	2.93	−5.02	1.23
排名	23	21	20	22	20	22	22	22	22

7.3.2　研发经费支出分析

（1）研发机构研发经费支出

表 2-7-4 是吉林历年研发机构经费内部总支出、人均研发机构经费内部支出标准化数据、增长率及排名。由表 2-7-4 可知，吉林总研发经费内部支出与人均科研经费内部支出历年标准化数据均呈上升趋势；总研发经费内部支出排名从 2001 年的第 15 位波动回归至 2018 年的第 15 位；人均研发经费内部支出排名从 2001 年的第 18 位波动上升至 2018 年的第 10 位。总投入 2004 年、2006 年、2011 年增长显著，人均投入 2003 年、2004 年增长显著。

（2）高校研发经费支出

表 2-7-5 是吉林历年高校经费内部总支出、人均高校经费内部支出标准化数据、增长率及排名。由表 2-7-5 可知，吉林高校总研发经费内部支出与人均科研经费内部支出历年标准化数据均呈上升趋势；总研发经费内部支出排名从 2001 年的第 16 位波动下降至 2018 年的第 18 位；人均研发经费内部支出排名从 2001 年的第 18 位波动上升至 2018 年的第 12 位。总投入 2003 年、2007 年、2008 年增长显著，人均投入 2003 年增长突出，2007 年增长显著。

表 2-7-4　吉林研发机构经费支出标准化数据、增长率及排名

年份		2001	2002	2003	2004	2005	2006	2007	2008	2009
总投入及排名	数据	0.117	0.125	0.144	0.206	0.200	0.268	0.314	0.281	0.363
	增长率 /%		6.84	15.2	43.1	-2.91	34.0	17.2	-10.5	29.2
	排名	15	14	10	11	13	9	11	14	13
人均投入排名	数据	0.467	0.424	0.655	0.861	0.839	0.988	0.999	0.808	0.913
	增长率 /%		-9.21	54.5	31.5	-2.56	17.8	1.11	-19.2	13.0
	排名	18	16	9	9	7	7	7	11	12
年份		2010	2011	2012	2013	2014	2015	2016	2017	2018
总投入及排名	数据	0.397	0.522	0.564	0.636	0.782	0.822	0.832	0.914	0.914
	增长率 /%	9.37	31.5	8.05	12.8	23.0	5.12	1.22	9.86	0
	排名	16	15	14	14	14	14	16	15	15
人均投入排名	数据	1.022	1.082	1.017	1.160	1.279	1.399	1.367	1.516	1.548
	增长率 /%	11.9	5.87	-6.01	14.1	10.3	9.38	-2.29	10.9	2.11
	排名	11	9	11	9	10	9	9	8	10

表 2-7-5　吉林高校经费支出标准化数据、增长率及排名

年份		2001	2002	2003	2004	2005	2006	2007	2008	2009
总投入及排名	数据	0.067	0.067	0.124	0.158	0.198	0.214	0.322	0.456	0.566
	增长率 /%		0	85.1	27.4	25.3	8.08	50.5	41.6	24.1
	排名	16	18	15	16	16	17	16	15	14
人均投入排名	数据	0.255	0.217	0.539	0.627	0.793	0.752	0.978	1.249	1.356
	增长率 /%		-14.9	148.4	16.3	26.5	-5.17	30.1	27.7	8.57
	排名	18	21	13	12	13	17	11	6	5
年份		2010	2011	2012	2013	2014	2015	2016	2017	2018
总投入及排名	数据	0.648	0.821	0.966	1.117	1.385	1.348	1.439	1.521	1.100
	增长率 /%	14.5	26.7	17.7	15.6	24.0	-2.67	6.75	5.70	-27.7
	排名	14	15	15	15	15	15	15	15	18
人均投入排名	数据	1.591	1.623	1.661	1.942	2.159	2.187	2.252	2.404	1.776
	增长率 /%	17.3	2.01	2.34	16.9	11.2	1.30	2.97	6.75	-26.1
	排名	6	6	9	7	5	6	4	7	12

（3）大中型企业研发经费支出

表 2-7-6 是吉林历年大中型企业经费内部总支出、人均大中型企业经费内部支出标准化数据、增长率及排名。由表 2-7-6 可知，吉林大中型企业总研发经费内部支出与人均科研经费内部支出历年标准化数据均呈上升趋势；总研发经费内部支出排名从 2001 年的第 22 位波动上升至 2018 年的第 21 位；人均研发经费内部支出排名从 2001 年的第 28 位波动上升至 2018 年的第 25 位。总投入 2004 年、2006 年、2010 年、2011 年、2013 年增长显著，2002 年下降明显；人均投入 2003 年、2004 年、2006 年、2010 年、2013 年增长显著，2002 年下降明显。

表 2-7-6　吉林企业经费支出标准化数据、增长率及排名

年份		2001	2002	2003	2004	2005	2006	2007	2008	2009
总投入及排名	数据	0.042	0.029	0.037	0.072	0.054	0.094	0.106	0.129	0.148
	增长率/%		−31.0	27.6	94.6	−25	74.1	12.8	21.7	14.7
	排名	22	22	21	18	21	21	21	21	22
人均投入排名	数据	0.206	0.122	0.209	0.369	0.281	0.424	0.417	0.454	0.458
	增长率/%		−40.8	71.3	76.6	−23.8	50.9	−1.65	8.87	0.88
	排名	28	28	25	11	25	19	21	26	26
年份		2010	2011	2012	2013	2014	2015	2016	2017	2018
总投入及排名	数据	0.200	0.260	0.280	0.386	0.477	0.551	0.623	0.680	0.717
	增长率/%	35.1	30	7.69	37.9	23.6	15.5	13.1	9.15	5.44
	排名	22	22	23	23	23	23	23	22	21
人均投入排名	数据	0.632	0.663	0.621	0.864	0.958	1.152	1.256	1.385	1.491
	增长率/%	38.0	4.91	−6.33	39.1	10.9	20.3	9.03	10.3	7.65
	排名	25	27	28	28	28	27	27	25	25

8 黑龙江科技创新竞争力各指标及影响因素分析

8.1 科技创新竞争力得分及增长率分析

图 2-8-1 是 2001—2018 年黑龙江科技创新竞争力历年得分及增长率。由图 2-8-1 可知，黑龙江科技创新竞争力得分呈逐年上升趋势，增长率呈波动趋势。

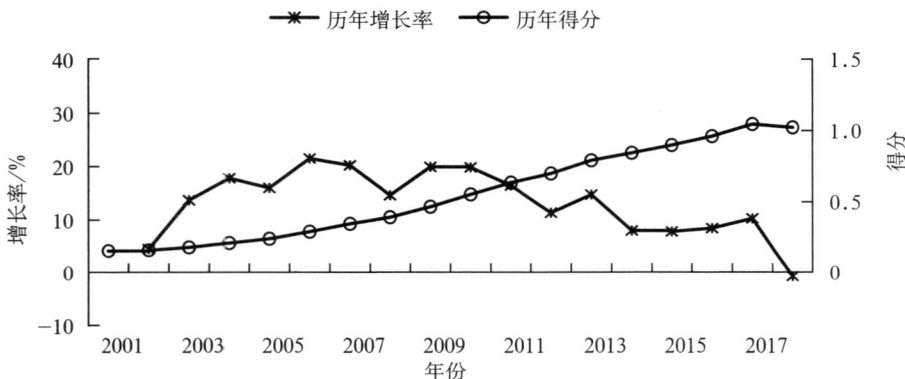

图 2-8-1　黑龙江历年科技创新竞争力得分及增长率

8.2 科技创新竞争力各指标得分及增长率

（1）SCI 检索论文得分及增长率

图 2-8-2 是 2001—2018 年黑龙江 SCI 检索论文历年得分及增长率。由图 2-8-2 可知，黑龙江 SCI 检索论文得分呈逐年上升趋势；增长率呈波动趋势，2008 年后波动幅度趋缓。

（2）EI 检索论文得分及增长率

图 2-8-3 是 2001—2018 年黑龙江 EI 检索论文历年得分及增长率。由图 2-8-3 可知，黑龙江 EI 论文检索得分呈逐年上升趋势，增长率呈波动趋势。

（3）发明专利得分及增长率

图 2-8-4 是 2001—2018 年黑龙江发明专利历年得分及增长率。由图 2-8-4 可知，黑龙江发明专利得分呈逐年上升趋势，增长率呈波动趋势。

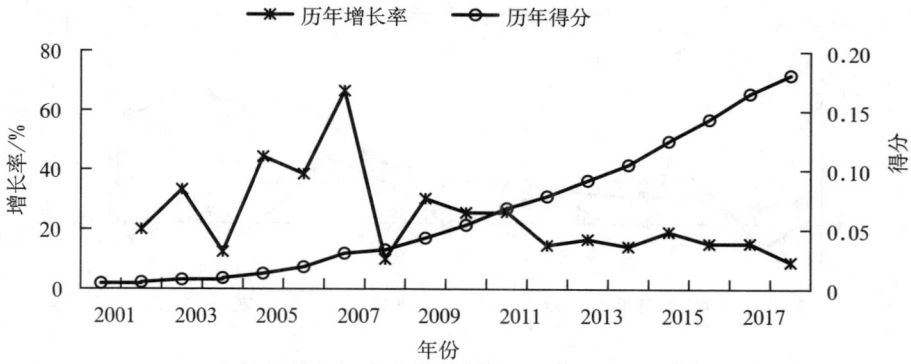

图 2-8-2 黑龙江 SCI 检索得分及增长率

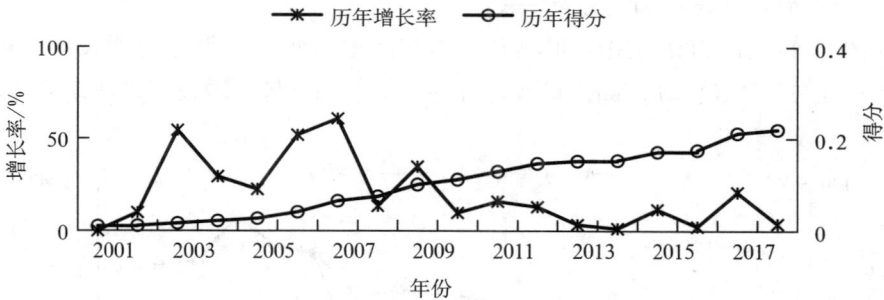

图 2-8-3 黑龙江 EI 检索得分及增长率

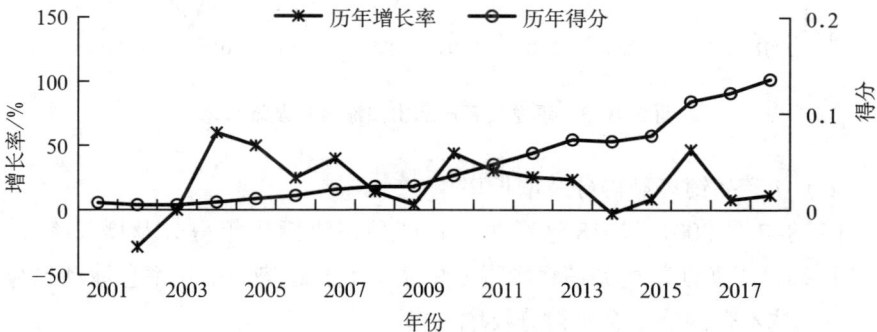

图 2-8-4 黑龙江发明专利得分及增长率

（4）实用新型专利得分及增长率

图 2-8-5 是 2001—2018 年黑龙江实用新型专利历年得分及增长率。由图 2-8-5 可知，黑龙江实用新型专利得分呈波动上升趋势，增长率呈波动趋势。

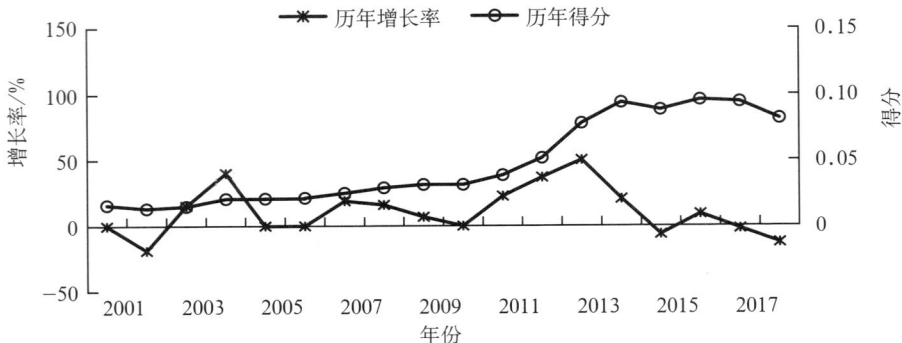

图 2-8-5　黑龙江实用新型专利得分及增长率

（5）新产品出口额得分及增长率

图 2-8-6 是 2001—2018 年黑龙江新产品出口额历年得分及增长率。由图 2-8-6 可知，黑龙江新产品出口额得分呈波动上升趋势，增长率呈波动趋势。

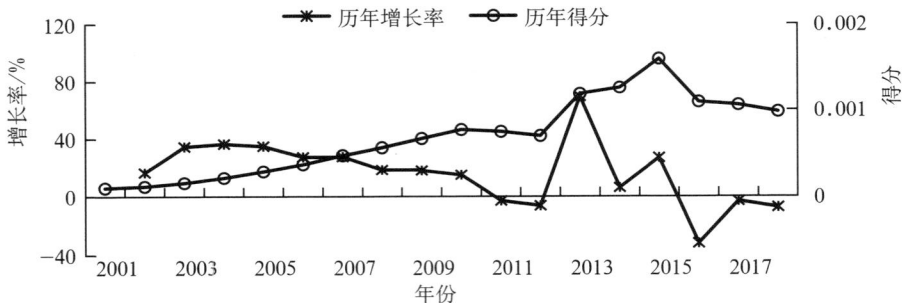

图 2-8-6　黑龙江新产品出口额得分及增长率

（6）新产品销售额得分及增长率

图 2-8-7 是 2001—2018 年黑龙江新产品销售额历年得分及增长率。由图 2-8-7 可知，黑龙江新产品销售额得分呈波动上升趋势，增长率呈波动趋势。

（7）技术合同流出金额得分及增长率

图 2-8-8 是 2001—2018 年黑龙江技术合同流出金额历年得分及增长率。由图 2-8-8 可知，黑龙江技术合同流出金额得分呈波动上升趋势；增长率呈波动趋势，2014 年下降明显，2018 年增长异常突出。

（8）技术合同流入金额得分及增长率

图 2-8-9 是 2001—2018 年黑龙江技术合同流入金额历年得分及增长率。由

图 2-8-9 可知，黑龙江技术合同流入金额得分呈上升趋势，增长率呈波动趋势。

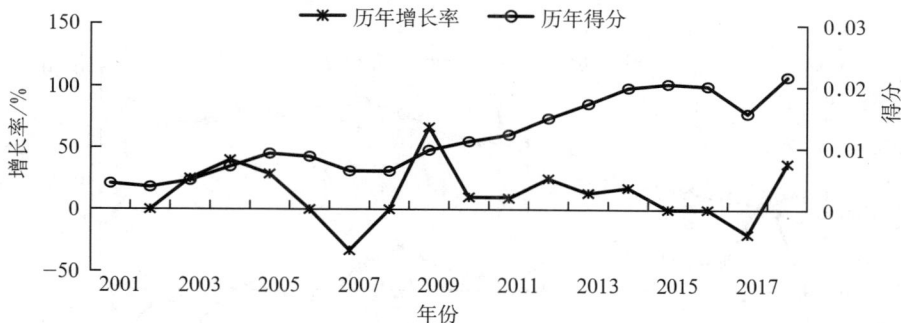

图 2-8-7　黑龙江新产品销售额得分及增长率

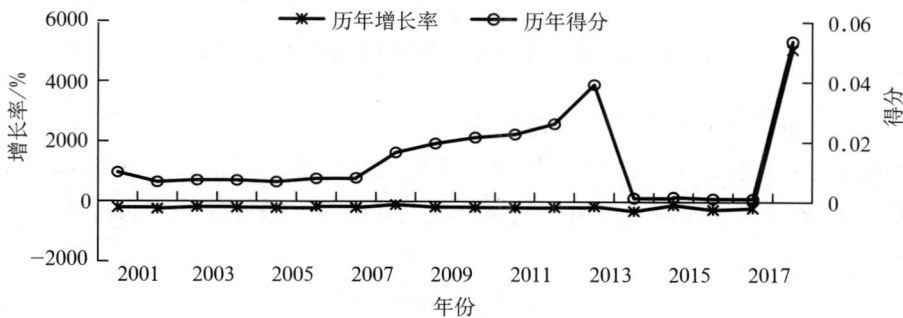

图 2-8-8　黑龙江技术合同流出金额得分及增长率

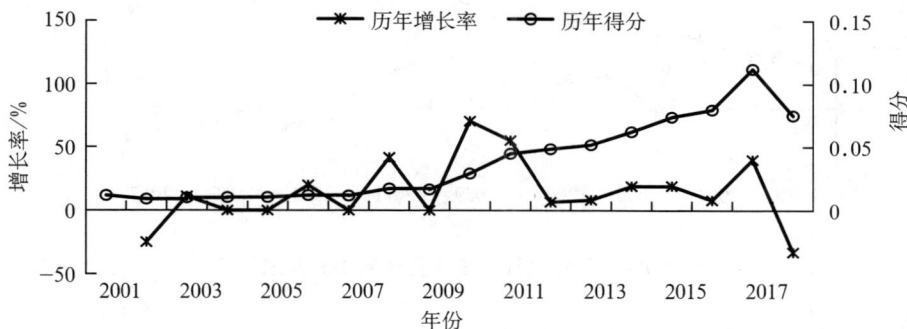

图 2-8-9　黑龙江技术合同流入金额得分及增长率

（9）研发人员全时当量得分及增长率

图 2-8-10 是 2001—2018 年黑龙江研发人员全时当量历年得分及增长率。

由图 2-8-10 可知，黑龙江研发人员全时当量得分呈上升趋势，增长率呈波动趋势。

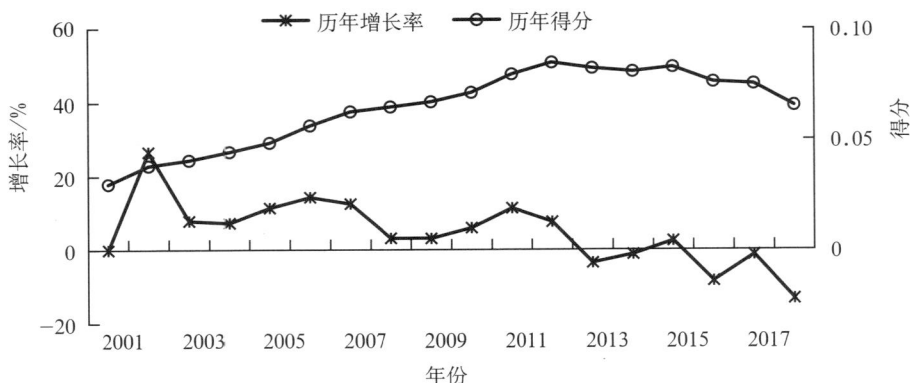

图 2-8-10　黑龙江研发人员全时当量得分及增长率

（10）研发人员比例得分及增长率

图 2-8-11 是 2001—2018 年黑龙江研发人员比例历年得分及增长率。由图 2-8-11 可知，黑龙江研发人员比例得分呈上升趋势，增长率呈波动趋势。

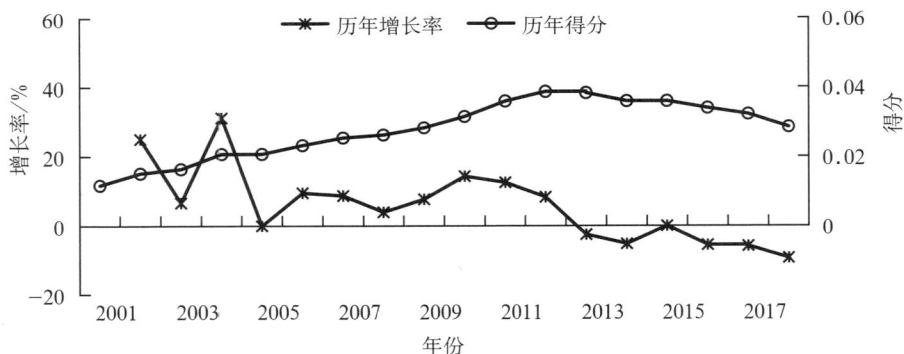

图 2-8-11　黑龙江研发人员比例得分及增长率

（11）研发经费支出得分及增长率

图 2-8-12 是 2001—2018 年黑龙江研发经费支出历年得分及增长率。由图 2-8-12 可知，黑龙江研发经费支出得分呈逐年上升趋势，增长率呈波动趋势。

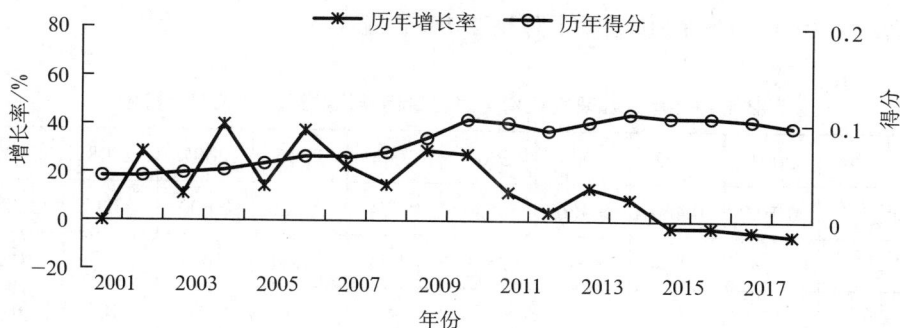

图 2-8-12 黑龙江研发经费支出得分及增长率

（12）研发经费投入强度得分及增长率

图 2-8-13 是 2001—2018 年黑龙江研发经费投入强度历年得分及增长率。由图 2-8-13 可知，黑龙江研发经费投入强度得分呈上升趋势，增长率呈波动趋势。

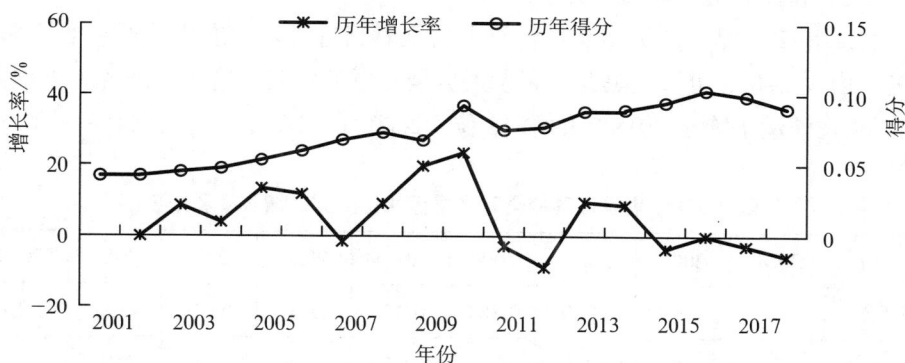

图 2-8-13 黑龙江研发经费投入强度得分及增长率

8.3 科技创新竞争力投入要素分析

8.3.1 研发人员投入分析

（1）研发机构人员全时当量分析

表 2-8-1 是黑龙江历年研发机构科研人员全时当量投入标准化数据、增长率及排名。由表 2-8-1 可知，黑龙江研发机构科研人员全时当量呈上升趋势，

排名从 2001 年的第 12 位波动下降至 2018 年的第 19 位。

表 2-8-1　黑龙江研发机构全时当量标准化数据、增长率及排名

年份	2001	2002	2003	2004	2005	2006	2007	2008	2009
得分	0.593	0.460	0.466	0.584	0.574	0.543	0.600	0.635	0.700
增长率/%		−22.4	1.30	25.3	−1.71	−5.40	10.5	5.83	10.2
排名	12	17	14	9	9	10	9	10	10

年份	2010	2011	2012	2013	2014	2015	2016	2017	2018
得分	0.700	0.807	0.810	0.809	0.798	0.799	0.840	0.789	0.691
增长率/%	0	15.3	0.37	−0.12	−1.36	0.13	5.13	−6.07	−12.4
排名	10	10	11	12	15	16	16	18	19

（2）高校人员全时当量分析

表 2-8-2 是黑龙江历年高校科研人员全时当量投入标准化数据、增长率及排名。由表 2-8-2 可知，黑龙江高校人员全时当量呈上升趋势，排名从 2001 年的第 11 位波动下降至 2018 年的第 12 位。2003 年、2006 年增长显著。

表 2-8-2　黑龙江高校全时当量标准化数据、增长率及排名

年份	2001	2002	2003	2004	2005	2006	2007	2008	2009
得分	0.855	0.602	0.919	0.864	0.851	1.137	1.198	1.283	1.394
增长率/%		−29.6	52.7	−5.98	−1.50	33.6	5.36	7.10	8.65
排名	11	14	9	11	12	10	10	9	10

年份	2010	2011	2012	2013	2014	2015	2016	2017	2018
得分	1.589	1.544	1.556	1.564	1.804	1.846	1.777	1.793	1.718
增长率/%	14.0	−2.83	0.78	0.51	15.3	2.33	−3.74	0.90	−4.18
排名	9	8	11	11	8	8	9	11	12

（3）大中型企业科研人员全时当量分析

表2-8-3是黑龙江历年大中型企业科研人员全时当量投入标准化数据、增长率及排名。由表2-8-3可知，黑龙江大中型企业科研人员全时当量标准化数据呈上升趋势，排名从2001年的第12位波动下降至2018年的第19位。2002年、2003年、2005年、2012年增长显著，2004年下降明显。

表2-8-3　黑龙江大中型企业科研人员全时当量标准化数据、增长率及排名

年份	2001	2002	2003	2004	2005	2006	2007	2008	2009
得分	0.225	0.317	0.436	0.280	0.510	0.533	0.593	0.589	0.630
增长率/%		40.9	37.5	−35.8	82.1	4.51	11.3	−0.67	6.96
排名	12	10	7	13	10	10	9	11	10

年份	2010	2011	2012	2013	2014	2015	2016	2017	2018
得分	0.653	0.610	0.795	0.972	0.888	0.914	0.919	0.778	0.789
增长率/%	3.65	−6.58	30.3	22.3	−8.64	2.93	0.55	−15.3	1.41
排名	14	16	14	15	17	17	18	18	19

8.3.2　研发经费支出分析

（1）研发机构研发经费支出

表2-8-4是黑龙江历年研发机构经费内部总支出、人均研发机构经费内部支出标准化数据、增长率及排名。由表2-8-4可知，黑龙江总研发经费内部支出与人均科研经费内部支出历年标准化数据均呈上升趋势；总研发经费内部支出排名从2001年的第17位波动下降至2018年的第21位；人均研发经费内部支出排名从2001年的第22位波动上升至2018年的第20位。总投入2003年、2006年、2007年、2008年、2010年、2011年、2014年、2015年增长显著，2012年、2018年下降明显；人均投入2007年、2010年、2011年、2014年、2015年增长显著，2002年、2012年、2018年下降明显。

表 2-8-4　黑龙江研发机构经费支出标准化数据、增长率及排名

年份		2001	2002	2003	2004	2005	2006	2007	2008	2009
总投入及排名	数据	0.095	0.074	0.102	0.081	0.079	0.103	0.167	0.220	0.264
	增长率/%		−22.1	37.8	−20.6	−2.47	30.4	62.1	31.7	20
	排名	17	21	16	21	21	19	18	17	17
人均投入排名	数据	0.362	0.236	0.258	0.193	0.185	0.215	0.308	0.398	0.448
	增长率/%		−34.8	9.32	−25.2	−4.15	16.2	43.3	29.2	12.6
	排名	22	24	21	26	27	26	25	20	20
年份		2010	2011	2012	2013	2014	2015	2016	2017	2018
总投入及排名	数据	0.449	0.649	0.444	0.369	0.562	0.970	0.884	0.811	0.517
	增长率/%	70.1	44.5	−31.6	−16.9	52.3	72.6	−8.87	−8.26	−36.3
	排名	12	11	17	21	19	12	14	16	21
人均投入排名	数据	0.724	0.979	0.587	0.452	0.705	1.265	1.153	1.170	0.769
	增长率/%	61.6	35.2	−40.0	−23.0	56.0	79.4	−8.85	1.47	−34.3
	排名	16	13	21	26	18	11	13	13	20

（2）高校研发经费支出

表 2-8-5 是黑龙江历年高校经费内部总支出、人均高校经费内部支出标准化数据、增长率及排名。由表 2-8-5 可知，黑龙江高校总研发经费内部支出与人均科研经费内部支出历年标准化数据均呈上升趋势；总研发经费内部支出排名从 2001 年的第 7 位波动上升至 2018 年的第 9 位；人均研发经费内部支出排名从 2001 年的第 3 位波动上升至 2018 年的第 1 位。总投入 2003 年、2007 年、2010 年增长显著，2005 年增长突出，2002 年下降明显；人均投入 2003 年增长显著，2005 年增长突出，2002 年下降明显。

表 2-8-5　黑龙江高校经费支出标准化数据、增长率及排名

年份		2001	2002	2003	2004	2005	2006	2007	2008	2009
总投入及排名	数据	0.248	0.131	0.257	0.219	0.531	0.630	0.886	0.912	0.934
	增长率/%		−47.2	96.2	−14.8	142.5	18.6	40.6	2.93	2.41
	排名	7	14	12	13	7	10	6	8	9
人均投入排名	数据	0.899	0.398	0.620	0.500	1.195	1.250	1.560	1.576	1.510
	增长率/%		−55.7	55.8	−19.4	139	4.60	24.8	1.03	−4.19
	排名	3	12	7	13	5	6	3	4	4
年份		2010	2011	2012	2013	2014	2015	2016	2017	2018
总投入及排名	数据	1.247	1.316	1.684	1.813	2.093	2.437	2.349	2.745	3.014
	增长率/%	33.5	5.53	28.0	7.66	15.4	16.4	−3.61	16.9	9.80
	排名	9	12	9	11	10	10	11	10	9
人均投入排名	数据	1.915	1.893	2.120	2.120	2.503	3.030	2.921	3.778	4.273
	增长率/%	26.8	−1.15	12.0	0	18.1	21.1	−3.60	29.3	13.1
	排名	3	3	4	4	2	1	2	2	1

（3）大中型企业研发经费支出

表 2-8-6 是黑龙江历年大中型企业经费内部总支出、人均大中型企业经费内部支出标准化数据、增长率及排名。由表 2-8-6 可知，黑龙江大中型企业总研发经费内部支出与人均科研经费内部支出历年标准化数据均呈上升趋势；总研发经费内部支出排名从 2001 年的第 9 位波动下降至 2018 年的第 22 位；人均研发经费内部支出排名从 2001 年的第 15 位波动下降至 2018 年的第 28 位。总投入 2003 年、2005 年、2007 年、2011 年增长显著，2002 年下降明显；人均投入 2005 年增长显著，2002 年下降明显。

表 2-8-6　黑龙江企业经费支出标准化数据、增长率及排名

年份		2001	2002	2003	2004	2005	2006	2007	2008	2009
总投入及排名	数据	0.117	0.066	0.087	0.107	0.143	0.145	0.203	0.250	0.299
	增长率 /%		−43.6	31.8	23.0	33.6	1.40	40	23.2	19.6
	排名	9	14	15	14	14	16	14	15	16
人均投入排名	数据	0.545	0.256	0.270	0.313	0.416	0.371	0.460	0.557	0.622
	增长率 /%		−53.0	5.47	15.9	32.9	−10.8	24.0	21.1	11.7
	排名	15	18	18	19	14	22	19	19	21
年份		2010	2011	2012	2013	2014	2015	2016	2017	2018
总投入及排名	数据	0.379	0.495	0.575	0.661	0.715	0.750	0.754	0.695	0.698
	增长率 /%	26.8	30.6	16.2	15.0	8.17	4.90	0.53	−7.82	0.43
	排名	16	16	16	19	20	21	21	21	22
人均投入排名	数据	0.751	0.917	0.933	0.996	1.102	1.201	1.208	1.232	1.275
	增长率 /%	20.7	22.1	1.74	6.75	10.6	8.98	0.58	1.99	3.49
	排名	22	19	20	25	25	25	28	28	28

9　上海科技创新竞争力各指标及影响因素分析

9.1　科技创新竞争力得分及排名分析

图 2-9-1 是 2001—2018 年上海科技创新竞争力历年得分及排名。上海科技创新竞争力得分呈逐年上升趋势，排名呈下降趋势，从 2001 年的第 2 位下降至 2018 年的第 4 位。

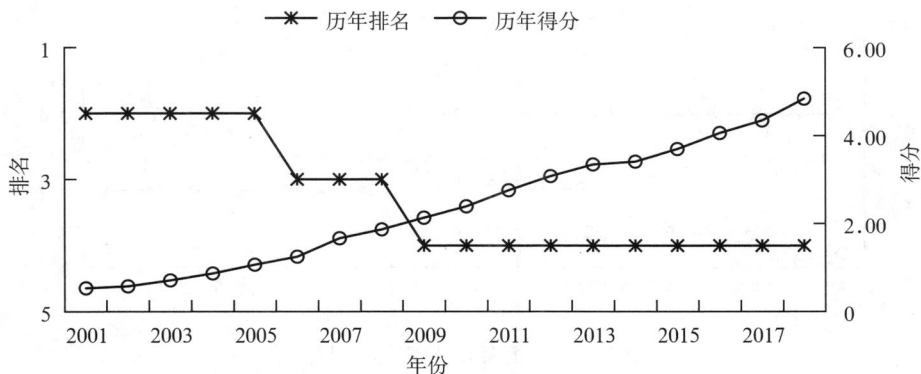

图 2-9-1　上海历年科技创新竞争力得分及排名

9.2　科技创新竞争力各指标得分及排名

（1）SCI 检索论文得分及排名

图 2-9-2 是 2001—2018 年上海 SCI 检索论文历年得分及排名。上海 SCI 检索论文得分呈逐年上升趋势，排名由 2001 年的第 2 位下降到 2018 年的第 3 位。

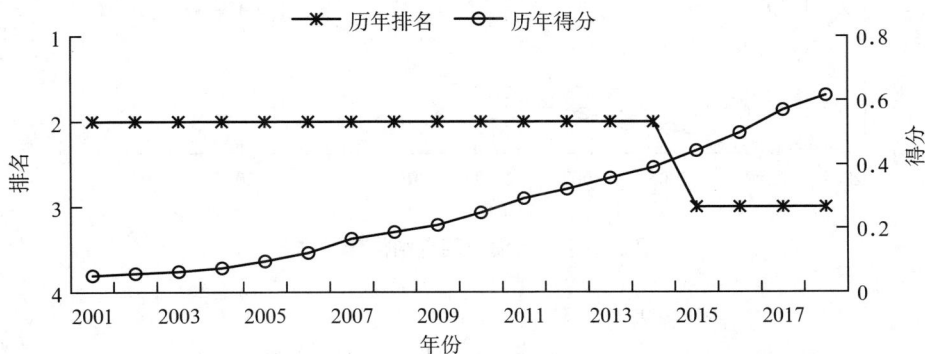

图 2-9-2　上海 SCI 检索得分及排名

（2）EI 检索论文得分及排名

图 2-9-3 是 2001—2018 年上海 EI 检索论文历年得分及排名。上海 EI 论文检索得分呈上升趋势，排名从 2001 年的第 2 位下降至 2018 年的第 3 位。

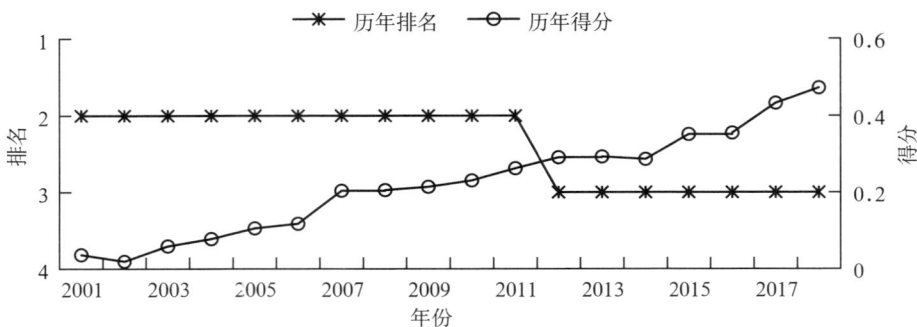

图 2-9-3　上海 EI 检索得分及排名

（3）发明专利得分及排名

图 2-9-4 是 2001—2018 年上海发明专利历年得分及排名。上海发明专利得分呈逐年上升趋势，排名从 2001 年的第 5 位波动回归到 2018 年的第 5 位。

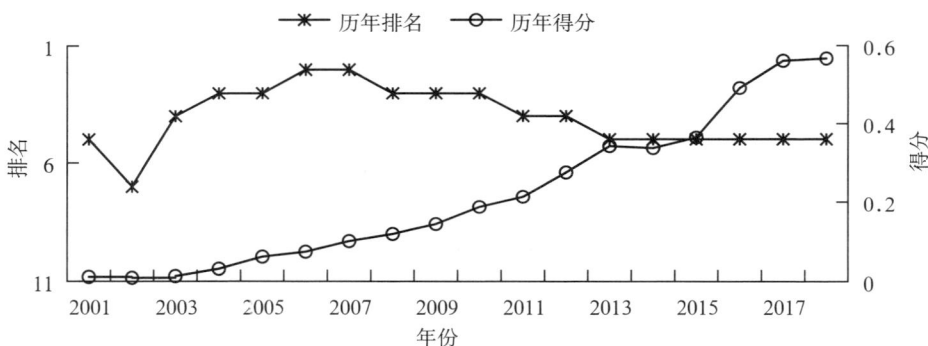

图 2-9-4　上海发明专利得分及排名

（4）实用新型专利得分及排名

图 2-9-5 是 2001—2018 年上海实用新型专利历年得分及排名。上海实用新型专利得分呈逐年上升趋势，排名从 2001 年的第 8 位波动上升至 2018 年的第 6 位。

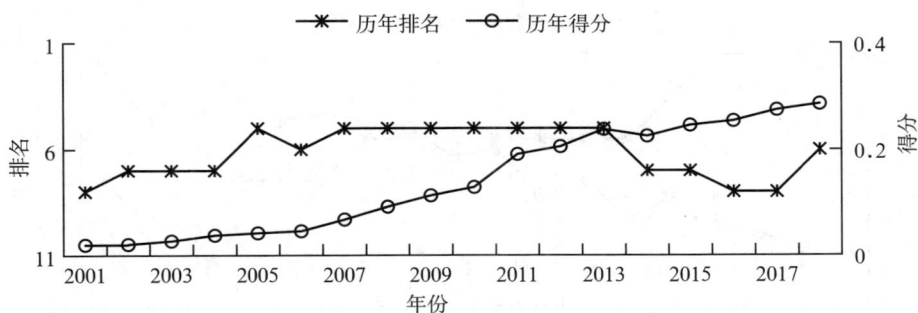

图 2-9-5　上海实用新型专利得分及排名

（5）新产品出口额得分及排名

图 2-9-6 是 2001—2018 年上海新产品出口额历年得分及排名。上海新产品出口额得分呈波动上升趋势，排名一直保持在第 3 位。

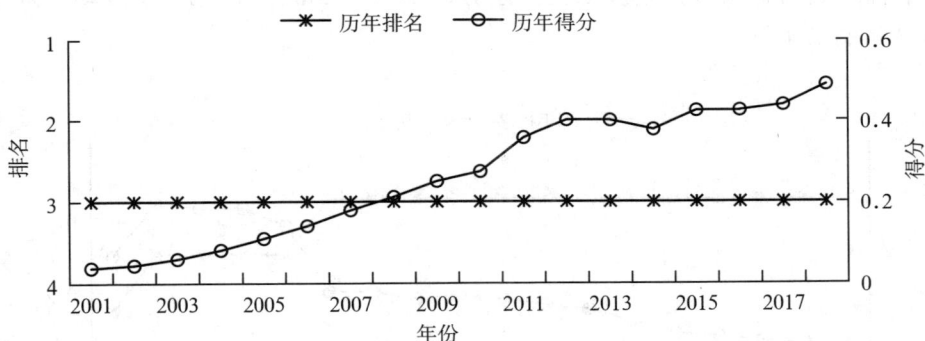

图 2-9-6　上海新产品出口额得分及排名

（6）新产品销售额得分及排名

图 2-9-7 是 2001—2018 年上海新产品销售额历年得分及排名。上海新产品销售额得分呈波动上升趋势，排名从 2001 年的第 1 位波动下降至 2018 年的第 4 位。

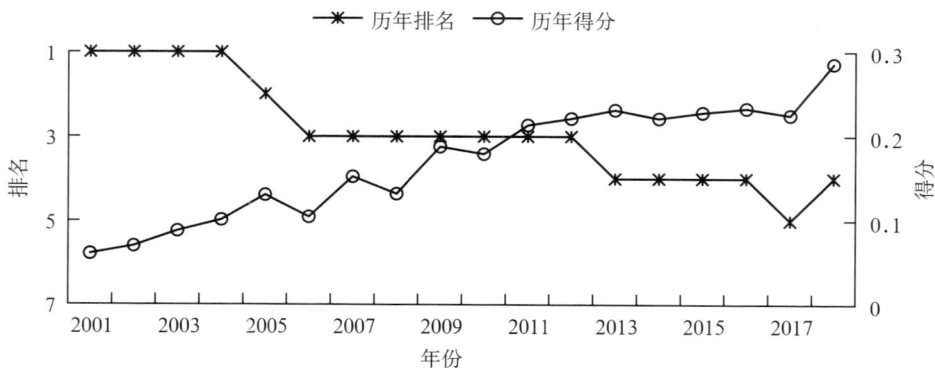

图 2-9-7　上海新产品销售额得分及排名

（7）技术合同流出金额得分及排名

图 2-9-8 是 2001—2018 年上海技术合同流出金额历年得分及排名。上海技术合同流出金额得分呈波动上升趋势，排名从 2001 年的第 2 位波动下降至 2018 年的第 4 位。

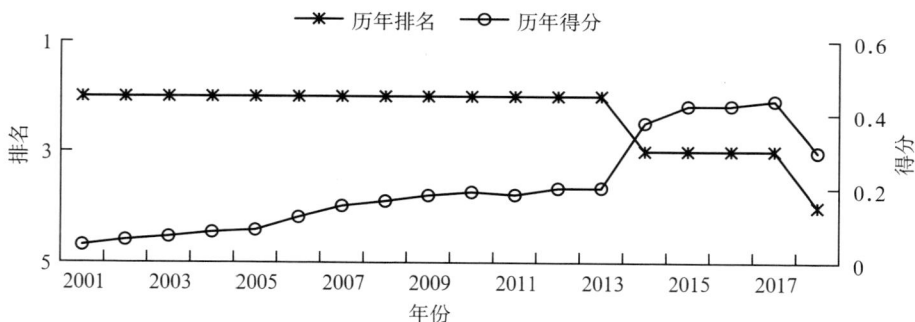

图 2-9-8　上海技术合同流出金额得分及排名

（8）技术合同流入金额得分及排名

图 2-9-9 是 2001—2018 年上海技术合同流入金额历年得分及排名。上海技术合同流入金额得分呈波动上升趋势，排名从 2001 年的第 3 位波动下降至 2018 年的第 4 位。

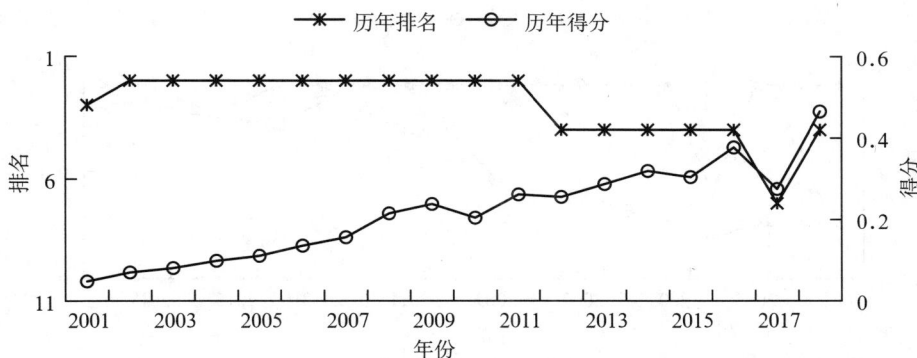

图 2-9-9　上海技术合同流入金额得分及排名

（9）研发人员全时当量得分及排名

图 2-9-10 是 2001—2018 年上海研发人员全时当量历年得分及排名。上海研发人员全时当量得分呈逐年上升趋势，排名从 2001 年的第 6 位波动回归到 2018 年的第 6 位。

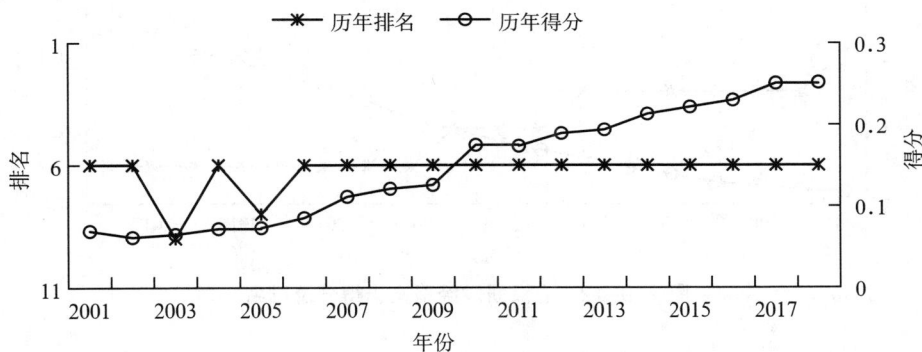

图 2-9-10　上海研发人员全时当量得分及排名

（10）研发人员比例得分及排名

图 2-9-11 是 2001—2018 年上海研发人员比例历年得分及排名。上海研发人员比例得分呈逐年上升趋势，排名从 2001 年的第 2 位波动回归到 2018 年的第 2 位。

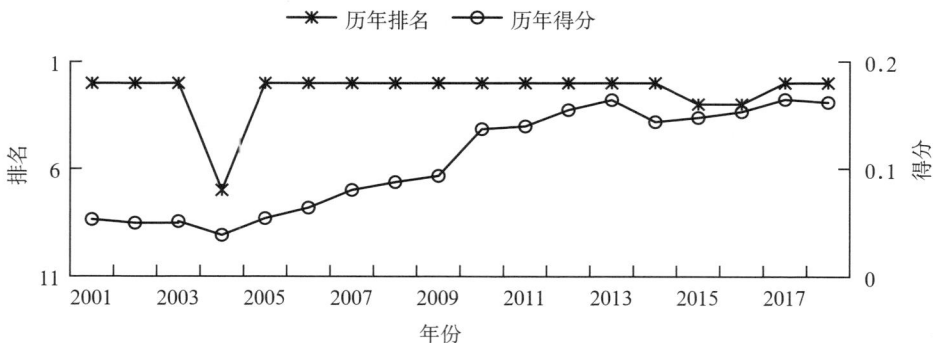

图 2-9-11　上海研发人员比例得分及排名

（11）研发经费支出得分及排名

图 2-9-12 是 2001—2018 年上海研发经费支出历年得分及排名。上海研发经费支出得分呈逐年上升趋势，排名从 2001 年的第 3 位下降到 2018 年的第 6 位。

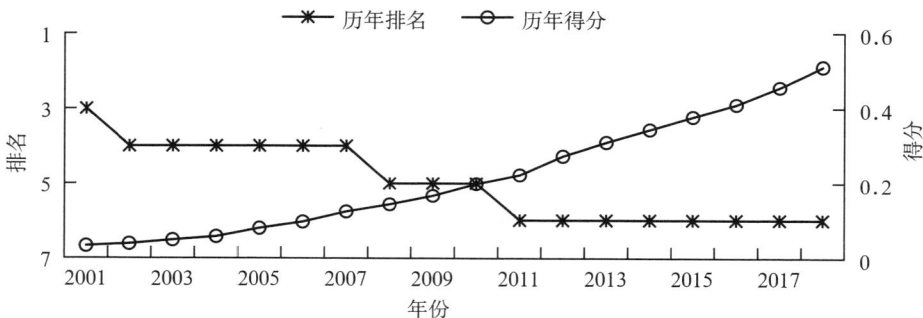

图 2-9-12　上海研发经费支出得分及排名

（12）研发经费投入强度得分及排名

图 2-9-13 是 2001—2018 年上海研发经费投入强度历年得分及排名。上海研发经费投入强度得分呈逐年上升趋势，排名从 2001 年的第 5 位上升到 2018 年的第 2 位。

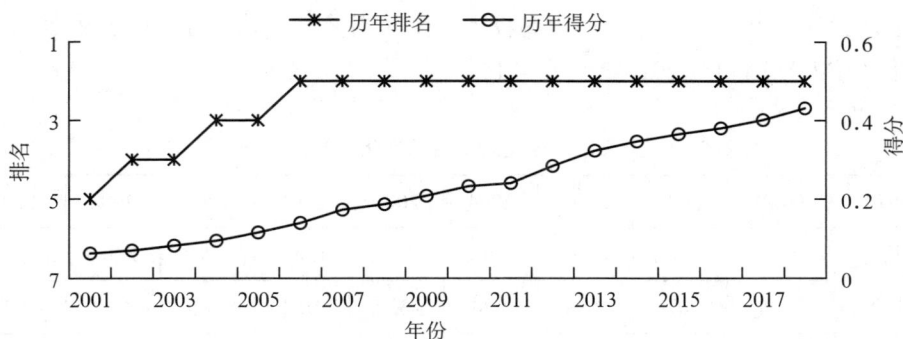

图 2-9-13　上海研发经费投入强度得分及排名

9.3　科技创新竞争力投入要素分析

9.3.1　研发人员投入分析

（1）研发机构人员全时当量分析

表 2-9-1 是上海市历年研发机构科研人员全时当量投入标准化数据、增长率及排名。由表 2-9-1 可知，上海市研发机构科研人员全时当量呈上升趋势，排名从 2001 年的第 4 位波动回归至 2018 年的第 4 位。

表 2-9-1　上海市研发机构全时当量标准化数据、增长率及排名

年份	2001	2002	2003	2004	2005	2006	2007	2008	2009
得分	1.977	1.984	1.614	1.658	1.752	1.685	1.879	1.944	2.267
增长率 /%		0.35	−18.6	2.73	5.67	−3.82	11.5	3.46	16.6
排名	4	4	4	4	4	4	4	4	3

年份	2010	2011	2012	2013	2014	2015	2016	2017	2018
得分	2.340	2.481	2.623	2.850	3.070	3.244	3.312	3.322	3.248
增长率 /%	3.22	6.03	5.72	8.65	7.72	5.67	2.10	0.30	−2.23
排名	3	3	3	3	3	3	3	4	4

（2）高校人员全时当量分析

表 2-9-2 是上海市历年高校科研人员全时当量投入标准化数据、增长率及

排名。由表 2-9-2 可知，上海市高校人员全时当量呈上升趋势，排名从 2001 年的第 4 位波动回归至 2018 年的第 4 位。

表 2-9-2　上海市高校全时当量标准化数据、增长率及排名

年份	2001	2002	2003	2004	2005	2006	2007	2008	2009
得分	1.274	1.308	1.345	1.402	1.356	1.495	1.787	2.076	1.977
增长率/%		2.67	2.83	4.24	−3.28	10.3	19.5	16.2	−4.77
排名	4	3	4	4	5	5	3	3	3
年份	2010	2011	2012	2013	2014	2015	2016	2017	2018
得分	2.240	2.587	2.607	2.540	2.559	2.635	2.684	2.815	2.888
增长率/%	13.3	15.5	0.77	−2.57	0.75	2.97	1.86	4.88	2.59
排名	2	2	2	2	2	3	3	4	4

（3）大中型企业科研人员全时当量分析

表 2-9-3 是上海市历年大中型企业科研人员全时当量投入标准化数据、增长率及排名。由表 2-9-3 可知，上海市大中型企业科研人员全时当量标准化数据呈上升趋势，排名从 2001 年的第 8 位波动回归至 2018 年的第 8 位。2002 年、2005 年、2008 年、2011 年、2013 年增长显著，2003 年下降明显。

表 2-9-3　上海市大中型企业科研人员全时当量标准化数据、增长率及排名

年份	2001	2002	2003	2004	2005	2006	2007	2008	2009
得分	0.280	0.504	0.318	0.367	0.580	0.535	0.532	0.733	0.827
增长率/%		80	−36.9	15.4	58.0	−7.76	−0.56	37.8	12.8
排名	8	5	11	9	7	9	12	7	7
年份	2010	2011	2012	2013	2014	2015	2016	2017	2018
得分	0.899	1.327	1.405	1.939	2.018	2.257	2.300	2.327	2.417
增长率/%	8.71	47.6	5.88	38.0	4.07	11.8	1.91	1.17	3.87
排名	8	6	6	6	7	7	8	8	8

9.3.2　研发经费支出分析

（1）研发机构研发经费支出

表 2-9-4 是上海市历年研发机构经费内部总支出、人均研发机构经费内部支出标准化数据、增长率及排名。由表 2-9-4 可知，上海总研发经费内部支出与人均科研经费内部支出历年标准化数据均呈上升趋势；总研发经费内部支出排名从 2001 年的第 3 位波动上升至 2018 年的第 2 位；人均研发经费内部支出排名从 2001 年的第 4 位波动回归至 2018 年的第 4 位。总投入 2004 年、2010 年、2014 年增长显著，人均投入 2004 年、2010 年增长显著。

表 2-9-4　上海市研发机构经费支出标准化数据、增长率及排名

年份		2001	2002	2003	2004	2005	2006	2007	2008	2009
总投入及排名	数据	0.556	0.713	0.735	1.129	1.211	1.363	1.415	1.705	1.828
	增长率/%		28.2	3.09	53.6	7.26	12.6	3.82	20.5	7.21
	排名	3	4	5	2	3	2	3	3	3
人均投入排名	数据	1.151	0.979	1.155	1.685	1.760	1.885	1.724	1.737	1.656
	增长率/%		−14.9	18.0	45.9	4.45	7.10	−8.54	0.75	−4.66
	排名	4	4	4	2	3	3	3	4	6
年份		2010	2011	2012	2013	2014	2015	2016	2017	2018
总投入及排名	数据	2.538	2.739	3.319	4.209	5.702	6.066	7.316	8.340	8.803
	增长率/%	38.8	7.92	21.2	26.8	35.5	6.38	20.6	14.0	5.55
	排名	2	4	4	2	2	2	2	2	2
人均投入排名	数据	2.180	1.685	2.009	2.316	3.038	2.990	3.555	3.966	3.910
	增长率/%	31.6	−22.7	19.2	15.3	31.2	−1.58	18.9	11.6	−1.41
	排名	4	4	4	4	4	4	4	4	4

（2）高校研发经费支出

表 2-9-5 是上海市历年高校经费内部总支出、人均高校经费内部支出标准化数据、增长率及排名。由表 2-9-5 可知，上海高校总研发经费内部支出与人

均科研经费内部支出历年标准化数据均呈上升趋势；总研发经费内部支出排名从 2001 年的第 2 位波动下降至 2018 年的第 4 位；人均研发经费内部支出排名从 2001 年的第 1 位波动下降至 2018 年的第 4 位。总投入 2003 年、2005 年、2010 年增长显著；人均投入 2003 年、2005 年增长显著，2002 年下降明显。

表 2-9-5　上海市高校经费支出标准化数据、增长率及排名

年份		2001	2002	2003	2004	2005	2006	2007	2008	2009
总投入及排名	数据	0.487	0.498	0.700	0.803	1.153	1.269	1.591	1.778	1.761
	增长率 /%		2.26	40.6	14.7	43.6	10.1	25.4	11.8	−0.96
	排名	2	2	2	3	2	3	2	3	3
人均投入排名	数据	0.962	0.652	1.050	1.142	1.598	1.672	1.848	1.727	1.522
	增长率 /%		−32.2	61.0	8.76	39.9	4.63	10.5	−6.55	−11.9
	排名	1	5	3	2	3	1	1	3	3

年份		2010	2011	2012	2013	2014	2015	2016	2017	2018
总投入及排名	数据	2.313	2.698	3.071	3.677	4.137	4.795	4.802	5.811	6.278
	增长率 /%	31.3	16.6	13.8	19.7	12.5	15.9	0.15	21.0	8.04
	排名	3	3	3	3	3	3	3	3	4
人均投入排名	数据	1.894	1.582	1.773	1.929	2.101	2.253	2.224	2.635	2.659
	增长率 /%	24.4	−16.5	12.1	8.80	8.92	7.23	−1.29	18.5	0.91
	排名	4	9	7	8	6	5	5	5	4

（3）大中型企业研发经费支出

表 2-9-6 是上海市历年大中型企业经费内部总支出、人均大中型企业经费内部支出标准化数据、增长率及排名。由表 2-9-6 可知，上海大中型企业总研发经费内部支出与人均科研经费内部支出历年标准化数据均呈上升趋势；总研发经费内部支出排名从 2001 年的第 3 位波动下降至 2018 年的第 5 位；人均研发经费内部支出排名从 2001 年的第 3 位波动下降至 2018 年的第 14 位。总投入 2006 年、2007 年、2011 年、2013 年增长显著，2002 年下降明显；人均投入

2003 年、2006 年、2013 年增长显著，2002 年下降明显。

表 2-9-6　上海市企业经费支出标准化数据、增长率及排名

年份		2001	2002	2003	2004	2005	2006	2007	2008	2009
总投入及排名	数据	0.383	0.246	0.308	0.394	0.471	0.648	0.851	1.056	1.284
	增长率 /%		−35.8	25.2	27.9	19.5	37.6	31.3	24.1	21.6
	排名	3	4	4	4	4	4	4	4	4
人均投入排名	数据	0.975	0.414	0.594	0.722	0.842	1.100	1.274	1.321	1.430
	增长率 /%		−57.5	43.5	21.5	16.6	30.6	15.8	3.69	8.25
	排名	3	4	3	3	3	3	2	4	3
年份		2010	2011	2012	2013	2014	2015	2016	2017	2018
总投入及排名	数据	1.429	1.866	1.876	2.712	2.931	3.194	3.544	3.742	3.867
	增长率 /%	11.3	30.6	0.54	44.6	8.08	8.97	11.0	5.59	3.34
	排名	5	5	5	5	5	5	5	5	5
人均投入排名	数据	1.508	1.410	1.395	1.833	1.918	1.934	2.115	2.186	2.110
	增长率 /%	5.45	−6.50	−1.06	31.4	4.64	0.83	9.36	3.36	−3.48
	排名	3	9	7	7	9	12	10	11	14

10　江苏科技创新竞争力各指标及影响因素分析

10.1　科技创新竞争力得分及排名分析

图 2-10-1 是 2001—2018 年江苏科技创新竞争力历年得分及排名。江苏科技创新竞争力得分呈逐年上升趋势，排名呈波动趋势，从 2001 年的第 4 位波动上升至 2018 年的第 3 位。

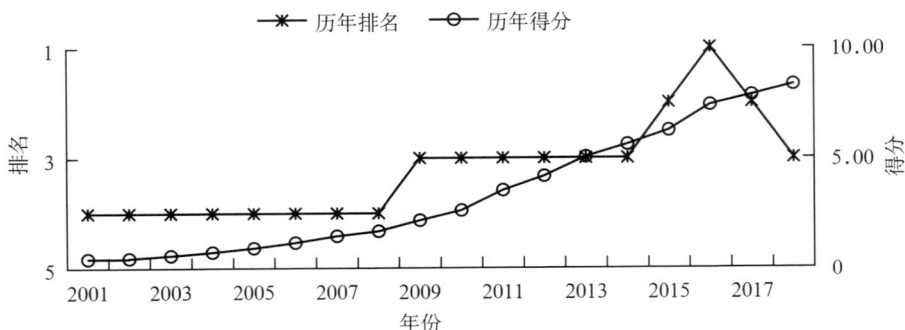

图 2-10-1　江苏历年科技创新竞争力得分及排名

10.2　科技创新竞争力各指标得分及排名

（1）SCI 检索论文得分及排名

图 2-10-2 是 2001—2018 年江苏 SCI 检索论文历年得分及排名。江苏 SCI 检索论文得分呈逐年上升趋势，排名由 2001 年的第 3 位上升到 2018 年的第 2 位。

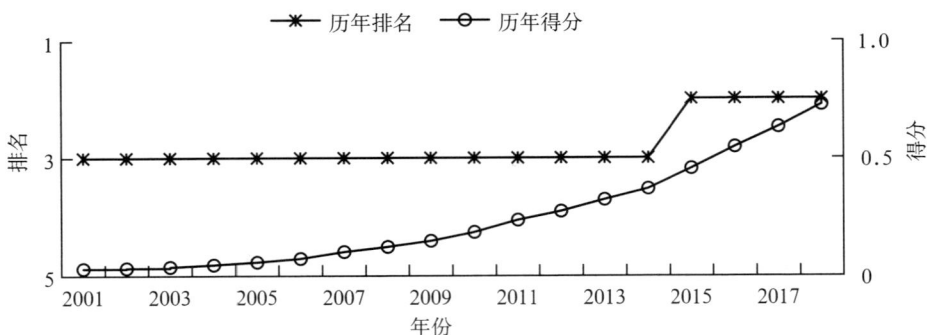

图 2-10-2　江苏 SCI 检索得分及排名

（2）EI 检索论文得分及排名

图 2-10-3 是 2001—2018 年江苏 EI 检索论文历年得分及排名。江苏 EI 论文检索得分呈逐年上升趋势，排名从 2001 年的第 4 位波动上升至 2018 年的第 2 位。

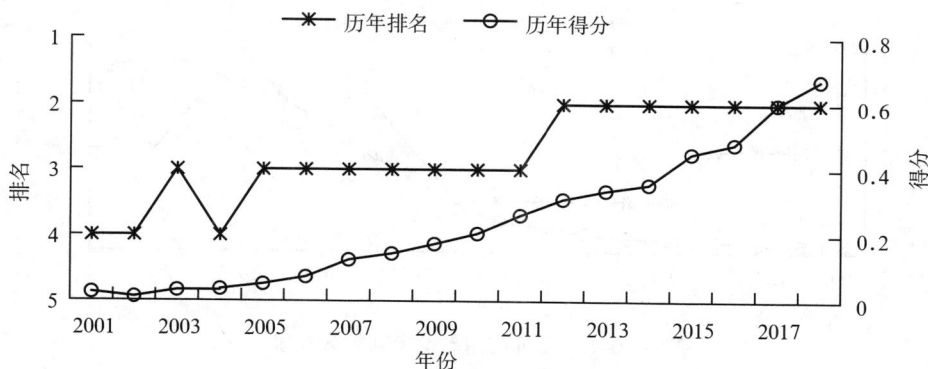

图 2-10-3　江苏 EI 检索得分及排名

（3）发明专利得分及排名

图 2-10-4 是 2001—2018 年江苏发明专利历年得分及排名。江苏发明专利得分呈逐年上升趋势，排名从 2001 年的第 4 位波动上升到 2018 年的第 3 位。

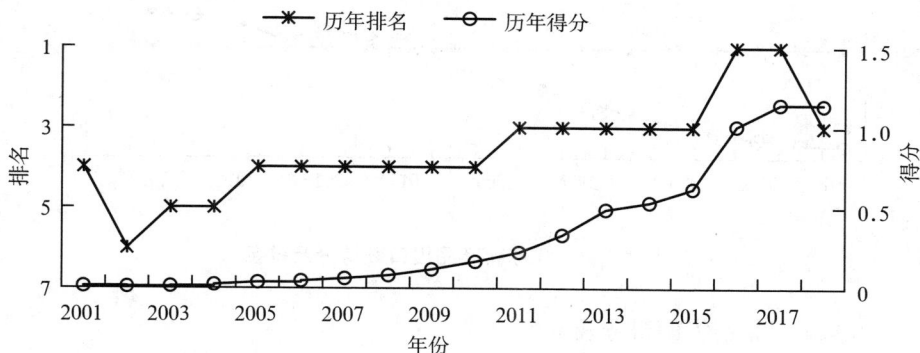

图 2-10-4　江苏发明专利得分及排名

（4）实用新型专利得分及排名

图 2-10-5 是 2001—2018 年江苏实用新型专利历年得分及排名。江苏实用新型专利得分呈逐年上升趋势，排名从 2001 年的第 3 位波动上升至 2018 年的第 2 位。

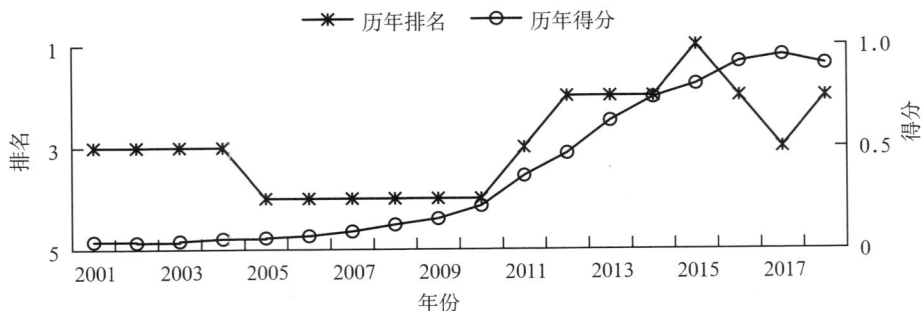

图 2-10-5　江苏实用新型专利得分及排名

（5）新产品出口额得分及排名

图 2-10-6 是 2001—2018 年江苏新产品出口额历年得分及排名。江苏新产品出口额得分呈波动上升趋势，排名一直保持在第 2 位。

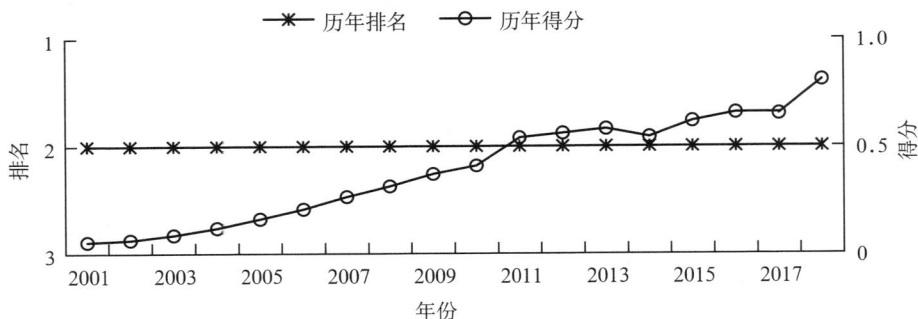

图 2-10-6　江苏新产品出口额得分及排名

（6）新产品销售额得分及排名

图 2-10-7 是 2001—2018 年江苏新产品销售额历年得分及排名。江苏新产品销售额得分呈逐年上升趋势，排名从 2001 年的第 2 位波动回归至 2018 年的第 2 位。

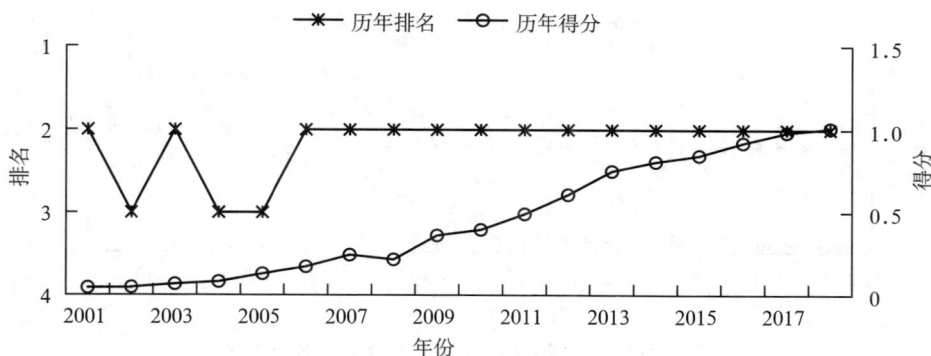

图 2-10-7　江苏新产品销售额得分及排名

（7）技术合同流出金额得分及排名

图 2-10-8 是 2001—2018 年江苏技术合同流出金额历年得分及排名。江苏技术合同流出金额得分呈波动上升趋势，排名从 2001 年的第 4 位波动下降至 2018 年的第 5 位。

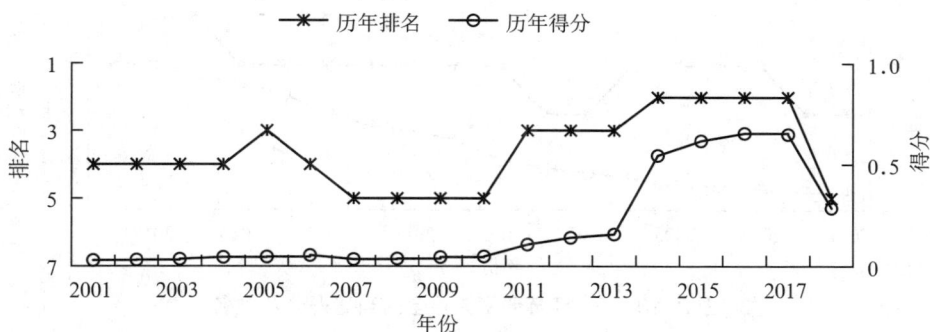

图 2-10-8　江苏技术合同流出金额得分及排名

（8）技术合同流入金额得分及排名

图 2-10-9 是 2001—2018 年江苏技术合同流入金额历年得分及排名。江苏技术合同流入金额得分呈波动上升趋势，排名从 2001 年的第 4 位波动上升至 2018 年的第 3 位。

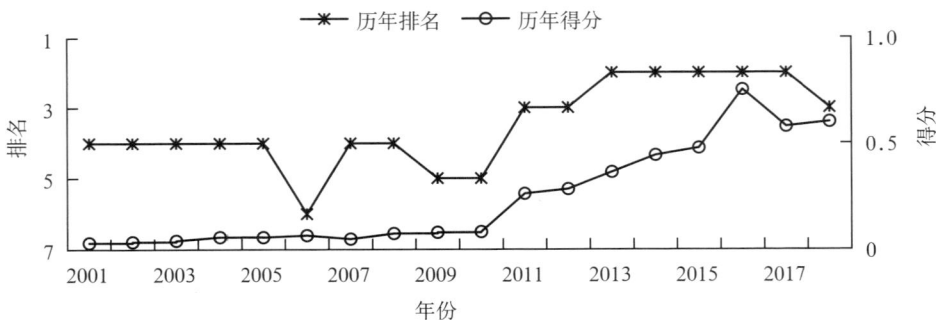

图 2-10-9　江苏技术合同流入金额得分及排名

（9）研发人员全时当量得分及排名

图 2-10-10 是 2001—2018 年江苏研发人员全时当量历年得分及排名。江苏研发人员全时当量得分呈逐年上升趋势，排名从 2001 年的第 3 位波动上升到 2018 年的第 2 位。

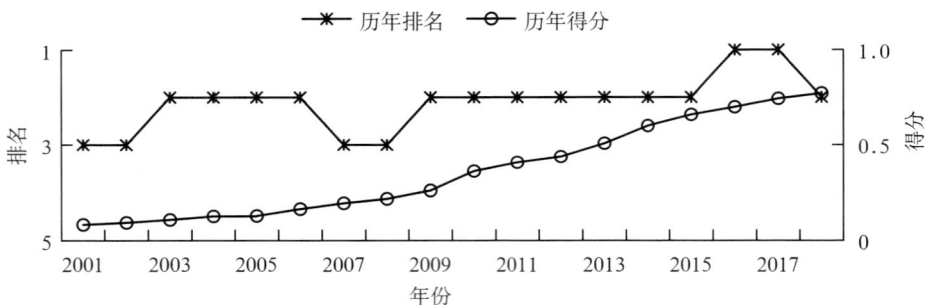

图 2-10-10　江苏研发人员全时当量得分及排名

（10）研发人员比例得分及排名

图 2-10-11 是 2001—2018 年江苏研发人员比例历年得分及排名。江苏研发人员比例得分呈波动上升趋势，排名从 2001 年的第 8 位波动上升到 2018 年的第 3 位。

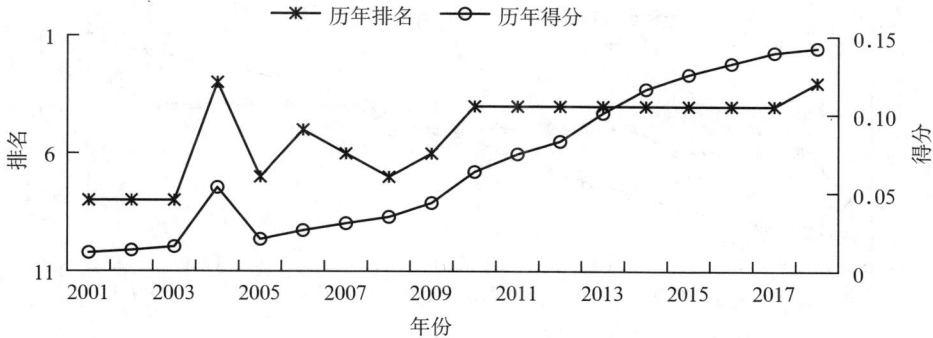

图 2-10-11　江苏研发人员比例得分及排名

（11）研发经费支出得分及排名

图 2-10-12 是 2001—2018 年江苏研发经费支出历年得分及排名。江苏研发经费支出得分呈逐年上升趋势，排名从 2001 年的第 4 位波动上升到 2018 年的第 2 位。

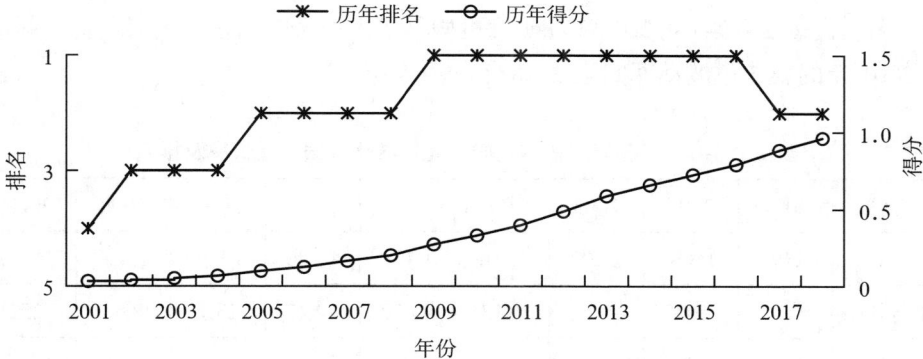

图 2-10-12　江苏研发经费支出得分及排名

（12）研发经费支出强度得分及排名

图 2-10-13 是 2001—2018 年江苏研发经费支出强度历年得分及排名。江苏研发经费支出强度得分呈逐年上升趋势，排名从 2001 年的第 8 位上升到 2018 年的第 3 位。

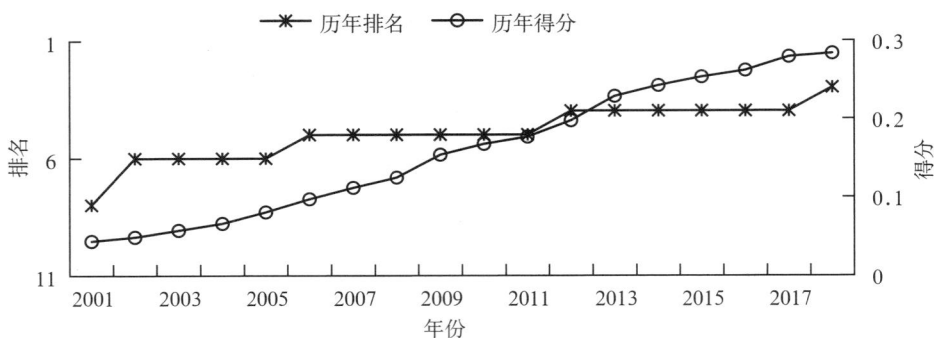

图 2-10-13　江苏研发经费支出强度得分及排名

10.3　科技创新竞争力投入要素分析

10.3.1　研发人员投入分析

（1）研发机构人员全时当量分析

表 2-10-1 是江苏历年研发机构科研人员全时当量投入标准化数据、增长率及排名。由表 2-10-1 可知，江苏研发机构科研人员全时当量呈上升趋势，排名从 2001 年的第 5 位波动回归至 2018 年的第 5 位。

表 2-10-1　江苏研发机构全时当量标准化数据、增长率及排名

年份	2001	2002	2003	2004	2005	2006	2007	2008	2009
得分	1.491	1.374	1.207	1.209	1.158	1.130	1.391	1.426	1.462
增长率 /%		−7.85	−12.2	0.17	−4.22	−2.42	23.1	2.52	2.52
排名	5	5	6	6	6	5	5	5	5

年份	2010	2011	2012	2013	2014	2015	2016	2017	2018
得分	1.549	1.761	1.854	1.983	1.960	2.414	2.648	2.669	2.712
增长率 /%	5.95	13.7	5.28	6.96	−1.16	23.2	9.69	0.79	1.61
排名	5	5	5	5	5	5	5	5	5

（2）高校人员全时当量分析

表 2-10-2 是江苏历年高校科研人员全时当量投入标准化数据、增长率及排

名。由表 2-10-2 可知，江苏高校人员全时当量呈上升趋势，排名从 2001 年的第 2 位波动回归至 2018 年的第 2 位。

表 2-10-2 江苏高校全时当量标准化数据、增长率及排名

年份	2001	2002	2003	2004	2005	2006	2007	2008	2009
得分	1.729	1.293	1.678	1.751	1.819	1.772	1.999	2.131	2.125
增长率 /%		−25.2	29.8	4.35	3.88	−2.58	12.8	6.60	−0.28
排名	2	4	2	2	2	2	2	2	2

年份	2010	2011	2012	2013	2014	2015	2016	2017	2018
得分	2.100	1.946	2.117	2.380	2.524	2.682	2.790	2.886	3.186
增长率 /%	−1.18	−7.33	8.79	12.4	6.05	6.26	4.03	3.44	10.4
排名	3	3	3	3	3	2	2	2	2

（3）大中型企业科研人员全时当量分析

表 2-10-3 是江苏历年大中型企业科研人员全时当量投入标准化数据、增长率及排名。由表 2-10-3 可知，江苏大中型企业科研人员全时当量标准化数据呈上升趋势，排名从 2001 年的第 2 位波动上升至 2018 年的第 1 位。2011 年、2013 年增长显著。

表 2-10-3 江苏大中型企业科研人员全时当量标准化数据、增长率及排名

年份	2001	2002	2003	2004	2005	2006	2007	2008	2009
得分	0.685	0.740	0.960	1.149	1.350	1.706	1.773	1.992	2.510
增长率 /%		8.03	29.7	19.7	17.5	26.4	3.93	12.4	26.0
排名	2	2	2	1	2	1	1	2	2

年份	2010	2011	2012	2013	2014	2015	2016	2017	2018
得分	2.929	3.994	4.928	7.042	8.385	9.651	10.36	10.81	11.07
增长率 /%	16.7	36.4	23.4	42.9	19.1	15.1	7.35	4.34	2.41
排名	2	2	2	2	2	2	2	1	1

10.3.2 研发经费支出分析

（1）研发机构研发经费支出

表 2-10-4 是江苏历年研发机构经费内部总支出、人均研发机构经费内部支出标准化数据、增长率及排名。由表 2-10-4 可知，江苏总研发经费内部支出与人均科研经费内部支出历年标准化数据均呈上升趋势；总研发经费内部支出排名从 2001 年的第 6 位波动回归至 2018 年的第 6 位；人均研发经费内部支出排名从 2001 年的第 12 位波动下降至 2018 年的第 21 位。总投入 2003 年增长显著，人均投入 2003 年增长显著，2002 年下降明显。

表 2-10-4　江苏研发机构经费支出标准化数据、增长率及排名

年份		2001	2002	2003	2004	2005	2006	2007	2008	2009
总投入及排名	数据	0.451	0.400	0.770	0.839	0.989	1.007	1.002	1.243	1.421
	增长率 /%		−11.3	92.5	8.96	17.9	1.82	−0.50	24.1	14.3
	排名	6	5	4	5	5	5	5	5	5
人均投入排名	数据	0.664	0.460	0.798	0.757	0.824	0.797	0.639	0.731	0.724
	增长率 /%		−30.7	73.5	−5.14	8.85	−3.28	−19.8	14.4	−0.96
	排名	12	13	5	11	8	12	16	13	14
年份		2010	2011	2012	2013	2014	2015	2016	2017	2018
总投入及排名	数据	1.695	2.024	2.480	2.409	2.900	3.210	3.815	4.106	4.975
	增长率 /%	19.3	19.4	22.5	−2.86	20.4	10.7	18.8	7.63	21.2
	排名	5	5	5	5	5	5	5	5	5
人均投入排名	数据	0.709	0.605	0.642	0.574	0.589	0.563	0.625	0.645	0.748
	增长率 /%	−2.07	−14.7	6.12	−10.6	2.61	−4.41	11.0	3.2	16.0
	排名	18	19	18	22	23	24	22	23	21

（2）高校研发经费支出

表 2-10-5 是江苏历年高校经费内部总支出、人均高校经费内部支出标准化数据、增长率及排名。由表 2-10-5 可知，江苏高校总研发经费内部支出与人

均科研经费内部支出历年标准化数据均呈上升趋势；总研发经费内部支出排名从 2001 年的第 3 位波动回归至 2018 年的第 3 位；人均研发经费内部支出排名从 2001 年的第 9 位波动下降至 2018 年的第 26 位。总投入 2003 年、2004 年、2006 年增长显著，人均投入 2003 年增长显著。

表 2-10-5　江苏高校经费支出标准化数据、增长率及排名

年份		2001	2002	2003	2004	2005	2006	2007	2008	2009
总投入及排名	数据	0.373	0.413	0.664	0.917	1.019	1.342	1.546	1.870	2.179
	增长率 /%		10.7	60.8	38.1	11.1	31.7	15.2	21.0	16.5
	排名	3	3	3	2	3	2	3	2	2
人均投入排名	数据	0.524	0.453	0.657	0.788	0.809	1.012	0.940	1.049	1.058
	增长率 /%		−13.5	45.0	19.9	2.67	25.1	−7.11	11.6	0.86
	排名	9	11	6	8	12	12	13	13	12
年份		2010	2011	2012	2013	2014	2015	2016	2017	2018
总投入及排名	数据	2.521	2.964	3.732	4.100	4.898	5.415	5.931	6.128	6.706
	增长率 /%	15.7	17.6	25.9	9.86	19.5	10.6	9.53	3.32	9.43
	排名	2	2	2	2	2	2	2	2	3
人均投入排名	数据	1.005	0.845	0.921	0.932	0.949	0.905	0.926	0.917	0.961
	增长率 /%	−5.01	−15.9	8.99	1.19	1.82	−4.64	2.32	−0.97	4.80
	排名	16	19	20	19	20	23	24	24	26

（3）大中型企业研发经费支出

表 2-10-6 是江苏历年大中型企业经费内部总支出、人均大中型企业经费内部支出标准化数据、增长率及排名。由表 2-10-6 可知，江苏大中型企业总研发经费内部支出与人均科研经费内部支出历年标准化数据均呈上升趋势；总研发经费内部支出排名从 2001 年的第 4 位波动上升至 2018 年的第 2 位；人均研发经费内部支出排名从 2001 年的第 7 位波动下降至 2018 年的第 8 位。总投入 2004—2009 年、2011 年、2013 年增长显著；人均投入 2005 年、2006 年、2013 年增长显著，2002 年下降明显。

表 2-10-6　江苏企业经费支出标准化数据、增长率及排名

年份		2001	2002	2003	2004	2005	2006	2007	2008	2009
总投入及排名	数据	0.372	0.266	0.322	0.444	0.636	0.978	1.387	1.884	2.539
	增长率/%		−28.5	21.1	37.9	43.2	53.8	41.8	35.8	34.8
	排名	4	3	3	3	3	2	2	2	2
人均投入排名	数据	0.674	0.376	0.410	0.492	0.651	0.951	1.088	1.362	1.588
	增长率/%		−44.2	9.04	20	32.3	46.1	14.4	25.2	16.6
	排名	7	6	5	6	6	4	4	2	2
年份		2010	2011	2012	2013	2014	2015	2016	2017	2018
总投入及排名	数据	3.227	4.503	4.350	7.100	8.524	9.780	10.86	11.89	13.08
	增长率/%	27.1	39.5	−3.40	63.2	20.1	14.7	11.0	9.48	10.0
	排名	2	1	2	1	1	1	1	2	2
人均投入排名	数据	1.658	1.654	1.382	2.079	2.129	2.106	2.185	2.293	2.415
	增长率/%	4.41	−0.24	−16.4	50.4	2.4	−1.08	3.75	4.94	5.32
	排名	2	3	8	4	5	5	8	8	8

11　浙江科技创新竞争力各指标及影响因素分析

11.1　科技创新竞争力得分及排名分析

图 2-11-1 是 2001—2018 年浙江科技创新竞争力历年得分及排名。浙江科技创新竞争力得分呈逐年上升趋势，排名从 2001 年的第 10 位上升至 2018 年的第 5 位。

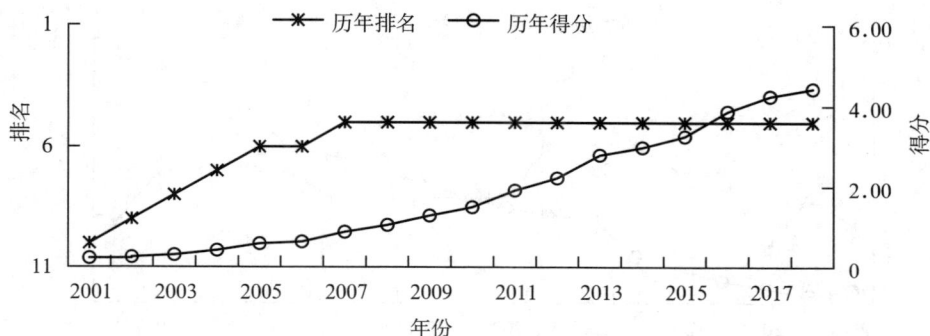

图 2-11-1　浙江历年科技创新竞争力得分及排名

11.2　科技创新竞争力各指标得分及排名

（1）SCI 检索论文得分及排名

图 2-11-2 是 2001—2018 年浙江 SCI 检索论文历年得分及排名。浙江 SCI 检索论文得分呈逐年上升趋势，排名由 2001 年的第 9 位波动上升到 2018 年的第 8 位。

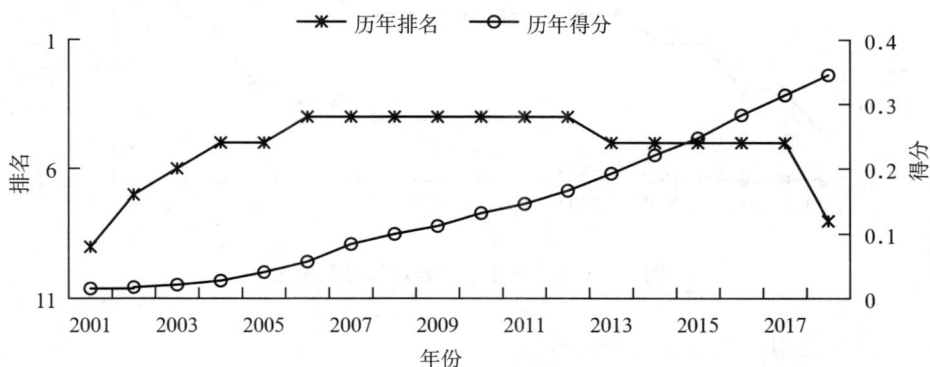

图 2-11-2　浙江 SCI 检索得分及排名

（2）EI 检索论文得分及排名

图 2-11-3 是 2001—2018 年浙江 EI 检索论文历年得分及排名。浙江 EI 论文检索得分呈逐年上升趋势，排名从 2001 年的第 8 位波动回归至 2018 年的第 8 位。

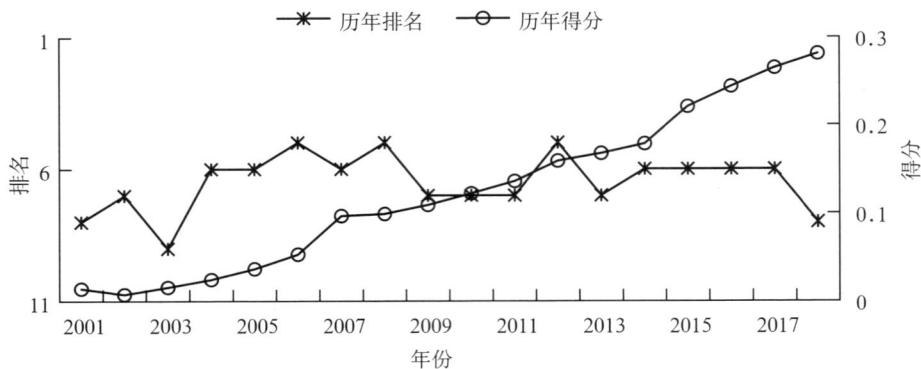

图 2-11-3　浙江 EI 检索得分及排名

（3）发明专利得分及排名

图 2-11-4 是 2001—2018 年浙江发明专利历年得分及排名。浙江发明专利得分呈逐年上升趋势，排名从 2001 年的第 13 位上升到 2018 年的第 4 位。

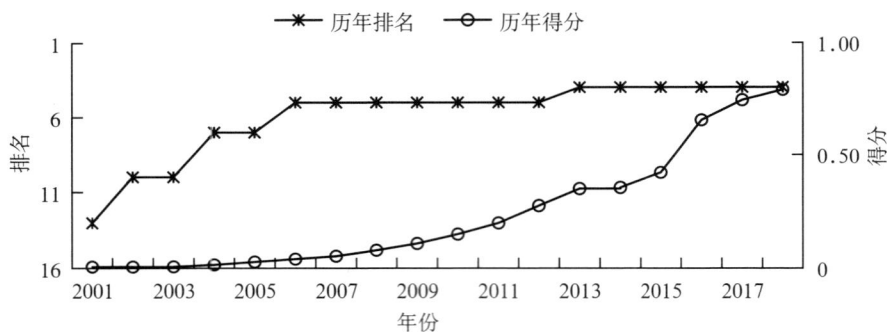

图 2-11-4　浙江发明专利得分及排名

（4）实用新型专利得分及排名

图 2-11-5 是 2001—2018 年浙江实用新型专利历年得分及排名。浙江实用新型专利得分呈上升趋势，排名从 2001 年的第 6 位波动上升至 2018 年的第 3 位。

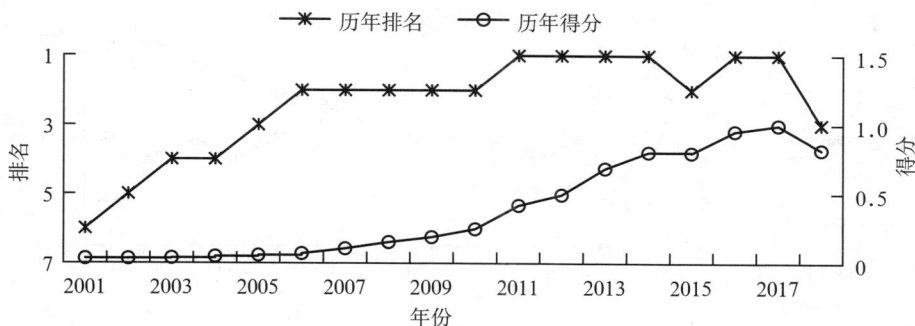

图 2-11-5　浙江实用新型专利得分及排名

（5）新产品出口额得分及排名

图 2-11-6 是 2001—2018 年浙江新产品出口额历年得分及排名。浙江新产品出口额得分呈波动上升趋势，排名从 2001 年的第 7 位波动下降至 2018 年的第 8 位。

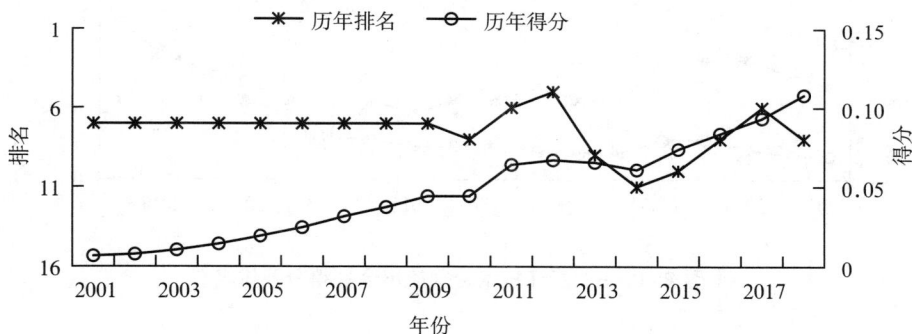

图 2-11-6　浙江新产品出口额得分及排名

（6）新产品销售额得分及排名

图 2-11-7 是 2001—2018 年浙江新产品销售额历年得分及排名。浙江新产品销售额得分呈波动上升趋势，排名从 2001 年的第 6 位波动回归至 2018 年的第 6 位。

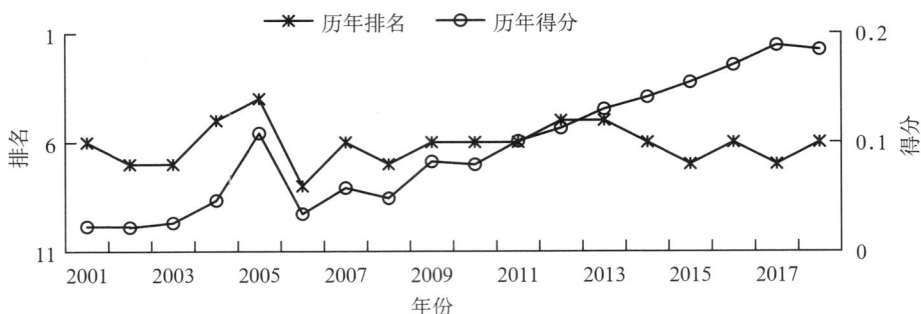

图 2-11-7 浙江新产品销售额得分及排名

（7）技术合同流出金额得分及排名

图 2-11-8 是 2001—2018 年浙江技术合同流出金额历年得分及排名。浙江技术合同流出金额得分呈波动上升趋势，排名从 2001 年的第 9 位波动下降至 2018 年的第 10 位。

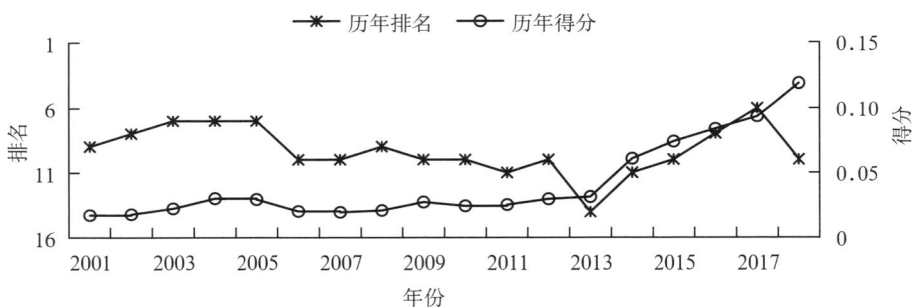

图 2-11-8 浙江技术合同流出金额得分及排名

（8）技术合同流入金额得分及排名

图 2-11-9 是 2001—2018 年浙江技术合同流入金额历年得分及排名。浙江技术合同流入金额得分呈波动上升趋势，排名从 2001 年的第 7 位波动下降至 2018 年的第 9 位。

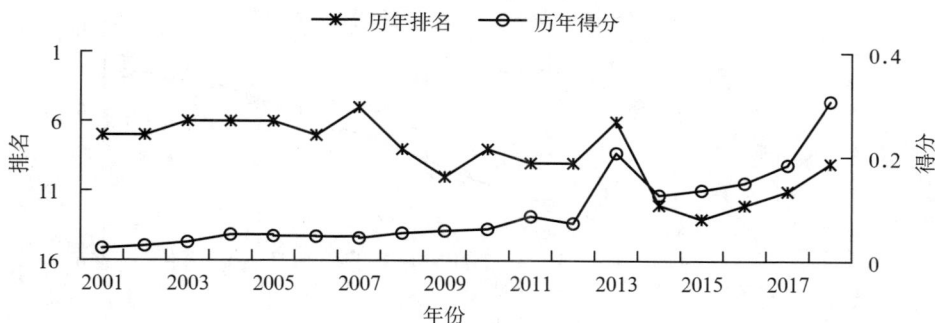

图 2-11-9　浙江技术合同流入金额得分及排名

（9）研发人员全时当量得分及排名

图 2-11-10 是 2001—2018 年浙江研发人员全时当量历年得分及排名。浙江研发人员全时当量得分呈逐年上升趋势，排名从 2001 年的第 15 位波动上升到 2018 年的第 3 位。

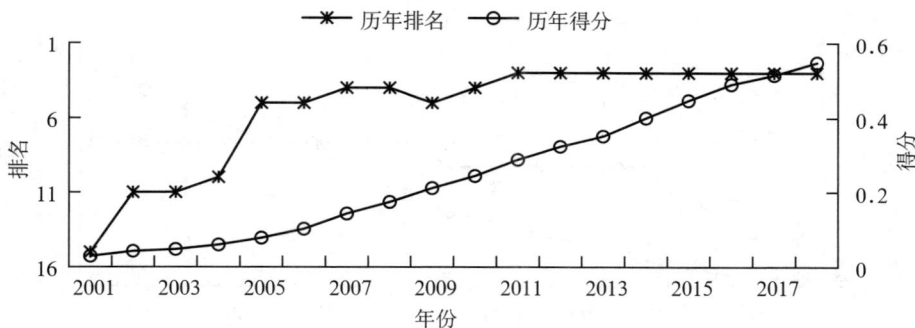

图 2-11-10　浙江研发人员全时当量得分及排名

（10）研发人员比例得分及排名

图 2-11-11 是 2001—2018 年浙江研发人员比例历年得分及排名。浙江研发人员比例得分呈波动上升趋势，排名从 2001 年的第 17 位波动上升到 2018 年的第 5 位。

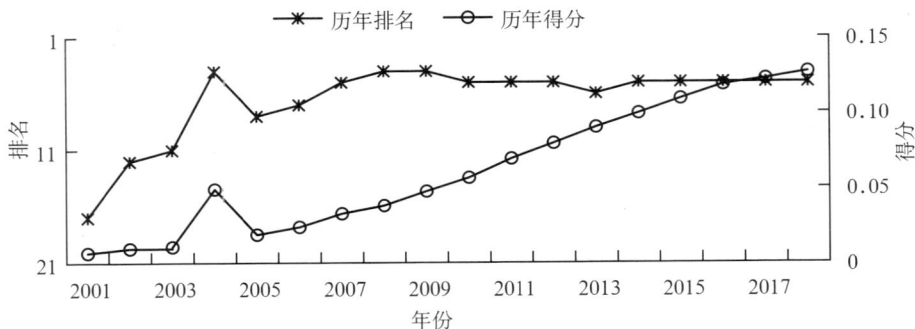

图 2-11-11　浙江研发人员比例得分及排名

（11）研发经费支出得分及排名

图 2-11-12 是 2001—2018 年浙江研发经费支出历年得分及排名。浙江研发经费支出得分呈逐年上升趋势，排名从 2001 年的第 10 位波动上升到 2018 年的第 5 位。

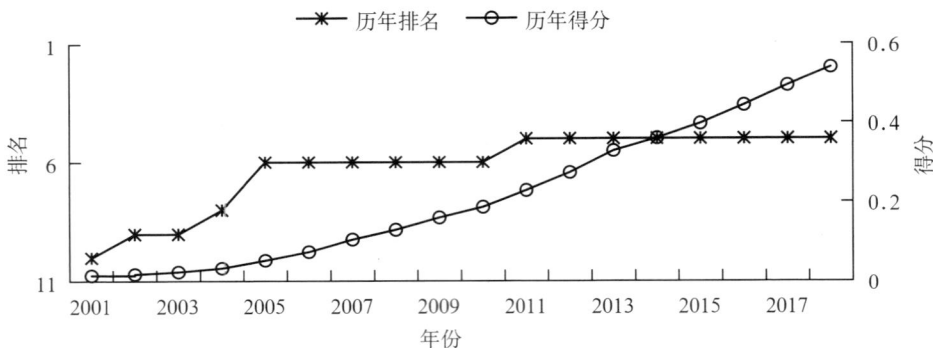

图 2-11-12　浙江研发经费支出得分及排名

（12）研发经费支出强度得分及排名

图 2-11-13 是 2001—2018 年浙江研发经费支出强度历年得分及排名。浙江研发经费支出强度得分呈逐年上升趋势，排名从 2001 年的第 12 位波动上升到 2018 年的第 6 位。

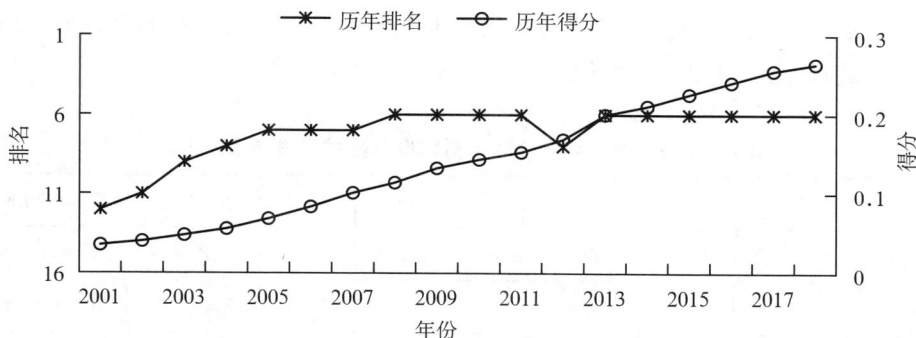

图 2-11-13　浙江研发经费支出强度得分及排名

11.3　科技创新竞争力投入要素分析

11.3.1　研发人员投入分析

（1）研发机构人员全时当量分析

表 2-11-1 是浙江历年研发机构科研人员全时当量投入标准化数据、增长率及排名。由表 2-11-1 可知，浙江研发机构科研人员全时当量呈上升趋势，排名从 2001 年的第 18 位波动上升至 2018 年的第 16 位。

表 2-11-1　浙江研发机构全时当量标准化数据、增长率及排名

年份	2001	2002	2003	2004	2005	2006	2007	2008	2009
得分	0.390	0.330	0.309	0.319	0.330	0.316	0.360	0.385	0.502
增长率 /%		−15.4	−6.36	3.24	3.45	−4.24	13.9	6.94	30.4
排名	18	21	21	21	21	21	20	20	19
年份	2010	2011	2012	2013	2014	2015	2016	2017	2018
得分	0.457	0.457	0.477	0.523	0.605	0.575	0.633	0.805	0.797
增长率 /%	−8.96	0	4.38	9.64	15.7	−4.96	10.1	27.2	−0.99
排名	20	20	20	21	20	22	19	17	16

（2）高校人员全时当量分析

表 2-11-2 是浙江历年高校科研人员全时当量投入标准化数据、增长率及排

名。由表 2-11-2 可知，浙江高校人员全时当量呈上升趋势，排名从 2001 年的第 15 位波动上升至 2018 年的第 6 位。2004 年增长显著。

表 2-11-2　浙江高校全时当量标准化数据、增长率及排名

年份	2001	2002	2003	2004	2005	2006	2007	2008	2009
得分	0.662	0.635	0.687	0.908	0.976	1.244	1.287	1.263	1.310
增长率/%		−4.08	8.19	32.2	7.49	27.5	3.46	−1.86	3.72
排名	15	12	14	9	9	9	9	11	11

年份	2010	2011	2012	2013	2014	2015	2016	2017	2018
得分	1.371	1.233	1.572	1.564	1.623	1.688	1.701	1.952	2.141
增长率/%	4.66	−10.1	27.5	−0.51	3.77	4.00	0.77	14.8	9.68
排名	11	11	10	10	11	10	10	8	6

（3）大中型企业科研人员全时当量分析

表 2-11-3 是浙江历年大中型企业科研人员全时当量投入标准化数据、增长率及排名。由表 2-11-3 可知，浙江大中型企业科研人员全时当量标准化数据呈上升趋势，排名从 2001 年的第 22 位波动上升至 2018 年的第 3 位。2003 年、2005 年、2006 年、2008 年、2013 年增长显著。

表 2-11-3　浙江大中型企业科研人员全时当量标准化数据、增长率及排名

年份	2001	2002	2003	2004	2005	2006	2007	2008	2009
得分	0.146	0.164	0.292	0.297	0.563	1.041	0.964	1.304	1.598
增长率/%		12.3	78.0	1.71	89.6	84.9	−7.40	35.3	22.5
排名	22	19	13	12	8	4	4	4	4

年份	2010	2011	2012	2013	2014	2015	2016	2017	2018
得分	1.944	2.206	2.865	4.995	5.601	6.455	7.113	7.758	7.885
增长率/%	17.8	13.5	29.9	74.3	12.1	15.2	10.2	9.07	1.64
排名	4	4	4	3	3	3	3	3	3

11.3.2　研发经费支出分析

（1）研发机构研发经费支出

表 2-11-4 是浙江历年研发机构经费内部总支出、人均研发机构经费内部支出标准化数据、增长率及排名。由表 2-11-4 可知，浙江总研发经费内部支出与人均科研经费内部支出历年标准化数据均呈上升趋势；总研发经费内部支出排名从 2001 年的第 16 位波动上升至 2018 年的第 14 位；人均研发经费内部支出排名从 2001 年的第 15 位波动下降至 2018 年的第 31 位。总投入 2005 年增长显著，2007 年增长突出；人均投入 2007 年增长显著，2002 年、2003 年下降明显。

表 2-11-4　浙江研发机构经费支出标准化数据、增长率及排名

年份		2001	2002	2003	2004	2005	2006	2007	2008	2009
总投入及排名	数据	0.108	0.106	0.104	0.093	0.137	0.146	0.365	0.390	0.429
	增长率 /%		−1.85	−1.89	−10.6	47.3	6.57	150	6.85	10
	排名	16	15	15	18	16	17	9	10	11
人均投入排名	数据	0.593	0.348	0.237	0.190	0.240	0.188	0.372	0.310	0.271
	增长率 /%		−41.3	−31.9	−19.8	26.3	−21.7	97.9	−16.7	−12.6
	排名	15	21	23	27	25	29	21	24	26
年份		2010	2011	2012	2013	2014	2015	2016	2017	2018
总投入及排名	数据	0.437	0.405	0.484	0.569	0.688	0.761	0.854	0.954	1.104
	增长率 /%	1.86	−7.32	19.5	17.6	20.9	10.6	12.2	11.7	15.7
	排名	14	17	15	15	15	16	15	14	14
人均投入排名	数据	0.224	0.179	0.177	0.183	0.202	0.200	0.206	0.214	0.239
	增长率 /%	−17.3	−20.1	−1.12	3.39	10.4	−0.99	3	3.88	11.7
	排名	28	30	30	30	31	31	31	31	31

（2）高校研发经费支出

表 2-11-5 是浙江历年高校经费内部总支出、人均高校经费内部支出标准化数据、增长率及排名。由表 2-11-5 可知，浙江高校总研发经费内部支出与人均

科研经费内部支出历年标准化数据均呈上升趋势；总研发经费内部支出排名从
2001 年的第 9 位波动上升至 2018 年的第 6 位；人均研发经费内部支出排名从
2001 年的第 2 位波动下降至 2018 年的第 27 位。总投入 2003 年、2004 年、2006 年、
2012 年增长显著。

表 2-11-5　浙江高校经费支出标准化数据、增长率及排名

年份		2001	2002	2003	2004	2005	2006	2007	2008	2009
总投入及排名	数据	0.179	0.223	0.342	0.476	0.527	0.894	0.932	1.072	1.219
	增长率 /%		24.6	53.4	39.2	10.7	69.6	4.25	15.0	13.7
	排名	9	8	7	6	8	4	5	4	5
人均投入排名	数据	0.938	0.696	0.741	0.927	0.881	1.103	0.906	0.813	0.734
	增长率 /%		−25.8	6.47	25.1	−4.96	25.2	−17.9	−10.3	−9.72
	排名	2	4	5	6	7	9	15	16	19
年份		2010	2011	2012	2013	2014	2015	2016	2017	2018
总投入及排名	数据	1.284	1.603	2.317	2.737	2.999	3.171	3.337	3.765	3.665
	增长率 /%	5.33	24.8	44.5	18.1	9.57	5.74	5.23	12.8	−2.66
	排名	8	7	6	5	4	5	6	6	6
人均投入排名	数据	0.627	0.675	0.808	0.840	0.840	0.794	0.768	0.804	0.758
	增长率 /%	−14.6	7.66	19.7	3.96	0	−5.48	−3.27	4.69	−5.72
	排名	22	20	21	22	24	25	25	25	27

（3）大中型企业研发经费支出

表 2-11-6 是浙江历年大中型企业经费内部总支出、人均大中型企业经费内
部支出标准化数据、增长率及排名。由表 2-11-6 可知，浙江大中型企业总研发
经费内部支出与人均科研经费内部支出历年标准化数据均呈上升趋势；总研发
经费内部支出排名从 2001 年的第 16 位波动上升至 2018 年的第 4 位；人均研发
经费内部支出排名从 2001 年的第 14 位波动下降至 2018 年的第 16 位。总投入
2002 年、2006 年、2007 年、2008 年、2011 年、2013 年增长显著，2005 年增

长突出；人均投入 2005 年、2011 年、2013 年增长显著，2012 年下降明显。

表 2-11-6　浙江企业经费支出标准化数据、增长率及排名

年份		2001	2002	2003	2004	2005	2006	2007	2008	2009
总投入及排名	数据	0.081	0.106	0.120	0.147	0.294	0.491	0.729	0.999	1.282
	增长率/%		30.9	13.2	22.5	100	67.0	48.5	37.0	28.3
	排名	16	9	8	7	6	6	5	5	5
人均投入排名	数据	0.549	0.428	0.335	0.368	0.634	0.781	0.913	0.975	0.994
	增长率/%		−22.0	−21.7	9.85	72.3	23.2	16.9	6.79	1.95
	排名	14	3	9	12	7	6	6	7	9
年份		2010	2011	2012	2013	2014	2015	2016	2017	2018
总投入及排名	数据	1.527	2.605	2.149	3.786	4.644	5.400	6.061	6.735	7.383
	增长率/%	19.1	70.6	−17.5	76.2	22.7	16.3	12.2	11.1	9.62
	排名	4	4	4	4	4	4	4	4	4
人均投入排名	数据	0.960	1.413	0.965	1.498	1.676	1.742	1.798	1.853	1.968
	增长率/%	−3.42	47.2	−31.7	55.2	11.9	3.94	3.21	3.06	6.21
	排名	16	8	19	15	14	15	16	16	16

12　安徽科技创新竞争力各指标及影响因素分析

12.1　科技创新竞争力得分及排名分析

图 2-12-1 是 2001—2018 年安徽科技创新竞争力历年得分及排名。安徽科技创新竞争力得分呈逐年上升趋势，排名呈波动趋势，从 2001 年的第 19 位波动上升至 2018 年的第 11 位。

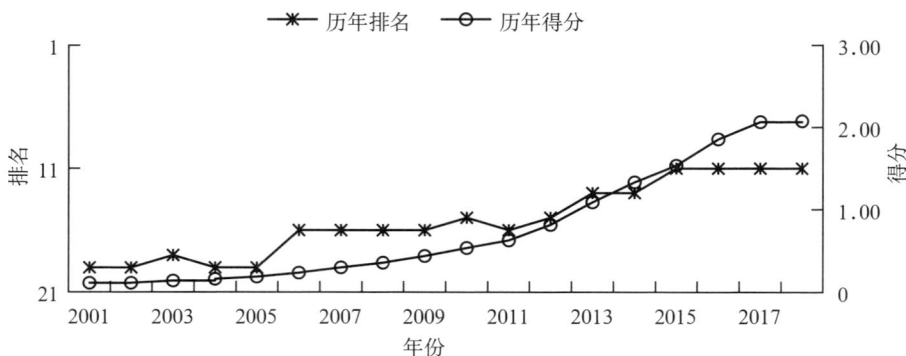

图 2-12-1　安徽历年科技创新竞争力得分及排名

12.2　科技创新竞争力各指标得分及排名

（1）SCI 检索论文得分及排名

图 2-12-2 是 2001—2018 年安徽 SCI 检索论文历年得分及排名。安徽 SCI 检索论文得分呈上升趋势，排名由 2001 年的第 4 位波动下降到 2018 年的第 13 位。

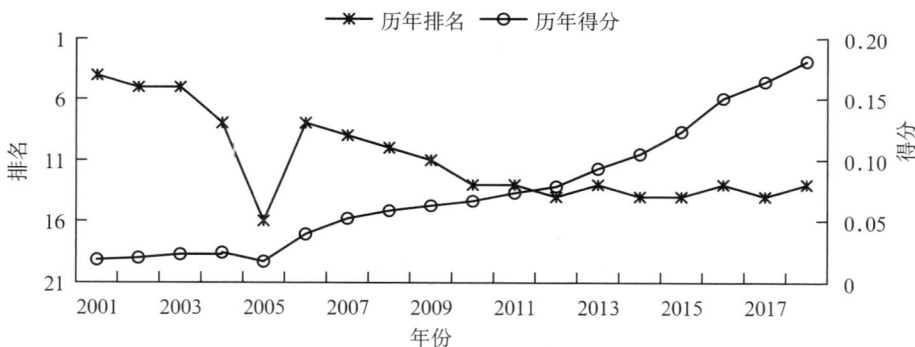

图 2-12-2　安徽 SCI 检索得分及排名

（2）EI 检索论文得分及排名

图 2-12-3 是 2001—2018 年安徽 EI 检索论文历年得分及排名。安徽 EI 论文检索得分呈逐年上升趋势，排名从 2001 年的第 10 位波动下降至 2018 年的第 14 位。

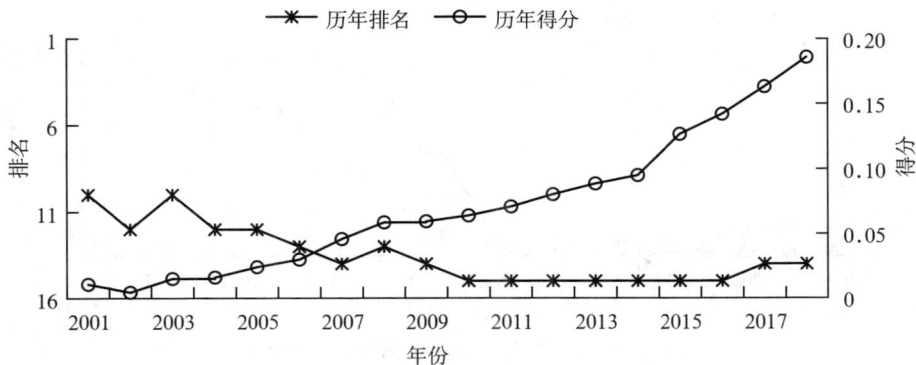

图 2-12-3　安徽 EI 检索得分及排名

（3）发明专利得分及排名

图 2-12-4 是 2001—2018 年安徽发明专利历年得分及排名。安徽发明专利得分呈上升趋势，排名从 2001 年的第 19 位波动上升到 2018 年的第 7 位。

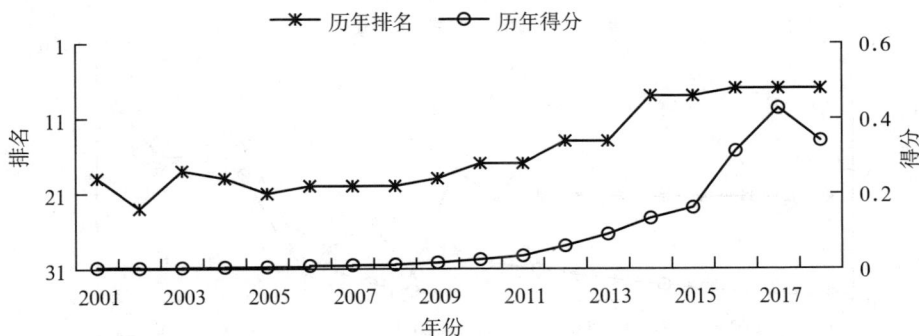

图 2-12-4　安徽发明专利得分及排名

（4）实用新型专利得分及排名

图 2-12-5 是 2001—2018 年安徽实用新型专利历年得分及排名。安徽实用新型专利得分呈上升趋势，排名从 2001 年的第 18 位波动上升至 2018 年的第 8 位。

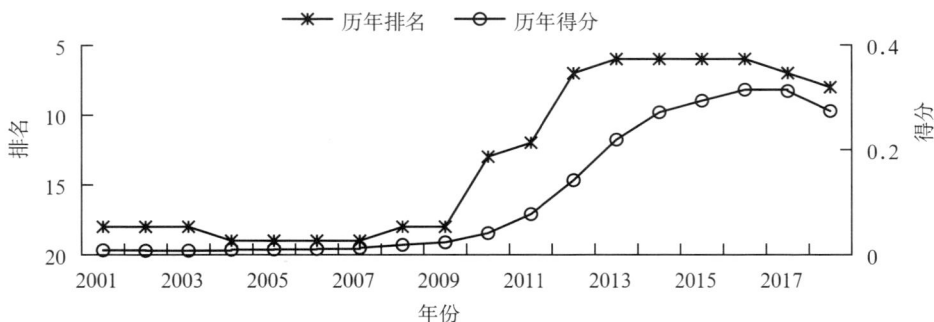

图 2-12-5　安徽实用新型专利得分及排名

（5）新产品出口额得分及排名

图 2-12-6 是 2001—2018 年安徽新产品出口额历年得分及排名。安徽新产品出口额得分呈波动上升趋势，排名从 2001 年的第 16 位波动上升至 2018 年的第 14 位。

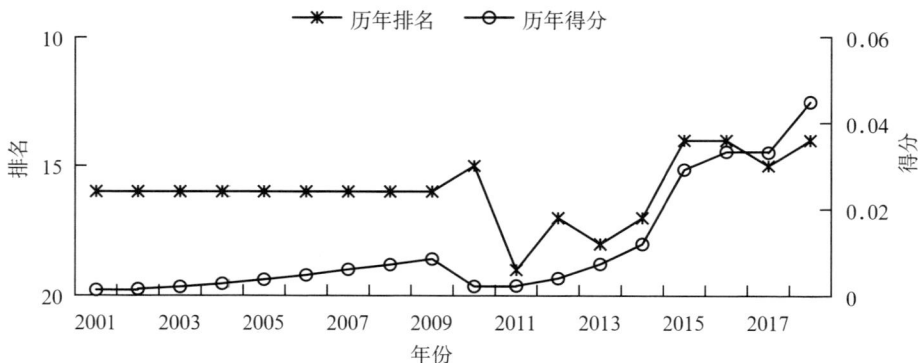

图 2-12-6　安徽新产品出口额得分及排名

（6）新产品销售额得分及排名

图 2-12-7 是 2001—2018 年安徽新产品销售额历年得分及排名。安徽新产品销售额得分呈上升趋势，排名从 2001 年的第 17 位波动上升至 2018 年的第 15 位。

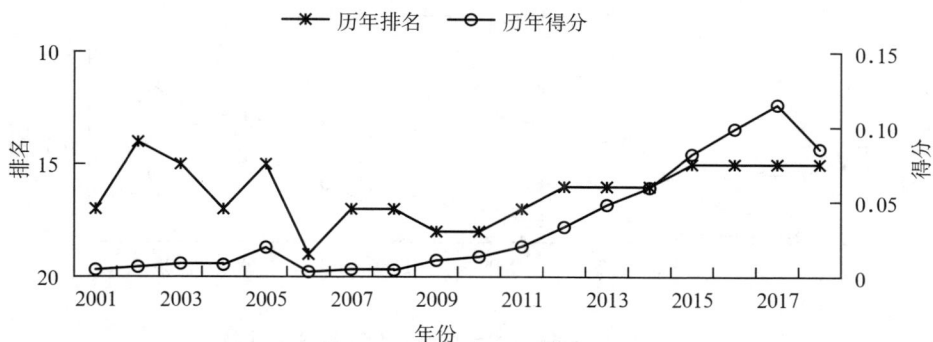

图 2-12-7　安徽新产品销售额得分及排名

（7）技术合同流出金额得分及排名

图 2-12-8 是 2001—2018 年安徽技术合同流出金额历年得分及排名。安徽技术合同流出金额得分呈波动上升趋势，排名从 2001 年的第 22 位波动上升至 2018 年的第 11 位。

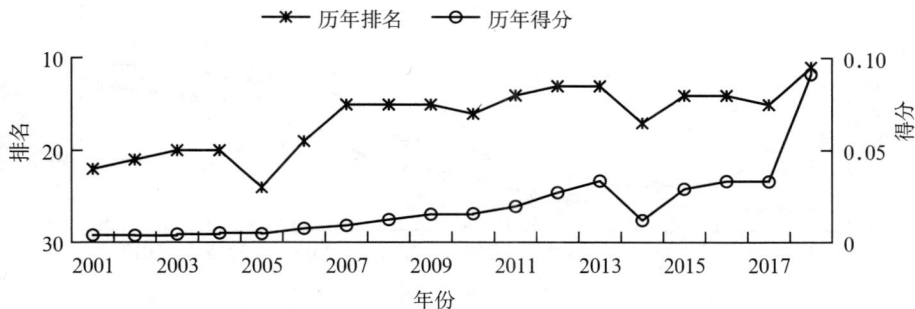

图 2-12-8　安徽技术合同流出金额得分及排名

（8）技术合同流入金额得分及排名

图 2-12-9 是 2001—2018 年安徽技术合同流入金额历年得分及排名。安徽技术合同流入金额得分呈逐年上升趋势，排名从 2001 年的第 22 位波动上升至 2018 年的第 13 位。

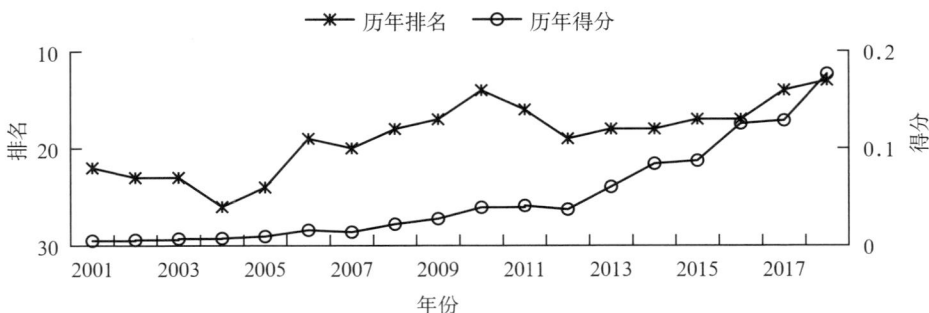

图 2-12-9　安徽技术合同流入金额得分及排名

（9）研发人员全时当量得分及排名

图 2-12-10 是 2001—2018 年安徽研发人员全时当量历年得分及排名。安徽研发人员全时当量得分呈逐年上升趋势，排名从 2001 年的第 14 位波动上升到 2018 年的第 9 位。

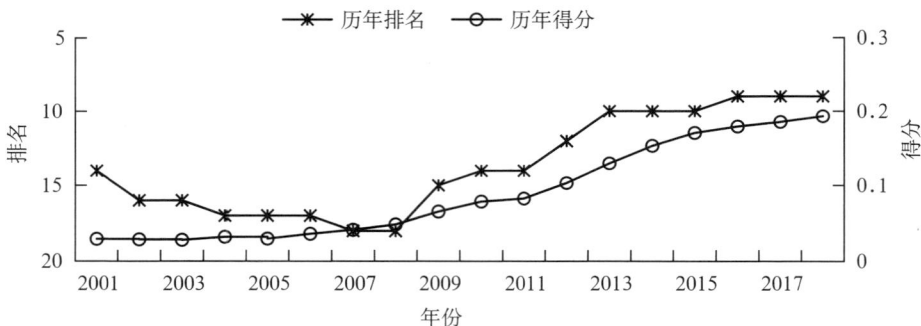

图 2-12-10　安徽研发人员全时当量得分及排名

（10）研发人员比例得分及排名

图 2-12-11 是 2001—2018 年安徽研发人员比例历年得分及排名。安徽研发人员比例得分呈逐年上升趋势，排名从 2001 年的第 24 位波动上升到 2018 年的第 14 位。

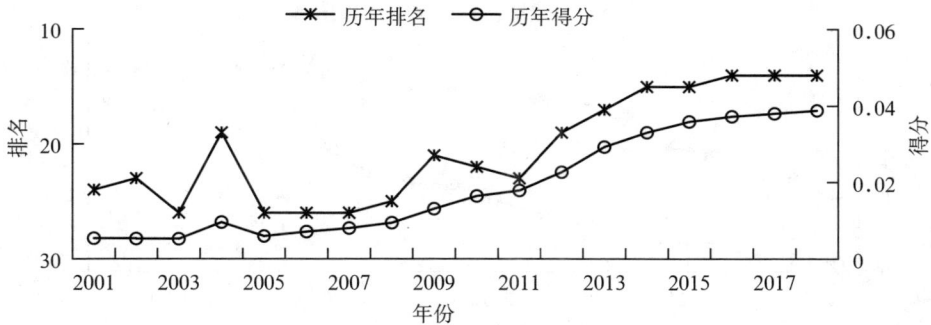

图 2-12-11　安徽研发人员比例得分及排名

（11）研发经费支出得分及排名

图 2-12-12 是 2001—2018 年安徽研发经费支出历年得分及排名。安徽研发经费支出得分呈逐年上升趋势，排名从 2001 年的第 15 位波动上升到 2018 年的第 11 位。

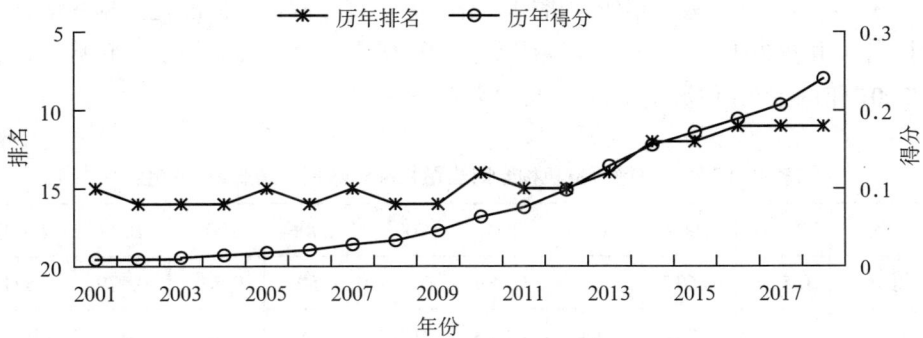

图 2-12-12　安徽研发经费支出得分及排名

（12）研发经费支出强度得分及排名

图 2-12-13 是 2001—2018 年安徽研发经费支出强度历年得分及排名。安徽研发经费支出强度得分呈逐年上升趋势，排名从 2001 年的第 26 位上升到 2018 年的第 9 位。

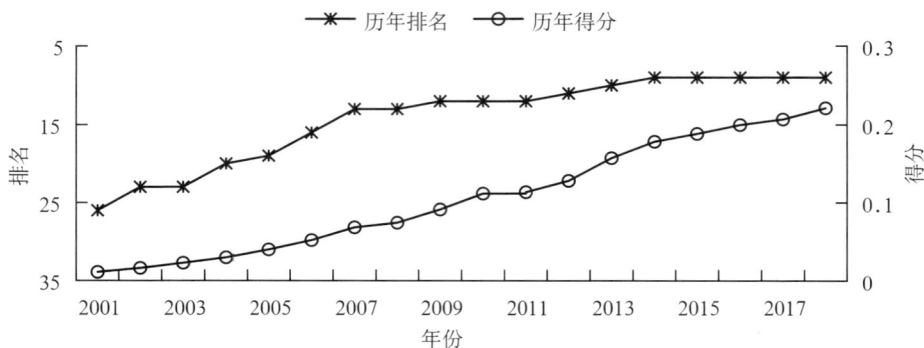

图 2-12-13　安徽研发经费支出强度得分及排名

12.3　科技创新竞争力投入要素分析

12.3.1　研发人员投入分析

（1）研发机构人员全时当量分析

表 2-12-1 是安徽历年研发机构科研人员全时当量投入标准化数据、增长率及排名。由表 2-12-1 可知，安徽研发机构科研人员全时当量呈上升趋势，排名从 2001 年的第 15 位波动上升至 2018 年的第 10 位。

表 2-12-1　安徽研发机构全时当量标准化数据、增长率及排名

年份	2001	2002	2003	2004	2005	2006	2007	2008	2009
得分	0.579	0.637	0.577	0.489	0.534	0.503	0.507	0.579	0.571
增长率 /%		10.0	−9.42	−15.3	9.20	−5.81	0.80	14.2	−1.38
排名	15	10	10	13	11	12	13	11	16
年份	2010	2011	2012	2013	2014	2015	2016	2017	2018
得分	0.606	0.654	0.627	0.779	0.944	1.092	1.064	1.135	1.312
增长率 /%	6.13	7.92	−4.13	24.2	21.2	15.7	−2.56	6.67	15.6
排名	15	15	17	13	11	11	12	12	10

（2）高校人员全时当量分析

表 2-12-2 是安徽历年高校科研人员全时当量投入标准化数据、增长率及排

名。由表 2-12-2 可知，安徽高校人员全时当量呈上升趋势，排名从 2001 年的第 13 位波动回归至 2018 年的第 13 位。

表 2-12-2 安徽高校全时当量标准化数据、增长率及排名

年份	2001	2002	2003	2004	2005	2006	2007	2008	2009
得分	0.692	0.523	0.617	0.678	0.736	0.634	0.666	0.660	0.792
增长率 /%		−24.4	18.0	9.89	8.55	−13.9	5.05	−0.90	20
排名	13	16	15	15	13	16	17	20	20

年份	2010	2011	2012	2013	2014	2015	2016	2017	2018
得分	0.922	0.953	1.166	1.262	1.435	1.470	1.492	1.637	1.535
增长率 /%	16.4	3.36	22.4	8.23	13.7	2.44	1.50	9.72	−6.23
排名	16	15	15	13	13	13	13	13	13

（3）大中型企业科研人员全时当量分析

表 2-12-3 是安徽历年大中型企业科研人员全时当量投入标准化数据、增长率及排名。由表 2-12-3 可知，安徽大中型企业科研人员全时当量标准化数据呈上升趋势，排名从 2001 年的第 20 位波动上升至 2018 年的第 7 位。2002 年、2005 年、2009 年、2010 年、2013 年、2014 年增长显著，2004 年下降明显。

表 2-12-3 安徽大中型企业科研人员全时当量标准化数据、增长率及排名

年份	2001	2002	2003	2004	2005	2006	2007	2008	2009
得分	0.162	0.257	0.259	0.173	0.255	0.252	0.308	0.340	0.463
增长率 /%		58.6	0.78	−33.2	47.4	−1.18	22.2	10.4	36.2
排名	20	14	15	18	16	19	18	18	17

年份	2010	2011	2012	2013	2014	2015	2016	2017	2018
得分	0.678	0.731	0.837	1.379	1.797	2.107	2.334	2.371	2.436
增长率 /%	46.4	7.82	14.5	64.8	30.3	17.3	10.8	1.59	2.74
排名	12	13	13	10	9	8	7	7	7

12.3.2 研发经费支出分析

（1）研发机构研发经费支出

表 2-12-4 是安徽历年研发机构经费内部总支出、人均研发机构经费内部支出标准化数据、增长率及排名。由表 2-12-4 可知，安徽总研发经费内部支出与人均科研经费内部支出历年标准化数据均呈上升趋势；总研发经费内部支出排名从 2001 年的第 19 位波动上升至 2018 年的第 9 位；人均研发经费内部支出排名从 2001 年的第 19 位波动上升至 2018 年的第 16 位。总投入 2002 年、2004年增长突出，2015 年增长显著，2003 年下降明显；人均投入 2002 年增长显著，2004 年增长突出，2003 年下降明显。

表 2-12-4　安徽研发机构经费支出标准化数据、增长率及排名

年份		2001	2002	2003	2004	2005	2006	2007	2008	2009
总投入及排名	数据	0.092	0.185	0.124	0.262	0.293	0.239	0.304	0.369	0.457
	增长率 /%		101.1	−33.0	111.3	11.8	−18.4	27.2	21.4	23.8
	排名	19	10	14	9	8	11	12	11	10
人均投入排名	数据	0.432	0.598	0.417	0.902	0.954	0.810	0.876	1.009	1.033
	增长率 /%		38.4	−30.3	116.3	5.76	−15.1	8.15	15.2	2.38
	排名	19	8	17	7	6	11	9	9	10
年份		2010	2011	2012	2013	2014	2015	2016	2017	2018
总投入及排名	数据	0.568	0.653	0.661	0.706	0.855	1.149	1.487	1.514	1.506
	增长率 /%	24.3	15.0	1.23	6.81	21.1	34.4	29.4	1.82	−0.53
	排名	10	10	13	13	13	11	9	10	9
人均投入排名	数据	0.938	0.894	0.842	0.711	0.678	0.787	0.940	0.926	0.906
	增长率 /%	−9.20	−4.69	−5.82	−15.6	−4.64	16.1	19.4	−1.49	−2.16
	排名	14	15	14	17	19	17	15	17	16

（2）高校研发经费支出

表 2-12-5 是安徽历年高校经费内部总支出、人均高校经费内部支出标准化

数据、增长率及排名。由表 2-12-5 可知，安徽高校总研发经费内部支出与人均科研经费内部支出历年标准化数据均呈上升趋势；总研发经费内部支出排名从2001 年的第 14 位波动回归至 2018 年的第 14 位；人均研发经费内部支出排名从 2001 年的第 11 位波动下降至 2018 年的第 25 位。总投入 2002 年增长突出，2003 年、2008 年、2011 年、2014 年增长显著；人均投入 2002 年、2003 年增长显著，2009 年下降明显。

表 2-12-5　安徽高校经费支出标准化数据、增长率及排名

年份		2001	2002	2003	2004	2005	2006	2007	2008	2009
总投入及排名	数据	0.089	0.259	0.437	0.475	0.518	0.504	0.515	0.696	0.520
	增长率 /%		191	68.7	8.70	9.05	−2.70	2.18	35.1	−25.3
	排名	14	6	4	7	10	13	13	13	15
人均投入排名	数据	0.399	0.796	1.394	1.559	1.606	1.628	1.412	1.816	1.119
	增长率 /%		99.5	75.1	11.8	3.01	1.37	−13.3	28.6	−38.4
	排名	11	3	1	1	2	2	4	2	9
年份		2010	2011	2012	2013	2014	2015	2016	2017	2018
总投入及排名	数据	0.642	0.905	1.052	1.256	1.635	2.008	1.783	1.830	1.812
	增长率 /%	23.5	41.0	16.2	19.4	30.2	22.8	−11.2	2.64	−0.98
	排名	15	14	14	14	14	13	14	13	14
人均投入排名	数据	1.011	1.182	1.276	1.207	1.236	1.310	1.074	1.067	1.039
	增长率 /%	−9.65	16.9	7.95	−5.41	2.40	5.99	−18.0	−0.65	−2.62
	排名	15	13	13	15	14	15	23	22	25

（3）大中型企业研发经费支出

表 2-12-6 是安徽历年大中型企业经费内部总支出、人均大中型企业经费内部支出标准化数据、增长率及排名。由表 2-12-6 可知，安徽大中型企业总研发经费内部支出与人均科研经费内部支出历年标准化数据均呈上升趋势；总研发经费内部支出排名从 2001 年的第 13 位波动上升至 2018 年的第 10 位；人均研

发经费内部支出排名从 2001 年的第 12 位波动下降至 2018 年的第 13 位。总投入 2006 年、2008 年、2010 年、2011 年、2013 年增长显著，2002 年下降明显；人均投入 2004 年、2006 年、2008 年增长显著，2002 年下降明显。

表 2-12-6　安徽企业经费支出标准化数据、增长率及排名

年份		2001	2002	2003	2004	2005	2006	2007	2008	2009
总投入及排名	数据	0.100	0.063	0.066	0.085	0.100	0.145	0.188	0.260	0.337
	增长率 /%		−37	4.76	28.8	17.6	45	29.7	38.3	29.6
	排名	13	16	17	16	16	15	15	14	14
人均投入排名	数据	0.576	0.249	0.270	0.358	0.402	0.605	0.664	0.874	0.934
	增长率 /%		−56.8	8.43	32.6	12.3	50.5	9.75	31.6	6.86
	排名	12	19	19	14	18	10	11	8	11
年份		2010	2011	2012	2013	2014	2015	2016	2017	2018
总投入及排名	数据	0.483	0.716	0.821	1.285	1.649	1.955	2.247	2.542	2.927
	增长率 /%	43.3	48.2	14.7	56.5	28.3	18.6	14.9	13.1	15.1
	排名	15	14	14	13	12	12	12	11	10
人均投入排名	数据	0.980	1.204	1.284	1.590	1.606	1.644	1.744	1.910	2.163
	增长率 /%	4.93	22.9	6.64	23.8	1.01	2.37	6.08	9.52	13.2
	排名	14	14	11	12	16	16	17	14	13

13　福建科技创新竞争力各指标及影响因素分析

13.1　科技创新竞争力得分及排名分析

图 2-13-1 是 2001—2018 年福建科技创新竞争力历年得分及排名。福建科技创新竞争力得分呈逐年上升趋势，排名呈波动趋势，从 2001 年的第 16 位波动上升至 2018 年的第 15 位。

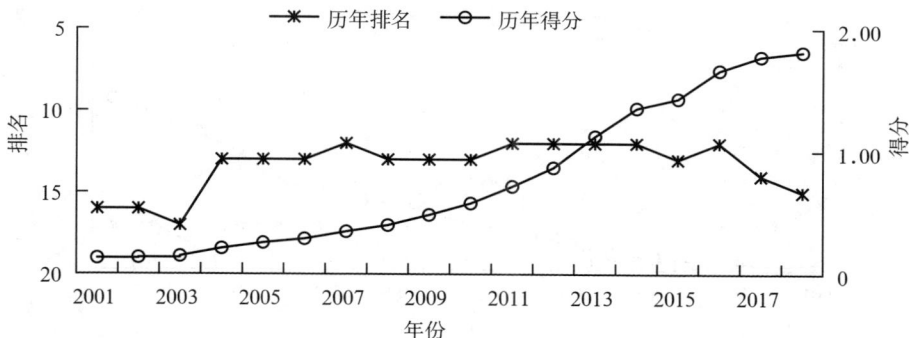

图 2-13-1　福建历年科技创新竞争力得分及排名

13.2　科技创新竞争力各指标得分及排名

（1）SCI 检索论文得分及排名

图 2-13-2 是 2001—2018 年福建 SCI 检索论文历年得分及排名。福建 SCI 检索论文得分呈上升趋势，排名由 2001 年的第 16 位波动下降到 2018 年的第 18 位。

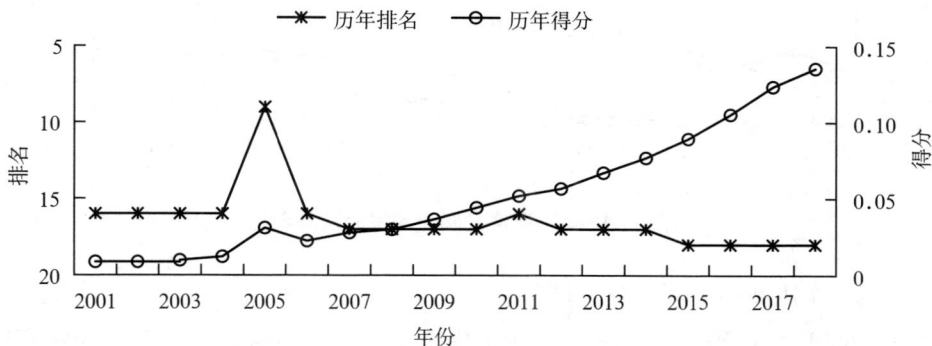

图 2-13-2　福建 SCI 检索得分及排名

（2）EI 检索论文得分及排名

图 2-13-3 是 2001—2018 年福建 EI 检索论文历年得分及排名。福建 EI 论文检索得分呈逐年上升趋势，排名从 2001 年的第 17 位波动下降至 2018 年的第 18 位。

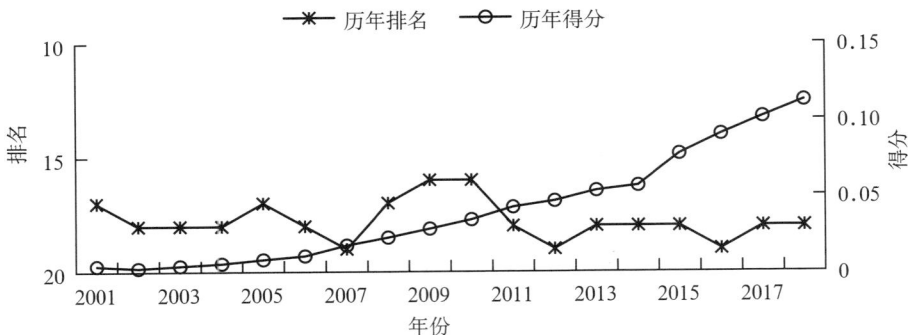

图 2-13-3　福建 EI 检索得分及排名

（3）发明专利得分及排名

图 2-13-4 是 2001—2018 年福建发明专利历年得分及排名。福建发明专利得分呈逐年上升趋势，排名从 2001 年的第 21 位波动上升到 2018 年的第 11 位。

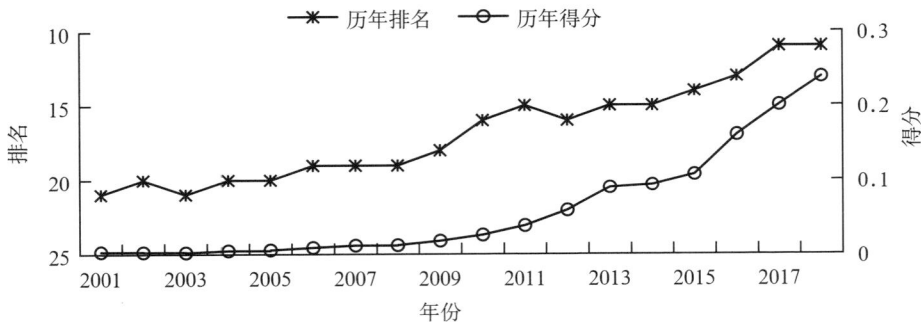

图 2-13-4　福建发明专利得分及排名

（4）实用新型专利得分及排名

图 2-13-5 是 2001—2018 年福建实用新型专利历年得分及排名。福建实用新型专利得分呈上升趋势，排名从 2001 年的第 15 位波动上升至 2018 年的第 7 位。

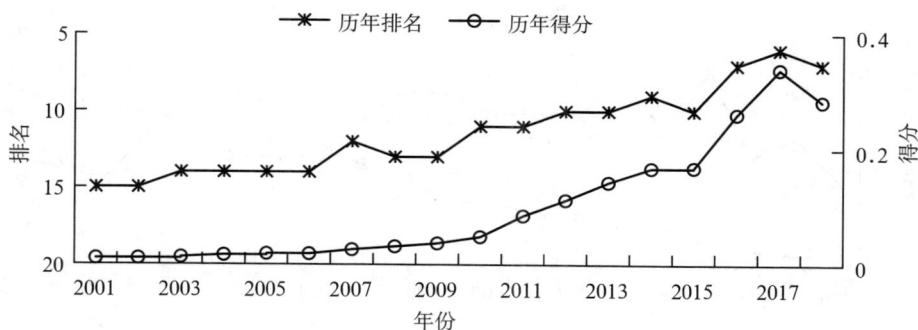

图 2-13-5　福建实用新型专利得分及排名

（5）新产品出口额得分及排名

图 2-13-6 是 2001—2018 年福建新产品出口额历年得分及排名。福建新产品出口额得分呈波动上升趋势，排名从 2001 年的第 10 位波动回归至 2018 年的第 10 位。

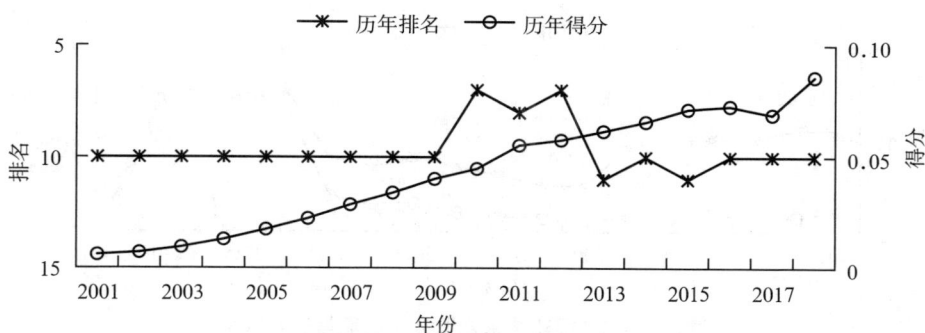

图 2-13-6　福建新产品出口额得分及排名

（6）新产品销售额得分及排名

图 2-13-7 是 2001—2018 年福建新产品销售额历年得分及排名。福建新产品销售额得分呈逐年上升趋势，排名从 2001 年的第 11 位波动回归至 2018 年的第 11 位。

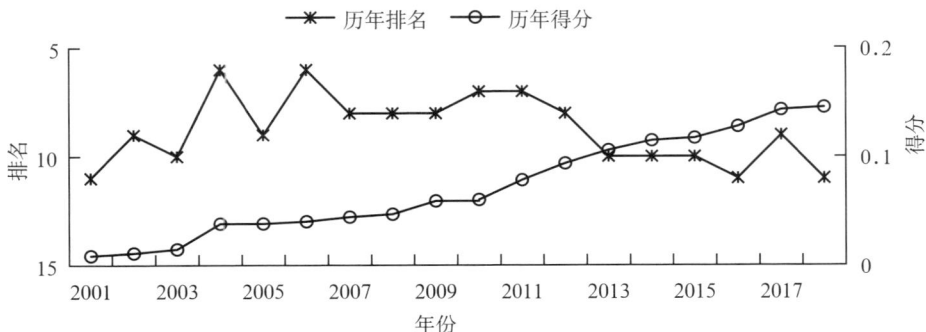

图 2-13-7 福建新产品销售额得分及排名

（7）技术合同流出金额得分及排名

图 2-13-8 是 2001—2018 年福建技术合同流出金额历年得分及排名。福建技术合同流出金额得分呈波动上升趋势，排名从 2001 年的第 14 位波动下降至 2018 年的第 21 位。

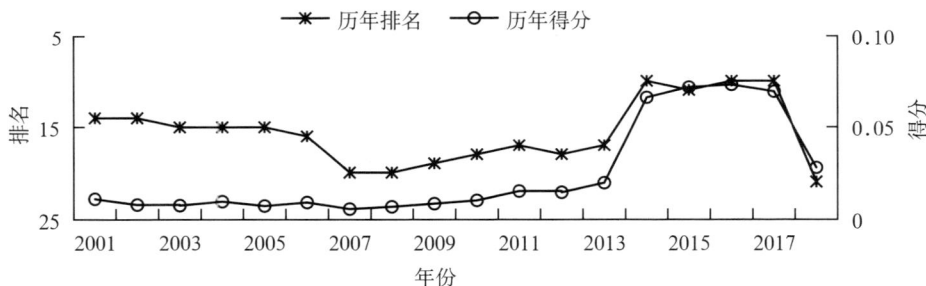

图 2-13-8 福建技术合同流出金额得分及排名

（8）技术合同流入金额得分及排名

图 2-13-9 是 2001—2018 年福建技术合同流入金额历年得分及排名。福建技术合同流入金额得分呈波动上升趋势，排名从 2001 年的第 11 位波动下降至 2018 年的第 20 位。

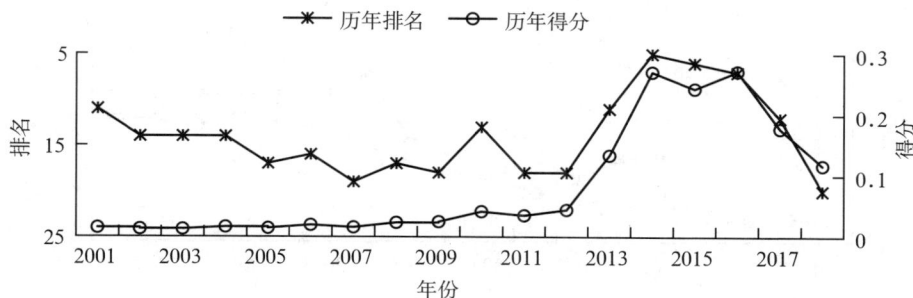

图 2-13-9 福建技术合同流入金额得分及排名

（9）研发人员全时当量得分及排名

图 2-13-10 是 2001—2018 年福建研发人员全时当量历年得分及排名。福建研发人员全时当量得分呈逐年上升趋势，排名从 2001 年的第 18 位波动上升到 2018 年的第 10 位。

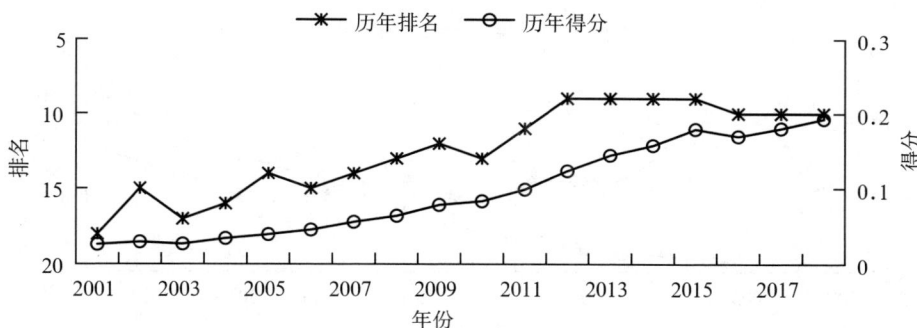

图 2-13-10 福建研发人员全时当量得分及排名

（10）研发人员比例得分及排名

图 2-13-11 是 2001—2018 年福建研发人员比例历年得分及排名。福建研发人员比例得分呈逐年上升趋势，排名从 2001 年的第 10 位波动上升到 2018 年的第 8 位。

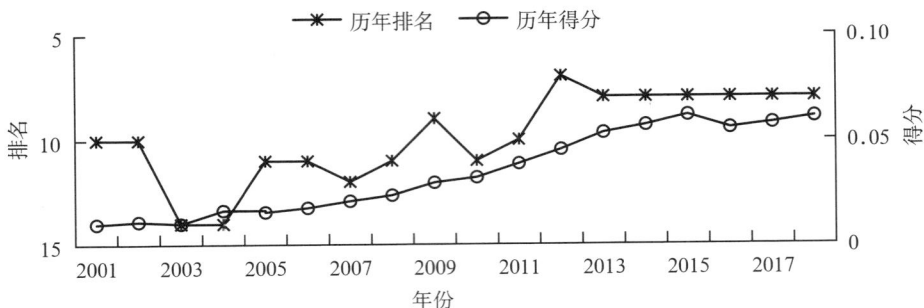

图 2-13-11　福建研发人员比例得分及排名

（11）研发经费支出得分及排名

图 2-13-12 是 2001—2018 年福建研发经费支出历年得分及排名。福建研发经费支出得分呈逐年上升趋势，排名从 2001 年的第 14 位波动上升到 2018 年的第 12 位。

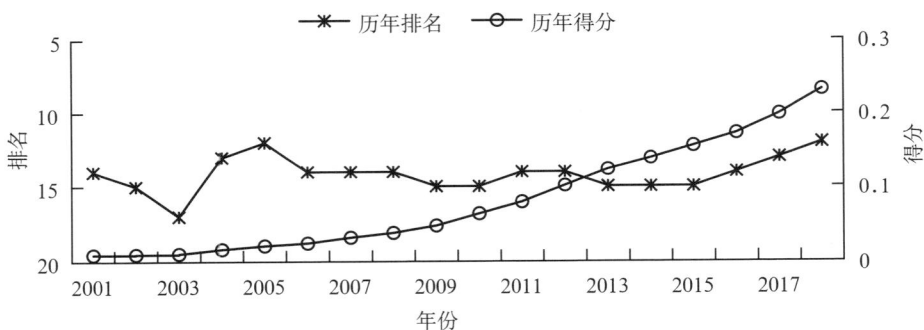

图 2-13-12　福建研发经费支出得分及排名

（12）研发经费支出强度得分及排名

图 2-13-13 是 2001—2018 年福建研发经费支出强度历年得分及排名。福建研发经费支出强度得分呈逐年上升趋势，排名从 2001 年的第 19 位波动上升到 2018 年的第 14 位。

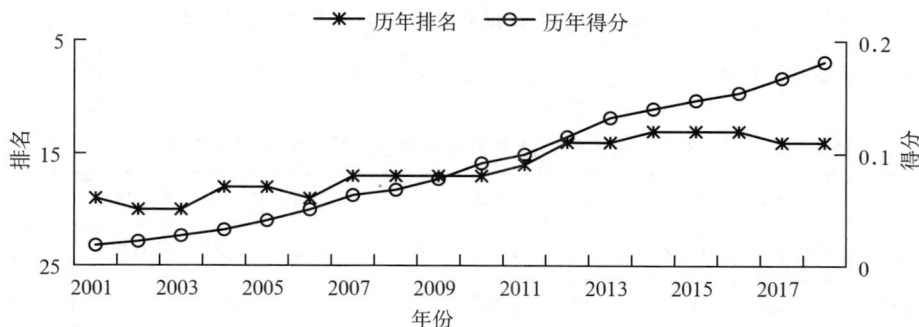

图 2-13-13 福建研发经费支出强度得分及排名

13.3 科技创新竞争力投入要素分析

13.3.1 研发人员投入分析

（1）研发机构人员全时当量分析

表 2-13-1 是福建历年研发机构科研人员全时当量投入标准化数据、增长率及排名。由表 2-13-1 可知，福建研发机构科研人员全时当量呈上升趋势，排名从 2001 年的第 24 位波动上升至 2018 年的第 23 位。

表 2-13-1 福建研发机构全时当量标准化数据、增长率及排名

年份	2001	2002	2003	2004	2005	2006	2007	2008	2009
得分	0.240	0.248	0.204	0.203	0.196	0.192	0.195	0.212	0.246
增长率/%		3.33	−17.7	−0.49	−3.45	−2.04	1.56	8.72	16.0
排名	24	24	24	24	24	25	26	26	24
年份	2010	2011	2012	2013	2014	2015	2016	2017	2018
得分	0.248	0.282	0.311	0.312	0.326	0.377	0.435	0.462	0.486
增长率/%	0.81	13.7	10.3	0.32	4.49	15.6	15.4	6.21	5.19
排名	25	25	26	26	26	24	23	24	23

（2）高校人员全时当量分析

表 2-13-2 是福建历年高校科研人员全时当量投入标准化数据、增长率及排

名。由表 2-13-2 可知，福建高校人员全时当量呈上升趋势，排名从 2001 年的
第 18 位波动上升至 2018 年的第 16 位。2017 年增长显著。

表 2-13-2　福建高校全时当量标准化数据、增长率及排名

年份	2001	2002	2003	2004	2005	2006	2007	2008	2009
得分	0.485	0.430	0.457	0.462	0.479	0.480	0.476	0.525	0.582
增长率 /%		−11.3	6.28	1.09	3.68	0.21	−0.83	10.3	10.9
排名	18	20	20	20	18	21	23	23	22
年份	2010	2011	2012	2013	2014	2015	2016	2017	2018
得分	0.662	0.573	0.712	0.728	0.765	0.861	0.914	1.199	1.290
增长率 /%	13.7	−13.4	24.3	2.25	5.08	12.5	6.16	31.2	7.59
排名	21	22	21	20	20	18	18	17	16

（3）大中型企业科研人员全时当量分析

表 2-13-3 是福建历年大中型企业科研人员全时当量投入标准化数据、增长
率及排名。由表 2-13-3 可知，福建大中型企业科研人员全时当量标准化数据
呈上升趋势，排名从 2001 年的第 19 位波动上升至 2018 年的第 6 位。2003 年、
2006 年、2010 年、2012 年、2013 年增长显著。

表 2-13-3　福建大中型企业科研人员全时当量标准化数据、增长率及排名

年份	2001	2002	2003	2004	2005	2006	2007	2008	2009
得分	0.162	0.124	0.207	0.203	0.262	0.454	0.407	0.488	0.597
增长率 /%		−23.5	66.9	−1.93	29.1	73.3	−10.4	19.9	22.3
排名	19	21	18	16	15	13	15	14	13
年份	2010	2011	2012	2013	2014	2015	2016	2017	2018
得分	0.789	0.829	1.079	1.850	2.212	2.455	2.717	2.430	2.505
增长率 /%	32.2	5.07	30.2	71.5	19.6	11.0	10.7	−10.6	3.09
排名	10	10	9	7	6	6	6	6	6

13.3.2　研发经费支出分析

（1）研发机构研发经费支出

表 2-13-4 是福建历年研发机构经费内部总支出、人均研发机构经费内部支出标准化数据、增长率及排名。由表 2-13-4 可知，福建总研发经费内部支出与人均科研经费内部支出历年标准化数据均呈上升趋势；总研发经费内部支出排名从 2001 年的第 23 位波动上升至 2018 年的第 20 位；人均研发经费内部支出排名从 2001 年的第 27 位波动下降至 2018 年的第 30 位。总投入 2011 年、2014年增长显著；人均投入 2004 年、2011 年增长显著，2002 年下降明显。

表 2-13-4　福建研发机构经费支出标准化数据、增长率及排名

年份		2001	2002	2003	2004	2005	2006	2007	2008	2009
总投入及排名	数据	0.044	0.043	0.046	0.054	0.054	0.057	0.074	0.090	0.106
	增长率/%		−2.27	6.98	17.4	0	5.56	29.8	21.6	17.8
	排名	23	23	21	22	23	24	23	22	22
人均投入排名	数据	0.282	0.157	0.151	0.198	0.166	0.147	0.170	0.182	0.181
	增长率/%		−44.3	−3.82	31.1	−16.2	−11.4	15.6	7.06	−0.55
	排名	27	29	30	25	30	30	30	29	30
年份		2010	2011	2012	2013	2014	2015	2016	2017	2018
总投入及排名	数据	0.134	0.192	0.206	0.215	0.290	0.339	0.407	0.488	0.586
	增长率/%	26.4	43.3	7.29	4.37	34.9	16.9	20.1	19.9	20.1
	排名	22	23	24	24	23	24	20	21	20
人均投入排名	数据	0.185	0.248	0.219	0.181	0.207	0.226	0.245	0.315	0.362
	增长率/%	2.21	34.1	−11.7	−17.4	14.4	9.18	8.41	28.6	14.9
	排名	29	28	29	31	29	30	30	30	30

（2）高校研发经费支出

表 2-13-5 是福建历年高校经费内部总支出、人均高校经费内部支出标准化数据、增长率及排名。由表 2-13-5 可知，福建高校总研发经费内部支出与人均

科研经费内部支出历年标准化数据均呈上升趋势；总研发经费内部支出排名从
2001 年的第 19 位波动上升至 2018 年的第 13 位；人均研发经费内部支出排名
从 2001 年的第 15 位波动下降至 2018 年的第 23 位。总投入 2002 年、2004 年、
2008 年、2010 年、2015 年、2017 年、2018 年增长显著，2003 年下降明显；人
均投入 2004 年、2015 年、2017 年、2018 年增长显著，2003 年下降明显。

表 2-13-5　福建高校经费支出标准化数据、增长率及排名

年份		2001	2002	2003	2004	2005	2006	2007	2008	2009
总投入及排名	数据	0.046	0.091	0.062	0.097	0.119	0.133	0.155	0.212	0.259
	增长率/%		97.8	−31.9	56.5	22.7	11.8	16.5	36.8	22.2
	排名	19	17	19	19	18	21	22	21	22
人均投入排名	数据	0.283	0.317	0.195	0.336	0.349	0.325	0.338	0.411	0.424
	增长率/%		12.0	−38.5	72.3	3.87	−6.88	4.00	21.6	3.16
	排名	15	15	23	22	23	25	26	28	28
年份		2010	2011	2012	2013	2014	2015	2016	2017	2018
总投入及排名	数据	0.347	0.399	0.466	0.506	0.532	0.743	0.765	1.030	1.821
	增长率/%	34.0	15.0	16.8	8.58	5.14	39.7	2.96	34.6	76.8
	排名	20	21	20	20	21	19	18	18	13
人均投入排名	数据	0.456	0.491	0.473	0.407	0.362	0.472	0.438	0.634	1.073
	增长率/%	7.55	7.68	−3.67	−15.0	−11.1	30.4	−7.20	44.7	69.2
	排名	27	26	29	31	31	31	31	28	23

（3）大中型企业研发经费支出

表 2-13-6 是福建历年大中型企业经费内部总支出、人均大中型企业经费
内部支出标准化数据、增长率及排名。由表 2-13-6 可知，福建大中型企业总
研发经费内部支出与人均科研经费内部支出历年标准化数据均呈上升趋势；总
研发经费内部支出排名从 2001 年的第 11 位波动上升至 2018 年的第 9 位；人均
研发经费内部支出排名从 2001 年的第 4 位波动下降至 2018 年的第 9 位。总投

入 2003 年、2005 年、2011 年、2013 年增长显著，2002 年下降明显；人均投入 2003 年、2005 年、2011 年、2013 年增长显著，2002 年下降明显。

表 2-13-6 福建企业经费支出标准化数据、增长率及排名

年份		2001	2002	2003	2004	2005	2006	2007	2008	2009
总投入及排名	数据	0.112	0.063	0.095	0.104	0.180	0.230	0.275	0.342	0.407
	增长率/%		−43.8	50.8	9.47	73.1	27.8	19.6	24.4	19.0
	排名	11	15	13	15	8	8	10	11	12
人均投入排名	数据	0.881	0.282	0.383	0.464	0.678	0.727	0.774	0.853	0.859
	增长率/%		−68.0	35.8	21.1	46.1	7.2	6.46	10.2	0.70
	排名	4	12	8	8	5	7	8	9	14
年份		2010	2011	2012	2013	2014	2015	2016	2017	2018
总投入及排名	数据	0.511	0.903	0.916	1.534	1.879	2.203	2.488	2.738	3.063
	增长率/%	25.6	76.7	1.44	67.5	22.5	17.2	12.9	10.0	11.9
	排名	12	10	10	10	10	10	10	10	9
人均投入排名	数据	0.865	1.432	1.198	1.589	1.647	1.804	1.838	2.171	2.327
	增长率/%	0.70	65.5	−16.3	32.6	3.65	9.53	1.88	18.1	7.19
	排名	18	6	13	13	15	14	14	12	9

14 江西科技创新竞争力各指标及影响因素分析

14.1 科技创新竞争力得分及增长率分析

图 2-14-1 是 2001—2018 年江西科技创新竞争力历年得分及增长率。由图 2-14-1 可知，江西科技创新竞争力得分呈逐年上升趋势，增长率呈波动趋势。

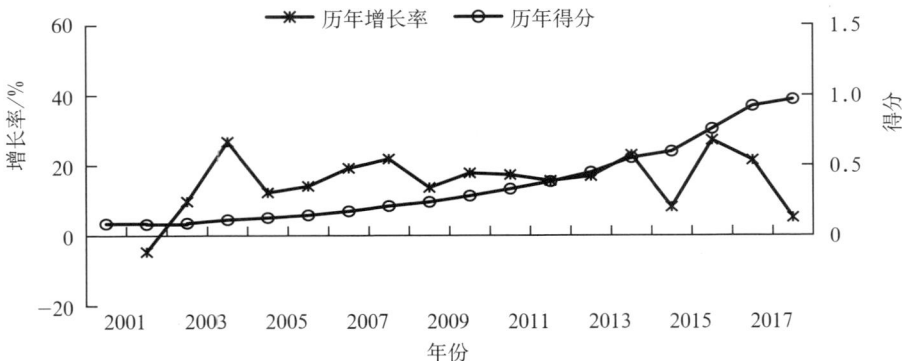

图 2-14-1　江西历年科技创新竞争力得分及增长率

14.2　科技创新竞争力各指标得分及增长率

（1）SCI 检索论文得分及增长率

图 2-14-2 是 2001—2018 年江西 SCI 检索论文历年得分及增长率。由图 2-14-2 可知，江西 SCI 检索论文得分呈逐年上升趋势，增长率呈波动趋势。

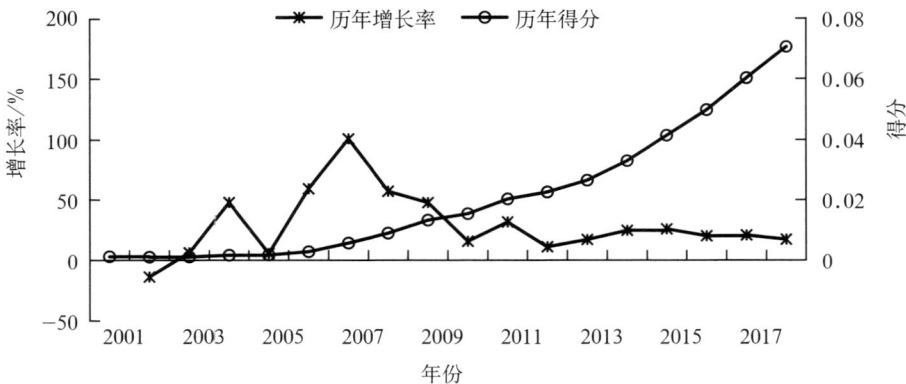

图 2-14-2　江西 SCI 检索得分及增长率

（2）EI 检索论文得分及增长率

图 2-14-3 是 2001—2018 年江西 EI 检索论文历年得分及增长率。由图 2-14-3 可知，江西 EI 论文检索得分呈逐年上升趋势；增长率呈波动趋势，2007 年增长突出，2008 年后波动幅度趋缓。

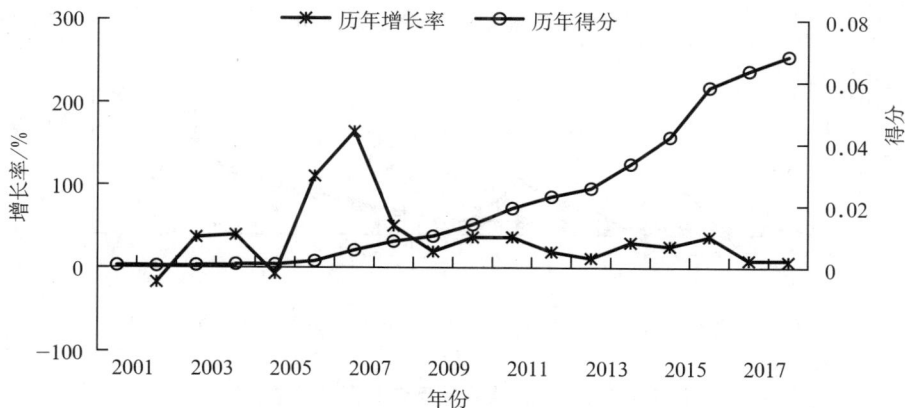

图 2-14-3　江西 EI 检索得分及增长率

（3）发明专利得分及增长率

图 2-14-4 是 2001—2018 年江西发明专利历年得分及增长率。由图 2-14-4 可知，江西发明专利得分呈逐年上升趋势，增长率呈波动趋势。

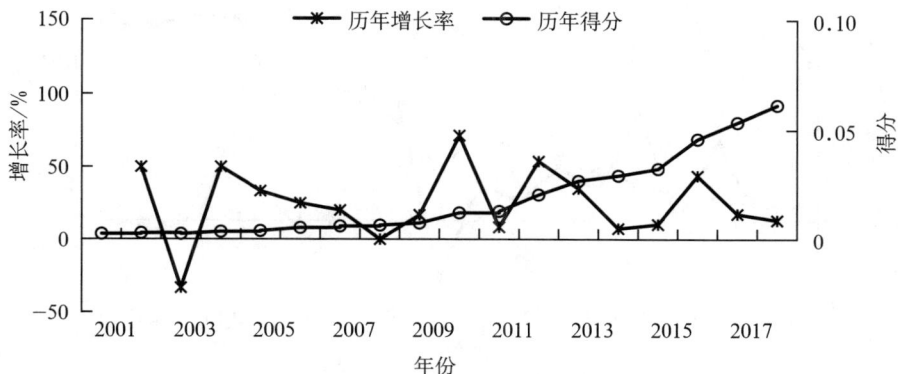

图 2-14-4　江西发明专利得分及增长率

（4）实用新型专利得分及增长率

图 2-14-5 是 2001—2018 年江西实用新型专利历年得分及增长率。由图 2-14-5 可知，江西实用新型专利得分呈上升趋势，增长率呈波动趋势。

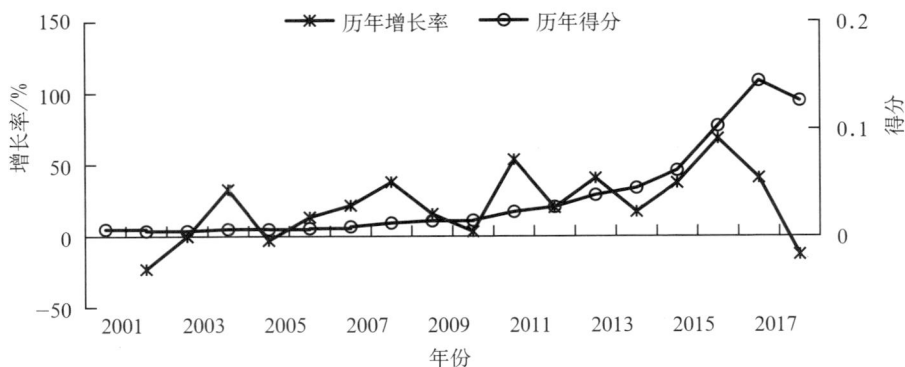

图 2-14-5　江西实用新型专利得分及增长率

（5）新产品出口额得分及增长率

图 2-14-6 是 2001—2018 年江西新产品出口额历年得分及增长率。由图 2-14-6 可知，江西新产品出口额得分呈波动上升趋势，增长率呈波动趋势。

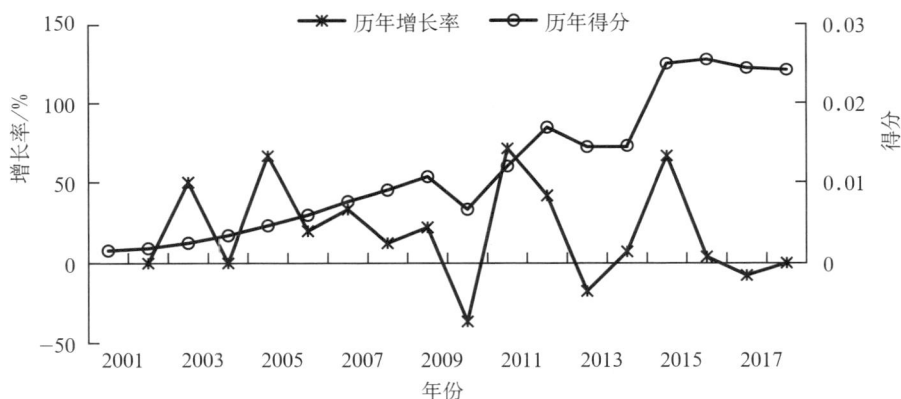

图 2-14-6　江西新产品出口额得分及增长率

（6）新产品销售额得分及增长率

图 2-14-7 是 2001—2018 年江西新产品销售额历年得分及增长率。由图 2-14-7 可知，江西新产品销售额得分呈上升趋势；增长率呈波动趋势，2009 年增长突出。

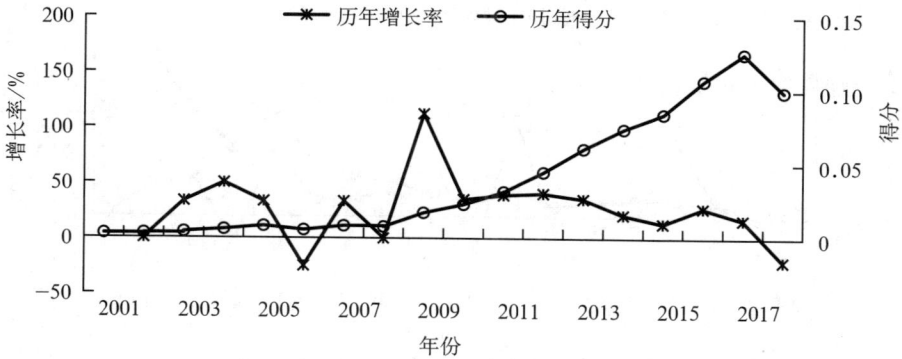

图 2-14-7　江西新产品销售额得分及增长率

（7）技术合同流出金额得分及增长率

图 2-14-8 是 2001—2018 年江西技术合同流出金额历年得分及增长率。由图 2-14-8 可知，江西技术合同流出金额得分呈波动上升趋势；增长率呈波动趋势，2011 年增长突出。

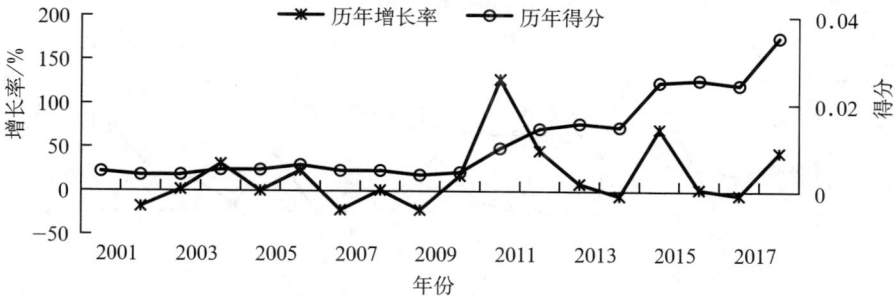

图 2-14-8　江西技术合同流出金额得分及增长率

（8）技术合同流入金额得分及增长率

图 2-14-9 是 2001—2018 年江西技术合同流入金额历年得分及增长率。由图 2-14-9 可知，江西技术合同流入金额得分呈波动上升趋势；增长率呈波动趋势，2004 年、2008 年、2014 年增长突出。

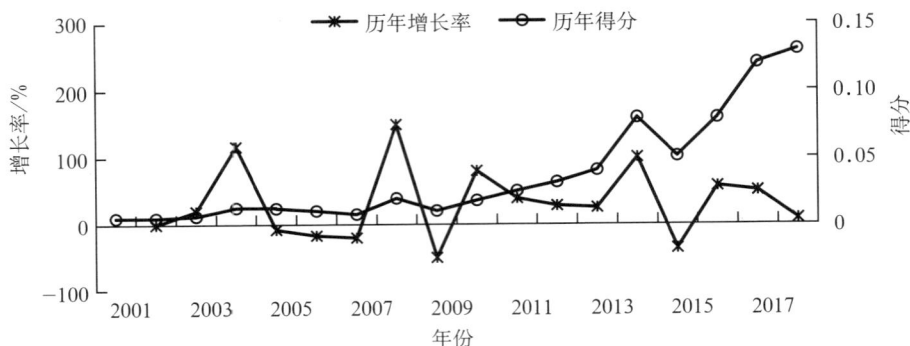

图 2-14-9　江西技术合同流入金额得分及增长率

（9）研发人员全时当量得分及增长率

图 2-14-10 是 2001—2018 年江西研发人员全时当量历年得分及增长率。由图 2-14-10 可知，江西研发人员全时当量得分呈逐年上升趋势，增长率呈波动趋势。

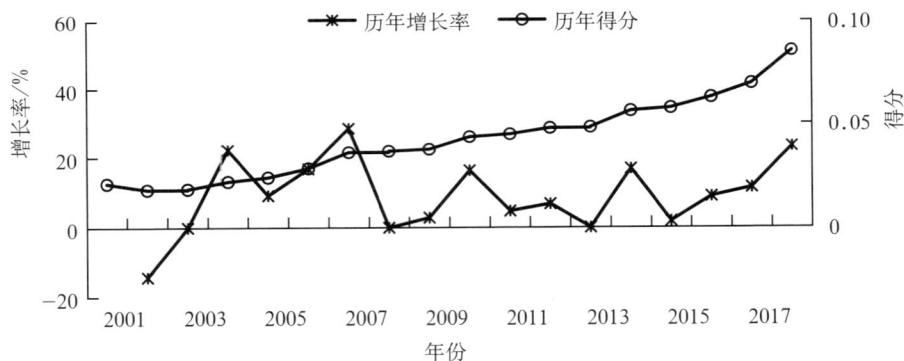

图 2-14-10　江西研发人员全时当量得分及增长率

（10）研发人员比例得分及增长率

图 2-14-11 是 2001—2018 年江西研发人员比例历年得分及增长率。由图 2-14-11 可知，江西研发人员比例得分呈逐年上升趋势，增长率呈波动趋势。

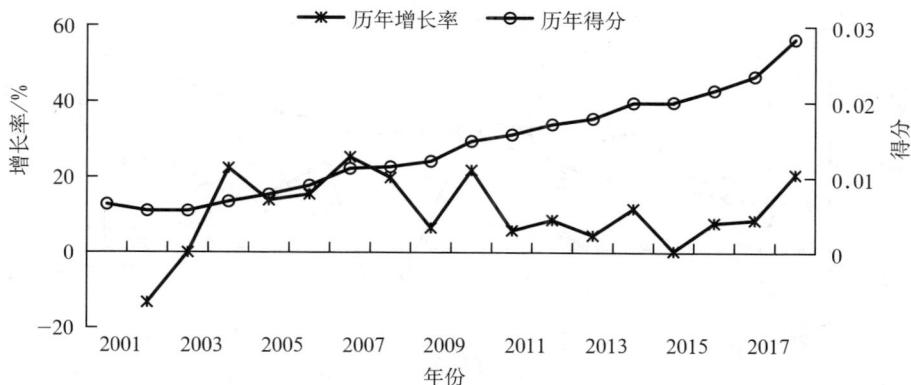

图 2-14-11 江西研发人员比例得分及增长率

（11）研发经费支出得分及增长率

图 2-14-12 是 2001—2018 年江西研发经费支出历年得分及增长率。由图 2-14-12 可知，江西研发经费支出得分呈逐年上升趋势，增长率呈波动趋势。

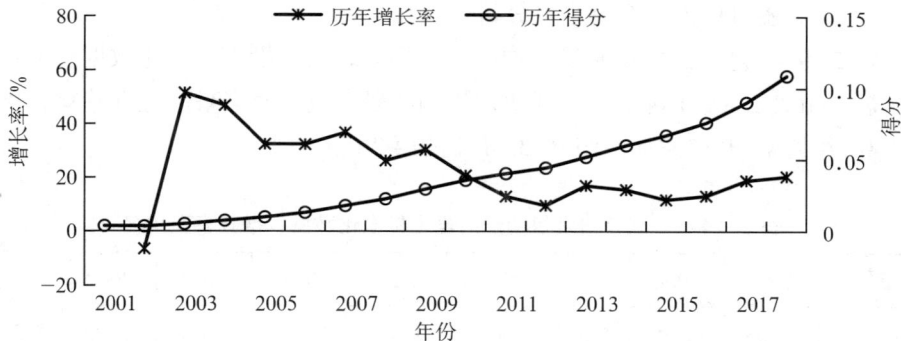

图 2-14-12 江西研发经费支出得分及增长率

（12）研发经费投入强度得分及增长率

图 2-14-13 是 2001—2018 年江西研发经费投入强度历年得分及增长率。由图 2-14-13 可知，江西研发经费投入强度得分呈上升趋势，增长率呈波动趋势。

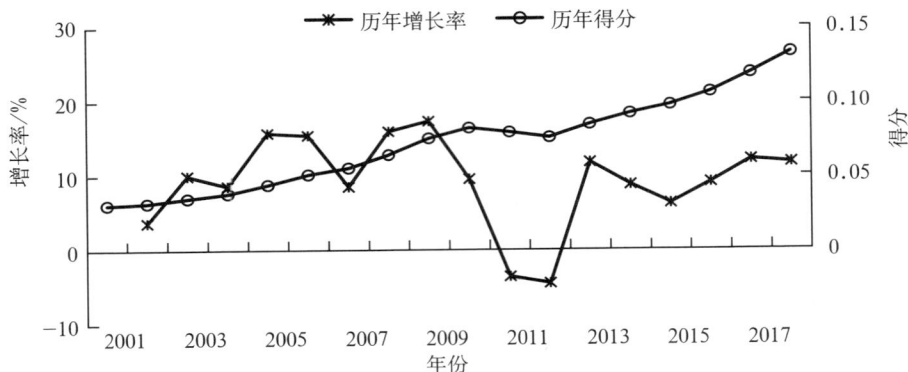

图 2-14-13 江西研发经费投入强度得分及增长率

14.3 科技创新竞争力投入要素分析

14.3.1 研发人员投入分析

（1）研发机构人员全时当量分析

表 2-14-1 是江西历年研发机构科研人员全时当量投入标准化数据、增长率及排名。由表 2-14-1 可知，江西研发机构科研人员全时当量呈上升趋势，排名从 2001 年的第 20 位波动回归至 2018 年的第 20 位。

表 2-14-1 江西研发机构全时当量标准化数据、增长率及排名

年份	2001	2002	2003	2004	2005	2006	2007	2008	2009
得分	0.383	0.335	0.310	0.367	0.338	0.339	0.351	0.375	0.365
增长率 /%		−12.5	−7.46	18.4	−7.90	0.30	3.54	6.84	−2.67
排名	20	20	20	18	19	20	21	21	21

年份	2010	2011	2012	2013	2014	2015	2016	2017	2018
得分	0.390	0.438	0.462	0.535	0.586	0.579	0.587	0.605	0.629
增长率 /%	6.85	12.3	5.48	15.8	9.53	−1.19	1.38	3.07	3.97
排名	21	21	21	20	21	21	20	20	20

（2）高校人员全时当量分析

表 2-14-2 是江西历年高校科研人员全时当量投入标准化数据、增长率及排名。由表 2-14-2 可知，江西高校人员全时当量呈上升趋势，排名从 2001 年的第 22 位波动下降至 2018 年的第 23 位。

表 2-14-2　江西高校全时当量标准化数据、增长率及排名

年份	2001	2002	2003	2004	2005	2006	2007	2008	2009
得分	0.370	0.288	0.335	0.311	0.382	0.475	0.549	0.670	0.580
增长率 /%		−22.2	16.3	−7.16	22.8	24.3	15.6	22.0	−13.4
排名	22	23	22	23	23	22	21	19	23
年份	2010	2011	2012	2013	2014	2015	2016	2017	2018
得分	0.657	0.585	0.612	0.557	0.602	0.558	0.652	0.694	0.730
增长率 /%	13.3	−11.0	4.62	−8.99	8.08	−7.31	16.8	6.44	5.19
排名	22	21	23	23	23	23	23	23	23

（3）大中型企业科研人员全时当量分析

表 2-14-3 是江西历年大中型企业科研人员全时当量投入标准化数据、增长率及排名。由表 2-14-3 可知，江西大中型企业科研人员全时当量标准化数据呈上升趋势，排名从 2001 年的第 17 位波动下降到 2018 年的第 18 位。2002 年、2005 年增长显著。

表 2-14-3　江西大中型企业科研人员全时当量标准化数据、增长率及排名

年份	2001	2002	2003	2004	2005	2006	2007	2008	2009
得分	0.182	0.259	0.200	0.168	0.231	0.253	0.276	0.332	0.386
增长率 /%		42.3	−22.8	−16	37.5	9.52	9.09	20.3	16.3
排名	17	13	19	19	19	18	20	19	20
年份	2010	2011	2012	2013	2014	2015	2016	2017	2018
得分	0.353	0.419	0.455	0.587	0.585	0.723	0.706	0.767	0.856
增长率 /%	−8.55	18.7	8.59	29.0	−0.34	23.6	−2.35	8.64	11.6
排名	20	20	21	20	21	20	20	19	18

14.3.2 研发经费支出分析

（1）研发机构研发经费支出

表 2-14-4 是江西历年研发机构经费内部总支出、人均研发机构经费内部支出标准化数据、增长率及排名。由表 2-14-4 可知，江西总研发经费内部支出与人均科研经费内部支出历年标准化数据均呈上升趋势；总研发经费内部支出排名从 2001 年的第 21 位波动下降到 2018 年的第 22 位；人均研发经费内部支出排名从 2001 年的第 20 位波动下降到 2018 年的第 23 位。总投入 2002 年、2003 年、2010 年、2013 年增长显著；人均投入 2004 年增长突出，2003 年下降明显。

表 2-14-4　江西研发机构经费支出标准化数据、增长率及排名

年份		2001	2002	2003	2004	2005	2006	2007	2008	2009
总投入及排名	数据	0.051	0.075	0.099	0.118	0.114	0.100	0.119	0.143	0.160
	增长率 /%		47.1	32	19.2	-3.39	-12.3	19	20.2	11.9
	排名	21	20	17	17	18	20	20	20	21
人均投入排名	数据	0.416	0.364	0.190	0.443	0.390	0.385	0.402	0.387	0.498
	增长率 /%		-12.5	-47.8	133.2	-12.0	-1.28	4.42	-3.73	28.7
	排名	20	19	26	19	20	21	19	21	19

年份		2010	2011	2012	2013	2014	2015	2016	2017	2018
总投入及排名	数据	0.233	0.297	0.269	0.386	0.365	0.456	0.387	0.487	0.490
	增长率 /%	45.6	27.5	-9.43	43.5	-5.44	24.9	-15.1	25.8	0.62
	排名	20	20	22	20	22	20	22	22	22
人均投入排名	数据	0.627	0.581	0.694	0.566	0.611	0.726	0.676	0.675	0.661
	增长率 /%	25.9	-7.34	19.4	-18.4	7.95	18.8	-6.89	-0.15	-2.07
	排名	19	21	16	23	22	20	20	22	23

（2）高校研发经费支出

表 2-14-5 是江西历年高校经费内部总支出、人均高校经费内部支出标准化数据、增长率及排名。由表 2-14-5 可知，江西高校总研发经费内部支出与

人均科研经费内部支出历年标准化数据均呈上升趋势；总研发经费内部支出排名从 2001 年的第 25 位波动上升至 2018 年的第 22 位；人均研发经费内部支出排名从 2001 年的第 19 位波动下降至 2018 年的第 24 位。总投入 2002 年、2005 年、2007 年、2010 年增长显著，2004 年、2006 年增长突出；人均投入 2002 年、2006 年增长显著，2004 年增长突出。

表 2-14-5　江西高校经费支出标准化数据、增长率及排名

年份		2001	2002	2003	2004	2005	2006	2007	2008	2009
总投入及排名	数据	0.013	0.022	0.016	0.051	0.073	0.146	0.215	0.238	0.285
	增长率 /%		69.2	−27.3	218.8	43.1	100	47.3	10.7	19.7
	排名	25	24	26	23	24	20	18	20	19
人均投入排名	数据	0.073	0.096	0.081	0.260	0.334	0.592	0.758	0.719	0.818
	增长率 /%		31.5	−15.6	221.0	28.5	77.2	28.0	−5.15	13.8
	排名	29	27	29	25	24	20	17	18	16
年份		2010	2011	2012	2013	2014	2015	2016	2017	2018
总投入及排名	数据	0.375	0.422	0.497	0.536	0.575	0.638	0.676	0.696	0.691
	增长率 /%	31.6	12.5	17.8	7.85	7.28	11.0	5.96	2.96	−0.72
	排名	19	19	19	19	20	21	21	23	22
人均投入排名	数据	1.035	0.994	1.112	1.113	1.173	1.142	1.211	1.165	1.063
	增长率 /%	26.5	−3.96	11.9	0.09	5.39	−2.64	6.04	−3.80	−8.76
	排名	13	15	15	17	15	18	17	20	24

（3）大中型企业研发经费支出

表 2-14-6 是江西历年大中型企业经费内部总支出、人均大中型企业经费内部支出标准化数据、增长率及排名。由表 2-14-6 可知，江西大中型企业总研发经费内部支出与人均科研经费内部支出历年标准化数据均呈上升趋势；总研发经费内部支出排名从 2001 年的第 19 位波动上升至 2018 年的第 18 位；人均研发经费内部支出排名从 2001 年的第 17 位波动上升至 2018 年的第 2 位。总投入

2005 年、2007 年、2008 年、2009 年、2013 年增长显著，2002 年下降明显；人均投入 2003 年、2005 年增长显著，2002 年下降明显。

表 2-14-6 江西企业经费支出标准化数据、增长率及排名

年份		2001	2002	2003	2004	2005	2006	2007	2008	2009
总投入及排名	数据	0.056	0.034	0.042	0.053	0.091	0.106	0.151	0.217	0.287
	增长率 /%		−39.3	23.5	26.2	71.7	16.5	42.5	43.7	32.3
	排名	19	21	19	21	18	20	19	17	18
人均投入排名	数据	0.404	0.188	0.279	0.346	0.535	0.556	0.686	0.844	1.062
	增长率 /%		−53.5	48.4	24.0	54.6	3.93	23.4	23.0	25.8
	排名	17	24	17	16	8	15	10	10	7
年份		2010	2011	2012	2013	2014	2015	2016	2017	2018
总投入及排名	数据	0.354	0.460	0.465	0.607	0.731	0.873	1.014	1.164	1.418
	增长率 /%	23.3	29.9	1.09	30.5	20.4	19.4	16.2	14.8	21.8
	排名	18	18	20	20	19	19	18	18	18
人均投入排名	数据	1.258	1.396	1.340	1.625	1.922	2.014	2.340	2.509	2.812
	增长率 /%	18.5	11.0	−4.01	21.3	18.3	4.79	16.2	7.22	12.1
	排名	7	10	10	11	8	9	4	3	2

15 山东科技创新竞争力各指标及影响因素分析

15.1 科技创新竞争力得分及排名分析

图 2-15-1 是 2001—2018 年山东科技创新竞争力历年得分及排名。山东科技创新竞争力得分呈逐年上升趋势，排名呈波动趋势，从 2001 年的第 7 位波动上升至 2018 年的第 6 位。

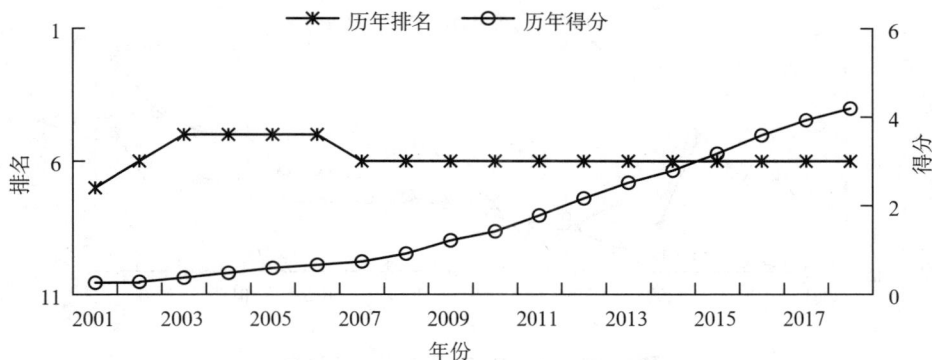

图 2-15-1　山东历年科技创新竞争力得分及排名

15.2　科技创新竞争力各指标得分及排名

（1）SCI 检索论文得分及排名

图 2-15-2 是 2001—2018 年山东 SCI 检索论文历年得分及排名。山东 SCI 检索论文得分呈逐年上升趋势，排名由 2001 年的第 11 位波动上升到 2018 年的第 7 位。

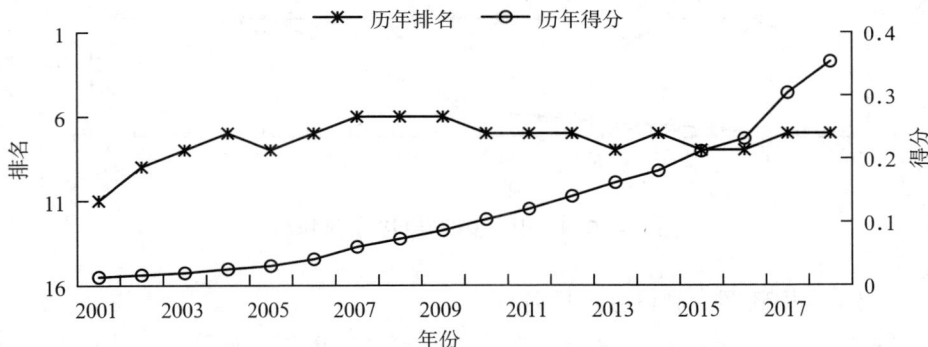

图 2-15-2　山东 SCI 检索得分及排名

（2）EI 检索论文得分及排名

图 2-15-3 是 2001—2018 年山东 EI 检索论文历年得分及排名。山东 EI 论文检索得分呈逐年上升趋势，排名从 2001 年的第 14 位波动上升到 2018 年的第 9 位。

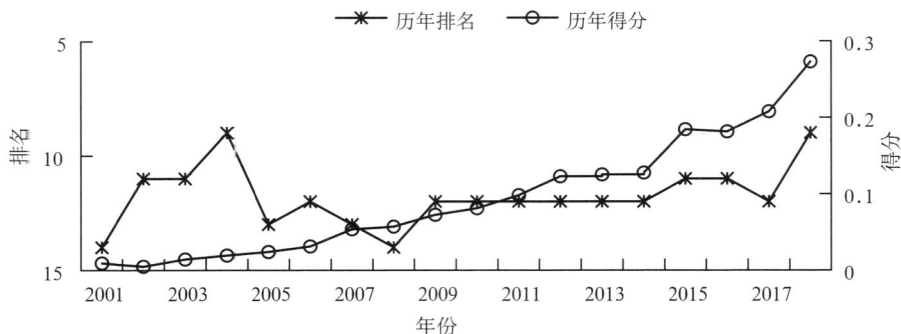

图 2-15-3　山东 EI 检索得分及排名

（3）发明专利得分及排名

图 2-15-4 是 2001—2018 年山东发明专利历年得分及排名。山东发明专利得分呈上升趋势，排名从 2001 年的第 3 位波动下降到 2018 年的第 6 位。

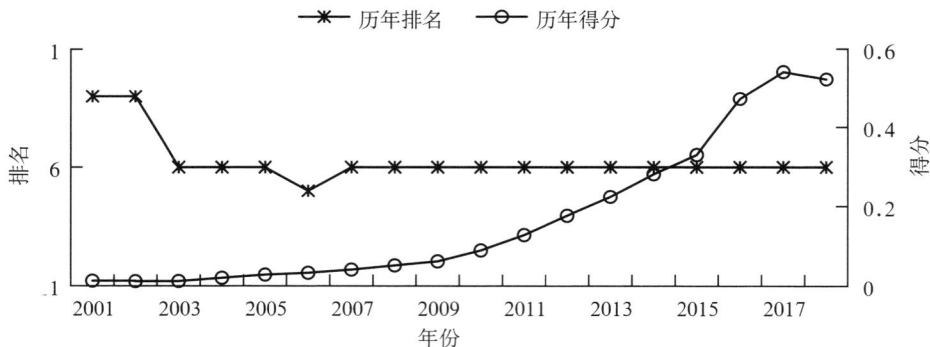

图 2-15-4　山东发明专利得分及排名

（4）实用新型专利得分及排名

图 2-15-5 是 2001—2018 年山东实用新型专利历年得分及排名。山东实用新型专利得分呈波动上升趋势，排名从 2001 年的第 2 位下降到 2018 年的第 4 位。

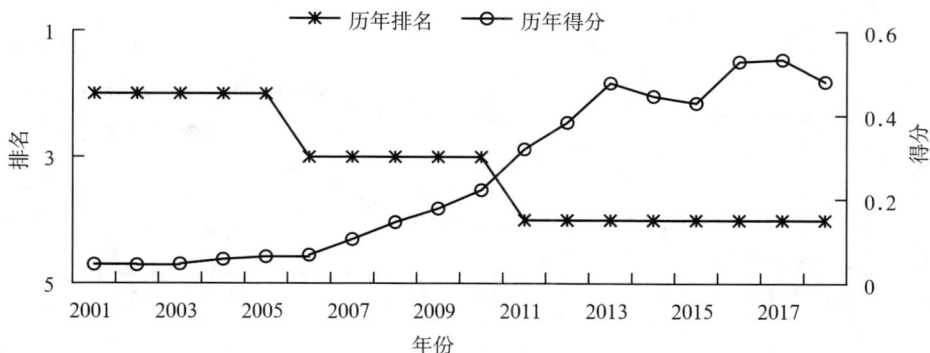

图 2-15-5　山东实用新型专利得分及排名

（5）新产品出口额得分及排名

图 2-15-6 是 2001—2018 年山东新产品出口额历年得分及排名。山东新产品出口额得分呈波动上升趋势，排名从 2001 年的第 5 位波动下降到 2018 年的第 11 位。

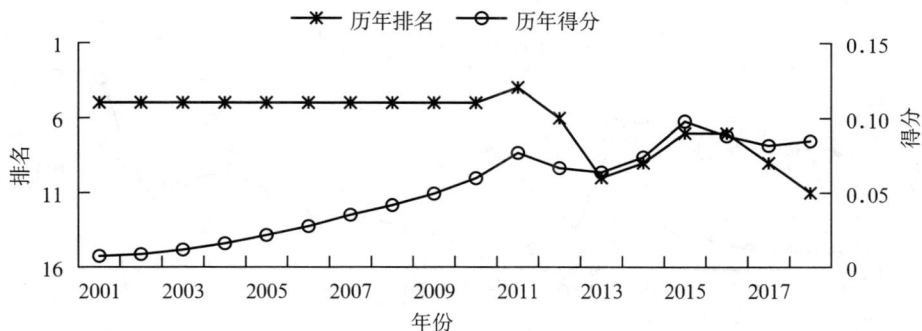

图 2-15-6　山东新产品出口额得分及排名

（6）新产品销售额得分及排名

图 2-15-7 是 2001—2018 年山东新产品销售额历年得分及排名。山东新产品销售额得分呈上升趋势，排名从 2001 年的第 4 位波动上升至 2018 年的第 3 位。

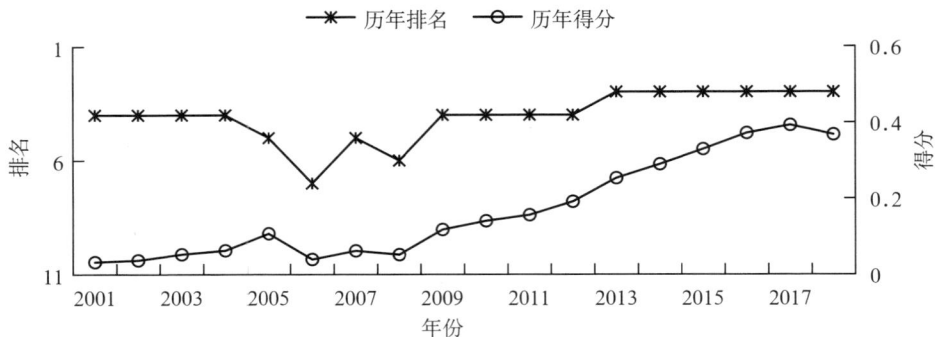

图 2-15-7　山东新产品销售额得分及排名

（7）技术合同流出金额得分及排名

图 2-15-8 是 2001—2018 年山东技术合同流出金额历年得分及排名。山东技术合同流出金额得分呈波动上升趋势，排名从 2001 年的第 7 位波动回归至 2018 年的第 7 位。

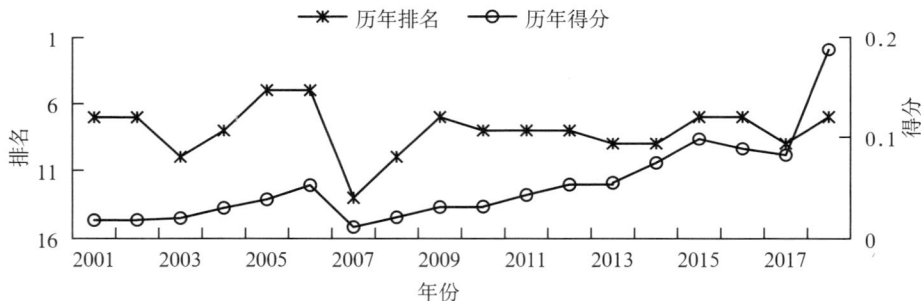

图 2-15-8　山东技术合同流出金额得分及排名

（8）技术合同流入金额得分及排名

图 2-15-9 是 2001—2018 年山东技术合同流入金额历年得分及排名。山东技术合同流入金额得分呈上升趋势，排名从 2001 年的第 5 位波动下降至 2018 年的第 6 位。

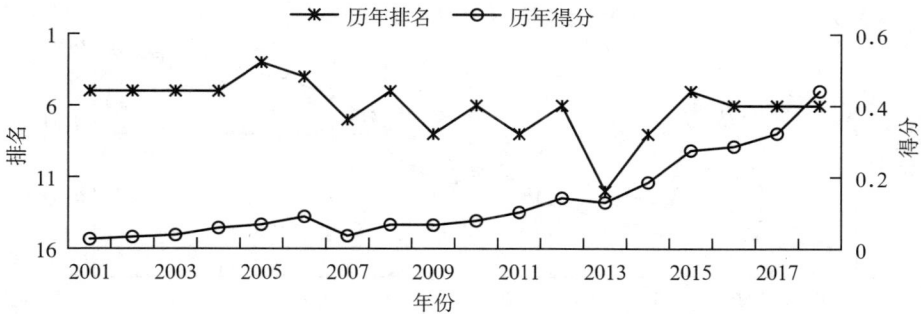

图 2-15-9　山东技术合同流入金额得分及排名

（9）研发人员全时当量得分及排名

图 2-15-10 是 2001—2018 年山东研发人员全时当量历年得分及排名。山东研发人员全时当量得分呈逐年上升趋势，排名从 2001 年的第 8 位波动上升到 2018 年的第 4 位。

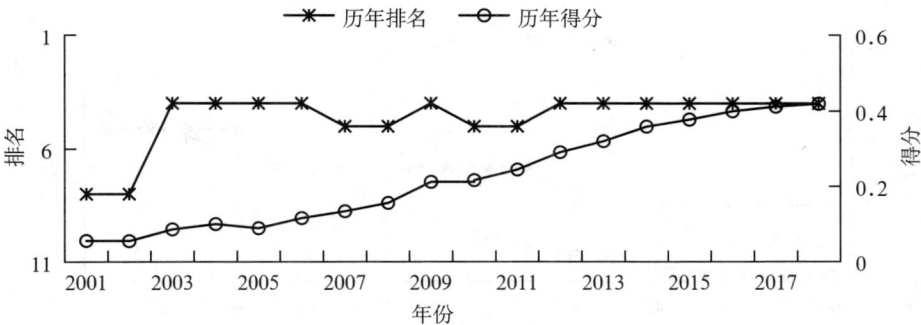

图 2-15-10　山东研发人员全时当量得分及排名

（10）研发人员比例得分及排名

图 2-15-11 是 2001—2018 年山东研发人员比例历年得分及排名。山东研发人员比例得分呈波动上升趋势，排名从 2001 年的第 18 位波动上升到 2018 年的第 9 位。

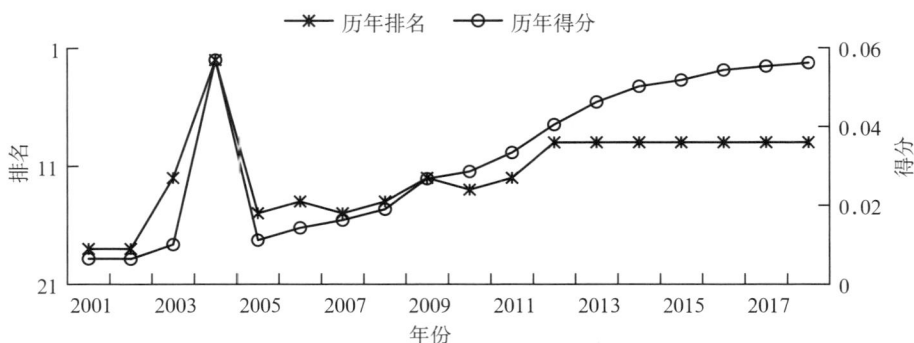

图 2-15-11 山东研发人员比例得分及排名

（11）研发经费支出得分及排名

图 2-15-12 是 2001—2018 年山东研发经费支出历年得分及排名。山东研发经费支出得分呈逐年上升趋势，排名从 2001 年的第 5 位上升到 2018 年的第 3 位。

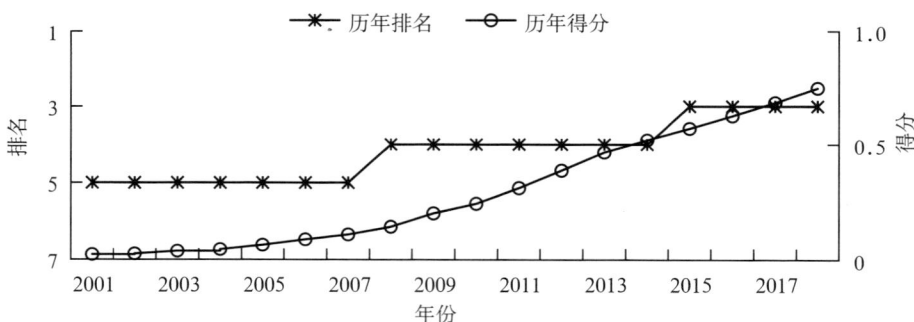

图 2-15-12 山东研发经费支出得分及排名

（12）研发经费支出强度得分及排名

图 2-15-13 是 2001—2018 年山东研发经费支出强度历年得分及排名。山东研发经费支出强度得分呈逐年上升趋势，排名从 2001 年的第 21 位波动上升到 2018 年的第 7 位。

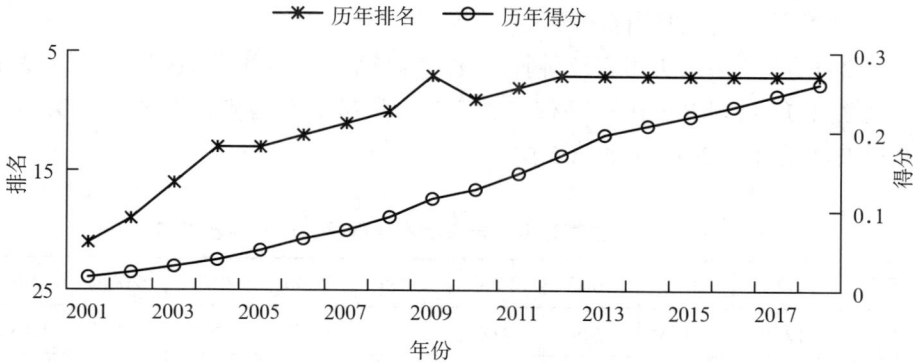

图 2-15-13　山东研发经费支出强度得分及排名

15.3　科技创新竞争力投入要素分析

15.3.1　研发人员投入分析

（1）研发机构人员全时当量分析

表 2-15-1 是山东历年研发机构科研人员全时当量投入标准化数据、增长率及排名。由表 2-15-1 可知，山东研发机构科研人员全时当量呈上升趋势，排名从 2001 年的第 14 位波动上升到 2018 年的第 9 位。

表 2-15-1　山东研发机构全时当量标准化数据、增长率及排名

年份	2001	2002	2003	2004	2005	2006	2007	2008	2009
得分	0.579	0.482	0.597	0.518	0.568	0.592	0.596	0.693	0.781
增长率 /%		−16.8	23.9	−13.2	9.65	4.23	0.68	16.3	12.7
排名	14	16	9	11	10	9	10	9	9
年份	2010	2011	2012	2013	2014	2015	2016	2017	2018
得分	0.825	0.918	1.049	1.141	1.211	1.274	1.330	1.341	1.478
增长率 /%	5.63	11.3	14.3	8.77	6.14	5.20	4.40	0.83	10.2
排名	9	9	9	8	8	9	9	9	9

（2）高校人员全时当量分析

表 2-15-2 是山东历年高校科研人员全时当量投入标准化数据、增长率及排名。由表 2-15-2 可知，山东高校人员全时当量呈上升趋势，排名从 2001 年的第 9 位波动上升到 2018 年的第 5 位。

表 2-15-2　山东高校全时当量标准化数据、增长率及排名

年份	2001	2002	2003	2004	2005	2006	2007	2008	2009
得分	1.030	0.873	0.954	1.097	1.173	1.429	1.595	1.477	1.582
增长率 /%		−15.2	9.28	15.0	6.93	21.8	11.6	−7.40	7.11
排名	9	9	8	8	8	7	5	8	6

年份	2010	2011	2012	2013	2014	2015	2016	2017	2018
得分	1.701	1.668	1.769	1.944	1.943	2.126	2.521	2.545	2.486
增长率 /%	7.52	−1.94	6.06	9.89	−0.05	9.42	18.6	0.95	−2.32
排名	6	7	6	6	6	5	5	5	5

（3）大中型企业科研人员全时当量分析

表 2-15-3 是山东历年大中型企业科研人员全时当量投入标准化数据、增长率及排名。由表 2-15-3 可知，山东大中型企业科研人员全时当量标准化数据呈上升趋势，排名从 2001 年的第 1 位波动下降到 2018 年的第 4 位。2005 年、2010 年、2013 年增长显著。

表 2-15-3　山东大中型企业科研人员全时当量标准化数据、增长率及排名

年份	2001	2002	2003	2004	2005	2006	2007	2008	2009
得分	0.785	0.706	0.791	0.853	1.123	1.073	1.306	1.416	1.708
增长率 /%		−10.1	12.0	7.84	31.7	−4.45	21.7	8.42	20.6
排名	1	3	3	3	3	3	3	3	3

年份	2010	2011	2012	2013	2014	2015	2016	2017	2018
得分	2.634	2.728	2.938	4.430	5.007	5.571	5.654	5.914	5.923
增长率 /%	54.2	3.57	7.70	50.8	13.0	11.3	1.49	4.60	0.15
排名	3	3	3	4	4	4	4	4	4

15.3.2　研发经费支出分析

（1）研发机构研发经费支出

表 2-15-4 是山东历年研发机构经费内部总支出、人均研发机构经费内部支出标准化数据、增长率及排名。由表 2-15-4 可知，山东总研发经费内部支出与人均科研经费内部支出历年标准化数据均呈上升趋势；总研发经费内部支出排名从 2001 年的第 11 位波动回归到 2018 年的第 11 位；人均研发经费内部支出排名从 2001 年的第 26 位波动下降到 2018 年的第 28 位。总投入 2008 年、2010 年、2011 年增长显著，人均投入 2011 年增长显著。

表 2-15-4　山东研发机构经费支出标准化数据、增长率及排名

年份		2001	2002	2003	2004	2005	2006	2007	2008	2009
总投入及排名	数据	0.158	0.128	0.142	0.160	0.176	0.196	0.202	0.267	0.337
	增长率 /%		−19.0	10.9	12.7	10	11.4	3.06	32.2	26.2
	排名	11	13	11	13	14	14	16	15	15
人均投入排名	数据	0.283	0.217	0.248	0.180	0.183	0.221	0.181	0.226	0.236
	增长率 /%		−23.3	14.3	−27.4	1.67	20.8	−18.1	24.9	4.42
	排名	26	26	22	29	29	25	28	27	28
年份		2010	2011	2012	2013	2014	2015	2016	2017	2018
总投入及排名	数据	0.447	0.697	0.851	1.010	1.177	1.253	1.442	1.515	1.467
	增长率 /%	32.6	55.9	22.1	18.7	16.5	6.46	15.1	5.06	−3.17
	排名	13	9	8	8	9	10	10	9	11
人均投入排名	数据	0.228	0.346	0.365	0.361	0.379	0.367	0.411	0.416	0.398
	增长率 /%	−3.39	51.8	5.49	−1.10	4.99	−3.17	12.0	1.22	−4.33
	排名	27	27	27	27	27	27	25	28	28

（2）高校研发经费支出

表 2-15-5 是山东历年高校经费内部总支出、人均高校经费内部支出标准化数据、增长率及排名。由表 2-15-5 可知，山东高校总研发经费内部支出与人均

科研经费内部支出历年标准化数据均呈上升趋势；总研发经费内部支出排名从2001年的第13位波动上升至2018年的第11位；人均研发经费内部支出排名从2001年的第20位波动下降至2018年的第29位。总投入2004年增长突出，2005年、2007年、2010年增长显著；人均投入2004年增长显著。

表2-15-5　山东高校经费支出标准化数据、增长率及排名

年份		2001	2002	2003	2004	2005	2006	2007	2008	2009
总投入及排名	数据	0.108	0.104	0.094	0.213	0.278	0.314	0.461	0.586	0.675
	增长率/%		−3.70	−9.62	126.6	30.5	12.9	46.8	27.1	15.2
	排名	13	15	16	14	14	15	14	14	13
人均投入排名	数据	0.184	0.168	0.157	0.228	0.277	0.338	0.394	0.472	0.452
	增长率/%		−8.70	−6.55	45.2	21.5	22.0	16.6	19.8	−4.24
	排名	20	22	26	27	28	23	23	25	24
年份		2010	2011	2012	2013	2014	2015	2016	2017	2018
总投入及排名	数据	0.932	1.080	1.377	1.597	1.938	2.241	2.223	2.506	2.476
	增长率/%	38.1	15.9	27.5	16.0	21.4	15.6	−0.80	12.7	−1.20
	排名	13	13	13	12	12	12	12	12	11
人均投入排名	数据	0.453	0.511	0.563	0.544	0.594	0.625	0.605	0.655	0.640
	增长率/%	0.22	12.8	10.2	−3.37	9.19	5.22	−3.2	8.26	−2.29
	排名	28	25	26	28	28	26	26	27	29

（3）大中型企业研发经费支出

表2-15-6是山东历年大中型企业经费内部总支出、人均大中型企业经费内部支出标准化数据、增长率及排名。由表2-15-6可知，山东大中型企业总研发经费内部支出与人均科研经费内部支出历年标准化数据均呈上升趋势；总研发经费内部支出排名从2001年的第2位波动下降至2018年的第3位；人均研发经费内部支出排名从2001年的第5位波动上升至2018年的第1位。总投入2004年、2006年、2007年、2009年、2010年、2011年、2013年增长显著，

人均投入 2006 年增长显著。

表 2-15-6　山东企业经费支出标准化数据、增长率及排名

年份		2001	2002	2003	2004	2005	2006	2007	2008	2009
总投入及排名	数据	0.384	0.302	0.374	0.550	0.664	0.885	1.190	1.464	1.934
	增长率 /%		−21.4	23.8	47.1	20.7	33.3	34.5	23.0	32.1
	排名	2	2	2	2	2	3	3	3	3
人均投入排名	数据	0.842	0.629	0.802	0.761	0.852	1.229	1.311	1.521	1.667
	增长率 /%		−25.3	27.5	−5.11	12.0	44.2	6.67	16.0	9.60
	排名	5	2	2	2	2	2	1	1	1
年份		2010	2011	2012	2013	2014	2015	2016	2017	2018
总投入及排名	数据	2.725	3.603	4.157	5.863	7.145	8.307	9.275	10.19	11.16
	增长率 /%	40.9	32.2	15.4	41.0	21.9	16.3	11.7	9.87	9.52
	排名	3	3	3	3	3	3	3	3	3
人均投入排名	数据	1.705	2.197	2.192	2.574	2.823	2.985	3.251	3.435	3.717
	增长率 /%	2.28	28.9	−0.23	17.4	9.67	5.74	8.91	5.66	8.21
	排名	1	1	1	2	1	1	1	1	1

16　河南科技创新竞争力各指标及影响因素分析

16.1　科技创新竞争力得分及排名分析

图 2-16-1 是 2001—2018 年河南科技创新竞争力历年得分及排名。河南科技创新竞争力得分呈逐年上升趋势，排名呈波动趋势，从 2001 年的第 15 位波动上升到 2018 年的第 12 位。

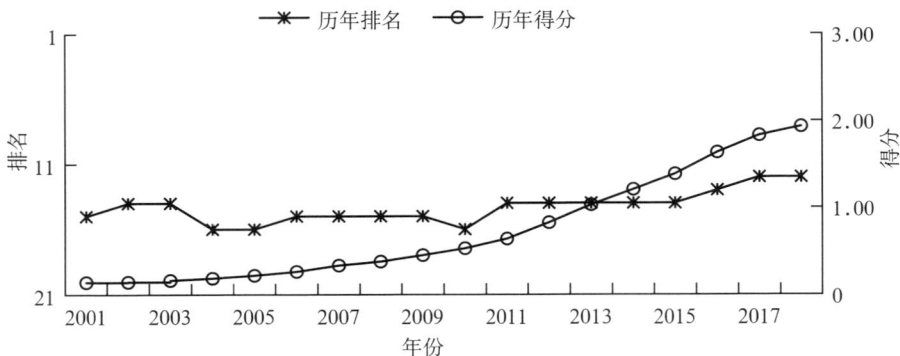

图 2-16-1　河南历年科技创新竞争力得分及排名

16.2　科技创新竞争力各指标得分及排名

（1）SCI 检索论文得分及排名

图 2-16-2 是 2001—2018 年河南 SCI 检索论文历年得分及排名。河南 SCI 检索论文得分呈逐年上升趋势，排名由 2001 年的第 20 位波动上升到 2018 年的第 17 位。

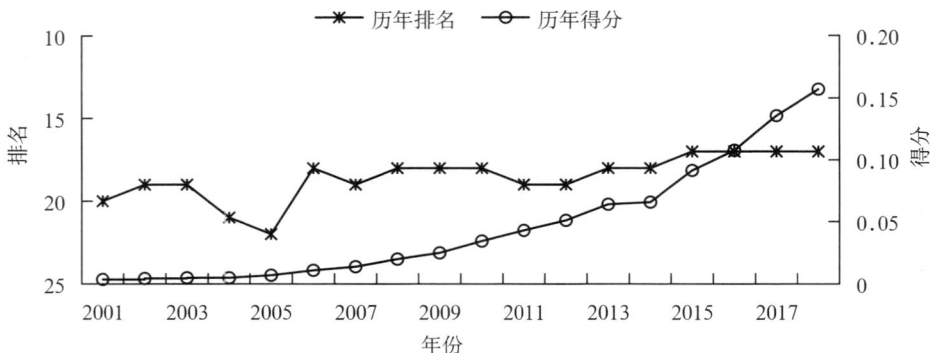

图 2-16-2　河南 SCI 检索得分及排名

（2）EI 检索论文得分及排名

图 2-16-3 是 2001—2018 年河南 EI 检索论文历年得分及排名。河南 EI 论文检索得分呈逐年上升趋势，排名从 2001 年的第 20 位波动上升到 2018 年的第 17 位。

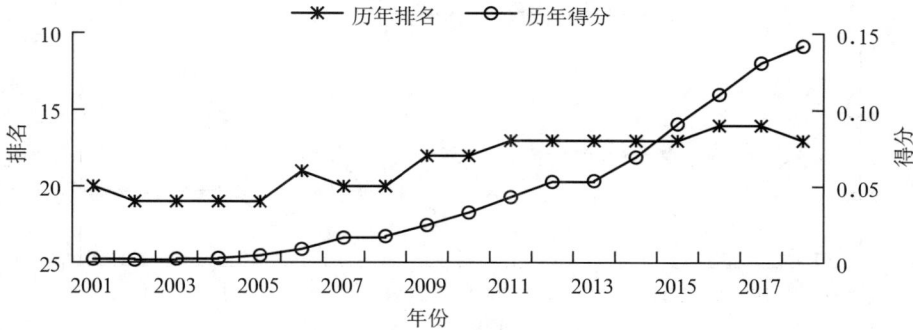

图 2-16-3　河南 EI 检索得分及排名

（3）发明专利得分及排名

图 2-16-4 是 2001—2018 年河南发明专利历年得分及排名。河南发明专利得分呈逐年上升趋势，排名从 2001 年的第 9 位波动下降到 2018 年的第 12 位。

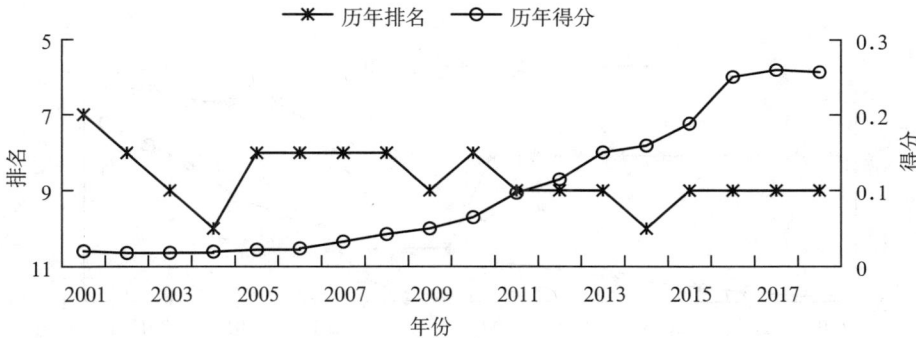

图 2-16-4　河南发明专利得分及排名

（4）实用新型专利得分及排名

图 2-16-5 是 2001—2018 年河南实用新型专利历年得分及排名。河南实用新型专利得分呈逐年上升趋势，排名从 2001 年的第 7 位波动下降到 2018 年的第 9 位。

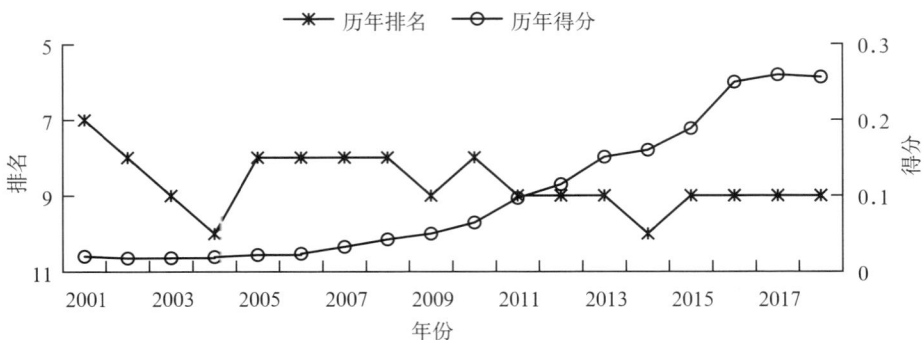

图 2-16-5　河南实用新型专利得分及排名

（5）新产品出口额得分及排名

图 2-16-6 是 2001—2018 年河南新产品出口额历年得分及排名。河南新产品出口额得分呈波动上升趋势，排名从 2001 年的第 9 位波动上升到 2018 年的第 4 位。

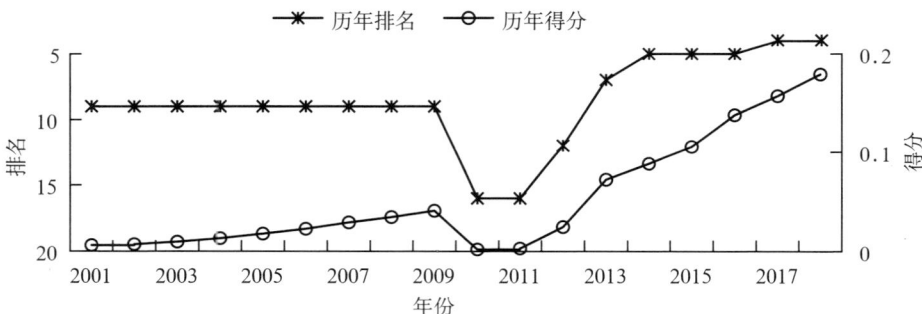

图 2-16-6　河南新产品出口额得分及排名

（6）新产品销售额得分及排名

图 2-16-7 是 2001—2018 年河南新产品销售额历年得分及排名。河南新产品销售额得分呈上升趋势，排名从 2001 年的第 14 位波动上升至 2018 年的第 7 位。

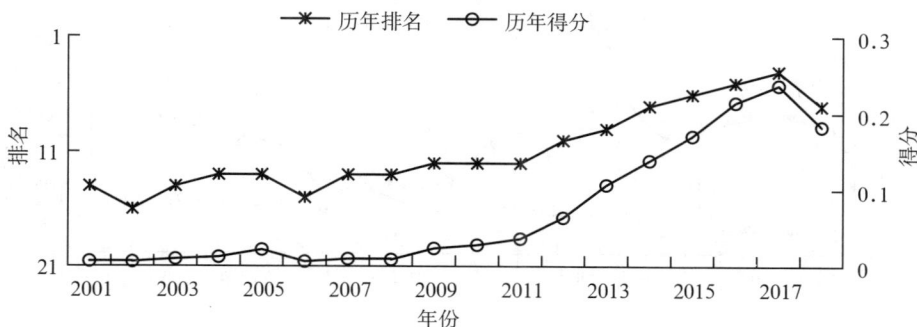

图 2-16-7 河南新产品销售额得分及排名

（7）技术合同流出金额得分及排名

图 2-16-8 是 2001—2018 年河南技术合同流出金额历年得分及排名。河南技术合同流出金额得分呈波动上升趋势，排名从 2001 年的第 12 位波动下降到 2018 年的第 20 位。

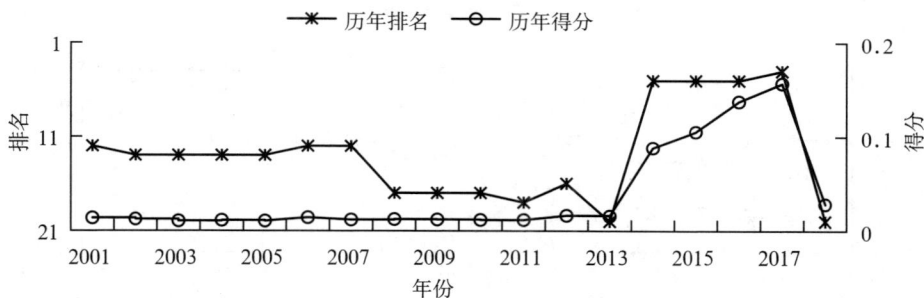

图 2-16-8 河南技术合同流出金额得分及排名

（8）技术合同流入金额得分及排名

图 2-16-9 是 2001—2018 年河南技术合同流入金额历年得分及排名。河南技术合同流入金额得分呈波动上升趋势，排名从 2001 年的第 13 位波动下降至 2018 年的第 16 位。

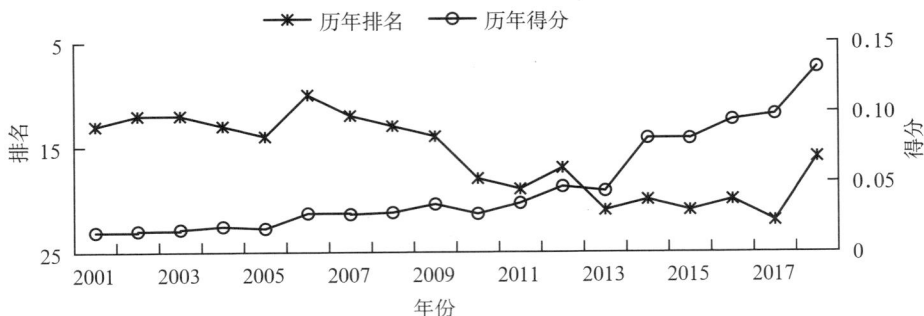

图 2-16-9　河南技术合同流入金额得分及排名

（9）研发人员全时当量得分及排名

图 2-16-10 是 2001—2018 年河南研发人员全时当量历年得分及排名。河南研发人员全时当量得分呈逐年上升趋势，排名从 2001 年的第 10 位波动上升到 2018 年的第 7 位。

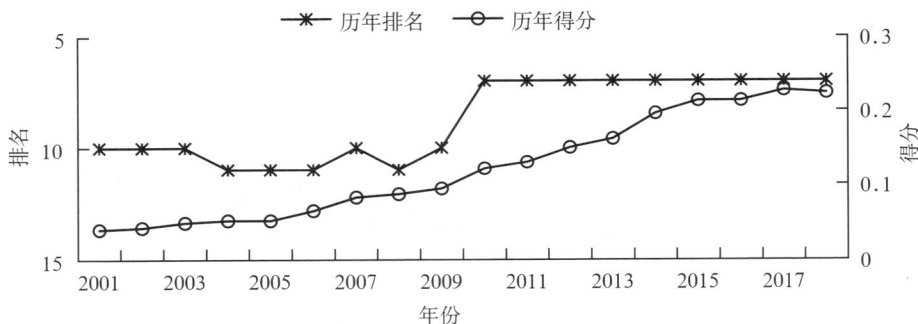

图 2-16-10　河南研发人员全时当量得分及排名

（10）研发人员比例得分及排名

图 2-16-11 是 2001—2018 年河南研发人员比例历年得分及排名。河南研发人员比例得分呈波动上升趋势，排名从 2001 年的第 25 位波动上升到 2018 年的第 20 位。

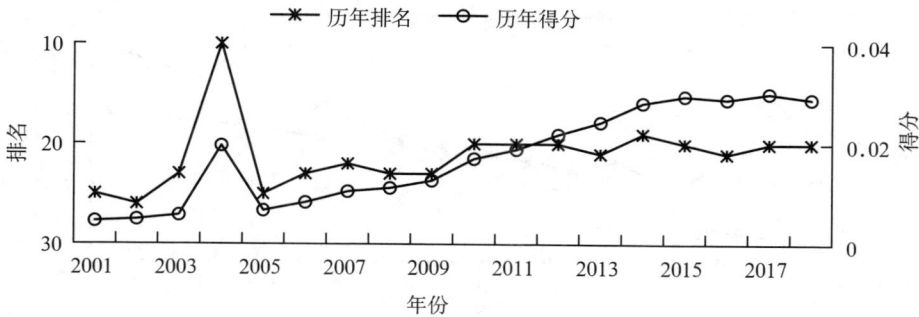

图 2-16-11 河南研发人员比例得分及排名

（11）研发经费支出得分及排名

图 2-16-12 是 2001—2018 年河南研发经费支出历年得分及排名。河南研发经费支出得分呈逐年上升趋势，排名从 2001 年的第 12 位波动上升到 2018 年的第 9 位。

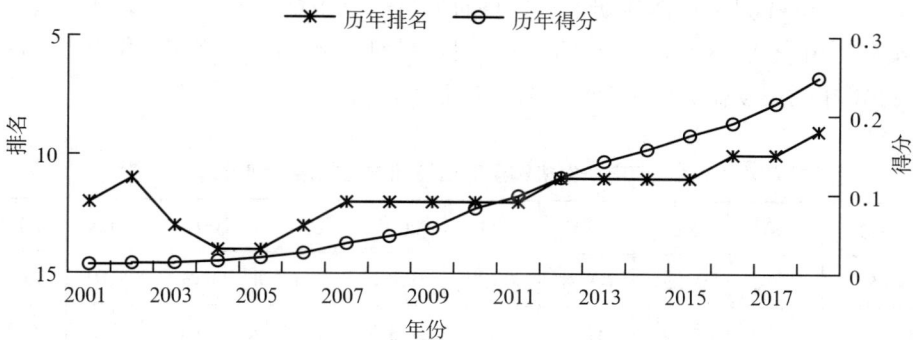

图 2-16-12 河南研发经费支出得分及排名

（12）研发经费支出强度得分及排名

图 2-16-13 是 2001—2018 年河南研发经费支出强度历年得分及排名。河南研发经费支出强度得分呈逐年上升趋势，排名从 2001 年的第 24 位波动上升到 2018 年的第 16 位。

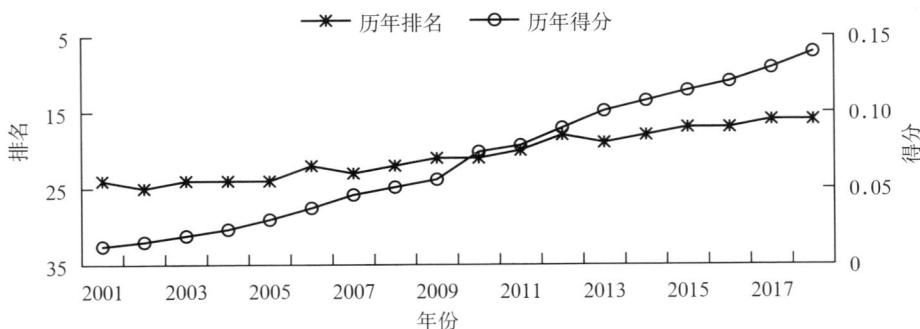

图 2-16-13 河南研发经费支出强度得分及排名

16.3 科技创新竞争力投入要素分析

16.3.1 研发人员投入分析

（1）研发机构人员全时当量分析

表 2-16-1 是河南历年研发机构科研人员全时当量投入标准化数据、增长率及排名。由表 2-16-1 可知，河南研发机构科研人员全时当量呈上升趋势，排名从 2001 年的第 9 位波动下降到 2018 年的第 11 位。

表 2-16-1　河南研发机构全时当量标准化数据、增长率及排名

年份	2001	2002	2003	2004	2005	2006	2007	2008	2009
得分	0.737	0.820	0.904	1.127	0.861	0.863	0.853	1.010	1.067
增长率/%		11.3	10.2	24.7	−23.6	0.23	−1.16	18.4	5.64
排名	9	8	8	7	8	8	8	8	8
年份	2010	2011	2012	2013	2014	2015	2016	2017	2018
得分	1.039	1.027	1.106	1.089	1.178	1.256	1.271	1.237	1.219
增长率/%	−2.62	−1.16	7.69	−1.54	8.17	6.62	1.19	−2.68	−1.46
排名	8	8	8	9	10	10	10	10	11

（2）高校人员全时当量分析

表 2-16-2 是河南历年高校科研人员全时当量投入标准化数据、增长率及排

名。由表 2-16-2 可知，河南高校人员全时当量呈上升趋势，排名从 2001 年的第 16 位波动下降到 2018 年的第 20 位。2012 年增长显著。

表 2-16-2　河南高校全时当量标准化数据、增长率及排名

年份	2001	2002	2003	2004	2005	2006	2007	2008	2009
得分	0.623	0.489	0.377	0.397	0.385	0.465	0.508	0.541	0.587
增长率 /%		−21.5	−22.9	5.31	−3.02	20.8	9.25	6.50	8.50
排名	16	18	21	22	22	23	22	22	21
年份	2010	2011	2012	2013	2014	2015	2016	2017	2018
得分	0.587	0.485	0.716	0.742	0.794	0.812	0.795	0.949	0.956
增长率 /%	0	−17.4	47.6	3.63	7.01	2.27	−2.09	19.37	0.74
排名	23	23	19	19	19	20	20	19	20

（3）大中型企业科研人员全时当量分析

表 2-16-3 是河南历年大中型企业科研人员全时当量投入标准化数据、增长率及排名。由表 2-16-3 可知，河南大中型企业科研人员全时当量标准化数据呈上升趋势，排名从 2001 年的第 7 位波动上升到 2018 年的第 5 位。2005 年、2013 年增长显著。

表 2-16-3　河南大中型企业科研人员全时当量标准化数据、增长率及排名

年份	2001	2002	2003	2004	2005	2006	2007	2008	2009
得分	0.378	0.375	0.485	0.408	0.549	0.617	0.745	0.885	0.984
增长率 /%		−0.79	29.3	−15.9	34.6	12.4	20.7	18.8	11.2
排名	7	8	6	7	9	7	6	5	6
年份	2010	2011	2012	2013	2014	2015	2016	2017	2018
得分	1.137	1.470	1.665	2.299	2.520	3.065	3.289	3.211	3.252
增长率 /%	15.5	29.3	13.3	38.1	9.61	21.6	7.31	−2.37	1.28
排名	5	5	5	5	5	5	5	5	5

16.3.2　研发经费支出分析

（1）研发机构研发经费支出

表 2-16-4 是河南历年研发机构经费内部总支出、人均研发机构经费内部支出标准化数据、增长率及排名。由表 2-16-4 可知，河南总研发经费内部支出与人均科研经费内部支出历年标准化数据均呈上升趋势；总研发经费内部支出排名从 2001 年的第 9 位波动下降到 2018 年的第 13 位；人均研发经费内部支出排名从 2001 年的第 10 位波动下降到 2018 年的第 25 位。

表 2-16-4　河南研发机构经费支出标准化数据、增长率及排名

年份		2001	2002	2003	2004	2005	2006	2007	2008	2009
总投入及排名	数据	0.225	0.241	0.279	0.284	0.262	0.314	0.357	0.438	0.463
	增长率 /%		7.11	15.8	1.79	-7.75	19.8	13.7	22.7	5.71
	排名	9	8	8	8	9	8	10	9	9
人均投入排名	数据	0.678	0.568	0.631	0.560	0.525	0.610	0.570	0.599	0.583
	增长率 /%		-16.2	11.1	-11.3	-6.25	16.2	-6.56	5.09	-2.67
	排名	10	11	11	16	17	16	17	16	17
年份		2010	2011	2012	2013	2014	2015	2016	2017	2018
总投入及排名	数据	0.514	0.639	0.775	0.836	1.057	0.945	0.990	1.044	1.135
	增长率 /%	11.0	24.3	21.3	7.87	26.4	-10.6	4.76	5.45	8.72
	排名	11	12	9	10	10	13	12	13	13
人均投入排名	数据	0.587	0.564	0.624	0.579	0.673	0.507	0.501	0.537	0.558
	增长率 /%	0.69	-3.92	10.6	-7.21	16.2	-24.7	-1.18	7.19	3.91
	排名	20	22	20	21	20	25	23	25	25

（2）高校研发经费支出

表 2-16-5 是河南历年高校经费内部总支出、人均高校经费内部支出标准化数据、增长率及排名。由表 2-16-5 可知，河南高校总研发经费内部支出与人均科研经费内部支出历年标准化数据均呈上升趋势；总研发经费内部支出排名从

2001 年的第 18 位波动上升至 2018 年的第 17 位；人均研发经费内部支出排名从 2001 年的第 24 位波动下降至 2018 年的第 30 位。总投入 2003 年、2007 年、2008 年、2009 年、2014 年增长显著；人均投入 2003 年、2007 年、2008 年增长显著，2002 年下降明显。

表 2-16-5　河南高校经费支出标准化数据、增长率及排名

年份		2001	2002	2003	2004	2005	2006	2007	2008	2009
总投入及排名	数据	0.047	0.041	0.076	0.089	0.111	0.103	0.169	0.268	0.355
	增长率 /%		−12.8	85.4	17.1	24.7	−7.21	64.1	58.6	32.5
	排名	18	21	18	20	20	23	21	19	18
人均投入排名	数据	0.136	0.092	0.163	0.168	0.213	0.190	0.257	0.350	0.426
	增长率 /%		−32.4	77.2	3.07	26.8	−10.8	35.3	36.2	21.7
	排名	24	28	25	30	30	29	30	29	27
年份		2010	2011	2012	2013	2014	2015	2016	2017	2018
总投入及排名	数据	0.392	0.505	0.615	0.751	1.015	1.067	1.140	1.255	1.339
	增长率 /%	10.4	28.8	21.8	22.1	35.2	5.12	6.84	10.1	6.69
	排名	18	17	17	17	17	17	16	17	17
人均投入排名	数据	0.427	0.425	0.472	0.496	0.616	0.546	0.550	0.615	0.627
	增长率 /%	0.23	−0.47	11.1	5.08	24.2	−11.4	0.73	11.8	1.95
	排名	30	30	30	30	27	29	29	30	30

（3）大中型企业研发经费支出

表 2-16-6 是河南历年大中型企业经费内部总支出、人均大中型企业经费内部支出标准化数据、增长率及排名。由表 2-16-6 可知，河南大中型企业总研发经费内部支出与人均科研经费内部支出历年标准化数据均呈上升趋势；总研发经费内部支出排名从 2001 年的第 14 位波动上升至 2018 年的第 7 位；人均研发经费内部支出排名从 2001 年的第 20 位波动上升至 2018 年的第 17 位。总投入 2007 年、2008 年、2009 年、2011 年、2013 年增长显著，人均投入 2005 年增长显著。

表 2-16-6　河南企业经费支出标准化数据、增长率及排名

年份		2001	2002	2003	2004	2005	2006	2007	2008	2009
总投入及排名	数据	0.093	0.095	0.112	0.118	0.152	0.197	0.285	0.421	0.569
	增长率 /%		2.15	17.9	5.36	28.8	29.6	44.7	47.7	35.2
	排名	14	10	10	12	11	9	9	8	7
人均投入排名	数据	0.346	0.275	0.311	0.286	0.374	0.469	0.559	0.709	0.880
	增长率 /%		−20.5	13.1	−8.04	30.8	25.4	19.2	26.8	24.1
	排名	20	14	11	20	20	17	15	14	13
年份		2010	2011	2012	2013	2014	2015	2016	2017	2018
总投入及排名	数据	0.711	1.053	1.172	1.686	1.964	2.330	2.661	2.910	3.233
	增长率 /%	25.0	48.1	11.3	43.9	16.5	18.6	14.2	9.36	11.1
	排名	7	7	7	7	9	9	7	7	7
人均投入排名	数据	0.999	1.142	1.160	1.434	1.536	1.536	1.654	1.839	1.951
	增长率 /%	13.5	14.3	1.58	23.6	7.11	0	7.68	11.18	6.09
	排名	12	15	14	17	17	20	18	17	17

17　湖北科技创新竞争力各指标及影响因素分析

17.1　科技创新竞争力得分及排名分析

　　图 2-17-1 是 2001—2018 年湖北科技创新竞争力历年得分及排名。湖北科技创新竞争力得分呈逐年上升趋势，排名呈波动趋势，从 2001 年的第 11 位波动上升到 2018 年的第 7 位。

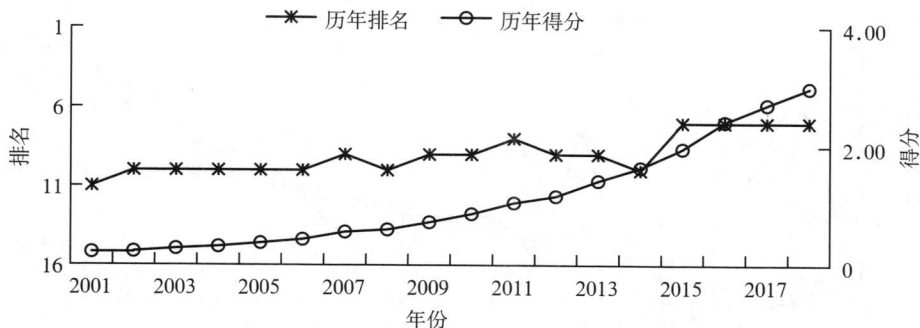

图 2-17-1 湖北历年科技创新竞争力得分及排名

17.2 科技创新竞争力各指标得分及排名

（1）SCI 检索论文得分及排名

图 2-17-2 是 2001—2018 年湖北 SCI 检索论文历年得分及排名。湖北 SCI 检索论文得分呈逐年上升趋势，排名由 2001 年的第 5 位波动回归到 2018 年的第 5 位。

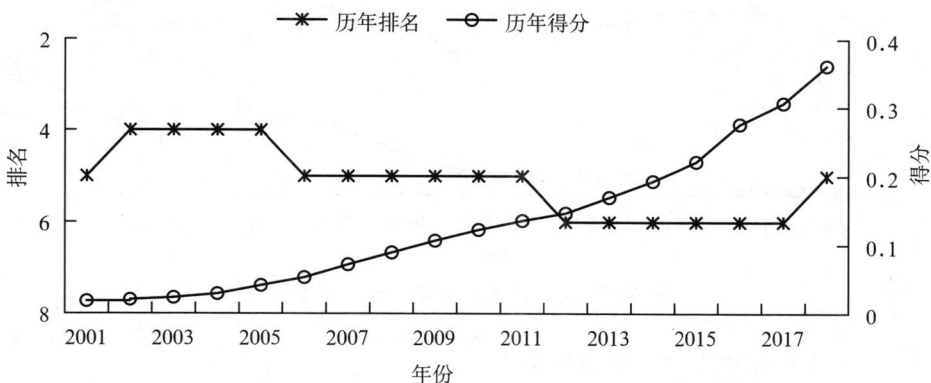

图 2-17-2 湖北 SCI 检索得分及排名

（2）EI 检索论文得分及排名

图 2-17-3 是 2001—2018 年湖北 EI 检索论文历年得分及排名。湖北 EI 论文检索得分呈上升趋势，排名从 2001 年的第 6 位波动上升到 2018 年的第 5 位。

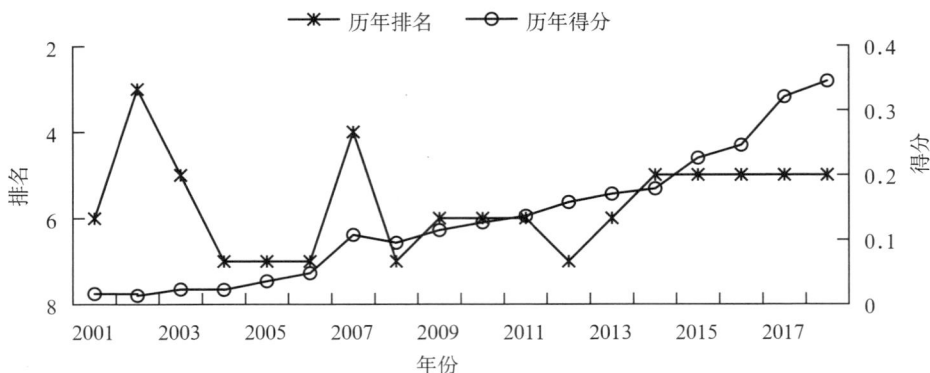

图 2-17-3　湖北 EI 检索得分及排名

（3）发明专利得分及排名

图 2-17-4 是 2001—2018 年湖北发明专利历年得分及排名。湖北发明专利得分呈逐年上升趋势，排名从 2001 年的第 16 位波动上升到 2018 年的第 9 位。

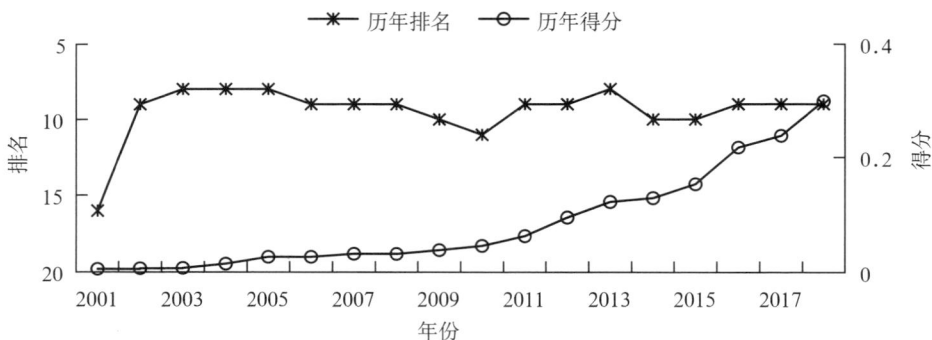

图 2-17-4　湖北发明专利得分及排名

（4）实用新型专利得分及排名

图 2-17-5 是 2001—2018 年湖北实用新型专利历年得分及排名。湖北实用新型专利得分呈上升趋势，排名从 2001 年的第 13 位波动上升到 2018 年的第 12 位。

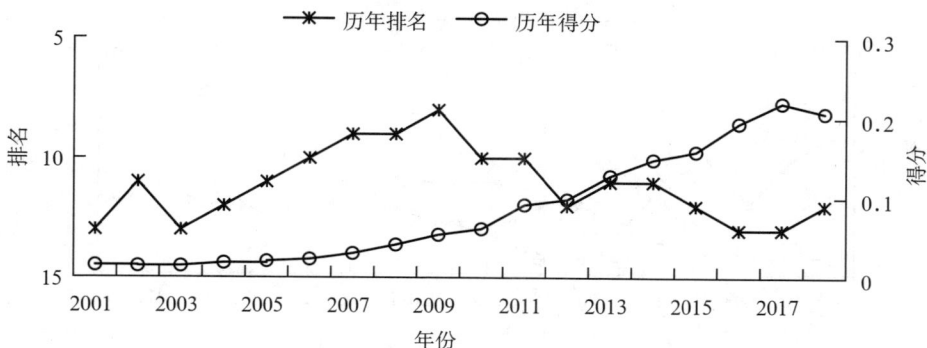

图 2-17-5　湖北实用新型专利得分及排名

（5）新产品出口额得分及排名

图 2-17-6 是 2001—2018 年湖北新产品出口额历年得分及排名。湖北新产品出口额得分呈波动上升趋势，排名从 2001 年的第 12 位波动回归到 2018 年的第 12 位。

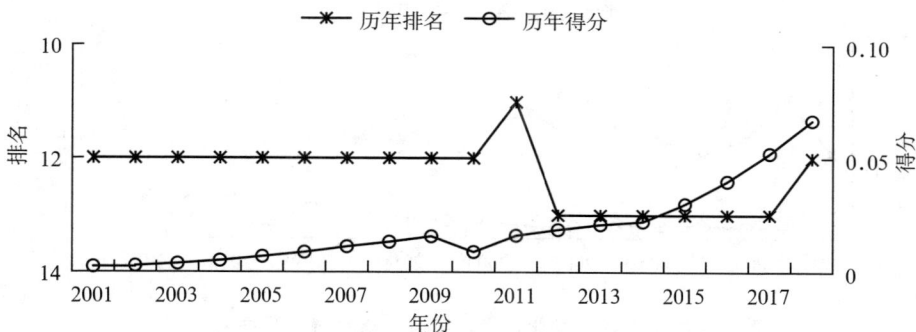

图 2-17-6　湖北新产品出口额得分及排名

（6）新产品销售额得分及排名

图 2-17-7 是 2001—2018 年湖北新产品销售额历年得分及排名。湖北新产品销售额得分呈上升趋势，排名从 2001 年的第 9 位波动下降到 2018 年的第 12 位。

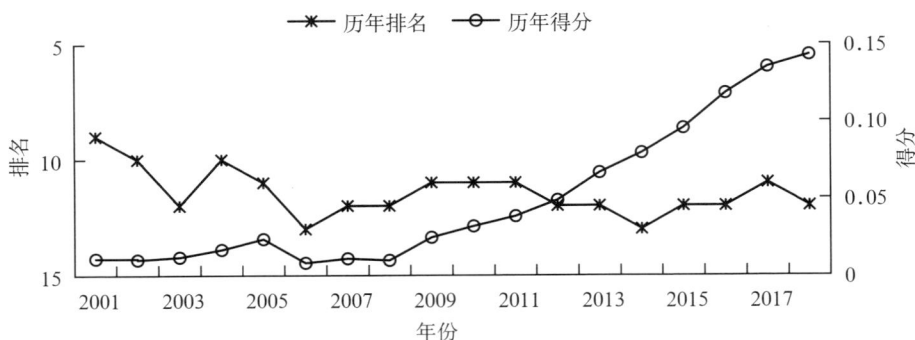

图 2-17-7　湖北新产品销售额得分及排名

（7）技术合同流出金额得分及排名

图 2-17-8 是 2001—2018 年湖北技术合同流出金额历年得分及排名。湖北技术合同流出金额得分呈波动上升趋势，排名从 2001 年的第 10 位波动上升到 2018 年的第 2 位。

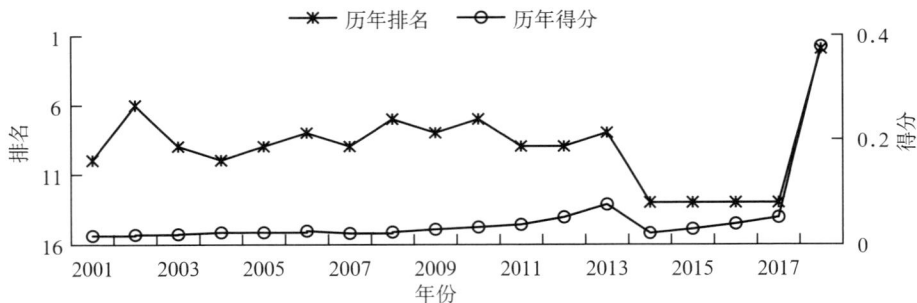

图 2-17-8　湖北技术合同流出金额得分及排名

（8）技术合同流入金额得分及排名

图 2-17-9 是 2001—2018 年湖北技术合同流入金额历年得分及排名。湖北技术合同流入金额得分呈上升趋势，排名从 2001 年的第 12 位波动上升至 2018 年的第 5 位。

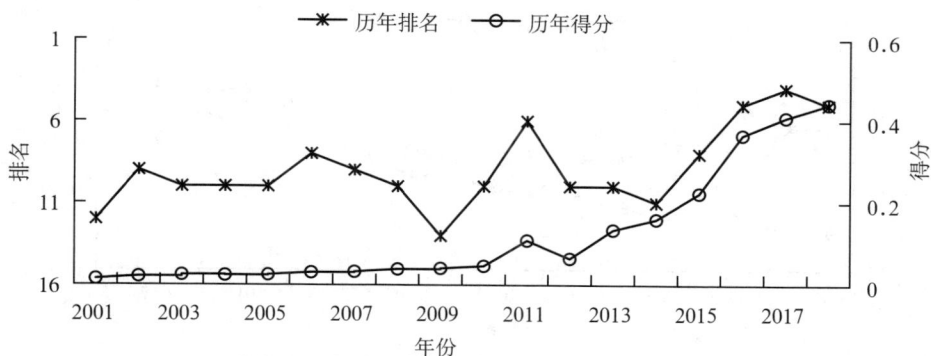

图 2-17-9　湖北技术合同流入金额得分及排名

（9）研发人员全时当量得分及排名

图 2-17-10 是 2001—2018 年湖北研发人员全时当量历年得分及排名。湖北研发人员全时当量得分呈逐年上升趋势，排名从 2001 年的第 9 位波动下降到 2018 年的第 11 位。

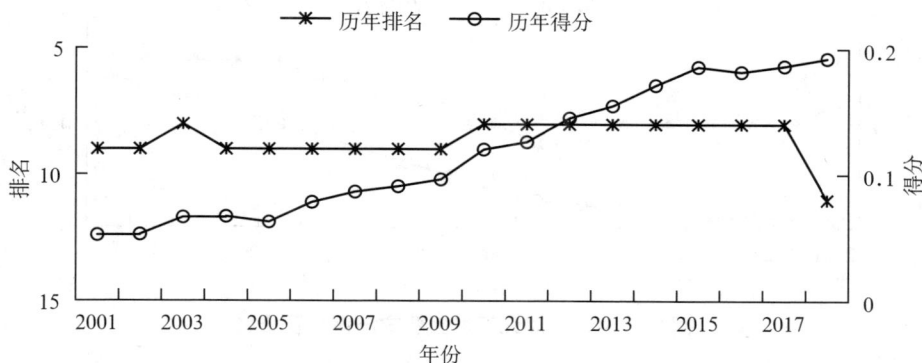

图 2-17-10　湖北研发人员全时当量得分及排名

（10）研发人员比例得分及排名

图 2-17-11 是 2001—2018 年湖北研发人员比例历年得分及排名。湖北研发人员比例得分呈上升趋势，排名从 2001 年的第 11 位波动回归到 2018 年的第 11 位。

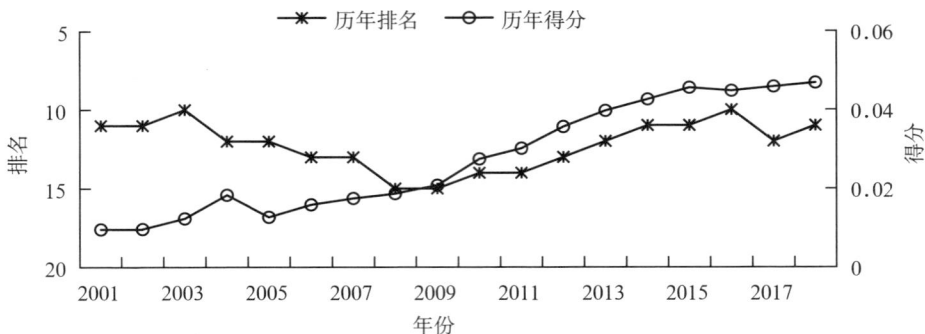

图 2-17-11　湖北研发人员比例得分及排名

（11）研发经费支出得分及排名

图 2-17-12 是 2001—2018 年湖北研发经费支出历年得分及排名。湖北研发经费支出得分呈逐年上升趋势，排名从 2001 年的第 9 位波动上升到 2018 年的第 7 位。

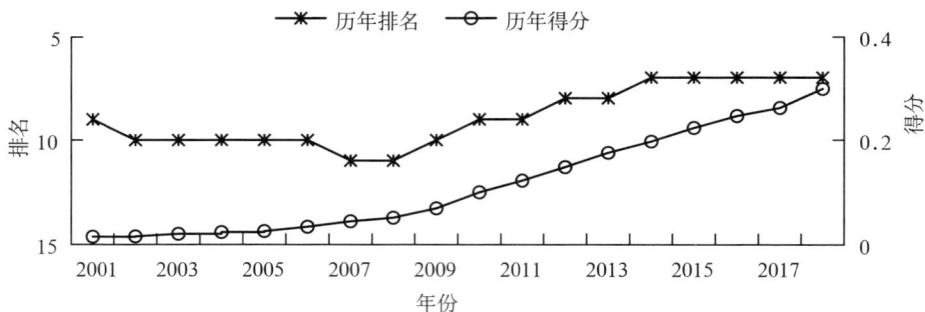

图 2-17-12　湖北研发经费支出得分及排名

（12）研发经费支出强度得分及排名

图 2-17-13 是 2001—2018 年湖北研发经费支出强度历年得分及排名。湖北研发经费支出强度得分呈逐年上升趋势，排名从 2001 年的第 11 位波动上升到 2018 年的第 10 位。

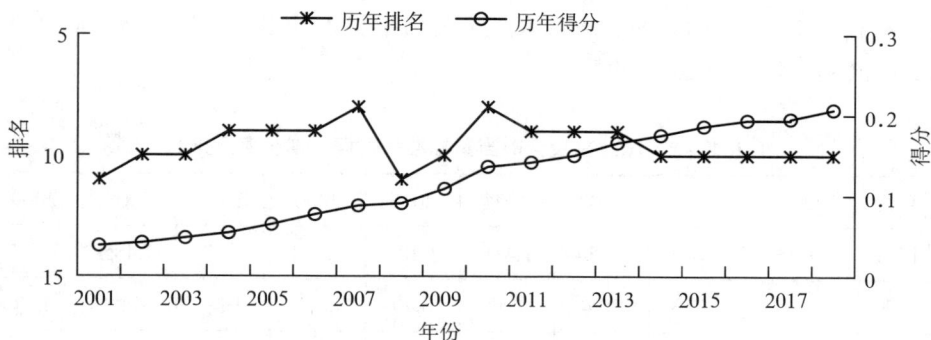

图 2-17-13　湖北研发经费支出强度得分及排名

17.3　科技创新竞争力投入要素分析

17.3.1　研发人员投入分析

（1）研发机构人员全时当量分析

表 2-17-1 是湖北历年研发机构科研人员全时当量投入标准化数据、增长率及排名。由表 2-17-1 可知，湖北研发机构科研人员全时当量呈上升趋势，排名从 2001 年的第 6 位波动回归到 2018 年的第 6 位。

表 2-17-1　湖北研发机构全时当量标准化数据、增长率及排名

年份	2001	2002	2003	2004	2005	2006	2007	2008	2009
得分	1.325	1.373	1.360	1.380	1.310	1.121	1.219	1.254	1.377
增长率/%		3.62	−0.95	1.47	−5.07	−14.4	8.74	2.87	9.81
排名	6	6	5	5	5	6	6	6	6
年份	2010	2011	2012	2013	2014	2015	2016	2017	2018
得分	1.376	1.394	1.391	1.471	1.617	1.567	1.703	1.730	1.663
增长率/%	−0.07	1.31	−0.22	5.75	9.93	−3.09	8.68	1.59	−3.87
排名	6	6	6	6	6	6	6	6	6

（2）高校人员全时当量分析

表 2-17-2 是湖北历年高校科研人员全时当量投入标准化数据、增长率及排

名。由表 2-17-2 可知，湖北高校人员全时当量呈上升趋势，排名从 2001 年的第 3 位波动下降到 2018 年的第 10 位。

表 2-17-2　湖北高校全时当量标准化数据、增长率及排名

年份	2001	2002	2003	2004	2005	2006	2007	2008	2009
得分	1.355	1.046	1.354	1.416	1.423	1.654	1.677	1.485	1.535
增长率 /%		−22.8	29.4	4.58	0.49	16.2	1.39	−11.4	3.37
排名	3	7	3	3	4	3	4	7	7

年份	2010	2011	2012	2013	2014	2015	2016	2017	2018
得分	1.451	1.488	1.690	1.771	1.838	1.864	1.863	1.848	1.817
增长率 /%	−5.47	2.55	13.6	4.79	3.78	1.41	−0.05	−0.81	−1.68
排名	10	9	8	8	7	7	8	9	10

（3）大中型企业科研人员全时当量分析

表 2-17-3 是湖北历年大中型企业科研人员全时当量投入标准化数据、增长率及排名。由表 2-17-3 可知，湖北大中型企业科研人员全时当量标准化数据呈上升趋势，排名从 2001 年的第 10 位波动上升到 2018 年的第 9 位。2002 年、2013 年增长显著。

表 2-17-3　湖北大中型企业科研人员全时当量标准化数据、增长率及排名

年份	2001	2002	2003	2004	2005	2006	2007	2008	2009
得分	0.244	0.379	0.405	0.389	0.441	0.516	0.645	0.678	0.749
增长率 /%		55.3	6.86	−3.95	13.4	17.0	25	5.12	10.5
排名	10	7	8	8	11	11	7	8	9

年份	2010	2011	2012	2013	2014	2015	2016	2017	2018
得分	0.873	1.021	1.171	1.746	1.889	2.103	2.241	2.127	2.360
增长率 /%	16.6	17.0	14.7	49.1	8.19	11.3	6.56	−5.09	11.0
排名	9	7	7	8	8	9	9	9	9

17.3.2　研发经费支出分析

（1）研发机构研发经费支出

表 2-17-4 是湖北历年研发机构经费内部总支出、人均研发机构经费内部支出标准化数据、增长率及排名。由表 2-17-4 可知，湖北总研发经费内部支出与人均科研经费内部支出历年标准化数据均呈上升趋势；总研发经费内部支出排名从 2001 年的第 5 位波动下降到 2018 年的第 7 位；人均研发经费内部支出排名从 2001 年的第 2 位波动下降到 2018 年的第 12 位。总投入 2004 年、2007 年、2009 年增长显著，2002 年下降明显；人均投入 2002 年下降明显。

表 2-17-4　湖北研发机构经费支出标准化数据、增长率及排名

年份		2001	2002	2003	2004	2005	2006	2007	2008	2009
总投入及排名	数据	0.501	0.332	0.373	0.493	0.458	0.477	0.632	0.776	1.010
	增长率/%		−33.7	12.3	32.2	−7.10	4.15	32.5	22.8	30.2
	排名	5	7	7	6	7	7	6	6	6
人均投入排名	数据	1.244	0.608	0.690	0.726	0.721	0.774	0.844	1.021	1.224
	增长率/%		−51.1	13.5	5.22	−0.69	7.35	9.04	21.0	19.9
	排名	2	7	7	12	12	13	10	8	8
年份		2010	2011	2012	2013	2014	2015	2016	2017	2018
总投入及排名	数据	1.108	1.260	1.278	1.466	1.578	1.799	2.009	2.030	2.257
	增长率/%	9.70	13.7	1.43	14.7	7.64	14.0	11.7	1.05	11.2
	排名	6	6	7	6	7	6	6	6	7
人均投入排名	数据	1.244	1.129	1.066	1.051	1.051	1.104	1.166	1.224	1.350
	增长率/%	1.63	−9.24	−5.58	−1.41	0	5.04	5.62	4.97	10.29
	排名	8	8	10	11	12	13	12	12	12

（2）高校研发经费支出

表 2-17-5 是湖北历年高校经费内部总支出、人均高校经费内部支出标准化数据、增长率及排名。由表 2-17-5 可知，湖北高校总研发经费内部支出与人均

科研经费内部支出历年标准化数据均呈上升趋势；总研发经费内部支出排名从
2001 年的第 5 位波动下降至 2018 年的第 7 位；人均研发经费内部支出排名从
2001 年的第 5 位波动下降至 2018 年的第 10 位。总投入 2004 年、2010 年、2011 年、
2012 年增长显著，人均投入 2006 年、2012 年增长显著。

表 2-17-5　湖北高校经费支出标准化数据、增长率及排名

年份		2001	2002	2003	2004	2005	2006	2007	2008	2009
总投入及排名	数据	0.278	0.292	0.307	0.464	0.521	0.658	0.714	0.751	0.884
	增长率 /%		5.04	5.14	51.1	12.3	26.3	8.51	5.18	17.7
	排名	5	5	11	8	9	9	11	12	11
人均投入排名	数据	0.657	0.511	0.542	0.651	0.782	1.019	0.908	0.942	1.022
	增长率 /%		−22.2	6.07	20.1	20.1	30.3	−10.9	3.74	8.49
	排名	5	9	12	10	14	11	14	14	14
年份		2010	2011	2012	2013	2014	2015	2016	2017	2018
总投入及排名	数据	1.220	1.688	2.381	2.526	2.796	2.994	3.153	3.656	3.227
	增长率 /%	38.0	38.4	41.1	6.09	10.7	7.08	5.31	16.0	−11.7
	排名	10	5	5	7	6	7	7	7	7
人均投入排名	数据	1.306	1.442	1.894	1.727	1.774	1.753	1.745	2.102	1.840
	增长率 /%	27.8	10.4	31.3	−8.82	2.72	−1.18	−0.46	20.5	−12.5
	排名	12	11	6	9	10	9	9	9	10

（3）大中型企业研发经费支出

表 2-17-6 是湖北历年大中型企业经费内部总支出、人均大中型企业经费
内部支出标准化数据、增长及排名。由表 2-17-6 可知，湖北大中型企业总研
发经费内部支出与人均科研经费内部支出历年标准化数据均呈上升趋势；总研
发经费内部支出排名从 2001 年的第 12 位波动上升至 2018 年的第 6 位；人均研
发经费内部支出排名从 2001 年的第 23 位波动上升至 2018 年的第 5 位。总投入
2007 年、2008 年、2010 年、2011 年、2013 年增长显著，人均投入 2010 年增
长显著。

表 2-17-6 湖北企业经费支出标准化数据、增长率及排名

年份		2001	2002	2003	2004	2005	2006	2007	2008	2009
总投入及排名	数据	0.105	0.114	0.130	0.131	0.148	0.172	0.243	0.318	0.405
	增长率/%		8.57	14.0	0.77	13.0	16.2	41.3	30.9	27.4
	排名	12	8	7	10	13	14	13	13	13
人均投入排名	数据	0.319	0.257	0.296	0.237	0.286	0.344	0.398	0.514	0.603
	增长率/%		−19.4	15.2	−19.9	20.7	20.3	15.7	29.1	17.3
	排名	23	17	14	24	24	24	25	21	22
年份		2010	2011	2012	2013	2014	2015	2016	2017	2018
总投入及排名	数据	0.609	0.951	1.128	1.663	2.078	2.460	2.864	3.213	3.519
	增长率/%	50.4	56.2	18.6	47.4	25.0	18.4	16.4	12.2	9.52
	排名	9	9	8	9	7	7	6	6	6
人均投入排名	数据	0.841	1.047	1.156	1.465	1.699	1.856	2.042	2.381	2.585
	增长率/%	39.5	24.5	10.4	26.7	16.0	9.24	10.0	16.6	8.57
	排名	20	17	16	16	13	13	12	7	5

18 湖南科技创新竞争力各指标及影响因素分析

18.1 科技创新竞争力得分及排名分析

图 2-18-1 是 2001—2018 年湖南科技创新竞争力历年得分及排名。湖南科技创新竞争力得分呈逐年上升趋势，排名呈波动趋势，从 2001 年的第 14 位波动上升到 2018 年的第 13 位。

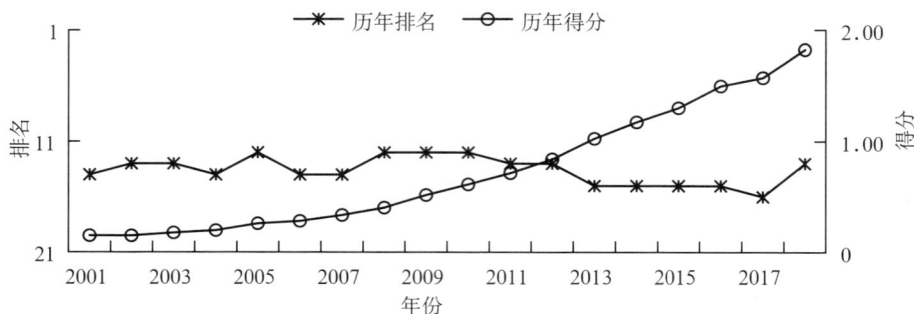

图 2-18-1　湖南历年科技创新竞争力得分及排名

18.2　科技创新竞争力各指标得分及排名

（1）SCI 检索论文得分及排名

图 2-18-2 是 2001—2018 年湖南 SCI 检索论文历年得分及排名。湖南 SCI 检索论文得分呈逐年上升趋势，排名由 2001 年的第 15 位波动上升到 2018 年的第 11 位。

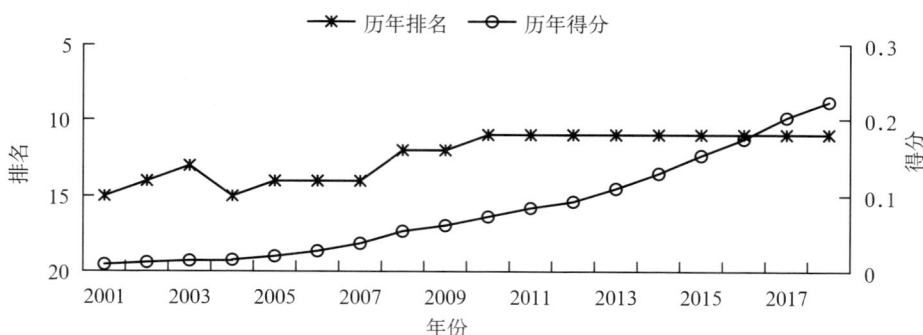

图 2-18-2　湖南 SCI 检索得分及排名

（2）EI 检索论文得分及排名

图 2-18-3 是 2001—2018 年湖南 EI 检索论文历年得分及排名。湖南 EI 论文检索得分呈逐年上升趋势，排名从 2001 年的第 9 位波动下降到 2018 年的第 11 位。

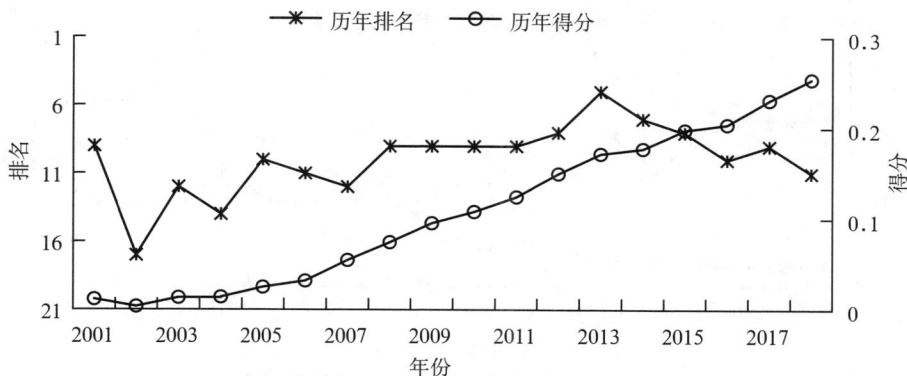

图 2-18-3　湖南 EI 检索得分及排名

（3）发明专利得分及排名

图 2-18-4 是 2001—2018 年湖南发明专利历年得分及排名。湖南发明专利得分呈逐年上升趋势，排名从 2001 年的第 11 位波动下降到 2018 年的第 13 位。

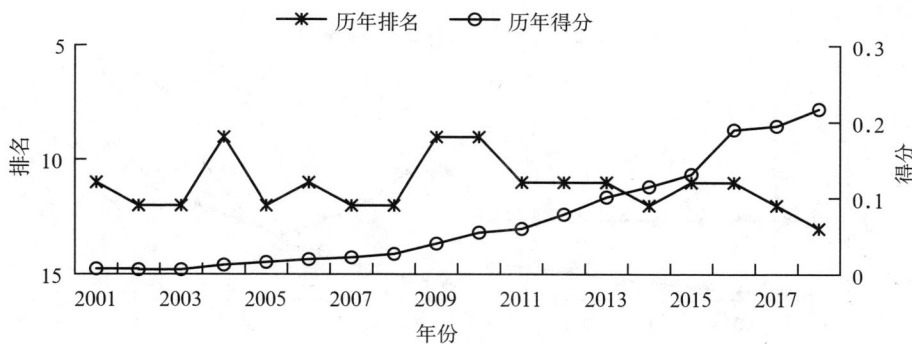

图 2-18-4　湖南发明专利得分及排名

（4）实用新型专利得分及排名

图 2-18-5 是 2001—2018 年湖南实用新型专利历年得分及排名。湖南实用新型专利得分呈逐年上升趋势，排名从 2001 年的第 10 位波动下降到 2018 年的第 15 位。

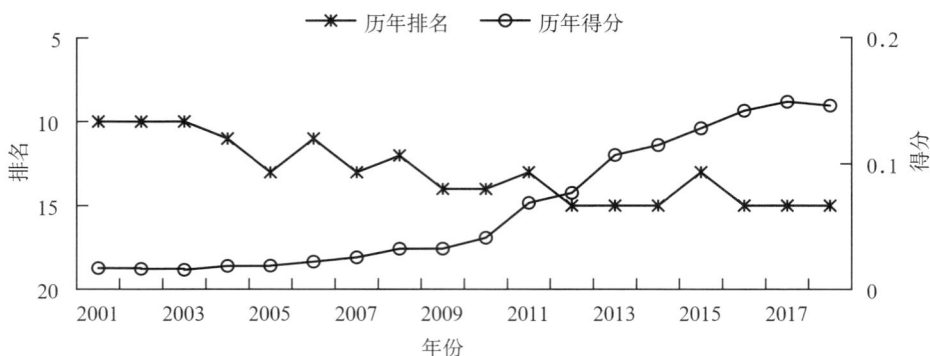

图 2-18-5　湖南实用新型专利得分及排名

（5）新产品出口额得分及排名

图 2-18-6 是 2001—2018 年湖南新产品出口额历年得分及排名。湖南新产品出口额得分呈波动上升趋势，排名从 2001 年的第 20 位波动上升到 2018 年的第 19 位。

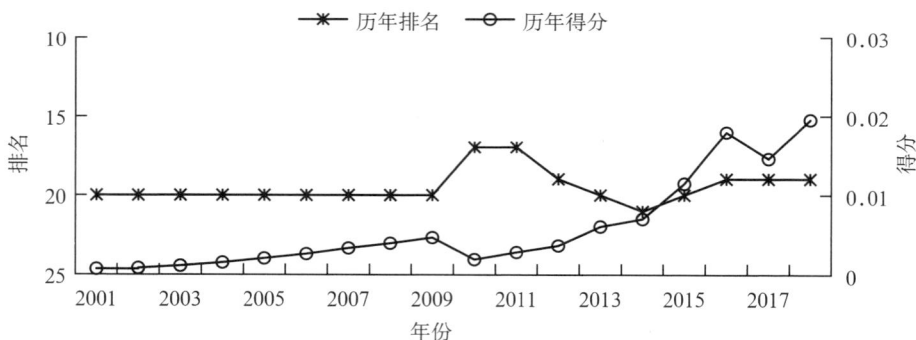

图 2-18-6　湖南新产品出口额得分及排名

（6）新产品销售额得分及排名

图 2-18-7 是 2001—2018 年湖南新产品销售额历年得分及排名。湖南新产品销售额得分呈波动上升趋势，排名从 2001 年的第 18 位波动上升到 2018 年的第 13 位。

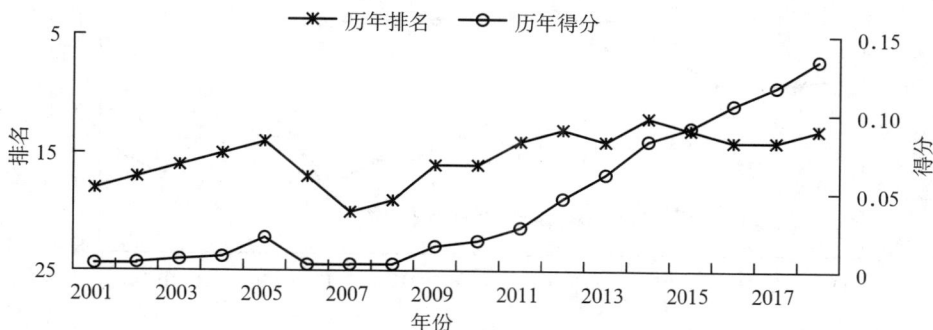

图 2-18-7 湖南新产品销售额得分及排名

（7）技术合同流出金额得分及排名

图 2-18-8 是 2001—2018 年湖南技术合同流出金额历年得分及排名。湖南技术合同流出金额得分呈波动上升趋势，排名从 2001 年的第 8 位波动下降到 2018 年的第 13 位。

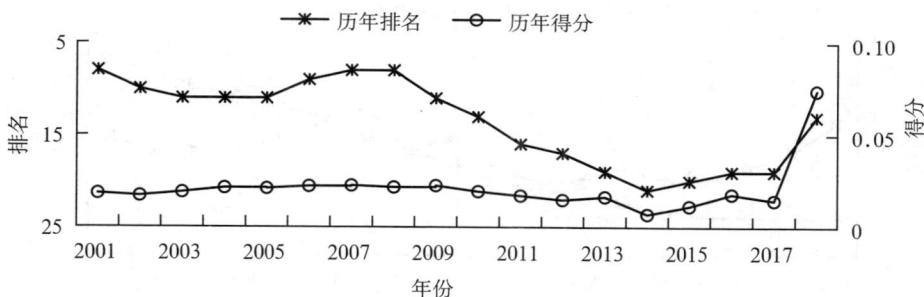

图 2-18-8 湖南技术合同流出金额得分及排名

（8）技术合同流入金额得分及排名

图 2-18-9 是 2001—2018 年湖南技术合同流入金额历年得分及排名。湖南技术合同流入金额得分呈波动上升趋势，排名从 2001 年的第 10 位波动下降至 2018 年的第 21 位。

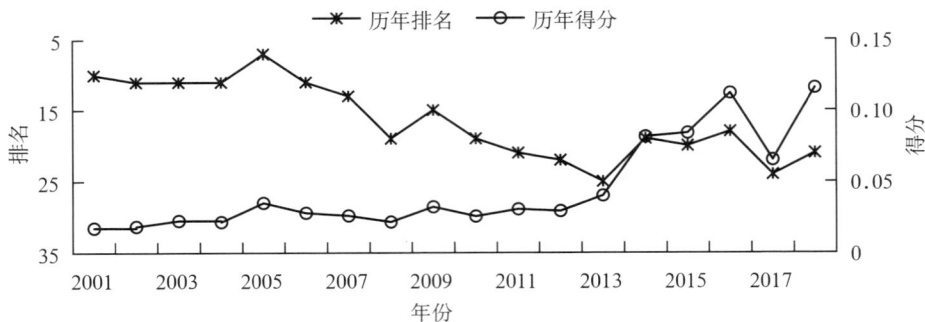

图 2-18-9　湖南技术合同流入金额得分及排名

（9）研发人员全时当量得分及排名

图 2-18-10 是 2001—2018 年湖南研发人员全时当量历年得分及排名。湖南研发人员全时当量得分呈逐年上升趋势，排名从 2001 年的第 11 位波动下降到 2018 年的第 12 位。

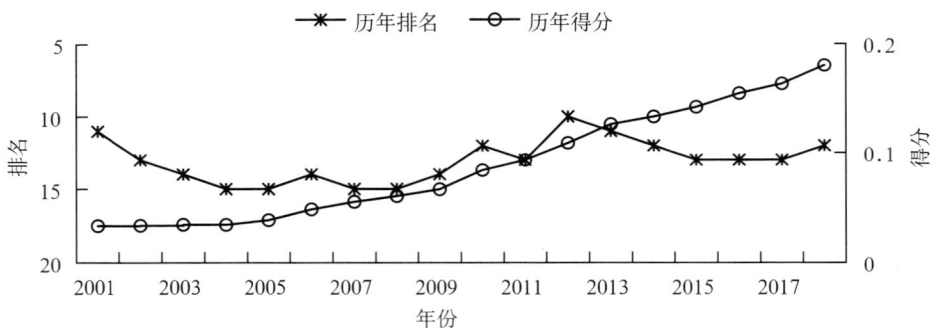

图 2-18-10　湖南研发人员全时当量得分及排名

（10）研发人员比例得分及排名

图 2-18-11 是 2001—2018 年湖南研发人员比例历年得分及排名。湖南研发人员比例得分呈上升趋势，排名从 2001 年的第 21 位波动上升到 2018 年的第 13 位。

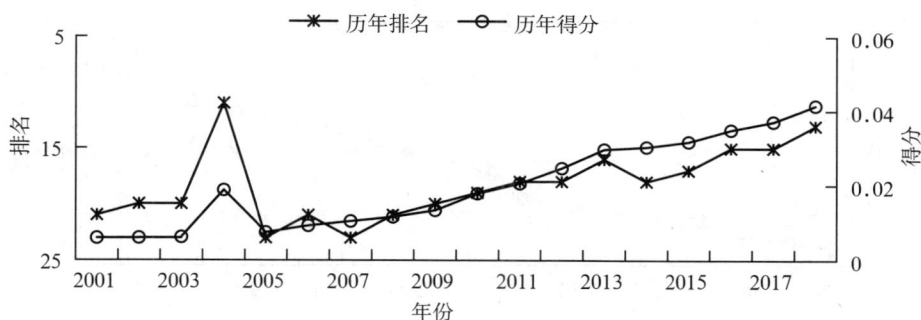

图 2-18-11　湖南研发人员比例得分及排名

（11）研发经费支出得分及排名

图 2-18-12 是 2001—2018 年湖南研发经费支出历年得分及排名。湖南研发经费支出得分呈逐年上升趋势，排名从 2001 年的第 16 位波动上升到 2018 年的第 10 位。

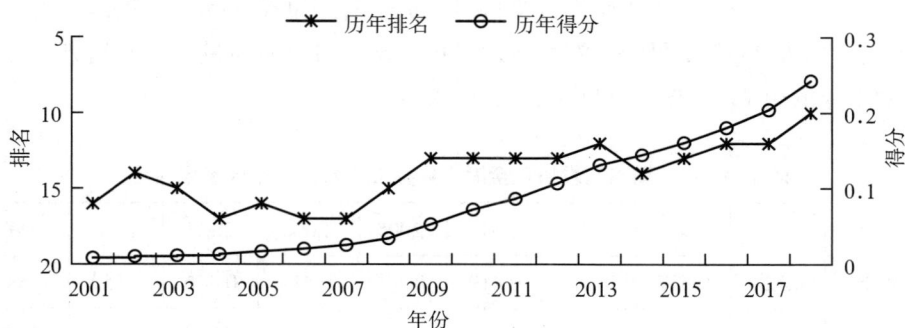

图 2-18-12　湖南研发经费支出得分及排名

（12）研发经费支出强度得分及排名

图 2-18-13 是 2001—2018 年湖南研发经费支出强度历年得分及排名。湖南研发经费支出强度得分呈逐年上升趋势，排名从 2001 年的第 20 位波动上升到 2018 年的第 15 位。

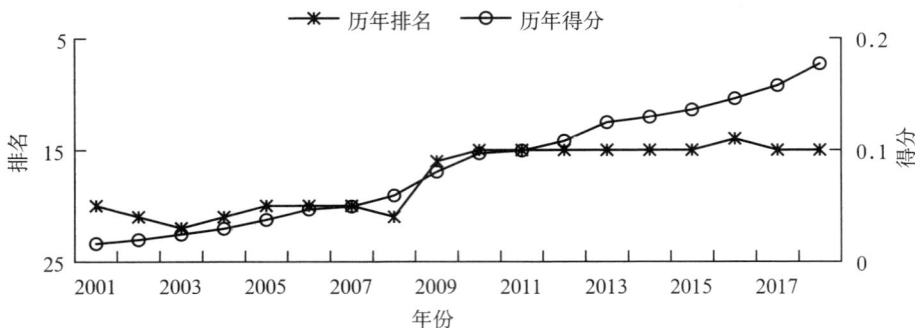

图 2-18-13　湖南研发经费支出强度得分及排名

18.3　科技创新竞争力投入要素分析

18.3.1　研发人员投入分析

（1）研发机构人员全时当量分析

表 2-18-1 是湖南历年研发机构科研人员全时当量投入标准化数据、增长率及排名。由表 2-18-1 可知，湖南研发机构科研人员全时当量呈上升趋势，排名从 2001 年的第 17 位波动回归到 2018 年的第 17 位。

表 2-18-1　湖南研发机构全时当量标准化数据、增长率及排名

年份	2001	2002	2003	2004	2005	2006	2007	2008	2009
得分	0.524	0.537	0.485	0.419	0.446	0.414	0.456	0.552	0.583
增长率/%		2.48	−9.68	−13.6	6.44	−7.17	10.1	21.1	5.62
排名	17	13	12	15	16	18	17	14	15
年份	2010	2011	2012	2013	2014	2015	2016	2017	2018
得分	0.616	0.710	0.743	0.763	0.814	0.860	0.867	0.893	0.752
增长率/%	5.66	15.3	4.65	2.69	6.68	5.65	0.81	3.00	−15.8
排名	13	12	12	14	14	13	14	14	17

（2）高校人员全时当量分析

表 2-18-2 是湖南历年高校科研人员全时当量投入标准化数据、增长率及排

名。由表 2-18-2 可知，湖南高校人员全时当量呈上升趋势，排名从 2001 年的第 12 位波动上升到 2018 年的第 9 位。2012 年增长显著。

表 2-18-2　湖南高校全时当量标准化数据、增长率及排名

年份	2001	2002	2003	2004	2005	2006	2007	2008	2009
得分	0.807	0.733	0.791	0.858	0.857	0.930	0.940	0.951	1.040
增长率 /%		−9.17	7.91	8.47	−0.12	8.52	1.08	1.17	9.36
排名	12	11	11	12	11	13	13	14	13

年份	2010	2011	2012	2013	2014	2015	2016	2017	2018
得分	1.034	0.927	1.371	1.465	1.582	1.656	1.637	1.734	1.853
增长率 /%	−0.58	−10.3	47.9	6.86	7.99	4.68	−1.15	5.93	6.86
排名	14	16	12	12	12	11	12	12	9

（3）大中型企业科研人员全时当量分析

表 2-18-3 是湖南历年大中型企业科研人员全时当量投入标准化数据、增长率及排名。由表 2-18-3 可知，湖南大中型企业科研人员全时当量标准化数据呈上升趋势，排名从 2001 年的第 14 位波动上升到 2018 年的第 10 位。2002 年、2013 年增长显著。

表 2-18-3　湖南大中型企业科研人员全时当量标准化数据、增长率及排名

年份	2001	2002	2003	2004	2005	2006	2007	2008	2009
得分	0.200	0.280	0.319	0.308	0.297	0.369	0.440	0.449	0.548
增长率 /%		40	13.9	−3.45	−3.57	24.2	19.2	2.05	22.0
排名	14	11	10	11	13	15	14	15	15

年份	2010	2011	2012	2013	2014	2015	2016	2017	2018
得分	0.626	0.688	0.862	1.408	1.710	1.802	1.897	2.053	2.118
增长率 /%	14.2	9.90	25.3	63.3	21.4	5.38	5.27	8.22	3.17
排名	15	14	11	9	10	10	11	11	10

18.3.2 研发经费支出分析

（1）研发机构研发经费支出

表 2-18-4 是湖南历年研发机构经费内部总支出、人均研发机构经费内部支出标准化数据、增长率及排名。由表 2-18-4 可知，湖南总研发经费内部支出与人均科研经费内部支出历年标准化数据均呈上升趋势；总研发经费内部支出排名从 2001 年的第 13 位波动下降到 2018 年的第 18 位；人均研发经费内部支出排名从 2001 年的第 25 位波动下降到 2018 年的第 27 位。总投入 2008 年、2010 年、2013 年增长显著，2002 年下降明显；人均投入 2007 年增长显著，2009 年增长突出。

表 2-18-4　湖南研发机构经费支出标准化数据、增长率及排名

年份		2001	2002	2003	2004	2005	2006	2007	2008	2009
总投入及排名	数据	0.149	0.083	0.091	0.086	0.095	0.118	0.148	0.205	0.218
	增长率/%		−44.3	9.64	−5.49	10.5	24.2	25.4	38.5	6.34
	排名	13	18	20	19	19	18	19	18	19
人均投入排名	数据	0.233	0.259	0.241	0.288	0.307	0.318	0.421	0.396	0.798
	增长率/%		11.16	−6.95	19.5	6.60	3.58	32.4	−5.94	101.5
	排名	25	20	23	23	23	24	19	21	17
年份		2010	2011	2012	2013	2014	2015	2016	2017	2018
总投入及排名	数据	0.299	0.362	0.386	0.525	0.641	0.530	0.529	0.618	0.680
	增长率/%	37.2	21.1	6.63	36.0	22.1	−17.3	−0.19	16.8	10.0
	排名	18	19	18	16	16	19	19	19	18
人均投入排名	数据	0.486	0.463	0.434	0.500	0.524	0.419	0.403	0.439	0.465
	增长率/%	−39.1	−4.73	−6.26	15.2	4.8	−20.0	−3.82	8.93	5.92
	排名	22	25	26	24	25	26	26	26	27

（2）高校研发经费支出

表 2-18-5 是湖南历年高校经费内部总支出、人均高校经费内部支出标准化

数据、增长率及排名。由表 2-18-5 可知，湖南高校总研发经费内部支出与人均科研经费内部支出历年标准化数据均呈上升趋势；总研发经费内部支出排名从 2001 年的第 12 位波动下降至 2018 年的第 16 位；人均研发经费内部支出排名从 2001 年的第 7 位波动下降至 2018 年的第 20 位。总投入 2002 年、2003 年、2005 年增长显著，人均投入 2003 年、2005 年增长显著。

表 2-18-5 湖南高校经费支出标准化数据、增长率及排名

年份		2001	2002	2003	2004	2005	2006	2007	2008	2009
总投入及排名	数据	0.149	0.201	0.342	0.416	0.591	0.620	0.676	0.763	0.884
	增长率 /%		34.9	70.1	21.6	42.1	4.91	9.03	12.9	15.9
	排名	12	11	9	9	5	11	12	11	12
人均投入排名	数据	0.596	0.542	0.928	1.109	1.706	1.542	1.385	1.495	1.531
	增长率 /%		−9.06	71.2	19.5	53.8	−9.6	−10.2	7.94	2.41
	排名	7	8	4	3	1	3	5	5	2
年份		2010	2011	2012	2013	2014	2015	2016	2017	2018
总投入及排名	数据	1.070	1.341	1.408	1.489	1.669	1.757	1.804	1.751	1.772
	增长率 /%	21.0	25.3	5.00	5.75	12.1	5.27	2.68	−2.94	1.20
	排名	12	11	12	13	13	14	13	14	16
人均投入排名	数据	1.658	1.636	1.509	1.352	1.300	1.323	1.308	1.188	1.156
	增长率 /%	8.30	−1.33	−7.76	−10.4	−3.85	1.77	−1.13	−9.17	−2.69
	排名	5	5	11	13	12	13	16	19	20

（3）大中型企业研发经费支出

表 2-18-6 是湖南历年大中型企业经费内部总支出、人均大中型企业经费内部支出标准化数据、增长率及排名。由表 2-18-6 可知，湖南大中型企业总研发经费内部支出与人均科研经费内部支出历年标准化数据均呈上升趋势；总研发经费内部支出排名从 2001 年的第 17 位波动上升至 2018 年的第 8 位；人均研发经费内部支出排名从 2001 年的第 18 位波动上升至 2018 年的第 4 位。总投

入 2006 年、2009 年、2010 年、2011 年、2013 年增长显著；人均投入 2005 年、2009 年、2010 年、2011 年、2013 年增长显著，2002 年下降明显。

表 2-18-6　湖南企业经费支出标准化数据、增长率及排名

年份		2001	2002	2003	2004	2005	2006	2007	2008	2009
总投入及排名	数据	0.073	0.058	0.072	0.077	0.094	0.125	0.153	0.198	0.336
	增长率 /%		−20.5	24.1	6.94	22.1	33.0	22.4	29.4	69.7
	排名	17	17	16	17	17	18	18	19	15
人均投入排名	数据	0.378	0.201	0.253	0.264	0.349	0.400	0.403	0.500	0.750
	增长率 /%		−46.8	25.9	4.35	32.2	14.6	0.75	24.1	50
	排名	18	23	21	22	21	21	23	23	17
年份		2010	2011	2012	2013	2014	2015	2016	2017	2018
总投入及排名	数据	0.500	0.865	0.898	1.434	1.808	2.133	2.446	2.782	3.101
	增长率 /%	48.8	73	3.82	59.7	26.1	18.0	14.7	13.7	11.5
	排名	13	12	11	11	11	11	11	9	8
人均投入排名	数据	0.998	1.360	1.240	1.678	1.814	2.071	2.285	2.430	2.608
	增长率 /%	33.1	36.3	−8.82	35.3	8.10	14.2	10.3	6.35	7.33
	排名	13	11	12	10	10	7	5	5	4

19　广东科技创新竞争力各指标及影响因素分析

19.1　科技创新竞争力得分及排名分析

图 2-19-1 是 2001—2018 年广东科技创新竞争力历年得分及排名。广东科技创新竞争力得分呈逐年上升趋势，排名呈波动趋势，从 2001 年的第 3 位波动上升到 2018 年的第 1 位。

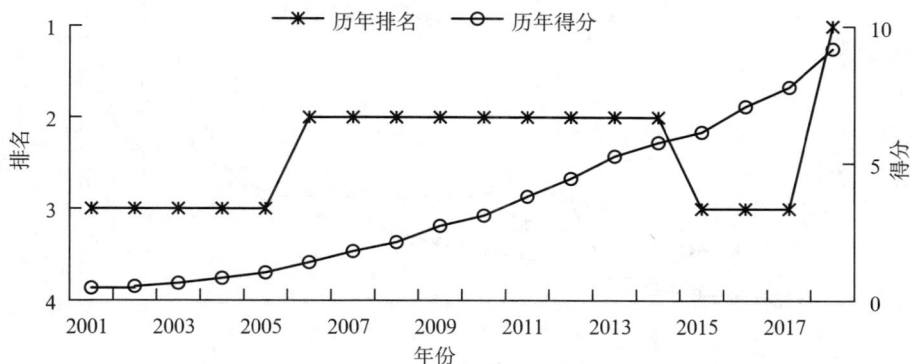

图 2-19-1　广东历年科技创新竞争力得分及排名

19.2　科技创新竞争力各指标得分及排名

（1）SCI 检索论文得分及排名

图 2-19-2 是 2001—2018 年广东 SCI 检索论文历年得分及排名。广东 SCI 检索论文得分呈逐年上升趋势，排名由 2001 年的第 7 位波动上升到 2018 年的第 4 位。

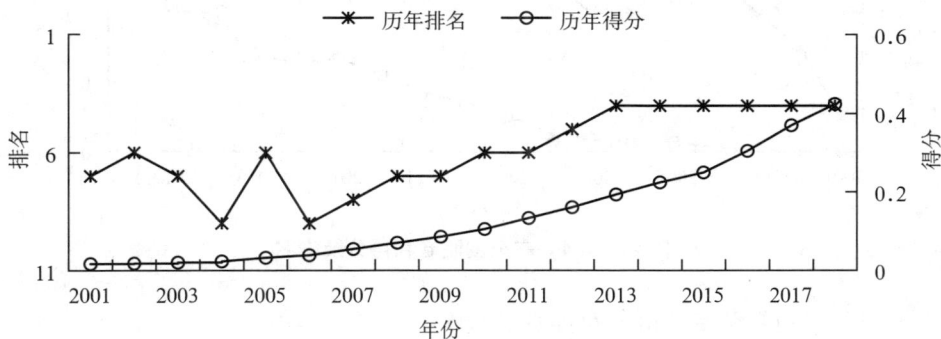

图 2-19-2　广东 SCI 检索得分及排名

（2）EI 检索论文得分及排名

图 2-19-3 是 2001—2018 年广东 EI 检索论文历年得分及排名。广东 EI 论文检索得分呈上升趋势，排名从 2001 年的第 12 位波动上升到 2018 年的第 7 位。

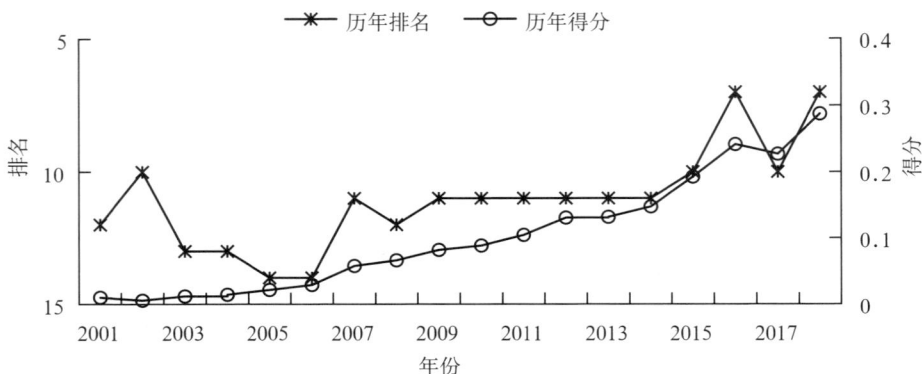

图 2-19-3　广东 EI 检索得分及排名

（3）发明专利得分及排名

图 2-19-4 是 2001—2018 年广东发明专利历年得分及排名。广东发明专利得分呈逐年上升趋势，排名从 2001 年的第 6 位波动上升降到 2018 年的第 2 位。

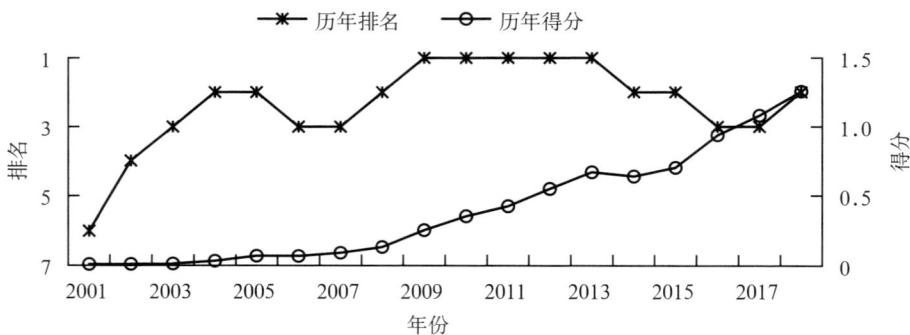

图 2-19-4　广东发明专利得分及排名

（4）实用新型专利得分及排名

图 2-19-5 是 2001—2018 年广东实用新型专利历年得分及排名。广东实用新型专利得分呈逐年上升趋势，排名从 2001 年的第 1 位波动回归到 2018 年的第 1 位。

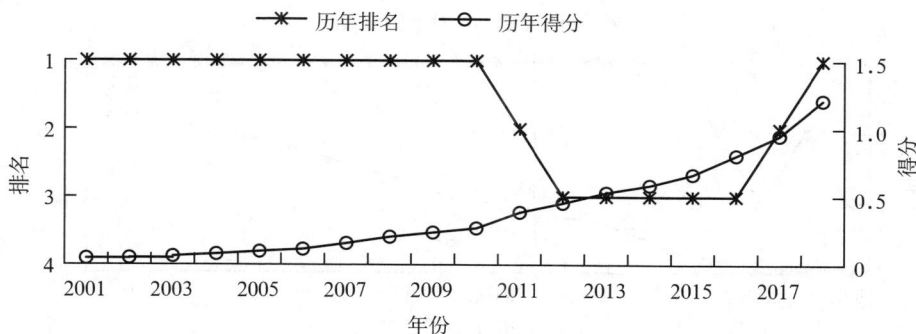

图 2-19-5　广东实用新型专利得分及排名

（5）新产品出口额得分及排名

图 2-19-6 是 2001—2018 年广东新产品出口额历年得分及排名。广东新产品出口额得分呈波动上升趋势，排名一直保持在第 1 位。

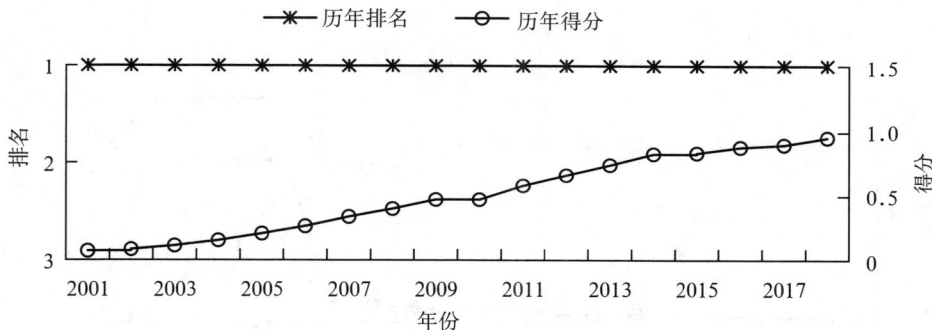

图 2-19-6　广东新产品出口额得分及排名

（6）新产品销售额得分及排名

图 2-19-7 是 2001—2018 年广东新产品销售额历年得分及排名。广东新产品销售额得分呈逐年上升趋势，排名从 2001 年的第 3 位波动上升到 2018 年的第 1 位。

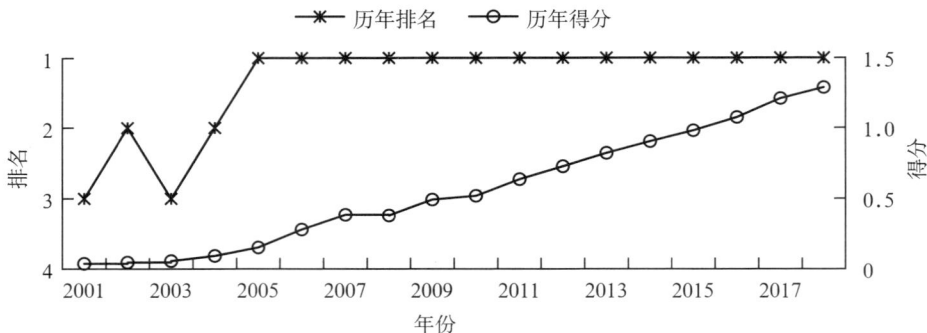

图 2-19-7　广东新产品销售额得分及排名

（7）技术合同流出金额得分及排名

图 2-19-8 是 2001—2018 年广东技术合同流出金额历年得分及排名。广东技术合同流出金额得分呈波动上升趋势，排名从 2001 年的第 3 位波动回归到 2018 年的第 3 位。

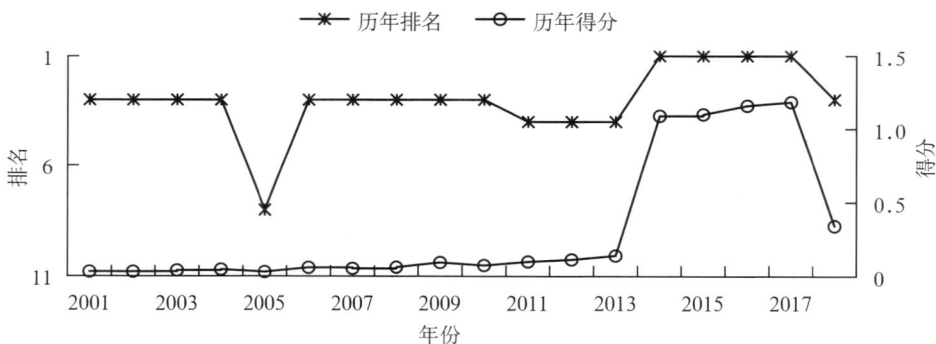

图 2-19-8　广东技术合同流出金额得分及排名

（8）技术合同流入金额得分及排名

图 2-19-9 是 2001—2018 年广东技术合同流入金额历年得分及排名。广东技术合同流入金额得分呈逐年上升趋势，排名从 2001 年的第 2 位波动回归至 2018 年的第 2 位。

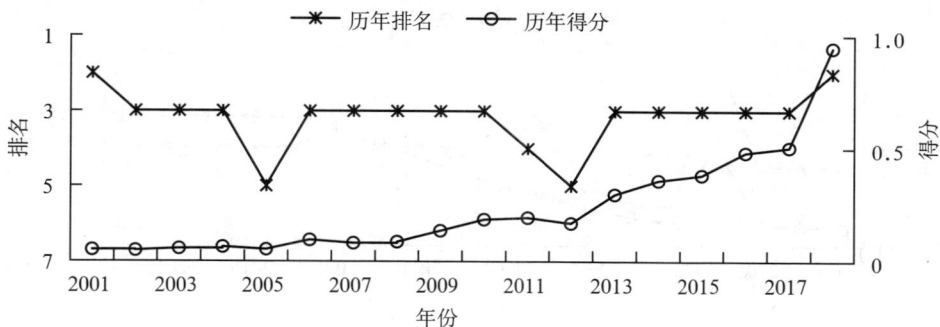

图 2-19-9　广东技术合同流入金额得分及排名

（9）研发人员全时当量得分及排名

图 2-19-10 是 2001—2018 年广东研发人员全时当量历年得分及排名。广东研发人员全时当量得分呈逐年上升趋势，排名从 2001 年的第 2 位波动上升到 2018 年的第 1 位。

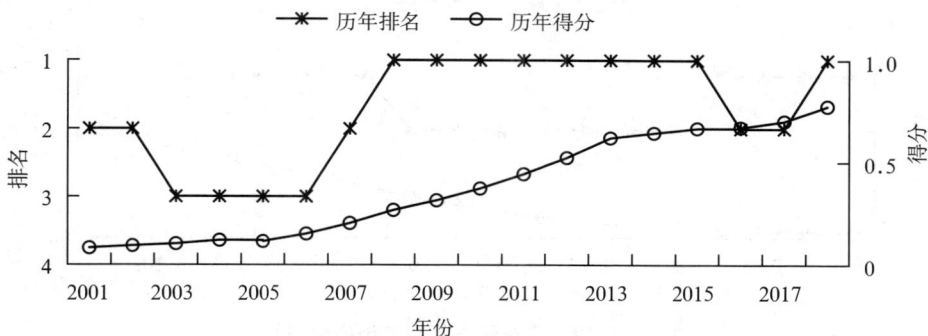

图 2-19-10　广东研发人员全时当量得分及排名

（10）研发人员比例得分及排名

图 2-19-11 是 2001—2018 年广东研发人员比例历年得分及排名。广东研发人员比例得分呈波动上升趋势，排名从 2001 年的第 7 位波动上升到 2018 年的第 6 位。

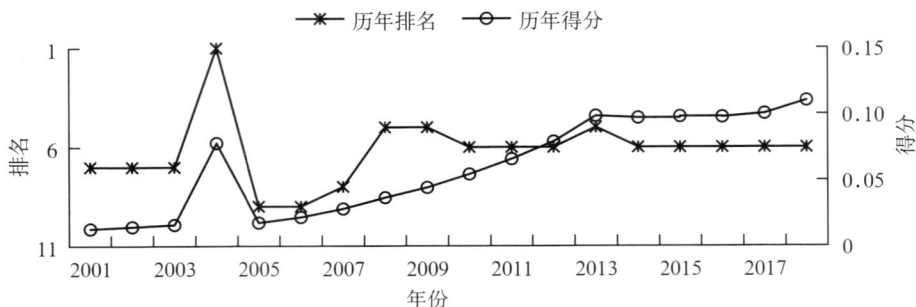

图 2-19-11　广东研发人员比例得分及排名

（11）研发经费支出得分及排名

图 2-19-12 是 2001—2018 年广东研发经费支出历年得分及排名。广东研发经费支出得分呈逐年上升趋势，排名从 2001 年的第 2 位波动上升到 2018 年的第 1 位。

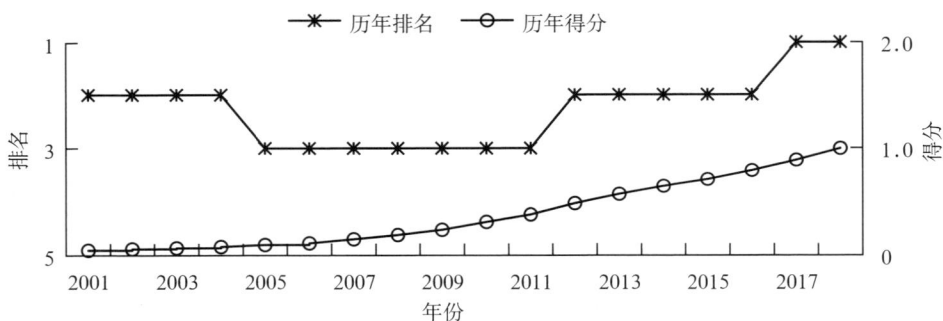

图 2-19-12　广东研发经费支出得分及排名

（12）研发经费支出强度得分及排名

图 2-19-13 是 2001—2018 年广东研发经费支出强度历年得分及排名。广东研发经费支出强度得分呈逐年上升趋势，排名从 2001 年的第 24 位波动上升到 2018 年的第 4 位。

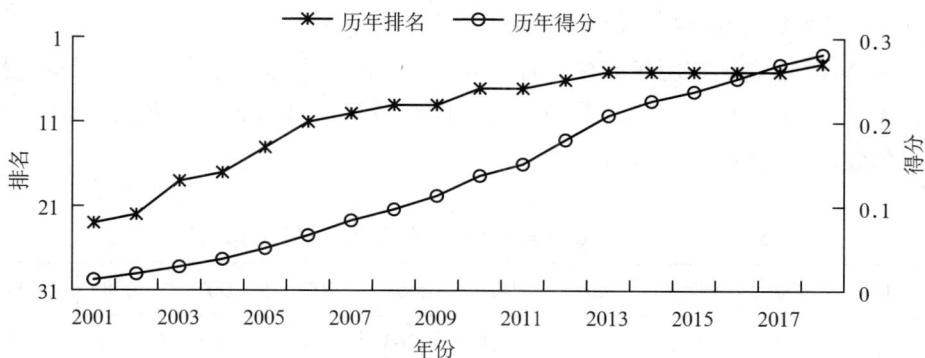

图 2-19-13　广东研发经费支出强度得分及排名

19.3　科技创新竞争力投入要素分析

19.3.1　研发人员投入分析

（1）研发机构人员全时当量分析

表 2-19-1 是广东历年研发机构科研人员全时当量投入标准化数据、增长率及排名。由表 2-19-1 可知，广东研发机构科研人员全时当量呈上升趋势，排名从 2001 年的第 8 位波动上升到 2018 年的第 7 位。

表 2-19-1　广东研发机构全时当量标准化数据、增长率及排名

年份	2001	2002	2003	2004	2005	2006	2007	2008	2009
得分	0.813	0.650	0.475	0.502	0.503	0.507	0.521	0.558	0.610
增长率/%		−20.0	−26.9	5.68	0.20	0.80	2.76	7.10	9.32
排名	8	9	13	12	13	11	11	12	12

年份	2010	2011	2012	2013	2014	2015	2016	2017	2018
得分	0.655	0.760	0.814	1.034	1.189	1.303	1.427	1.505	1.591
增长率/%	7.38	16.0	7.11	27.0	15.0	9.59	9.52	5.47	5.71
排名	11	11	10	10	9	8	8	7	7

（2）高校人员全时当量分析

表 2-19-2 是广东历年高校科研人员全时当量投入标准化数据、增长率及排名。由表 2-19-2 可知，广东高校人员全时当量呈上升趋势，排名从 2001 年的第 6 位波动上升到 2018 年的第 3 位。

表 2-19-2　广东高校全时当量标准化数据、增长率及排名

年份	2001	2002	2003	2004	2005	2006	2007	2008	2009
得分	1.147	1.095	1.203	1.218	1.263	1.448	1.456	1.504	1.779
增长率/%		−4.53	9.86	1.25	3.69	14.6	0.55	3.30	18.3
排名	6	5	5	5	7	6	8	6	5

年份	2010	2011	2012	2013	2014	2015	2016	2017	2018
得分	1.886	1.744	1.955	2.092	2.228	2.345	2.527	2.857	2.894
增长率/%	6.01	−7.53	12.1	7.01	6.50	5.25	7.76	13.1	1.30
排名	5	5	4	4	4	4	4	3	3

（3）大中型企业科研人员全时当量分析

表 2-19-3 是广东历年大中型企业科研人员全时当量投入标准化数据、增长率及排名。由表 2-19-3 可知，广东大中型企业科研人员全时当量标准化数据呈上升趋势，排名从 2001 年的第 3 位波动上升到 2018 年的第 2 位。2003 年、2007 年、2008 年、2009 年、2013 年增长显著。

表 2-19-3　广东大中型企业科研人员全时当量标准化数据、增长率及排名

年份	2001	2002	2003	2004	2005	2006	2007	2008	2009
得分	0.672	0.750	1.060	1.101	1.365	1.335	1.758	2.425	3.649
增长率/%		11.6	41.3	3.87	24.0	−2.20	31.7	37.9	50.5
排名	3	1	1	2	1	2	2	1	1

年份	2010	2011	2012	2013	2014	2015	2016	2017	2018
得分	4.348	4.932	6.344	8.483	10.40	10.44	10.41	10.07	10.38
增长率/%	19.2	13.4	28.6	33.7	22.6	0.38	−0.29	−3.27	3.08
排名	1	1	1	1	1	1	1	2	2

19.3.2　研发经费支出分析

（1）研发机构研发经费支出

表 2-19-4 是广东历年研发机构经费内部总支出、人均研发机构经费内部支出标准化数据、增长率及排名。由表 2-19-4 可知，广东总研发经费内部支出与人均科研经费内部支出历年标准化数据均呈上升趋势；总研发经费内部支出排名从 2001 年的第 8 位波动上升到 2018 年的第 6 位；人均研发经费内部支出排名从 2001 年的第 17 位波动下降到 2018 年的第 29 位。总投入 2009 年、2011 年、2013 年增长显著，人均投入 2002 年、2003 年下降明显。

表 2-19-4　广东研发机构经费支出标准化数据、增长率及排名

年份		2001	2002	2003	2004	2005	2006	2007	2008	2009
总投入及排名	数据	0.283	0.219	0.163	0.198	0.216	0.217	0.253	0.264	0.353
	增长率 /%		−22.6	−25.6	21.5	9.09	0.46	16.6	4.35	33.7
	排名	8	9	9	12	12	13	15	16	14
人均投入排名	数据	0.524	0.251	0.169	0.186	0.188	0.191	0.173	0.146	0.145
	增长率 /%		−52.1	−32.7	10.1	1.08	1.60	−9.42	−15.6	−0.68
	排名	17	22	28	28	26	28	29	31	31
年份		2010	2011	2012	2013	2014	2015	2016	2017	2018
总投入及排名	数据	0.384	0.554	0.673	0.971	1.232	1.411	1.690	2.016	2.323
	增长率 /%	8.78	44.3	21.5	44.3	26.9	14.5	19.8	19.3	15.2
	排名	17	14	11	9	8	8	8	7	6
人均投入排名	数据	0.131	0.160	0.159	0.193	0.205	0.230	0.272	0.328	0.368
	增长率 /%	−9.66	22.1	−0.62	21.4	6.22	12.2	18.3	20.6	12.2
	排名	31	31	31	29	30	29	29	29	29

（2）高校研发经费支出

表 2-19-5 是广东历年高校经费内部总支出、人均高校经费内部支出标准化数据、增长率及排名。由表 2-19-5 可知，广东高校总研发经费内部支出与人

均科研经费内部支出历年标准化数据均呈上升趋势；总研发经费内部支出排名从 2001 年的第 11 位波动上升至 2018 年的第 2 位；人均研发经费内部支出排名从 2001 年的第 17 位波动下降至 2018 年的第 22 位。总投入 2002 年、2006 年、2010 年、2013 年、2018 年增长显著，人均投入 2006 年、2018 年增长显著。

表 2-19-5 广东高校经费支出标准化数据、增长率及排名

年份		2001	2002	2003	2004	2005	2006	2007	2008	2009
总投入及排名	数据	0.154	0.246	0.312	0.388	0.459	0.662	0.815	0.976	0.992
	增长率 /%		59.7	26.8	24.4	18.3	44.2	23.1	19.8	1.64
	排名	11	7	10	11	12	8	8	7	8
人均投入排名	数据	0.272	0.269	0.307	0.348	0.381	0.554	0.532	0.516	0.387
	增长率 /%		−1.10	14.1	13.4	9.48	45.4	−3.97	−3.01	−25
	排名	17	17	18	21	22	21	21	24	30

年份		2010	2011	2012	2013	2014	2015	2016	2017	2018
总投入及排名	数据	1.445	1.609	1.917	2.616	2.951	3.073	3.341	4.223	7.248
	增长率 /%	45.7	11.3	19.1	36.5	12.8	4.13	8.72	26.4	71.6
	排名	5	6	7	6	5	6	5	4	2
人均投入排名	数据	0.472	0.442	0.433	0.496	0.467	0.477	0.513	0.656	1.095
	增长率 /%	22.0	−6.36	−2.04	14.5	−5.85	2.14	7.55	27.9	66.9
	排名	25	29	31	29	30	30	30	26	22

（3）大中型企业研发经费支出

表 2-19-6 是广东历年大中型企业经费内部总支出、人均大中型企业经费内部支出标准化数据、增长率及排名。由表 2-19-6 可知，广东大中型企业总研发经费内部支出与人均科研经费内部支出历年标准化数据均呈上升趋势；总研发经费内部支出排名从 2001 年的第 1 位波动回归至 2018 年的第 1 位；人均研发经费内部支出排名从 2001 年的第 1 位波动下降至 2018 年的第 6 位。总投入 2003 年、2008 年、2009 年、2011 年、2013 年增长显著，2002 年下降明显；人

均投入 2003 年增长显著，2002 年下降显著。

表 2-19-6 广东企业经费支出标准化数据、增长率及排名

年份		2001	2002	2003	2004	2005	2006	2007	2008	2009
总投入及排名	数据	0.827	0.470	0.707	0.803	0.975	1.164	1.423	1.949	2.654
	增长率/%		−43.2	50.4	13.6	21.4	19.4	22.3	37.0	36.2
	排名	1	1	1	1	1	1	1	1	1
人均投入排名	数据	1.881	0.664	0.898	0.928	1.044	1.256	1.197	1.329	1.335
	增长率/%		−64.7	35.2	3.34	12.5	20.3	−4.70	11.0	0.45
	排名	1	1	1	1	1	1	3	3	4
年份		2010	2011	2012	2013	2014	2015	2016	2017	2018
总投入及排名	数据	3.242	4.358	4.946	7.097	8.504	9.764	10.85	11.99	13.23
	增长率/%	22.2	34.4	13.5	43.5	19.8	14.8	11.1	10.5	10.3
	排名	1	2	1	2	2	2	2	1	1
人均投入排名	数据	1.363	1.542	1.440	1.734	1.734	1.953	2.149	2.400	2.574
	增长率/%	2.10	13.1	−6.61	20.4	0	12.6	10.0	11.7	7.25
	排名	5	5	5	8	12	11	9	6	6

20 广西科技创新竞争力各指标及影响因素分析

20.1 科技创新竞争力得分及增长率分析

图 2-20-1 是 2001—2018 年广西科技创新竞争力历年得分及增长率。由图 2-20-1 可知，广西科技创新竞争力得分呈逐年上升趋势，增长率呈波动趋势。

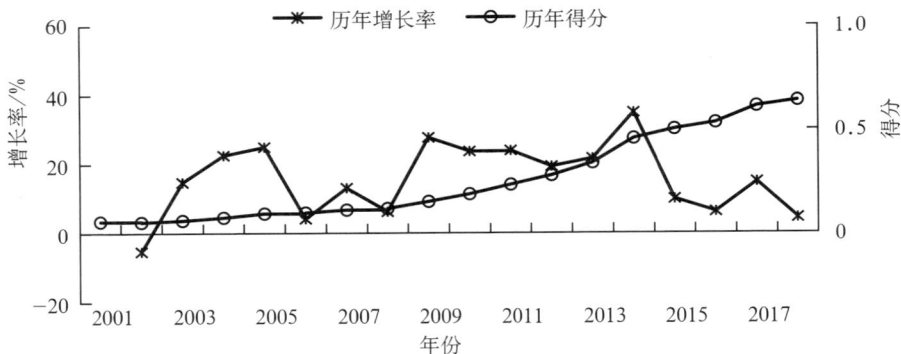

图 2-20-1 广西科技创新竞争力历年得分及增长率

20.2 科技创新竞争力各指标得分及增长率

（1）SCI 检索论文得分及增长率

图 2-20-2 是 2001—2018 年广西 SCI 检索论文历年得分及增长率。由图 2-20-2 可知，广西 SCI 检索论文得分呈逐年上升趋势，增长率呈波动趋势，2006 年起波动幅度相对缓和。

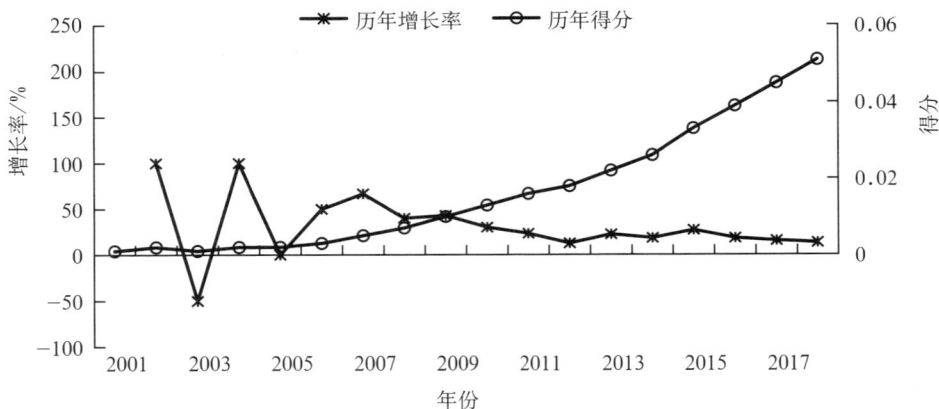

图 2-20-2 广西 SCI 检索得分及增长率

（2）EI 检索论文得分及增长率

图 2-20-3 是 2001—2018 年广西 EI 检索论文历年得分及增长率。由图 2-20-3 可知，广西 EI 论文检索得分呈逐年上升趋势，增长率呈波动趋势，2006 年、

2007 年增长突出。

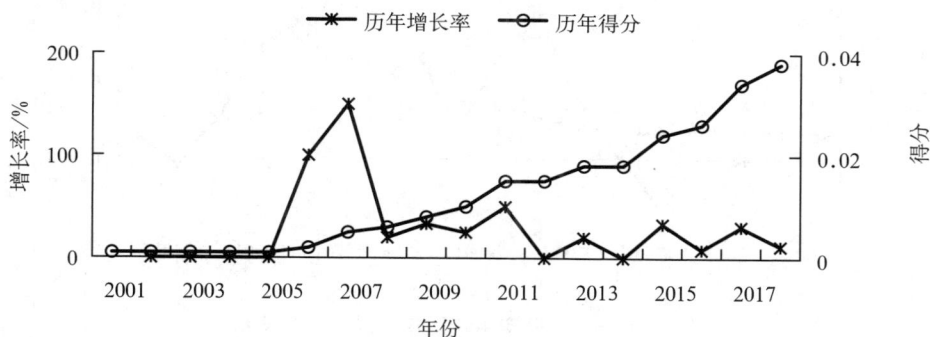

图 2-20-3　广西 EI 检索得分及增长率

（3）发明专利得分及增长率

图 2-20-4 是 2001—2018 年广西发明专利历年得分及增长率。由图 2-20-4 可知，广西发明专利得分呈上升趋势，增长率呈波动趋势。

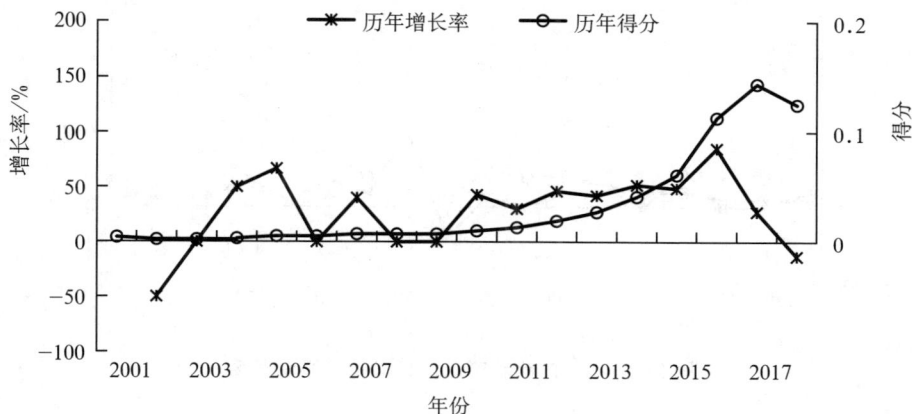

图 2-20-4　广西发明专利得分及增长率

（4）实用新型专利得分及增长率

图 2-20-5 是 2001—2018 年广西实用新型专利历年得分及增长率。由图 2-20-5 可知，广西实用新型专利得分呈逐年上升趋势，增长率呈波动趋势。

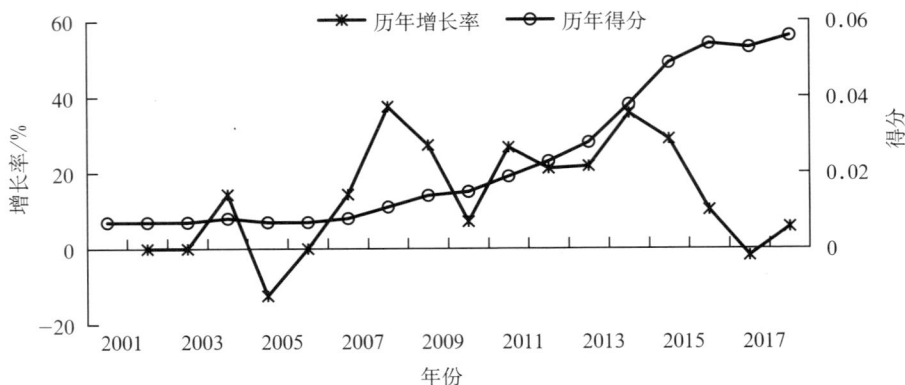

图 2-20-5　广西实用新型专利得分及增长率

（5）新产品出口额得分及增长率

图 2-20-6 是 2001—2018 年广西新产品出口额历年得分及增长率。由图 2-20-6 可知，广西新产品出口额得分呈波动上升趋势，增长率呈波动趋势。

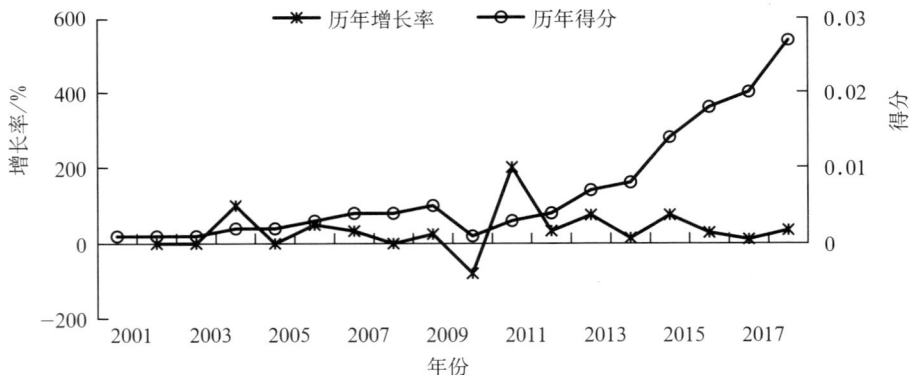

图 2-20-6　广西新产品出口额得分及增长率

（6）新产品销售额得分及增长率

图 2-20-7 是 2001—2018 年广西新产品销售额历年得分及增长率。由图 2-20-7 可知，广西新产品销售额得分呈波动上升趋势，增长率呈波动趋势，2009 年增长突出。

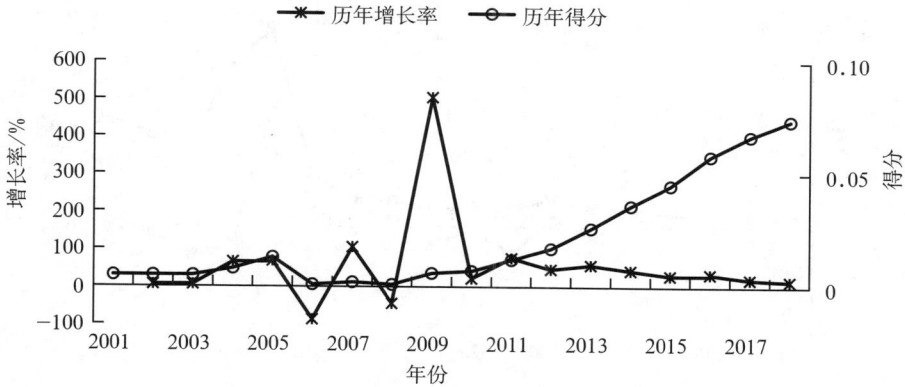

图 2-20-7　广西新产品销售额得分及增长率

（7）技术合同流出金额得分及增长率

图 2-20-8 是 2001—2018 年广西技术合同流出金额历年得分及增长率。由图 2-20-8 可知，广西技术合同流出金额得分呈波动上升趋势，增长率呈波动趋势，2014 年增长突出。

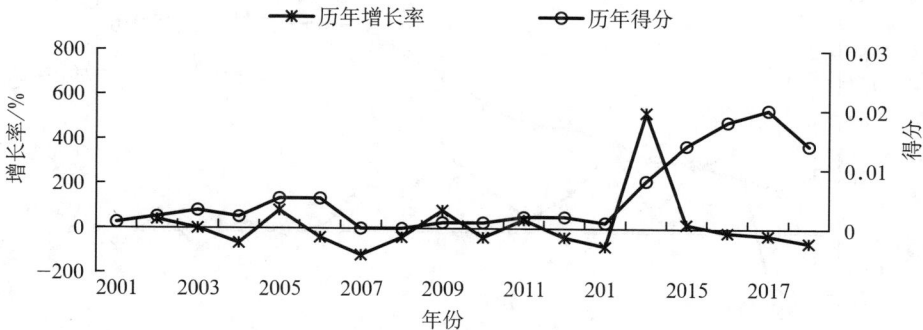

图 2-20-8　广西技术合同流出金额得分及增长率

（8）技术合同流入金额得分及增长率

图 2-20-9 是 2001—2018 年广西技术合同流入金额历年得分及增长率。由图 2-20-9 可知，广西技术合同流入金额得分呈波动上升趋势，增长率呈波动趋势，2014 年增长突出。

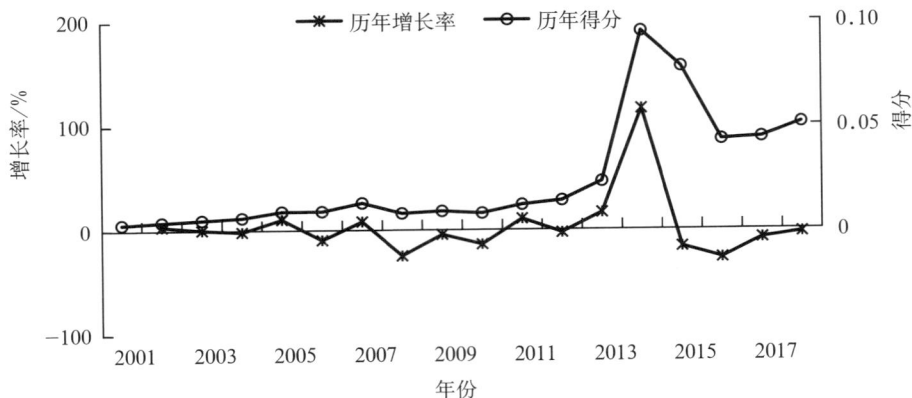

图 2-20-9　广西技术合同流入金额得分及增长率

（9）研发人员全时当量得分及增长率

图 2-20-10 是 2001—2018 年广西研发人员全时当量历年得分及增长率。由图 2-20-10 可知，广西研发人员全时当量得分呈上升趋势，增长率呈波动趋势。

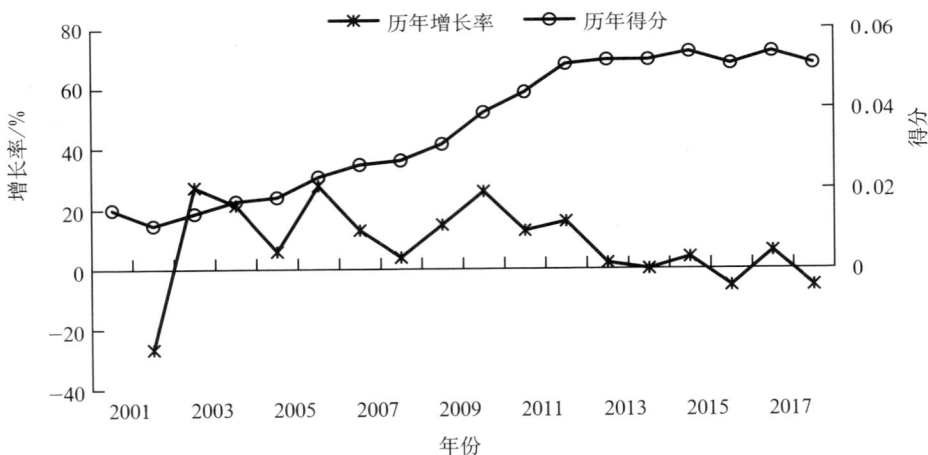

图 2-20-10　广西研发人员全时当量得分及增长率

（10）研发人员比例得分及增长率

图 2-20-11 是 2001—2018 年广西研发人员比例历年得分及增长率。由图 2-20-11 可知，广西研发人员比例得分呈上升趋势，增长率呈波动趋势。

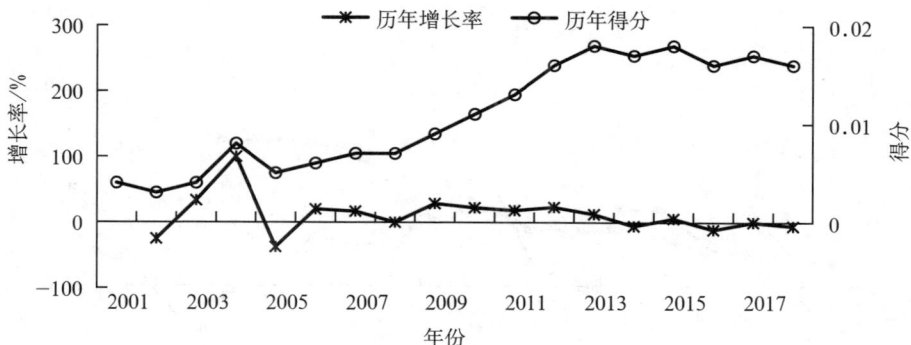

图 2-20-11　广西研发人员比例得分及增长率

（11）研发经费支出得分及增长率

图 2-20-12 是 2001—2018 年广西研发经费支出历年得分及增长率。由图 2-20-12 可知，广西研发经费支出得分呈逐年上升趋势，增长率呈波动趋势。

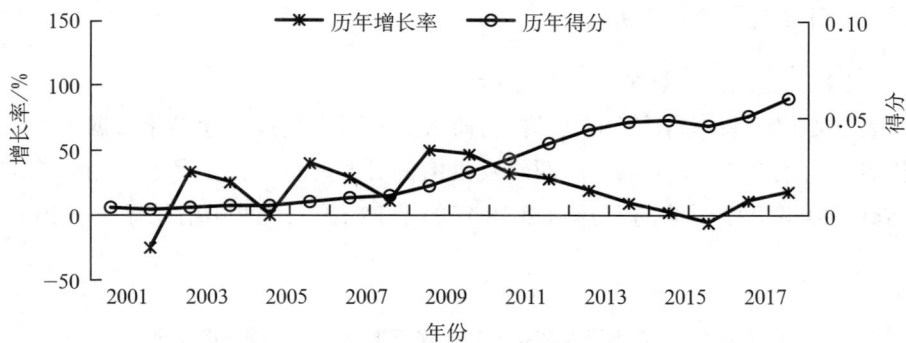

图 2-20-12　广西研发经费支出得分及增长率

（12）研发经费投入强度得分及增长率

图 2-20-13 是 2001—2018 年广西研发经费投入强度历年得分及增长率。由图 2-20-13 可知，广西研发经费投入强度得分呈上升趋势，增长率呈波动趋势。

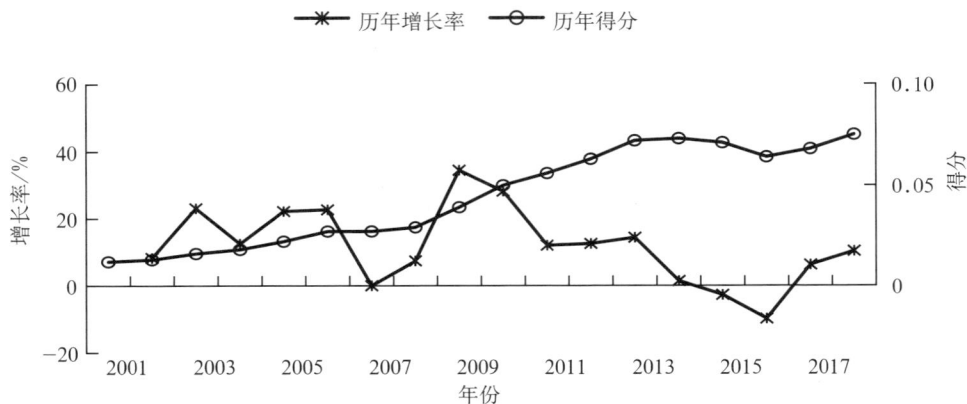

图 2-20-13 广西研发经费投入强度得分及增长率

20.3 科技创新竞争力投入要素分析

20.3.1 研发人员投入分析

（1）研发机构人员全时当量分析

表 2-20-1 是广西历年研发机构科研人员全时当量投入标准化数据、增长率及排名。由表 2-20-1 可知，广西研发机构科研人员全时当量呈上升趋势，排名从 2001 年的第 27 位波动上升到 2018 年的第 22 位。2011 年增长显著，2003 年下降明显。

表 2-20-1 广西研发机构全时当量标准化数据、增长率及排名

年份	2001	2002	2003	2004	2005	2006	2007	2008	2009
得分	0.162	0.176	0.122	0.150	0.152	0.145	0.155	0.170	0.195
增长率/%		8.64	−30.7	23.0	1.33	−4.61	6.90	9.68	14.7
排名	27	27	27	27	27	27	27	27	27
年份	2010	2011	2012	2013	2014	2015	2016	2017	2018
得分	0.238	0.315	0.394	0.422	0.485	0.429	0.498	0.470	0.496
增长率/%	22.1	32.4	25.1	7.11	14.9	−11.5	16.1	−5.62	5.53
排名	26	23	22	22	23	23	21	23	22

（2）高校人员全时当量分析

表 2-20-2 是广西历年高校科研人员全时当量投入标准化数据、增长率及排名。由表 2-20-2 可知，广西高校人员全时当量呈上升趋势，排名从 2001 年的第 23 位波动上升到 2018 年的第 18 位。2006 年增长显著。

表 2-20-2　广西高校全时当量标准化数据、增长率及排名

年份	2001	2002	2003	2004	2005	2006	2007	2008	2009
得分	0.320	0.342	0.332	0.409	0.437	0.675	0.876	1.006	1.004
增长率/%		6.88	-2.92	23.2	6.85	54.5	29.8	14.8	-0.20
排名	23	22	23	21	21	15	14	12	14
年份	2010	2011	2012	2013	2014	2015	2016	2017	2018
得分	1.119	1.082	1.184	1.242	1.234	1.295	1.050	1.183	1.233
增长率/%	11.5	-3.31	9.43	4.90	-0.64	4.94	-18.9	12.7	4.23
排名	12	13	14	14	15	16	17	18	18

（3）大中型企业科研人员全时当量分析

表 2-20-3 是广西历年大中型企业科研人员全时当量投入标准化数据、增长率及排名。由表 2-20-3 可知，广西大中型企业科研人员全时当量标准化数据呈上升趋势，排名从 2001 年的第 24 位波动上升到 2018 年的第 23 位。2002 年、2004 年、2011 年、2013 年增长率显著，2003 年下降明显。

表 2-20-3　广西大中型企业科研人员全时当量标准化数据、增长率及排名

年份	2001	2002	2003	2004	2005	2006	2007	2008	2009
得分	0.081	0.122	0.079	0.108	0.134	0.120	0.137	0.135	0.162
增长率/%		50.6	-35.2	36.7	24.1	-10.4	14.2	-1.46	20
排名	24	22	24	22	22	24	24	24	24
年份	2010	2011	2012	2013	2014	2015	2016	2017	2018
得分	0.174	0.237	0.291	0.494	0.511	0.507	0.558	0.465	0.475
增长率/%	7.41	36.2	22.8	69.8	3.44	-0.78	10.1	-16.7	2.15
排名	24	24	23	21	23	23	23	23	23

20.3.2 研发经费支出分析

（1）研发机构研发经费支出

表 2-20-4 是广西历年研发机构经费内部总支出、人均研发机构经费内部支出标准化数据、增长率及排名。由表 2-20-4 可知，广西总研发经费内部支出与人均科研经费内部支出历年标准化数据均呈上升趋势；总研发经费内部支出排名从 2001 年的第 25 位波动上升到 2018 年的第 23 位；人均研发经费内部支出排名从 2001 年的第 28 位波动上升到 2018 年的第 18 位。总投入 2007 年、2009 年、2011—2014 年增长显著；人均投入 2009 年、2014 年增长显著，2002 年下降明显。

表 2-20-4　广西研发机构经费支出标准化数据、增长率及排名

年份		2001	2002	2003	2004	2005	2006	2007	2008	2009
总投入及排名	数据	0.021	0.022	0.019	0.024	0.030	0.035	0.047	0.057	0.082
	增长率 /%		4.76	−13.6	26.3	25	16.7	34.3	21.3	43.9
	排名	25	25	27	27	27	27	26	26	24
人均投入排名	数据	0.236	0.138	0.160	0.160	0.184	0.196	0.216	0.245	0.334
	增长率 /%		−41.5	15.9	0	15	6.52	10.2	13.4	36.3
	排名	28	30	29	30	28	27	27	26	25

年份		2010	2011	2012	2013	2014	2015	2016	2017	2018
总投入及排名	数据	0.103	0.168	0.235	0.313	0.437	0.408	0.403	0.412	0.417
	增长率 /%	25.6	63.1	39.9	33.2	39.6	−6.64	−1.23	2.23	1.21
	排名	23	24	23	22	21	21	21	23	23
人均投入排名	数据	0.360	0.459	0.565	0.638	0.865	0.820	0.799	0.879	0.854
	增长率 /%	7.78	27.5	23.1	12.9	35.6	−5.20	−2.56	10.0	−2.84
	排名	25	26	22	19	15	16	17	19	18

（2）高校研发经费支出

表 2-20-5 是广西历年高校经费内部总支出、人均高校经费内部支出标准化

数据、增长率及排名。由表 2-20-5 可知，广西高校总研发经费内部支出与人均科研经费内部支出历年标准化数据均呈上升趋势；总研发经费内部支出排名从 2001 年的第 23 位波动上升至 2018 年的第 20 位；人均研发经费内部支出排名从 2001 年的第 22 位波动上升至 2018 年的第 11 位。总投入 2002 年、2005 年增长突出，2006 年、2008 年增长显著，2003 年下降明显；人均投入 2002 年、2005 年增长突出，2006 年、2008 年、2017 年增长显著，2004 年下降明显。

表 2-20-5　广西高校经费支出标准化数据、增长率及排名

年份		2001	2002	2003	2004	2005	2006	2007	2008	2009
总投入及排名	数据	0.017	0.063	0.042	0.034	0.112	0.174	0.149	0.206	0.261
	增长率 /%		270.6	-33.3	-19.0	229.4	55.4	-14.4	38.3	26.7
	排名	23	19	21	24	19	19	23	22	21
人均投入排名	数据	0.178	0.377	0.340	0.219	0.661	0.918	0.648	0.846	1.008
	增长率 /%		111.8	-9.81	-35.6	201.8	38.9	-29.4	30.6	19.1
	排名	22	13	17	28	16	14	19	15	15
年份		2010	2011	2012	2013	2014	2015	2016	2017	2018
总投入及排名	数据	0.298	0.367	0.450	0.452	0.502	0.555	0.625	0.754	0.916
	增长率 /%	14.2	23.2	22.6	0.44	11.1	10.6	12.6	20.6	21.5
	排名	22	22	21	23	22	22	22	21	20
人均投入排名	数据	0.997	0.958	1.031	0.876	0.948	1.064	1.181	1.536	1.788
	增长率 /%	-1.09	-3.91	7.62	-15.0	8.22	12.2	11.0	30.1	16.4
	排名	17	16	17	20	21	22	18	12	11

（3）大中型企业研发经费支出

表 2-20-6 是广西历年大中型企业经费内部总支出、人均大中型企业经费内部支出标准化数据、增长率及排名。由表 2-20-6 可知，广西大中型企业总研发经费内部支出与人均科研经费内部支出历年标准化数据均呈上升趋势；总研发经费内部支出排名从 2001 年的第 26 位波动上升至 2018 年的第 23 位；人均研

发经费内部支出排名从 2001 年的第 27 位波动上升至 2018 年的第 21 位。总投入 2002 年增长突出，2007 年、2008 年、2010 年、2011 年、2013 年增长显著；人均投入 2003 年、2013 年增长显著。

表 2-20-6　广西企业经费支出标准化数据、增长率及排名

年份		2001	2002	2003	2004	2005	2006	2007	2008	2009
总投入及排名	数据	0.016	0.036	0.037	0.046	0.052	0.045	0.066	0.087	0.104
	增长率/%		125	2.78	24.3	13.0	−13.5	46.7	31.8	19.5
	排名	26	19	22	22	22	23	22	25	24
人均投入排名	数据	0.223	0.280	0.389	0.383	0.394	0.304	0.368	0.461	0.520
	增长率/%		25.6	38.9	−1.54	2.87	−22.8	21.1	25.3	12.8
	排名	27	13	7	10	19	27	27	25	25
年份		2010	2011	2012	2013	2014	2015	2016	2017	2018
总投入及排名	数据	0.155	0.256	0.283	0.463	0.554	0.645	0.670	0.607	0.653
	增长率/%	49.0	65.2	10.5	63.6	19.7	16.4	3.88	−9.40	7.58
	排名	23	23	22	22	22	22	22	23	23
人均投入排名	数据	0.668	0.860	0.836	1.158	1.348	1.591	1.631	1.592	1.642
	增长率/%	28.5	28.7	−2.79	38.5	16.4	18.0	2.51	−2.39	3.14
	排名	23	22	23	21	20	18	19	20	21

21　海南科技创新竞争力各指标及影响因素分析

21.1　科技创新竞争力得分及增长率分析

图 2-21-1 是 2001—2018 年海南科技创新竞争力历年得分及增长率。由图 2-21-1 可知，海南科技创新竞争力得分呈波动上升趋势，增长率呈波动趋势。

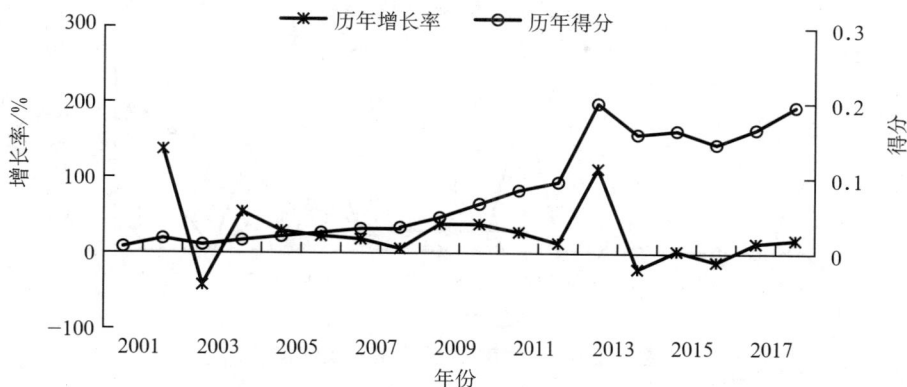

图 2-21-1　海南科技创新竞争力历年得分及增长率

21.2　科技创新竞争力各指标得分及增长率

（1）SCI 检索论文得分及增长率

图 2-21-2 是 2001—2018 年海南 SCI 检索论文历年得分及增长率。由图 2-21-2 可知，海南 SCI 检索论文得分呈波动上升趋势，增长率呈波动趋势。

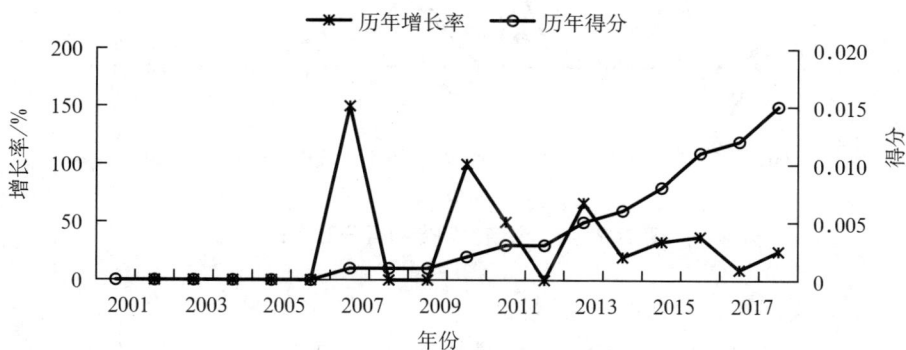

图 2-21-2　海南 SCI 检索得分及增长率

（2）EI 检索论文得分及增长率

图 2-21-3 是 2001—2018 年海南 EI 检索论文历年得分及增长率。由图 2-21-3 可知，海南 EI 论文检索得分呈逐年上升趋势，增长率呈波动趋势。

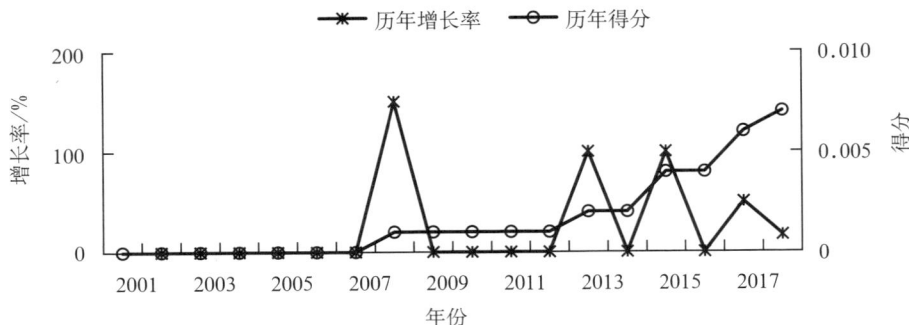

图 2-21-3　海南 EI 检索得分及增长率

（3）发明专利得分及增长率

图 2-21-4 是 2001—2018 年海南发明专利历年得分及增长率。由图 2-21-4 可知，海南发明专利得分呈波动上升趋势，增长率呈波动趋势。

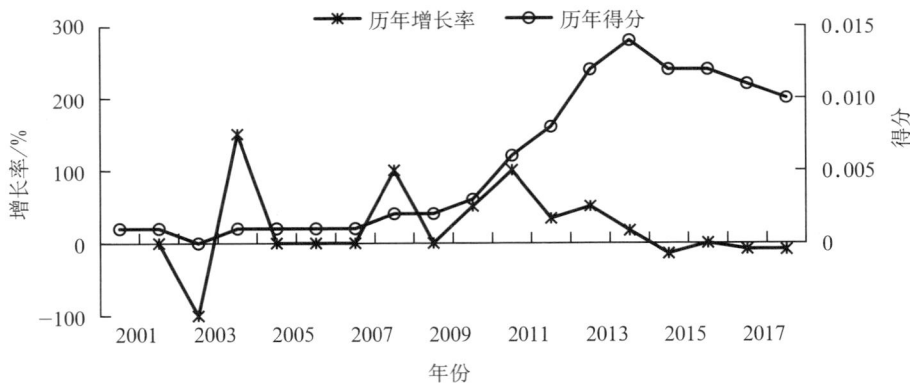

图 2-21-4　海南发明专利得分及增长率

（4）实用新型专利得分及增长率

图 2-21-5 是 2001—2018 年海南实用新型专利历年得分及排名增长率。由图 2-21-5 可知，海南实用新型专利得分呈上升趋势，增长率呈波动趋势。

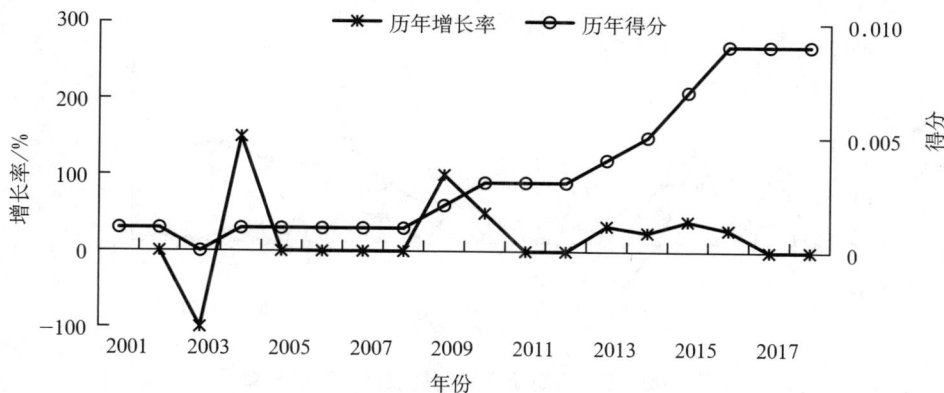

图 2-21-5　海南实用新型专利得分及增长率

（5）新产品出口额得分及增长率

图 2-21-6 是 2001—2018 年海南新产品出口额历年得分及增长率。由图 2-21-6 可知，海南新产品出口额得分呈波动上升趋势，增长率呈波动趋势。

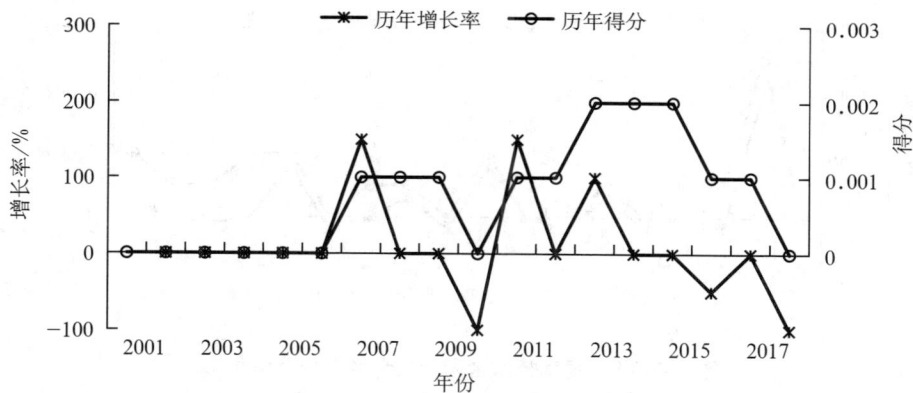

图 2-21-6　海南新产品出口额得分及增长率

（6）新产品销售额得分及增长率

图 2-21-7 是 2001—2018 年海南新产品销售额历年得分及增长率。由图 2-21-7 可知，海南新产品销售额得分呈波动上升趋势，增长率呈波动趋势。

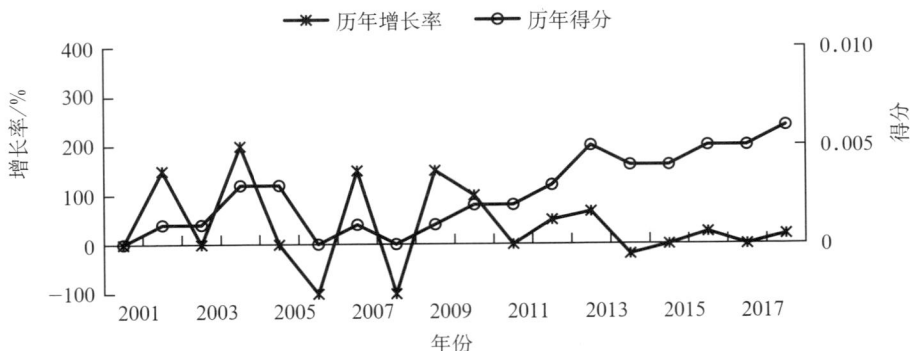

图 2-21-7　海南新产品销售额得分及增长率

（7）技术合同流出金额得分及增长率

图 2-21-8 是 2001—2018 年海南技术合同流出金额历年得分及增长率。由图 2-21-8 可知，海南技术合同流出金额得分呈波动上升趋势，增长率呈波动趋势，2002 年增长突出。

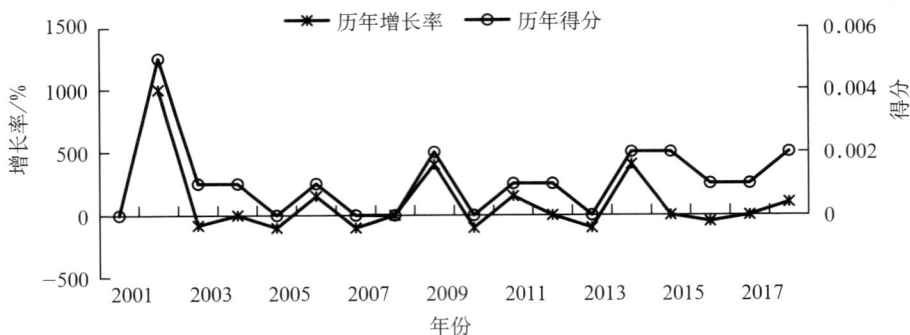

图 2-21-8　海南技术合同流出金额得分及增长率

（8）技术合同流入金额得分及增长率

图 2-21-9 是 2001—2018 年海南技术合同流入金额历年得分及增长率。由图 2-21-9 可知，海南技术合同流入金额得分呈波动上升趋势，增长率呈波动趋势，2002 年、2013 年增长突出。

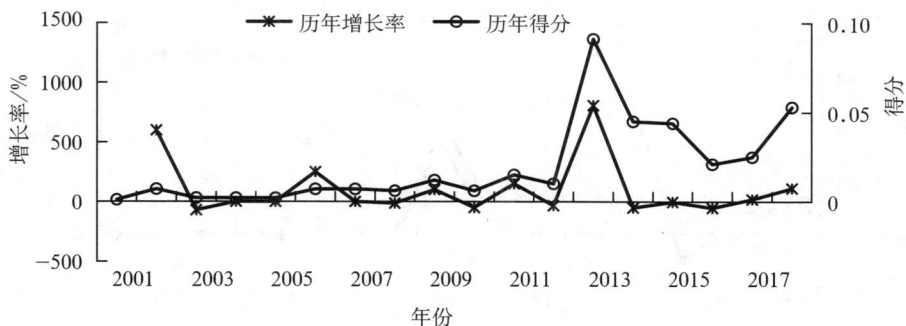

图 2-21-9　海南技术合同流入金额得分及增长率

（9）研发人员全时当量得分及增长率

图 2-21-10 是 2001—2018 年海南研发人员全时当量历年得分及增长率。由图 2-21-10 可知，海南研发人员全时当量得分呈波动上升趋势，增长率呈波动趋势。

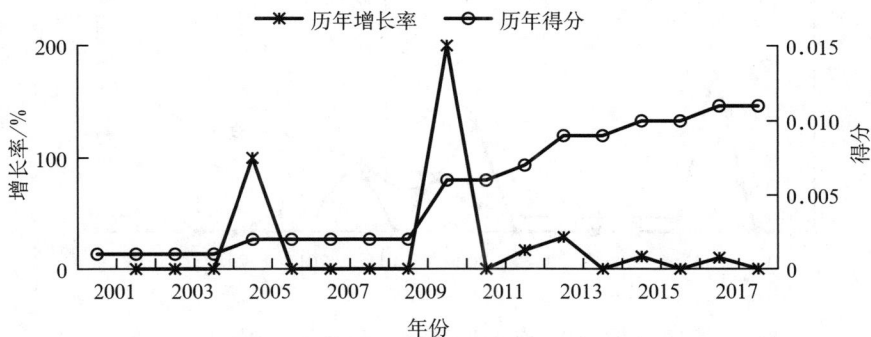

图 2-21-10　海南研发人员全时当量得分及增长率

（10）研发人员比例得分及增长率

图 2-21-11 是 2001—2018 年海南研发人员比例历年得分及增长率。由图 2-21-11 可知，海南研发人员比例得分呈波动上升趋势，增长率呈波动趋势，2005 年、2010 年增长突出。

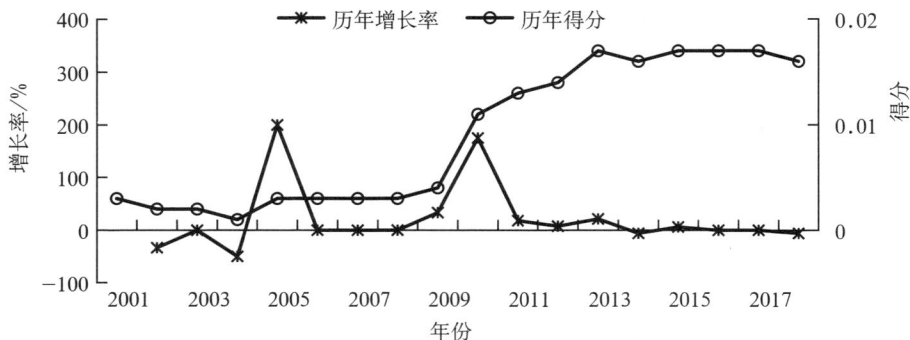

图 2-21-11　海南研发人员比例得分及增长率

（11）研发经费支出得分及增长率

图 2-21-12 是 2001—2018 年海南研发经费支出历年得分及增长率。由图 2-21-12 可知，海南研发经费支出得分呈逐年上升趋势，增长率呈波动趋势。

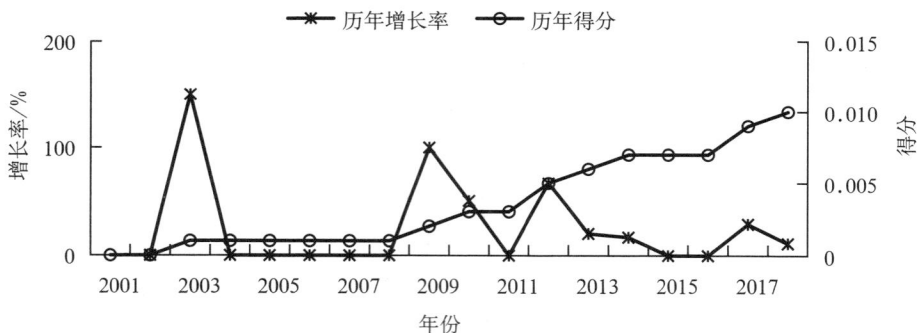

图 2-21-12　海南研发经费支出得分及增长率

（12）研发经费投入强度得分及增长率

图 2-21-13 是 2001—2018 年海南研发经费投入强度历年得分及增长率。由图 2-21-13 可知，海南研发经费投入强度得分呈逐年上升趋势；增长率呈波动下降趋势。

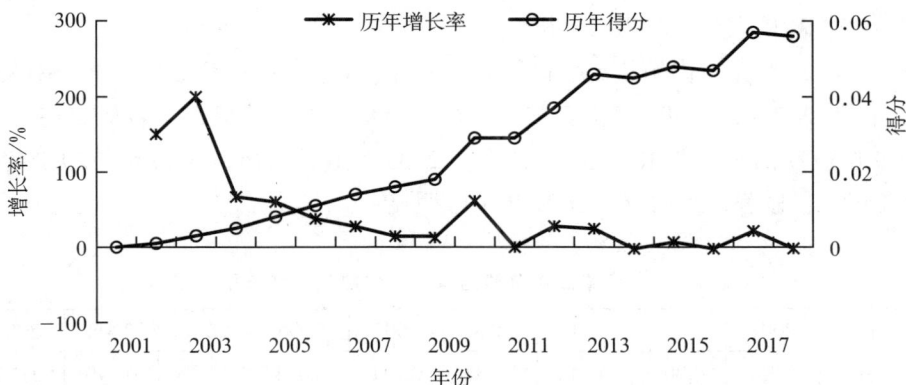

图 2-21-13　海南研发经费投入强度得分及增长率

21.3　科技创新竞争力投入要素分析

21.3.1　研发人员投入分析

（1）研发机构人员全时当量分析

表 2-21-1 是海南历年研发机构科研人员全时当量投入标准化数据、增长率及排名。由表 2-21-1 可知，海南研发机构科研人员全时当量呈上升趋势，排名从 2001 年的第 28 位波动回归到 2018 年的第 28 位。2005 年、2007 年、2010 年、2012 年、2017 年、2018 年增长显著，2003 年下降明显。

表 2-21-1　海南研发机构全时当量标准化数据、增长率及排名

年份	2001	2002	2003	2004	2005	2006	2007	2008	2009
得分	0.052	0.046	0.031	0.023	0.030	0.036	0.048	0.048	0.056
增长率 /%		−11.5	−32.6	−25.8	30.4	20	33.3	0	16.7
排名	28	28	29	31	29	29	28	28	28

年份	2010	2011	2012	2013	2014	2015	2016	2017	2018
得分	0.074	0.079	0.112	0.116	0.133	0.119	0.102	0.135	0.201
增长率 /%	32.1	6.76	41.8	3.57	14.7	−10.5	−14.3	32.4	48.9
排名	28	28	28	28	28	28	28	28	28

263

（2）高校人员全时当量分析

表 2-21-2 是海南历年高校科研人员全时当量投入标准化数据、增长率及排名。由表 2-21-2 可知，海南高校人员全时当量呈上升趋势，排名从 2001 年的第 29 位波动回归到 2018 年的第 29 位。2003 年增长突出，2006 年、2012 年、2013 年增长显著，2002 年、2007 年下降明显。

表 2-21-2　海南高校全时当量标准化数据、增长率及排名

年份	2001	2002	2003	2004	2005	2006	2007	2008	2009
得分	0.037	0.009	0.042	0.037	0.041	0.054	0.032	0.040	0.037
增长率/%		−75.7	366.7	−11.9	10.8	31.7	−40.7	25	−7.5
排名	29	31	30	30	31	29	30	31	30
年份	2010	2011	2012	2013	2014	2015	2016	2017	2018
得分	0.041	0.036	0.063	0.094	0.103	0.102	0.114	0.119	0.137
增长率/%	10.8	−12.2	75	49.2	9.57	−0.97	11.8	4.39	15.1
排名	30	31	30	29	29	29	29	29	29

（3）大中型企业科研人员全时当量分析

表 2-21-3 是海南历年大中型企业科研人员全时当量投入标准化数据、增长率及排名。由表 2-21-3 可知，海南大中型企业科研人员全时当量标准化数据呈上升趋势，排名从 2001 年的第 30 位波动上升到 2018 年的第 29 位。2002 年、2005 年、2011 年、2012 年、2013 年、2014 年增长显著，2004 年、2010 年增长突出，2003 年、2007 年、2008 年下降明显。

表 2-21-3　海南大中型企业科研人员全时当量标准化数据、增长率及排名

年份	2001	2002	2003	2004	2005	2006	2007	2008	2009
得分	0.005	0.009	0.004	0.008	0.012	0.012	0.004	0.002	0.002
增长率/%		80	−55.6	100	50	0	−66.7	−50	0
排名	30	30	30	30	30	30	30	30	30
年份	2010	2011	2012	2013	2014	2015	2016	2017	2018
得分	0.010	0.013	0.021	0.039	0.068	0.071	0.085	0.081	0.066
增长率/%	400	30	61.5	85.7	74.4	4.41	19.7	−4.71	−18.5
排名	30	30	30	30	29	29	29	29	29

21.3.2 研发经费支出分析

（1）研发机构研发经费支出

表 2-21-4 是海南历年研发机构经费内部总支出、人均研发机构经费内部支出标准化数据、增长率及排名。由表 2-21-4 可知，海南总研发经费内部支出与人均科研经费内部支出历年标准化数据均呈上升趋势；总研发经费内部支出排名从 2001 年的第 28 位波动上升到 2018 年的第 25 位；人均研发经费内部支出排名从 2001 年的第 28 位波动上升到 2018 年的第 5 位。总投入 2005 年、2008 年、2009 年、2010 年、2011 年、2014 年增长显著，2018 年增长突出；人均投入 2004 年、2006 年、2008 年增长显著，2010 年增长异常之高（超百倍），2002 年、2011 年下降明显。

表 2-21-4　海南研发机构经费支出标准化数据、增长率及排名

年份		2001	2002	2003	2004	2005	2006	2007	2008	2009
总投入及排名	数据	0.012	0.012	0.009	0.011	0.015	0.016	0.018	0.027	0.042
	增长率/%		0	−25	22.2	36.4	6.67	12.5	50	55.6
	排名	28	28	28	28	29	29	28	28	28
人均投入排名	数据	0.009	0.004	0.004	0.006	0.006	0.011	0.008	0.011	0.013
	增长率/%		−55.6	0	50	0	83.3	−27.3	37.5	18.2
	排名	28	30	30	30	30	30	30	30	30

年份		2010	2011	2012	2013	2014	2015	2016	2017	2018
总投入及排名	数据	0.055	0.077	0.096	0.102	0.135	0.102	0.108	0.104	0.339
	增长率/%	31.0	40	24.7	6.25	32.4	−24.4	5.88	−3.70	226
	排名	28	28	27	27	27	28	28	28	25
人均投入排名	数据	2.582	1.491	1.601	1.550	1.628	1.196	1.169	1.104	3.534
	增长率/%	19762	−42.3	7.38	−3.19	5.03	−26.5	−2.26	−5.56	220.1
	排名	3	6	6	6	8	12	11	14	5

（2）高校研发经费支出

表 2-21-5 是海南历年高校经费内部总支出、人均高校经费内部支出标准化数据、增长率及排名。由表 2-21-5 可知，海南高校总研发经费内部支出与人均科研经费内部支出历年标准化数据均呈上升趋势；总研发经费内部支出排名从 2001 年的第 12 位波动下降到 2018 年的第 16 位；人均研发经费内部支出排名从 2001 年的第 12 位波动下降到 2018 年的第 19 位。总投入 2002 年、2003 年、2005 年增长显著；人均投入 2003 年增长极为突出（超十倍），2004 年、2006 年、2010 年增长显著，2002 年、2011 年下降明显。

表 2-21-5 海南高校经费支出标准化数据、增长率及排名

年份		2001	2002	2003	2004	2005	2006	2007	2008	2009
总投入及排名	数据	0.149	0.201	0.342	0.416	0.591	0.620	0.676	0.763	0.884
	增长率/%		34.9	70.1	21.6	42.1	4.91	9.03	12.9	15.9
	排名	12	11	9	9	5	11	12	11	12
人均投入排名	数据	0.397	0.049	0.618	0.986	0.846	1.360	1.204	1.078	1.048
	增长率/%		−87.7	1161	59.5	−14.2	60.8	−11.5	−10.5	−2.78
	排名	12	31	8	5	10	5	6	12	13
年份		2010	2011	2012	2013	2014	2015	2016	2017	2018
总投入及排名	数据	1.070	1.341	1.408	1.489	1.669	1.757	1.804	1.751	1.772
	增长率/%	21.0	25.3	5.00	5.75	12.1	5.27	2.68	−2.94	1.20
	排名	12	11	12	13	13	14	13	14	16
人均投入排名	数据	1.983	0.889	1.019	0.936	0.969	1.109	1.136	1.155	1.220
	增长率/%	89.2	−55.2	14.6	−8.15	3.53	14.4	2.43	1.67	5.63
	排名	2	18	18	18	19	19	21	21	19

（3）大中型企业研发经费支出

表 2-21-6 是海南历年大中型企业经费内部总支出、人均大中型企业经费内部支出标准化数据、增长率及排名。由表 2-21-6 可知，海南大中型企业总研发

经费内部支出与人均科研经费内部支出历年标准化数据均呈上升趋势；总研发经费内部支出排名从 2001 年的第 28 位波动下降到 2018 年的第 29 位；人均研发经费内部支出排名从 2001 年的第 2 位波动下降到 2018 年的第 29 位。总投入 2003 年、2010 年、2014 年增长显著，2004 年、2008 年、2011 年、2013 年增长突出，2002 年、2005 年、2007 年下降明显；人均投入 2003 年、2011 年增长显著，2004 年、2008 年、2013 年增长突出，2002 年、2005 年、2007 年、2012 年下降明显。

表 2-21-6　海南企业经费支出标准化数据、增长率及排名

年份		2001	2002	2003	2004	2005	2006	2007	2008	2009
总投入及排名	数据	0.013	0.002	0.003	0.006	0.004	0.005	0.001	0.003	0.003
	增长率 /%		−84.6	50	100	−33.3	25	−80	200	0
	排名	28	30	30	30	30	30	30	30	30
人均投入排名	数据	1.378	0.216	0.289	0.661	0.402	0.352	0.088	0.264	0.252
	增长率 /%		−84.3	33.8	128.7	−39.2	−12.4	−75	200	−4.55
	排名	2	20	15	4	17	23	30	30	30
年份		2010	2011	2012	2013	2014	2015	2016	2017	2018
总投入及排名	数据	0.005	0.018	0.014	0.046	0.062	0.074	0.088	0.088	0.063
	增长率 /%	66.7	260	−22.2	228.6	34.8	19.4	18.9	0	−28.4
	排名	30	30	30	30	30	29	29	29	29
人均投入排名	数据	0.290	0.425	0.297	0.848	0.911	1.064	1.170	1.148	0.806
	增长率 /%	15.1	46.6	−30.1	185.5	7.43	16.8	9.96	−1.88	−2.98
	排名	30	30	30	29	29	29	29	29	29

22　重庆科技创新竞争力各指标及影响因素分析

22.1　科技创新竞争力得分及排名分析

图 2-22-1 是 2001—2018 年重庆科技创新竞争力历年得分及排名。重庆科技创新竞争力得分呈上升趋势，排名呈波动趋势，从 2001 年的第 18 位波动上升到 2018 年的第 16 位。

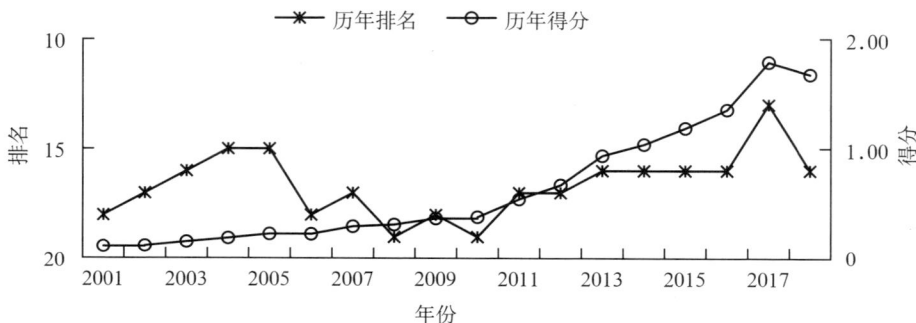

图 2-22-1　重庆科技创新竞争力历年得分及排名

22.2　科技创新竞争力各指标得分及排名

（1）SCI 检索论文得分及排名

图 2-22-2 是 2001—2018 年重庆 SCI 检索论文历年得分及排名。重庆 SCI 检索论文得分呈逐年上升趋势，排名由 2001 年的第 22 位波动上升到 2018 年的第 16 位。

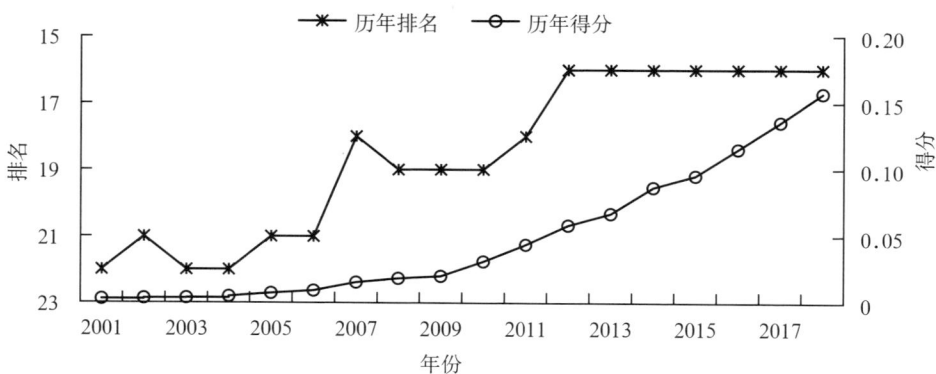

图 2-22-2　重庆 SCI 检索得分及排名

（2）EI 检索论文得分及排名

图 2-22-3 是 2001—2018 年重庆 EI 检索论文历年得分及排名。重庆 EI 论文检索得分呈逐年上升趋势，排名从 2001 年的第 19 位波动上升到 2018 年的第 16 位。

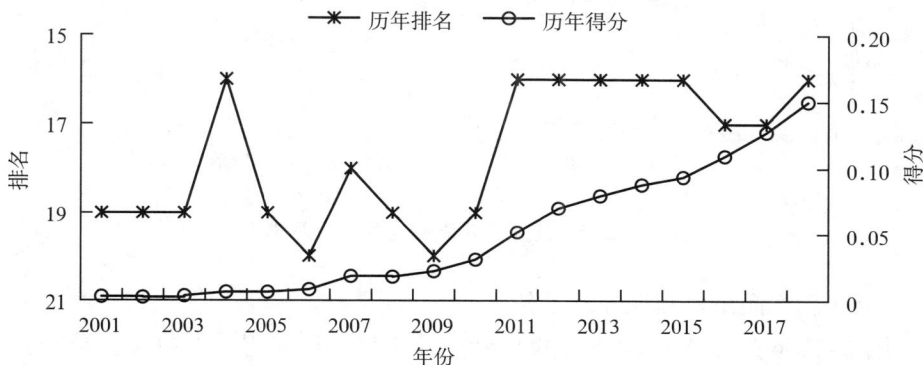

图 2-22-3 重庆 EI 检索得分及排名

（3）发明专利得分及排名

图 2-22-4 是 2001—2018 年重庆发明专利历年得分及排名。重庆发明专利得分呈逐年上升趋势，排名从 2001 年的第 27 位波动上升到 2018 年的第 15 位。

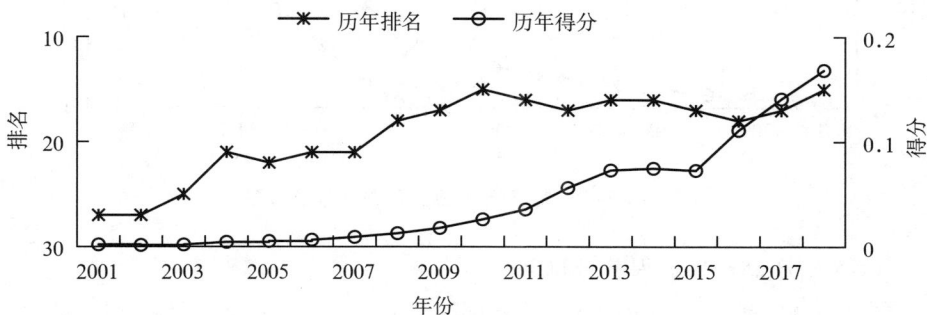

图 2-22-4 重庆发明专利得分及排名

（4）实用新型专利得分及排名

图 2-22-5 是 2001—2018 年重庆实用新型专利历年得分及排名。重庆实用新型专利得分呈上升趋势，排名从 2001 年的第 21 位波动上升到 2018 年的第

13 位。

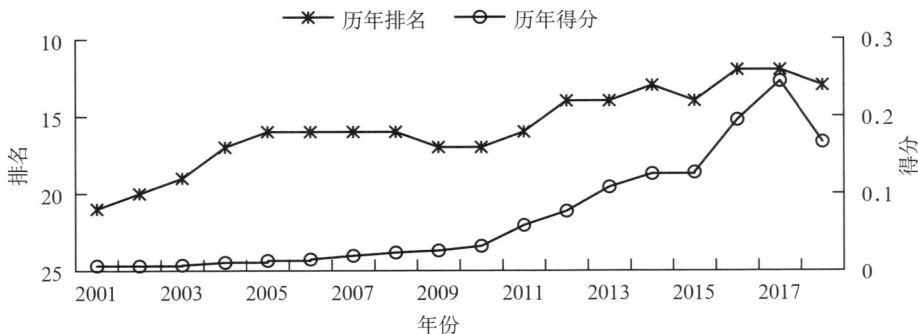

图 2-22-5　重庆实用新型专利得分及排名

（5）新产品出口额得分及排名

图 2-22-6 是 2001—2018 年重庆新产品出口额历年得分及排名。重庆新产品出口额得分呈波动上升趋势，排名从 2001 年的第 8 位波动上升到 2018 年的第 5 位。

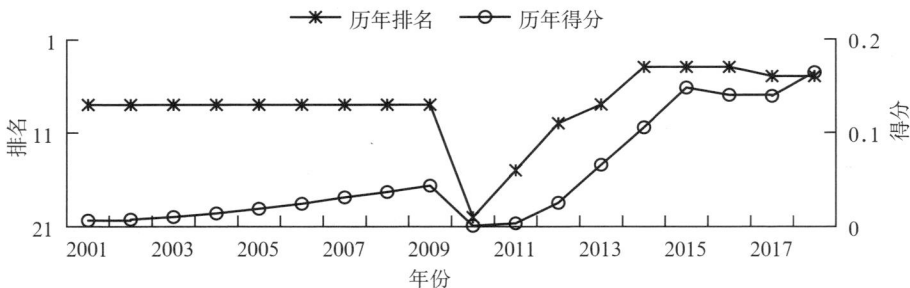

图 2-22-6　重庆新产品出口额得分及排名

（6）新产品销售额得分及排名

图 2-22-7 是 2001—2018 年重庆新产品销售额历年得分及排名。重庆新产品销售额得分呈上升趋势，排名从 2001 年的第 12 位波动上升到 2018 年的第 8 位。

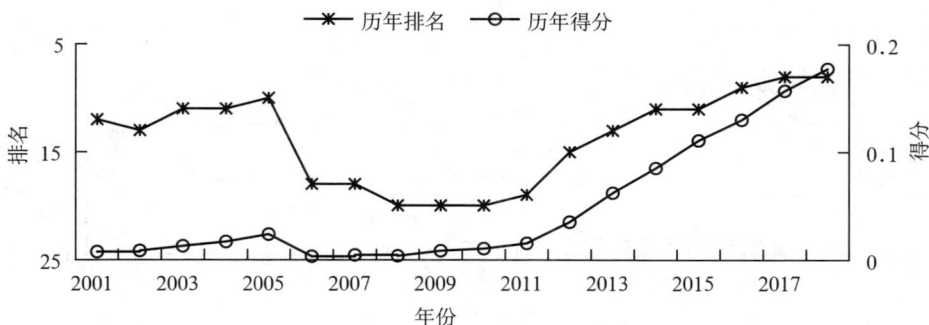

图 2-22-7　重庆新产品销售额得分及排名

（7）技术合同流出金额得分及排名

图 2-22-8 是 2001—2018 年重庆技术合同流出金额历年得分及排名。重庆技术合同流出金额得分呈波动上升趋势，排名从 2001 年的第 6 位波动下降到 2018 年的第 22 位。

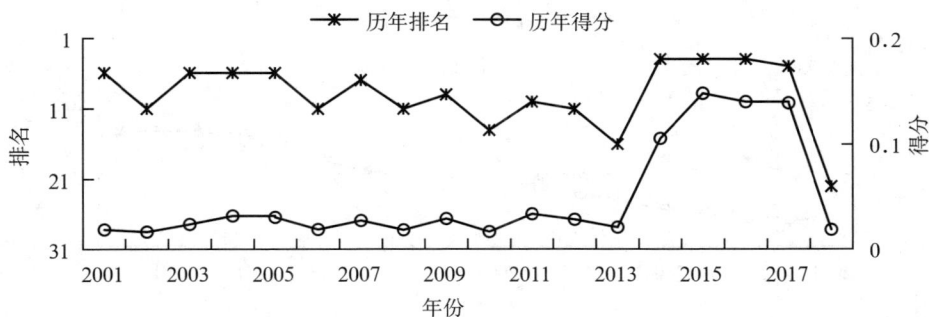

图 2-22-8　重庆技术合同流出金额得分及排名

（8）技术合同流入金额得分及排名

图 2-22-9 是 2001—2018 年重庆技术合同流入金额历年得分及排名。重庆技术合同流入金额得分呈波动上升趋势，排名从 2001 年的第 14 位波动下降到 2018 年的第 15 位。

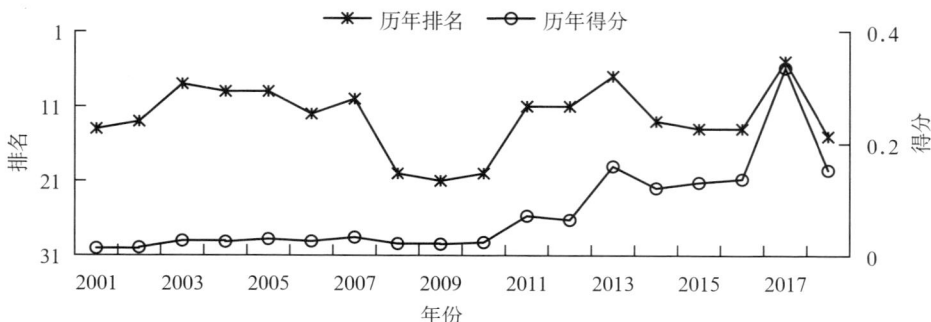

图 2-22-9　重庆技术合同流入金额得分及排名

（9）研发人员全时当量得分及排名

图 2-22-10 是 2001—2018 年重庆研发人员全时当量历年得分及排名。重庆研发人员全时当量得分呈逐年上升趋势，排名从 2001 年的第 21 位波动上升到 2018 年的第 17 位。

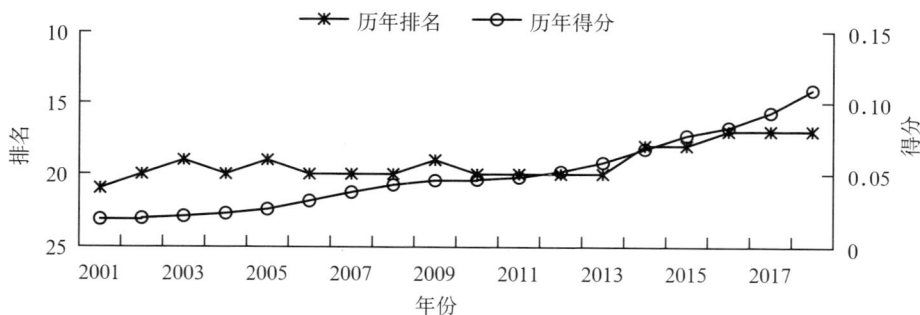

图 2-22-10　重庆研发人员全时当量得分及排名

（10）研发人员比例得分及排名

图 2-22-11 是 2001—2018 年重庆研发人员比例历年得分及排名。重庆研发人员比例得分呈逐年上升趋势，排名从 2001 年的第 15 位波动上升到 2018 年的第 10 位。

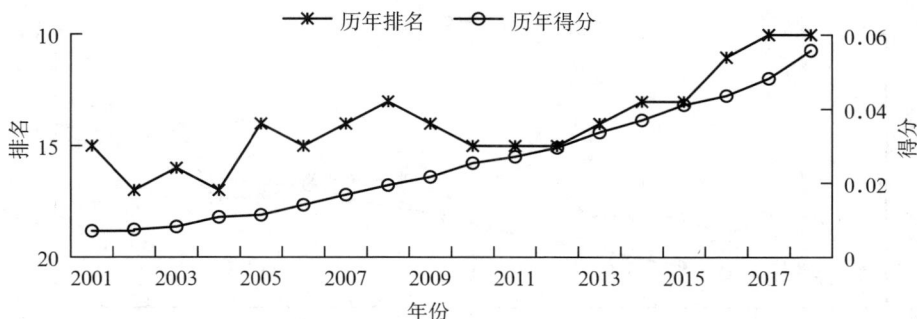

图 2-22-11 重庆研发人员比例得分及排名

（11）研发经费支出得分及排名

图 2-22-12 是 2001—2018 年重庆研发经费支出历年得分及排名。重庆研发经费支出得分呈逐年上升趋势，排名从 2001 年的第 19 位波动上升到 2018 年的第 17 位。

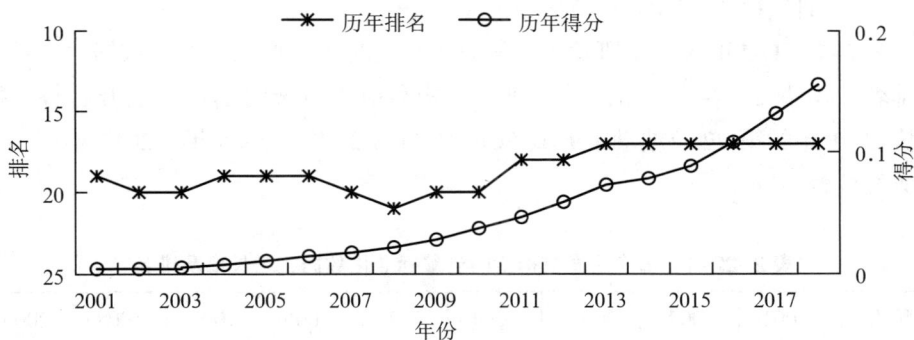

图 2-22-12 重庆研发经费支出得分及排名

（12）研发经费支出强度得分及排名

图 2-22-13 是 2001—2018 年重庆研发经费支出强度历年得分及排名。重庆研发经费支出强度得分呈逐年上升趋势，排名从 2001 年的第 18 位波动上升到 2018 年的第 11 位。

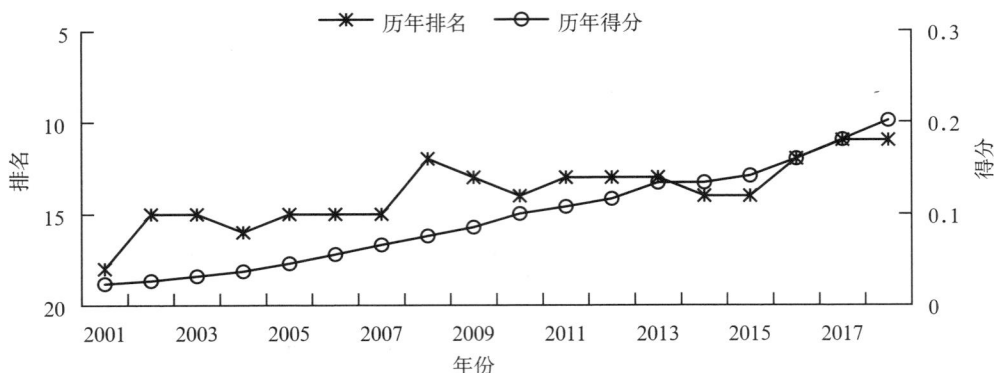

图 2-22-13　重庆研发经费支出强度得分及排名

22.3　科技创新竞争力投入要素分析

22.3.1　研发人员投入分析

（1）研发机构人员全时当量分析

表 2-22-1 是重庆历年研发机构科研人员全时当量投入标准化数据、增长率及排名。由表 2-22-1 可知，重庆研发机构科研人员全时当量呈上升趋势，排名从 2001 年的第 22 位波动上升到 2018 年的第 21 位。2008 年、2013 年、2016年增长显著。

表 2-22-1　重庆研发机构全时当量标准化数据、增长率及排名

年份	2001	2002	2003	2004	2005	2006	2007	2008	2009
得分	0.256	0.323	0.227	0.238	0.260	0.259	0.227	0.305	0.272
增长率 /%		26.2	−29.72	4.85	9.24	−0.38	−12.4	34.4	−10.8
排名	22	22	23	23	23	23	23	22	22
年份	2010	2011	2012	2013	2014	2015	2016	2017	2018
得分	0.275	0.279	0.316	0.413	0.528	0.580	0.375	0.483	0.571
增长率 /%	1.10	1.45	13.3	30.7	27.8	9.85	−35.3	28.8	18.2
排名	23	26	25	23	22	20	24	22	21

（2）高校人员全时当量分析

表 2-22-2 是重庆历年高校科研人员全时当量投入标准化数据、增长率及排名。由表 2-22-2 可知，重庆高校人员全时当量呈上升趋势，排名从 2001 年的第 19 位波动回归到 2018 年的第 19 位。

表 2-22-2　重庆高校全时当量标准化数据、增长率及排名

年份	2001	2002	2003	2004	2005	2006	2007	2008	2009
得分	0.448	0.514	0.574	0.605	0.610	0.525	0.631	0.738	0.814
增长率 /%		14.7	11.7	5.40	0.83	−13.9	20.2	17.0	10.3
排名	19	17	17	17	17	19	19	17	18

年份	2010	2011	2012	2013	2014	2015	2016	2017	2018
得分	0.779	0.674	0.862	0.762	0.797	0.830	0.836	0.945	1.030
增长率 /%	−4.30	−13.5	27.9	−11.6	4.59	4.14	0.72	13.0	8.99
排名	19	19	18	18	18	19	19	20	19

（3）大中型企业科研人员全时当量分析

表 2-22-3 是重庆历年大中型企业科研人员全时当量投入标准化数据、增长率及排名。由表 2-22-3 可知，重庆大中型企业科研人员全时当量标准化数据呈上升趋势，排名从 2001 年的第 21 位波动上升到 2018 年的第 16 位。2006 年、2009 年增长显著。

表 2-22-3　重庆大中型企业科研人员全时当量标准化数据、增长率及排名

年份	2001	2002	2003	2004	2005	2006	2007	2008	2009
得分	0.160	0.139	0.167	0.162	0.166	0.272	0.333	0.351	0.457
增长率 /%		−13.1	20.1	−2.99	2.47	63.9	22.4	5.41	30.2
排名	21	20	20	20	21	17	17	17	18

年份	2010	2011	2012	2013	2014	2015	2016	2017	2018
得分	0.511	0.507	0.531	0.677	0.774	0.897	1.073	1.106	1.161
增长率 /%	11.8	−0.78	4.73	27.5	14.3	15.9	19.6	3.08	4.97
排名	19	19	19	19	18	18	17	16	16

22.3.2 研发经费支出分析

（1）研发机构研发经费支出

表2-22-4是重庆历年研发机构经费内部总支出、人均研发机构经费内部支出标准化数据、增长率及排名。由表2-22-4可知，重庆总研发经费内部支出与人均科研经费内部支出历年标准化数据均呈上升趋势；总研发经费内部支出排名从2001年的第22位波动上升到2018年的第19位；人均研发经费内部支出排名从2001年的第23位波动上升到2018年的第19位。总投入2002年、2009年、2012年、2013年增长显著，2011年、2017年增长突出，2003年、2015年、2016年下降明显；人均投入2013年、2017年增长显著，2011年增长突出，2003年、2015年、2016年下降明显。

表2-22-4　重庆研发机构经费支出标准化数据、增长率及排名

年份		2001	2002	2003	2004	2005	2006	2007	2008	2009
总投入及排名	数据	0.050	0.070	0.041	0.049	0.056	0.060	0.076	0.070	0.093
	增长率/%		40	−41.4	19.5	14.3	7.14	26.7	−7.89	32.9
	排名	22	22	22	23	22	23	22	23	23
人均投入排名	数据	0.329	0.356	0.204	0.227	0.257	0.235	0.253	0.214	0.241
	增长率/%		8.21	−42.7	11.3	13.2	−8.56	7.66	−15.4	12.6
	排名	23	20	25	24	24	24	26	28	27
年份		2010	2011	2012	2013	2014	2015	2016	2017	2018
总投入及排名	数据	0.102	0.213	0.285	0.486	0.577	0.403	0.273	0.566	0.669
	增长率/%	9.68	108.8	33.8	70.5	18.7	−30.2	−32.3	107.3	18.2
	排名	24	22	21	17	17	22	24	20	19
人均投入排名	数据	0.242	0.497	0.629	0.976	1.022	0.625	0.382	0.751	0.803
	增长率/%	0.41	105.4	26.6	55.2	4.71	−38.8	−38.9	96.6	6.92
	排名	26	24	19	12	13	22	27	21	19

（2）高校研发经费支出

表 2-22-5 是重庆历年高校经费内部总支出、人均高校经费内部支出标准化数据、增长率及排名。由表 2-22-5 可知，重庆高校总研发经费内部支出与人均科研经费内部支出历年标准化数据均呈上升趋势；总研发经费内部支出排名从 2001 年的第 15 位波动回归到 2018 年的第 15 位；人均研发经费内部支出排名从 2001 年的第 10 位波动上升到 2018 年的第 7 位。总投入 2002 年、2005 年、2006 年、2010 年、2012 年、2014 年、2018 年增长显著，人均投入 2005 年、2006 年、2010 年、2014 年增长显著。

表 2-22-5　重庆高校经费支出标准化数据、增长率及排名

年份		2001	2002	2003	2004	2005	2006	2007	2008	2009
总投入及排名	数据	0.074	0.100	0.091	0.109	0.196	0.317	0.368	0.388	0.436
	增长率 /%		35.1	−9	19.8	79.8	61.7	16.1	5.43	12.4
	排名	15	16	17	17	17	14	15	16	16
人均投入排名	数据	0.461	0.482	0.431	0.483	0.860	1.190	1.165	1.128	1.076
	增长率 /%		4.56	−10.6	12.1	78.1	38.4	−2.10	−3.18	−4.61
	排名	10	10	15	15	9	7	8	10	11

年份		2010	2011	2012	2013	2014	2015	2016	2017	2018
总投入及排名	数据	0.624	0.723	0.962	0.779	1.155	1.176	1.128	1.274	1.779
	增长率 /%	43.1	15.9	33.1	−19.0	48.3	1.82	−4.08	12.9	39.6
	排名	16	16	16	16	16	16	17	16	15
人均投入排名	数据	1.411	1.610	2.020	1.491	1.951	1.741	1.506	1.613	2.037
	增长率 /%	31.1	14.1	25.5	−26.2	30.9	−10.8	−13.5	7.10	26.3
	排名	9	7	5	12	8	10	11	11	7

（3）大中型企业研发经费支出

表 2-22-6 是重庆历年大中型企业经费内部总支出、人均大中型企业经费内部支出标准化数据、增长率及排名。由表 2-22-6 可知，重庆大中型企业总研发

经费内部支出与人均科研经费内部支出历年标准化数据均呈上升趋势；总研发经费内部支出排名从 2001 年的第 20 位波动上升到 2018 年的第 16 位；人均研发经费内部支出排名从 2001 年的第 16 位波动上升到 2018 年的第 3 位。总投入 2004—2007 年、2009 年、2013 年增长显著，2002 年下降明显；人均投入 2005 年增长显著，2002 年下降明显。

表 2-22-6 重庆企业经费支出标准化数据、增长率及排名

年份		2001	2002	2003	2004	2005	2006	2007	2008	2009
总投入及排名	数据	0.054	0.034	0.040	0.056	0.079	0.116	0.170	0.209	0.277
	增长率/%		−37.0	17.6	40	41.1	46.8	46.6	22.9	32.5
	排名	20	20	20	20	19	19	16	18	19
人均投入排名	数据	0.435	0.209	0.244	0.317	0.448	0.559	0.692	0.783	0.880
	增长率/%		−52.0	16.7	29.9	41.3	24.8	23.8	13.2	12.4
	排名	16	21	23	18	11	14	9	13	12
年份		2010	2011	2012	2013	2014	2015	2016	2017	2018
总投入及排名	数据	0.347	0.446	0.531	0.745	0.924	1.095	1.313	1.575	1.874
	增长率/%	25.3	28.5	19.1	40.3	24.0	18.5	19.9	20.0	19.0
	排名	19	20	19	17	17	17	16	16	16
人均投入排名	数据	1.011	1.278	1.436	1.837	2.011	2.090	2.259	2.570	2.763
	增长率/%	14.9	26.4	12.4	27.9	9.47	3.93	8.09	13.8	7.51
	排名	11	13	6	6	6	6	6	2	3

23 四川科技创新竞争力各指标及影响因素分析

23.1 科技创新竞争力得分及排名分析

图 2-23-1 是 2001—2018 年四川科技创新竞争力历年得分及排名。四川科技创新竞争力得分呈逐年上升趋势，排名呈波动趋势，从 2001 年的第 9 位波动

上升到 2018 年的第 8 位。

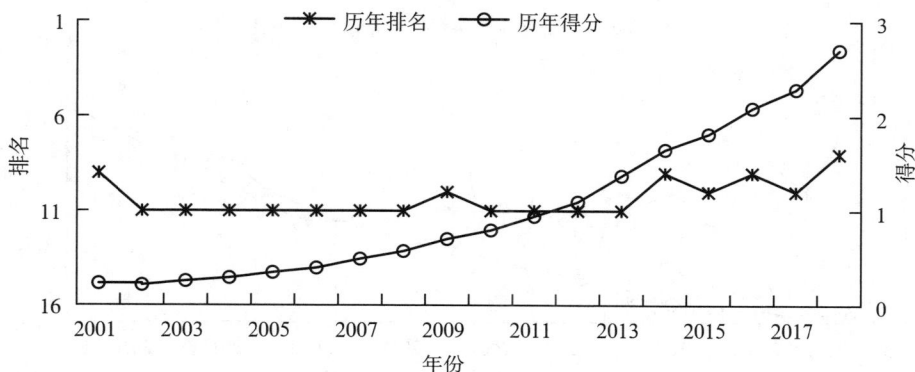

图 2-23-1 四川科技创新竞争力历年得分及排名

23.2 科技创新竞争力各指标得分及排名

（1）SCI 检索论文得分及排名

图 2-23-2 是 2001—2018 年四川 SCI 检索论文历年得分及排名。四川 SCI 检索论文得分呈逐年上升趋势，排名由 2001 年的第 14 位波动上升到 2018 年的第 9 位。

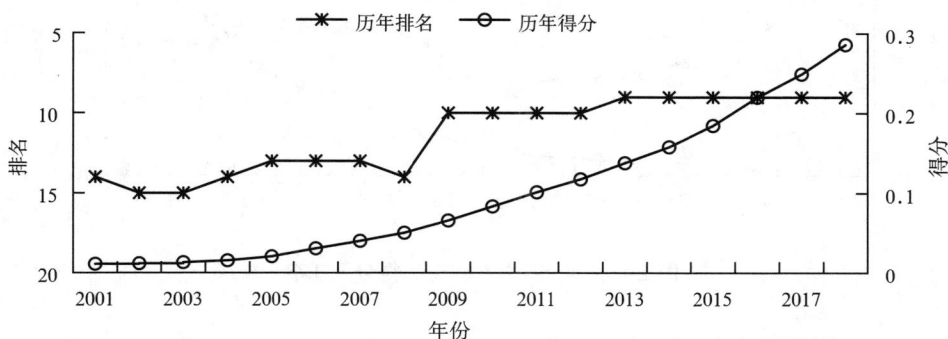

图 2-23-2 四川 SCI 检索得分及排名

（2）EI 检索论文得分及排名

图 2-23-3 是 2001—2018 年四川 EI 检索论文历年得分及排名。四川 EI 论文检索得分呈逐年上升趋势，排名从 2001 年的第 5 位波动下降到 2018 年的第

6位。

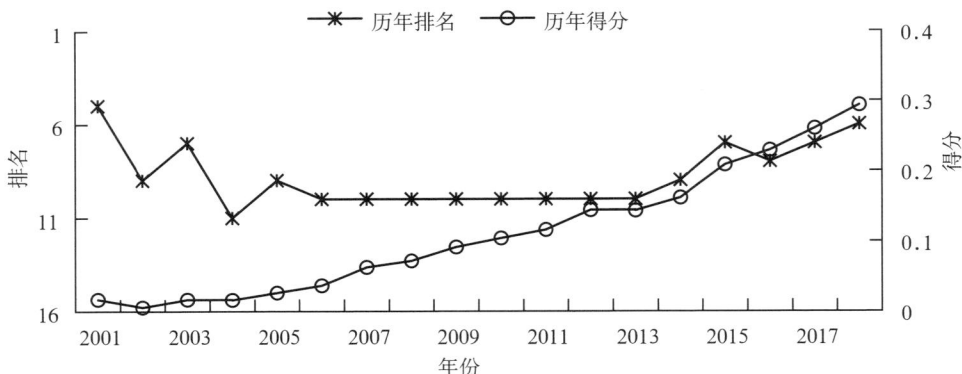

图 2-23-3　四川 EI 检索得分及排名

（3）发明专利得分及排名

图 2-23-4 是 2001—2018 年四川发明专利历年得分及排名。四川发明专利得分呈逐年上升趋势，排名从 2001 年的第 7 位波动下降到 2018 年的第 8 位。

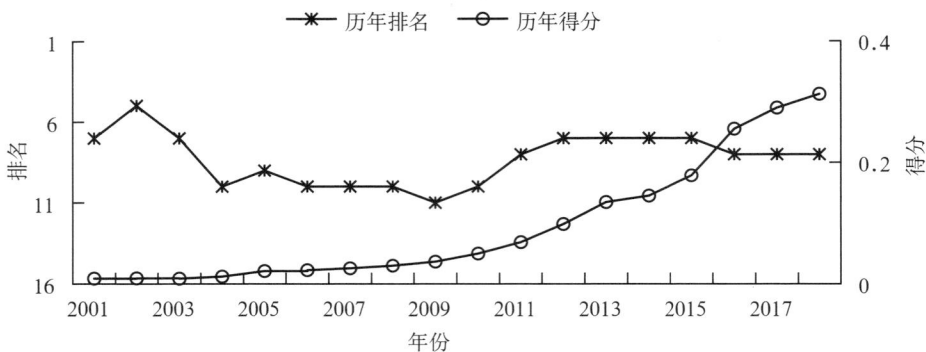

图 2-23-4　四川发明专利得分及排名

（4）实用新型专利得分及排名

图 2-23-5 是 2001—2018 年四川实用新型专利历年得分及排名。四川实用新型专利得分呈波动上升趋势，排名从 2001 年的第 11 位波动上升到 2018 年的第 10 位。

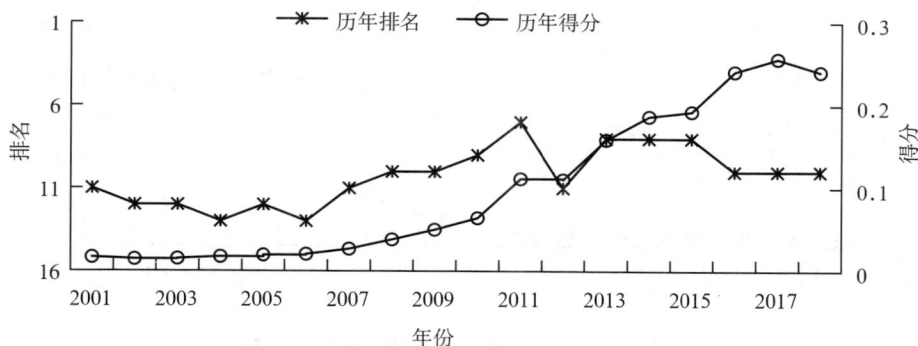

图 2-23-5　四川实用新型专利得分及排名

（5）新产品出口额得分及排名

图 2-23-6 是 2001—2018 年四川新产品出口额历年得分及排名。四川新产品出口额得分呈波动上升趋势，排名从 2001 年的第 11 位波动上升到 2018 年的第 6 位。

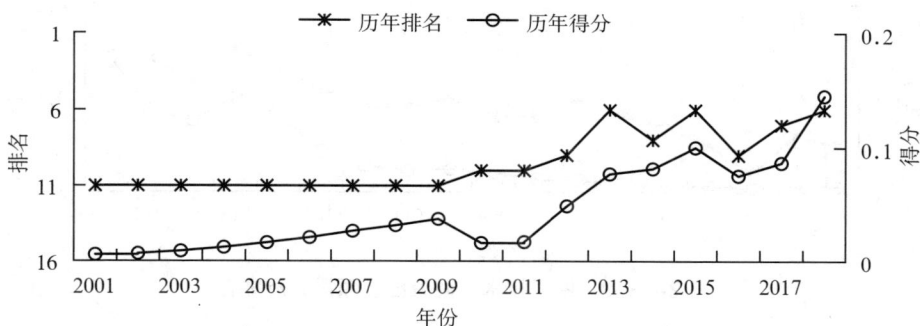

图 2-23-6　四川新产品出口额得分及排名

（6）新产品销售额得分及排名

图 2-23-7 是 2001—2018 年四川新产品销售额历年得分及排名。四川新产品销售额得分呈上升趋势，排名从 2001 年的第 10 位波动上升到 2018 年的第 5 位。

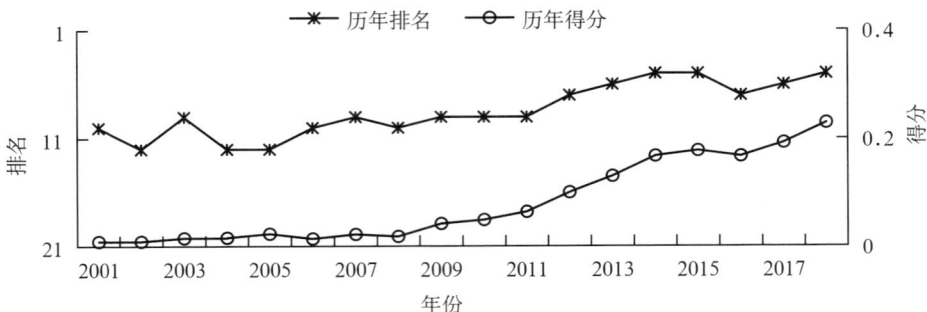

图 2-23-7　四川新产品销售额得分及排名

（7）技术合同流出金额得分及排名

图 2-23-8 是 2001—2018 年四川技术合同流出金额历年得分及排名。四川技术合同流出金额得分呈波动上升趋势，排名从 2001 年的第 16 位波动上升到 2018 年的第 8 位。

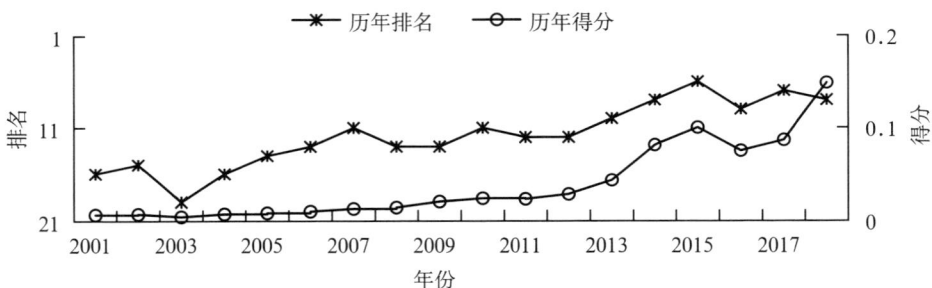

图 2-23-8　四川技术合同流出金额得分及排名

（8）技术合同流入金额得分及排名

图 2-23-9 是 2001—2018 年四川技术合同流入金额历年得分及排名。四川技术合同流入金额得分呈波动上升趋势，排名从 2001 年的第 17 位波动上升到 2018 年的第 7 位。

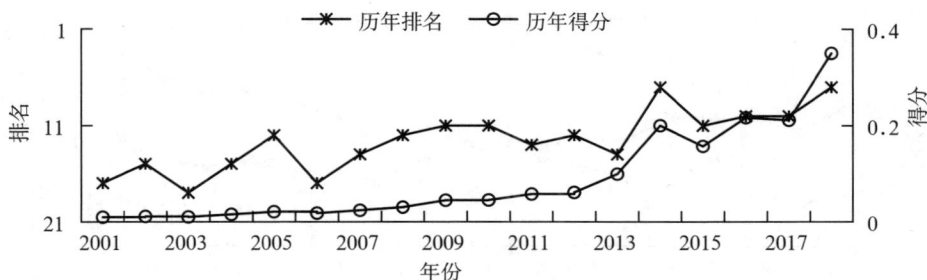

图 2-23-9 四川技术合同流入金额得分及排名

（9）研发人员全时当量得分及排名

图 2-23-10 是 2001—2018 年四川研发人员全时当量历年得分及排名。四川研发人员全时当量得分呈逐年上升趋势，排名从 2001 年的第 5 位波动下降到 2018 年的第 8 位。

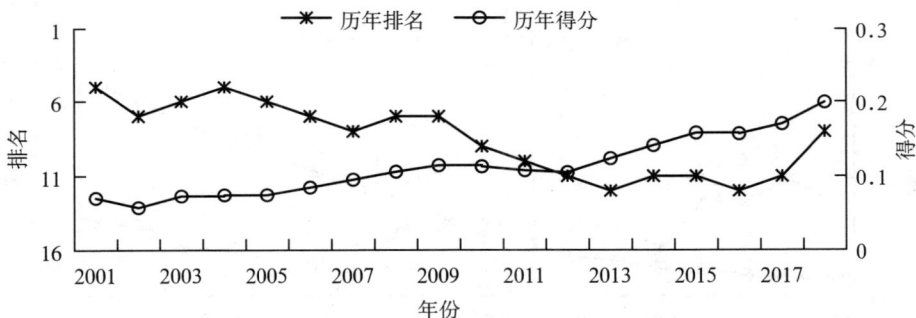

图 2-23-10 四川研发人员全时当量得分及排名

（10）研发人员比例得分及排名

图 2-23-11 是 2001—2018 年四川研发人员比例历年得分及排名。四川研发人员比例得分呈波动上升趋势，排名从 2001 年的第 12 位波动下降到 2018 年的第 16 位。

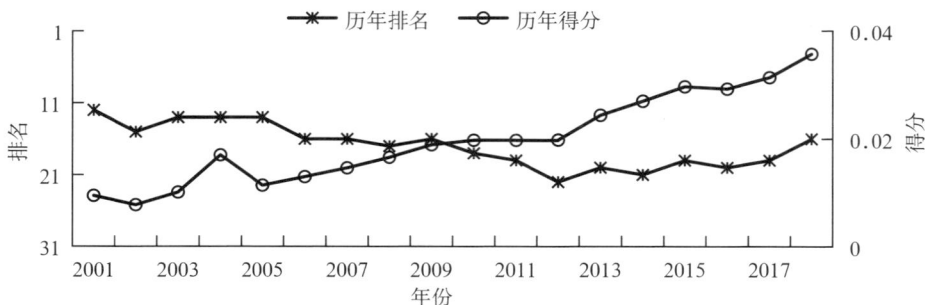

图 2-23-11　四川研发人员比例得分及排名

（11）研发经费支出得分及排名

图 2-23-12 是 2001—2018 年四川研发经费支出历年得分及排名。四川研发经费支出得分呈逐年上升趋势，排名从 2001 年的第 7 位波动下降到 2018 年的第 8 位。

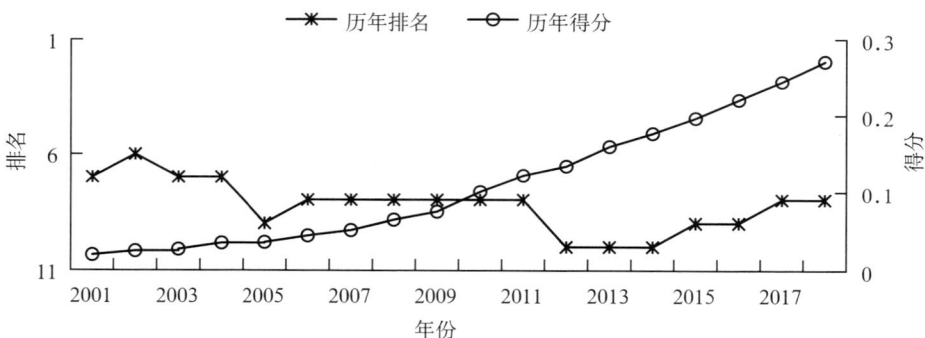

图 2-23-12　四川研发经费支出得分及排名

（12）研发经费支出强度得分及排名

图 2-23-13 是 2001—2018 年四川研发经费支出强度历年得分及排名。四川研发经费支出强度得分呈逐年上升趋势，排名从 2001 年的第 6 位波动下降到2018 年的第 13 位。

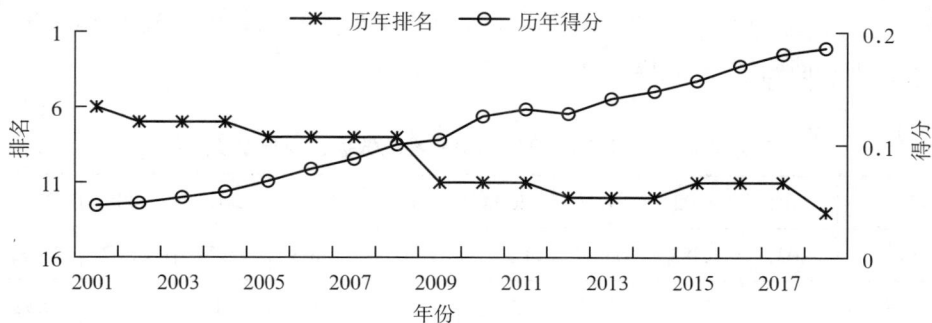

图 2-23-13 四川研发经费支出强度得分及排名

23.3 科技创新竞争力投入要素分析

23.3.1 研发人员投入分析

（1）研发机构人员全时当量分析

表 2-23-1 是四川历年研发机构科研人员全时当量投入标准化数据、增长率及排名。由表 2-23-1 可知，四川研发机构科研人员全时当量呈上升趋势，排名从 2001 年的第 3 位波动上升到 2018 年的第 2 位。

表 2-23-1 四川研发机构全时当量标准化数据、增长率及排名

年份	2001	2002	2003	2004	2005	2006	2007	2008	2009
得分	2.383	2.477	2.111	2.067	1.845	1.844	1.892	1.978	2.246
增长率/%		3.94	−14.8	−2.08	−10.7	−0.05	2.60	4.55	13.5
排名	3	3	3	3	3	3	3	3	4
年份	2010	2011	2012	2013	2014	2015	2016	2017	2018
得分	2.194	2.064	2.021	2.408	2.660	2.961	3.416	3.596	3.786
增长率/%	−2.32	−5.93	−2.08	19.1	10.5	11.3	15.4	5.27	5.28
排名	4	4	4	4	4	4	2	2	2

（2）高校人员全时当量分析

表 2-23-2 是四川历年高校科研人员全时当量投入标准化数据、增长率及排

名。由表 2-23-2 可知，四川高校人员全时当量呈上升趋势，排名从 2001 年的第 8 位波动回归到 2018 年的第 8 位。2002 年增长显著。

表 2-23-2　四川高校全时当量标准化数据、增长率及排名

年份	2001	2002	2003	2004	2005	2006	2007	2008	2009
得分	1.037	1.383	0.984	1.152	1.265	1.403	1.477	1.527	1.535
增长率 /%		33.4	−28.9	17.1	9.81	10.9	5.27	3.39	0.52
排名	8	2	7	6	6	8	7	5	7

年份	2010	2011	2012	2013	2014	2015	2016	2017	2018
得分	1.631	1.689	1.761	1.631	1.713	1.829	1.990	2.129	2.111
增长率 /%	6.25	3.56	4.26	−7.38	5.03	6.77	8.80	6.98	−0.85
排名	7	6	7	9	10	9	7	6	8

（3）大中型企业科研人员全时当量分析

表 2-23-3 是四川历年大中型企业科研人员全时当量投入标准化数据、增长率及排名。由表 2-23-3 可知，四川大中型企业科研人员全时当量标准化数据呈上升趋势，排名从 2001 年的第 5 位波动下降到 2018 年的第 13 位。2004 年、2014 年增长显著，2002 年下降明显。

表 2-23-3　四川大中型企业科研人员全时当量标准化数据、增长率及排名

年份	2001	2002	2003	2004	2005	2006	2007	2008	2009
得分	0.493	0.338	0.380	0.667	0.608	0.551	0.613	0.636	0.821
增长率 /%		−31.4	12.4	75.5	−8.85	−9.38	11.3	3.75	29.1
排名	5	9	9	4	6	8	8	9	8

年份	2010	2011	2012	2013	2014	2015	2016	2017	2018
得分	0.938	0.919	0.848	0.902	1.238	1.425	1.522	1.393	1.473
增长率 /%	14.3	−2.03	−7.73	6.37	37.3	15.1	6.81	−8.48	5.74
排名	7	9	12	16	15	14	14	13	13

23.3.2 研发经费支出分析

（1）研发机构研发经费支出

表 2-23-4 是四川历年研发机构经费内部总支出、人均研发机构经费内部支出标准化数据、增长率及排名。由表 2-23-4 可知，四川总研发经费内部支出与人均科研经费内部支出历年标准化数据均呈上升趋势；总研发经费内部支出排名从 2001 年的第 2 位波动下降到 2018 年的第 3 位；人均研发经费内部支出排名从 2001 年的第 5 位波动上升到 2018 年的第 3 位。总投入 2003 年、2005 年、2009 年、2011 年、2012 年增长显著，人均投入 2003 年、2005 年、2011 年、2012 增长显著。

表 2-23-4 四川研发机构经费支出标准化数据、增长率及排名

年份		2001	2002	2003	2004	2005	2006	2007	2008	2009
总投入及排名	数据	0.666	0.816	1.068	0.964	1.354	1.037	1.210	1.289	1.679
	增长率/%		22.5	30.9	-9.74	40.5	-23.4	16.7	6.53	30.3
	排名	2	2	2	4	2	4	4	4	4
人均投入排名	数据	1.093	1.107	1.812	1.285	1.911	1.409	1.490	1.536	1.740
	增长率/%		1.28	63.7	-29.1	48.7	-26.3	5.75	3.09	13.3
	排名	5	2	2	5	2	4	5	6	5
年份		2010	2011	2012	2013	2014	2015	2016	2017	2018
总投入及排名	数据	2.051	2.867	3.906	4.037	4.846	5.291	5.947	6.668	6.848
	增长率/%	22.2	39.8	36.2	3.35	20.0	9.18	12.4	12.1	2.70
	排名	4	3	2	3	3	3	3	3	3
人均投入排名	数据	1.932	2.726	3.809	3.998	4.040	3.940	4.060	4.663	4.490
	增长率/%	11.0	41.1	39.7	4.96	1.05	-2.48	3.05	14.9	-3.71
	排名	6	3	2	2	2	3	3	2	3

（2）高校研发经费支出

表 2-23-5 是四川历年高校经费内部总支出、人均高校经费内部支出标准化

数据、增长率及排名。由表 2-23-5 可知，四川高校总研发经费内部支出与人均科研经费内部支出历年标准化数据均呈上升趋势；总研发经费内部支出排名从 2001 年的第 8 位波动回归到 2018 年的第 8 位；人均研发经费内部支出排名从 2001 年的第 14 位波动上升到 2018 年的第 8 位。总投入 2003 年、2004 年、2009 年、2012 年增长显著，人均投入 2003 年、2012 年增长显著。

表 2-23-5　四川高校经费支出标准化数据、增长率及排名

年份		2001	2002	2003	2004	2005	2006	2007	2008	2009
总投入及排名	数据	0.246	0.222	0.342	0.536	0.640	0.821	0.979	1.000	1.337
	增长率/%		-9.76	54.1	56.7	19.4	28.3	19.2	2.14	33.7
	排名	8	9	7	4	4	5	4	6	4
人均投入排名	数据	0.384	0.288	0.552	0.681	0.861	1.063	1.148	1.136	1.321
	增长率/%		-25	91.7	23.4	26.4	23.5	8.00	-1.05	16.3
	排名	14	16	11	9	8	10	9	9	7
年份		2010	2011	2012	2013	2014	2015	2016	2017	2018
总投入及排名	数据	1.509	1.839	2.436	3.002	2.597	2.875	2.946	3.120	3.207
	增长率/%	12.9	21.9	32.5	23.2	-13.5	10.7	2.47	5.91	2.79
	排名	4	4	4	4	8	8	8	9	8
人均投入排名	数据	1.355	1.667	2.264	2.835	2.064	2.042	1.917	2.080	2.005
	增长率/%	2.57	23.0	35.8	25.2	-27.2	-1.07	-6.12	8.50	-3.61
	排名	11	4	2	2	7	7	8	10	8

（3）大中型企业研发经费支出

表 2-23-6 是四川历年大中型企业经费内部总支出、人均大中型企业经费内部支出标准化数据、增长率及排名。由表 2-23-6 可知，四川大中型企业总研发经费内部支出与人均科研经费内部支出历年标准化数据均呈上升趋势；总研发经费内部支出排名从 2001 年的第 7 位波动下降到 2018 年的第 13 位；人均研发经费内部支出排名从 2001 年的第 25 位波动上升到 2018 年的第 22 位。总投入

2003 年、2004 年、2007 年、2009 年、2011 年、2014 年增长显著，2002 年下降明显；人均投入 2003 年、2011 年、2013 年增长显著，2002 年下降明显。

表 2-23-6　四川企业经费支出标准化数据、增长率及排名

年份		2001	2002	2003	2004	2005	2006	2007	2008	2009
总投入及排名	数据	0.150	0.075	0.100	0.132	0.154	0.193	0.274	0.341	0.447
	增长率 /%		−50	33.3	32	16.7	25.3	42.0	24.5	31.1
	排名	7	13	12	9	10	12	12	12	10
人均投入排名	数据	0.302	0.125	0.209	0.216	0.267	0.322	0.415	0.499	0.570
	增长率 /%		−58.6	67.2	3.35	23.6	20.6	28.9	20.2	14.2
	排名	25	26	24	27	27	26	22	24	24
年份		2010	2011	2012	2013	2014	2015	2016	2017	2018
总投入及排名	数据	0.484	0.645	0.639	0.824	1.122	1.333	1.547	1.766	2.030
	增长率 /%	8.28	33.3	−0.93	29.0	36.2	18.8	16.1	14.2	14.9
	排名	14	15	15	15	15	15	15	15	13
人均投入排名	数据	0.560	0.754	0.765	1.003	1.149	1.219	1.297	1.517	1.635
	增长率 /%	−1.75	34.6	1.46	31.1	14.6	6.09	6.40	17.0	7.78
	排名	26	23	25	24	23	24	26	22	22

24　贵州科技创新竞争力各指标及影响因素分析

24.1　科技创新竞争力得分及增长率分析

图 2-24-1 是 2001—2018 年贵州科技创新竞争力历年得分及增长率。由图 2-24-1 可知，贵州科技创新竞争力得分呈逐年上升趋势，增长率呈波动趋势。

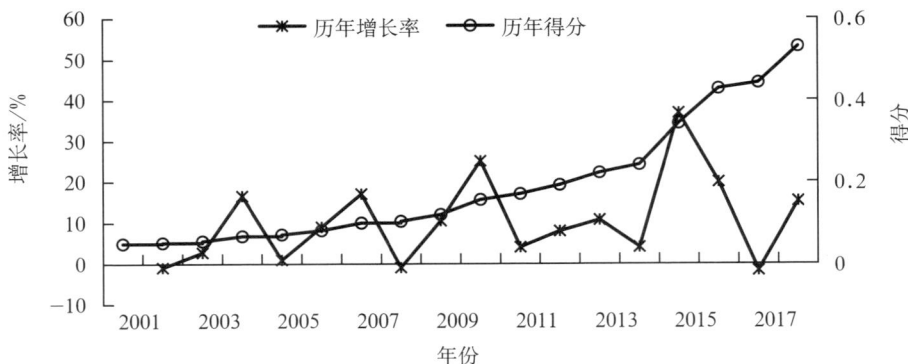

图 2-24-1　贵州科技创新竞争力历年得分及增长率

24.2　科技创新竞争力各指标得分及增长率

（1）SCI 检索论文得分及增长率

图 2-24-2 是 2001—2018 年贵州 SCI 检索论文历年得分及增长率。由图
2-24-2 可知，贵州 SCI 检索论文得分呈逐年上升趋势，增长率呈波动趋势。

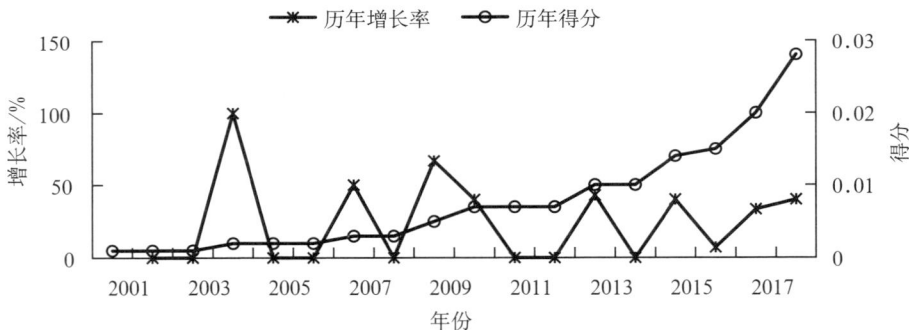

图 2-24-2　贵州 SCI 检索得分及增长率

（2）EI 检索论文得分及增长率

图 2-24-3 是 2001—2018 年贵州 EI 检索论文历年得分及增长率。由图 2-24-3
可知，贵州 EI 论文检索得分呈逐年上升趋势，增长率呈波动趋势。

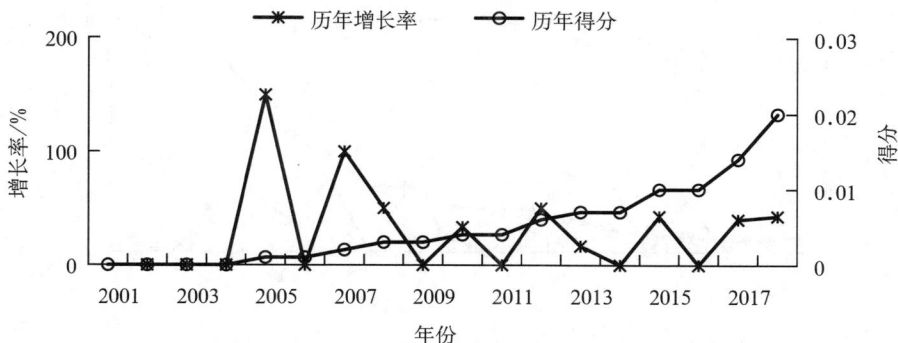

图 2-24-3　贵州 EI 检索得分及增长率

（3）发明专利得分及增长率

图 2-24-4 是 2001—2018 年贵州发明专利历年得分及增长率。由图 2-24-4 可知，贵州发明专利得分呈逐年上升趋势，增长率呈波动趋势。

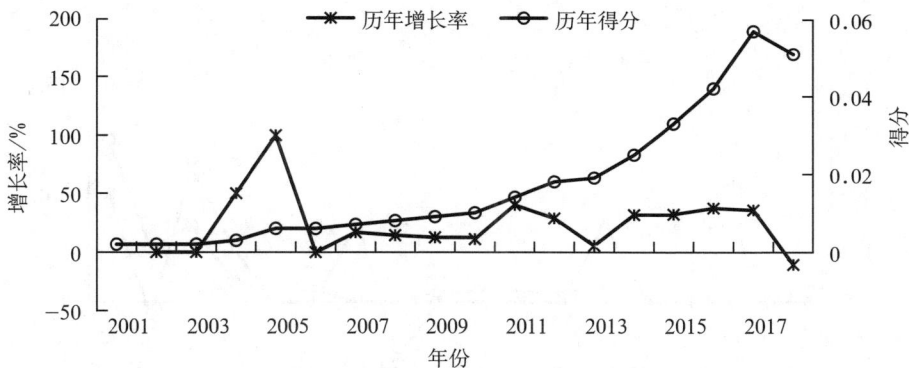

图 2-24-4　贵州发明专利得分及增长率

（4）实用新型专利得分及增长率

图 2-24-5 是 2001—2018 年贵州实用新型专利历年得分及增长率。由图 2-24-5 可知，贵州实用新型专利得分呈上升趋势，增长率呈波动趋势。

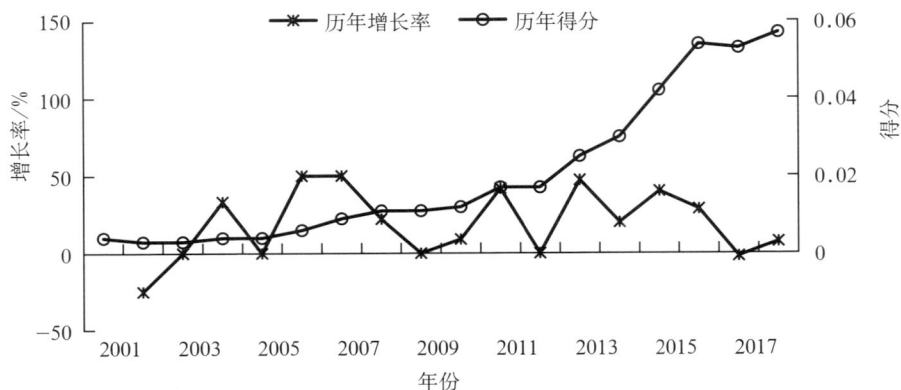

图 2-24-5 贵州实用新型专利得分及增长率

（5）新产品出口额得分及增长率

图 2-24-6 是 2001—2018 年贵州新产品出口额历年得分及增长率。由图 2-24-6 可知，贵州新产品出口额得分呈波动上升趋势，增长率呈波动趋势。

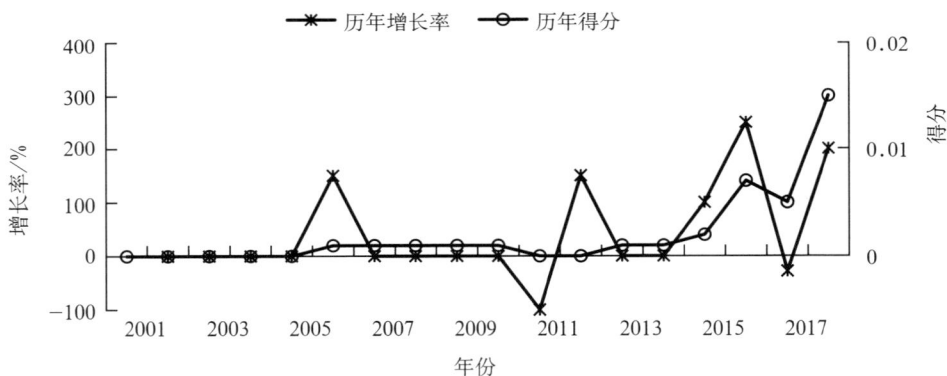

图 2-24-6 贵州新产品出口额得分及增长率

（6）新产品销售额得分及增长率

图 2-24-7 是 2001—2018 年贵州新产品销售额历年得分及增长率。由图 2-24-7 可知，贵州新产品销售额得分呈逐年上升趋势，增长率呈波动趋势。

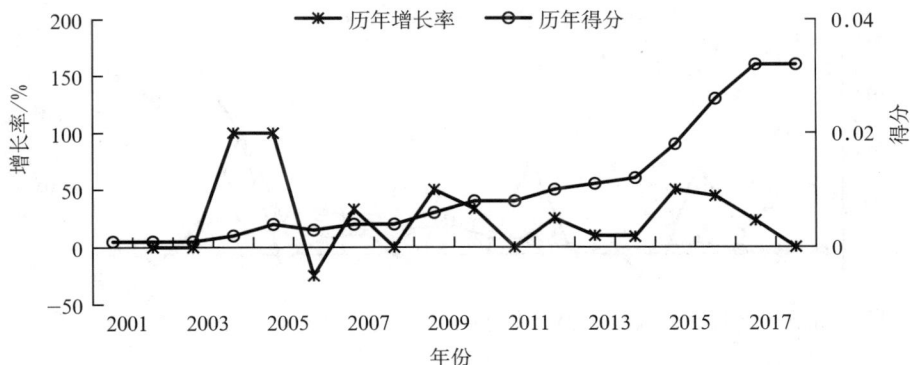

图 2-24-7 贵州新产品销售额得分及增长率

（7）技术合同流出金额得分及增长率

图 2-24-8 是 2001—2018 年贵州技术合同流出金额历年得分及增长率。由图 2-24-8 可知，贵州技术合同流出金额得分呈波动上升趋势，增长率呈波动趋势，2018 年增长突出。

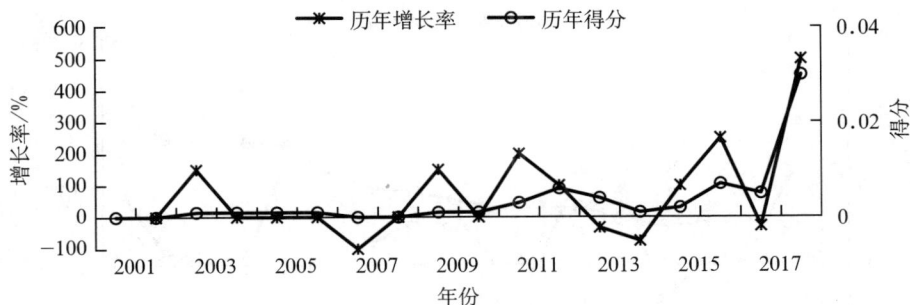

图 2-24-8 贵州技术合同流出金额得分及增长率

（8）技术合同流入金额得分及增长率

图 2-24-9 是 2001—2018 年贵州技术合同流入金额历年得分及增长率。由图 2-24-9 可知，贵州技术合同流入金额得分呈波动上升趋势，增长率呈波动趋势。

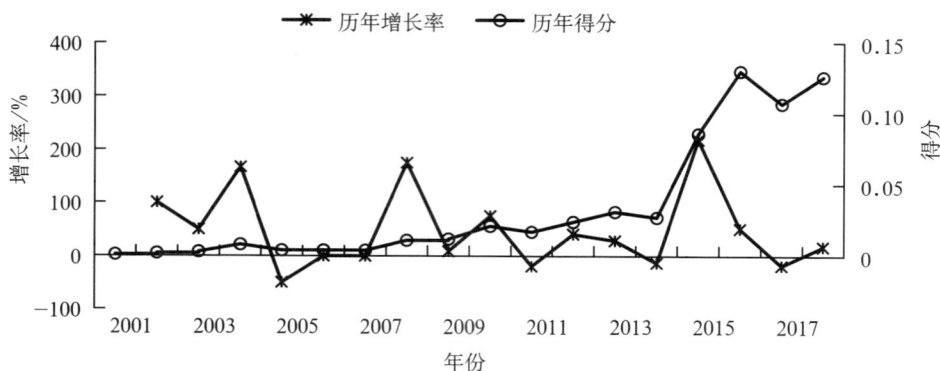

图 2-24-9　贵州技术合同流入金额得分及增长率

（9）研发人员全时当量得分及增长率

图 2-24-10 是 2001—2018 年贵州研发人员全时当量历年得分及增长率。由图 2-24-10 可知，贵州研发人员全时当量得分呈逐年上升趋势，增长率呈波动趋势。

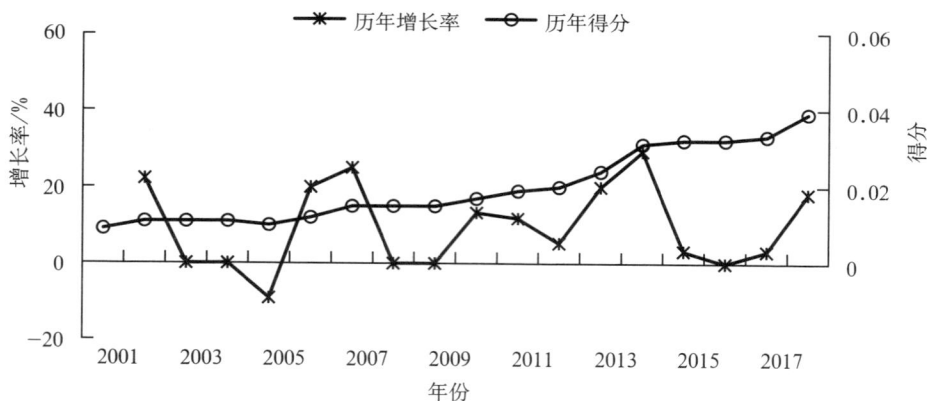

图 2-24-10　贵州研发人员全时当量得分及增长率

（10）研发人员比例得分及增长率

图 2-24-11 是 2001—2018 年贵州研发人员比例历年得分及增长率。由图 2-24-11 可知，贵州研发人员比例得分呈逐年上升趋势，增长率呈波动趋势。

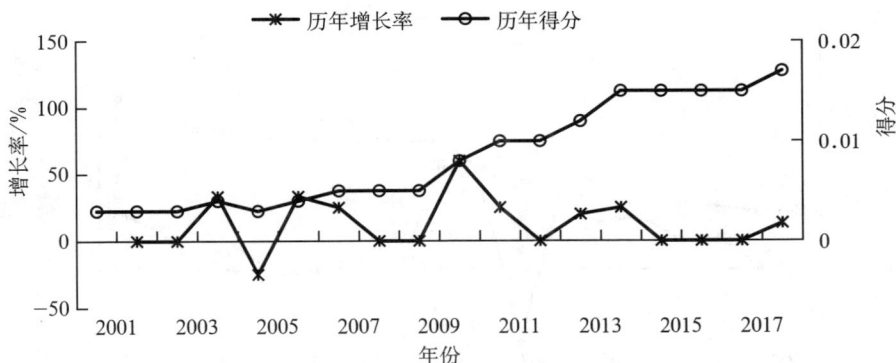

图 2-24-11　贵州研发人员比例得分及增长率

（11）研发经费支出得分及增长率

图 2-24-12 是 2001—2018 年贵州研发经费支出历年得分及增长率。由图 2-24-12 可知，贵州研发经费支出得分呈逐年上升趋势，增长率呈波动趋势。

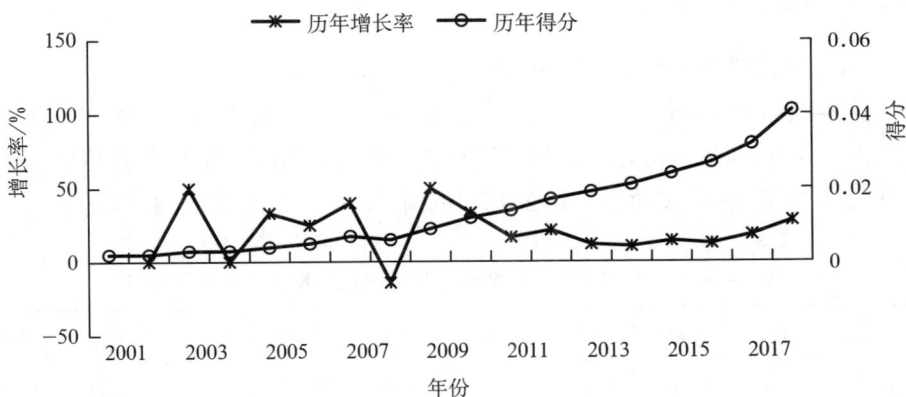

图 2-24-12　贵州研发经费支出得分及增长率

（12）研发经费投入强度得分及增长率

图 2-24-13 是 2001—2018 年贵州研发经费投入强度历年得分及增长率。由图 2-24-13 可知，贵州研发经费投入强度得分呈波动上升趋势，增长率呈波动趋势。

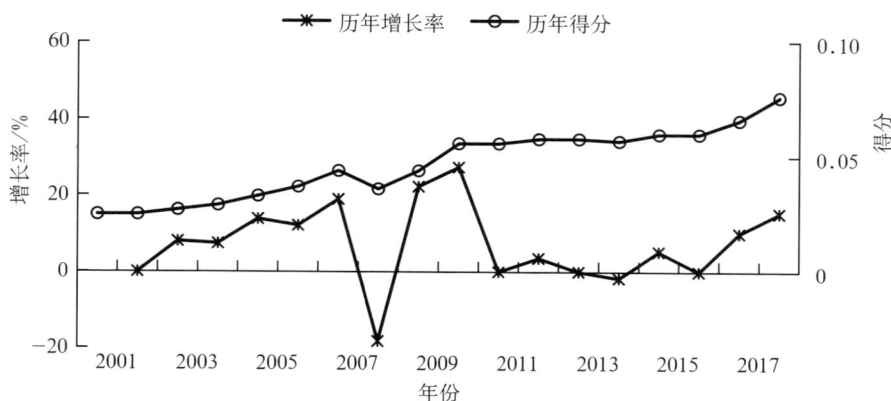

图 2-24-13　贵州研发经费投入强度得分及增长率

24.3　科技创新竞争力投入要素分析

24.3.1　研发人员投入分析

（1）研发机构人员全时当量分析

表 2-24-1 是贵州历年研发机构科研人员全时当量投入标准化数据、增长率及排名。由表 2-24-1 可知，贵州研发机构科研人员全时当量呈上升趋势，排名从 2001 年的第 25 位波动下降到 2018 年的第 26 位。2003 年下降明显。

表 2-24-1　贵州研发机构全时当量标准化数据、增长率及排名

年份	2001	2002	2003	2004	2005	2006	2007	2008	2009
得分	0.188	0.207	0.140	0.171	0.166	0.175	0.211	0.221	0.205
增长率 /%		10.1	−32.4	22.1	−2.92	5.42	20.6	4.74	−7.24
排名	25	25	26	26	26	26	25	25	26
年份	2010	2011	2012	2013	2014	2015	2016	2017	2018
得分	0.237	0.244	0.230	0.237	0.279	0.321	0.334	0.337	0.337
增长率 /%	15.6	2.95	−5.74	3.04	17.7	15.1	4.05	0.90	0
排名	27	27	27	27	27	27	26	26	26

（2）高校人员全时当量分析

表 2-24-2 是贵州历年高校科研人员全时当量投入标准化数据、增长率及排名。由表 2-24-2 可知，贵州高校人员全时当量呈上升趋势，排名从 2001 年的第 27 位波动上升到 2018 年的第 24 位。2003 年增长明显，2002 年下降明显。

表 2-24-2　贵州高校全时当量标准化数据、增长率及排名

年份	2001	2002	2003	2004	2005	2006	2007	2008	2009
得分	0.137	0.091	0.133	0.155	0.166	0.176	0.173	0.179	0.220
增长率/%		−33.6	46.2	16.5	7.10	6.02	−1.70	3.47	22.9
排名	27	26	27	27	27	27	27	26	27
年份	2010	2011	2012	2013	2014	2015	2016	2017	2018
得分	0.280	0.300	0.347	0.386	0.399	0.465	0.529	0.522	0.510
增长率/%	27.3	7.14	15.7	11.2	3.37	16.5	13.8	−1.32	−2.30
排名	25	25	25	25	27	25	24	24	24

（3）大中型企业科研人员全时当量分析

表 2-24-3 是贵州历年大中型企业科研人员全时当量投入标准化数据、增长率及排名。由表 2-24-3 可知，贵州大中型企业科研人员全时当量标准化数据呈上升趋势，排名从 2001 年的第 26 位波动上升到 2018 年的第 25 位。2002 年、2003 年、2015 年增长显著，2004 年下降明显。

表 2-24-3　贵州大中型企业科研人员全时当量标准化数据、增长率及排名

年份	2001	2002	2003	2004	2005	2006	2007	2008	2009
得分	0.071	0.102	0.166	0.109	0.107	0.096	0.123	0.135	0.145
增长率/%		43.7	62.7	−34.3	−1.83	−10.3	28.1	9.76	7.41
排名	26	24	21	21	24	26	25	25	25
年份	2010	2011	2012	2013	2014	2015	2016	2017	2018
得分	0.139	0.163	0.211	0.234	0.297	0.393	0.384	0.365	0.386
增长率/%	−4.14	17.3	29.4	10.9	26.9	32.3	−2.29	−4.95	5.75
排名	26	25	25	25	25	24	24	25	25

24.3.2 研发经费支出分析

（1）研发机构研发经费支出

表 2-24-4 是贵州历年研发机构经费内部总支出、人均研发机构经费内部支出标准化数据、增长率及排名。由表 2-24-4 可知，贵州总研发经费内部支出与人均科研经费内部支出历年标准化数据均呈上升趋势；总研发经费内部支出排名从 2001 年的第 27 位波动下降到 2018 年的第 28 位；人均研发经费内部支出排名从 2001 年的第 30 位波动上升到 2018 年的第 22 位。总投入 2002 年、2004 年、2011 年、2014 年、2015 年增长显著；人均投入 2004 年、2005 年、2011 年增长显著，2012 年下降明显。

表 2-24-4　贵州研发机构经费支出标准化数据、增长率及排名

年份		2001	2002	2003	2004	2005	2006	2007	2008	2009
总投入及排名	数据	0.013	0.017	0.021	0.031	0.039	0.044	0.047	0.045	0.053
	增长率/%		30.8	23.5	47.6	25.8	12.8	6.82	-4.26	17.8
	排名	27	27	26	26	26	26	27	27	27
人均投入排名	数据	0.184	0.169	0.183	0.278	0.369	0.464	0.394	0.339	0.378
	增长率/%		-8.15	8.28	51.9	32.7	25.7	-15.1	-14.0	11.5
	排名	30	28	27	22	22	19	20	23	22
年份		2010	2011	2012	2013	2014	2015	2016	2017	2018
总投入及排名	数据	0.068	0.116	0.089	0.091	0.135	0.195	0.213	0.248	0.212
	增长率/%	28.3	70.6	-23.3	2.25	48.4	44.4	9.23	16.4	-14.5
	排名	27	27	28	28	28	27	26	27	28
人均投入排名	数据	0.487	0.726	0.483	0.467	0.587	0.669	0.725	0.862	0.716
	增长率/%	28.8	49.1	-33.5	-3.31	25.7	14.0	8.37	18.9	-16.9
	排名	21	17	24	25	24	21	19	20	22

（2）高校研发经费支出

表 2-24-5 是贵州历年高校经费内部总支出、人均高校经费内部支出标准

化数据、增长率及排名。由表 2-24-5 可知，贵州高校总研发经费内部支出与人均科研经费内部支出历年标准化数据均呈上升趋势；总研发经费内部支出排名从 2001 年的第 27 位波动上升到 2018 年的第 24 位；人均研发经费内部支出排名从 2001 年的第 27 位波动上升到 2018 年的第 13 位。总投入 2003 年增长突出，2007 年、2009 年、2010 年、2013 年增长显著；人均投入 2003 年增长突出，2004 年、2010 年增长显著，2002 年下降明显。

表 2-24-5 贵州高校经费支出标准化数据、增长率及排名

年份		2001	2002	2003	2004	2005	2006	2007	2008	2009
总投入及排名	数据	0.009	0.007	0.022	0.028	0.032	0.029	0.044	0.048	0.065
	增长率/%		−22.2	214.3	27.3	14.3	−9.38	51.7	9.09	35.4
	排名	27	26	24	25	26	26	26	26	26
人均投入排名	数据	0.118	0.068	0.177	0.240	0.292	0.286	0.349	0.348	0.448
	增长率/%		−42.4	160.3	35.6	21.7	−2.05	22.0	−0.29	28.7
	排名	27	30	24	26	26	26	24	30	26

年份		2010	2011	2012	2013	2014	2015	2016	2017	2018
总投入及排名	数据	0.122	0.157	0.194	0.262	0.270	0.328	0.409	0.437	0.538
	增长率/%	87.7	28.7	23.6	35.1	3.05	21.5	24.7	6.85	23.1
	排名	25	25	25	25	25	25	25	25	24
人均投入排名	数据	0.827	0.934	1.004	1.285	1.121	1.068	1.330	1.448	1.739
	增长率/%	84.6	12.9	7.49	28.0	−12.8	−4.73	24.5	8.87	20.1
	排名	19	17	19	14	17	21	15	13	13

（3）大中型企业研发经费支出

表 2-24-6 是贵州历年大中型企业经费内部总支出、人均大中型企业经费内部支出标准化数据、增长率及排名。由表 2-24-6 可知，贵州大中型企业总研发经费内部支出与人均科研经费内部支出历年标准化数据均呈上升趋势；总研发经费内部支出排名从 2001 年的第 23 位波动下降到 2018 年的第 25 位；人均研

发经费内部支出排名从 2001 年的第 8 位波动下降到 2018 年的第 18 位。总投入
2003 年、2005 年、2007 年、2008 年、2010 年、2011 年增长显著，2002 年下
降明显；人均投入 2005 年、2010 年增长显著，2002 年下降明显。

表 2-24-6　贵州企业经费支出标准化数据、增长率及排名

年份		2001	2002	2003	2004	2005	2006	2007	2008	2009
总投入及排名	数据	0.038	0.022	0.029	0.031	0.041	0.047	0.064	0.090	0.080
	增长率/%		−42.1	31.8	6.90	32.3	14.6	36.2	40.6	−11.1
	排名	23	23	23	23	23	22	24	23	25
人均投入排名	数据	0.673	0.275	0.304	0.342	0.475	0.600	0.654	0.843	0.706
	增长率/%		−59.1	10.5	12.5	38.9	26.3	9	28.9	−16.3
	排名	8	15	13	17	10	11	13	11	18
年份		2010	2011	2012	2013	2014	2015	2016	2017	2018
总投入及排名	数据	0.111	0.148	0.172	0.217	0.249	0.270	0.324	0.361	0.439
	增长率/%	38.8	33.3	16.2	26.2	14.7	8.43	20	11.4	21.6
	排名	25	25	24	25	26	26	26	26	25
人均投入排名	数据	0.975	1.135	1.143	1.372	1.332	1.136	1.355	1.539	1.828
	增长率/%	38.1	16.4	0.70	20.0	−2.92	−14.7	19.3	13.6	18.8
	排名	15	16	17	18	21	28	23	21	18

25　云南科技创新竞争力各指标及影响因素分析

25.1　科技创新竞争力得分及增长率分析

　　图 2-25-1 是 2001—2018 年云南科技创新竞争力历年得分及增长率。由图
2-25-1 可知，云南科技创新竞争力得分呈逐年上升趋势，增长率呈波动趋势。

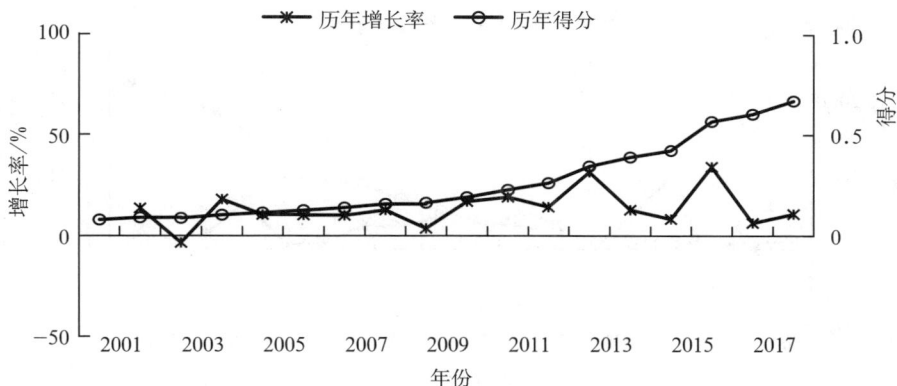

图 2-25-1　云南科技创新竞争力历年得分及增长率

25.2　科技创新竞争力各指标得分及增长率

（1）SCI 检索论文得分及增长率

图 2-25-2 是 2001—2018 年云南 SCI 检索论文历年得分及增长率。由图 2-25-2 可知，云南 SCI 检索论文得分呈逐年上升趋势，增长率呈波动趋势。

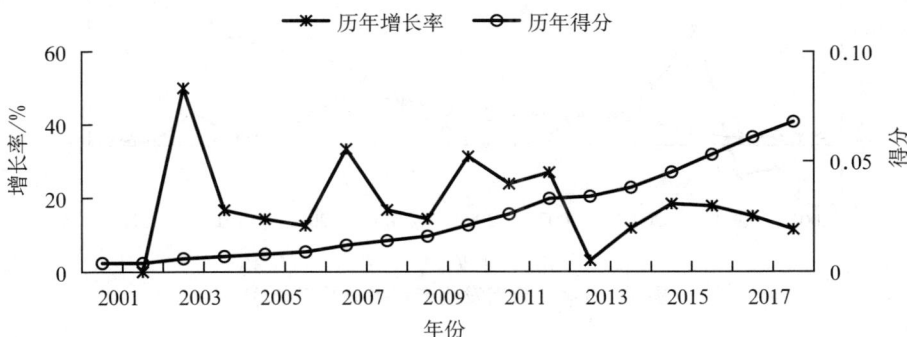

图 2-25-2　云南 SCI 检索得分及增长率

（2）EI 检索论文得分及增长率

图 2-25-3 是 2001—2018 年云南 EI 检索论文历年得分及增长率。由图 2-25-3 可知，云南 EI 论文检索得分呈逐年上升趋势，增长率呈波动趋势。

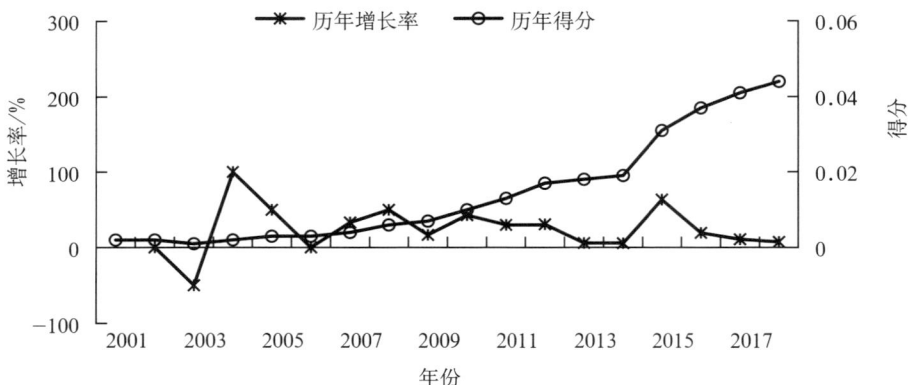

图 2-25-3　云南 EI 检索得分及增长率

（3）发明专利得分及增长率

图 2-25-4 是 2001—2018 年云南发明专利历年得分及增长率。由图 2-25-4
可知，云南发明专利得分呈逐年上升趋势，增长率呈波动趋势。

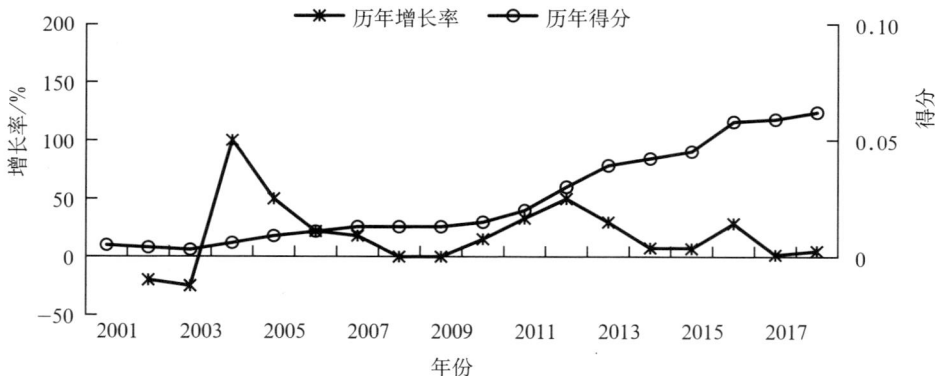

图 2-25-4　云南发明专利得分及增长率

（4）实用新型专利得分及增长率

图 2-25-5 是 2001—2018 年云南实用新型专利历年得分及增长率。由图
2-25-5 可知，云南实用新型专利得分呈逐年上升趋势，增长率呈波动趋势。

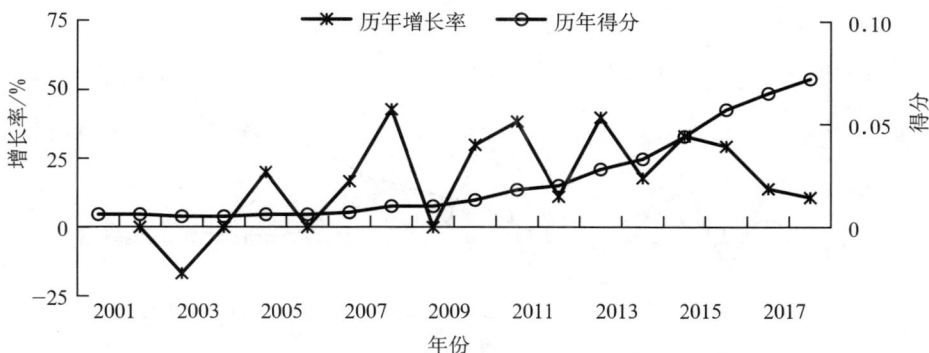

图 2-25-5 云南实用新型专利得分及增长率

（5）新产品出口额得分及增长率

图 2-25-6 是 2001—2018 年云南新产品出口额历年得分及增长率。由图 2-25-6 可知，云南新产品出口额得分呈波动上升趋势，增长率呈波动趋势，2014 年增长突出。

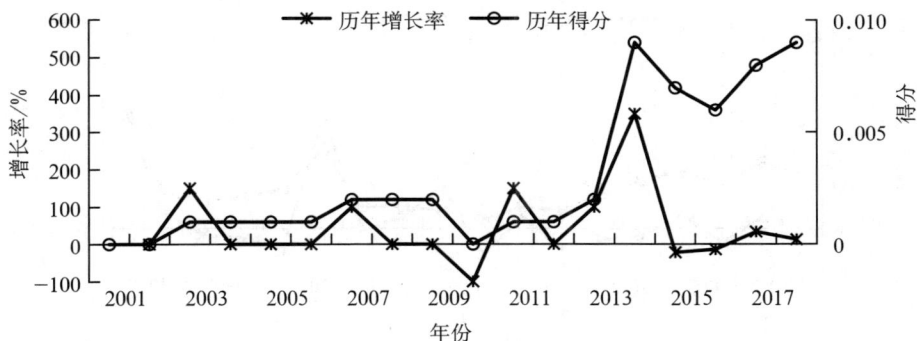

图 2-25-6 云南新产品出口额得分及增长率

（6）新产品销售额得分及增长率

图 2-25-7 是 2001—2018 年云南新产品销售额历年得分及增长率。由图 2-25-7 可知，云南新产品销售额得分呈上升趋势，增长率呈波动趋势，2010 年后波动幅度放缓。

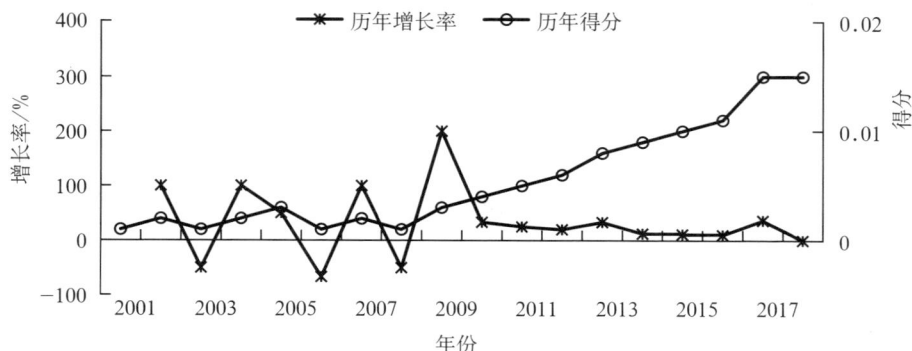

图 2-25-7　云南新产品销售额得分及增长率

（7）技术合同流出金额得分及增长率

图 2-25-8 是 2001—2018 年云南技术合同流出金额历年得分及增长率。由图 2-25-8 可知，云南技术合同流出金额得分呈波动上升趋势，增长率呈波动趋势，2013 年、2018 年增长突出。

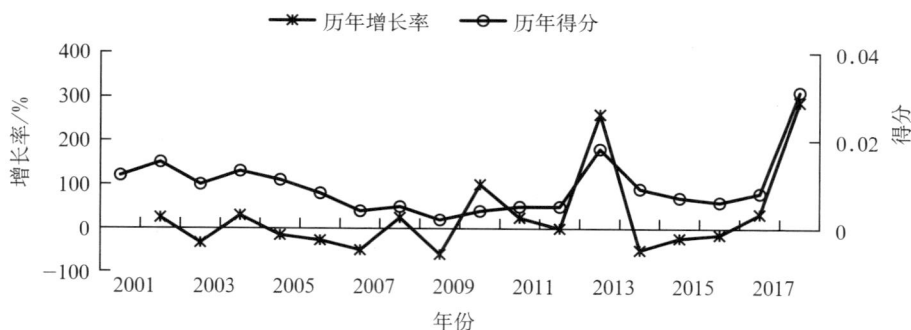

图 2-25-8　云南技术合同流出金额得分及增长率

（8）技术合同流入金额得分及增长率

图 2-25-9 是 2001—2018 年云南技术合同流入金额历年得分及增长率。由图 2-25-9 可知，云南技术合同流入金额得分呈波动上升趋势，增长率呈波动趋势。

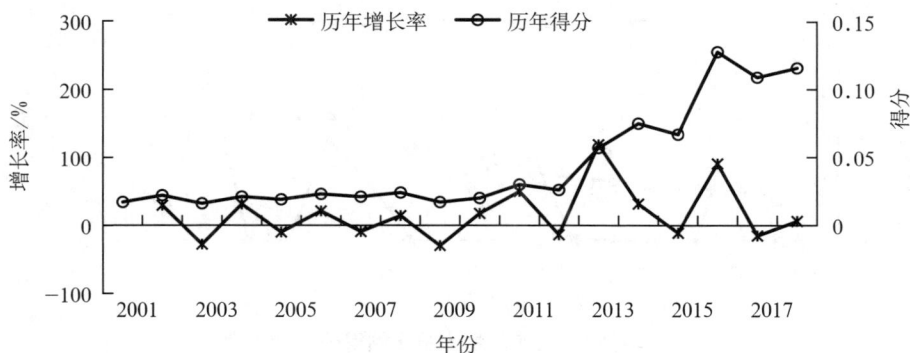

图 2-25-9 云南技术合同流入金额得分及增长率

（9）研发人员全时当量得分及增长率

图 2-25-10 是 2001—2018 年云南研发人员全时当量历年得分及增长率。由图 2-25-10 可知，云南研发人员全时当量得分呈逐年上升趋势，增长率呈波动趋势。

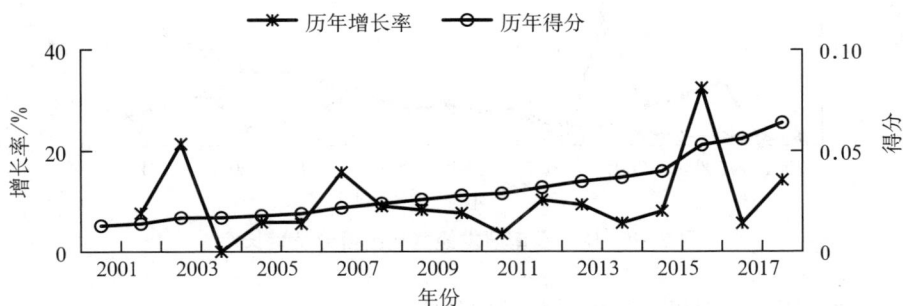

图 2-25-10 云南研发人员全时当量得分及增长率

（10）研发人员比例得分及增长率

图 2-25-11 是 2001—2018 年云南研发人员比例历年得分及增长率。由图 2-25-11 可知，云南研发人员比例得分呈逐年上升趋势，增长率呈波动趋势。

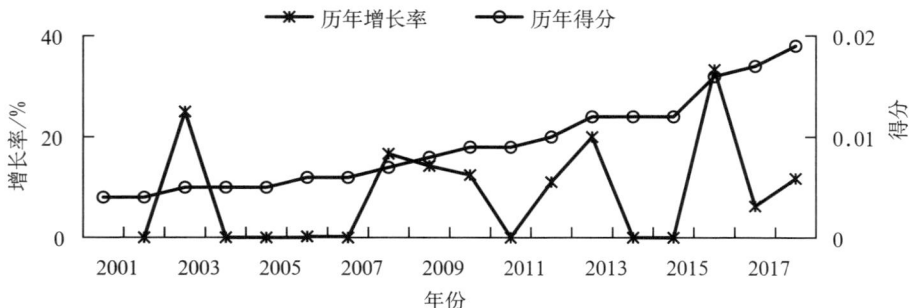

图 2-25-11　云南研发人员比例得分及增长率

（11）研发经费支出得分及增长率

图 2-25-12 是 2001—2018 年云南研发经费支出历年得分及增长率。由图 2-25-12 可知，云南研发经费支出得分呈逐年上升趋势，增长率呈波动趋势。

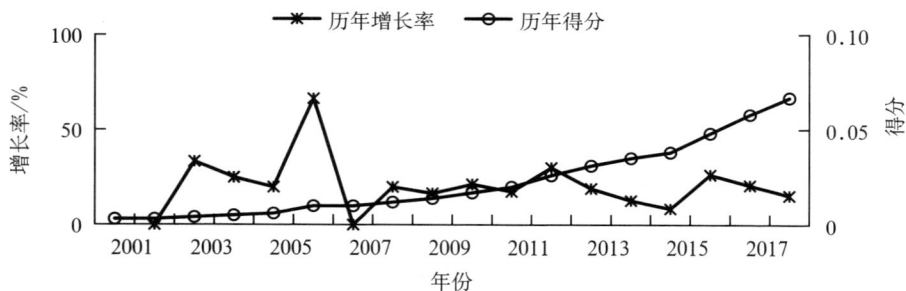

图 2-25-12　云南研发经费支出得分及增长率

（12）研发经费投入强度得分及增长率

图 2-25-13 是 2001—2018 年云南研发经费投入强度历年得分及增长率。由图 2-25-13 可知，云南研发经费投入强度得分呈逐年上升趋势，增长率呈波动趋势。

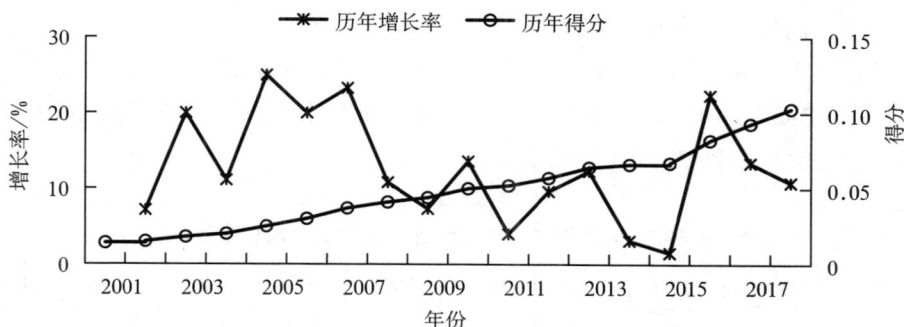

图 2-25-13　云南研发经费投入强度得分及增长率

25.3　科技创新竞争力投入要素分析

25.3.1　研发人员投入分析

（1）研发机构人员全时当量分析

表 2-25-1 是云南历年研发机构科研人员全时当量投入标准化数据、增长率及排名。由表 2-25-1 可知，云南研发机构科研人员全时当量呈上升趋势，排名从 2001 年的第 19 位波动上升到 2018 年的第 15 位。

表 2-25-1　云南研发机构全时当量标准化数据、增长率及排名

年份	2001	2002	2003	2004	2005	2006	2007	2008	2009
得分	0.389	0.382	0.378	0.413	0.392	0.438	0.406	0.424	0.468
增长率 /%		−1.80	−1.05	9.26	−5.08	11.7	−7.31	4.43	10.4
排名	19	19	18	16	18	15	18	19	20
年份	2010	2011	2012	2013	2014	2015	2016	2017	2018
得分	0.482	0.522	0.540	0.612	0.656	0.698	0.706	0.814	0.820
增长率 /%	2.99	8.30	3.45	13.3	7.19	6.40	1.15	15.3	0.74
排名	19	19	19	19	19	18	18	16	15

（2）高校人员全时当量分析

表 2-25-2 是云南历年高校科研人员全时当量投入标准化数据、增长率及排名。由表 2-25-2 可知，云南高校人员全时当量呈上升趋势，排名从 2001 年的第 21 位波动回归到 2018 年的第 21 位。

表 2-25-2　云南高校全时当量标准化数据、增长率及排名

年份	2001	2002	2003	2004	2005	2006	2007	2008	2009
得分	0.383	0.392	0.460	0.477	0.478	0.572	0.596	0.640	0.794
增长率 /%		2.35	17.3	3.70	0.21	19.7	4.20	7.38	24.1
排名	21	21	19	19	19	18	20	21	19
年份	2010	2011	2012	2013	2014	2015	2016	2017	2018
得分	0.682	0.622	0.613	0.576	0.637	0.675	0.714	0.858	0.841
增长率 /%	−14.1	−8.80	−1.45	−6.04	10.59	5.97	5.78	20.2	−1.98
排名	20	20	22	22	22	22	21	21	21

（3）大中型企业科研人员全时当量分析

表 2-25-3 是云南历年大中型企业科研人员全时当量投入标准化数据、增长率及排名。由表 2-25-3 可知，云南大中型企业科研人员全时当量标准化数据呈上升趋势，排名从 2001 年的第 27 位波动上升到 2018 年的第 24 位。2004 年、2010 年、2013 年增长显著。

表 2-25-3　云南大中型企业科研人员全时当量标准化数据、增长率及排名

年份	2001	2002	2003	2004	2005	2006	2007	2008	2009
得分	0.064	0.049	0.058	0.080	0.092	0.097	0.089	0.109	0.117
增长率 /%		−23.4	18.4	37.9	15	5.43	−8.25	22.5	7.34
排名	27	26	26	24	26	25	26	26	26
年份	2010	2011	2012	2013	2014	2015	2016	2017	2018
得分	0.170	0.148	0.186	0.253	0.302	0.289	0.318	0.401	0.421
增长率 /%	45.3	−12.9	25.7	36.0	19.4	−4.30	10.0	26.1	4.99
排名	25	26	26	24	24	26	26	24	24

25.3.2　研发经费支出分析

（1）研发机构研发经费支出

表 2-25-4 是云南历年研发机构经费内部总支出、人均研发机构经费内部支出标准化数据、增长率及排名。由表 2-25-4 可知，云南总研发经费内部支出与人均科研经费内部支出历年标准化数据均呈上升趋势；总研发经费内部支出排名从 2001 年的第 18 位波动上升到 2018 年的第 16 位；人均研发经费内部支出排名从 2001 年的第 8 位波动下降到 2018 年的第 9 位。总投入 2004 年、2006 年、2007 年增长显著，人均投入 2007 年增长显著。

表 2-25-4　云南研发机构经费支出标准化数据、增长率及排名

年份		2001	2002	2003	2004	2005	2006	2007	2008	2009
总投入及排名	数据	0.095	0.099	0.096	0.133	0.128	0.167	0.302	0.326	0.416
	增长率 /%		4.21	−3.03	38.5	−3.76	30.5	80.8	7.95	27.6
	排名	18	16	19	16	17	16	13	12	12
人均投入排名	数据	0.842	0.725	0.667	0.778	0.810	0.929	1.670	1.662	1.907
	增长率 /%		−13.9	−8	16.6	4.11	14.7	79.8	−0.48	14.7
	排名	8	6	8	10	9	8	4	5	4
年份		2010	2011	2012	2013	2014	2015	2016	2017	2018
总投入及排名	数据	0.413	0.406	0.446	0.470	0.565	0.600	0.548	0.711	0.834
	增长率 /%	−0.72	−1.69	9.85	5.38	20.2	6.19	−8.67	29.7	17.3
	排名	15	16	16	18	18	17	18	18	16
人均投入排名	数据	1.708	1.571	1.617	1.529	1.659	1.722	1.466	1.469	1.658
	增长率 /%	−10.4	−8.02	2.93	−5.44	8.50	3.80	−14.9	0.20	12.9
	排名	7	5	5	7	7	7	7	10	9

（2）高校研发经费支出

表 2-25-5 是云南历年高校经费内部总支出、人均高校经费内部支出标准化数据、增长率及排名。由表 2-25-5 可知，云南高校总研发经费内部支出与人均

科研经费内部支出历年标准化数据均呈上升趋势；总研发经费内部支出排名从2001年的第21位波动回归到2018年的第21位；人均研发经费内部支出排名从2001年的第16位波动回归到2018年的第16位。总投入2004年增长突出，2007年、2010年增长显著；人均投入2004年、2007年、2010年增长显著。

表 2-25-5　云南高校经费支出标准化数据、增长率及排名

年份		2001	2002	2003	2004	2005	2006	2007	2008	2009
总投入及排名	数据	0.033	0.036	0.037	0.076	0.091	0.091	0.125	0.139	0.149
	增长率/%		9.09	2.78	105.4	19.7	0	37.4	11.2	7.19
	排名	21	22	23	22	22	24	24	23	24
人均投入排名	数据	0.282	0.255	0.248	0.427	0.549	0.484	0.659	0.677	0.651
	增长率/%		−9.57	−2.75	72.2	28.6	−11.8	36.2	2.73	−3.84
	排名	16	19	20	17	17	22	18	19	21

年份		2010	2011	2012	2013	2014	2015	2016	2017	2018
总投入及排名	数据	0.259	0.326	0.366	0.360	0.445	0.465	0.580	0.708	0.789
	增长率/%	73.8	25.9	12.3	−1.64	23.6	4.49	24.7	22.1	11.4
	排名	23	23	24	24	24	23	23	22	21
人均投入排名	数据	1.023	1.204	1.265	1.117	1.247	1.272	1.480	1.394	1.495
	增长率/%	57.1	17.7	5.07	−11.7	11.6	2.00	16.4	−5.81	7.25
	排名	14	12	14	16	13	16	12	15	16

（3）大中型企业研发经费支出

表 2-25-6 是云南历年大中型企业经费内部总支出、人均大中型企业经费内部支出标准化数据、增长率及排名。由表 2-25-6 可知，云南大中型企业总研发经费内部支出与人均科研经费内部支出历年标准化数据均呈上升趋势；总研发经费内部支出排名从2001年的第24位波动回归到2018年的第24位；人均研发经费内部支出排名从2001年的第26位波动下降到2018年的第27位。总投入2003年、2009年、2010年、2011年、2013年增长显著，2007年增长突

出，2002 年下降明显；人均投入 2003 年、2013 年增长显著，2007 年增长突出，2002 年下降明显。

表 2-25-6　云南企业经费支出标准化数据、增长率及排名

年份		2001	2002	2003	2004	2005	2006	2007	2008	2009
总投入及排名	数据	0.027	0.013	0.021	0.026	0.031	0.026	0.059	0.049	0.065
	增长率 /%		−51.9	61.5	23.8	19.2	−16.1	126.9	−16.9	32.7
	排名	24	26	25	24	25	27	26	26	26
人均投入排名	数据	0.291	0.113	0.179	0.187	0.239	0.179	0.403	0.309	0.364
	增长率 /%		−61.2	58.4	4.47	27.8	−25.1	125.1	−23.3	17.8
	排名	26	30	27	29	29	30	24	28	28
年份		2010	2011	2012	2013	2014	2015	2016	2017	2018
总投入及排名	数据	0.088	0.119	0.143	0.236	0.303	0.358	0.408	0.489	0.585
	增长率 /%	35.4	35.2	20.2	65.0	28.4	18.2	14.0	19.9	19.6
	排名	27	26	26	24	24	24	24	24	24
人均投入排名	数据	0.448	0.567	0.634	0.945	1.094	1.263	1.340	1.241	1.429
	增长率 /%	23.1	26.6	11.8	49.1	15.8	15.4	6.10	−7.39	15.1
	排名	28	28	27	27	27	23	24	27	27

26　西藏科技创新竞争力各指标及影响因素分析

26.1　科技创新竞争力得分及增长率分析

图 2-26-1 是 2001—2018 年西藏科技创新竞争力历年得分及增长率。由图 2-26-1 可知，西藏科技创新竞争力得分呈波动上升趋势，增长率呈波动趋势。

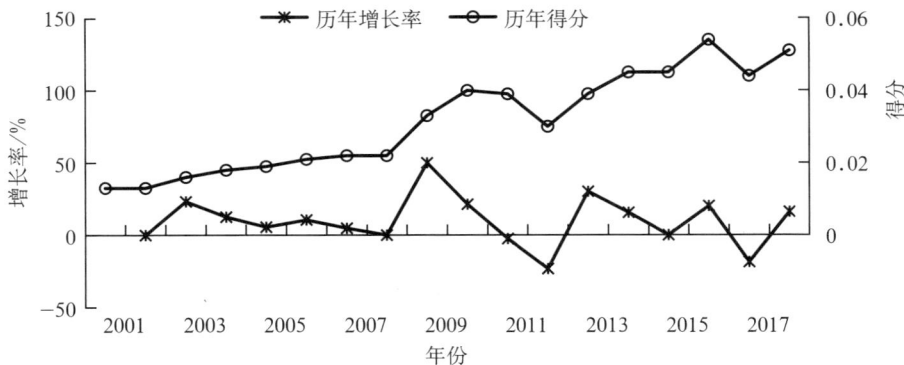

图 2-26-1　西藏科技创新竞争力历年得分及增长率

26.2　科技创新竞争力各指标得分及增长率

（1）SCI 检索论文得分及增长率

图 2-26-2 是 2001—2018 年西藏 SCI 检索论文历年得分及增长率。由图 2-26-2 可知，西藏 SCI 检索论文得分呈上升趋势，增长率有波动。

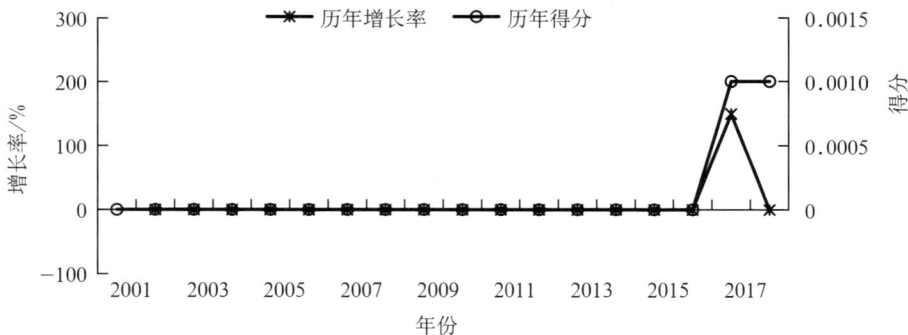

图 2-26-2　西藏 SCI 检索得分及增长率

注：西藏等省域部分四级指标存在多年得分不到 0.0005 的情况，被记为 0。这种情况下，难以得到有效的增长率。

（2）EI 检索论文得分及增长率

图 2-26-3 是 2001—2018 年西藏 EI 检索论文历年得分及增长率。由图 2-26-3 可知，EI 检索论文得分及增长率变动很小。

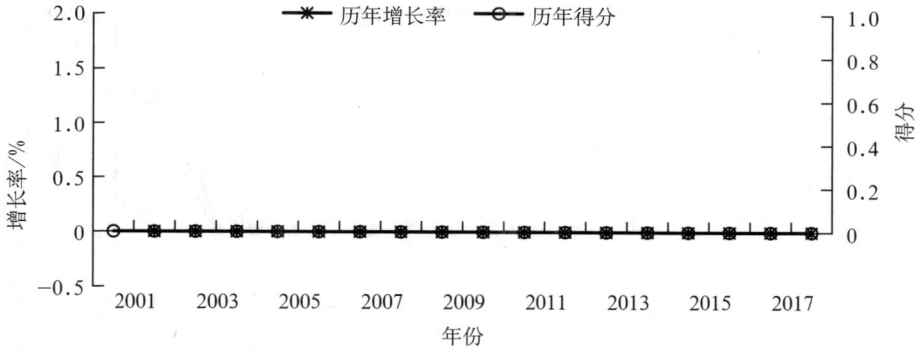

图 2-26-3 西藏 EI 检索得分及增长率

（3）发明专利得分及增长率

图 2-26-4 是 2001—2018 年西藏发明专利历年得分及增长率。由图 2-26-4 可知，西藏发明专利得分呈波动上升趋势，增长率呈波动趋势。

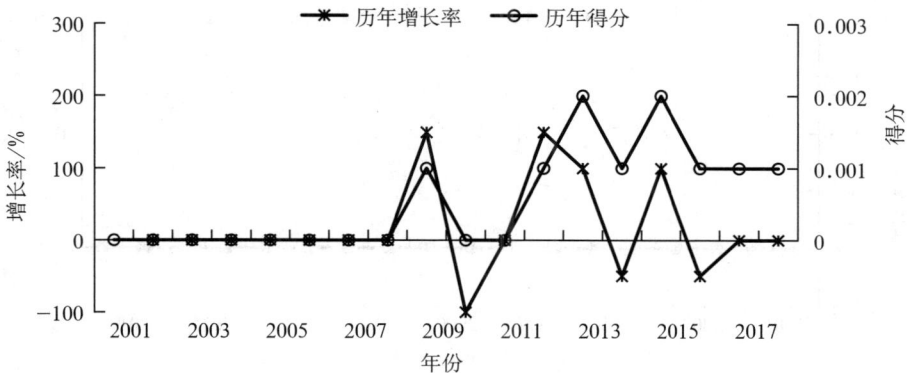

图 2-26-4 西藏发明专利得分及增长率

（4）实用新型专利得分及增长率

图 2-26-5 是 2001—2018 年西藏实用新型专利历年得分及增长率。由图 2-26-5 可知，西藏实用新型专利得分呈上升趋势，增长率有波动。

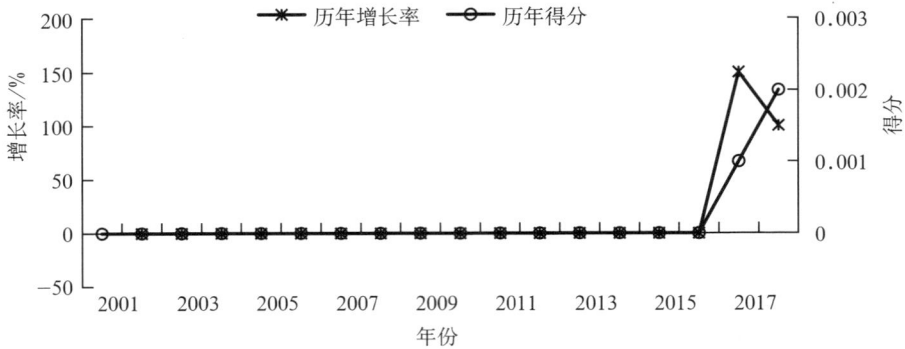

图 2-26-5　西藏实用新型专利得分及增长率

（5）新产品出口额得分及增长率

图 2-26-6 是 2001—2018 年西藏新产品出口额历年得分及增长率。由图 2-26-6 可知，西藏新产品出口额得分及增长率变动很小。

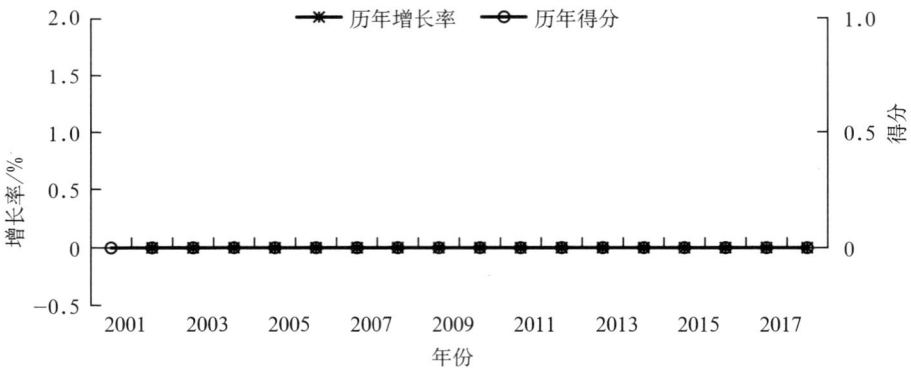

图 2-26-6　西藏新产品出口额得分及增长率

（6）新产品销售额得分及增长率

图 2-26-7 是 2001—2018 年西藏新产品销售额历年得分及增长率。由图 2-26-7 可知，西藏新产品销售额得分和增长率均呈波动趋势。

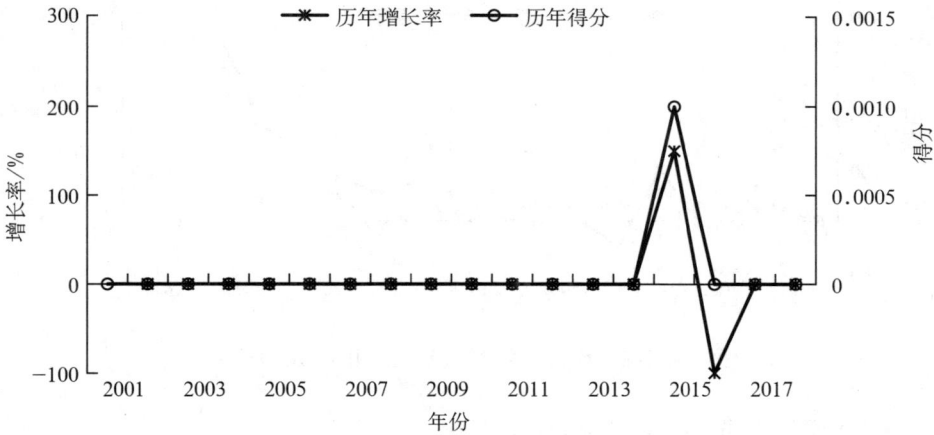

图 2-26-7　西藏新产品销售额得分及增长率

（7）技术合同流出金额得分及增长率

图 2-26-8 是 2001—2018 年西藏技术合同流出金额历年得分及增长率。由图 2-26-8 可知，西藏技术合同流出金额得分及增长率变化很小。

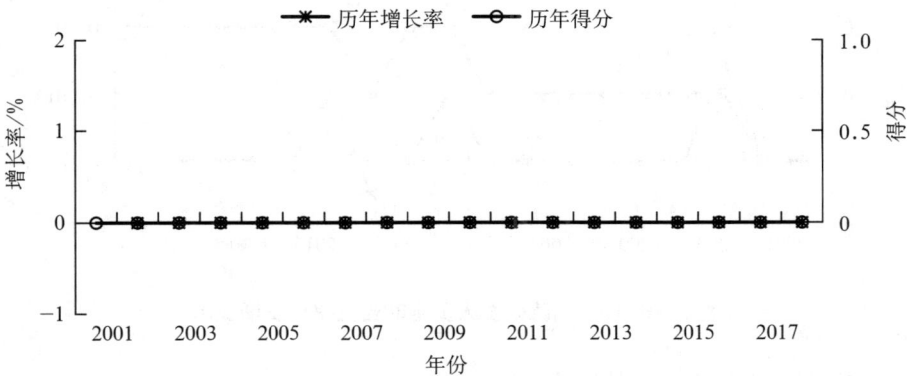

图 2-26-8　西藏技术合同流出金额得分及增长率

（8）技术合同流入金额得分及增长率

图 2-26-9 是 2001—2018 年西藏技术合同流入金额历年得分及增长率。由图 2-26-9 可知，西藏技术合同流入金额得分呈上升趋势，增长率呈波动趋势。

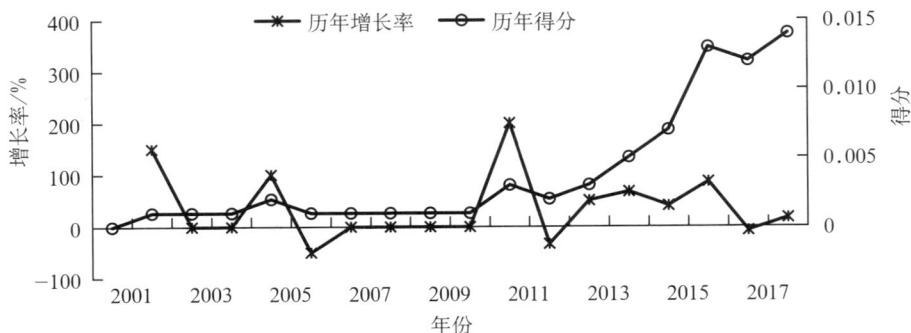

图 2-26-9　西藏技术合同流入金额得分及增长率

（9）研发人员全时当量得分及增长率

图 2-26-10 是 2001—2018 年西藏研发人员全时当量历年得分及增长率。由图 2-26-10 可知，西藏研发人员全时当量得分呈波动上升趋势，增长率呈波动趋势。

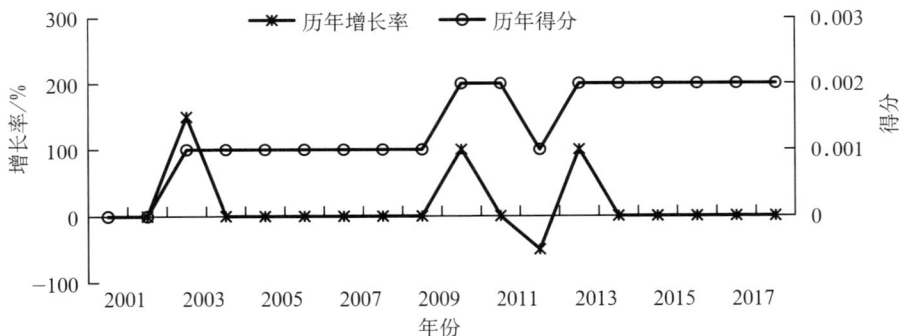

图 2-26-10　西藏研发人员全时当量得分及增长率

（10）研发人员比例得分及增长率

图 2-26-11 是 2001—2018 年西藏研发人员比例历年得分及增长率。由图 2-26-11 可知，西藏研发人员比例得分呈波动上升趋势，增长率呈波动趋势，2005 年增长突出。

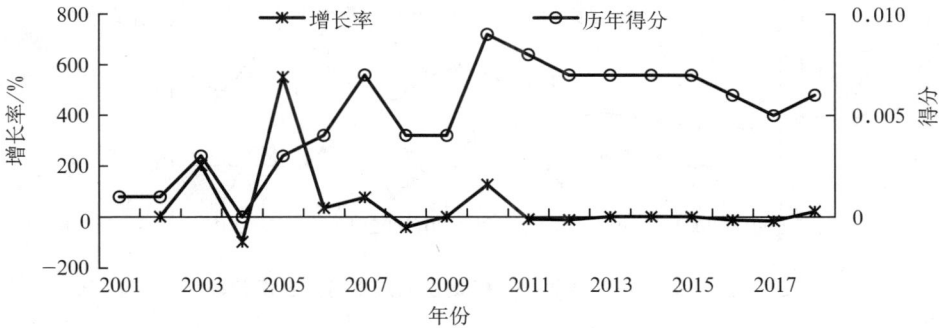

图 2-26-11 西藏研发人员比例得分及增长率

（11）研发经费支出得分及增长率

图 2-26-12 是 2001—2018 年西藏研发经费支出历年得分及增长率。由图 2-26-12 可知，西藏研发经费支出得分呈上升趋势，增长率有波动。

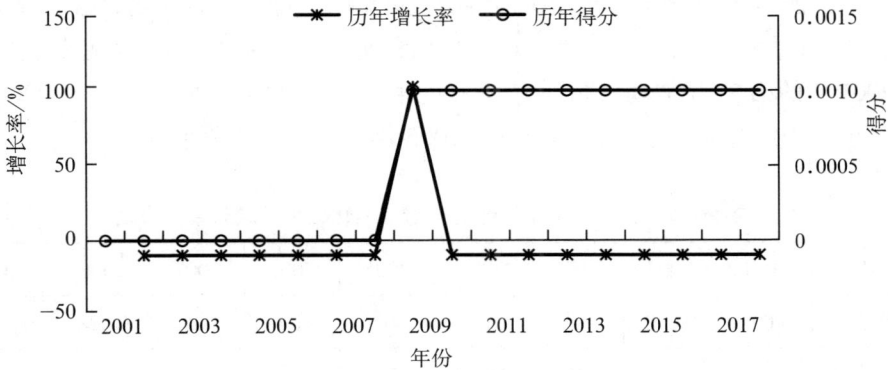

图 2-26-12 西藏研发经费支出得分及增长率

（12）研发经费投入强度得分及增长率

图 2-26-13 是 2001—2018 年西藏研发经费投入强度历年得分及增长率。由图 2-26-13 可知，西藏研发经费投入强度得分呈波动上升趋势，增长率呈波动趋势。

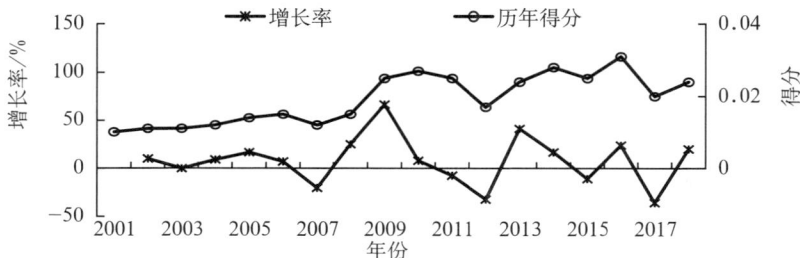

图 2-26-13　西藏研发经费投入强度得分及增长率

26.3　科技创新竞争力投入要素分析

26.3.1　研发人员投入分析

（1）研发机构人员全时当量分析

表 2-26-1 是西藏历年研发机构科研人员全时当量投入标准化数据、增长率及排名。由表 2-26-1 可知，西藏研发机构科研人员全时当量呈上升趋势，排名从 2001 年的第 31 位波动回归到 2018 年的第 31 位。2004 年增长突出，2006 年、2009 年、2017 年增长显著，2002 年、2005 年、2008 年下降明显。

表 2-26-1　西藏研发机构全时当量标准化数据、增长率及排名

年份	2001	2002	2003	2004	2005	2006	2007	2008	2009
得分	0.020	0.012	0.015	0.038	0.026	0.042	0.043	0.028	0.045
增长率/%		−40	25	153.3	−31.6	61.5	2.38	−34.9	60.7
排名	31	31	31	28	31	28	29	31	30

年份	2010	2011	2012	2013	2014	2015	2016	2017	2018
得分	0.043	0.045	0.050	0.041	0.046	0.043	0.045	0.060	0.054
增长率/%	−4.44	4.65	11.1	−18	12.2	−6.52	4.65	33.3	−10
排名	30	30	30	30	31	31	31	31	31

（2）高校人员全时当量分析

表 2-26-2 是西藏历年高校科研人员全时当量投入标准化数据、增长率及排

名。由表 2-26-2 可知，西藏高校人员全时当量呈上升趋势，排名从 2001 年一直保持在第 31 位。2002 年、2004 年、2008 年、2011 年增长突出，2005 年增长显著，2007 年增长非常突出，2003 年、2006 年、2009 年、2017 年下降明显。

表 2-26-2　西藏高校全时当量标准化数据、增长率及排名

年份	2001	2002	2003	2004	2005	2006	2007	2008	2009
得分	0.003	0.013	0.006	0.023	0.042	0.002	0.022	0.088	0.027
增长率 /%		333.3	−53.8	283.3	82.6	−95.2	1000	300	−69.3
排名	31	30	31	31	30	31	31	29	31

年份	2010	2011	2012	2013	2014	2015	2016	2017	2018
得分	0.019	0.048	0.054	0.063	0.061	0.062	0.065	0.038	0.031
增长率 /%	−29.6	152.6	12.5	16.7	−3.17	1.64	4.84	−41.5	−18.4
排名	31	30	31	31	31	31	31	31	31

（3）大中型企业科研人员全时当量分析

表 2-26-3 是西藏历年大中型企业科研人员全时当量投入标准化数据、增长率及排名。由表 2-26-3 可知，西藏大中型企业科研人员全时当量标准化数据呈上升趋势，排名从 2001 年一直保持在第 31 位。2004 年、2012 年增长突出，2016 年、2017 年增长显著。

表 2-26-3　西藏大中型企业科研人员全时当量标准化数据、增长率及排名

年份	2001	2002	2003	2004	2005	2006	2007	2008	2009
得分	0.000	0.000	0.000	0.001	0.001	0.001	0.001	0.001	0.001
增长率 /%		0	0	150	0	0	0	0	0
排名	31	31	31	31	31	31	31	31	31

年份	2010	2011	2012	2013	2014	2015	2016	2017	2018
得分	0.001	0.001	0.002	0.002	0.002	0.002	0.003	0.004	0.005
增长率 /%	0	0	100	0	0	0	50	33.3	25
排名	31	31	31	31	31	31	31	31	31

26.3.2 研发经费支出分析

（1）研发机构研发经费支出

表 2-26-4 是西藏历年研发机构经费内部总支出、人均研发机构经费内部支出标准化数据、增长率及排名。由表 2-26-4 可知，西藏总研发经费内部支出与人均科研经费内部支出历年标准化数据均呈上升趋势；总研发经费内部支出排名从 2001 年的第 31 位波动回归到 2018 年的第 31 位；人均研发经费内部支出排名从 2001 年的第 3 位波动下降到 2018 年的第 6 位。总投入 2003 年、2004 年、2009 年增长突出，2006 年、2014 年、2015 年增长显著，2002 年、2005 年下降明显；人均投入 2003 年、2010 年、2014 年、2015 年增长显著，2004 年、2006 年、2009 年增长突出，2002 年、2005 年、2011 年下降明显。

表 2-26-4　西藏研发机构经费支出标准化数据、增长率及排名

年份		2001	2002	2003	2004	2005	2006	2007	2008	2009
总投入及排名	数据	0.003	0.001	0.002	0.011	0.004	0.007	0.005	0.006	0.013
	增长率/%		−66.7	100	450	−63.6	75	−28.6	20	116.7
	排名	31	31	31	29	31	30	31	31	31
人均投入排名	数据	1.191	0.443	0.624	1.573	0.589	1.292	0.718	0.471	1.592
	增长率/%		−62.8	40.9	152.1	−62.6	119.4	−44.4	−34.4	238.0
	排名	3	14	12	3	15	5	12	18	7

年份		2010	2011	2012	2013	2014	2015	2016	2017	2018
总投入及排名	数据	0.016	0.017	0.015	0.015	0.025	0.042	0.046	0.044	0.040
	增长率/%	23.1	6.25	−11.8	0	66.7	68	9.52	−4.35	−9.09
	排名	30	30	31	31	31	30	30	31	31
人均投入排名	数据	2.073	1.052	0.952	1.158	1.716	2.842	2.974	3.179	2.916
	增长率/%	30.2	−49.3	−9.51	21.6	48.2	65.6	4.64	6.89	−8.27
	排名	5	11	12	10	6	5	5	5	6

（2）高校研发经费支出

表 2-26-5 是西藏历年高校经费内部总支出、人均高校经费内部支出标准化数据、增长率及排名。由表 2-26-5 可知，西藏高校总研发经费内部支出与人均科研经费内部支出历年标准化数据均呈上升趋势；总研发经费内部支出排名从 2001 年的第 31 位波动回归到 2018 年的第 31 位；人均研发经费内部支出排名从 2001 年的第 31 位波动上升到 2018 年的第 14 位。总投入 2002 年、2007 年增长非常突出（500% ~ 1000%），2005 年、2008 年、2011 年、2017 年增长突出，2012 年、2013 年、2015 年增长显著，2003 年、2006 年、2009 年、2010 年、2018 年下降明显；人均投入 2002 年、2007 年增长极为突出，2004 年、2005 年、2008 年、2017 年增长突出，2011 年、2012 年、2013 年、2015 年增长显著，2003 年、2006 年、2010 年、2014 年、2018 年下降明显。

表 2-26-5　西藏高校经费支出标准化数据、增长率及排名

年份		2001	2002	2003	2004	2005	2006	2007	2008	2009
总投入及排名	数据	0.000	0.003	0.000	0.000	0.002	0.000	0.003	0.010	0.007
	增长率/%		550	−100	0	400	−100	550	233.3	−30
	排名	31	29	31	31	31	31	31	31	31
人均投入排名	数据	0.000	1.053	0.021	0.044	0.194	0.026	0.329	0.789	0.762
	增长率/%		2250	−98.0	109.5	340.9	−86.6	1165	139.8	−3.42
	排名	31	1	31	31	31	31	28	17	18

年份		2010	2011	2012	2013	2014	2015	2016	2017	2018
总投入及排名	数据	0.004	0.011	0.017	0.024	0.017	0.023	0.025	0.076	0.024
	增长率/%	−42.9	175	54.5	41.2	−29.2	35.3	8.70	204	−68.4
	排名	31	31	31	31	31	31	31	30	31
人均投入排名	数据	0.458	0.642	1.076	1.707	1.123	1.461	1.529	5.216	1.644
	增长率/%	−39.9	40.2	67.6	58.6	−34.2	30.1	4.65	241.1	−68.5
	排名	26	22	16	10	16	12	10	1	14

注：得分 0 到 0.002 的增长率，记为 400%；得分 0 到 0.003 的增长率，记为 550%；2002 年人均投入排名增长率变化极大，记为 2250%。

（3）大中型企业研发经费支出

表 2-26-6 是西藏历年大中型企业经费内部总支出、人均大中型企业经费内部支出标准化数据、增长率及排名。由表 2-26-6 可知，西藏大中型企业总研发经费内部支出与人均科研经费内部支出历年标准化数据均呈上升趋势；总研发经费内部支出排名和人均研发经费内部支出排名均一直保持在第 31 位。总投入 2011 年增长非常突出，2014 年增长突出，2018 年增长显著，2012 年、2016 年下降明显；人均投入 2011 年增长异常之高，2013 年、2018 年增长显著，2014 年增长突出，2012 年、2016 年下降明显。

表 2-26-6　西藏企业经费支出标准化数据、增长率及排名

年份		2001	2002	2003	2004	2005	2006	2007	2008	2009
总投入及排名	数据	0.000	0.000	0.000	0.000	0.000	0.000	0.000	0.000	0.000
	增长率 /%		0	0	0	0	0	0	0	0
	排名	31	31	31	31	31	31	31	31	31
人均投入排名	数据	0.000	0.000	0.000	0.000	0.000	0.002	0.000	0.000	0.000
	增长率 /%		0	0	0	0	0	0	0	0
	排名	31	31	31	31	31	31	31	31	31

年份		2010	2011	2012	2013	2014	2015	2016	2017	2018
总投入及排名	数据	0.000	0.005	0.001	0.001	0.004	0.004	0.002	0.002	0.003
	增长率 /%	0	900	−80	0	300	0	−50	0	50
	排名	31	31	31	31	31	31	31	31	31
人均投入排名	数据	0.000	0.379	0.073	0.120	0.351	0.304	0.185	0.182	0.281
	增长率 /%	0	84 000	−80.7	64.4	192.5	−13.4	−39.1	−1.62	54.4
	排名	31	31	31	31	31	31	31	31	31

注：得分 0 到 0.005 的增长率，记为 900%；2011 年人均投入排名增长率变化极大，记为 84 000%。

27　陕西科技创新竞争力各指标及影响因素分析

27.1　科技创新竞争力得分及排名分析

图 2-27-1 是 2001—2018 年陕西科技创新竞争力历年得分及排名。陕西科技创新竞争力得分呈逐年上升趋势，排名呈波动趋势，从 2001 年的第 6 位波动下降到 2018 年的第 9 位。

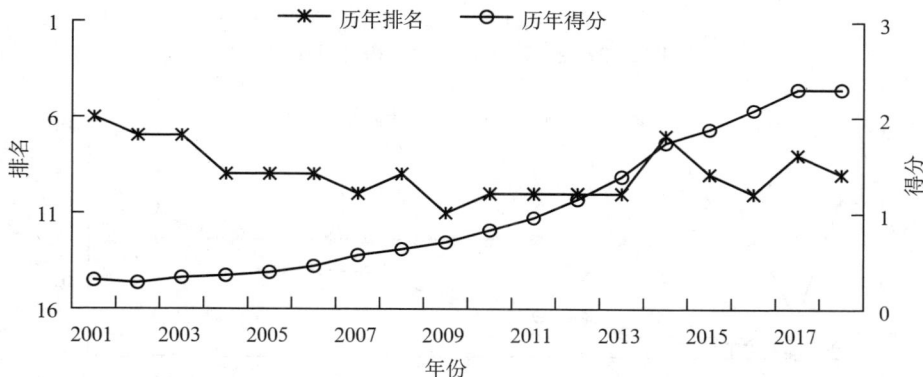

图 2-27-1　陕西科技创新竞争力历年得分及排名

27.2　科技创新竞争力各指标得分及排名

（1）SCI 检索论文得分及排名

图 2-27-2 是 2001—2018 年陕西 SCI 检索论文历年得分及排名。陕西 SCI 检索论文得分呈逐年上升趋势，排名由 2001 年的第 13 位波动上升到 2018 年的第 6 位。

（2）EI 检索论文得分及排名

图 2-27-3 是 2001—2018 年陕西 EI 检索论文历年得分及排名。陕西 EI 论文检索得分呈逐年上升趋势，排名从 2001 年的第 3 位波动下降到 2018 年的第 4 位。

（3）发明专利得分及排名

图 2-27-4 是 2001—2018 年陕西发明专利历年得分及排名。陕西发明专利得分呈逐年上升趋势，排名从 2001 年的第 12 位波动上升到 2018 年的第 10 位。

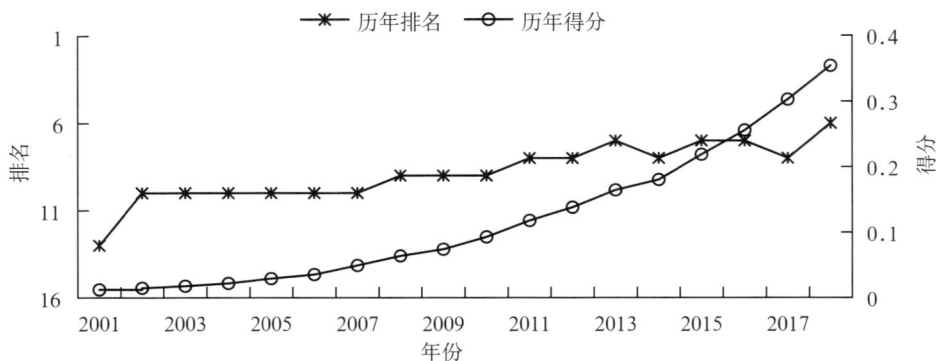

图 2-27-2　陕西 SCI 检索得分及排名

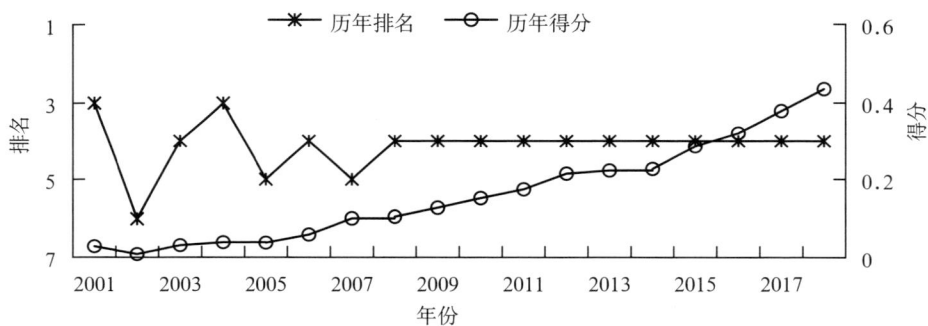

图 2-27-3　陕西 EI 检索得分及排名

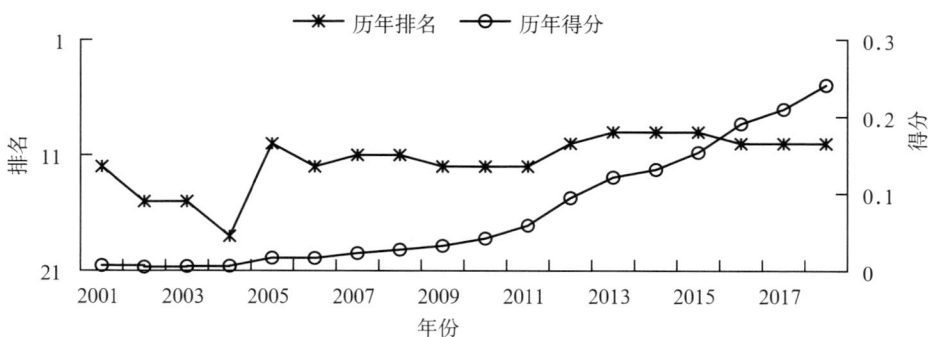

图 2-27-4　陕西发明专利得分及排名

（4）实用新型专利得分及排名

图 2-27-5 是 2001—2018 年陕西实用新型专利历年得分及排名。陕西实用新型专利得分呈上升趋势，排名从 2001 年的第 16 位波动下降到 2018 年的第

17 位。

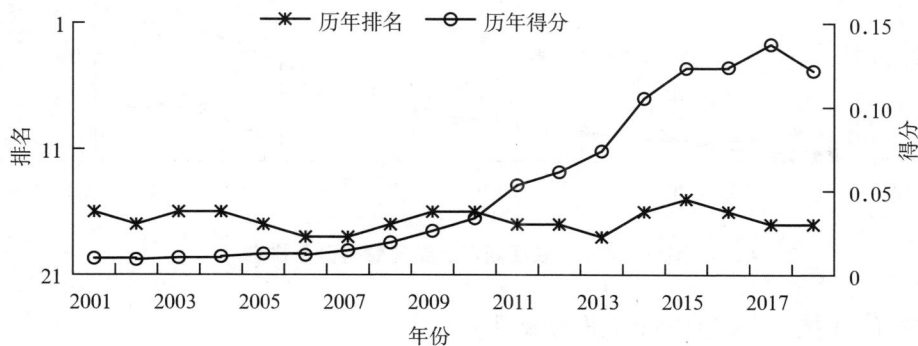

图 2-27-5 陕西实用新型专利得分及排名

（5）新产品出口额得分及排名

图 2-27-6 是 2001—2018 年陕西新产品出口额历年得分及排名。陕西新产品出口额得分呈波动上升趋势，排名从 2001 年的第 14 位波动上升到 2018 年的第 7 位。

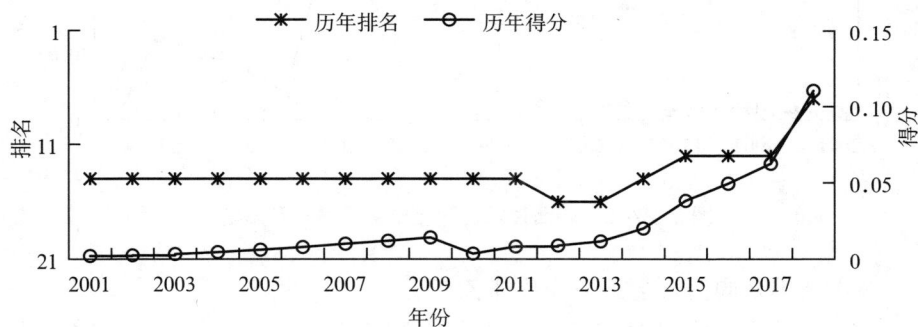

图 2-27-6 陕西新产品出口额得分及排名

（6）新产品销售额得分及排名

图 2-27-7 是 2001—2018 年陕西新产品销售额历年得分及排名。陕西新产品销售额得分呈逐年上升趋势，排名从 2001 年的第 20 位波动上升到 2018 年的第 16 位。

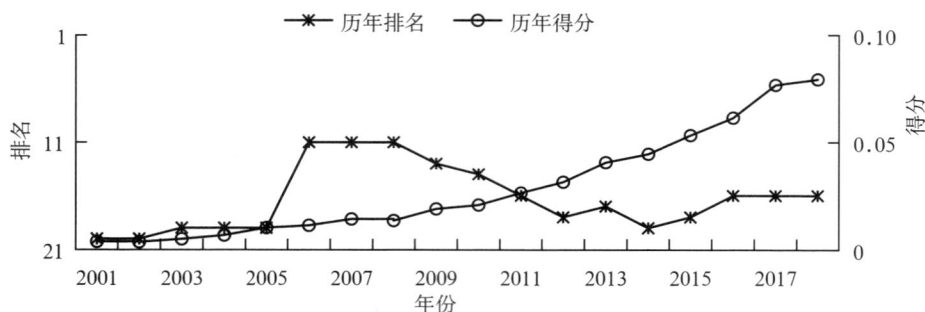

图 2-27-7 陕西新产品销售额得分及排名

（7）技术合同流出金额得分及排名

图 2-27-8 是 2001—2018 年陕西技术合同流出金额历年得分及排名。陕西技术合同流出金额得分呈波动趋势，排名从 2001 年的第 18 位波动下降到 2018 年的第 26 位。

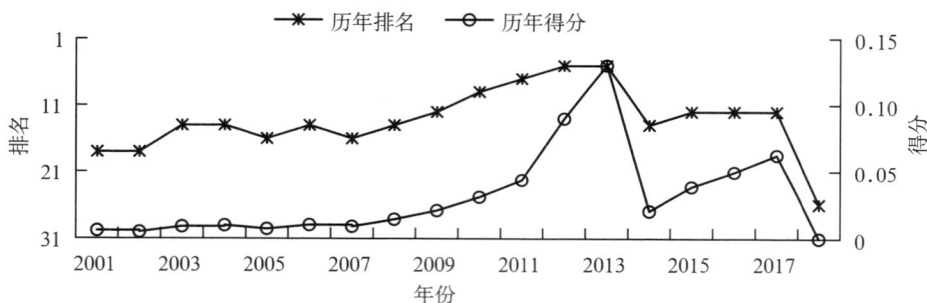

图 2-27-8 陕西技术合同流出金额得分及排名

（8）技术合同流入金额得分及排名

图 2-27-9 是 2001—2018 年陕西技术合同流入金额历年得分及排名。陕西技术合同流入金额得分呈上升趋势，排名从 2001 年的第 18 位波动上升到 2018 年的第 8 位。

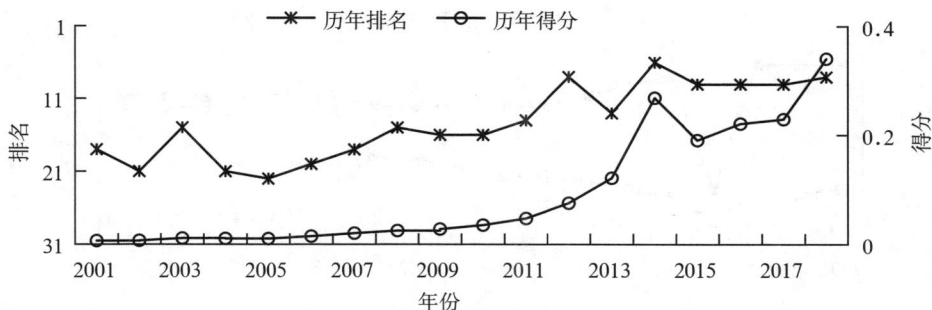

图 2-27-9　陕西技术合同流入金额得分及排名

（9）研发人员全时当量得分及排名

图 2-27-10 是 2001—2018 年陕西研发人员全时当量历年得分及排名。陕西研发人员全时当量得分呈波动上升趋势，排名从 2001 年的第 4 位波动下降到 2018 年的第 15 位。

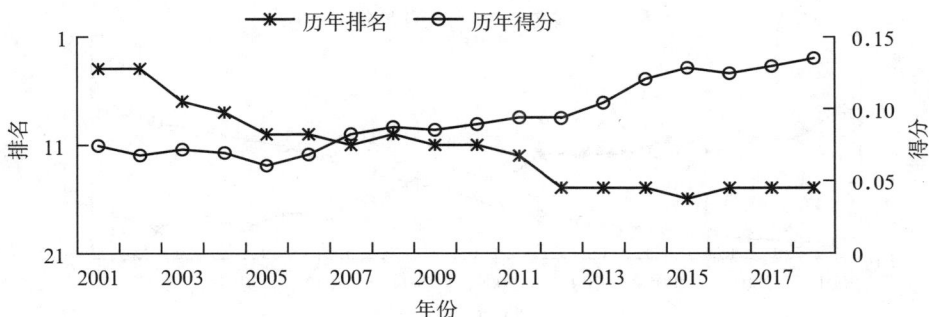

图 2-27-10　陕西研发人员全时当量得分及排名

（10）研发人员比例得分及排名

图 2-27-11 是 2001—2018 年陕西研发人员比例历年得分及排名。陕西研发人员比例得分呈上升趋势，排名从 2001 年的第 4 位波动下降到 2018 年的第 7 位。

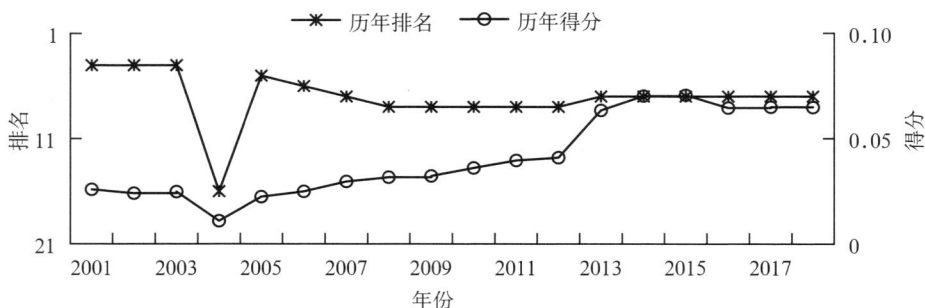

图 2-27-11　陕西研发人员比例得分及排名

（11）研发经费支出得分及排名

图 2-27-12 是 2001—2018 年陕西研发经费支出历年得分及排名。陕西研发经费支出得分呈逐年上升趋势，排名从 2001 年的第 6 位波动下降到 2018 年的第 13 位。

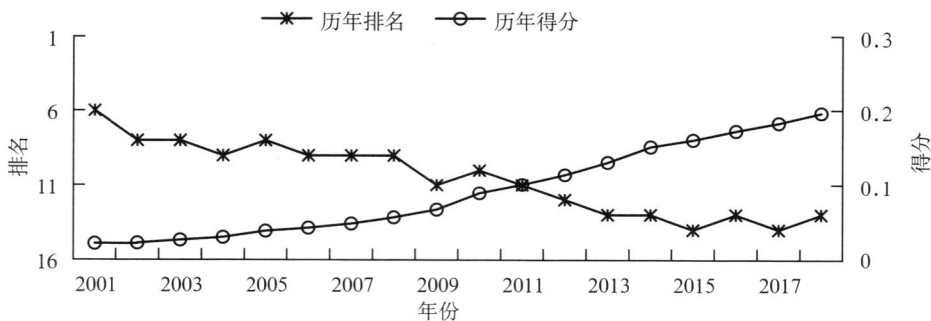

图 2-27-12　陕西研发经费支出得分及排名

（12）研发经费支出强度得分及排名

图 2-27-13 是 2001—2018 年陕西研发经费支出强度历年得分及排名。陕西研发经费支出强度得分呈逐年上升趋势，排名从 2001 年的第 2 位波动下降到 2018 年的第 8 位。

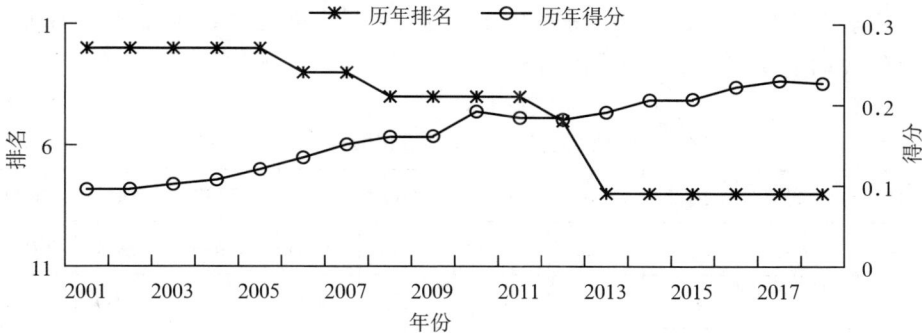

图 2-27-13　陕西研发经费支出强度得分及排名

27.3　科技创新竞争力投入要素分析

27.3.1　研发人员投入分析

（1）研发机构人员全时当量分析

表 2-27-1 是陕西历年研发机构科研人员全时当量投入标准化数据、增长率及排名。由表 2-27-1 可知，陕西研发机构科研人员全时当量呈上升趋势，排名从 2001 年的第 2 位波动下降到 2018 年的第 3 位。

表 2-27-1　陕西研发机构全时当量标准化数据、增长率及排名

年份	2001	2002	2003	2004	2005	2006	2007	2008	2009
得分	2.512	3.138	2.891	2.442	2.229	2.249	2.260	2.674	2.851
增长率 /%		24.9	−7.87	−15.5	−8.72	0.90	0.49	18.3	6.62
排名	2	2	2	2	2	2	2	2	2
年份	2010	2011	2012	2013	2014	2015	2016	2017	2018
得分	2.846	2.793	2.864	2.878	3.126	3.400	3.310	3.329	3.270
增长率 /%	−0.18	−1.86	2.54	0.49	8.62	8.77	−2.65	0.57	−1.78
排名	2	2	2	2	2	2	4	3	3

（2）高校人员全时当量分析

表 2-27-2 是陕西历年高校科研人员全时当量投入标准化数据、增长率及排

名。由表 2-27-2 可知，陕西高校人员全时当量呈上升趋势，排名从 2001 年的第 7 位波动下降到 2018 年的第 14 位。

表 2-27-2　陕西高校全时当量标准化数据、增长率及排名

年份	2001	2002	2003	2004	2005	2006	2007	2008	2009
得分	1.132	0.914	0.903	0.898	0.896	0.981	0.998	0.978	1.054
增长率/%		−19.3	−1.20	−0.55	−0.22	9.49	1.73	−2.00	7.77
排名	7	8	10	10	10	11	12	13	12

年份	2010	2011	2012	2013	2014	2015	2016	2017	2018
得分	1.056	1.229	1.191	1.180	1.268	1.366	1.314	1.283	1.359
增长率/%	0.19	16.4	−3.09	−0.92	7.46	7.73	−3.81	−2.36	5.92
排名	13	12	13	15	14	14	15	15	14

（3）大中型企业科研人员全时当量分析

表 2-27-3 是陕西历年大中型企业科研人员全时当量投入标准化数据、增长率及排名。由表 2-27-3 可知，陕西大中型企业科研人员全时当量标准化数据呈上升趋势，排名从 2001 年的第 6 位波动下降到 2018 年的第 17 位。2004 年增长显著，2006 年下降明显。

表 2-27-3　陕西大中型企业科研人员全时当量标准化数据、增长率及排名

年份	2001	2002	2003	2004	2005	2006	2007	2008	2009
得分	0.449	0.582	0.503	0.657	0.609	0.385	0.461	0.529	0.608
增长率/%		29.6	−13.6	30.6	−7.31	−36.8	19.7	14.8	14.9
排名	6	4	5	5	5	14	13	13	11

年份	2010	2011	2012	2013	2014	2015	2016	2017	2018
得分	0.609	0.580	0.681	0.755	0.900	1.122	1.243	1.104	1.111
增长率/%	0.16	−4.76	17.4	10.9	19.2	24.7	10.8	−11.2	0.63
排名	17	17	18	18	16	16	16	17	17

27.3.2　研发经费支出分析

（1）研发机构研发经费支出

表 2-27-4 是陕西历年研发机构经费内部总支出、人均研发机构经费内部支出标准化数据、增长率及排名。由表 2-27-4 可知，陕西总研发经费内部支出与人均科研经费内部支出历年标准化数据均呈上升趋势；总研发经费内部支出排名从 2001 年的第 4 位波动回归到 2018 年的第 4 位；人均研发经费内部支出排名从 2001 年的第 7 位波动上升到 2018 年的第 3 位。总投入 2002 年、2011 年、2014 年、2015 年增长显著；人均投入 2006 年、2015 年增长显著，2010 年下降明显。

表 2-27-4　陕西研发机构经费支出标准化数据、增长率及排名

年份		2001	2002	2003	2004	2005	2006	2007	2008	2009
总投入及排名	数据	0.551	0.793	0.899	1.012	1.045	1.327	1.673	1.718	2.110
	增长率 /%		43.9	13.4	12.6	3.26	27.0	26.1	2.60	22.8
	排名	4	3	3	3	4	3	2	2	2
人均投入排名	数据	0.902	1.010	1.283	1.367	1.575	2.212	2.548	2.361	2.650
	增长率 /%		12.0	27.0	6.55	15.2	40.4	15.2	-7.34	12.2
	排名	7	3	3	4	4	2	2	2	3
年份		2010	2011	2012	2013	2014	2015	2016	2017	2018
总投入及排名	数据	2.499	3.147	3.393	3.573	4.026	4.879	4.870	5.155	5.283
	增长率 /%	18.4	64.8	24.6	18	45.3	85.3	-0.9	28.5	12.8
	排名	3	2	3	4	4	4	4	4	4
人均投入排名	数据	0.902	1.010	1.283	1.367	1.575	2.212	2.548	2.361	2.650
	增长率 /%	-66.0	12.0	27.0	6.55	15.2	40.4	15.2	-7.34	12.2
	排名	7	3	3	4	4	2	2	2	3

（2）高校研发经费支出

表 2-27-5 是陕西历年高校经费内部总支出、人均高校经费内部支出标准化

数据、增长率及排名。由表 2-27-5 可知，陕西高校总研发经费内部支出与人均科研经费内部支出历年标准化数据均呈上升趋势；总研发经费内部支出排名从 2001 年的第 6 位波动下降到 2018 年的第 12 位；人均研发经费内部支出排名从 2001 年的第 13 位波动上升到 2018 年的第 9 位。总投入 2003 年增长显著，人均投入 2003 年、2005 年、2006 年增长显著。

表 2-27-5　陕西高校经费支出标准化数据、增长率及排名

年份		2001	2002	2003	2004	2005	2006	2007	2008	2009
总投入及排名	数据	0.249	0.297	0.386	0.490	0.581	0.725	0.815	0.854	0.904
	增长率 /%		19.3	30.0	26.9	18.6	24.8	12.4	4.79	5.85
	排名	6	4	5	5	6	6	9	10	10
人均投入排名	数据	0.388	0.361	0.525	0.630	0.835	1.152	1.183	1.118	1.082
	增长率 /%		−6.96	45.4	20	32.5	38.0	2.69	−5.49	−3.22
	排名	13	14	14	11	11	8	7	11	10
年份		2010	2011	2012	2013	2014	2015	2016	2017	2018
总投入及排名	数据	1.145	1.398	1.662	1.951	1.997	2.324	2.558	2.665	2.349
	增长率 /%	26.7	22.1	18.9	17.4	2.36	16.4	10.1	4.18	−11.9
	排名	11	10	10	10	11	11	10	11	12
人均投入排名	数据	1.378	1.601	1.768	2.068	1.887	1.937	2.051	2.241	1.931
	增长率 /%	27.4	16.2	10.4	17.0	−8.75	2.65	5.89	9.26	−13.8
	排名	10	8	8	6	9	8	7	8	9

（3）大中型企业研发经费支出

表 2-27-6 是陕西历年大中型企业经费内部总支出、人均大中型企业经费内部支出标准化数据、增长率及排名。由表 2-27-6 可知，陕西大中型企业总研发经费内部支出与人均科研经费内部支出历年标准化数据均呈上升趋势；总研发经费内部支出排名从 2001 年的第 6 位波动下降到 2018 年的第 17 位；人均研发经费内部支出排名从 2001 年的第 24 位波动回归到 2018 年的第 24 位。总投入

2008 年、2011 年、2013 年增长显著；人均投入 2005 年、2011 年、2013 年增长显著，2002 年下降明显。

表 2-27-6　陕西企业经费支出标准化数据、增长率及排名

年份		2001	2002	2003	2004	2005	2006	2007	2008	2009
总投入及排名	数据	0.152	0.130	0.112	0.141	0.171	0.197	0.164	0.228	0.276
	增长率 /%		−14.5	−13.8	25.9	21.3	15.2	−16.8	39.0	21.1
	排名	6	6	9	8	9	10	17	16	20
人均投入排名	数据	0.306	0.204	0.197	0.234	0.316	0.403	0.307	0.385	0.426
	增长率 /%		−33.3	−3.43	18.8	35.0	27.5	−23.8	25.4	10.6
	排名	24	22	26	25	23	20	28	27	27
年份		2010	2011	2012	2013	2014	2015	2016	2017	2018
总投入及排名	数据	0.331	0.460	0.560	0.763	0.941	1.106	1.268	1.362	1.455
	增长率 /%	19.9	39.0	21.7	36.2	23.3	17.5	14.6	7.41	6.83
	排名	20	19	17	16	16	16	17	17	17
人均投入排名	数据	0.514	0.678	0.768	1.042	1.146	1.187	1.310	1.476	1.541
	增长率 /%	20.7	31.9	13.3	35.7	9.98	3.58	10.4	12.7	4.40
	排名	27	26	24	23	24	26	25	24	24

28　甘肃科技创新竞争力各指标及影响因素分析

28.1　科技创新竞争力得分及增长率分析

图 2-28-1 是 2001—2018 年甘肃科技创新竞争力历年得分及增长率。由图 2-28-1 可知，甘肃科技创新竞争力得分呈逐年上升趋势。增长率呈波动趋势。

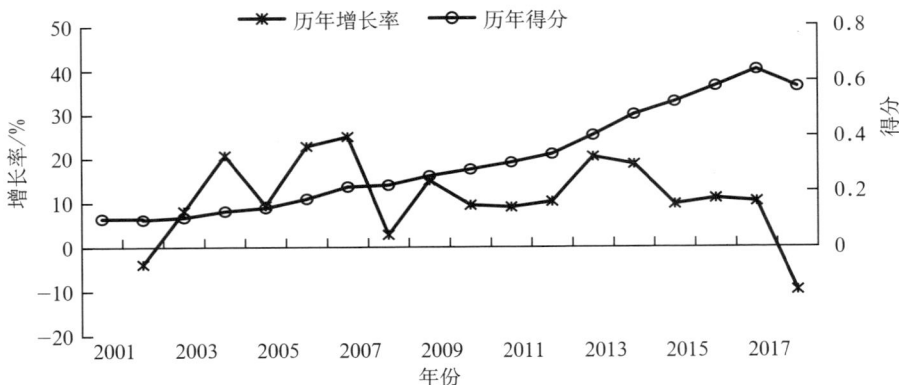

图 2-28-1　甘肃科技创新竞争力历年得分及增长率

28.2　科技创新竞争力各指标得分及增长率

（1）SCI 检索论文得分及增长率

图 2-28-2 是 2001—2018 年甘肃 SCI 检索论文历年得分及增长率。由图 2-28-2 可知，甘肃 SCI 检索论文得分呈逐年上升趋势，增长率呈波动趋势。

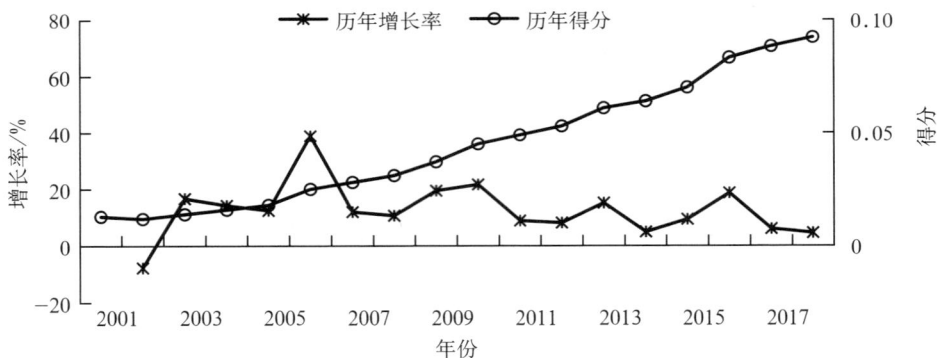

图 2-28-2　甘肃 SCI 检索得分及增长率

（2）EI 检索论文得分及增长率

图 2-28-3 是 2001—2018 年甘肃 EI 检索论文历年得分及增长率。由图 2-28-3 可知，甘肃 EI 论文检索得分呈上升趋势，增长率呈波动趋势，2008 年后增长率趋缓。

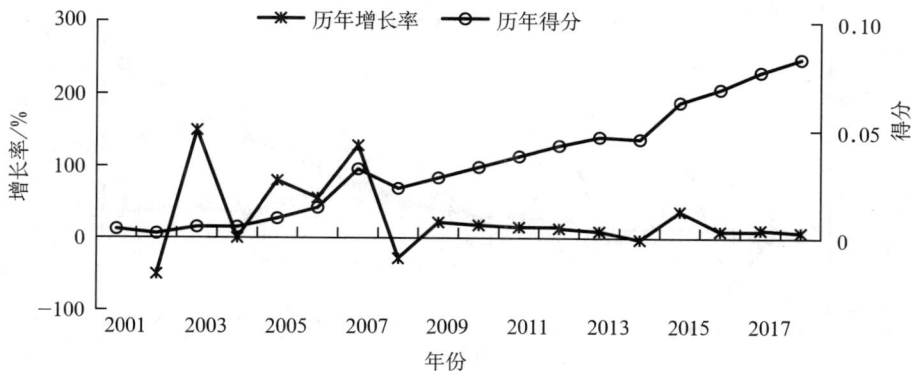

图 2-28-3　甘肃 EI 检索得分及增长率

（3）发明专利得分及增长率

图 2-28-4 是 2001—2018 年甘肃发明专利历年得分及增长率。由图 2-28-4 可知，甘肃发明专利得分呈逐年上升趋势，增长率呈波动趋势。

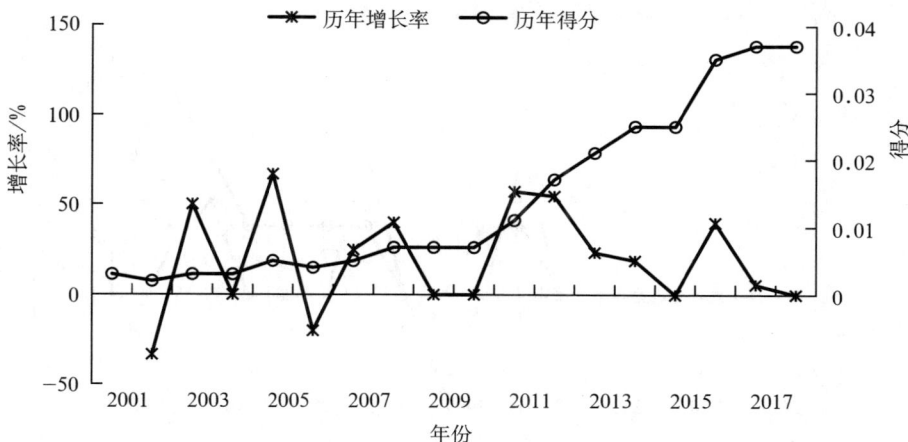

图 2-28-4　甘肃发明专利得分及增长率

（4）实用新型专利得分及增长率

图 2-28-5 是 2001—2018 年甘肃实用新型专利历年得分及增长率。由图 2-28-5 可知，甘肃实用新型专利得分呈逐年上升趋势，增长率呈波动趋势。

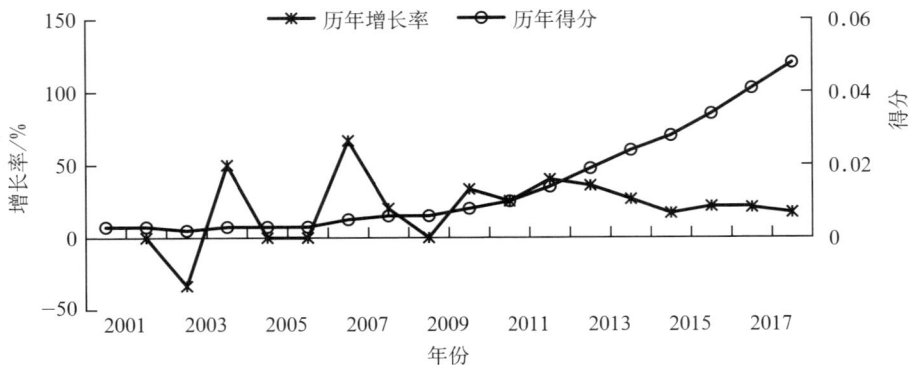

图 2-28-5　甘肃实用新型专利得分及增长率

（5）新产品出口额得分及增长率

图 2-28-6 是 2001—2018 年甘肃新产品出口额历年得分及增长率。由图 2-28-6 可知，甘肃新产品出口额得分呈波动上升趋势，增长率呈波动趋势。

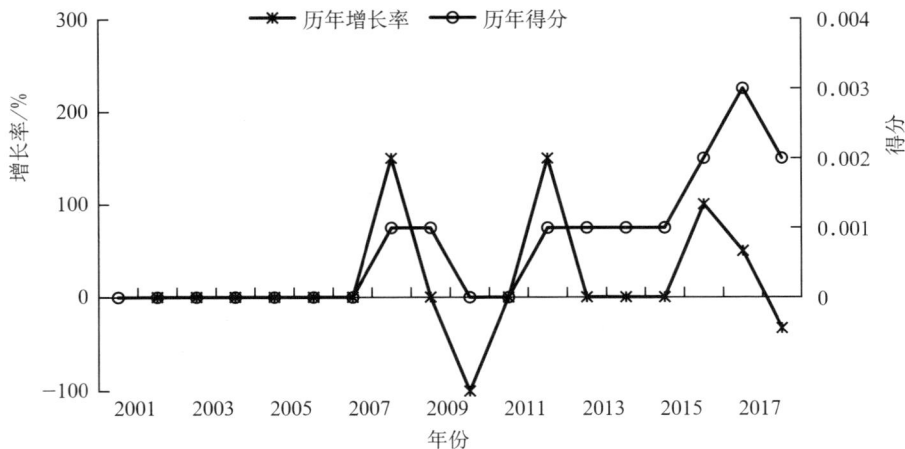

图 2-28-6　甘肃新产品出口额得分及增长率

（6）新产品销售额得分及增长率

图 2-28-7 是 2001—2018 年甘肃新产品销售额历年得分及增长率。由图 2-28-7 可知，甘肃新产品销售额得分呈上升趋势，增长率呈波动趋势。

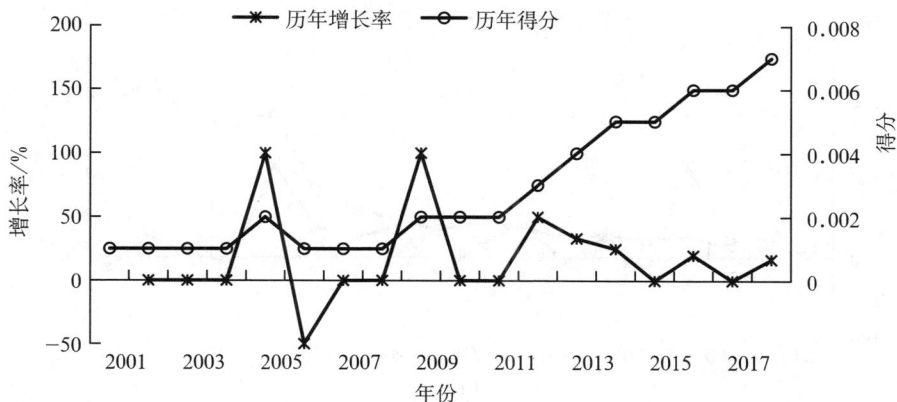

图 2-28-7 甘肃新产品销售额得分及增长率

（7）技术合同流出金额得分及增长率

图 2-28-8 是 2001—2018 年甘肃技术合同流出金额历年得分及增长率。由图 2-28-8 可知，甘肃技术合同流出金额得分、增长率均呈波动趋势。

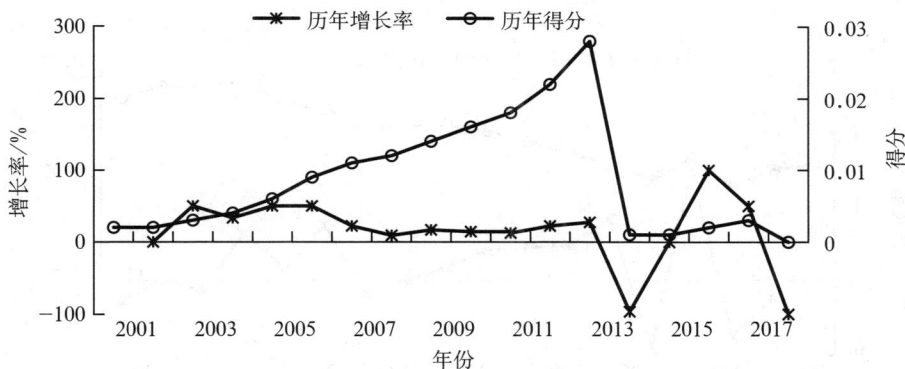

图 2-28-8 甘肃技术合同流出金额得分及增长率

（8）技术合同流入金额得分及增长率

图 2-28-9 是 2001—2018 年甘肃技术合同流入金额历年得分及增长率。由图 2-28-9 可知，甘肃技术合同流入金额得分呈波动上升趋势，增长率呈波动趋势。

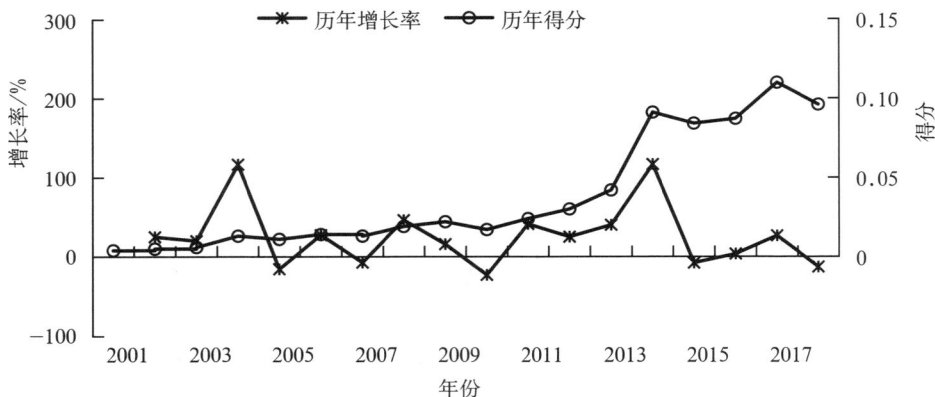

图 2-28-9　甘肃技术合同流入金额得分及增长率

（9）研发人员全时当量得分及增长率

图 2-28-10 是 2001—2018 年甘肃研发人员全时当量历年得分及增长率。由图 2-28-10 可知，甘肃研发人员全时当量得分呈逐年上升趋势，增长率呈波动趋势。

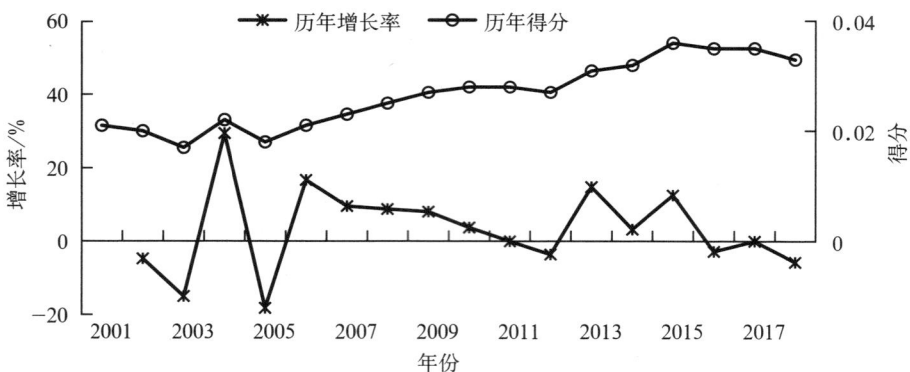

图 2-28-10　甘肃研发人员全时当量得分及增长率

（10）研发人员比例得分及增长率

图 2-28-11 是 2001 年至 2018 年甘肃研发人员比例历年得分及增长率。由图 2-28-11 可知，甘肃研发人员比例得分呈逐年上升趋势，增长率呈波动趋势，2004 年增长突出。

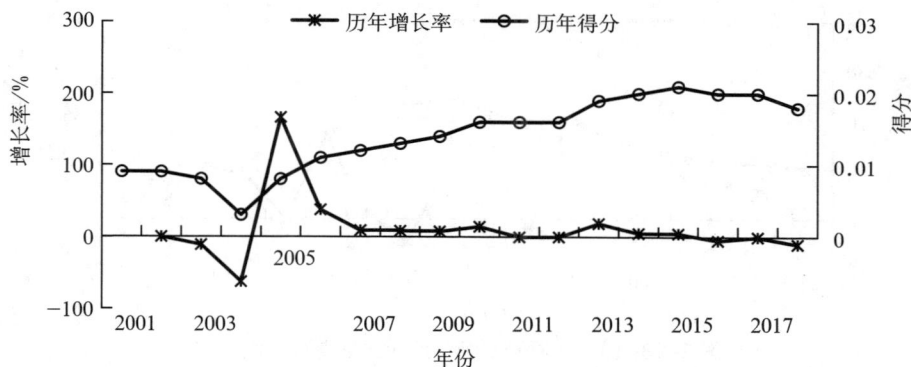

图 2-28-11　甘肃研发人员比例得分及增长率

（11）研发经费支出得分及增长率

图 2-28-12 是 2001—2018 年甘肃研发经费支出历年得分及增长率。由图 2-28-12 可知，甘肃研发经费支出得分呈逐年上升趋势，增长率呈波动下降趋势。

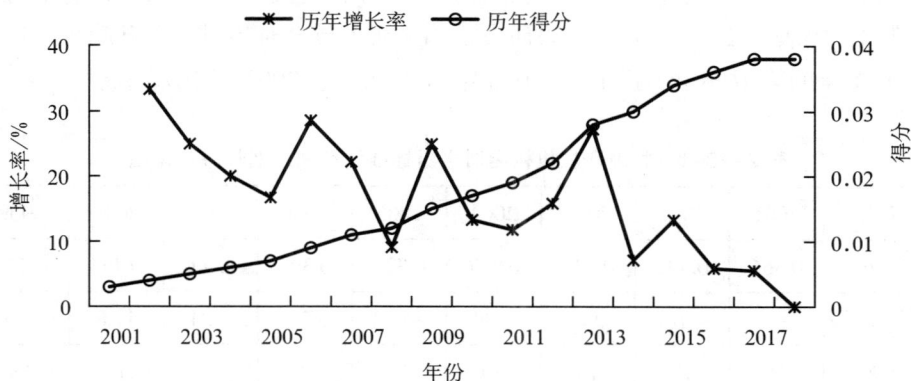

图 2-28-12　甘肃研发经费支出得分及增长率

（12）研发经费投入强度得分及增长率

图 2-28-13 是 2001—2018 年甘肃研发经费投入强度历年得分及增长率。由图 2-28-13 可知，甘肃研发经费投入强度得分呈逐年上升趋势，增长率呈波动趋势。

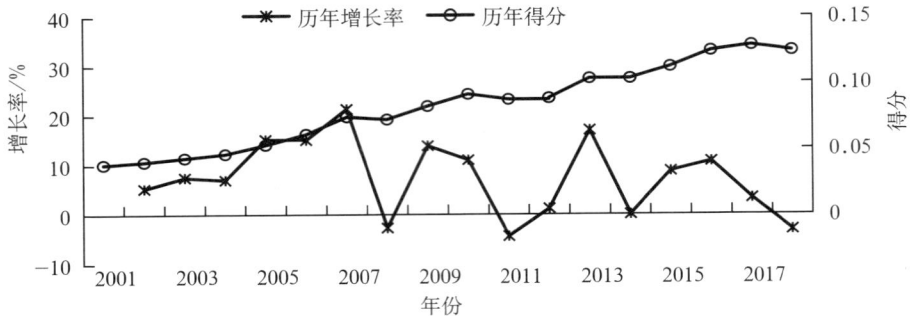

图 2-28-13 甘肃研发经费投入强度得分及增长率

28.3 科技创新竞争力投入要素分析

28.3.1 研发人员投入分析

（1）研发机构人员全时当量分析

表 2-28-1 是甘肃历年研发机构科研人员全时当量投入标准化数据、增长率及排名。由表 2-28-1 可知，甘肃研发机构科研人员全时当量呈上升趋势，排名从 2001 年的第 16 位波动下降到 2018 年的第 18 位。2002 年下降明显。

表 2-28-1 甘肃研发机构全时当量标准化数据、增长率及排名

年份	2001	2002	2003	2004	2005	2006	2007	2008	2009
得分	0.566	0.392	0.346	0.347	0.333	0.391	0.406	0.454	0.527
增长率 /%		−30.7	−11.7	0.29	−4.03	17.4	3.84	11.8	16.1
排名	16	18	19	20	20	19	19	18	18

年份	2010	2011	2012	2013	2014	2015	2016	2017	2018
得分	0.587	0.600	0.716	0.636	0.691	0.738	0.724	0.755	0.741
增长率 /%	11.4	2.21	19.3	−11.2	8.65	6.80	−1.90	4.28	−1.85
排名	16	17	15	17	17	17	17	19	18

（2）高校人员全时当量分析

表 2-28-2 是甘肃历年高校科研人员全时当量投入标准化数据、增长率及排

名。由表 2-28-2 可知甘肃高校人员全时当量呈上升趋势，排名从 2001 年的第
25 位波动下降到 2018 年的第 26 位。2012 年增长显著。

表 2-28-2　甘肃高校全时当量标准化数据、增长率及排名

年份	2001	2002	2003	2004	2005	2006	2007	2008	2009
得分	0.251	0.283	0.228	0.264	0.306	0.301	0.284	0.269	0.269
增长率 /%		12.7	−19.4	15.8	15.9	−1.63	−5.65	−5.28	0
排名	25	24	24	24	24	24	24	25	25

年份	2010	2011	2012	2013	2014	2015	2016	2017	2018
得分	0.276	0.250	0.325	0.374	0.399	0.389	0.406	0.461	0.473
增长率 /%	2.60	−9.42	30	15.1	6.68	−2.51	4.37	13.5	2.60
排名	26	26	26	26	26	27	27	25	26

（3）大中型企业科研人员全时当量分析

表 2-28-3 是甘肃历年大中型企业科研人员全时当量投入标准化数据、增长
率及排名。由表 2-28-3 可知，甘肃大中型企业科研人员全时当量标准化数据呈
上升趋势，排名从 2001 年的第 16 位波动下降到 2018 年的第 26 位。2003 年、
2005 年、2009 年增长显著，2004 年、2006 年下降明显。

表 2-28-3　甘肃大中型企业科研人员全时当量标准化数据、增长率及排名

年份	2001	2002	2003	2004	2005	2006	2007	2008	2009
得分	0.191	0.192	0.257	0.178	0.249	0.120	0.168	0.144	0.205
增长率 /%		0.52	33.9	−30.7	39.9	−51.8	40	−14.3	42.4
排名	16	17	16	17	17	23	23	23	23

年份	2010	2011	2012	2013	2014	2015	2016	2017	2018
得分	0.232	0.240	0.212	0.228	0.280	0.306	0.352	0.308	0.309
增长率 /%	13.2	3.45	−11.7	7.55	22.8	9.29	15.0	−12.5	0.32
排名	22	23	24	26	26	25	25	26	26

28.3.2 研发经费支出分析

（1）研发机构研发经费支出

表 2-28-4 是甘肃历年研发机构经费内部总支出、人均研发机构经费内部支出标准化数据、增长率及排名。总投入 2010 年增长显著；人均投入 2004 年、2006 年增长显著，2002 年下降明显。由表 2-28-4 可知，甘肃总研发经费内部支出与人均科研经费内部支出历年标准化数据均呈上升趋势；总研发经费内部支出排名从 2001 年的第 14 位波动下降到 2018 年的第 17 位；人均研发经费内部支出排名从 2001 年的第 11 位波动上升到 2018 年的第 7 位。

表 2-28-4 甘肃研发机构经费支出标准化数据、增长率及排名

年份		2001	2002	2003	2004	2005	2006	2007	2008	2009
总投入及排名	数据	0.121	0.091	0.098	0.158	0.158	0.189	0.197	0.192	0.219
	增长率/%	13.2	3.45	−11.7	7.55	22.8	9.29	15.0	−12.5	0.32
	排名	14	17	18	14	15	15	17	19	18
人均投入排名	数据	0.665	0.402	0.464	0.880	0.766	1.073	0.957	0.942	0.955
	增长率/%		−39.5	15.4	89.7	−13.0	40.1	−10.8	−1.57	1.38
	排名	11	17	16	8	10	6	8	10	11
年份		2010	2011	2012	2013	2014	2015	2016	2017	2018
总投入及排名	数据	0.294	0.381	0.379	0.426	0.552	0.595	0.658	0.782	0.803
	增长率/%	34.2	29.6	−0.52	12.4	29.6	7.79	10.6	18.8	2.68
	排名	19	18	19	19	20	18	17	17	17
人均投入排名	数据	1.193	1.470	1.431	1.634	1.858	1.940	1.983	2.471	2.546
	增长率/%	24.9	23.2	−2.65	14.19	13.7	4.41	2.22	24.6	3.04
	排名	9	7	7	5	5	6	6	6	7

（2）高校研发经费支出

表 2-28-5 是甘肃历年高校经费内部总支出、人均高校经费内部支出标准化数据、增长率及排名。由表 2-28-5 可知，甘肃高校总研发经费内部支出与人均

科研经费内部支出历年标准化数据均呈上升趋势；总研发经费内部支出排名从2001年的第22位波动下降到2018年的第25位；人均研发经费内部支出排名从2001年的第26位波动上升到2018年的第15位。总投入2003年增长突出，2004年、2006年、2007年、2009年、2012年增长显著；人均投入2003年增长突出，2004年、2006年、2009年、2012年增长显著。

表 2-28-5 甘肃高校经费支出标准化数据、增长率及排名

年份		2001	2002	2003	2004	2005	2006	2007	2008	2009
总投入及排名	数据	0.023	0.023	0.047	0.077	0.087	0.128	0.178	0.129	0.194
	增长率/%		0	104.3	63.8	13.0	47.1	39.1	−27.5	50.4
	排名	22	23	20	21	23	22	20	24	23
人均投入排名	数据	0.119	0.099	0.210	0.407	0.403	0.691	0.828	0.602	0.807
	增长率/%		−16.8	112.1	93.8	−0.98	71.5	19.8	−27.3	34.1
	排名	26	26	21	18	20	18	16	20	17

年份		2010	2011	2012	2013	2014	2015	2016	2017	2018
总投入及排名	数据	0.250	0.299	0.420	0.460	0.474	0.395	0.490	0.467	0.518
	增长率/%	28.9	19.6	40.5	9.52	3.04	−16.7	24.1	−4.69	10.9
	排名	24	24	23	22	23	24	24	24	25
人均投入排名	数据	0.969	1.100	1.511	1.680	1.519	1.227	1.407	1.406	1.566
	增长率/%	20.1	13.5	37.4	11.2	−9.58	−19.2	14.7	−0.07	11.4
	排名	18	14	10	11	11	17	13	14	15

（3）大中型企业研发经费支出

表 2-28-6 是甘肃历年大中型企业经费内部总支出、人均大中型企业经费内部支出标准化数据、增长率及排名。由表 2-28-6 可知，甘肃大中型企业总研发经费内部支出与人均科研经费内部支出历年标准化数据均呈上升趋势；总研发经费内部支出排名从2001年的第21位波动下降到2018年的第26位；人均研发经费内部支出排名从2001年的第22位波动下降到2018年的第23位。总投

入 2005 年、2007 年、2008 年、2014 年增长显著，2002 年下降明显；人均投入 2004 年、2007 年、2008 年增长显著，2002 年下降明显。

表 2-28-6　甘肃企业经费支出标准化数据、增长率及排名

年份		2001	2002	2003	2004	2005	2006	2007	2008	2009
总投入及排名	数据	0.049	0.022	0.023	0.026	0.035	0.032	0.063	0.090	0.107
	增长率 /%		−55.1	4.55	13.0	34.6	−8.57	96.9	42.9	18.9
	排名	21	24	24	25	24	25	25	24	23
人均投入排名	数据	0.328	0.119	0.131	0.175	0.207	0.220	0.375	0.541	0.570
	增长率 /%		−63.7	10.1	33.6	18.3	6.28	70.5	44.3	5.36
	排名	22	29	30	30	30	28	26	20	23
年份		2010	2011	2012	2013	2014	2015	2016	2017	2018
总投入及排名	数据	0.133	0.150	0.165	0.203	0.267	0.316	0.366	0.384	0.402
	增长率 /%	24.3	12.8	10	23.0	31.5	18.4	15.8	4.92	4.69
	排名	24	24	25	26	25	25	25	25	26
人均投入排名	数据	0.664	0.711	0.763	0.957	1.101	1.267	1.356	1.489	1.566
	增长率 /%	16.5	7.08	7.31	25.4	15.0	15.1	7.02	9.81	5.17
	排名	24	25	26	26	26	22	22	23	23

29　青海科技创新竞争力各指标及影响因素分析

29.1　科技创新竞争力得分及增长率分析

图 2-29-1 是 2001—2018 年青海科技创新竞争力历年得分及增长率。由图 2-29-1 可知，青海科技创新竞争力得分呈上升趋势，增长率呈波动趋势。

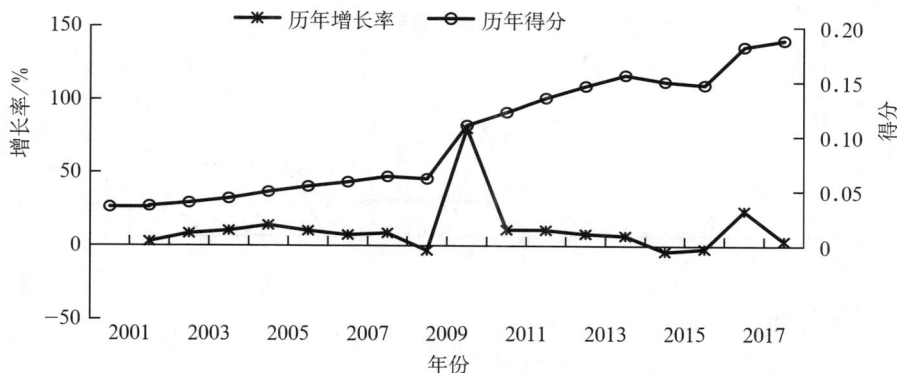

图 2-29-1　青海科技创新竞争力历年得分及增长率

29.2　科技创新竞争力各指标得分及增长率

（1）SCI 检索论文得分及增长率

图 2-29-2 是 2001—2018 年青海 SCI 检索论文历年得分及增长率。由图 2-29-2 可知，青海 SCI 检索论文得分呈逐年上升趋势，增长率呈波动趋势。

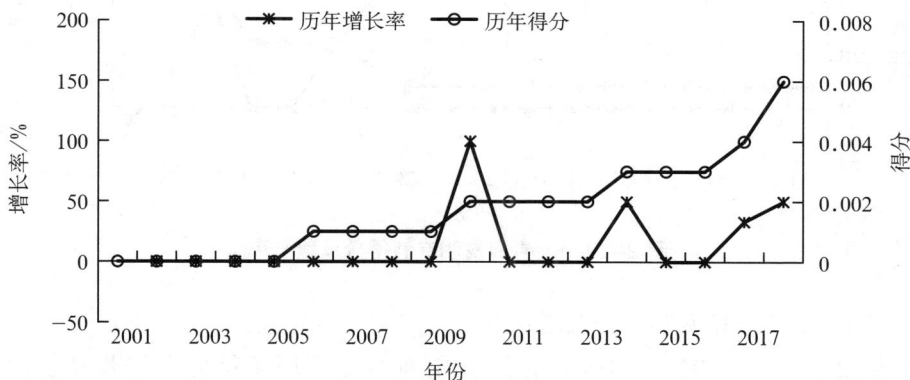

图 2-29-2　青海 SCI 检索得分及增长率

（2）EI 检索论文得分及增长率

图 2-29-3 是 2001—2018 年青海 EI 检索论文历年得分及增长率。由图 2-29-3 可知，青海 EI 论文检索得分呈逐年上升趋势，增长率有波动趋势。

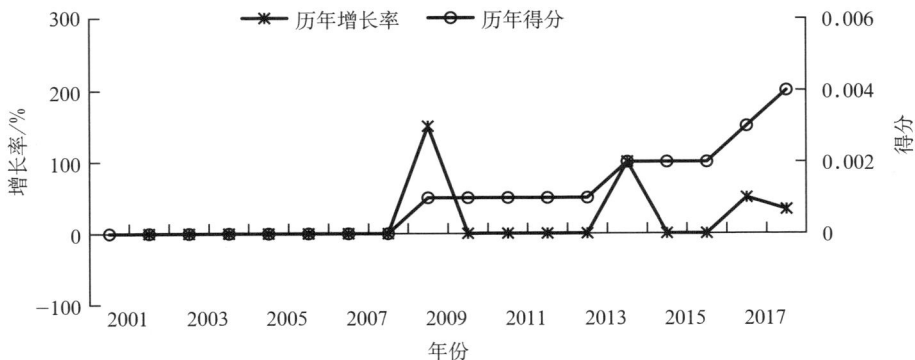

图 2-29-3　青海 EI 检索得分及增长率

（3）发明专利得分及增长率

图 2-29-4 是 2001—2018 年青海发明专利历年得分及增长率。由图 2-29-4 可知，青海发明专利得分呈逐年上升趋势，增长率有波动趋势。

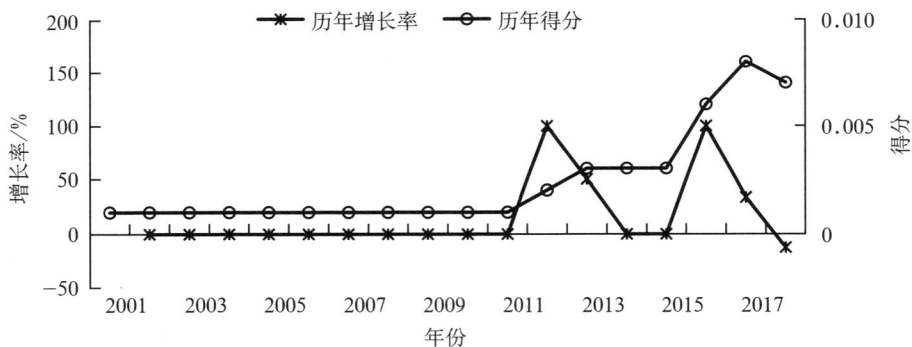

图 2-29-4　青海发明专利得分及增长率

（4）实用新型专利得分及增长率

图 2-29-5 是 2001—2018 年青海实用新型专利历年得分及增长率。由图 2-29-5 可知，青海实用新型专利得分呈逐年上升趋势，增长率呈波动趋势。

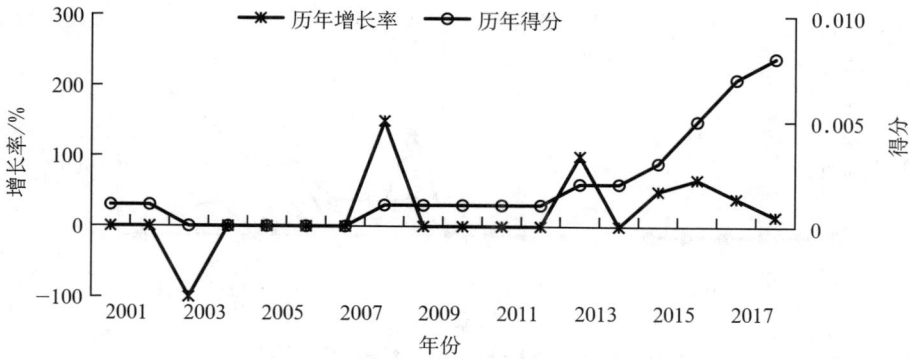

图 2-29-5　青海实用新型专利得分及增长率

（5）新产品出口额得分及增长率

图 2-29-6 是 2001—2018 年青海新产品出口额历年得分及增长率。由图 2-29-6 可知，青海新产品出口额得分及增长率变化很小。

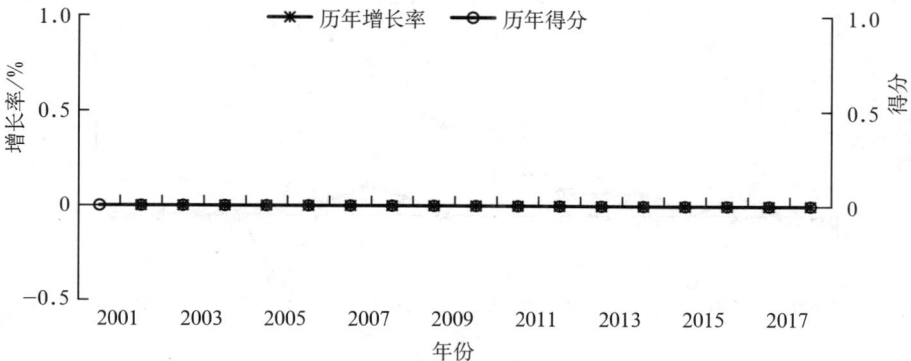

图 2-29-6　青海新产品出口额得分及增长率

（6）新产品销售额得分及增长率

图 2-29-7 是 2001—2018 年青海新产品销售额历年得分及增长率。由图 2-29-7 可知，青海新产品销售额得分呈逐年上升趋势，增长率呈波动趋势。

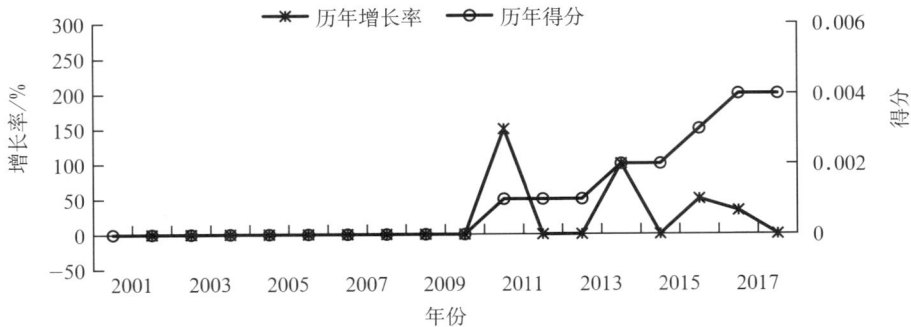

图 2-29-7　青海新产品销售额得分及增长率

（7）技术合同流出金额得分及增长率

图 2-29-8 是 2001—2018 年青海技术合同流出金额历年得分及增长率。由图 2-29-8 可知，青海技术合同流出金额得分、增长率均呈波动趋势。

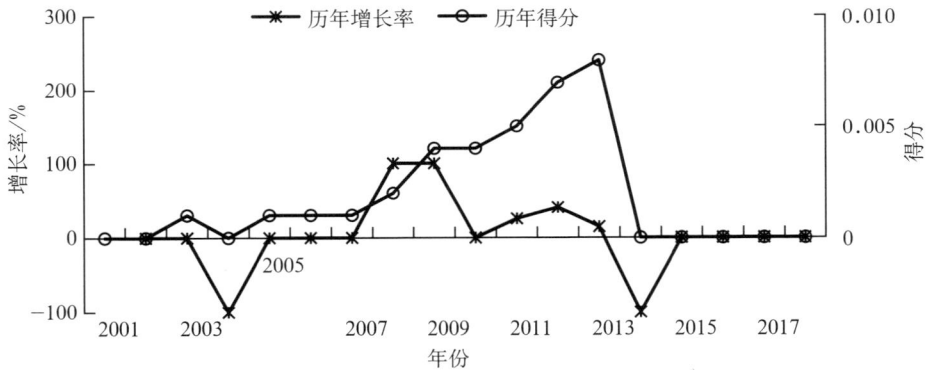

图 2-29-8　青海技术合同流出金额得分及增长率

（8）技术合同流入金额得分及增长率

图 2-29-9 是 2001—2018 年青海技术合同流入金额历年得分及增长率。由图 2-29-9 可知，青海技术合同流入金额得分呈波动上升趋势，增长率呈波动趋势。

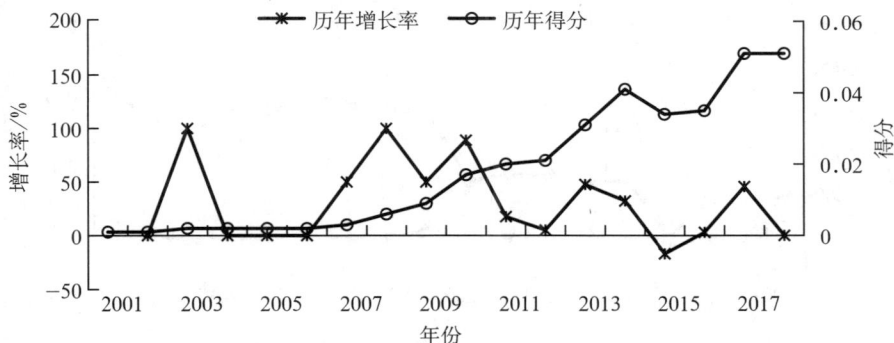

图 2-29-9　青海技术合同流入金额得分及增长率

（9）研发人员全时当量得分及增长率

图 2-29-10 是 2001—2018 年青海研发人员全时当量历年得分及增长率。由图 2-29-10 可知，青海研发人员全时当量得分呈上升趋势，增长率呈波动趋势。

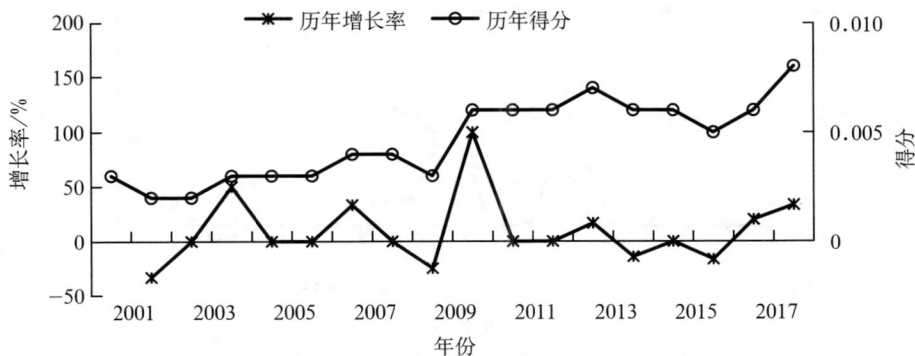

图 2-29-10　青海研发人员全时当量得分及增长率

（10）研发人员比例得分及增长率

图 2-29-11 是 2001—2018 年青海研发人员比例历年得分及增长率。由图 2-29-11 可知，青海研发人员比例得分呈波动上升趋势，增长率呈波动趋势，2005 年增长突出。

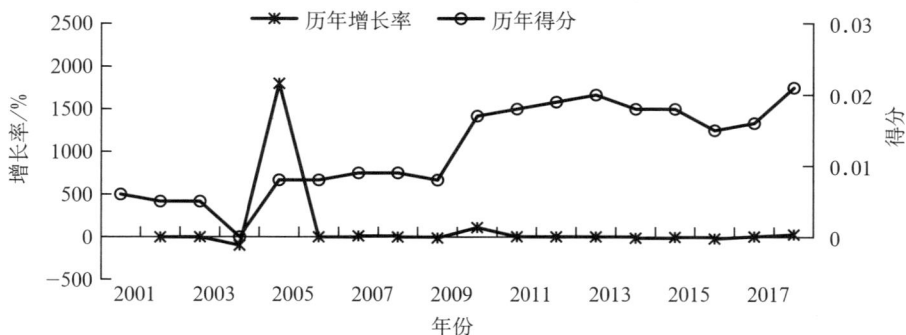

图 2-29-11　青海研发人员比例得分及增长率

（11）研发经费支出得分及增长率

图 2-29-12 是 2001—2018 年青海研发经费支出历年得分及增长率。由图 2-29-12 可知，青海研发经费支出得分呈上升趋势，增长率呈波动趋势。

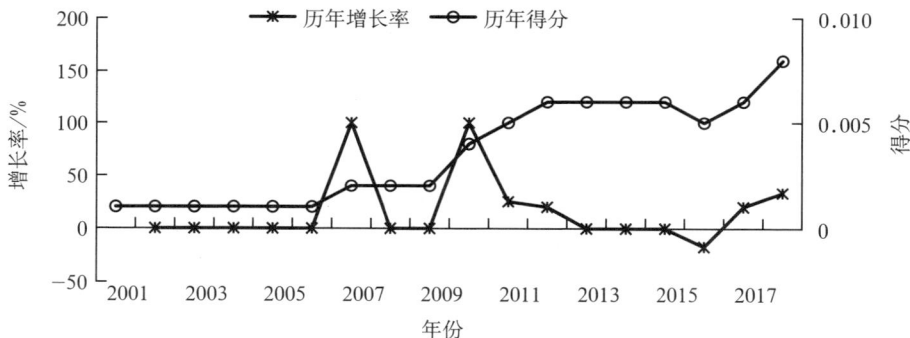

图 2-29-12　青海研发经费支出得分及增长率

（12）研发经费投入强度得分及增长率

图 2-29-13 是 2001—2018 年青海研发经费投入强度历年得分及增长率。由图 2-29-13 可知，青海研发经费投入强度得分呈波动上升趋势，增长率呈波动趋势。

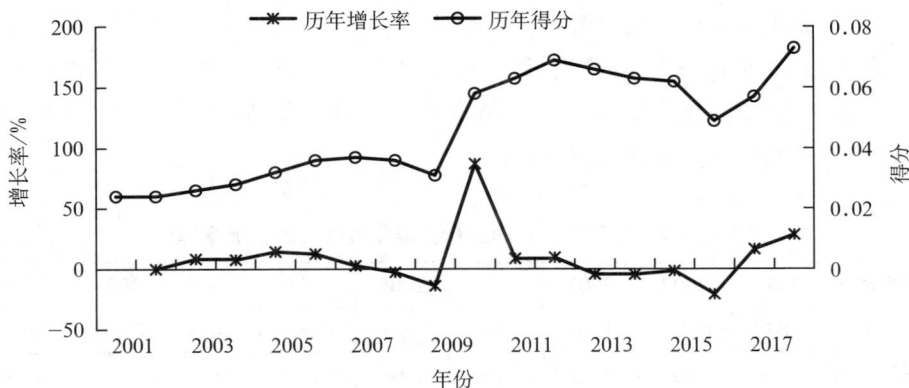

图 2-29-13　青海研发经费投入强度得分及增长率

29.3　科技创新竞争力投入要素分析

29.3.1　研发人员投入分析

（1）研发机构人员全时当量分析

表 2-29-1 是青海历年研发机构科研人员全时当量投入标准化数据、增长率及排名。由表 2-29-1 可知，青海研发机构科研人员全时当量呈上升趋势，排名从 2001 年的第 29 位波动回归到 2018 年的第 29 位。

表 2-29-1　青海研发机构全时当量标准化数据、增长率及排名

年份	2001	2002	2003	2004	2005	2006	2007	2008	2009
得分	0.041	0.037	0.027	0.026	0.028	0.032	0.035	0.042	0.047
增长率 /%		−9.76	−27.0	−3.70	7.69	14.29	9.38	20	11.9
排名	29	30	30	30	30	30	30	29	29
年份	2010	2011	2012	2013	2014	2015	2016	2017	2018
得分	0.058	0.062	0.065	0.075	0.082	0.079	0.066	0.074	0.066
增长率 /%	23.4	6.90	4.84	15.4	9.33	−3.66	−16.5	12.1	−10.8
排名	29	29	29	29	29	29	29	29	29

（2）高校人员全时当量分析

表 2-29-2 是青海历年高校科研人员全时当量投入标准化数据、增长率及排名。由表 2-29-2 可知，青海高校人员全时当量呈上升趋势，排名从 2001 年的第 30 位波动回归到 2018 年的第 30 位。

表 2-29-2　青海高校全时当量标准化数据、增长率及排名

年份	2001	2002	2003	2004	2005	2006	2007	2008	2009
得分	0.035	0.045	0.051	0.049	0.050	0.063	0.073	0.084	0.086
增长率 /%		28.6	13.3	-3.92	2.04	26	15.9	15.1	2.38
排名	30	29	29	29	29	28	28	30	29

年份	2010	2011	2012	2013	2014	2015	2016	2017	2018
得分	0.081	0.082	0.085	0.079	0.068	0.066	0.074	0.076	0.080
增长率 /%	-5.81	1.23	3.66	-7.06	-13.9	-2.94	12.1	2.70	5.26
排名	29	29	29	30	30	30	30	30	30

（3）大中型企业科研人员全时当量分析

表 2-29-3 是青海历年大中型企业科研人员全时当量投入标准化数据、增长率及排名。由表 2-29-3 可知，青海大中型企业科研人员全时当量标准化数据呈上升趋势，排名从 2001 年的第 28 位波动下降到 2018 年的第 30 位。2005 年增长突出，2011 年、2012 年、2018 年增长显著，2004 年、2010 年、2017 年下降明显。

表 2-29-3　青海大中型企业科研人员全时当量标准化数据、增长率及排名

年份	2001	2002	2003	2004	2005	2006	2007	2008	2009
得分	0.021	0.021	0.019	0.011	0.028	0.032	0.026	0.023	0.028
增长率 /%		0	-9.52	-42.1	154.5	14.3	-18.8	-11.5	21.7
排名	28	29	29	28	28	29	29	29	29

年份	2010	2011	2012	2013	2014	2015	2016	2017	2018
得分	0.019	0.034	0.045	0.045	0.049	0.050	0.051	0.031	0.043
增长率 /%	-32.1	78.9	32.4	0	8.89	2.04	2	-39.2	38.7
排名	29	29	29	29	30	30	30	30	30

29.3.2　研发经费支出分析

（1）研发机构研发经费支出

表 2-29-4 是青海历年研发机构经费内部总支出、人均研发机构经费内部支出标准化数据、增长率及排名。由表 2-29-4 可知，青海总研发经费内部支出与人均科研经费内部支出历年标准化数据均呈上升趋势；总研发经费内部支出排名从 2001 年的第 29 位波动回归到 2018 年的第 29 位；人均研发经费内部支出排名从 2001 年的第 21 位波动上升到 2018 年的第 13 位。总投入 2004 年、2005 年、2009 年、2011 年增长显著；人均投入 2004 年、2005 年、2017 年增长显著，2002 年下降明显。

表 2-29-4　青海研发机构经费支出标准化数据、增长率及排名

年份		2001	2002	2003	2004	2005	2006	2007	2008	2009
总投入及排名	数据	0.007	0.007	0.006	0.009	0.016	0.020	0.015	0.017	0.023
	增长率/%		0	−14.3	50	77.8	25	−25	13.3	35.3
	排名	29	29	29	30	28	28	29	29	29
人均投入排名	数据	0.365	0.249	0.228	0.368	0.580	0.607	0.463	0.537	0.634
	增长率/%		−31.8	−8.43	61.4	57.6	4.66	−23.7	16.0	18.1
	排名	21	23	24	20	16	17	18	17	15

年份		2010	2011	2012	2013	2014	2015	2016	2017	2018
总投入及排名	数据	0.022	0.033	0.041	0.046	0.051	0.053	0.067	0.074	0.067
	增长率/%	−4.35	50	24.2	12.2	10.9	3.92	26.4	10.4	−9.46
	排名	29	29	29	29	29	29	29	29	29
人均投入排名	数据	0.721	0.584	0.689	0.747	0.800	0.907	1.149	1.500	1.322
	增长率/%	13.7	−19.0	18.0	8.42	7.10	13.4	26.7	30.5	−12.9
	排名	17	20	17	16	17	15	14	9	13

（2）高校研发经费支出

表 2-29-5 是青海历年高校经费内部总支出、人均高校经费内部支出标准化

数据、增长率及排名。由表 2-29-5 可知，青海高校总研发经费内部支出与人均
科研经费内部支出历年标准化数据均呈上升趋势；总研发经费内部支出排名从
2001 年的第 30 位波动上升到 2018 年的第 29 位；人均研发经费内部支出排名
从 2001 年的第 30 位波动上升到 2018 年的第 5 位。总投入 2002 年、2004 年、
2018 年增长突出，2005 年、2007 年、2008 年、2010 年、2011 年、2013 年、
2015 年增长显著，2003 年、2006 年下降明显；人均投入 2002 年、2004 年增长
突出，2005 年、2007 年、2008 年、2010 年、2013 年、2015 年、2018 年增长显著，
2003 年、2006 年下降明显。

表 2-29-5　青海高校经费支出标准化数据、增长率及排名

年份		2001	2002	2003	2004	2005	2006	2007	2008	2009
总投入及排名	数据	0.001	0.004	0.002	0.007	0.013	0.007	0.011	0.019	0.018
	增长率 /%		300	−50	250	85.7	−46.2	57.1	72.7	−5.26
	排名	30	28	30	30	28	30	29	28	29
人均投入排名	数据	0.037	0.126	0.062	0.286	0.439	0.199	0.341	0.568	0.483
	增长率 /%		240.5	−50.8	361.3	53.5	−54.7	71.4	66.6	−15.0
	排名	30	24	30	24	19	28	25	21	23
年份		2010	2011	2012	2013	2014	2015	2016	2017	2018
总投入及排名	数据	0.025	0.037	0.036	0.054	0.063	0.101	0.081	0.070	0.140
	增长率 /%	38.9	48	−2.70	50	16.7	60.3	−19.8	−13.6	100
	排名	30	29	30	30	30	28	30	31	29
人均投入排名	数据	0.768	0.626	0.573	0.843	0.942	1.644	1.333	1.369	2.622
	增长率 /%	59.0	−18.5	−8.47	47.1	11.7	74.5	−18.9	2.70	91.5
	排名	21	24	25	21	22	11	14	17	5

（3）大中型企业研发经费支出

表 2-29-6 是青海历年大中型企业经费内部总支出、人均大中型企业经费内
部支出标准化数据、增长率及排名。由表 2-29-6 可知，青海大中型企业总研发

经费内部支出与人均科研经费内部支出历年标准化数据均呈上升趋势；总研发经费内部支出排名从 2001 年的第 30 位波动回归到 2018 年的第 30 位；人均研发经费内部支出排名从 2001 年的第 10 位波动下降到 2018 年的第 26 位。总投入 2004 年增长突出，2011 年、2012 年、2013 年增长显著，2002 年、2017 年下降明显；人均投入 2004 年增长突出，2012 年、2013 年增长显著，2002 年下降明显。

表 2-29-6　青海企业经费支出标准化数据、增长率及排名

年份		2001	2002	2003	2004	2005	2006	2007	2008	2009
总投入及排名	数据	0.009	0.006	0.005	0.011	0.012	0.015	0.015	0.017	0.019
	增长率 /%		−33.3	−16.7	120	9.09	25	0	13.3	11.8
	排名	30	29	29	28	28	29	29	29	29
人均投入排名	数据	0.592	0.263	0.261	0.544	0.526	0.566	0.586	0.639	0.640
	增长率 /%		−55.6	−0.76	108.4	−3.31	7.60	3.53	9.04	0.16
	排名	10	16	20	5	9	13	14	17	19
年份		2010	2011	2012	2013	2014	2015	2016	2017	2018
总投入及排名	数据	0.020	0.033	0.048	0.065	0.066	0.071	0.073	0.051	0.061
	增长率 /%	5.26	65	45.5	35.4	1.54	7.58	2.82	−30.1	19.6
	排名	29	29	29	29	29	30	30	30	30
人均投入排名	数据	0.796	0.711	0.981	1.297	1.287	1.487	1.549	1.285	1.482
	增长率 /%	24.4	−10.7	38.0	32.2	−0.77	15.5	4.17	−17.0	15.3
	排名	21	24	18	19	22	21	21	26	26

30　宁夏科技创新竞争力各指标及影响因素分析

30.1　科技创新竞争力得分及增长率分析

图 2-30-1 是 2001—2018 年宁夏科技创新竞争力历年得分及增长率。由图

2-30-1 可知，宁夏科技创新竞争力得分呈逐年上升趋势，增长率呈波动趋势。

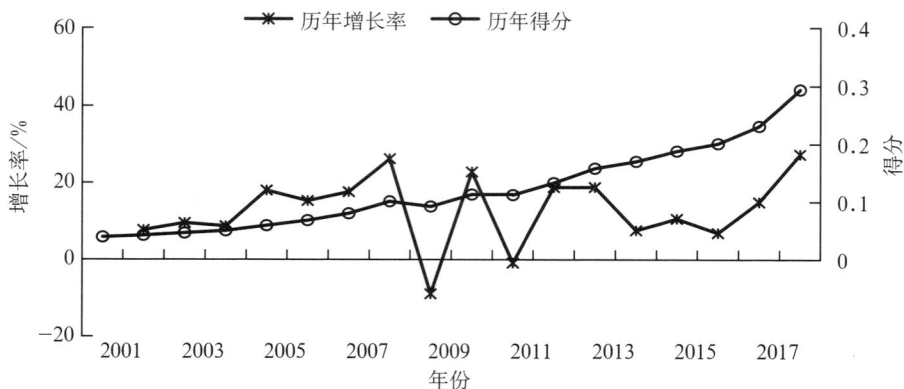

图 2-30-1　宁夏科技创新竞争力历年得分及增长率

30.2　科技创新竞争力各指标得分及增长率

（1）SCI 检索论文得分及增长率

图 2-30-2 是 2001—2018 年宁夏 SCI 检索论文历年得分及增长率。由图 2-30-2 可知，宁夏 SCI 检索论文得分呈逐年上升趋势，增长率有波动。

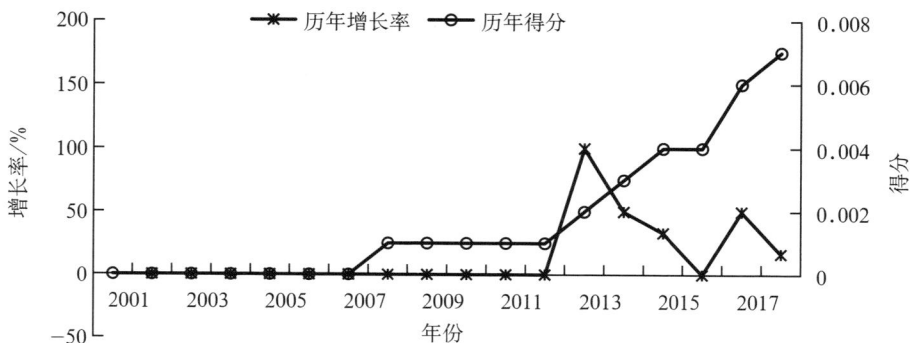

图 2-30-2　宁夏 SCI 检索得分及增长率

（2）EI 检索论文得分及增长率

图 2-30-3 是 2001—2018 年宁夏 EI 检索论文历年得分及增长率。由图 2-30-3

可知，宁夏 EI 检索论文得分呈波动上升趋势，增长率呈波动趋势。

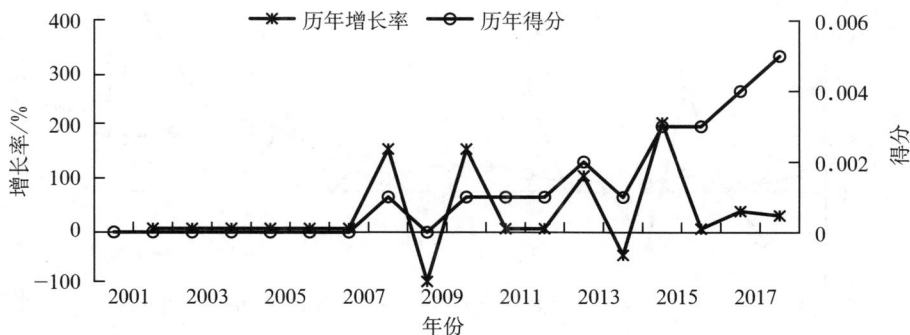

图 2-30-3　宁夏 EI 检索得分及增长率

（3）发明专利得分及增长率

图 2-30-4 是 2001—2018 年宁夏发明专利历年得分及增长率。由图 2-30-4 可知，宁夏发明专利得分呈逐年上升趋势，增长率呈波动趋势。

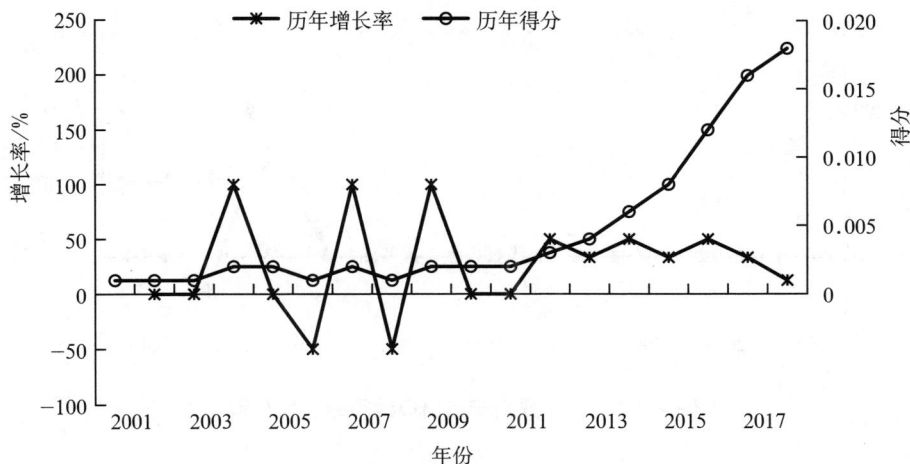

图 2-30-4　宁夏发明专利得分及增长率

（4）实用新型专利得分及增长率

图 2-30-5 是 2001—2018 年宁夏实用新型专利历年得分及增长率。由图 2-30-5 可知，宁夏实用新型专利得分呈逐年上升趋势，增长率呈波动趋势。

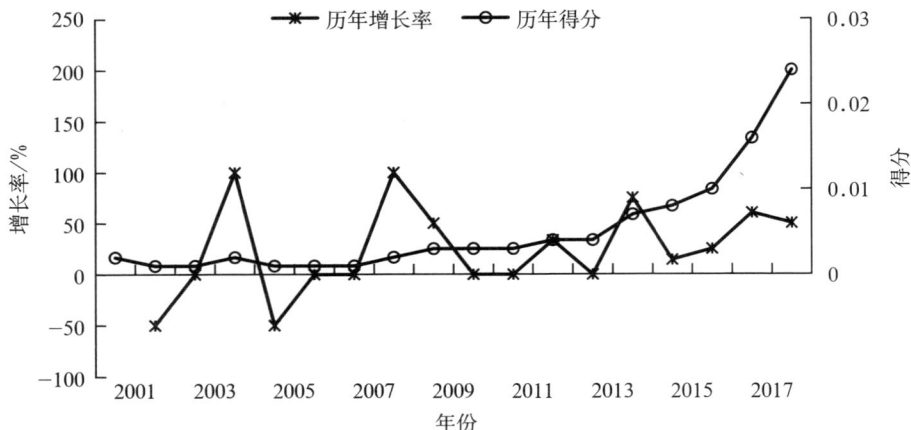

图 2-30-5　宁夏实用新型专利得分及增长率

（5）新产品出口额得分及增长率

图 2-30-6 是 2001—2018 年宁夏新产品出口额历年得分及增长率。由图 2-30-6 可知，宁夏新产品出口额得分呈波动上升趋势，增长率呈波动趋势。

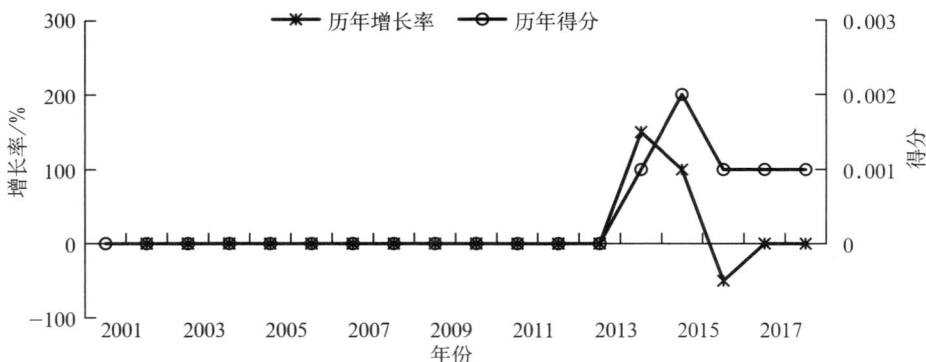

图 2-30-6　宁夏新产品出口额得分及增长率

（6）新产品销售额得分及增长率

图 2-30-7 是 2001—2018 年宁夏新产品销售额历年得分及增长率。由图 2-30-7 可知，宁夏新产品销售额得分呈上升趋势，增长率呈波动趋势。

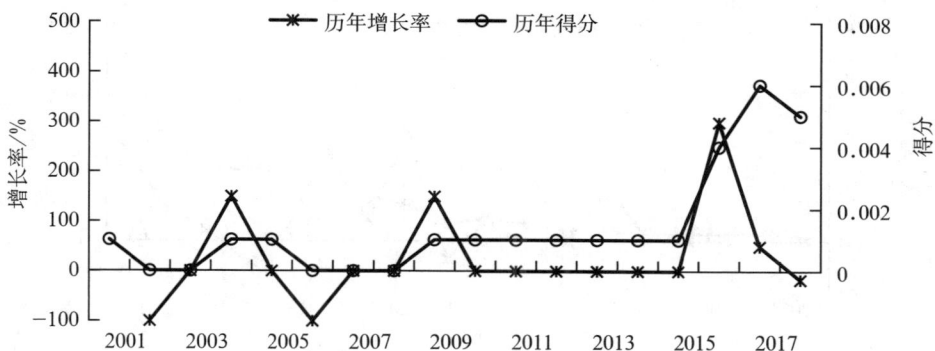

图 2-30-7　宁夏新产品销售额得分及增长率

（7）技术合同流出金额得分及增长率

图 2-30-8 是 2001—2018 年宁夏技术合同流出金额历年得分及增长率。由图 2-30-8 可知，宁夏技术合同流出金额得分呈波动趋势，增长率呈波动趋势，2012 年增长突出。

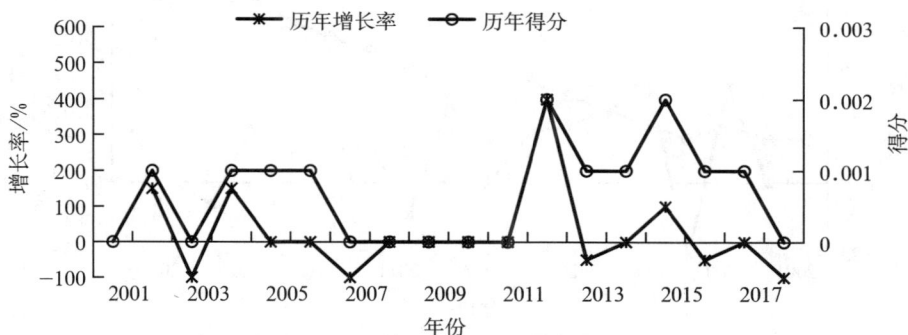

图 2-30-8　宁夏技术合同流出金额得分及增长率

（8）技术合同流入金额得分及增长率

图 2-30-10 是 2001—2018 年宁夏研发人员全时当量历年得分及增长率。由图 2-30-10 可知，宁夏研发人员全时当量得分呈波动上升趋势，增长率呈波动趋势。

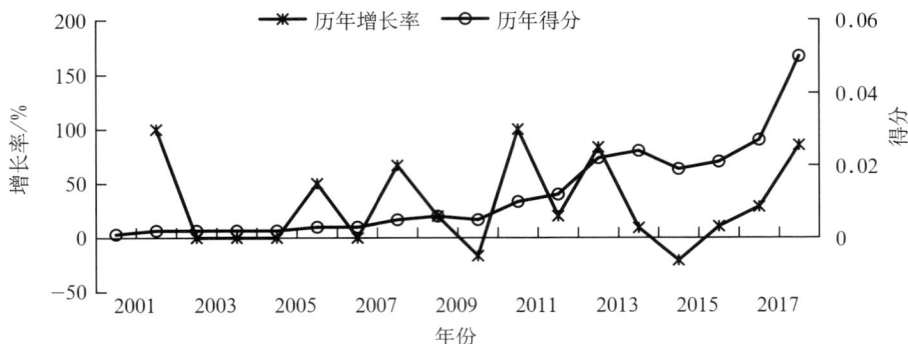

图 2-30-9　宁夏技术合同流入金额得分及增长率

（9）研发人员全时当量得分及增长率

图 2-30-10 是 2001—2018 年宁夏研发人员全时当量历年得分及增长率。由图 2-30-10 可知，宁夏研发人员全时当量得分呈上升趋势，增长率呈波动趋势。

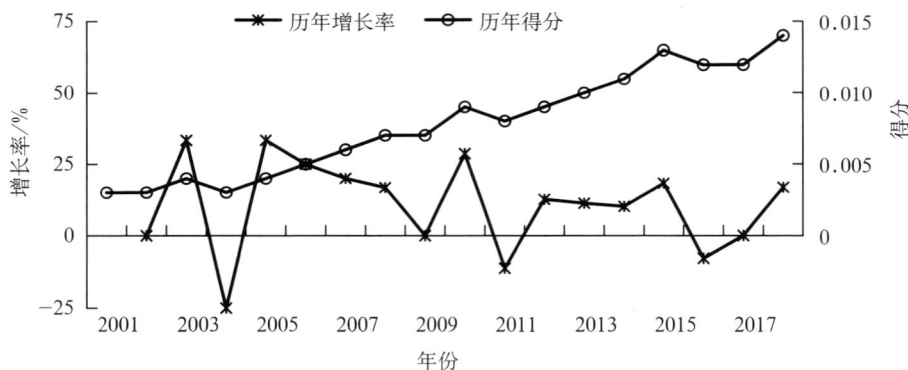

图 2-30-10　宁夏研发人员全时当量得分及增长率

（10）研发人员比例得分及增长率

图 2-30-11 是 2001—2018 年宁夏研发人员比例历年得分及增长率。由图 2-30-11 可知，宁夏研发人员比例得分呈逐年上升趋势，增长率呈波动趋势，2005 年增长突出。

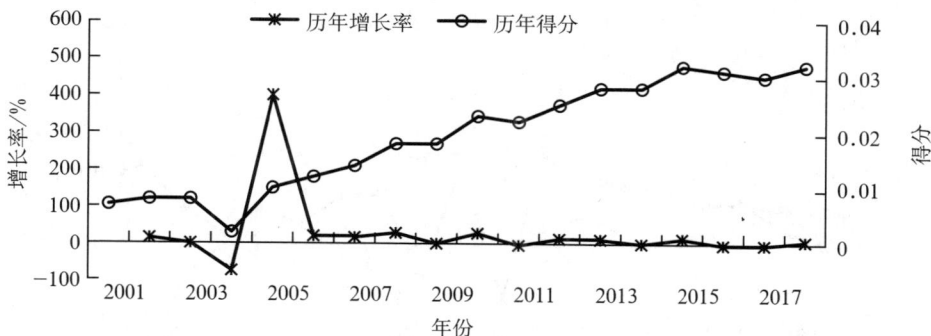

图 2-30-11　宁夏研发人员比例得分及增长率

（11）研发经费支出得分及增长率

图 2-30-12 是 2001—2018 年宁夏研发经费支出历年得分及增长率。由图 2-30-12 可知，宁夏研发经费支出得分呈逐年上升趋势，增长率呈波动趋势。

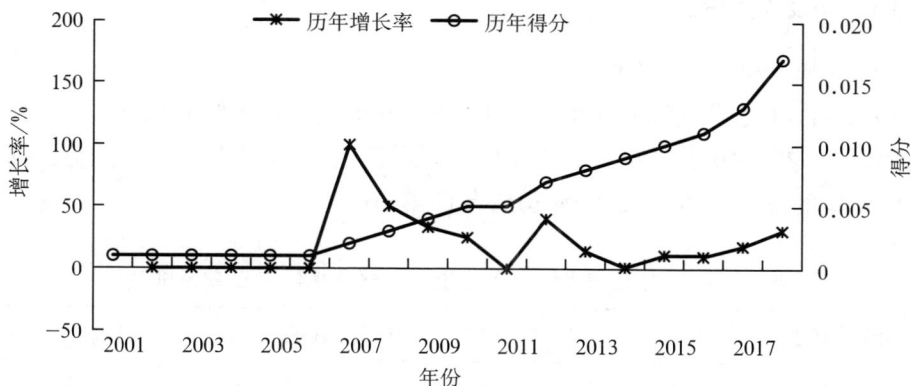

图 2-30-12　宁夏研发经费支出得分及增长率

（12）研发经费投入强度得分及增长率

图 2-30-13 是 2001—2018 年宁夏研发经费投入强度历年得分及增长率。由图 2-30-13 可知，宁夏研发经费投入强度得分呈波动上升趋势，增长率呈波动趋势。

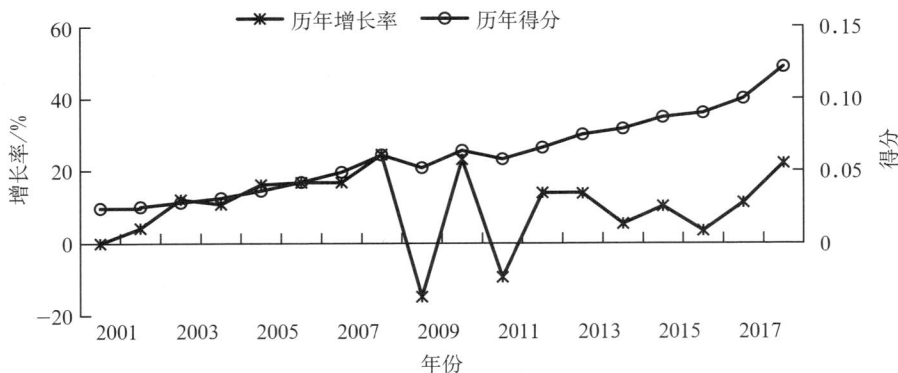

图 2-30-13　宁夏研发经费投入强度得分及增长率

30.3　科技创新竞争力投入要素分析

30.3.1　研发人员投入分析

（1）研发机构人员全时当量分析

表 2-30-1 是宁夏历年研发机构科研人员全时当量投入标准化数据、增长率及排名。由表 2-30-1 可知，宁夏研发机构科研人员全时当量呈上升趋势，排名从 2001 年的第 30 位波动回归到 2018 年的第 30 位。

表 2-30-1　宁夏研发机构全时当量标准化数据、增长率及排名

年份	2001	2002	2003	2004	2005	2006	2007	2008	2009
得分	0.039	0.038	0.037	0.036	0.036	0.032	0.033	0.038	0.042
增长率 /%		−2.56	−2.63	−2.70	0	−11.1	3.12	15.2	10.5
排名	30	29	28	29	28	31	31	30	31
年份	2010	2011	2012	2013	2014	2015	2016	2017	2018
得分	0.034	0.040	0.041	0.039	0.046	0.057	0.059	0.061	0.066
增长率 /%	−19.0	17.6	2.50	−4.88	17.9	23.9	3.51	3.39	8.20
排名	31	31	31	31	30	30	30	30	30

（2）高校人员全时当量分析

表 2-30-2 是宁夏历年高校科研人员全时当量投入标准化数据、增长率及排名。由表 2-30-2 可知，宁夏高校人员全时当量呈上升趋势，排名从 2001 年的第 28 位波动回归到 2018 年的第 28 位。2008 年增长突出，2018 年增长显著，2005 年下降明显。

表 2-30-2　宁夏高校全时当量标准化数据、增长率及排名

年份	2001	2002	2003	2004	2005	2006	2007	2008	2009
得分	0.063	0.076	0.086	0.087	0.058	0.050	0.070	0.146	0.127
增长率 /%		20.6	13.2	1.16	−33.3	−13.8	40	108.6	−13.0
排名	28	28	28	28	28	30	29	28	28

年份	2010	2011	2012	2013	2014	2015	2016	2017	2018
得分	0.117	0.144	0.133	0.149	0.188	0.143	0.180	0.172	0.235
增长率 /%	−7.87	23.1	−7.64	12.0	26.2	−23.9	25.9	−4.44	36.6
排名	28	28	28	28	28	28	28	28	28

（3）大中型企业科研人员全时当量分析

表 2-30-3 是宁夏历年大中型企业科研人员全时当量投入标准化数据、增长率及排名。由表 2-30-3 可知，宁夏大中型企业科研人员全时当量标准化数据呈上升趋势，排名从 2001 年的第 29 位波动上升到 2018 年的第 28 位。2002 年、2003 年、2009 年、2013 年增长显著，2006 年增长突出。

表 2-30-3　宁夏大中型企业科研人员全时当量标准化数据、增长率及排名

年份	2001	2002	2003	2004	2005	2006	2007	2008	2009
得分	0.015	0.022	0.029	0.021	0.025	0.051	0.062	0.048	0.072
增长率 /%		46.7	31.8	−27.6	19.0	104	21.6	−22.6	50
排名	29	28	27	27	29	28	28	28	28

年份	2010	2011	2012	2013	2014	2015	2016	2017	2018
得分	0.069	0.073	0.058	0.097	0.103	0.118	0.142	0.134	0.139
增长率 /%	−4.17	5.80	−20.5	67.2	6.19	14.6	20.3	−5.63	3.73
排名	28	28	28	28	28	28	28	28	28

30.3.2 研发经费支出分析

（1）研发机构研发经费支出

表 2-30-4 是宁夏历年研发机构经费内部总支出、人均研发机构经费内部支出标准化数据、增长率及排名。由表 2-30-4 可知，宁夏总研发经费内部支出与人均科研经费内部支出历年标准化数据均呈上升趋势；总研发经费内部支出排名从 2001 年的第 30 位波动回归到 2018 年的第 30 位；人均研发经费内部支出排名从 2001 年的第 31 位波动上升到 2018 年的第 26 位。总投入 2002 年、2007 年、2009 年、2012 年、2014 年、2016 年增长显著；人均投入 2014 年增长显著，2002 年下降明显。

表 2-30-4　宁夏研发机构经费支出标准化数据、增长率及排名

年份		2001	2002	2003	2004	2005	2006	2007	2008	2009
总投入及排名	数据	0.003	0.004	0.004	0.005	0.005	0.006	0.008	0.010	0.013
	增长率 /%		33.3	0	25	0	20	33.3	25	30
	排名	30	30	30	31	30	31	30	30	30
人均投入排名	数据	0.168	0.116	0.125	0.128	0.160	0.144	0.164	0.176	0.194
	增长率 /%		−31.0	7.76	2.40	25	−10	13.9	7.32	10.2
	排名	31	31	31	31	31	31	31	30	29
年份		2010	2011	2012	2013	2014	2015	2016	2017	2018
总投入及排名	数据	0.010	0.015	0.018	0.019	0.027	0.033	0.043	0.050	0.060
	增长率 /%	−23.1	50	20	5.56	42.1	22.2	30.3	16.3	20
	排名	31	31	30	30	30	31	31	30	30
人均投入排名	数据	0.159	0.181	0.226	0.206	0.277	0.326	0.374	0.438	0.543
	增长率 /%	−18.0	13.8	24.9	−8.85	34.5	17.7	14.7	17.1	24.0
	排名	30	29	28	28	28	28	28	27	26

（2）高校研发经费支出

表 2-30-5 是宁夏历年高校经费内部总支出、人均高校经费内部支出标准

化数据、增长率及排名。由表 2-30-5 可知，宁夏高校总研发经费内部支出与人均科研经费内部支出历年标准化数据均呈上升趋势；总研发经费内部支出排名从 2001 年的第 29 位波动上升到 2018 年的第 28 位；人均研发经费内部支出排名从 2001 年的第 25 位波动上升到 2018 年的第 17 位。总投入 2003 年、2004 年、2008 年增长突出，2009 年、2010 年、2013 年、2016 年、2018 年增长显著，2005 年下降明显；人均投入 2003 年、2008 年、2010 年、2012 年、2013 年、2016 年、2018 年增长显著，2004 年增长突出，2002 年、2005 年下降明显。

表 2-30-5　宁夏高校经费支出标准化数据、增长率及排名

年份		2001	2002	2003	2004	2005	2006	2007	2008	2009
总投入及排名	数据	0.002	0.002	0.004	0.014	0.008	0.008	0.007	0.015	0.020
	增长率 /%		0	100	250	−42.9	0	−12.5	114.3	33.3
	排名	29	30	29	28	30	29	30	30	28
人均投入排名	数据	0.127	0.072	0.103	0.358	0.230	0.171	0.134	0.258	0.277
	增长率 /%		−43.3	43.1	247.6	−35.8	−25.7	−21.6	92.5	7.36
	排名	25	29	28	20	29	30	31	31	31

年份		2010	2011	2012	2013	2014	2015	2016	2017	2018
总投入及排名	数据	0.030	0.031	0.040	0.078	0.079	0.087	0.140	0.122	0.168
	增长率 /%	50	3.33	29.0	95	1.28	10.1	60.9	−12.9	37.7
	排名	29	30	29	28	29	30	28	28	28
人均投入排名	数据	0.450	0.354	0.491	0.829	0.764	0.819	1.150	1.031	1.457
	增长率 /%	62.5	−21.3	38.7	68.8	−7.84	7.20	40.4	−10.3	41.3
	排名	29	31	28	23	25	24	19	23	17

（3）大中型企业研发经费支出

表 2-30-6 是宁夏历年大中型企业经费内部总支出、人均大中型企业经费内部支出标准化数据、增长率及排名。由表 2-30-6 可知，宁夏大中型企业总研发经费内部支出与人均科研经费内部支出历年标准化数据均呈上升趋势；总研发

经费内部支出排名从 2001 年的第 29 位波动上升到 2018 年的第 28 位；人均研发经费内部支出排名从 2001 年的第 6 位波动下降到 2018 年的第 15 位。总投入 2005 年、2006 年、2008 年、2009 年、2013 年增长显著，2003 年下降明显；人均投入 2005 年、2008 年、2013 年增长显著，2002 年、2003 年下降明显。

表 2-30-6　宁夏企业经费支出标准化数据、增长率及排名

年份		2001	2002	2003	2004	2005	2006	2007	2008	2009
总投入及排名	数据	0.012	0.010	0.007	0.008	0.011	0.017	0.020	0.031	0.045
	增长率 /%		−16.7	−30	14.3	37.5	54.5	17.6	55	45.2
	排名	29	28	28	29	29	28	28	28	28
人均投入排名	数据	0.797	0.375	0.244	0.257	0.415	0.480	0.491	0.701	0.812
	增长率 /%		−52.9	−34.9	5.33	61.5	15.7	2.29	42.8	15.8
	排名	6	7	22	23	15	16	16	15	15
年份		2010	2011	2012	2013	2014	2015	2016	2017	2018
总投入及排名	数据	0.047	0.061	0.058	0.094	0.113	0.132	0.147	0.158	0.189
	增长率 /%	4.44	29.8	−4.92	62.1	20.2	16.8	11.4	7.48	19.6
	排名	28	28	28	28	28	28	28	28	28
人均投入排名	数据	0.922	0.888	0.907	1.279	1.410	1.611	1.555	1.717	2.107
	增长率 /%	13.5	−3.69	2.14	41.0	10.2	14.3	−3.48	10.4	22.7
	排名	17	20	22	20	18	17	20	18	15

31　新疆科技创新竞争力各指标及影响因素分析

31.1　科技创新竞争力得分及增长率分析

图 2-31-1 是 2001—2018 年新疆科技创新竞争力历年得分及增长率。由图 2-31-1 可知，新疆科技创新竞争力得分呈上升趋势，增长率呈波动趋势。

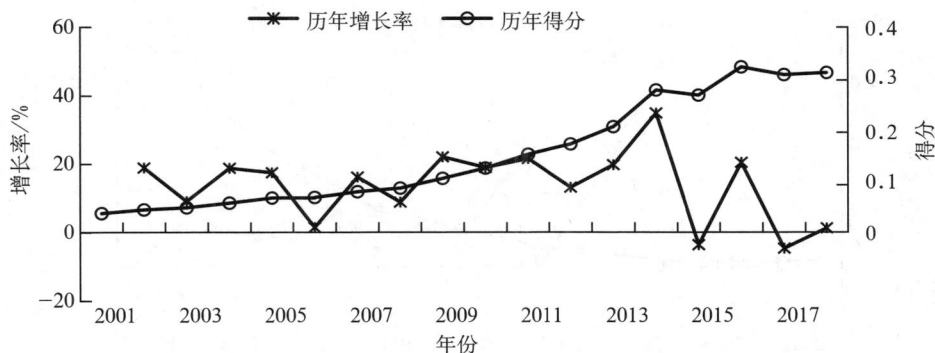

图 2-31-1　新疆科技创新竞争力历年得分及增长率

31.2　科技创新竞争力各指标得分及增长率

（1）SCI 检索论文得分及增长率

图 2-31-2 是 2001—2018 年新疆 SCI 检索论文历年得分及增长率。由图 2-31-2 可知，新疆 SCI 检索论文得分呈逐年上升趋势，增长率呈波动趋势。

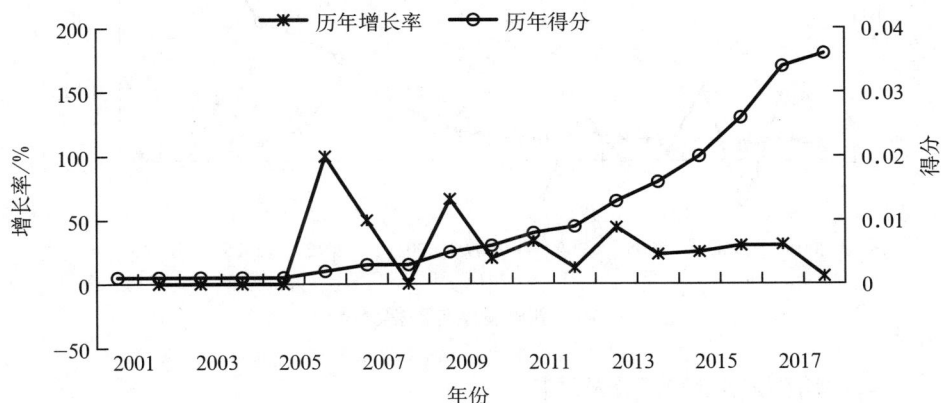

图 2-31-2　新疆 SCI 检索得分及增长率

（2）EI 检索论文得分及增长率

图 2-31-3 是 2001—2018 年新疆 EI 检索论文历年得分及增长率。由图 2-31-3 可知，新疆 EI 论文检索得分呈逐年上升趋势，增长率呈波动下降趋势。

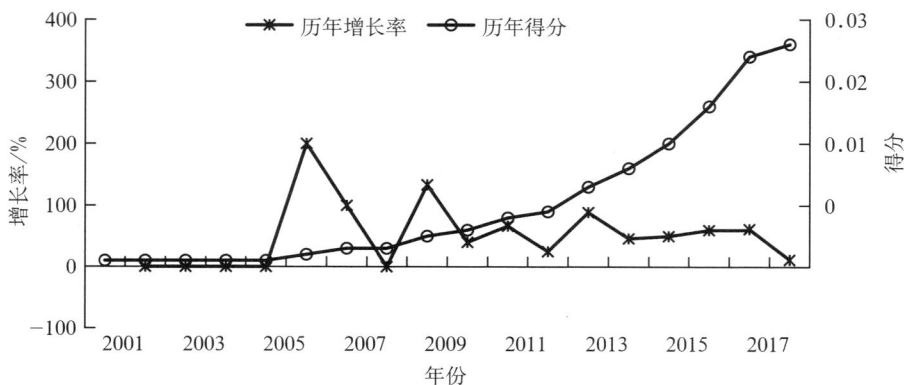

图 2-31-3　新疆 EI 检索得分及增长率

（3）发明专利得分及增长率

图 2-31-4 是 2001—2018 年新疆发明专利历年得分及增长率。由图 2-31-4 可知，新疆发明专利得分呈逐年上升趋势，增长率呈波动趋势。

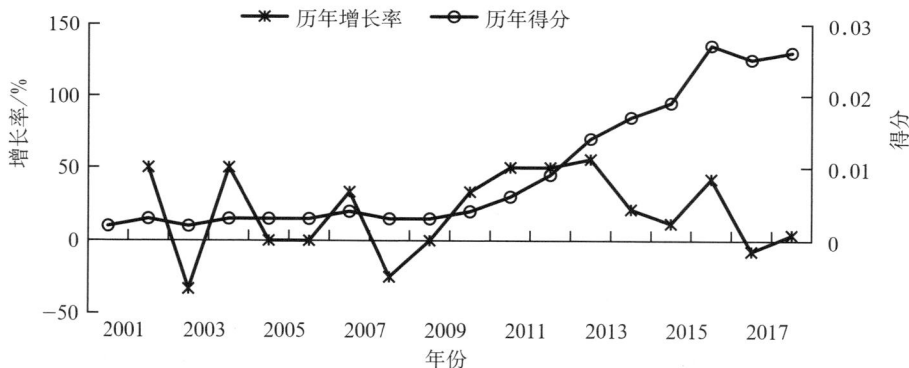

图 2-31-4　新疆发明专利得分及增长率

（4）实用新型专利得分及增长率

图 2-31-5 是 2001—2018 年新疆实用新型专利历年得分及增长率。由图 2-31-5 可知，新疆实用新型专利得分呈逐年上升趋势，增长率呈波动趋势。

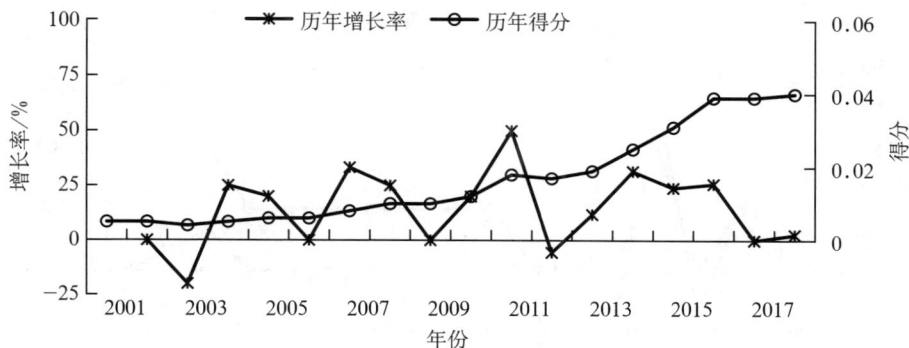

图 2-31-5 新疆实用新型专利得分及增长率

（5）新产品出口额得分及增长率

图 2-31-6 是 2001—2018 年新疆新产品出口额历年得分及增长率。由图 2-31-6 可知，新疆新产品出口额得分呈波动上升趋势，增长率呈波动趋势。

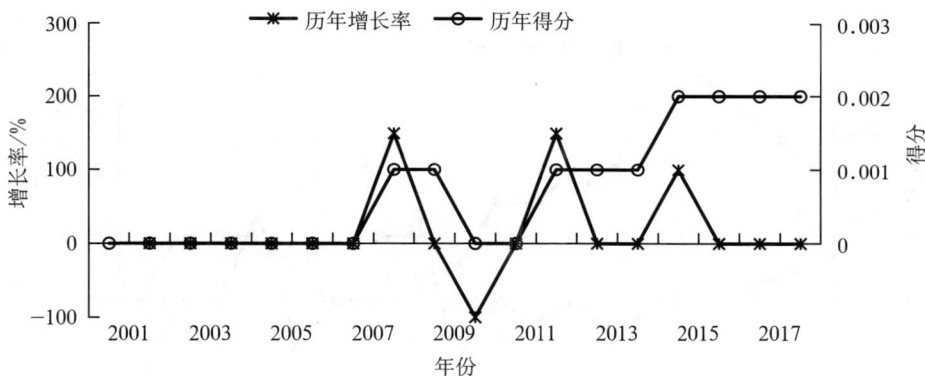

图 2-31-6 新疆新产品出口额得分及增长率

（6）新产品销售额得分及增长率

图 2-31-7 是 2001—2018 年新疆新产品销售额历年得分及增长率。由图 2-31-7 可知，新疆新产品销售额得分呈波动上升趋势，增长率呈波动趋势，2005 年增长突出。

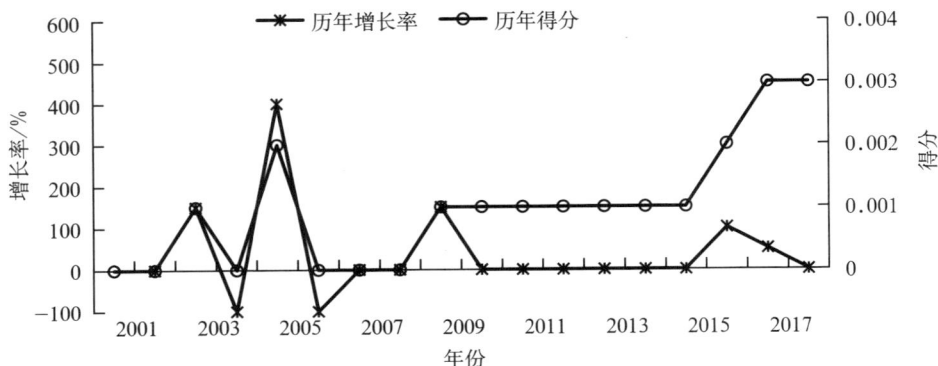

图 2-31-7　新疆新产品销售额得分及增长率

（7）技术合同流出金额得分及增长率

图 2-31-8 是 2001—2018 年新疆技术合同流出金额历年得分及增长率。由图 2-31-8 可知，新疆技术合同流出金额得分、增长率均呈波动趋势。

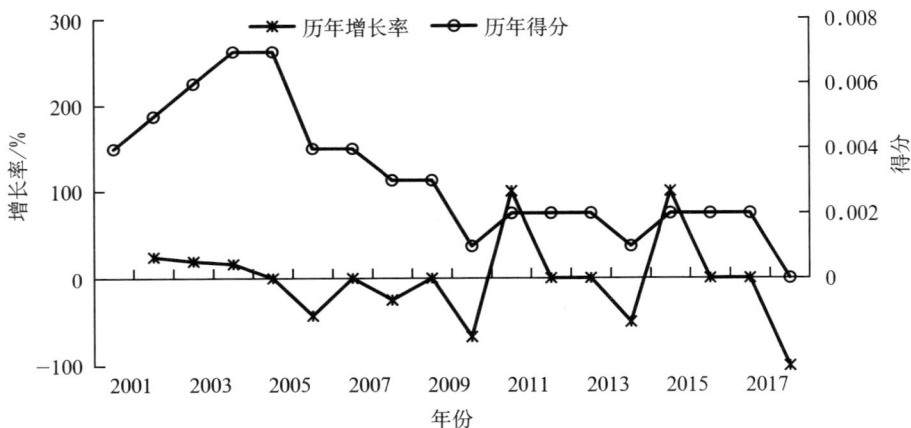

图 2-31-8　新疆技术合同流出金额得分及增长率

（8）技术合同流入金额得分及增长率

图 2-31-9 是 2001—2018 年新疆技术合同流入金额历年得分及增长率。由图 2-31-9 可知，新疆技术合同流入金额得分呈波动上升趋势，增长率呈波动趋势。

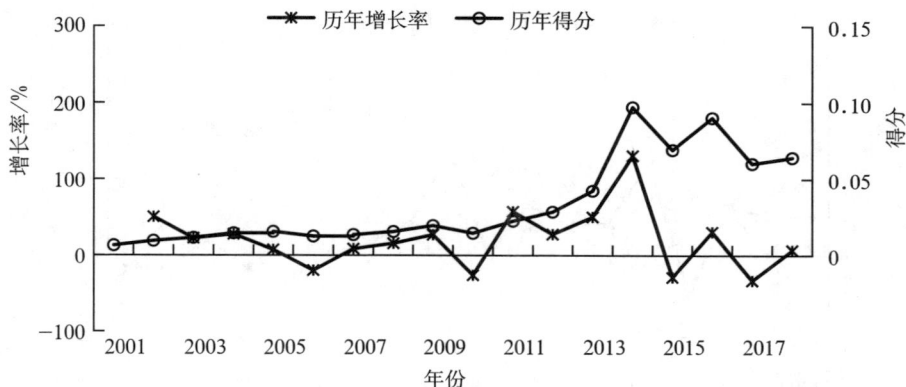

图 2-31-9 新疆技术合同流入金额得分及增长率

（9）研发人员全时当量得分及增长率

图 2-31-10 是 2001—2018 年新疆研发人员全时当量历年得分及增长率。由图 2-31-10 可知，新疆研发人员全时当量得分呈逐年上升趋势，增长率呈波动趋势。

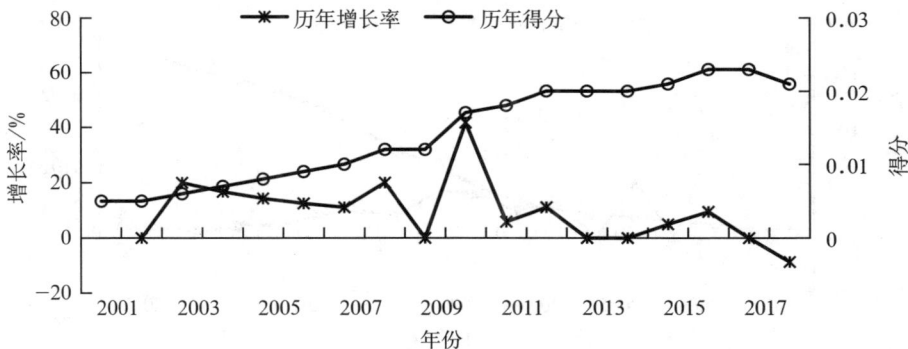

图 2-31-10 新疆研发人员全时当量得分及增长率

（10）研发人员比例得分及增长率

图 2-31-11 是 2001—2018 年新疆研发人员比例历年得分及增长率。由图 2-31-11 可知，新疆研发人员比例得分呈上升趋势，增长率呈波动趋势。

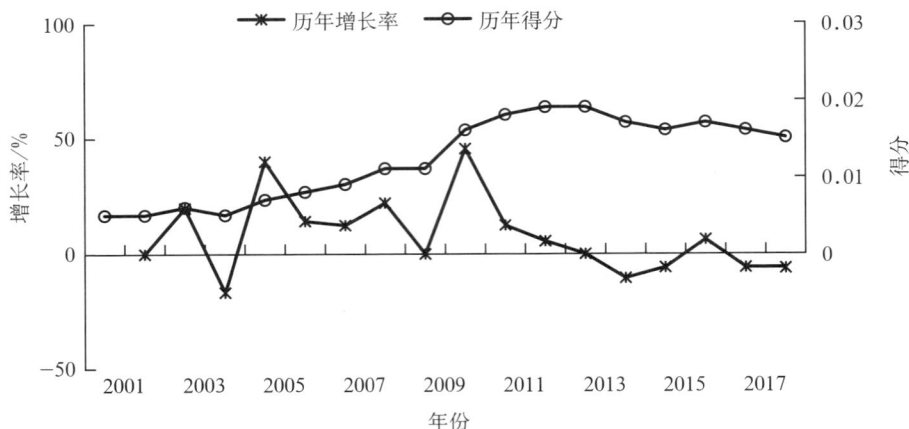

图 2-31-11　新疆研发人员比例得分及增长率

（11）研发经费支出得分及增长率

图 2-31-12 是 2001—2018 年新疆研发经费支出历年得分及增长率。由图 2-31-12 可知，新疆研发经费支出得分呈逐年上升趋势，增长率呈波动趋势。

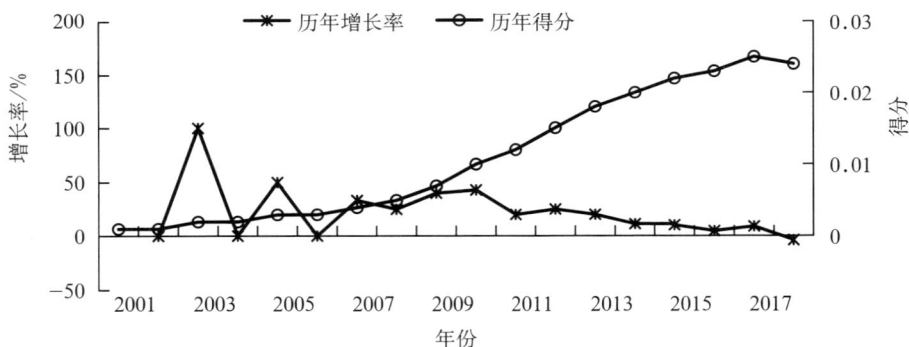

图 2-31-12　新疆研发经费支出得分及增长率

（12）研发经费投入强度得分及增长率

图 2-31-13 是 2001—2018 年新疆研发经费投入强度历年得分及增长率。由图 2-31-13 可知，新疆研发经费投入强度得分呈逐年上升趋势，增长率呈波动趋势。

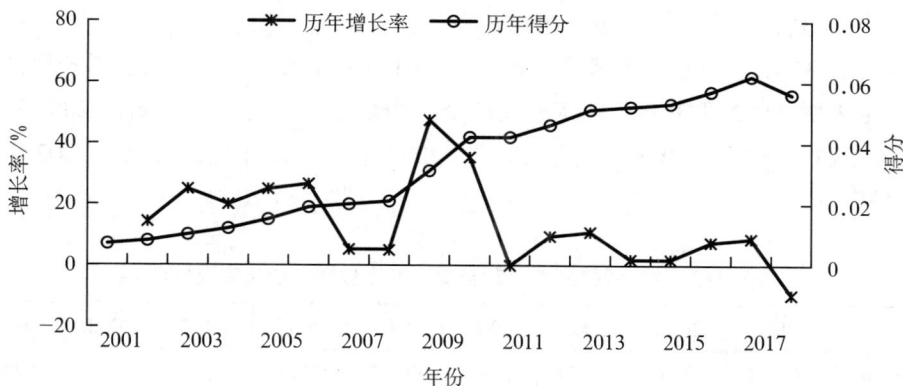

图 2-31-13　新疆研发经费投入强度得分及增长率

31.3　科技创新竞争力投入要素分析

31.3.1　研发人员投入分析

（1）研发机构人员全时当量分析

表 2-31-1 是新疆历年研发机构科研人员全时当量投入标准化数据、增长率及排名。由表 2-31-1 可知，新疆研发机构科研人员全时当量呈上升趋势，排名从 2001 年的第 26 位波动上升到 2018 年的第 25 位。

表 2-31-1　新疆研发机构全时当量标准化数据、增长率及排名

年份	2001	2002	2003	2004	2005	2006	2007	2008	2009
得分	0.184	0.183	0.198	0.196	0.185	0.217	0.216	0.240	0.258
增长率 /%		−0.54	8.20	−1.01	−5.61	17.3	−0.46	11.1	7.50
排名	26	26	25	25	25	24	24	23	23
年份	2010	2011	2012	2013	2014	2015	2016	2017	2018
得分	0.260	0.287	0.326	0.352	0.355	0.364	0.361	0.402	0.419
增长率 /%	0.78	10.4	13.6	7.98	0.85	2.54	−0.82	11.4	4.23
排名	24	24	24	25	25	25	25	25	25

（2）高校人员全时当量分析

表 2-31-2 是新疆历年高校科研人员全时当量投入标准化数据、增长率及排名。由表 2-31-2 可知，新疆高校人员全时当量呈上升趋势，排名从 2001 年的第 24 位波动下降到 2018 年的第 25 位。2003 年、2009 年增长显著，2002 年下降明显。

表 2-31-2　新疆高校全时当量标准化数据、增长率及排名

年份	2001	2002	2003	2004	2005	2006	2007	2008	2009
得分	0.301	0.086	0.158	0.182	0.195	0.188	0.208	0.175	0.242
增长率 /%		−71.4	83.7	15.2	7.14	−3.59	10.6	−15.9	38.3
排名	24	27	26	26	26	26	25	27	26

年份	2010	2011	2012	2013	2014	2015	2016	2017	2018
得分	0.217	0.248	0.283	0.332	0.430	0.446	0.423	0.457	0.487
增长率 /%	−10.3	14.3	14.1	17.3	29.5	3.72	−5.16	8.04	6.56
排名	27	27	27	27	25	26	26	26	25

（3）大中型企业科研人员全时当量分析

表 2-31-3 是新疆历年大中型企业科研人员全时当量投入标准化数据、增长率及排名。由表 2-31-3 可知，新疆大中型企业科研人员全时当量标准化数据呈上升趋势，排名从 2001 年的第 25 位波动下降到 2018 年的第 27 位。2005 年增长突出，2006 年、2012 年增长显著，2002 年、2004 年下降明显。

表 2-31-3　新疆大中型企业科研人员全时当量标准化数据、增长率及排名

年份	2001	2002	2003	2004	2005	2006	2007	2008	2009
得分	0.075	0.030	0.027	0.009	0.041	0.058	0.075	0.087	0.105
增长率 /%		−60	−10	−66.7	355.6	41.5	29.3	16	20.7
排名	25	27	28	29	27	27	27	27	27

年份	2010	2011	2012	2013	2014	2015	2016	2017	2018
得分	0.106	0.111	0.146	0.165	0.152	0.163	0.164	0.176	0.179
增长率 /%	0.95	4.72	31.5	13.0	−7.88	7.24	0.61	7.32	1.70
排名	27	27	27	27	27	27	27	27	27

31.3.2　研发经费支出分析

（1）研发机构研发经费支出

表 2-31-4 是新疆历年研发机构经费内部总支出、人均研发机构经费内部支出标准化数据、增长率及排名。由表 2-31-4 可知，新疆总研发经费内部支出与人均科研经费内部支出历年标准化数据均呈上升趋势；总研发经费内部支出排名从 2001 年的第 24 位波动下降到 2018 年的第 26 位；人均研发经费内部支出排名从 2001 年的第 24 位波动上升到 2018 年的第 11 位。总投入 2011 年、2013年增长显著，人均投入 2002 年增长显著。

表 2-31-4　新疆研发机构经费支出标准化数据、增长率及排名

年份		2001	2002	2003	2004	2005	2006	2007	2008	2009
总投入及排名	数据	0.027	0.025	0.032	0.040	0.050	0.062	0.059	0.059	0.066
	增长率 /%		−7.41	28	25	25	24	−4.84	0	11.9
	排名	24	24	24	24	24	22	24	25	26
人均投入排名	数据	0.302	0.486	0.582	0.613	0.761	0.825	0.689	0.649	0.607
	增长率 /%		60.9	19.8	5.33	24.1	8.41	−16.5	−5.81	−6.47
	排名	24	12	13	14	11	10	15	15	16
年份		2010	2011	2012	2013	2014	2015	2016	2017	2018
总投入及排名	数据	0.081	0.121	0.139	0.181	0.219	0.259	0.232	0.272	0.314
	增长率 /%	22.7	49.4	14.9	30.2	21.0	18.3	−10.4	17.2	15.4
	排名	26	26	26	26	25	26	25	26	26
人均投入排名	数据	0.751	0.783	0.789	0.958	1.141	1.338	1.212	1.312	1.516
	增长率 /%	23.7	4.26	0.77	21.4	19.1	17.3	−9.42	8.25	15.5
	排名	15	16	15	13	11	10	10	11	11

（2）高校研发经费支出

表 2-31-5 是新疆历年高校经费内部总支出、人均高校经费内部支出标准化数据、增长率及排名。由表 2-31-5 可知，新疆高校总研发经费内部支出与

人均科研经费内部支出历年标准化数据均呈上升趋势；总研发经费内部支出排名从 2001 年的第 24 位波动下降到 2018 年的第 26 位；人均研发经费内部支出排名从 2001 年的第 23 位波动上升到 2018 年的第 18 位。总投入 2003 年增长突出，2004 年、2007 年、2008 年、2012 年增长显著，2002 年下降明显；人均投入 2003 年增长突出，2012 年增长显著。

表 2-31-5　新疆高校经费支出标准化数据、增长率及排名

年份		2001	2002	2003	2004	2005	2006	2007	2008	2009
总投入及排名	数据	0.014	0.006	0.016	0.022	0.019	0.022	0.030	0.040	0.051
	增长率 /%		−57.1	166.7	37.5	−13.6	15.8	36.4	33.3	27.5
	排名	24	27	25	26	27	28	27	27	27
人均投入排名	数据	0.147	0.118	0.279	0.328	0.283	0.276	0.331	0.421	0.450
	增长率 /%		−19.7	136.4	17.6	−13.7	−2.47	19.9	27.2	6.89
	排名	23	25	19	23	27	27	27	27	25

年份		2010	2011	2012	2013	2014	2015	2016	2017	2018
总投入及排名	数据	0.064	0.076	0.123	0.143	0.180	0.219	0.219	0.269	0.310
	增长率 /%	25.5	18.8	61.8	16.3	25.9	21.7	0	22.8	15.2
	排名	27	27	27	27	27	27	27	26	26
人均投入排名	数据	0.567	0.465	0.664	0.722	0.894	1.078	1.087	1.236	1.423
	增长率 /%	26	−18.0	42.8	8.73	23.8	20.6	0.83	13.7	15.1
	排名	24	28	23	25	23	20	22	18	18

（3）大中型企业研发经费支出

表 2-31-6 是新疆历年大中型企业经费内部总支出、人均大中型企业经费内部支出标准化数据、增长率及排名。由表 2-31-6 可知，新疆大中型企业总研发经费内部支出与人均科研经费内部支出历年标准化数据均呈上升趋势；总研发经费内部支出排名从 2001 年的第 25 位波动下降到 2018 年的第 27 位；人均研发经费内部支出排名从 2001 年的第 21 位波动上升到 2018 年的第 19 位。总投

入 2006 年、2008 年、2010 年、2013 年增长显著，2002 年下降明显；人均投入 2006 年、2008 年、2010 年增长显著。

表 2-31-6　新疆企业经费支出标准化数据、增长率及排名

年份		2001	2002	2003	2004	2005	2006	2007	2008	2009
总投入及排名	数据	0.023	0.016	0.014	0.015	0.015	0.028	0.031	0.046	0.055
	增长率/%		−30.4	−12.5	7.14	0	86.7	10.7	48.4	19.6
	排名	25	25	26	27	27	26	27	27	27
人均投入排名	数据	0.328	0.375	0.304	0.280	0.274	0.458	0.445	0.627	0.626
	增长率/%		14.3	−18.9	−7.89	−2.14	67.2	−2.84	40.9	−0.16
	排名	21	8	12	21	26	18	20	18	20
年份		2010	2011	2012	2013	2014	2015	2016	2017	2018
总投入及排名	数据	0.093	0.111	0.132	0.176	0.216	0.248	0.282	0.289	0.308
	增长率/%	69.1	19.4	18.9	33.3	22.7	14.8	13.7	2.48	6.57
	排名	26	27	27	27	27	27	27	27	27
人均投入排名	数据	1.062	0.882	0.921	1.145	1.382	1.573	1.809	1.711	1.827
	增长率/%	69.6	−16.9	4.42	24.3	20.7	13.8	15.0	−5.42	6.78
	排名	10	21	21	22	19	19	15	19	19

第三部分
省域科技创新竞争力预测专题报告

1 预测方法确定

时间序列预测法其实是一种回归预测方法，属于定量预测，其基本原理是：一方面承认事物发展的延续性，运用过去的时间序列数据进行统计分析，推测出事物的发展趋势；另一方面充分考虑到由于偶然因素影响而产生的随机性，为了消除随机波动产生的影响，利用历史数据进行统计分析，并对数据进行适当处理，进行趋势预测。时间序列预测法可用于短期、中期和长期预测。根据对资料分析方法的不同，又可分为简单序时平均数法、加权序时平均数法、简单移动平均法、加权移动平均法、趋势预测法、指数平滑法、季节性趋势预测法、市场寿命周期预测法等。简单序时平均数法也称算术平均法，即把若干历史时期的统计数值作为观察值，求出算术平均数作为下期预测值。这种方法基于下列假设："过去这样，今后也将这样"，把近期和远期数据等同化和平均化，因此，只适用于事物变化不大的趋势预测。如果事物呈现某种上升或下降的趋势，就不宜采用此法。加权序时平均数法就是把各个时期的历史数据按近期和远期影响程度进行加权，求出平均值，作为下期预测值。简单移动平均法就是相继移动计算若干时期的算术平均数作为下期预测值。加权移动平均法就是将简单移动平均数进行加权计算，在确定权数时，近期观察值的权数应该大些，远期观察值的权数应该小些。

上述几种方法虽然简便，能迅速求出预测值，但由于没有考虑整个社会经济发展的新动向和其他因素的影响，所以准确性较差。应根据新的情况，对预测结果做必要的修正。

指数平滑法即根据历史资料的上期实际数和预测值，用指数加权的办法进行预测。此法实质是由内加权移动平均法演变而来的一种方法，优点是只要有上期实际数和上期预测值，就可计算下期的预测值。该方法所需数据较少，可以节省很多处理数据的时间，减少数据的存储量，操作简便，是国外广泛使用的一种短期预测方法。鉴于科技创新竞争力得分基本呈线性上升趋势，本报告采用二次指数平滑法。二次指数平滑法实质上是将历史数据进行加权平均作为未来时刻的预测结果，是对一次指数平滑值做再一次指数平滑的方法。它不能单独地进行预测，必须与一次指数平滑法配合，建立预测的数学模型，然后运用数学模型确定预测值。线性二次指数平滑法只利用 3 个数据和 1 个 α 值就可进行计算；在大多数情况下，一般更喜欢用线性二次指数平滑法作为预测方法。

一次指数平滑公式：

$$y^{t+1} = ay_t + (1-a)yt' 。 \qquad (3-1-1)$$

其中，y^{t+1}：$t+1$ 期预测值，即本期（t 期）的平滑值 S_t；y^t：t 期的实际值；yt'：t 期的预测值，即上期的平滑值 S_{t-1}；a：平滑常数，取值范围在 [0，1]。

在指数平滑法的计算中，关键是 a 的取值大小，但 a 的取值又容易受主观影响；因此，合理确定 a 的取值方法十分重要。一般来说，如果数据波动较大，a 值应取大一些，可以增加近期数据对预测结果的影响；如果数据波动平稳，a 值应取小一些。理论界一般采用经验判断法，这种方法主要依赖于时间序列的发展趋势和预测者的经验做出判断。

①当时间序列呈现较稳定的水平趋势时，应选较小的 a 值，一般可在 0.05 ~ 0.20；

②当时间序列有波动，但长期趋势变化不大时，可选稍大的 a 值，常在 0.1 ~ 0.4；

③当时间序列波动很大，长期趋势变化幅度较大，呈现明显且迅速的上升或下降趋势时，宜选择较大的 a 值，如可在 0.5 ~ 0.8，以使预测模型的灵敏度高些，能迅速跟上数据的变化；

④当时间序列数据呈上升（或下降）的发展趋势时，a 应取较大的值，在 0.6 ~ 1.0。

二次指数平滑公式：

$$S_t^2 = aS_t^1 + (1-a)S_{t-1}^2 。 \qquad (3-1-2)$$

其中，S_t^2，S_{t-1}^2 分别为 t 期和 $t-1$ 期的二次指数平滑值，a 为平滑系数。在 $S_t^{(1)}$ 和 $S_t^{(2)}$ 已知的条件下，二次指数平滑法的预测模型为：

$$Y_{t+T} = a_t + b_t * T ; \qquad (3-1-3)$$

$$S_t^{(2)} = aS_t^{(1)} + (1-a)S_{t-1}^2 。 \qquad (3-1-4)$$

其中，$a_t = 2S_t^{(1)} - S_t^{(2)}$；$b_t = \dfrac{a}{1-a}(S_t^{(1)} - S_t^{(2)})$；$T$ 为预测超前期数。

2　各省域科技创新竞争力"十四五"及中长期预测

2.1　北京

图 3-2-1 是北京 2001—2018 年科技创新竞争得分趋势，由图 3-2-1 可知，北京科技创新得分呈时间序列平稳上升趋势，因此，取平滑常数须较大，取 $a=0.55$。

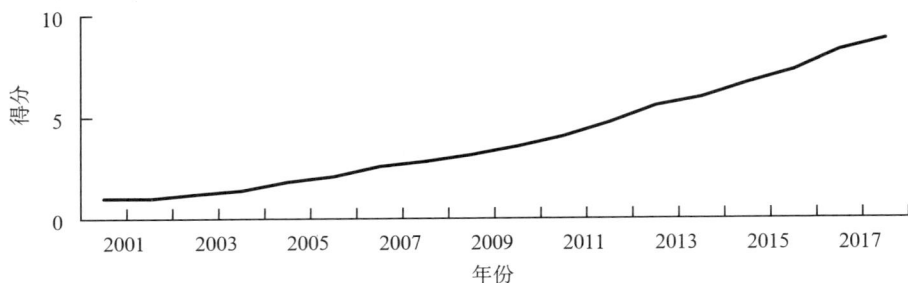

图 3-2-1　北京科技创新竞争力得分趋势

表 3-2-1 是北京科技创新竞争力得分、增长率及排名预测。由表 3-2-1 可知，预测分数呈上升趋势，与 2001—2018 年得分变化趋势相符，预测得分较合理。"十四五"北京科技创新竞争力预测排名从第 2 位变为第 3 位，2030 年、2035 年保持第 3 位。预测增长率保持在 5%～6%，仅 2025 年增长率接近 14%。

表 3-2-1　北京科技创新竞争力得分、增长率及排名预测

年份	2021	2022	2023	2024	2025	2030	2035
得分	9.177	9.796	10.41	11.03	12.57	13.23	13.90
增长率 /%	5.17	6.74	6.32	5.94	14.0	5.26	4.99
排名预测	2	2	3	3	3	3	3

2.2　天津

图 3-2-2 是天津 2001—2018 年科技创新竞争得分趋势，由图 3-2-2 可知，天津科技创新得分呈平稳上升略带波动趋势，因此，取平滑常数 a=0.60。

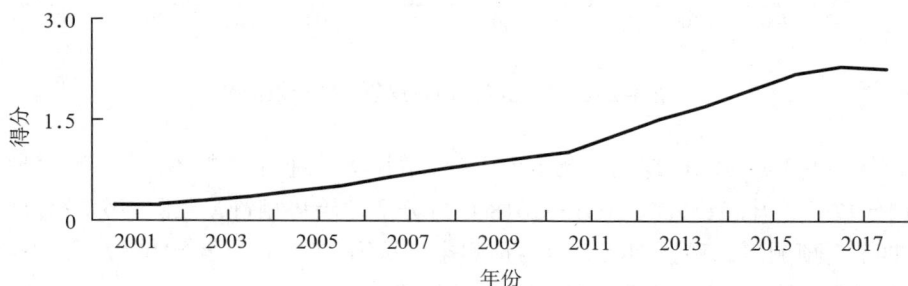

图 3-2-2　天津科技创新竞争力得分趋势

表 3-2-2 是天津科技创新竞争力得分、增长率及排名预测。由表 3-2-2 可知，预测分数呈上升趋势，与 2001—2018 年得分变化趋势相符，预测得分较合理，"十四五"天津科技创新竞争力预测排名处于第 9 位，2030 年第 8 位，2035 年第 10 位。预测增长率呈下降趋势。

表 3-2-2　天津科技创新竞争力得分、增长率及排名预测

年份	2021	2022	2023	2024	2025	2030	2035
得分	2.868	3.095	3.323	3.551	3.779	4.918	6.057
增长率 /%	8.67	7.94	7.36	6.86	6.42	4.86	3.91
排名预测	9	9	9	9	9	8	10

2.3　河北

图 3-2-3 是河北 2001—2018 年科技创新竞争得分趋势，由图 3-2-3 可知，河北科技创新得分呈较平缓的波动上升趋势，因此，取平滑常数 a=0.60。

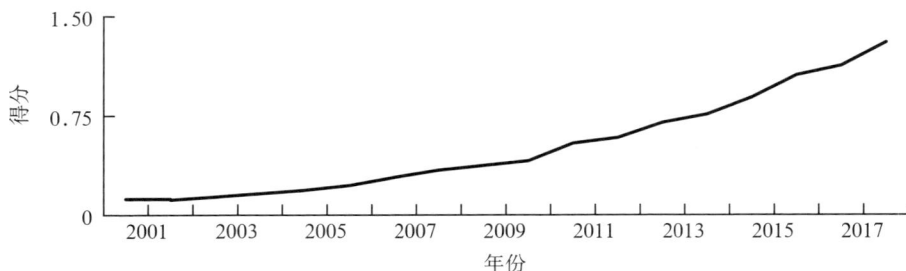

图 3-2-3　河北科技创新竞争力得分趋势

表 3-2-3 是河北科技创新竞争力得分、增长率及排名预测。由表 3-2-3 可知，预测分数呈上升趋势，与 2001—2018 年得分变化趋势相符，预测得分较合理，"十四五"预测河北科技创新竞争力预测排名从第 17 位上升至第 16 位，2030 年、2035 年保持第 16 位。预测增长率呈下降趋势。

表 3-2-3　河北科技创新竞争力得分、增长率及排名预测

年份	2021	2022	2023	2024	2025	2030	2035
得分	1.416	1.540	1.664	1.788	1.912	2.532	3.152
增长率 /%	9.58	8.77	8.06	7.46	6.94	5.15	4.09
排名预测	17	17	17	16	16	16	16

2.4　山西

图 3-2-4 是山西 2001—2018 年科技创新竞争得分趋势，由图 3-2-4 可知，山西科技创新得分呈波动上升趋势，因此，取平滑常数 a=0.70。

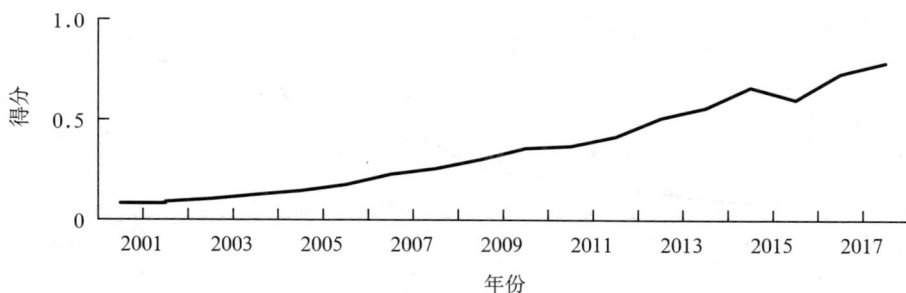

图 3-2-4　山西科技创新竞争力得分趋势

表 3-2-4 是山西科技创新竞争力得分、增长率及排名预测。由表 3-2-4 可知，预测分数呈上升趋势，与 2001—2018 年得分变化趋势相符，预测得分较合理，"十四五"预测科技创新竞争力排名由第 24 位变为第 26 位，2035 年预测山西科技创新竞争力预测变为第 27 位。预测增长率稳定在 1% ~ 2%。

表 3-2-4　山西科技创新竞争力得分、增长率及排名预测

年份	2021	2022	2023	2024	2025	2030	2035
得分	0.6540	0.6669	0.6799	0.6929	0.7059	0.7652	0.8285
增长率 /%	1.84	1.98	1.95	1.91	1.87	1.54	1.59
排名预测	24	25	25	26	26	26	27

2.5　内蒙古

图 3-2-5 是内蒙古 2001—2018 年科技创新竞争得分趋势，由图 3-2-5 可知，内蒙古科技创新得分呈波动起伏上升趋势，因此，取平滑常数 a=0.75。

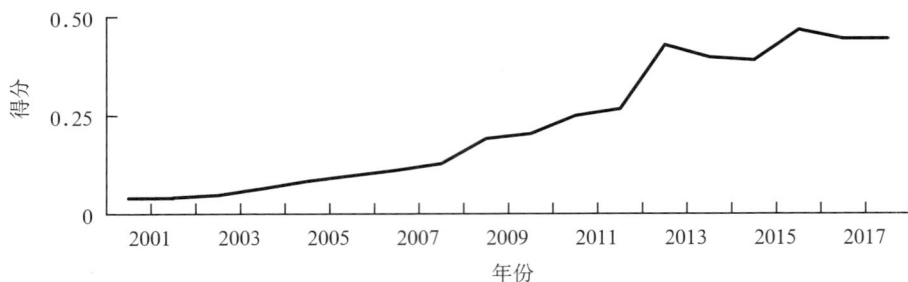

图 3-2-5 内蒙古科技创新竞争力得分趋势

表 3-2-5 是内蒙古科技创新竞争力得分、增长率及排名预测。由表 3-2-5 可知，预测分数呈上升趋势，与 2001—2018 年得分变化趋势相符，预测得分较合理，"十四五"预测内蒙古科技创新竞争力预测排名由第 26 位变为第 25 位，2030 年、2035 年预测保持第 25 位。预测增长率呈下降趋势。

表 3-2-5 内蒙古科技创新竞争力得分、增长率及排名预测

年份	2021	2022	2023	2024	2025	2030	2035
得分	0.5924	0.6361	0.6799	0.7236	0.7673	0.9868	1.205
增长率 /%	7.81	7.38	6.87	6.43	6.04	4.64	3.76
排名预测	26	26	26	25	25	25	25

2.6 辽宁

图 3-2-6 是辽宁 2001—2018 年科技创新竞争得分趋势，由图 3-2-6 可知，辽宁科技创新得分呈波动上升趋势，因此，取平滑常数 $a=0.70$。

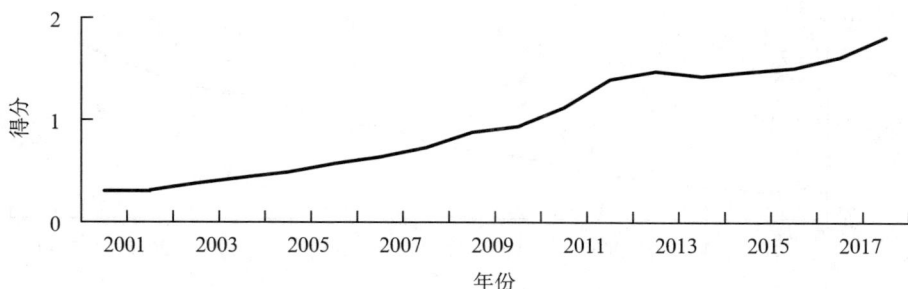

图 3-2-6 辽宁科技创新竞争力得分趋势

表 3-2-6 是辽宁科技创新竞争力得分、增长率及排名预测。由表 3-2-6 可知，预测分数呈上升趋势，与 2001—2018 年得分变化趋势相符，预测得分较合理，"十四五"预测辽宁科技创新竞争力预测排名由第 16 位下降到第 17 位，2035 年预测下降到第 18 位。预测增长率呈下降趋势。

表 3-2-6 辽宁科技创新竞争力得分、增长率及排名预测

年份	2021	2022	2023	2024	2025	2030	2035
得分	1.626	1.663	1.699	1.735	1.772	1.954	2.135
增长率 /%	2.29	2.24	2.19	2.14	2.09	1.90	1.73
排名预测	16	16	16	17	17	17	18

2.7 吉林

图 3-2-7 是吉林 2001—2018 年科技创新竞争得分趋势，由图 3-2-7 可知，吉林科技创新得分呈平稳上升趋势，因此，取平滑常数 a=0.55。

表 3-2-7 是吉林科技创新竞争力得分、增长率及排名预测。由表 3-2-7 可知，预测分数呈上升趋势，与 2001—2018 年得分变化趋势相符，预测得分较合理，"十四五"、2030 年预测均是第 20 位，2035 年预测变为第 21 位。预测增长率呈下降趋势。

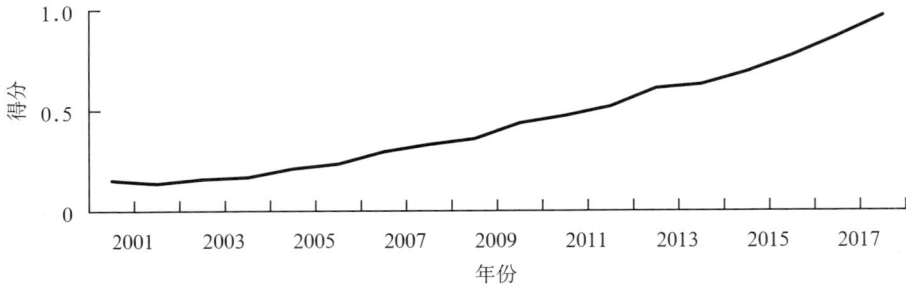

图 3-2-7　吉林科技创新竞争力得分趋势

表 3-2-7　吉林科技创新竞争力得分、增长率及排名预测

年份	2021	2022	2023	2024	2025	2030	2035
得分	0.9478	1.009	1.070	1.131	1.192	1.497	1.802
增长率 /%	6.88	6.44	6.05	5.70	5.39	4.25	3.50
排名预测	20	20	20	20	20	20	21

2.8　黑龙江

图 3-2-8 是黑龙江 2001—2018 年科技创新竞争得分趋势，由图 3-2-8 可知，黑龙江科技创新得分呈较平稳上升趋势，因此，取平滑常数 a=0.60。

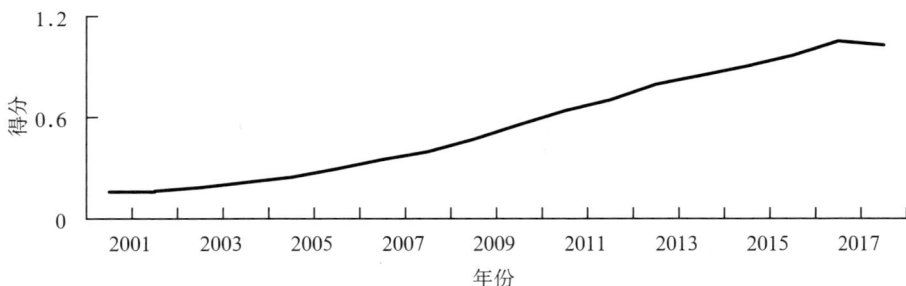

图 3-2-8　黑龙江科技创新竞争力得分趋势

表 3-2-8 是黑龙江科技创新竞争力得分、增长率及排名预测。由表 3-2-8 可知，预测分数呈上升趋势，与 2001—2018 年得分变化趋势相符，预测得分较合理，"十四五"预测黑龙江科技创新竞争力预测排名从第 18 位变为第 19 位，

2030 年、2035 年保持第 19 位。预测增长率呈下降趋势。

表 3-2-8　黑龙江科技创新竞争力得分、增长率及排名预测

年份	2021	2022	2023	2024	2025	2030	2035
得分	1.148	1.210	1.272	1.334	1.396	1.706	2.016
增长率 /%	5.67	5.40	5.12	4.88	4.65	3.77	3.17
排名预测	18	18	18	19	19	19	19

2.9　上海

图 3-2-9 是上海 2001—2018 年科技创新竞争得分趋势，由图 3-2-9 可知，上海科技创新得分呈平稳上升趋势，因此，取平滑常数 a=0.55。

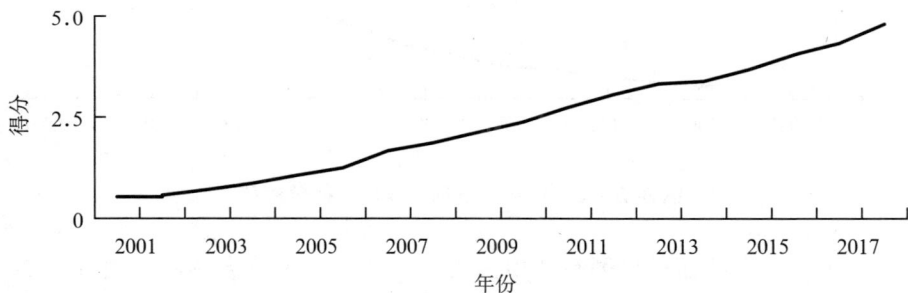

图 3-2-9　上海科技创新竞争力得分趋势

表 3-2-9 是上海科技创新竞争力得分、增长率及排名预测。由表 3-2-9 可知，预测分数呈上升趋势，与 2001—2018 年得分变化趋势相符，预测得分较合理，"十四五"预测上海科技创新竞争力预测排名由第 5 位变为第 6 位，2030 年、2035 年预测科技创新竞争力保持第 6 位。预测增长率呈下降趋势。

表 3-2-9   上海科技创新竞争力得分、增长率及排名预测

年份	2021	2022	2023	2024	2025	2030	2035
得分	4.847	5.118	5.39	5.662	5.933	7.291	8.650
增长率 /%	5.94	5.60	5.31	5.04	4.80	3.87	3.24
排名预测	5	5	6	6	6	6	6

2.10   江苏

图 3-2-10 是江苏 2001—2018 年科技创新竞争得分趋势，由图 3-2-10 可知，江苏科技创新得分呈平稳上升趋势，因此，取平滑常数 $a=0.65$。

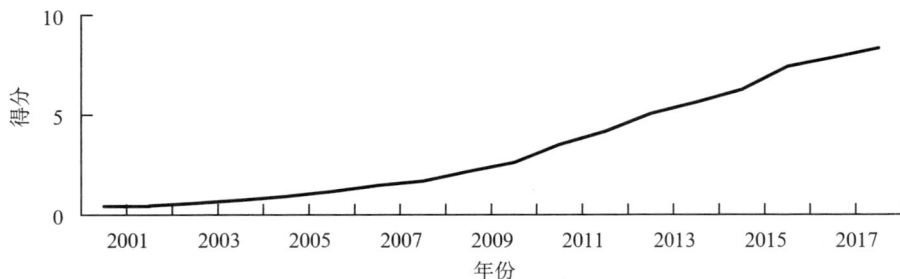

图 3-2-10   江苏科技创新竞争力得分趋势

表 3-2-10 是江苏科技创新竞争力得分、增长率及排名预测。由表 3-2-10 可知，预测分数呈上升趋势，与 2001—2018 年得分变化趋势相符，预测得分较合理，"十四五"、2030 年、2035 年江苏科技创新竞争力预测排名都是第 1 位。预测增长率呈下降趋势。

表 3-2-10   江苏科技创新竞争力得分、增长率及排名预测

年份	2021	2022	2023	2024	2025	2030	2035
得分	9.879	10.73	11.59	12.44	13.30	17.57	21.84
增长率 /%	9.47	8.65	7.96	7.37	6.87	5.11	4.07
排名预测	1	1	1	1	1	1	1

2.11　浙江

图 3-2-11 是浙江 2001—2018 年科技创新竞争得分趋势，由图 3-2-11 可知，浙江科技创新得分呈平稳上升趋势，因此，取平滑常数 a=0.70。

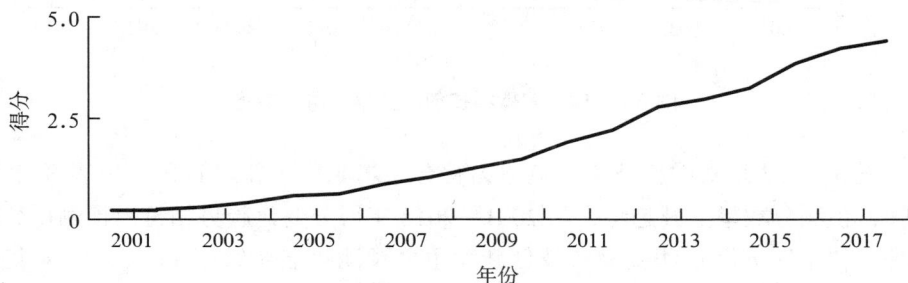

图 3-2-11　浙江科技创新竞争力得分趋势

表 3-2-11 是浙江科技创新竞争力得分、增长率及排名预测。由表 3-2-11 可知，预测分数呈上升趋势，与 2001—2018 年得分变化趋势相符，预测得分较合理，"十四五"、2030 年、2035 年预测浙江科技创新竞争力预测排名均为第 4 位。预测增长率呈下降趋势。

表 3-2-11　浙江科技创新竞争力得分、增长率及排名预测

年份	2021	2022	2023	2024	2025	2030	2035
得分	5.174	5.618	6.062	6.507	6.951	9.173	11.40
增长率 /%	9.40	8.59	7.91	7.33	6.83	5.09	4.06
排名预测	4	4	4	4	4	4	4

2.12　安徽

图 3-2-12 是安徽 2001—2018 年科技创新竞争得分趋势，由图 3-2-12 可知，安徽科技创新得分呈平稳上升趋势，因此，取平滑常数 a=0.60。

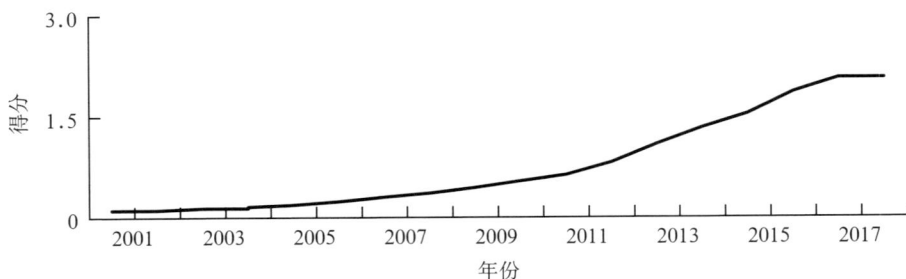

图 3-2-12　安徽科技创新竞争力得分趋势

表 3-2-12 是安徽科技创新竞争力得分、增长率及排名预测。由表 3-2-12 可知，预测分数呈上升趋势，与 2001—2018 年得分变化趋势相符，预测得分较合理，"十四五"预测安徽科技创新竞争力预测排名延续第 11 位，2030 年变为第 10 位，2035 年变为第 8 位。预测增长率呈下降趋势。

表 3-2-12　安徽科技创新竞争力得分、增长率及排名预测

年份	2021	2022	2023	2024	2025	2030	2035
得分	2.600	2.853	3.107	3.360	3.614	4.882	6.149
增长率 /%	10.8	9.75	8.89	8.16	7.55	5.48	4.30
排名预测	11	11	11	11	11	10	8

2.13　福建

图 3-2-13 是福建 2001—2018 年科技创新竞争得分趋势，由图 3-2-13 可知，福建科技创新得分呈平稳上升趋势，因此，取平滑常数 $a=0.65$。

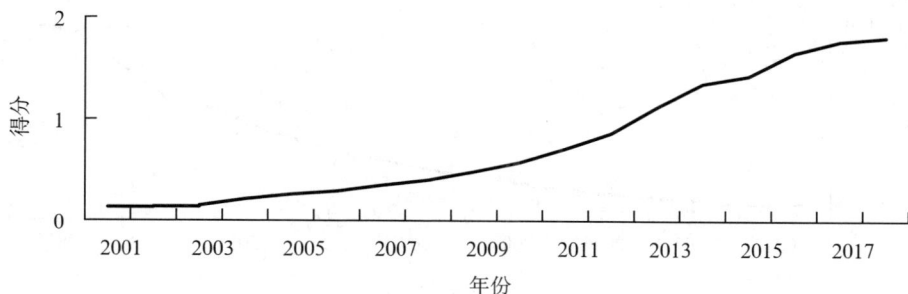

图 3-2-13　福建科技创新竞争力得分趋势

表 3-2-13 是福建科技创新竞争力得分、增长率及排名预测。由表 3-2-13 可知，预测分数呈上升趋势，与 2001—2018 年得分变化趋势相符，预测得分较合理，"十四五"预测福建科技创新竞争力预测排名第 13 位，2030 年、2035 年预测保持第 13 位。预测增长率呈下降趋势。

表 3-2-13　福建科技创新竞争力得分、增长率及排名预测

年份	2021	2022	2023	2024	2025	2030	2035
得分	2.198	2.379	2.561	2.742	2.923	3.829	4.735
增长率 /%	8.99	8.24	7.62	7.08	6.61	4.97	3.98
排名预测	13	13	13	13	13	13	13

2.14　江西

图 3-2-14 是江西 2001—2018 年科技创新竞争得分趋势，由图 3-2-14 可知，江西科技创新得分呈平稳上升趋势，因此，取平滑常数 a=0.60。

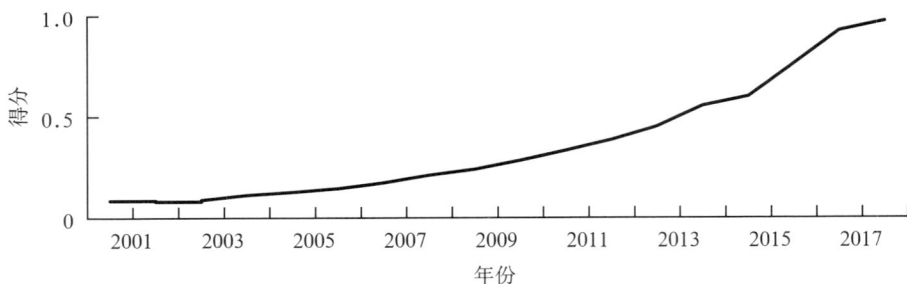

图 3-2-14　江西科技创新竞争力得分趋势

表 3-2-14 是江西科技创新竞争力得分、增长率及排名预测。由表 3-2-14 可知，预测分数呈上升趋势，与 2001—2018 年得分变化趋势相符，预测得分较合理，"十四五"预测江西科技创新竞争力预测排名从第 19 位变为第 18 位，2030 年预测保持第 18 位，2035 年变为第 17 位。预测增长率呈下降趋势。

表 3-2-14　江西科技创新竞争力得分、增长率及排名预测

年份	2021	2022	2023	2024	2025	2030	2035
得分	1.042	1.141	1.240	1.339	1.438	1.934	2.429
增长率 /%	10.5	9.51	8.68	7.99	7.40	5.40	4.25
排名预测	19	19	19	18	18	18	17

2.15　山东

图 3-2-15 是山东 2001—2018 年科技创新竞争得分趋势，由图 3-2-15 可知，山东科技创新得分呈平稳上升趋势，因此，取平滑常数 a=0.65。

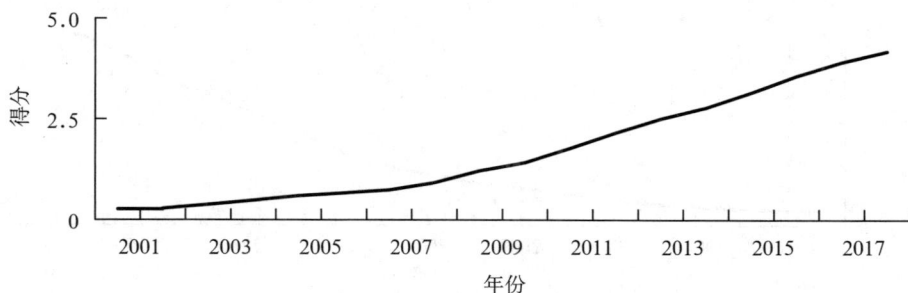

图 3-2-15　山东科技创新竞争力得分趋势

表 3-2-15 是山东科技创新竞争力得分、增长率及排名预测。由表 3-2-15 可知，预测分数呈上升趋势，与 2001—2018 年得分变化趋势相符，预测得分较合理，"十四五"预测山东科技创新竞争力预测排名从第 6 位变为第 5 位，2030 年、2035 年保持第 5 位。预测增长率呈下降趋势。

表 3-2-15　山东科技创新竞争力得分、增长率及排名预测

年份	2021	2022	2023	2024	2025	2030	2035
得分	4.704	5.079	5.455	5.831	6.206	8.084	9.962
增长率 /%	8.68	7.99	7.39	6.89	6.44	4.87	3.92
排名预测	6	6	5	5	5	5	5

2.16　河南

图 3-2-16 是河南 2001—2018 年科技创新竞争得分趋势，由图 3-2-16 可知，河南科技创新得分呈平稳上升趋势，因此，取平滑常数 a=0.55。

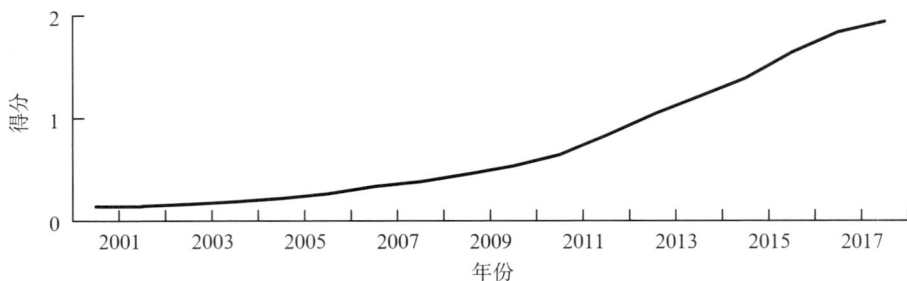

图 3-2-16 河南科技创新竞争力得分趋势

表 3-2-16 是河南科技创新竞争力得分、增长率及排名预测。由表 3-2-16 可知，预测分数呈上升趋势，与 2001—2018 年得分变化趋势相符，预测得分较合理，"十四五"预测河南科技创新竞争力预测排名第 12 位，2030 年、2035 年保持第 12 位。预测增长率呈下降趋势。

表 3-2-16 河南科技创新竞争力得分、增长率及排名预测

年份	2021	2022	2023	2024	2025	2030	2035
得分	2.210	2.407	2.604	2.800	2.997	3.982	4.967
增长率 /%	9.78	8.91	8.18	7.56	7.03	5.20	4.13
排名预测	12	12	12	12	12	12	12

2.17 湖北

图 3-2-17 是湖北 2001—2018 年科技创新竞争得分趋势，由图 3-2-17 可知，湖北科技创新得分呈平稳上升趋势，因此，取平滑常数 $a=0.55$。

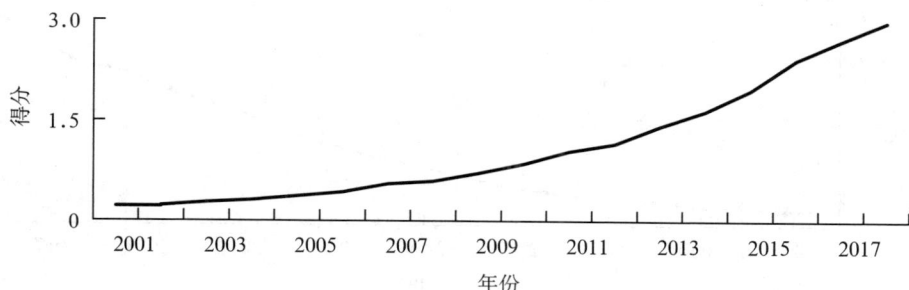

图 3-2-17　湖北科技创新竞争力得分趋势

表 3-2-17 是湖北科技创新竞争力得分、增长率及排名预测。由表 3-2-17 可知，预测分数呈上升趋势，与 2001—2018 年得分变化趋势相符，预测得分较合理，"十四五"、2030 年、2035 年预测保持第 7 位。预测增长率呈下降趋势。

表 3-2-17　湖北科技创新竞争力得分、增长率及排名预测

年份	2021	2022	2023	2024	2025	2030	2035
得分	3.306	3.618	3.930	4.24	4.553	6.112	7.671
增长率 /%	10.4	9.43	8.62	7.93	7.35	5.38	4.24
排名预测	7	7	7	7	7	7	7

2.18　湖南

图 3-2-18 是湖南 2001—2018 年科技创新竞争得分趋势，由图 3-2-18 可知，湖南科技创新得分呈平稳上升趋势，因此，取平滑常数 $a=0.65$。

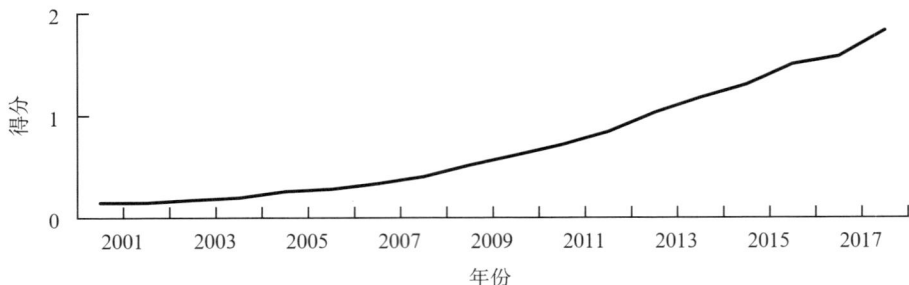

图 3-2-18　湖南科技创新竞争力得分趋势

表 3-2-18 是湖南科技创新竞争力得分、增长率及排名预测。由表 3-2-18 可知，预测分数呈上升趋势，与 2001—2018 年得分变化趋势相符，预测得分较合理，"十四五"预测湖南科技创新竞争力预测排名处于第 14 位，2030 年、2035 年保持第 14 位。预测增长率呈下降趋势。

表 3-2-18　湖南科技创新竞争力得分、增长率及排名预测

年份	2021	2022	2023	2024	2025	2030	2035
得分	1.989	2.153	2.318	2.482	2.647	3.470	4.292
增长率 /%	9.02	8.28	7.64	7.10	6.63	4.98	3.99
排名预测	14	14	14	14	14	14	14

2.19　广东

图 3-2-19 是广东 2001—2018 年科技创新竞争得分趋势，由图 3-2-19 可知，广东科技创新得分呈平稳上升趋势，因此，取平滑常数 $a=0.70$。

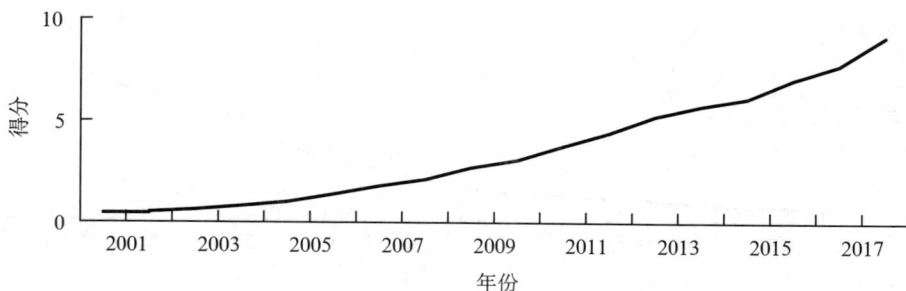

图 3-2-19　广东科技创新竞争力得分趋势

表 3-2-19 是广东科技创新竞争力得分、增长率及排名预测。由表 3-2-19 可知，预测分数呈上升趋势，与 2001—2018 年得分变化趋势相符，预测得分较合理，"十四五"预测广东科技创新竞争力预测排名在第 3 位与第 2 位之间波动，2030 年变为第 2 位，2035 年持续第 2 位。预测增长率呈下降趋势。

表 3-2-19　广东科技创新竞争力得分、增长率及排名预测

年份	2021	2022	2023	2024	2025	2030	2035
得分	9.132	9.832	10.53	11.23	11.93	15.44	18.94
增长率 /%	8.31	7.67	7.12	6.65	6.24	4.75	3.84
排名预测	3	2	2	2	3	2	2

2.20　广西

图 3-2-20 是广西 2001—2018 年科技创新竞争得分趋势，由图 3-2-20 可知，广西科技创新得分呈平稳上升趋势，因此，取平滑常数 a=0.55。

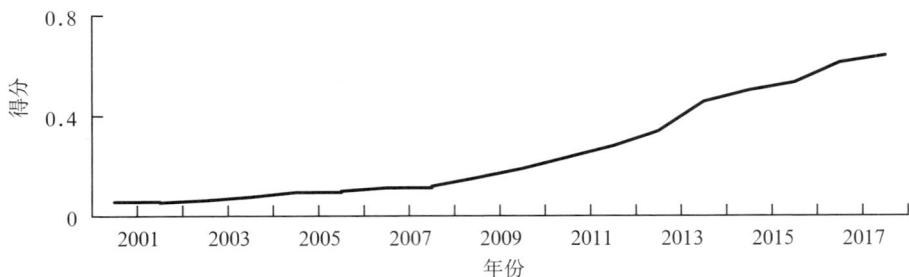

图 3-2-20　广西科技创新竞争力得分趋势

表 3-2-20 是广西科技创新竞争力得分、增长率及排名预测。由表 3-2-20 可知，预测分数呈上升趋势，与 2001—2018 年得分变化趋势相符，预测得分较合理，"十四五"预测广西科技创新竞争力预测排名由第 23 位变为第 24 位，2030 年、2035 年保持第 24 位。预测增长率呈下降趋势。

表 3-2-20　广西科技创新竞争力得分、增长率及排名预测

年份	2021	2022	2023	2024	2025	2030	2035
得分	0.7053	0.7606	0.8159	0.8712	0.9265	1.2023	1.479
增长率 /%	8.51	7.84	7.27	6.78	6.35	4.82	3.88
排名预测	23	23	23	23	24	24	24

2.21　海南

图 3-2-21 是海南 2001—2018 年科技创新竞争得分趋势，由图 3-2-21 可知，海南科技创新得分呈波动上升趋势，因此，取平滑常数 $a=0.75$。

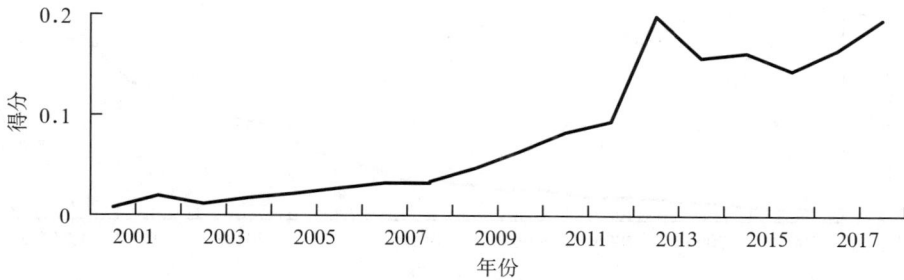

图 3-2-21　海南科技创新竞争力得分趋势

表 3-2-21 是海南科技创新竞争力得分、增长率及排名预测。由表 3-2-21 可知，2030 年前预测分数呈下降趋势，2035 年有所恢复。"十四五"预测海南科技创新竞争力预测排名从第 30 位变为第 31 位，2030 年、2035 年保持第 31 位。

表 3-2-21　海南科技创新竞争力得分、增长率及排名预测

年份	2021	2022	2023	2024	2025	2030	2035
得分	0.1189	0.1098	0.1007	0.09162	0.08253	0.0628	0.0658
增长率 /%	−7.10	−7.64	−8.28	−9.02	−9.92	0.96	0.92
排名预测	30	30	30	30	31	31	31

2.22　重庆

图 3-2-22 是重庆 2001—2018 年科技创新竞争得分趋势，由图 3-2-22 可知，重庆科技创新得分呈上升趋势，因此，取平滑常数 a=0.60。

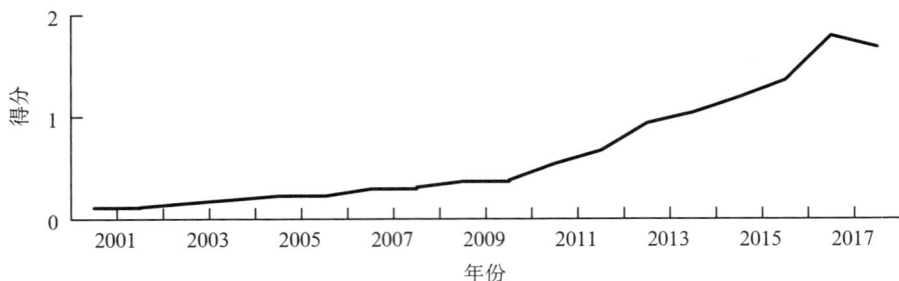

图 3-2-22　重庆科技创新竞争力得分趋势

表 3-2-22 是重庆科技创新竞争力得分、增长率及排名预测。由表 3-2-22 可知，预测分数呈上升趋势，与 2001—2018 年得分变化趋势相符，预测得分较合理，"十四五"预测重庆科技创新竞争力预测排名第 15 位，2030 年、2035 年保持 15 位。预测增长率呈下降趋势。

表 3-2-22　重庆科技创新竞争力得分、增长率及排名预测

年份	2021	2022	2023	2024	2025	2030	2035
得分	1.8163	1.972	2.127	2.282	2.44	3.213	3.990
增长率/%	9.35	8.55	7.87	7.30	6.80	5.08	4.05
排名预测	15	15	15	15	15	15	15

2.23　四川

图 3-2-23 是四川 2001—2018 年科技创新竞争得分趋势，由图 3-2-23 可知，四川科技创新得分呈平稳上升趋势，因此，取平滑常数 a=0.65。

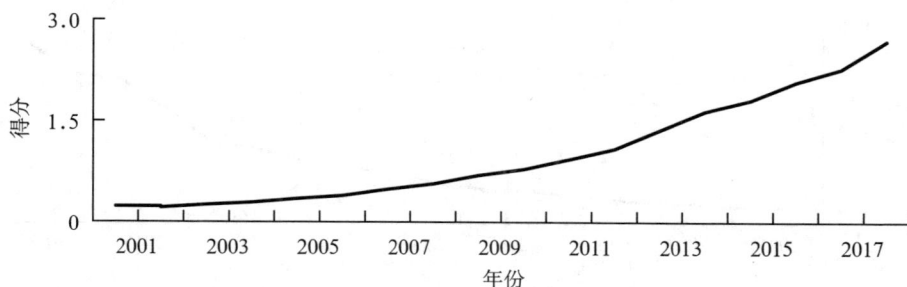

图 3-2-23　四川科技创新竞争力得分趋势

表 3-2-23 是四川科技创新竞争力得分、增长率及排名预测。由表 3-2-23 可知，预测分数呈上升趋势，与 2001—2018 年得分变化趋势相符，"十四五"预测四川科技创新竞争力预测排名第 10 位，2030 年、2035 年变为第 9 位。预测增长率呈下降趋势。

表 3-2-23　四川科技创新竞争力得分、增长率及排名预测

年份	2021	2022	2023	2024	2025	2030	2035
得分	2.787	3.022	3.257	3.492	3.727	4.90	6.080
增长率 /%	9.22	8.44	7.78	7.22	6.73	4.65	4.02
排名预测	10	10	10	10	10	9	9

2.24　贵州

图 3-2-24 是贵州 2001—2018 年科技创新竞争得分趋势，由图 3-2-24 可知，贵州科技创新得分呈波动上升趋势，因此，取平滑常数 a=0.65。

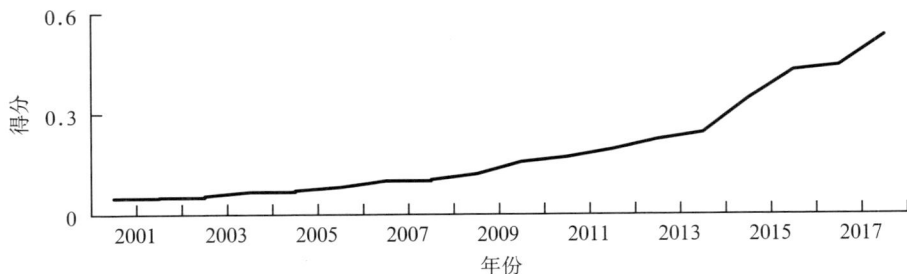

图 3-2-24　贵州科技创新竞争力得分趋势

表 3-2-24 是贵州科技创新竞争力得分、增长率及排名预测。由表 3-2-24 可知，预测分数呈上升趋势，与 2001—2018 年得分变化趋势相符，预测得分较合理，"十四五"贵州科技创新竞争力预测排名从第 25 位变为 23 位，2030 年变为第 22 位，2035 年保持第 22 位。预测增长率呈下降趋势。

表 3-2-24　贵州科技创新竞争力得分、增长率及排名预测

年份	2021	2022	2023	2024	2025	2030	2035
得分	0.6404	0.7128	0.7851	0.8575	0.9298	1.292	1.653
增长率 /%	12.7	11.3	10.1	9.21	8.44	5.93	4.58
排名预测	25	24	24	24	23	22	22

2.25　云南

图 3-2-25 是云南 2001—2018 年科技创新竞争得分趋势，由图 3-2-25 可知，云南科技创新得分呈平稳上升趋势，因此，取平滑常数 a=0.55。

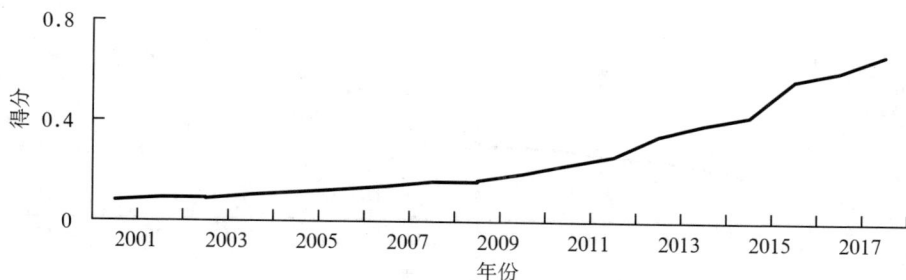

图 3-2-25　云南科技创新竞争力得分趋势

表 3-2-25 是云南科技创新竞争力得分、增长率及排名预测。由表 3-2-25 可知，预测分数呈上升趋势，与 2001—2018 年得分变化趋势相符，预测得分较合理，"十四五"、2030 年预测排名第 21 位，2035 年变为第 20 位。预测增长率呈下降趋势。

表 3-2-25　云南科技创新竞争力得分、增长率及排名预测

年份	2021	2022	2023	2024	2025	2030	2035
得分	0.7717	0.8460	0.9203	0.9947	1.069	1.441	1.812
增长率 /%	10.7	9.63	8.79	8.08	7.47	5.44	4.28
排名预测	21	21	21	21	21	21	20

2.26　西藏

图 3-2-26 是西藏 2001—2018 年科技创新竞争得分趋势，由图 3-2-26 可知，西藏科技创新得分呈波动上升趋势，因此，取平滑常数 a=0.75。

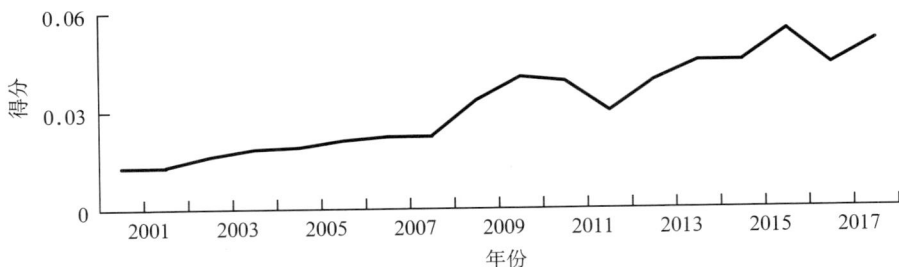

图 3-2-26　西藏科技创新竞争力得分趋势

表 3-2-26 是西藏科技创新竞争力得分、增长率及排名预测。由表 3-2-26 可知，预测分数呈上升趋势，与 2001—2018 年得分变化趋势相符，预测得分较合理，"十四五"西藏科技创新竞争力预测排名从第 31 位变为第 30 位，2030 年、2035 年保持第 30 位。预测增长率呈下降趋势。

表 3-2-26　西藏科技创新竞争力得分、增长率及排名预测

年份	2021	2022	2023	2024	2025	2030	2035
得分	0.0720	0.0780	0.0841	0.0901	0.0962	0.1265	0.1567
增长率 /%	9.19	8.42	7.76	7.20	6.72	5.03	4.02
排名预测	31	31	31	31	30	30	30

2.27　陕西

图 3-2-27 是陕西 2001—2018 年科技创新竞争得分趋势，由图 3-2-27 可知，陕西科技创新得分呈平稳上升趋势，因此，取平滑常数 $a=0.55$。

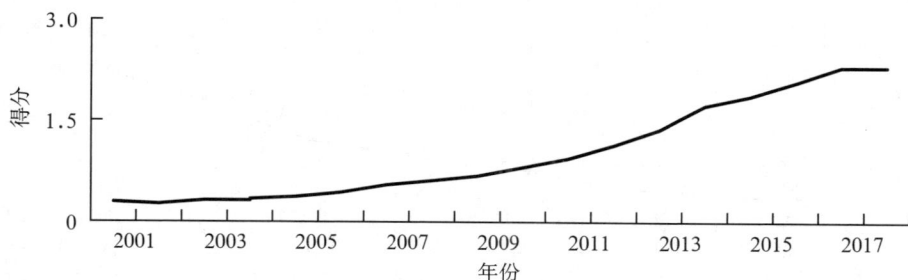

图 3-2-27 陕西科技创新竞争力得分趋势

　　表 3-2-27 是陕西科技创新竞争力得分、增长率及排名预测。由表 3-2-27 可知，预测分数呈上升趋势，与 2001—2018 年得分变化趋势相符，预测得分较合理，"十四五"陕西科技创新竞争力预测排名第 8 位，2030 年、2035 年变为第 11 位。预测增长率呈下降趋势。

表 3-2-27　陕西科技创新竞争力得分、增长率及排名预测

年份	2021	2022	2023	2024	2025	2030	2035
得分	2.932	3.144	3.356	3.569	3.781	4.843	5.905
增长率 /%	7.81	7.24	6.76	6.33	5.95	4.59	3.73
排名预测	8	8	8	8	8	11	11

2.28　甘肃

　　图 3-2-28 是甘肃 2001—2018 年科技创新竞争得分趋势，由图 3-2-28 可知，甘肃科技创新得分呈上升趋势，因此，取平滑常数 a=0.55。

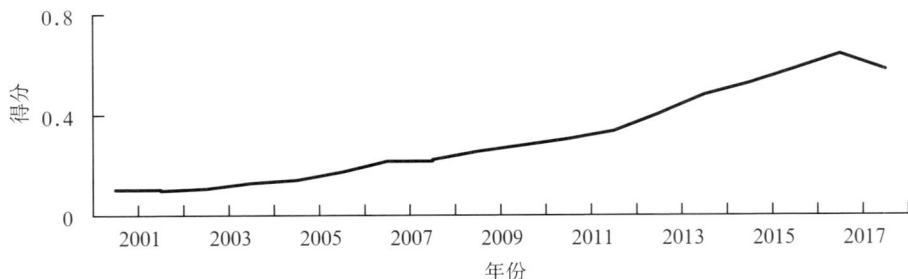

图 3-2-28　甘肃科技创新竞争力得分趋势

表 3-2-28 是甘肃科技创新竞争力得分、增长率及排名预测。由表 3-2-28 可知，预测分数呈上升趋势，与 2001—2018 年得分变化趋势相符，预测得分较合理，"十四五"甘肃科技创新竞争力预测排名第 22 位，2030 年、2035 年变为第 23 位。预测增长率呈下降趋势。

表 3-2-28　甘肃科技创新竞争力得分、增长率及排名预测

年份	2021	2022	2023	2024	2025	2030	2035
得分	0.7442	0.7989	0.8535	0.9082	0.9629	1.236	1.510
增长率/%	7.93	7.35	6.84	6.41	6.02	4.63	3.76
排名预测	22	22	22	22	22	23	23

2.29　青海

图 3-2-29 是青海 2001—2018 年科技创新竞争得分趋势，由图 3-2-29 可知，青海科技创新得分呈波动趋势，因此，取平滑常数 $a=0.60$。

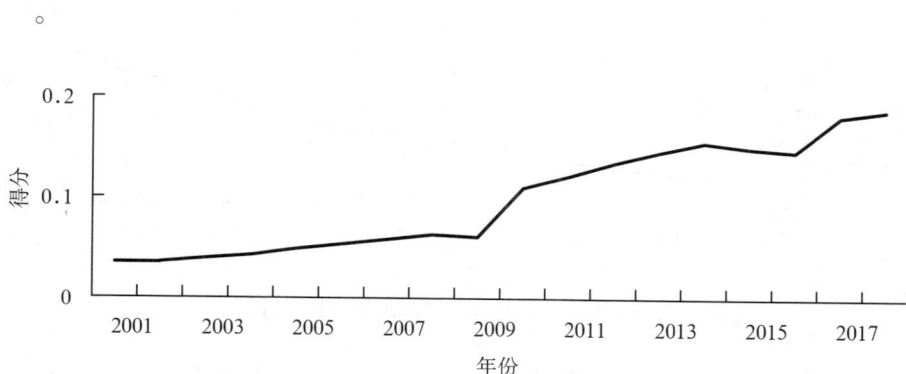

图 3-2-29 青海科技创新竞争力得分趋势

表 3-2-29 是青海科技创新竞争力得分、增长率及排名预测。由表 3-2-29 可知，预测分数呈上升趋势，与 2001—2018 年得分变化趋势相符，预测得分较合理，"十四五"、2030 年、2035 年预测青海科技创新竞争力预测排名均处于第 29 位。预测增长率呈下降趋势。

表 3-2-29 青海科技创新竞争力得分、增长率及排名预测

年份	2021	2022	2023	2024	2025	2030	2035
得分	0.1527	0.1539	0.1552	0.1564	0.1577	0.1639	0.1702
增长率 /%	0.83	0.82	0.81	0.81	0.80	0.77	0.74
排名预测	29	29	29	29	29	29	29

2.30 宁夏

图 3-2-30 是宁夏 2001—2018 年科技创新竞争得分趋势。由图 3-2-30 可知，宁夏科技创新得分呈前期平稳后期较快上升趋势，因此，取平滑常数 $a=0.65$。

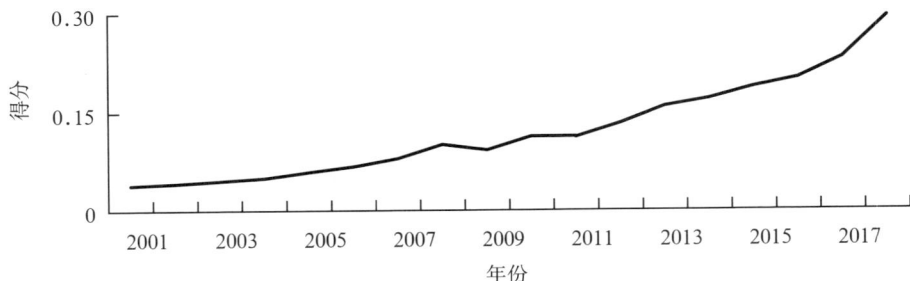

图 3-2-30 宁夏科技创新竞争力得分趋势

表 3-2-30 是宁夏科技创新竞争力得分、增长率及排名预测。由表 3-2-30 可知，预测分数呈上升趋势，与 2001—2018 年得分变化趋势相符，预测得分较合理，"十四五"、2030 年、2035 年预测宁夏科技创新竞争力预测排名均处于第 28 位。预测增长率呈下降趋势。

表 3-2-30 宁夏科技创新竞争力得分、增长率及排名预测

年份	2021	2022	2023	2024	2025	2030	2035
得分	0.2471	0.2624	0.2777	0.2930	0.3083	0.3848	0.4613
增长率 /%	6.60	6.19	5.82	5.51	5.22	4.14	3.43
排名预测	28	28	28	28	28	28	28

2.31 新疆

图 3-2-31 是新疆 2001—2018 年科技创新竞争得分趋势，由图 3-2-31 可知，新疆科技创新得分呈波动上升趋势，因此，取平滑常数 $a=0.60$。

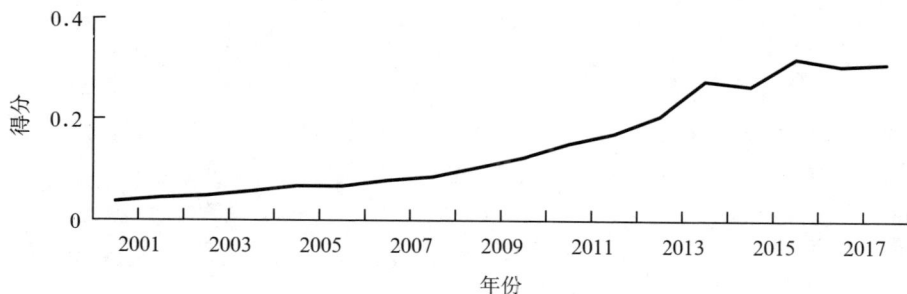

图 3-2-31 新疆科技创新竞争力得分趋势

表 3-2-31 是新疆科技创新竞争力得分、增长率及排名预测。由表 3-2-31 可知,预测分数呈上升趋势,与 2001—2018 年得分变化趋势相符,预测得分较合理,"十四五"、2030 年预测新疆科技创新竞争力预测排名第 27 位,2035 年变为第 26 位。预测增长率呈下降趋势。

表 3-2-31 新疆科技创新竞争力得分、增长率及排名预测

年份	2021	2022	2023	2024	2025	2030	2035
得分	0.4216	0.4558	0.4900	0.5242	0.5583	0.7292	0.9001
增长率 /%	8.82	8.11	7.50	6.97	6.52	4.92	3.95
排名预测	27	27	27	27	27	27	26

附　录

附表 1　各省域历年科技创新竞争力得分、增长率及排名

省份		2001	2002	2003	2004	2005	2006	2007	2008	2009	2010	2011	2012	2013	2014	2015	2016	2017	2018
北京	得分	1.013	1.003	1.213	1.392	1.820	2.086	2.590	2.831	3.162	3.578	4.081	4.765	5.587	6.003	6.708	7.327	8.307	8.857
	增长率		-0.987	20.9	14.8	30.7	14.6	24.2	9.31	11.7	13.2	14.1	16.8	17.3	7.45	11.7	9.23	13.4	6.62
	排名	1	1	1	1	1	1	1	1	1	1	1	1	1	1	1	2	1	2
天津	得分	0.239	0.252	0.303	0.361	0.442	0.519	0.639	0.748	0.844	0.934	1.022	1.266	1.511	1.706	1.948	2.189	2.300	2.265
	增长率		5.44	20.2	19.1	22.4	17.4	23.1	17.1	12.8	10.7	9.42	23.9	19.4	12.9	14.2	12.4	5.07	-1.524
	排名	8	8	9	8	8	8	7	7	8	8	9	8	7	8	8	8	9	10
河北	得分	0.122	0.116	0.138	0.163	0.188	0.224	0.284	0.339	0.374	0.409	0.542	0.584	0.698	0.760	0.888	1.056	1.127	1.302
	增长率		-4.92	19.0	18.1	15.3	19.1	26.8	19.4	10.3	9.36	32.5	7.75	19.5	8.88	16.8	18.9	6.72	15.5
	排名	17	18	19	18	18	19	19	17	17	18	18	18	18	18	18	17	17	17
山西	得分	0.082	0.090	0.105	0.126	0.146	0.177	0.229	0.257	0.303	0.358	0.369	0.417	0.510	0.561	0.664	0.603	0.732	0.787
	增长率		9.76	16.7	20	15.9	21.2	29.4	12.2	17.9	18.2	3.07	13.0	22.3	10	18.4	-9.19	21.4	7.51
	排名	22	22	21	21	20	20	20	20	20	20	20	20	20	20	20	21	21	21
内蒙古	得分	0.040	0.041	0.047	0.064	0.082	0.096	0.110	0.126	0.190	0.202	0.248	0.265	0.428	0.396	0.389	0.465	0.443	0.445
	增长率		2.5	14.6	36.2	28.1	17.1	14.6	14.5	50.8	6.32	22.8	6.86	61.5	-7.48	-1.77	19.5	-4.73	0.451
	排名	26	28	27	26	25	25	25	24	23	23	23	24	22	24	25	25	25	26

续表

年份		2001	2002	2003	2004	2005	2006	2007	2008	2009	2010	2011	2012	2013	2014	2015	2016	2017	2018
辽宁	得分	0.303	0.310	0.378	0.436	0.488	0.573	0.638	0.730	0.881	0.938	1.124	1.403	1.484	1.436	1.480	1.517	1.623	1.821
	增长率		2.31	21.9	15.3	11.9	17.4	11.3	14.4	20.7	6.47	19.8	24.8	5.77	-3.23	3.06	2.5	6.99	12.2
	排名	5	5	6	6	7	7	8	8	7	7	7	7	8	11	12	14	15	14
吉林	得分	0.153	0.137	0.159	0.168	0.211	0.234	0.295	0.330	0.358	0.435	0.471	0.518	0.609	0.627	0.690	0.771	0.866	0.969
	增长率		-10.5	16.1	5.66	25.6	10.9	26.1	11.9	8.48	21.5	8.28	9.98	17.6	2.96	10.0	11.7	12.3	11.9
	排名	13	15	15	17	17	17	18	18	19	17	19	19	19	19	19	19	20	20
黑龙江	得分	0.158	0.163	0.183	0.213	0.244	0.293	0.348	0.394	0.467	0.553	0.636	0.699	0.792	0.844	0.898	0.961	1.046	1.023
	增长率		3.16	12.3	16.4	14.6	20.1	18.8	13.2	18.5	18.4	15.0	9.91	13.3	6.57	6.40	7.02	8.84	-2.20
	排名	12	12	12	12	14	12	13	14	14	14	15	16	17	17	17	18	18	18
上海	得分	0.531	0.573	0.709	0.865	1.066	1.248	1.667	1.866	2.130	2.386	2.751	3.074	3.342	3.406	3.696	4.059	4.344	4.836
	增长率		7.91	23.7	22.0	23.2	17.07	33.6	11.9	14.1	12.0	15.3	11.7	8.72	1.92	8.51	9.82	7.02	11.3
	排名	3	2	2	2	2	3	3	3	4	4	4	4	4	4	4	4	4	4
江苏	得分	0.437	0.463	0.586	0.736	0.924	1.166	1.467	1.682	2.172	2.624	3.534	4.179	5.047	5.605	6.230	7.375	7.818	8.297
	增长率		5.95	26.6	25.6	25.5	26.2	25.8	14.7	29.1	20.8	34.7	18.3	20.8	11.1	11.2	18.4	6.01	6.13
	排名	4	4	4	4	4	4	4	4	3	3	3	3	3	3	2	1	2	3

续表

年份		2001	2002	2003	2004	2005	2006	2007	2008	2009	2010	2011	2012	2013	2014	2015	2016	2017	2018
浙江	得分	0.225	0.251	0.306	0.419	0.586	0.631	0.876	1.047	1.282	1.491	1.912	2.220	2.796	2.985	3.260	3.868	4.245	4.429
	增长率		11.6	21.9	36.9	39.9	7.68	38.8	19.5	22.4	16.3	28.2	16.1	25.9	6.76	9.21	18.7	9.75	4.33
	排名	10	9	8	7	6	6	5	5	5	5	5	5	5	5	5	5	5	5
安徽	得分	0.111	0.112	0.139	0.160	0.187	0.237	0.302	0.359	0.440	0.537	0.628	0.815	1.087	1.332	1.536	1.856	2.063	2.075
	增长率		0.90	24.1	15.1	16.9	26.7	27.4	18.9	22.6	22.0	16.9	29.8	33.4	22.5	15.3	20.8	11.2	0.58
	排名	19	19	18	19	19	16	16	16	16	15	16	15	13	13	11	11	11	11
福建	得分	0.130	0.135	0.147	0.211	0.257	0.289	0.349	0.400	0.485	0.579	0.716	0.868	1.126	1.355	1.433	1.661	1.774	1.812
	增长率		3.85	8.89	43.55	21.85	12.5	20.8	14.6	21.2	19.4	23.7	21.2	29.7	20.3	5.76	15.9	6.80	2.14
	排名	16	16	17	13	13	13	12	13	13	13	12	12	12	12	13	12	14	15
江西	得分	0.086	0.082	0.090	0.114	0.128	0.146	0.174	0.212	0.241	0.284	0.333	0.385	0.450	0.553	0.598	0.760	0.923	0.970
	增长率		-4.65	9.76	26.7	12.3	14.1	19.2	21.8	13.7	17.8	17.3	15.6	16.9	22.9	8.14	27.1	21.4	5.09
	排名	21	23	22	22	22	22	22	22	22	21	21	21	21	21	21	20	19	19
山东	得分	0.266	0.284	0.380	0.486	0.598	0.667	0.742	0.921	1.218	1.421	1.778	2.161	2.515	2.789	3.171	3.587	3.928	4.193
	增长率		6.77	33.8	27.9	23.0	11.5	11.2	24.1	32.2	16.7	25.1	21.5	16.4	10.9	13.7	13.1	9.51	6.75
	排名	7	6	5	5	5	5	6	6	6	6	6	6	6	6	6	6	6	6

续表

年份		2001	2002	2003	2004	2005	2006	2007	2008	2009	2010	2011	2012	2013	2014	2015	2016	2017	2018
河南	得分	0.142	0.146	0.164	0.188	0.220	0.264	0.335	0.380	0.453	0.531	0.640	0.827	1.031	1.207	1.385	1.636	1.833	1.934
	增长率		2.82	12.3	14.6	17.0	20	26.9	13.4	19.2	17.2	20.5	29.2	24.7	17.1	14.7	18.1	12.0	5.51
	排名	15	14	14	16	16	15	15	15	15	16	14	14	14	14	14	13	12	12
湖北	得分	0.215	0.228	0.276	0.311	0.369	0.431	0.555	0.596	0.719	0.861	1.048	1.160	1.424	1.647	1.966	2.420	2.708	2.986
	增长率		6.05	21.1	12.7	18.6	16.8	28.8	7.39	20.6	19.75	21.7	10.7	22.8	15.7	19.4	23.1	11.9	10.3
	排名	11	10	10	10	10	10	9	10	9	9	8	9	9	10	7	7	7	7
湖南	得分	0.149	0.149	0.175	0.197	0.259	0.282	0.336	0.403	0.516	0.613	0.714	0.840	1.025	1.174	1.304	1.501	1.575	1.824
	增长率		0	17.4	12.6	31.5	8.88	19.1	19.9	28.0	18.8	16.5	17.6	22.0	14.5	11.1	15.1	4.93	15.8
	排名	14	13	13	14	12	14	14	12	12	12	13	13	15	15	15	15	16	13
广东	得分	0.450	0.506	0.623	0.806	1.005	1.380	1.785	2.112	2.705	3.082	3.773	4.432	5.250	5.750	6.130	7.068	7.773	9.180
	增长率		12.4	23.1	29.4	24.7	37.3	29.3	18.3	28.1	13.9	22.4	17.5	18.5	9.52	6.61	15.3	9.97	18.1
	排名	3	3	3	3	3	2	2	2	2	2	2	2	2	3	3	3	3	1
广西	得分	0.057	0.054	0.062	0.076	0.095	0.099	0.112	0.119	0.152	0.188	0.233	0.278	0.338	0.456	0.501	0.532	0.611	0.638
	增长率		-5.26	14.8	22.6	25	4.21	13.1	6.25	27.7	23.7	23.9	19.3	21.6	34.9	9.87	6.19	14.8	4.42
	排名	24	24	24	24	24	24	24	25	25	25	24	23	25	23	23	24	23	23

续表

年份		2001	2002	2003	2004	2005	2006	2007	2008	2009	2010	2011	2012	2013	2014	2015	2016	2017	2018
海南	得分	0.008	0.019	0.011	0.017	0.022	0.027	0.032	0.034	0.047	0.065	0.083	0.094	0.199	0.158	0.163	0.145	0.165	0.195
	增长率		137.5	-42.1	54.5	29.4	22.7	18.5	6.25	38.2	38.3	27.7	13.3	112	-20.6	3.16	-11.0	13.8	18.2
	排名	31	30	31	31	30	30	30	30	30	30	30	30	28	29	29	30	30	29
重庆	得分	0.113	0.119	0.156	0.190	0.228	0.227	0.296	0.312	0.368	0.380	0.542	0.671	0.935	1.037	1.185	1.354	1.789	1.677
	增长率		5.31	31.1	21.8	20	-0.44	30.4	5.41	17.9	3.26	42.6	23.8	39.3	10.9	14.3	14.3	32.1	-6.26
	排名	18	17	16	15	15	18	17	19	18	19	17	17	16	16	16	16	13	16
四川	得分	0.230	0.213	0.256	0.290	0.346	0.394	0.490	0.572	0.701	0.795	0.941	1.095	1.372	1.649	1.815	2.088	2.285	2.698
	增长率		-7.39	20.2	13.3	19.3	13.9	24.4	16.7	22.6	13.4	18.4	16.4	25.3	20.2	10.1	15.0	9.43	18.1
	排名	9	11	11	11	11	11	11	11	10	11	11	11	11	9	10	9	10	8
贵州	得分	0.050	0.052	0.056	0.068	0.072	0.082	0.100	0.104	0.120	0.156	0.170	0.192	0.222	0.242	0.343	0.428	0.442	0.531
	增长率		4	7.69	21.4	5.88	13.9	21.9	4	15.4	30	8.97	12.9	15.6	9.01	41.7	24.8	3.27	20.1
	排名	25	25	25	25	26	26	26	26	26	26	26	26	26	27	26	26	26	25
云南	得分	0.080	0.091	0.088	0.104	0.115	0.127	0.140	0.158	0.164	0.192	0.229	0.262	0.345	0.390	0.423	0.568	0.605	0.671
	增长率		13.8	-3.30	18.2	10.6	10.4	10.2	12.9	3.80	17.1	19.3	14.4	31.7	13.0	8.46	34.3	6.51	10.9
	排名	23	21	23	23	23	23	23	23	24	24	25	25	24	25	24	23	24	22

续表

年份		2001	2002	2003	2004	2005	2006	2007	2008	2009	2010	2011	2012	2013	2014	2015	2016	2017	2018
西藏	得分	0.013	0.013	0.016	0.018	0.019	0.021	0.022	0.022	0.033	0.040	0.039	0.030	0.039	0.045	0.045	0.054	0.044	0.051
	增长率		0	23.1	12.5	5.56	10.5	4.76	0	50	21.2	-2.5	-23.1	30	15.4	0	20	-18.5	15.9
	排名	30	31	30	30	31	31	31	31	31	31	31	31	31	31	31	31	31	31
陕西	得分	0.293	0.265	0.318	0.340	0.372	0.438	0.552	0.616	0.688	0.817	0.948	1.144	1.374	1.725	1.870	2.078	2.305	2.306
	增长率		-9.56	20	6.92	9.41	17.8	26.0	11.6	11.7	18.8	16.0	20.7	20.1	25.5	8.41	11.1	10.9	0.04
	排名	6	7	7	9	9	9	10	9	11	10	10	10	10	7	9	10	8	9
甘肃	得分	0.103	0.099	0.107	0.129	0.141	0.173	0.216	0.222	0.255	0.279	0.304	0.335	0.403	0.478	0.524	0.581	0.640	0.578
	增长率		-3.88	8.08	20.6	9.30	22.7	24.9	2.78	14.9	9.41	8.96	10.2	20.3	18.6	9.6	10.9	10.2	-9.69
	排名	20	20	20	20	21	21	21	21	21	22	22	22	23	22	22	22	22	24
青海	得分	0.035	0.036	0.039	0.043	0.049	0.054	0.058	0.063	0.061	0.110	0.122	0.135	0.146	0.156	0.150	0.147	0.182	0.188
	增长率		2.86	8.33	10.3	14.0	10.2	7.41	8.62	-3.17	80.3	10.9	10.7	8.15	6.85	-3.85	-2	23.8	3.30
	排名	29	29	29	29	29	29	29	29	29	29	28	28	30	30	30	29	29	30
宁夏	得分	0.039	0.042	0.046	0.050	0.059	0.068	0.080	0.101	0.092	0.113	0.112	0.133	0.158	0.170	0.188	0.201	0.231	0.294
	增长率		7.69	9.52	8.70	18	15.3	17.6	26.2	-8.91	22.8	-0.88	18.8	18.8	7.59	10.6	6.91	14.9	27.3
	排名	27	27	28	28	28	27	27	27	28	28	29	29	29	28	28	28	28	28

续表

年份		2001	2002	2003	2004	2005	2006	2007	2008	2009	2010	2011	2012	2013	2014	2015	2016	2017	2018
新疆	得分	0.037	0.044	0.048	0.057	0.067	0.068	0.079	0.086	0.105	0.125	0.152	0.172	0.206	0.278	0.268	0.323	0.308	0.312
	增长率		18.9	9.09	18.8	17.5	1.49	16.2	8.86	22.1	19.0	21.6	13.2	19.8	35.0	-3.60	20.5	-4.64	1.30
	排名	28	26	26	27	27	28	28	28	27	27	27	27	27	26	27	27	27	27
东部	得分	3.72	3.91	4.79	5.89	7.40	8.81	11.07	12.71	15.30	17.51	21.32	25.05	29.56	31.95	35.11	39.85	43.40	47.19
	增长率		5.11	22.5	23.0	25.6	19.1	25.7	14.8	20.4	14.4	21.8	17.5	18.0	8.09	9.89	13.5	8.91	8.73
	排名	1	1	1	1	1	1	1	1	1	1	1	1	1	1	1	1	1	1
中部	得分	1.10	1.11	1.29	1.48	1.76	2.06	2.57	2.93	3.50	4.17	4.84	5.66	6.93	7.95	9.04	10.51	11.75	12.57
	增长率		0.91	16.2	14.7	18.9	17.0	24.8	14.0	19.5	19.1	16.1	16.9	22.4	14.7	13.7	16.3	11.8	6.98
	排名	2	2	2	2	2	2	2	2	2	2	2	2	2	2	2	2	2	2
西部	得分	1.09	1.07	1.24	1.43	1.64	1.85	2.26	2.50	2.93	3.40	4.04	4.71	5.97	7.02	7.70	8.82	9.88	10.39
	增长率		-1.83	15.9	15.3	14.7	12.8	22.2	10.6	17.2	16.0	18.8	16.6	26.8	17.6	9.69	14.5	12.0	5.16
	排名	3	3	3	3	3	3	3	3	3	3	3	3	3	3	3	3	3	3
东北	得分	0.61	0.61	0.72	0.82	0.94	1.10	1.28	1.45	1.71	1.93	2.23	2.62	2.88	2.91	3.07	3.25	3.54	3.81
	增长率		0	18.0	13.9	14.6	17.0	16.4	13.3	17.9	12.9	15.5	17.5	9.92	1.04	5.50	5.86	8.92	7.63
	排名	4	4	4	4	4	4	4	4	4	4	4	4	4	4	4	4	4	4

注：东部、西部、中部、东北区域按《中国科技统计年鉴》划分，得分及排名为各部省域均值，下同。附表中"增长率"均为百分比值，下同。

附表 2 各省域历年 SCI 检索得分、增长率及排名

年份		2001	2002	2003	2004	2005	2006	2007	2008	2009	2010	2011	2012	2013	2014	2015	2016	2017	2018
北京	得分	0.12	0.13	0.151	0.176	0.212	0.247	0.321	0.348	0.387	0.436	0.497	0.565	0.64	0.716	0.825	0.961	1.06	1.136
	增长率		8.33	16.2	16.6	20.5	16.5	30.0	8.41	11.2	12.7	14.0	13.7	13.3	11.9	15.2	16.5	10.3	7.17
	排名	1	1	1	1	1	1	1	1	1	1	1	1	1	1	1	1	1	1
天津	得分	0.014	0.013	0.016	0.019	0.027	0.033	0.048	0.056	0.058	0.066	0.072	0.083	0.091	0.11	0.132	0.151	0.186	0.199
	增长率		-7.14	23.1	18.8	42.1	22.2	45.5	16.7	3.57	13.8	9.09	15.3	9.64	20.9	14.4	23.2	6.99
	排名	10	12	12	12	11	11	11	11	14	14	14	13	15	12	12	12	12	12
河北	得分	0.004	0.005	0.004	0.006	0.008	0.01	0.014	0.017	0.02	0.024	0.029	0.034	0.038	0.045	0.05	0.067	0.077	0.087
	增长率		25	-20	50	33.3	25	40	21.4	17.6	20	20.8	17.2	11.8	18.4	11.1	34	14.9	12.9
	排名	18	18	21	20	20	20	20	20	20	20	20	20	20	20	20	20	20	20
山西	得分	0.003	0.003	0.005	0.006	0.008	0.011	0.014	0.014	0.015	0.018	0.023	0.024	0.029	0.032	0.04	0.047	0.06	0.068
	增长率		0	66.7	20	33.3	37.5	27.3	0	7.14	20	27.8	4.35	20.8	10.3	25	17.5	27.7	13.3
	排名	21	22	20	19	19	19	21	21	22	22	22	22	22	23	23	23	23	23
内蒙古	得分	0.001	0.001	0.001	0.001	0.001	0.001	0.002	0.002	0.003	0.004	0.005	0.007	0.007	0.01	0.013	0.017	0.02	0.022
	增长率		0	0	0	0	0	100	0	50	33.3	25	40	0	42.9	30	30.8	17.6	10
	排名	27	27	27	27	27	27	27	27	27	27	27	27	27	27	27	26	26	27

续表

年份		2001	2002	2003	2004	2005	2006	2007	2008	2009	2010	2011	2012	2013	2014	2015	2016	2017	2018
辽宁	得分	0.016	0.017	0.018	0.026	0.032	0.041	0.058	0.067	0.082	0.095	0.11	0.122	0.133	0.151	0.178	0.202	0.229	0.247
	增长率		6.25	5.88	44.4	23.1	28.1	41.5	15.5	22.4	15.9	15.8	10.9	9.02	13.5	17.9	13.5	13.4	7.86
	排名	8	8	9	6	7	6	7	8	8	8	9	9	10	10	10	10	10	10
吉林	得分	0.017	0.015	0.018	0.021	0.026	0.033	0.047	0.051	0.059	0.068	0.076	0.083	0.1	0.108	0.122	0.139	0.157	0.165
	增长率		−11.8	20	16.7	23.8	26.9	42.4	8.51	15.7	15.3	11.8	9.21	20.5	8	13.0	13.9	12.9	5.10
	排名	6	11	11	11	12	12	12	13	13	12	12	12	12	13	15	15	15	15
黑龙江	得分	0.005	0.006	0.008	0.009	0.013	0.018	0.03	0.033	0.043	0.054	0.068	0.078	0.091	0.104	0.124	0.143	0.165	0.18
	增长率		20	33.3	12.5	44.4	38.5	66.7	10	30.3	25.6	25.9	14.7	16.7	14.3	19.2	15.3	15.4	9.09
	排名	17	17	17	17	17	17	15	15	15	15	15	15	14	15	13	14	13	14
上海	得分	0.052	0.059	0.065	0.076	0.097	0.123	0.167	0.187	0.209	0.248	0.293	0.323	0.358	0.391	0.444	0.499	0.57	0.615
	增长率		13.5	10.2	16.9	27.6	26.8	35.8	12.0	11.8	18.7	18.1	10.2	10.8	9.22	13.6	12.4	14.2	7.90
	排名	2	2	2	2	2	2	2	2	2	2	2	2	2	2	3	3	3	3
江苏	得分	0.031	0.033	0.038	0.047	0.058	0.073	0.102	0.123	0.148	0.185	0.235	0.273	0.322	0.369	0.455	0.546	0.631	0.724
	增长率		6.45	15.2	23.7	23.4	25.9	39.7	20.6	20.3	25	27.0	16.2	17.9	14.6	23.3	20	15.6	14.7
	排名	3	3	3	3	3	3	3	3	3	3	3	3	3	3	2	2	2	2

续表

年份		2001	2002	2003	2004	2005	2006	2007	2008	2009	2010	2011	2012	2013	2014	2015	2016	2017	2018
浙江	得分	0.015	0.017	0.021	0.027	0.041	0.057	0.084	0.1	0.112	0.132	0.146	0.166	0.192	0.221	0.247	0.283	0.314	0.345
	增长率		13.3	23.5	28.6	51.9	39.0	47.4	19.0	12	17.9	10.6	13.7	15.7	15.1	11.8	14.6	11.0	9.87
	排名	9	7	6	5	5	4	4	4	4	4	4	4	5	5	5	5	5	8
安徽	得分	0.018	0.02	0.023	0.024	0.017	0.039	0.052	0.058	0.063	0.066	0.073	0.079	0.093	0.105	0.123	0.15	0.164	0.181
	增长率		11.1	15	4.35	-29.2	129	33.3	11.5	8.62	4.76	10.6	8.22	17.7	12.9	17.1	22.0	9.33	10.4
	排名	4	5	5	8	16	8	9	10	11	13	13	14	13	14	14	13	14	13
福建	得分	0.009	0.009	0.01	0.012	0.031	0.022	0.028	0.03	0.036	0.044	0.052	0.057	0.067	0.077	0.089	0.105	0.124	0.135
	增长率		0	11.1	20	158	-29.0	27.3	7.14	20	22.2	18.2	9.62	17.5	14.9	15.5	18.0	18.1	8.87
	排名	16	16	16	16	9	16	17	17	17	17	16	17	17	17	18	18	18	18
江西	得分	0.001	0.001	0.001	0.002	0.002	0.003	0.006	0.009	0.013	0.015	0.02	0.023	0.026	0.033	0.041	0.05	0.06	0.071
	增长率		0	0	100	0	50	100	50	44.4	15.4	33.3	15	13.0	26.9	24.2	22.0	20	18.3
	排名	24	26	25	24	24	24	23	23	23	23	23	23	23	22	22	22	20	21
山东	得分	0.013	0.017	0.02	0.026	0.031	0.041	0.061	0.074	0.087	0.104	0.12	0.14	0.162	0.181	0.212	0.231	0.304	0.353
	增长率		30.8	17.6	30	19.2	32.3	48.8	21.3	17.6	19.5	15.4	16.7	15.7	11.7	17.1	8.96	31.6	16.1
	排名	11	9	8	7	8	7	6	6	6	7	7	7	8	7	8	8	7	7

续表

年份		2001	2002	2003	2004	2005	2006	2007	2008	2009	2010	2011	2012	2013	2014	2015	2016	2017	2018
河南	得分	0.004	0.005	0.005	0.005	0.007	0.011	0.014	0.02	0.025	0.034	0.043	0.051	0.064	0.066	0.091	0.108	0.135	0.157
	增长率		25	0	0	40	57.1	27.3	42.9	25	36	26.5	18.6	25.5	3.12	37.9	18.7	25	16.3
	排名	20	19	19	21	22	18	19	18	18	18	19	19	18	18	17	17	17	17
湖北	得分	0.018	0.02	0.023	0.029	0.041	0.053	0.072	0.089	0.106	0.122	0.135	0.146	0.169	0.193	0.221	0.275	0.306	0.361
	增长率		11.1	15	26.1	41.4	29.3	35.8	23.6	19.1	15.1	10.7	8.15	15.8	14.2	14.5	24.4	11.3	18.0
	排名	5	4	4	4	4	5	5	5	5	5	5	6	6	6	6	6	6	5
湖南	得分	0.009	0.012	0.014	0.015	0.02	0.027	0.037	0.053	0.061	0.072	0.084	0.093	0.11	0.13	0.153	0.174	0.202	0.223
	增长率		33.3	16.7	7.14	33.3	35	37.0	43.2	15.1	18.0	16.7	10.7	18.3	18.2	17.7	13.7	16.1	10.4
	排名	15	14	13	15	14	14	14	12	12	11	11	11	11	11	11	11	11	11
广东	得分	0.017	0.018	0.02	0.023	0.033	0.039	0.055	0.07	0.086	0.105	0.134	0.161	0.193	0.224	0.25	0.305	0.37	0.424
	增长率		5.89	11.1	15	43.5	18.2	41.0	27.3	22.9	22.1	27.6	20.1	19.9	16.1	11.6	22	21.3	14.6
	排名	7	6	7	9	6	9	8	7	7	6	6	5	4	4	4	4	4	4
广西	得分	0.001	0.002	0.001	0.002	0.002	0.003	0.005	0.007	0.01	0.013	0.016	0.018	0.022	0.026	0.033	0.039	0.045	0.051
	增长率		100	-50	100	0	50	66.7	40	42.9	30	23.1	12.5	22.2	18.2	26.9	18.2	15.4	13.3
	排名	25	23	23	25	25	23	24	24	24	24	24	24	24	24	24	24	24	24

续表

年份		2001	2002	2003	2004	2005	2006	2007	2008	2009	2010	2011	2012	2013	2014	2015	2016	2017	2018
海南	得分	0	0	0	0	0	0	0.001	0.001	0.001	0.002	0.003	0.003	0.005	0.006	0.008	0.011	0.012	0.015
	增长率	0	0	0	0	0	0	150*	0	0	100	50	0	66.7	20	33.3	37.5	9.09	25
	排名	28	28	29	29	29	29	29	29	28	28	28	28	28	28	28	28	28	28
重庆	得分	0.003	0.003	0.004	0.005	0.007	0.009	0.015	0.018	0.02	0.031	0.044	0.058	0.067	0.087	0.095	0.115	0.136	0.157
	增长率		0	33.3	25	40	28.6	66.7	20	11.1	55	41.9	31.8	15.5	29.9	9.20	21.1	18.3	15.4
	排名	22	21	22	22	21	21	18	19	19	19	18	16	16	16	16	16	16	16
四川	得分	0.011	0.012	0.013	0.016	0.021	0.031	0.04	0.05	0.066	0.084	0.101	0.117	0.138	0.158	0.184	0.22	0.249	0.286
	增长率		9.09	8.33	23.1	31.2	47.6	29.0	25	32	27.3	20.2	15.8	17.9	14.5	16.5	19.6	13.2	14.9
	排名	14	15	15	14	13	13	13	14	10	10	10	10	9	9	9	9	9	9
贵州	得分	0.001	0.001	0.001	0.002	0.002	0.002	0.003	0.003	0.005	0.007	0.007	0.007	0.01	0.01	0.014	0.015	0.02	0.028
	增长率		0	0	100	0	0	50	0	66.7	40	0	0	42.9	0	40	7.14	33.3	40
	排名	23	25	24	23	23	25	26	26	25	25	26	26	26	26	26	27	27	26
云南	得分	0.004	0.004	0.006	0.007	0.008	0.009	0.012	0.014	0.016	0.021	0.026	0.033	0.034	0.038	0.045	0.053	0.061	0.068
	增长率		0	50	16.7	14.3	12.5	33.3	16.7	14.3	31.25	23.8	26.9	3.03	11.8	18.4	17.8	15.1	11.5
	排名	19	20	18	18	18	22	22	22	21	21	21	21	21	21	21	21	21	22

续表

年份		2001	2002	2003	2004	2005	2006	2007	2008	2009	2010	2011	2012	2013	2014	2015	2016	2017	2018
西藏	得分	0	0	0	0	0	0	0	0	0	0	0	0	0	0	0	0	0.001	0.001
	增长率		0	0	0	0	0	0	0	0	0	0	0	0	0	0	0	150*	0
	排名	31	31	31	31	31	31	31	31	31	31	31	31	31	31	31	31	31	31
陕西	得分	0.012	0.015	0.018	0.022	0.029	0.036	0.049	0.064	0.074	0.093	0.118	0.138	0.164	0.18	0.219	0.256	0.303	0.354
	增长率		25	20	22.2	31.8	24.1	36.1	30.6	15.6	25.7	26.9	16.9	18.8	9.76	21.7	16.9	18.4	16.8
	排名	13	10	10	10	10	10	10	9	9	9	8	8	7	8	7	7	8	6
甘肃	得分	0.013	0.012	0.014	0.016	0.018	0.025	0.028	0.031	0.037	0.045	0.049	0.053	0.061	0.064	0.07	0.083	0.088	0.092
	增长率		-7.69	16.7	14.3	12.5	38.9	12	10.7	19.4	21.6	8.89	8.16	15.1	4.92	9.38	18.6	6.02	4.55
	排名	12	13	14	13	15	15	16	16	16	16	17	18	19	19	19	19	19	19
青海	得分	0	0	0	0	0	0.001	0.001	0.001	0.001	0.002	0.002	0.002	0.002	0.003	0.003	0.003	0.004	0.006
	增长率	0	0	0	0	0	150*	0	0	0	100	0	0	0	50	0	0	33.3	50
	排名	29	29	28	28	28	28	28	28	29	29	29	29	30	29	30	30	30	30
宁夏	得分	0	0	0	0	0	0	0	0.001	0.001	0.001	0.001	0.001	0.002	0.003	0.004	0.004	0.006	0.007
	增长率	0	0	0	0	0	0	0	150*	0	0	0	0	100	50	33.3	0	50	16.7
	排名	29	30	30	30	30	30	30	30	30	30	30	30	29	30	29	29	29	29

续表

年份		2001	2002	2003	2004	2005	2006	2007	2008	2009	2010	2011	2012	2013	2014	2015	2016	2017	2018
新疆	得分	0.001	0.001	0.001	0.001	0.001	0.002	0.003	0.003	0.005	0.006	0.008	0.009	0.013	0.016	0.02	0.026	0.034	0.036
	增长率		0	0	0	0	100	50	0	66.7	20	33.3	12.5	44.4	23.1	25	30	30.8	5.88
	排名	26	24	26	26	26	26	25	25	25	26	25	25	25	25	25	25	25	25
东部	得分	0.29	0.32	0.36	0.44	0.57	0.69	0.94	1.07	1.23	1.44	1.69	1.93	2.2	2.49	2.89	3.36	3.88	4.28
	增长率		10.3	12.5	22.2	29.5	21.1	36.2	13.8	15.0	17.1	17.4	14.2	14.0	13.2	16.1	16.3	15.5	10.3
	排名	1	1	1	1	1	1	1	1	1	1	1	1	1	1	1	1	1	1
中部	得分	0.08	0.08	0.1	0.11	0.13	0.2	0.27	0.33	0.38	0.45	0.52	0.58	0.68	0.77	0.92	1.09	1.25	1.41
	增长率		0	25	10	18.2	53.8	35	22.2	15.2	18.4	15.6	11.5	17.2	13.2	19.5	18.5	14.7	12.8
	排名	2	2	2	2	2	2	2	2	2	2	2	2	2	2	2	2	2	2
西部	得分	0.05	0.05	0.06	0.07	0.09	0.12	0.16	0.2	0.24	0.31	0.38	0.44	0.52	0.59	0.7	0.83	0.97	1.11
	增长率		0	20	16.7	28.6	33.3	33.3	25	20	29.2	22.6	15.8	18.2	13.5	18.6	18.6	16.9	14.4
	排名	3	3	3	3	3	3	3	3	3	3	3	3	3	3	3	3	3	3
东北	得分	0.04	0.04	0.04	0.06	0.07	0.09	0.13	0.15	0.18	0.22	0.25	0.28	0.32	0.36	0.42	0.48	0.55	0.59
	增长率		0	0	50	16.7	28.6	44.4	15.4	20	22.2	13.6	12	14.3	12.5	16.7	14.3	14.6	7.27
	排名	4	4	4	4	4	4	4	4	4	4	4	4	4	4	4	4	4	4

*：得分从0到0.001，增长率记为150%，下同。

附表3 各省域历年EI检索得分、增长率及排名

年份		2001	2002	2003	2004	2005	2006	2007	2008	2009	2010	2011	2012	2013	2014	2015	2016	2017	2018
北京	得分	0.111	0.055	0.126	0.148	0.199	0.232	0.337	0.37	0.428	0.468	0.52	0.625	0.694	0.7	0.833	0.89	1.086	1.112
	增长率		-50.5	129	17.5	34.5	16.6	45.3	9.79	15.7	9.35	11.1	20.2	11.0	0.86	19	6.84	22.0	2.39
	排名	1	1	1	1	1	1	1	1	1	1	1	1	1	1	1	1	1	1
天津	得分	0.009	0.004	0.012	0.017	0.025	0.038	0.065	0.071	0.07	0.077	0.081	0.084	0.098	0.109	0.138	0.149	0.184	0.212
	增长率		-55.6	200	41.7	47.1	52	71.1	9.23	-1.41	10	5.19	3.70	16.7	11.2	26.6	7.97	23.5	15.2
	排名	15	14	13	10	11	9	9	11	13	13	13	14	14	13	13	13	13	13
河北	得分	0.004	0.004	0.005	0.006	0.007	0.008	0.011	0.013	0.018	0.019	0.023	0.023	0.028	0.035	0.043	0.047	0.052	0.071	0.085	0.097	0.071	0.052	0.043	0.047	0.035	0.028	0.023	0.018	0.019	0.011	0.007	0.006	0.005	0.004	0.004	0.108
	增长率		0	25	20	25	60	72.7	-5.26	27.8	21.7	25	34.3	-8.51	20.9	36.5	36.6	-12.4	27.1
	排名	18	15	16	17	18	17	17	18	19	20	20	18	20	19	19	18	19	19
山西	得分	0.002	0.005	0.003	0.004	0.005	0.008	0.013	0.015	0.013	0.019	0.023	0.023	0.03	0.032	0.046	0.053	0.066	0.075
	增长率		150	-40	33.3	25	60	62.5	15.4	-13.3	46.2	21.1	0	14.3	6.67	43.8	15.2	24.5	13.6
	排名	21	13	20	20	20	21	21	21	21	21	21	22	21	22	21	22	21	21
内蒙古	得分	0.001	0	0	0.001	0.001	0.001	0.002	0.002	0.004	0.004	0.005	0.007	0.008	0.008	0.014	0.017	0.022	0.023
	增长率		-100	0	150	0	0	100	0	100	0	25	40	14.3	0	75	21.4	29.4	4.55
	排名	25	26	25	25	26	27	26	26	25	25	26	25	26	26	25	25	25	26

续表

年份		2001	2002	2003	2004	2005	2006	2007	2008	2009	2010	2011	2012	2013	2014	2015	2016	2017	2018
辽宁	得分	0.016	0.007	0.022	0.034	0.04	0.051	0.08	0.097	0.123	0.134	0.142	0.159	0.165	0.173	0.196	0.211	0.253	0.264
	增长率		-56.2	214	54.5	17.6	27.5	56.9	21.2	26.8	8.94	5.97	12.0	3.77	4.85	13.3	7.65	19.9	4.35
	排名	7	8	6	5	4	6	7	6	5	5	5	6	8	8	9	9	8	10
吉林	得分	0.011	0.003	0.011	0.012	0.021	0.023	0.042	0.052	0.057	0.066	0.078	0.092	0.106	0.102	0.128	0.143	0.155	0.159
	增长率		-72.7	267	9.09	75	9.52	82.6	23.8	9.62	15.8	18.2	17.9	15.2	-3.78	25.5	11.7	8.39	2.58
	排名	11	16	15	15	15	15	15	15	15	14	14	13	13	14	14	14	15	15
黑龙江	得分	0.01	0.011	0.017	0.022	0.027	0.041	0.066	0.075	0.101	0.111	0.129	0.146	0.151	0.153	0.171	0.175	0.212	0.22
	增长率		10	54.5	29.4	22.7	51.9	61.0	13.6	34.7	9.90	16.2	13.2	3.42	1.32	11.8	2.34	21.1	3.77
	排名	13	5	8	8	8	8	8	8	8	8	8	9	9	10	12	12	11	12
上海	得分	0.037	0.019	0.059	0.078	0.105	0.117	0.204	0.206	0.214	0.231	0.263	0.291	0.293	0.287	0.351	0.355	0.433	0.473
	增长率		-48.6	211	32.2	34.6	11.4	74.4	0.98	3.88	7.94	13.9	10.6	0.69	-2.05	22.3	1.14	22.0	9.24
	排名	2	2	2	2	2	2	2	2	2	2	2	3	3	3	3	3	3	3
江苏	得分	0.025	0.012	0.032	0.036	0.052	0.074	0.126	0.145	0.174	0.206	0.262	0.311	0.337	0.356	0.449	0.479	0.6	0.673
	增长率		-52	167	12.5	44.4	42.3	70.3	15.1	20	18.4	27.2	18.7	8.36	5.64	26.1	6.68	25.3	12.2
	排名	4	4	3	4	3	3	3	3	3	3	3	2	2	2	2	2	2	2

续表

年份		2001	2002	2003	2004	2005	2006	2007	2008	2009	2010	2011	2012	2013	2014	2015	2016	2017	2018
浙江	得分	0.014	0.008	0.016	0.025	0.037	0.053	0.097	0.099	0.109	0.122	0.136	0.159	0.168	0.179	0.221	0.244	0.265	0.281
	增长率		−42.9	100	56.2	48	43.2	83.0	2.06	10.1	11.9	11.5	16.9	5.66	6.55	23.5	10.4	8.61	6.04
	排名	8	7	9	6	6	5	6	5	7	7	7	5	7	6	6	6	6	8
安徽	得分	0.011	0.005	0.015	0.016	0.024	0.03	0.046	0.059	0.06	0.064	0.071	0.08	0.089	0.095	0.127	0.142	0.163	0.186
	增长率		−54.5	200	6.67	50	25	53.3	28.3	1.69	6.67	10.9	12.7	11.2	6.74	33.7	11.8	14.8	14.1
	排名	10	12	10	12	12	13	14	13	14	15	15	15	15	15	15	15	14	14
福建	得分	0.004	0.002	0.004	0.006	0.008	0.011	0.017	0.023	0.028	0.034	0.042	0.046	0.053	0.056	0.077	0.09	0.101	0.112
	增长率		−50	100	50	33.3	37.5	54.5	35.3	21.7	21.4	23.5	9.52	15.2	5.66	37.5	16.9	12.2	10.9
	排名	17	18	18	18	17	18	19	17	16	16	18	19	18	18	18	19	18	18
江西	得分	0.001	0.001	0.001	0.001	0.001	0.002	0.006	0.009	0.01	0.014	0.019	0.023	0.026	0.033	0.042	0.058	0.064	0.068
	增长率		0	0	0	0	100	200	50	11.1	40	35.7	21.1	13.0	26.9	27.3	38.1	10.3	6.25
	排名	24	24	23	24	25	24	22	22	22	22	22	21	22	21	22	21	22	22
山东	得分	0.009	0.005	0.014	0.019	0.024	0.031	0.054	0.057	0.073	0.081	0.098	0.123	0.125	0.128	0.184	0.182	0.208	0.273
	增长率		−44.4	180	35.7	26.3	29.2	74.2	5.56	28.1	11.0	21.0	25.5	1.63	2.4	43.8	−1.09	14.3	31.2
	排名	14	11	11	9	13	12	13	14	12	12	12	12	12	12	11	11	12	9

续表

年份		2001	2002	2003	2004	2005	2006	2007	2008	2009	2010	2011	2012	2013	2014	2015	2016	2017	2018
河南	得分	0.002	0.002	0.002	0.003	0.005	0.009	0.016	0.017	0.025	0.033	0.043	0.053	0.054	0.069	0.091	0.11	0.131	0.142
	增长率		0	0	50	66.7	80	77.8	6.25	47.1	32	30.3	23.3	1.89	27.8	31.9	20.9	19.1	8.40
	排名	20	21	21	21	21	19	20	20	18	18	17	17	17	17	17	16	16	17
湖北	得分	0.017	0.014	0.023	0.023	0.036	0.048	0.108	0.095	0.115	0.127	0.137	0.158	0.171	0.179	0.226	0.246	0.321	0.345
	增长率		-17.6	64.3	0	56.5	33.3	125	-12.0	21.1	10.4	7.87	15.3	8.23	4.68	26.3	8.85	30.5	7.48
	排名	6	3	5	7	7	7	4	7	6	6	6	7	6	5	5	5	5	5
湖南	得分	0.011	0.003	0.013	0.014	0.025	0.032	0.055	0.074	0.095	0.108	0.124	0.15	0.172	0.177	0.198	0.204	0.231	0.254
	增长率		-72.7	333	7.69	78.6	28	71.9	34.5	28.4	13.7	14.8	21.0	14.7	2.91	11.9	3.03	13.2	9.96
	排名	9	17	12	14	10	11	12	9	9	9	9	8	5	7	8	10	9	11
广东	得分	0.01	0.006	0.012	0.015	0.022	0.029	0.058	0.066	0.082	0.089	0.104	0.131	0.132	0.147	0.192	0.242	0.227	0.287
	增长率		-40	100	25	46.7	31.8	100	13.8	24.2	8.54	16.9	26.0	0.76	11.4	30.6	26.0	-6.20	26.4
	排名	12	10	13	13	14	14	11	12	11	11	11	11	11	11	10	7	10	7
广西	得分	0.001	0.001	0.001	0.001	0.001	0.002	0.005	0.006	0.008	0.01	0.015	0.015	0.018	0.018	0.024	0.026	0.034	0.038
	增长率		0	0	0	0	100	150	20	33.3	25	50	0	20	0	33.3	8.33	30.8	11.8
	排名	23	23	23	23	23	23	23	24	23	24	23	24	24	24	24	24	24	24

续表

	年份	2001	2002	2003	2004	2005	2006	2007	2008	2009	2010	2011	2012	2013	2014	2015	2016	2017	2018
海南	得分	0	0	0	0	0	0	0	0.001	0.001	0.001	0.001	0.001	0.002	0.002	0.004	0.004	0.006	0.007
	增长率		0	0	0	0	0	0	150	0	0	0	0	100	0	100	0	50	16.7
	排名	29	28	30	29	28	29	29	28	28	29	28	28	29	28	28	28	28	28
重庆	得分	0.003	0.002	0.003	0.006	0.006	0.008	0.018	0.018	0.022	0.031	0.051	0.07	0.08	0.088	0.094	0.109	0.127	0.15
	增长率		-33.3	50	100	0	33.3	125	0	22.2	40.9	64.5	37.3	14.3	10	6.82	16.0	16.5	18.1
	排名	19	19	19	16	19	20	18	19	20	19	16	16	16	16	16	17	17	16
四川	得分	0.017	0.006	0.017	0.016	0.027	0.037	0.063	0.072	0.092	0.105	0.116	0.144	0.144	0.162	0.209	0.229	0.26	0.294
	增长率		-64.7	183	-5.88	68.8	37.0	70.3	14.3	27.8	14.1	10.5	24.1	0	12.5	29.0	9.57	13.5	13.1
	排名	5	9	7	11	9	10	10	10	10	10	10	10	10	9	7	8	7	6
贵州	得分	0	0	0.001	0.002	0.001	0.001	0.002	0.003	0.003	0.004	0.004	0.006	0.007	0.007	0.01	0.01	0.014	0.02
	增长率	0	0	0	0	150	0	100	50	0	33.3	0	50	16.7	0	42.9	0	40	42.9
	排名	27	27	27	26	24	25	27	25	26	26	27	27	27	27	27	27	27	27
云南	得分	0.002	0.002	0.001	0.002	0.003	0.003	0.004	0.006	0.007	0.01	0.013	0.017	0.018	0.019	0.031	0.037	0.041	0.044
	增长率	0	0	-50	100	50	0	33.3	50	16.7	42.9	30	30.8	5.88	5.56	63.2	19.4	10.8	7.32
	排名	22	21	22	22	22	22	24	23	24	23	24	23	23	23	23	23	23	23

续表

年份		2001	2002	2003	2004	2005	2006	2007	2008	2009	2010	2011	2012	2013	2014	2015	2016	2017	2018
西藏	得分	0	0	0	0	0	0	0	0	0	0	0	0	0	0	0	0	0	0
	增长率		0	0	0	0	0	0	0	0	0	0	0	0	0	0	0	0	0
	排名	31	30	31	29	31	31	31	31	31	31	31	31	31	31	31	31	31	31
陕西	得分	0.029	0.009	0.032	0.04	0.039	0.06	0.101	0.105	0.128	0.152	0.174	0.215	0.222	0.227	0.286	0.321	0.38	0.435
	增长率		−69.0	256	25	−2.5	53.8	68.3	3.96	21.9	18.75	14.5	23.6	3.26	2.25	26.0	12.2	18.4	14.5
	排名	3	6	4	3	5	4	5	4	4	4	4	4	4	4	4	4	4	4
甘肃	得分	0.004	0.002	0.005	0.005	0.009	0.014	0.032	0.023	0.028	0.033	0.038	0.043	0.047	0.046	0.063	0.069	0.077	0.083
	增长率		−50	150	0	80	55.6	129.	−28.1	21.7	17.9	15.2	13.2	9.30	−2.13	37.0	9.52	11.6	7.79
	排名	16	20	17	19	16	16	16	16	17	17	19	20	19	20	20	20	20	20
青海	得分	0	0	0	0	0	0	0	0.001	0.001	0.001	0.001	0.001	0.001	0.002	0.002	0.002	0.003	0.004
	增长率		0	0	0	0	0	0	150	0	0	0	0	0	100	0	0	50	33.3
	排名	28	28	29	28	30	30	30	30	28	28	29	30	30	29	30	30	30	30
宁夏	得分	0	0	0	0	0	0	0	0.001	0	0.001	0.001	0.001	0.002	0.001	0.003	0.003	0.004	0.005
	增长率		0	0	0	0	0	0	150	−100	150	0	0	100	−50	200	0	33.3	25
	排名	29	30	28	29	28	28	28	28	30	30	30	29	28	30	29	29	29	29

续表

年份		2001	2002	2003	2004	2005	2006	2007	2008	2009	2010	2011	2012	2013	2014	2015	2016	2017	2018
新疆	得分	0.001	0	0	0	0.001	0.001	0.003	0.002	0.003	0.003	0.005	0.007	0.008	0.01	0.013	0.016	0.018	0.024
	增长率		-100	0	0	150	0	200	-33.3	50	0	66.7	40	14.3	25	30	23.1	12.5	33.3
	排名	26	25	26	27	26	26	25	27	27	27	25	26	25	25	26	26	26	25
东部	得分	0.24	0.12	0.3	0.38	0.52	0.65	1.06	1.15	1.32	1.47	1.69	1.98	2.11	2.19	2.72	2.94	3.45	3.8
	增长率		-50	150	26.7	36.87	25	63.1	8.497	14.8	11.4	15.0	17.2	6.57	3.79	24.2	8.09	17.3	10.1
	排名	1	1	1	1	1	1	1	1	1	1	1	1	1	1	1	1	1	1
中部	得分	0.06	0.04	0.08	0.1	0.14	0.19	0.35	0.4	0.48	0.54	0.62	0.72	0.8	0.84	1.03	1.13	1.34	1.45
	增长率		-33.3	100	25	40	35.7	84.2	14.3	20	12.5	14.8	16.1	11.1	5	22.6	9.71	18.6	8.21
	排名	2	2	2	2	2	2	2	2	2	2	2	2	2	2	2	2	2	2
西部	得分	0.06	0.02	0.06	0.07	0.09	0.13	0.23	0.24	0.29	0.35	0.42	0.53	0.55	0.59	0.75	0.84	0.98	1.12
	增长率		-66.7	200	16.7	28.6	44.4	76.9	4.35	20.8	20.7	20	26.2	3.77	7.27	27.1	12	16.7	14.3
	排名	3	3	3	3	4	3	3	3	3	3	3	3	3	3	3	3	3	3
东北	得分	0.04	0.02	0.05	0.07	0.09	0.12	0.19	0.22	0.28	0.31	0.35	0.4	0.42	0.43	0.5	0.53	0.62	0.64
	增长率		-50	150	40	28.6	33.3	58.3	15.8	27.3	10.7	12.9	14.3	5	2.38	16.3	6	17.0	3.23
	排名	4	4	4	4	3	4	4	4	4	4	4	4	4	4	4	4	4	4

附表 4　各省域历年发明专利得分、增长率及排名

年份		2001	2002	2003	2004	2005	2006	2007	2008	2009	2010	2011	2012	2013	2014	2015	2016	2017	2018
北京	得分	0.038	0.034	0.040	0.080	0.116	0.128	0.146	0.175	0.218	0.287	0.349	0.478	0.606	0.656	0.729	0.990	1.136	1.265
	增长率		-10.5	17.6	100	45	10.3	14.1	19.9	24.6	31.7	21.6	37.0	26.8	8.25	11.1	35.8	14.7	11.4
	排名	1	1	1	1	1	1	1	1	2	2	2	2	2	1	1	2	2	1
天津	得分	0.006	0.003	0.004	0.009	0.016	0.028	0.037	0.042	0.054	0.059	0.060	0.076	0.100	0.100	0.103	0.130	0.145	0.160
	增长率		-50	33.3	125	77.8	75	32.1	13.5	28.6	9.26	1.69	26.7	31.6	0	3	26.2	11.5	10.3
	排名	15	18	17	14	13	8	8	8	7	8	10	12	12	14	15	15	15	16
河北	得分	0.008	0.007	0.007	0.010	0.013	0.014	0.015	0.017	0.018	0.022	0.030	0.044	0.058	0.064	0.072	0.108	0.119	0.135
	增长率		-12.5	0	42.9	30	7.69	7.14	13.3	5.88	22.2	36.4	46.7	31.8	10.3	12.5	50	10.2	13.4
	排名	8	8	9	12	14	15	16	15	16	19	18	18	18	18	18	19	19	18
山西	得分	0.006	0.005	0.006	0.010	0.011	0.010	0.012	0.011	0.014	0.019	0.023	0.034	0.039	0.042	0.049	0.068	0.067	0.065
	增长率		-16.7	20	66.7	10	-9.09	20	-8.33	27.3	35.7	21.1	47.8	14.7	7.69	16.7	38.8	-1.47	-3.08
	排名	14	15	11	11	17	18	18	21	20	20	20	20	21	20	20	20	21	21
内蒙古	得分	0.002	0.003	0.002	0.003	0.004	0.004	0.004	0.004	0.005	0.006	0.008	0.011	0.017	0.017	0.014	0.022	0.024	0.023
	增长率		50	-33.3	50	33.3	0	0	0	25	20	33.3	37.5	54.5	0	-17.6	57.1	9.09	-4.17
	排名	26	22	24	25	25	26	26	26	26	26	26	26	26	26	27	27	27	27

续表

	年份	2001	2002	2003	2004	2005	2006	2007	2008	2009	2010	2011	2012	2013	2014	2015	2016	2017	2018
辽宁	得分	0.016	0.013	0.015	0.023	0.033	0.035	0.040	0.044	0.051	0.062	0.073	0.095	0.120	0.121	0.125	0.184	0.188	0.212
	增长率		−18.8	15.4	53.3	43.5	6.06	14.3	10	17.1	21.6	17.7	30.1	26.3	0.83	3.31	47.2	2.17	12.8
	排名	2	2	2	4	5	6	7	7	8	7	7	8	10	11	12	12	14	14
吉林	得分	0.006	0.005	0.006	0.008	0.016	0.014	0.017	0.016	0.019	0.023	0.024	0.036	0.048	0.047	0.045	0.063	0.068	0.084
	增长率		−16.7	20	33.3	100	−12.5	21.4	−5.88	18.8	21.1	4.35	50	33.3	−2.08	−4.26	40	7.94	23.5
	排名	17	14	13	15	11	14	15	16	15	18	19	19	19	19	21	21	20	20
黑龙江	得分	0.007	0.005	0.005	0.008	0.012	0.015	0.021	0.024	0.025	0.036	0.047	0.059	0.073	0.071	0.077	0.113	0.122	0.136
	增长率		−28.6	0	60	50	25	40	14.3	4.17	44	30.6	25.5	23.7	−2.74	8.45	46.8	7.96	11.5
	排名	10	13	16	16	15	13	13	13	13	13	13	15	17	17	16	16	18	17
上海	得分	0.011	0.009	0.013	0.031	0.061	0.074	0.100	0.118	0.143	0.188	0.214	0.276	0.343	0.337	0.364	0.493	0.562	0.568
	增长率		−18.2	44.4	138	96.8	21.3	35.1	18	21.2	31.5	13.8	29.0	24.3	−1.75	8.01	35.4	14.0	1.07
	排名	5	7	4	3	3	2	2	3	3	3	4	4	5	5	5	5	5	5
江苏	得分	0.012	0.009	0.013	0.022	0.037	0.046	0.062	0.081	0.118	0.167	0.225	0.333	0.489	0.532	0.617	1.009	1.145	1.140
	增长率		−25	44.4	69.2	68.2	24.3	34.8	30.6	45.7	41.5	34.7	48	49.8	8.79	16.0	63.5	13.5	8.30
	排名	4	6	5	5	4	4	4	4	4	4	3	3	3	3	3	1	1	3

续表

年份		2001	2002	2003	2004	2005	2006	2007	2008	2009	2010	2011	2012	2013	2014	2015	2016	2017	2018
浙江	得分	0.007	0.006	0.007	0.015	0.028	0.041	0.054	0.080	0.110	0.151	0.200	0.275	0.348	0.353	0.420	0.654	0.743	0.789
	增长率		-14.3	17.6	114	86.7	46.4	31.7	48.1	37.5	37.3	32.5	37.5	26.5	30.7	19.0	55.7	13.6	6.06
	排名	13	10	10	7	7	5	5	5	5	5	5	5	4	4	4	4	4	4
安徽	得分	0.004	0.003	0.004	0.005	0.005	0.009	0.010	0.012	0.016	0.025	0.035	0.061	0.092	0.134	0.163	0.313	0.428	0.341
	增长率		-25	33.3	25	0	75	11.1	20	33.3	56.2	40	74.3	50.8	45.7	21.6	92.0	36.7	26.4
	排名	19	23	18	19	21	20	20	20	19	17	17	14	14	8	8	7	7	7
福建	得分	0.003	0.003	0.002	0.005	0.006	0.009	0.012	0.012	0.018	0.026	0.038	0.059	0.090	0.093	0.108	0.161	0.201	0.239
	增长率		0	-33.3	150	20	50	33.3	0	50	44.4	46.2	55.3	52.5	3.33	16.1	49.1	24.8	18.9
	排名	21	20	21	20	20	19	19	19	18	16	15	16	15	15	14	13	11	11
江西	得分	0.002	0.003	0.002	0.003	0.004	0.005	0.006	0.006	0.007	0.012	0.013	0.020	0.027	0.029	0.032	0.046	0.054	0.061
	增长率		50	-33.3	50	33.3	25	20	0	16.7	71.4	8.33	53.8	35	7.41	10.3	43.8	17.4	13.0
	排名	23	21	21	22	26	23	24	25	23	22	24	22	23	23	24	23	24	23
山东	得分	0.013	0.012	0.012	0.021	0.029	0.033	0.041	0.052	0.062	0.090	0.128	0.176	0.224	0.283	0.331	0.473	0.543	0.524
	增长率		-7.69	0	75	38.1	13.8	24.2	26.8	19.2	45.2	42.2	37.5	27.3	26.3	17.0	42.9	16.9	-3.50
	排名	3	3	6	6	6	7	6	6	6	6	6	6	6	6	6	6	6	6

续表

年份		2001	2002	2003	2004	2005	2006	2007	2008	2009	2010	2011	2012	2013	2014	2015	2016	2017	2018
河南	得分	0.007	0.006	0.006	0.009	0.011	0.013	0.017	0.020	0.022	0.035	0.047	0.074	0.096	0.101	0.110	0.151	0.191	0.217
	增长率		-14.3	0	50	22.2	18.2	30.8	17.6	10	59.1	34.3	57.4	29.7	5.21	8.91	37.3	26.5	13.6
	排名	9	11	14	13	16	16	14	14	14	14	14	13	13	13	13	14	13	12
湖北	得分	0.006	0.007	0.007	0.015	0.027	0.027	0.032	0.032	0.039	0.046	0.063	0.095	0.122	0.128	0.152	0.218	0.238	0.299
	增长率		16.7	0	114	53.3	0	18.5	0	21.9	17.9	37.0	50.8	28.4	4.92	18.8	43.4	9.17	25.6
	排名	16	9	8	8	8	9	9	9	10	11	9	9	8	10	10	9	9	9
湖南	得分	0.007	0.006	0.006	0.012	0.016	0.020	0.022	0.027	0.040	0.055	0.060	0.078	0.101	0.115	0.131	0.190	0.195	0.217
	增长率		-14.3	0	100	33.3	25	10	22.7	48.1	37.5	9.09	30	29.5	13.9	13.9	45.0	2.63	11.3
	排名	11	12	12	9	12	11	12	12	9	9	11	11	11	12	11	11	12	13
广东	得分	0.009	0.011	0.013	0.034	0.070	0.069	0.093	0.135	0.256	0.355	0.427	0.549	0.667	0.637	0.699	0.938	1.080	1.255
	增长率		22.2	18.2	162	76.5	-1.43	34.8	44.2	89.6	38.7	20.3	28.6	21.5	-4.50	9.73	34.2	15.1	16.2
	排名	6	4	3	2	2	3	3	2	1	1	1	1	1	2	2	3	3	2
广西	得分	0.004	0.002	0.002	0.003	0.005	0.005	0.007	0.007	0.007	0.010	0.013	0.019	0.027	0.041	0.061	0.113	0.144	0.125
	增长率		-50	0	50	66.7	0	40	0	0	42.9	30	46.2	42.1	51.9	48.8	85.2	27.4	-13.2
	排名	20	25	27	23	23	24	23	23	25	23	23	23	22	22	19	17	16	19

续表

年份		2001	2002	2003	2004	2005	2006	2007	2008	2009	2010	2011	2012	2013	2014	2015	2016	2017	2018
海南	得分	0.001	0.001	0.000	0.001	0.001	0.001	0.001	0.002	0.002	0.003	0.006	0.008	0.012	0.014	0.012	0.012	0.011	0.010
	增长率		0	-100	150	0	0	0	100	0	50	100	33.3	50	16.7	-14.3	0	-8.33	-9.09
	排名	30	28	30	29	29	29	29	28	29	28	27	28	28	28	28	29	29	29
重庆	得分	0.002	0.001	0.002	0.004	0.005	0.007	0.009	0.013	0.018	0.026	0.036	0.056	0.073	0.075	0.073	0.111	0.141	0.168
	增长率		-50	100	100	25	40	28.6	44.4	38.5	44.4	38.5	55.6	30.4	2.74	-2.67	52.1	27.0	19.1
	排名	27	27	25	21	22	21	21	18	17	15	16	17	16	16	17	18	17	15
四川	得分	0.009	0.009	0.009	0.012	0.021	0.023	0.026	0.030	0.037	0.050	0.069	0.098	0.134	0.145	0.178	0.255	0.289	0.312
	增长率		0	0	33.3	75	9.52	13.0	15.4	23.3	35.1	38	42.0	36.7	8.21	22.8	43.3	13.3	7.96
	排名	7	5	7	10	9	10	10	10	11	10	8	7	7	7	7	8	8	8
贵州	得分	0.002	0.002	0.002	0.003	0.006	0.006	0.007	0.008	0.009	0.010	0.014	0.018	0.019	0.025	0.033	0.042	0.057	0.051
	增长率		0	0	50	100	0	16.7	14.3	12.5	11.1	40	28.6	5.56	31.6	32	37.3	35.7	-10.5
	排名	25	26	26	26	19	22	22	22	22	24	22	24	25	25	23	24	23	24
云南	得分	0.005	0.004	0.003	0.006	0.009	0.011	0.013	0.013	0.013	0.015	0.020	0.030	0.039	0.042	0.045	0.058	0.059	0.062
	增长率		-20	-25	100	50	22.2	18.2	0	0	15.4	33.3	50	30	7.69	7.14	28.9	1.72	5.08
	排名	18	17	19	17	18	17	17	17	21	21	21	21	20	21	22	22	22	22

续表

年份		2001	2002	2003	2004	2005	2006	2007	2008	2009	2010	2011	2012	2013	2014	2015	2016	2017	2018
西藏	得分	0.000	0.000	0.000	0.000	0.000	0.000	0.000	0.000	0.001	0.000	0.000	0.001	0.002	0.001	0.002	0.001	0.001	0.001
	增长率		0	0	0	0	0	0	0	150	-100	0	150	100	-50	100	-50	0	0
	排名	31	31	31	31	31	31	31	31	31	31	31	31	31	31	31	31	31	31
陕西	得分	0.007	0.005	0.006	0.006	0.017	0.016	0.023	0.027	0.032	0.042	0.059	0.095	0.121	0.131	0.153	0.191	0.210	0.241
	增长率		-28.6	20	0	183	-5.88	43.8	17.4	18.5	31.2	40.5	61.0	27.4	8.26	16.8	24.8	9.95	14.8
	排名	12	15	15	18	10	12	11	11	12	12	12	10	9	9	9	10	10	10
甘肃	得分	0.003	0.002	0.003	0.003	0.005	0.004	0.005	0.007	0.007	0.007	0.011	0.017	0.021	0.025	0.025	0.035	0.037	0.037
	增长率		-33.3	50	0	66.7	-20	25	40	0	0	57.1	54.5	23.5	19.0	0	40	5.71	0
	排名	22	24	20	23	23	25	25	24	24	25	25	25	24	24	25	25	25	25
青海	得分	0.001	0.001	0.001	0.001	0.001	0.001	0.001	0.001	0.001	0.001	0.001	0.002	0.003	0.003	0.003	0.006	0.008	0.007
	增长率		0	0	0	0	0	0	0	0	0	0	100	50	0	0	100	33.3	-12.5
	排名	29	29	29	30	30	30	30	30	30	30	30	30	30	30	30	30	30	30
宁夏	得分	0.001	0.001	0.001	0.002	0.002	0.001	0.002	0.001	0.002	0.002	0.002	0.003	0.004	0.006	0.008	0.012	0.016	0.018
	增长率		0	0	100	0	-50	100	-50	100	0	0	50	33.3	50	33.3	50	33.3	12.5
	排名	28	29	28	28	30	28	28	29	28	29	29	29	29	29	29	28	28	28

续表

年份		2001	2002	2003	2004	2005	2006	2007	2008	2009	2010	2011	2012	2013	2014	2015	2016	2017	2018
新疆	得分	0.002	0.003	0.002	0.003	0.003	0.003	0.004	0.003	0.003	0.004	0.006	0.009	0.014	0.017	0.019	0.027	0.025	0.026
	增长率		50	−33.3	50	0	0	33.3	−25	0	33.3	50	50	55.6	21.4	11.8	42.1	−7.41	4
	排名	24	19	23	27	27	27	27	27	27	27	28	27	27	27	26	26	26	26
东部	得分	0.12	0.11	0.13	0.25	0.41	0.48	0.60	0.76	1.05	1.41	1.75	2.37	3.06	3.19	3.58	5.15	5.87	6.30
	增长率		−8.33	18.2	92.3	64	17.1	25	26.7	38.2	34.3	24.1	35.4	29.1	4.25	12.2	43.9	14.0	7.33
	排名	1	1	1	1	1	1	1	1	1	1	1	1	1	1	1	1	1	1
中部	得分	0.05	0.04	0.04	0.07	0.10	0.11	0.14	0.15	0.18	0.25	0.31	0.46	0.60	0.67	0.76	1.16	1.36	1.42
	增长率		−20	0	75	42.9	10	27.3	7.14	20	38.9	24	48.4	52.2	11.7	13.4	52.6	17.2	4.41
	排名	2	2	2	2	2	2	2	2	2	2	2	2	2	2	2	2	2	2
西部	得分	0.04	0.03	0.03	0.05	0.08	0.08	0.10	0.12	0.13	0.17	0.24	0.36	0.47	0.53	0.61	0.87	1.01	1.07
	增长率		−25	0	66.7	60	0	25	20	8.33	30.8	47.1	50	30.6	12.8	15.1	42.6	16.1	5.94
	排名	3	3	3	3	3	3	3	3	3	3	3	3	3	3	3	3	3	3
东北	得分	0.03	0.02	0.03	0.04	0.06	0.06	0.08	0.09	0.10	0.12	0.14	0.19	0.24	0.24	0.25	0.36	0.38	0.43
	增长率		−33.3	50	33.3	50	0	33.3	12.5	11.1	20	16.7	35.7	26.3	0	4.17	44	5.56	13.2
	排名	4	4	4	4	4	4	4	4	4	4	4	4	4	4	4	4	4	4

附表 5 各省域历年实用新型得分、增长率及排名

年份		2001	2002	2003	2004	2005	2006	2007	2008	2009	2010	2011	2012	2013	2014	2015	2016	2017	2018
北京	得分	0.033	0.034	0.036	0.042	0.041	0.047	0.055	0.069	0.083	0.099	0.145	0.173	0.199	0.274	0.353	0.341	0.36	0.33
	增长率		3.03	5.88	16.7	-2.38	14.6	17.0	25.5	20.3	19.3	46.5	19.3	15.0	37.7	28.8	-3.40	5.57	-8.33
	排名	5	4	5	5	6	5	6	6	6	6	6	6	7	5	5	5	5	5
天津	得分	0.01	0.012	0.011	0.015	0.017	0.016	0.022	0.029	0.038	0.039	0.059	0.079	0.11	0.142	0.161	0.219	0.25	0.232
	增长率		20	-8.33	36.4	13.3	-5.88	37.5	31.8	31.0	2.63	51.3	33.9	39.2	29.1	13.4	36.0	14.2	7.2
	排名	17	14	15	15	15	15	15	15	11	15	15	13	13	12	11	11	11	11
河北	得分	0.018	0.017	0.02	0.022	0.022	0.023	0.027	0.034	0.037	0.044	0.06	0.066	0.087	0.098	0.114	0.147	0.159	0.156
	增长率		-5.56	17.6	10	0	4.55	17.4	25.9	8.82	18.9	36.4	10	28.8	12.6	16.3	28.9	8.16	-1.89
	排名	9	9	8	8	9	9	10	11	12	12	14	16	16	17	16	14	14	14
山西	得分	0.006	0.006	0.006	0.007	0.007	0.007	0.009	0.012	0.015	0.019	0.027	0.027	0.038	0.043	0.045	0.046	0.053	0.055
	增长率		0	0	16.7	0	0	28.6	33.3	25	26.7	42.1	0	40.7	13.2	4.65	2.22	15.2	3.77
	排名	22	21	21	22	21	22	21	21	20	19	19	20	20	20	21	23	22	23
内蒙古	得分	0.005	0.004	0.004	0.004	0.005	0.005	0.005	0.007	0.008	0.007	0.011	0.012	0.015	0.019	0.023	0.029	0.032	0.032
	增长率		-20	0	0	25	0	0	40	14.3	-12.5	57.1	9.09	25	26.7	21.1	26.1	10.31	0
	排名	24	25	24	25	25	26	26	26	26	27	26	27	27	27	27	27	27	27

续表

年份		2001	2002	2003	2004	2005	2006	2007	2008	2009	2010	2011	2012	2013	2014	2015	2016	2017	2018
辽宁	得分	0.036	0.033	0.032	0.039	0.039	0.044	0.053	0.066	0.078	0.084	0.106	0.12	0.12	0.118	0.108	0.121	0.125	0.113
	增长率		-8.331	-3.031	21.9	0	12.81	20.5	24.51	18.2	7.691	26.2	13.21	0	-1.67	-8.471	12.01	3.31	-9.6
	排名	4	6	6	6	7	7	7	7	7	7	8	8	12	14	17	17	18	18
吉林	得分	0.011	0.009	0.009	0.01	0.012	0.013	0.015	0.018	0.019	0.019	0.025	0.026	0.028	0.03	0.036	0.043	0.05	0.048
	增长率		-18.2	0	11.11	20	8.331	15.4	20	5.56	0	31.6	4	7.69	7.14	20	19.4	16.3	-4
	排名	14	16	17	18	18	17	17	20	19	20	20	21	21	24	24	24	24	24
黑龙江	得分	0.016	0.013	0.015	0.021	0.021	0.021	0.025	0.029	0.031	0.031	0.038	0.052	0.078	0.094	0.088	0.096	0.094	0.082
	增长率		-18.8	15.4	40	0	0	19.0	16	6.90	0	22.6	36.8	50	20.5	-6.38	9.09	-2.08	-12.8
	排名	12	13	11	9	10	12	14	14	15	18	18	18	17	18	18	19	19	19
上海	得分	0.02	0.021	0.027	0.038	0.042	0.046	0.068	0.092	0.113	0.128	0.191	0.206	0.238	0.226	0.246	0.254	0.275	0.286
	增长率		5	28.6	40.7	10.5	9.52	47.8	35.3	22.8	13.3	49.2	7.85	15.5	-5.04	8.85	3.25	8.27	4
	排名	8	7	7	7	5	6	5	5	5	5	5	5	5	7	7	8	8	6
江苏	得分	0.039	0.035	0.042	0.053	0.057	0.067	0.089	0.122	0.151	0.214	0.361	0.47	0.628	0.742	0.807	0.917	0.95	0.906
	增长率		-10.3	20	26.2	7.55	17.5	32.8	37.1	23.8	41.7	68.7	30.2	33.6	18.2	8.76	13.6	3.60	-4.63
	排名	3	3	3	3	4	4	4	4	4	4	3	2	2	2	1	2	3	2

年份		2001	2002	2003	2004	2005	2006	2007	2008	2009	2010	2011	2012	2013	2014	2015	2016	2017	2018
浙江	得分	0.033	0.034	0.038	0.049	0.058	0.07	0.106	0.152	0.188	0.247	0.417	0.493	0.684	0.802	0.797	0.955	0.998	0.819
	增长率		3.03	11.8	28.9	18.4	20.7	51.4	43.4	23.7	31.4	68.8	18.2	38.7	17.3	-0.62	19.8	4.50	-17.9
	排名	6	5	4	4	3	2	2	2	2	2	1	1	1	1	2	1	1	3
安徽	得分	0.009	0.008	0.008	0.01	0.01	0.011	0.013	0.019	0.024	0.041	0.077	0.142	0.219	0.272	0.294	0.315	0.313	0.274
	增长率		-11.1	0	25	0	10	18.2	46.2	26.3	70.8	87.8	84.4	54.2	24.2	8.09	7.14	-0.63	-12.5
	排名	18	18	18	19	19	19	19	18	18	13	12	7	6	6	6	6	7	8
福建	得分	0.01	0.01	0.013	0.016	0.019	0.019	0.026	0.031	0.037	0.048	0.085	0.112	0.143	0.167	0.168	0.262	0.34	0.284
	增长率		0	30	23.1	18.8	0	36.8	19.2	19.4	29.7	77.1	31.8	27.7	16.8	0.60	56.0	29.8	-16.5
	排名	15	15	14	14	14	14	12	13	13	11	11	10	10	9	10	7	6	7
江西	得分	0.007	0.005	0.005	0.007	0.007	0.007	0.009	0.012	0.014	0.015	0.023	0.027	0.038	0.045	0.061	0.103	0.145	0.126
	增长率		-28.6	0	40	0	0	28.6	33.3	16.7	7.14	53.3	17.4	40.7	18.4	35.6	68.9	40.8	-13.1
	排名	20	23	22	21	22	20	20	20	21	21	21	19	19	19	19	18	16	16
山东	得分	0.045	0.043	0.046	0.057	0.063	0.067	0.104	0.145	0.177	0.221	0.319	0.382	0.476	0.445	0.429	0.528	0.533	0.48
	增长率		-4.44	6.98	23.9	10.5	6.35	55.2	39.4	22.1	24.9	44.3	19.7	24.6	-6.51	-3.60	23.1	0.95	-9.94
	排名	2	2	2	2	2	3	3	3	3	3	4	4	4	4	4	4	4	4

续表

年份		2001	2002	2003	2004	2005	2006	2007	2008	2009	2010	2011	2012	2013	2014	2015	2016	2017	2018
河南	得分	0.02	0.018	0.018	0.02	0.022	0.024	0.033	0.043	0.05	0.065	0.097	0.115	0.151	0.16	0.189	0.25	0.26	0.257
	增长率		-10	0	11.1	10	9.09	37.5	30.3	16.3	30	49.2	18.6	31.3	5.96	18.1	32.3	4	-1.15
	排名	7	8	9	10	8	8	8	8	9	8	9	9	9	10	9	9	9	9
湖北	得分	0.015	0.014	0.014	0.018	0.021	0.023	0.03	0.041	0.054	0.061	0.091	0.098	0.128	0.148	0.159	0.194	0.219	0.207
	增长率		-6.67	0	28.6	16.7	9.52	30.4	36.7	31.7	13.0	49.2	7.69	30.6	15.6	7.43	22.0	12.9	-5.48
	排名	13	11	13	12	11	10	9	9	8	10	13	12	11	11	12	13	13	12
湖南	得分	0.017	0.016	0.016	0.019	0.019	0.022	0.026	0.032	0.032	0.041	0.069	0.077	0.107	0.115	0.128	0.142	0.149	0.146
	增长率		-5.88	0	18.8	0	15.8	18.2	23.1	0	28.1	68.3	11.6	39.0	7.48	11.3	10.9	4.93	-2.01
	排名	10	10	10	11	13	11	13	12	14	14	13	15	15	15	13	15	15	15
广东	得分	0.046	0.05	0.062	0.078	0.097	0.114	0.157	0.204	0.236	0.268	0.385	0.453	0.532	0.585	0.666	0.808	0.953	1.211
	增长率		8.70	24	25.8	24.4	17.5	37.7	29.9	15.7	13.6	43.7	17.7	17.4	9.96	13.8	21.3	17.9	27.1
	排名	1	1	1	1	1	1	1	1	1	1	2	3	3	3	3	3	2	1
广西	得分	0.007	0.007	0.007	0.008	0.007	0.007	0.008	0.011	0.014	0.015	0.019	0.023	0.028	0.038	0.049	0.054	0.053	0.056
	增长率		0	0	14.3	-12.5	0	14.3	37.5	27.3	7.14	26.7	21.1	21.7	35.7	28.9	10.2	-1.85	5.66
	排名	19	19	20	20	20	21	24	22	22	22	22	22	23	21	20	21	21	22

续表

年份		2001	2002	2003	2004	2005	2006	2007	2008	2009	2010	2011	2012	2013	2014	2015	2016	2017	2018
海南	得分	0.001	0.001	0	0.001	0.001	0.001	0.001	0.001	0.002	0.003	0.003	0.003	0.004	0.005	0.007	0.009	0.009	0.009
	增长率		0	-100	150	0	0	0	0	100	50	0	0	33.3	25	40	28.6	0	0
	排名	29	29	30	29	29	29	29	29	29	28	29	29	29	29	29	29	29	29
重庆	得分	0.007	0.006	0.007	0.011	0.013	0.015	0.019	0.024	0.026	0.032	0.059	0.077	0.108	0.126	0.127	0.195	0.245	0.167
	增长率		-14.3	16.7	57.1	18.2	15.4	26.7	26.3	8.33	23.1	84.4	30.5	40.3	16.7	0.79	53.5	25.6	-31.8
	排名	21	20	19	17	16	16	16	16	17	17	16	14	14	13	14	12	12	13
四川	得分	0.016	0.014	0.015	0.017	0.019	0.02	0.027	0.038	0.05	0.064	0.111	0.11	0.159	0.187	0.193	0.241	0.257	0.241
	增长率		-12.5	7.14	13.3	11.8	5.26	35	40.7	31.6	28	73.4	-0.90	44.5	17.6	3.21	24.9	6.64	-6.23
	排名	11	12	12	13	12	13	11	10	10	9	7	11	8	8	8	10	10	10
贵州	得分	0.004	0.003	0.003	0.004	0.004	0.006	0.009	0.011	0.011	0.012	0.017	0.017	0.025	0.03	0.042	0.054	0.053	0.057
	增长率		-25	0	33.3	0	50	50	22.2	0	9.09	41.7	0	47.1	20	40	28.6	-1.85	7.55
	排名	26	26	26	26	26	25	22	25	23	25	25	25	24	23	23	22	23	21
云南	得分	0.006	0.006	0.005	0.005	0.006	0.006	0.007	0.01	0.01	0.013	0.018	0.02	0.028	0.033	0.044	0.057	0.065	0.072
	增长率		0	-16.7	0	20	0	16.7	42.9	0	30	38.5	11.1	40	17.9	33.3	29.5	14.0	10.8
	排名	23	22	23	23	23	23	25	25	25	23	23	23	22	22	22	20	20	20

续表

	年份	2001	2002	2003	2004	2005	2006	2007	2008	2009	2010	2011	2012	2013	2014	2015	2016	2017	2018
西藏	得分	0	0	0	0	0	0	0	0	0	0	0	0	0	0	0	0	0.001	0.002
	增长率		0	0	0	0	0	0	0	0	0	0	0	0	0	0	0	150	100
	排名	31	31	31	31	31	31	31	31	31	31	31	31	31	31	31	31	31	31
陕西	得分	0.01	0.009	0.01	0.011	0.012	0.012	0.014	0.019	0.026	0.034	0.053	0.061	0.074	0.105	0.123	0.124	0.138	0.122
	增长率		-10	11.1	10	9.09	0	16.7	35.7	36.8	30.8	55.9	15.1	21.3	41.9	17.1	0.81	11.3	-11.6
	排名	16	17	16	16	17	18	18	17	16	16	17	17	18	16	15	16	17	17
甘肃	得分	0.003	0.003	0.002	0.003	0.003	0.003	0.005	0.006	0.006	0.008	0.01	0.014	0.019	0.024	0.028	0.034	0.041	0.048
	增长率		0	-33.3	50	0	0	66.7	20	0	33.3	25	40	35.7	26.3	16.7	21.4	20.6	17.1
	排名	27	27	27	27	27	27	27	27	27	26	27	26	26	26	26	26	25	25
青海	得分	0.001	0.001	0.001	0.002	0.001	0.001	0.001	0.001	0.001	0.001	0.001	0.001	0.002	0.002	0.003	0.005	0.007	0.008
	增长率		0	-100	0	0	0	0	150	0	0	0	0	100	0	50	66.7	40	14.3
	排名	30	30	29	30	30	30	30	30	30	30	30	30	30	30	30	30	30	30
宁夏	得分	0.002	0.001	0.001	0.002	0.001	0.001	0.001	0.002	0.003	0.003	0.003	0.004	0.004	0.007	0.008	0.01	0.016	0.024
	增长率		-50	0	100	-50	0	0	100	50	0	0	33.3	0	75	14.3	25	60	50
	排名	28	28	28	28	28	28	28	28	28	29	28	28	28	28	28	28	28	28

续表

年份		2001	2002	2003	2004	2005	2006	2007	2008	2009	2010	2011	2012	2013	2014	2015	2016	2017	2018
新疆	得分	0.005	0.005	0.004	0.005	0.006	0.006	0.008	0.01	0.01	0.012	0.018	0.017	0.019	0.025	0.031	0.039	0.039	0.04
	增长率		0	−20	25	20	0	33.3	25	0	20	50	−5.56	11.8	31.6	24	25.8	0	2.56
	排名	25	24	25	24	24	24	23	24	24	24	24	24	25	25	25	25	26	26
东部	得分	0.29	0.29	0.33	0.41	0.46	0.51	0.71	0.94	1.14	1.39	2.13	2.56	3.22	3.6	3.86	4.56	4.95	4.83
	增长率		0	13.8	24.2	12.2	10.9	39.2	32.4	21.3	22.0	53.2	20.2	25.8	11.8	7.22	18.1	8.55	−2.42
	排名	1	1	1	1	1	1	1	1	1	1	1	1	1	1	1	1	1	1
中部	得分	0.1	0.09	0.09	0.11	0.12	0.13	0.16	0.21	0.24	0.29	0.45	0.56	0.79	0.91	1	1.19	1.28	1.19
	增长率		−10	0	22.2	9.09	8.33	23.1	31.25	14.3	20.8	55.2	24.4	41.1	15.2	9.89	19	7.56	−7.03
	排名	2	2	2	2	2	2	2	2	2	2	2	2	2	2	2	2	2	2
西部	得分	0.06	0.06	0.06	0.07	0.08	0.08	0.1	0.14	0.17	0.2	0.32	0.36	0.48	0.59	0.67	0.84	0.95	0.87
	增长率		0	0	16.7	14.3	0	25	40	21.4	17.6	60	12.5	33.3	22.9	13.6	25.4	13.1	−8.42
	排名	3	3	3	4	3	3	3	3	3	3	3	3	3	3	3	3	3	3
东北	得分	0.06	0.06	0.06	0.07	0.07	0.08	0.09	0.11	0.13	0.13	0.17	0.2	0.23	0.24	0.23	0.26	0.27	0.24
	增长率		0	0	16.7	0	14.3	12.5	22.2	18.2	0	30.8	17.6	15	4.35	−4.17	13.04	3.85	−11.1
	排名	4	4	4	3	4	4	4	4	4	4	4	4	4	4	4	4	4	4

附表 6　各省域历年新产品出口额得分、增长率及排名

年份		2001	2002	2003	2004	2005	2006	2007	2008	2009	2010	2011	2012	2013	2014	2015	2016	2017	2018
北京	得分	0.007	0.008	0.011	0.015	0.021	0.026	0.034	0.04	0.047	0.061	0.064	0.057	0.084	0.086	0.089	0.07	0.063	0.066
	增长率		14.3	37.5	36.4	40	23.8	30.8	17.6	17.5	29.8	4.92	-10.9	47.4	2.38	3.49	-21.3	-10	4.76
	排名	6	6	6	6	6	6	6	6	6	4	5	8	4	6	9	11	11	13
天津	得分	0.008	0.009	0.012	0.016	0.022	0.028	0.036	0.043	0.05	0.052	0.062	0.075	0.084	0.082	0.095	0.098	0.085	0.094
	增长率		12.5	33.3	33.3	37.5	27.3	28.6	19.4	16.3	4	19.2	21.0	12	-2.38	15.9	3.16	-13.3	10.6
	排名	4	4	4	4	4	4	4	4	4	6	7	4	5	7	8	6	8	9
河北	得分	0.001	0.001	0.002	0.003	0.004	0.005	0.006	0.007	0.009	0.009	0.015	0.017	0.014	0.012	0.013	0.012	0.01	0.013
	增长率		0	100	50	33.3	25	20	16.7	28.6	0	66.7	13.3	-17.6	-14.3	8.33	-7.69	-16.7	30
	排名	17	17	17	17	17	17	17	17	17	11	12	15	15	18	19	20	20	21
山西	得分	0.001	0.001	0.002	0.002	0.003	0.004	0.005	0.006	0.007	0.002	0.002	0.003	0.008	0.014	0.018	0.02	0.035	0.034
	增长率		0	100	0	50	0	0	20	16.7	-71.4	0	50	166.7	75	28.6	11.1	75	-2.86
	排名	18	18	18	18	18	18	18	18	18	18	20	20	17	16	17	17	14	15
内蒙古	得分		0	0	0	0	0	0	0.001	0.001	0	0.001	0.002	0	0	0.002	0.002	0.002	0.003
	增长率		0	0	0	0	0	0	150	0	-100	150	100	-100	0	400*	0	0	0
	排名	25	25	25	25	25	25	25	25	25	27	23	21	29	29	26	24	24	23

续表

年份		2001	2002	2003	2004	2005	2006	2007	2008	2009	2010	2011	2012	2013	2014	2015	2016	2017	2018
辽宁	得分	0.002	0.003	0.004	0.005	0.007	0.008	0.011	0.013	0.015	0.016	0.023	0.025	0.022	0.023	0.024	0.023	0.027	0.032
	增长率		50	33.3	25	40	14.3	37.5	18.2	15.4	6.67	43.8	8.70	-12	4.55	4.35	-4.17	17.4	18.5
	排名	13	13	13	13	13	13	13	13	13	9	9	11	12	12	16	16	16	16
吉林	得分	0	0	0	0	0	0	0.001	0.001	0.001	0.001	0.001	0.001	0.001	0.002	0.002	0.002	0.002	0.002
	增长率	0	0	0	0	0	0	150	0	0	0	0	0	0	100	0	0	0	0
	排名	24	24	24	24	24	24	24	24	24	21	21	23	24	23	24	26	25	26
黑龙江	得分	0	0	0	0	0	0	0	0.001	0.001	0.001	0.001	0.001	0.001	0.001	0.002	0.001	0.001	0.001
	增长率	0	0	0	0	0	0	0	150	0	0	0	0	0	0	100	-50	0	0
	排名	26	26	26	26	26	26	26	26	26	22	24	25	23	25	27	29	28	27
上海	得分	0.038	0.044	0.059	0.081	0.109	0.14	0.179	0.212	0.25	0.274	0.357	0.4	0.399	0.377	0.424	0.425	0.438	0.489
	增长率		15.8	34.1	37.3	34.6	28.4	27.9	18.4	17.9	9.6	303	12.0	-0.25	-5.51	12.5	0.24	3.06	11.6
	排名	3	3	3	3	3	3	3	3	3	3	3	3	3	3	3	3	3	3
江苏	得分	0.055	0.065	0.087	0.119	0.161	0.205	0.263	0.311	0.368	0.407	0.54	0.56	0.58	0.544	0.616	0.653	0.648	0.803
	增长率		18.2	33.8	36.8	35.3	27.3	28.3	18.3	18.3	10.6	32.7	3.70	3.57	-6.21	13.2	6.01	-0.77	23.9
	排名	2	2	2	2	2	2	2	2	2	2	2	2	2	2	2	2	2	2

续表

	年份	2001	2002	2003	2004	2005	2006	2007	2008	2009	2010	2011	2012	2013	2014	2015	2016	2017	2018
浙江	得分	0.007	0.008	0.01	0.014	0.019	0.025	0.031	0.037	0.044	0.044	0.064	0.067	0.065	0.061	0.074	0.084	0.093	0.108
	增长率		14.3	25	40	35.7	31.6	24	19.4	18.9	0	45.5	4.69	-2.99	-6.15	21.3	13.5	10.7	16.1
	排名	7	7	7	7	7	7	7	7	7	8	6	5	9	11	10	8	6	8
安徽	得分	0.001	0.002	0.002	0.003	0.004	0.005	0.006	0.007	0.009	0.002	0.002	0.004	0.007	0.012	0.029	0.033	0.033	0.045
	增长率		100	0	50	33.3	25	20	16.7	28.6	-77.8	0	100	75	71.4	141.7	13.8	0	36.4
	排名	16	16	16	16	16	16	16	16	16	15	19	17	18	17	14	14	15	14
福建	得分	0.006	0.007	0.01	0.013	0.018	0.022	0.029	0.034	0.04	0.045	0.055	0.058	0.062	0.066	0.072	0.073	0.069	0.086
	增长率		16.7	42.9	30	38.5	22.2	31.8	17.2	17.6	12.5	22.2	5.45	6.90	6.45	9.09	1.39	-5.48	24.6
	排名	10	10	10	10	10	10	10	10	10	7	8	7	11	10	11	10	10	10
江西	得分	0.002	0.002	0.003	0.003	0.005	0.006	0.008	0.009	0.011	0.007	0.012	0.017	0.014	0.015	0.025	0.026	0.024	0.024
	增长率		0	50	0	66.7	20	33.3	12.5	22.2	-36.4	71.4	41.7	-17.6	7.14	66.7	4	-7.69	0
	排名	15	15	15	15	15	15	15	15	15	13	13	14	14	15	15	15	17	18
山东	得分	0.007	0.009	0.012	0.016	0.022	0.028	0.035	0.042	0.049	0.06	0.077	0.067	0.064	0.074	0.098	0.088	0.082	0.085
	增长率		28.6	33.3	33.3	37.5	27.3	25	20	16.7	22.4	28.3	-13.0	-4.48	15.6	32.4	-10.2	-6.82	3.66
	排名	5	5	5	5	5	5	5	5	5	5	4	6	10	9	7	7	9	11

续表

年份		2001	2002	2003	2004	2005	2006	2007	2008	2009	2010	2011	2012	2013	2014	2015	2016	2017	2018
河南	得分	0.006	0.007	0.01	0.013	0.018	0.023	0.029	0.035	0.041	0.002	0.003	0.025	0.072	0.088	0.105	0.138	0.157	0.179
	增长率		16.7	42.9	30	38.5	27.8	26.1	20.7	17.1	-95.1	50	733.3	188	22.2	19.3	31.4	13.8	14.0
	排名	9	9	9	9	9	9	9	9	9	16	16	12	7	5	5	5	4	4
湖北	得分	0.002	0.003	0.004	0.005	0.007	0.009	0.011	0.013	0.016	0.009	0.016	0.019	0.021	0.022	0.03	0.04	0.052	0.067
	增长率		50	33.3	25	40	28.6	22.2	18.2	23.1	-43.8	77.8	18.8	10.5	4.76	36.4	33.3	30	28.8
	排名	12	12	12	12	12	12	12	12	12	12	11	13	13	13	13	13	13	12
湖南	得分	0.001	0.001	0.001	0.002	0.002	0.003	0.003	0.004	0.005	0.002	0.003	0.004	0.006	0.007	0.011	0.018	0.015	0.02
	增长率		0	0	100	0	50	0	33.3	25	-60	50	33.3	50	16.7	57.1	63.6	-16.7	33.3
	排名	20	20	20	20	20	20	20	20	20	17	17	19	20	21	20	19	19	19
广东	得分	0.092	0.108	0.146	0.199	0.269	0.344	0.44	0.521	0.616	0.615	0.761	0.869	0.976	1.09	1.1	1.159	1.184	1.257
	增长率		17.4	35.2	36.3	35.2	27.9	27.9	18.4	18.2	-0.16	23.7	14.2	12.3	11.7	0.92	5.36	2.16	6.17
	排名	1	1	1	1	1	1	1	1	1	1	1	1	1	1	1	1	1	1
广西	得分	0.001	0.001	0.001	0.002	0.002	0.003	0.004	0.004	0.005	0.001	0.003	0.004	0.007	0.008	0.014	0.018	0.02	0.027
	增长率		0	0	100	0	50	33.3	0	25	-80	200	33.3	75	14.3	75	28.6	11.1	35
	排名	19	19	19	19	18	19	19	19	19	19	18	18	19	20	18	18	18	17

	年份	2001	2002	2003	2004	2005	2006	2007	2008	2009	2010	2011	2012	2013	2014	2015	2016	2017	2018
海南	得分	0	0	0	0	0	0	0.001	0.001	0.001	0	0.001	0.001	0.002	0.002	0.002	0.001	0.001	0
	增长率		0	0	0	0	0	150	0	0	-100	150	0	100	0	0	-50	0	-100
	排名	23	23	23	23	23	23	23	23	23	26	25	22	22	22	28	27	27	29
重庆	得分	0.007	0.008	0.01	0.014	0.019	0.024	0.031	0.037	0.044	0.001	0.004	0.025	0.066	0.106	0.148	0.14	0.139	0.164
	增长率		14.3	25	40	35.7	26.3	29.2	19.4	18.9	-97.7	300	525	164	60.6	39.6	-5.41	-0.71	18.0
	排名	8	8	8	8	8	8	8	8	8	20	15	10	8	4	4	4	5	5
四川	得分	0.006	0.007	0.009	0.012	0.016	0.021	0.027	0.032	0.037	0.016	0.017	0.049	0.077	0.082	0.1	0.076	0.087	0.146
	增长率		16.7	28.6	33.3	33.3	31.2	28.6	18.5	15.6	-56.8	6.25	188.2	57.1	6.49	22.0	-24	14.5	67.8
	排名	11	11	11	11	11	11	11	11	11	10	10	9	6	8	6	9	7	6
贵州	得分	0	0	0	0.001	0.001	0.001	0.001	0.001	0.001	0.001	0.001	0.001	0.001	0.001	0.002	0.007	0.005	0.015
	增长率		0	0	0	0	150	0	0	0	0	-100	150	0	0	100	250	-28.6	200
	排名	22	22	22	22	22	22	22	22	22	23	28	29	27	27	25	21	22	20
云南	得分	0	0	0	0.001	0.001	0.001	0.002	0.002	0.002	0	0.001	0.001	0.002	0.009	0.007	0.006	0.008	0.009
	增长率		0	150	0	0	0	100	0	0	-100	150	0	100	350	-22.2	-14.3	33.3	12.5
	排名	21	21	21	21	21	21	21	21	21	24	22	24	21	19	21	22	21	22

续表

年份		2001	2002	2003	2004	2005	2006	2007	2008	2009	2010	2011	2012	2013	2014	2015	2016	2017	2018
西藏	得分	0	0	0	0	0	0	0	0	0	0	0	0	0	0	0	0	0	0
	增长率		0	0	0	0	0	0	0	0	0	0	0	0	0	0	0	0	0
	排名	30	30	30	30	30	30	30	30	30	30	30	30	30	30	30	31	31	30
陕西	得分	0.002	0.002	0.003	0.005	0.006	0.008	0.01	0.012	0.014	0.004	0.008	0.009	0.012	0.02	0.038	0.049	0.062	0.11
	增长率		0	50	66.7	20	33.3	25	20	16.7	-71.4	100	12.5	33.3	66.7	90	28.9	26.5	77.4
	排名	14	14	14	14	14	14	14	14	14	14	14	16	16	14	12	12	12	7
甘肃	得分	0	0	0	0	0	0	0	0.001	0.001	0	0	0.001	0.001	0.001	0.001	0.002	0.003	0.002
	增长率	0	0	0	0	0	0	0	150	0	-100	0	150	0	0	0	100	50	-33.3
	排名	28	28	28	28	28	28	28	28	28	28	26	27	26	26	29	23	23	25
青海	得分	0	0	0	0	0	0	0	0	0	0	0	0	0	0	0	0	0	0
	增长率	0	0	0	0	0	0	0	0	0	0	0	0	0	0	0	0	0	0
	排名	31	31	31	31	31	31	31	31	31	31	31	31	31	31	31	30	30	31
宁夏	得分	0	0	0	0	0	0	0	0	0	0	0	0	0	0.001	0.002	0.001	0.001	0.001
	增长率	0	0	0	0	0	0	0	0	0	0	0	0	0	150	100	-50	0	0
	排名	29	29	29	29	29	29	29	29	29	29	29	28	28	28	23	28	29	28

续表

年份		2001	2002	2003	2004	2005	2006	2007	2008	2009	2010	2011	2012	2013	2014	2015	2016	2017	2018
新疆	得分	0	0	0	0	0	0	0	0.001	0.001	0	0	0.001	0.001	0.001	0.002	0.002	0.002	0.002
	增长率		0	0	0	0	0	0	150	0	-100	0	150	0	0	100	0	0	0
	排名	27	27	27	27	27	27	27	27	27	25	27	26	25	24	22	25	26	24
东部	得分	0.22	0.26	0.35	0.48	0.65	0.83	1.06	1.26	1.49	1.58	2.02	2.2	2.35	2.42	2.61	2.69	2.7	3.03
	增长率		18.2	34.6	37.1	35.4	27.7	27.7	18.9	18.3	6.04	27.8	8.91	6.82	2.98	7.85	3.07	0.37	12.2
	排名	1	1	1	1	1	1	1	1	1	1	1	1	1	1	1	1	1	1
中部	得分	0.01	0.02	0.02	0.03	0.04	0.05	0.06	0.08	0.09	0.03	0.04	0.07	0.13	0.16	0.22	0.28	0.32	0.37
	增长率		100	0	50	33.33	25	20	33.3	12.5	-66.7	33.3	75	85.7	23.1	37.5	27.3	14.3	15.6
	排名	3	3	3	3	3	3	3	3	3	2	2	3	3	3	3	3	3	3
西部	得分	0.02	0.02	0.03	0.03	0.05	0.06	0.08	0.09	0.11	0.02	0.03	0.09	0.17	0.23	0.32	0.3	0.33	0.48
	增长率		0	50	0	66.7	20	33.3	12.5	22.2	-81.8	50	200	88.9	35.3	39.1	-6.25	10	45.5
	排名	2	2	2	2	2	2	2	2	2	3	3	2	2	2	2	2	2	2
东北	得分	0	0.02	0.03	0.01	0.01	0.01	0.01	0.01	0.02	0.02	0.03	0.03	0.02	0.03	0.03	0.03	0.03	0.03
	增长率		0	0	150	0	0	0	0	100	0	50	0	-33.3	50	0	0	0	0
	排名	4	4	4	4	4	4	4	4	4	4	4	4	4	4	4	4	4	4

*：得分从 0 到 0.002，增长率记为 400%，下同。

455

附表7 各省域历年新产品销售额得分、增长率及排名

年份		2001	2002	2003	2004	2005	2006	2007	2008	2009	2010	2011	2012	2013	2014	2015	2016	2017	2018
北京	得分	0.025	0.024	0.028	0.022	0.051	0.055	0.083	0.078	0.098	0.094	0.101	0.104	0.117	0.124	0.134	0.129	0.138	0.161
	增长率		-4	16.7	-21.4	131.8	7.84	50.9	-6.02	25.6	-4.08	7.45	2.97	12.5	5.98	8.06	-3.7	6.98	16.7
	排名	5	5	6	9	7	5	4	4	5	5	5	6	7	9	9	10	10	9
天津	得分	0.018	0.024	0.032	0.037	0.063	0.056	0.057	0.071	0.06	0.059	0.07	0.084	0.116	0.137	0.138	0.137	0.121	0.148
	增长率		33.3	33.3	15.6	70.3	-11.1	1.79	24.6	-15.5	-1.67	18.6	20	38.1	18.1	0.73	-0.72	-11.7	22.3
	排名	7	6	5	7	6	4	7	5	7	8	8	9	8	8	8	8	13	10
河北	得分	0.006	0.006	0.007	0.01	0.017	0.007	0.008	0.007	0.017	0.019	0.027	0.033	0.039	0.045	0.049	0.055	0.059	0.056
	增长率		0	16.7	42.9	70	-58.8	14.3	-12.5	142.9	11.8	42.1	22.2	18.2	15.4	8.89	12.2	7.27	-5.08
	排名	15	15	17	14	16	14	15	15	15	15	15	17	18	18	19	20	19	20
山西	得分	0.002	0.002	0.003	0.006	0.009	0.001	0.003	0.002	0.005	0.005	0.007	0.009	0.02	0.023	0.026	0.028	0.032	0.027
	增长率		0	50	100	50	-88.9	200	-33.3	150	0	40	28.6	122.2	15	13.0	7.69	14.3	-15.6
	排名	22	22	22	20	21	24	23	23	24	24	23	24	21	21	21	21	22	22
内蒙古	得分	0.001	0.001	0.002	0.005	0.012	0.002	0.003	0.003	0.006	0.007	0.007	0.01	0.009	0.011	0.011	0.013	0.013	0.014
	增长率		0	100	150	140	-83.3	50	0	100	16.7	0	42.9	-10	22.2	0	18.2	0	7.69
	排名	24	24	23	22	18	22	22	22	23	23	24	22	24	24	24	24	25	25

续表

年份		2001	2002	2003	2004	2005	2006	2007	2008	2009	2010	2011	2012	2013	2014	2015	2016	2017	2018
辽宁	得分	0.014	0.016	0.023	0.031	0.044	0.016	0.02	0.018	0.035	0.04	0.052	0.059	0.073	0.077	0.076	0.059	0.047	0.076
	增长率		14.3	43.8	34.8	41.9	-63.6	25	-10	94.4	14.3	30	13.5	23.7	5.48	-1.30	-22.4	-20.3	61.7
	排名	8	8	8	8	8	9	10	9	10	10	10	11	11	14	16	18	20	17
吉林	得分	0.007	0.01	0.01	0.003	0.007	0.003	0.004	0.004	0.011	0.015	0.02	0.029	0.037	0.046	0.054	0.06	0.066	0.057
	增长率		42.9	0	-70	133.3	-57.1	33.3	0	175	36.4	33.3	45	27.6	24.3	17.4	11.1	10	-13.6
	排名	13	11	13	23	23	20	19	18	17	17	18	19	19	17	17	17	18	19
黑龙江	得分	0.004	0.004	0.005	0.007	0.009	0.009	0.006	0.006	0.01	0.011	0.012	0.015	0.017	0.02	0.02	0.02	0.016	0.022
	增长率		0	25	40	28.6	0	-33.3	0	66.7	10	9.09	25	13.3	17.6	0	0	-20	37.5
	排名	19	19	20	18	20	12	16	16	19	19	20	21	22	22	22	23	23	23
上海	得分	0.061	0.07	0.088	0.101	0.131	0.105	0.152	0.132	0.188	0.179	0.213	0.221	0.231	0.221	0.228	0.233	0.225	0.286
	增长率		14.8	25.7	14.8	29.7	-19.8	44.8	-13.2	42.4	-4.79	19.0	3.76	4.52	-4.33	3.17	2.19	-3.43	27.1
	排名	1	1	1	1	2	3	3	3	3	3	3	3	4	4	4	4	5	4
江苏	得分	0.044	0.046	0.066	0.08	0.128	0.171	0.243	0.214	0.361	0.396	0.491	0.607	0.749	0.805	0.844	0.921	0.984	1.009
	增长率		4.55	43.5	21.2	60	33.6	42.1	-11.9	68.7	9.70	24.0	23.6	23.4	7.48	4.84	9.12	6.84	2.54
	排名	2	3	2	3	3	2	2	2	2	2	2	2	2	2	2	2	2	2

续表

年份		2001	2002	2003	2004	2005	2006	2007	2008	2009	2010	2011	2012	2013	2014	2015	2016	2017	2018
浙江	得分	0.023	0.022	0.026	0.047	0.108	0.035	0.058	0.049	0.082	0.08	0.101	0.113	0.13	0.141	0.155	0.171	0.189	0.185
	增长率		-4.35	18.2	80.8	129.8	-67.6	65.7	-15.5	67.3	-2.44	26.2	11.9	15.0	8.46	9.93	10.3	10.5	-2.12
	排名	6	7	7	5	4	8	6	7	6	6	6	5	5	6	7	6	7	6
安徽	得分	0.005	0.007	0.009	0.008	0.019	0.003	0.005	0.004	0.011	0.013	0.02	0.033	0.048	0.059	0.082	0.099	0.115	0.085
	增长率		40	28.6	-11.1	137.5	-84.2	66.7	-20	175	18.2	53.8	65	45.5	22.9	39.0	20.7	16.2	-26.1
	排名	17	14	15	17	15	19	17	17	18	18	17	16	16	16	15	15	15	15
福建	得分	0.009	0.011	0.015	0.038	0.038	0.04	0.044	0.047	0.059	0.06	0.078	0.094	0.106	0.115	0.117	0.128	0.143	0.145
	增长率		22.2	36.4	153.3	0	5.26	10	6.82	25.5	1.69	30	20.5	12.8	8.49	1.74	9.40	11.7	1.40
	排名	11	9	10	6	9	6	8	8	8	7	7	8	10	10	10	11	9	11
江西	得分	0.003	0.003	0.004	0.006	0.008	0.006	0.008	0.008	0.017	0.023	0.032	0.045	0.061	0.074	0.084	0.107	0.125	0.099
	增长率		0	33.3	50	33.3	-25	33.3	0	112.5	35.3	39.1	40.6	35.6	21.3	13.5	27.4	16.8	-20.8
	排名	21	21	21	21	22	16	14	14	14	13	13	14	15	15	14	13	12	14
山东	得分	0.033	0.038	0.053	0.063	0.108	0.04	0.063	0.053	0.118	0.141	0.156	0.192	0.253	0.29	0.33	0.372	0.393	0.368
	增长率		15.2	39.5	18.9	71.4	-63.0	57.5	-15.9	122.6	19.5	10.6	23.1	31.8	14.6	13.8	12.7	5.65	-6.36
	排名	4	4	4	4	5	7	5	6	4	4	4	4	3	3	3	3	3	3

续表

年份		2001	2002	2003	2004	2005	2006	2007	2008	2009	2010	2011	2012	2013	2014	2015	2016	2017	2018
河南	得分	0.006	0.006	0.009	0.012	0.022	0.006	0.01	0.009	0.023	0.028	0.036	0.064	0.107	0.139	0.171	0.215	0.237	0.183
	增长率		0	50	33.3	83.3	−72.7	66.7	−10	155.6	21.7	28.6	77.8	67.2	29.9	23.0	25.7	10.2	−22.8
	排名	14	16	14	13	13	15	13	13	12	12	12	10	9	7	6	5	4	7
湖北	得分	0.011	0.01	0.012	0.017	0.024	0.008	0.011	0.01	0.025	0.032	0.038	0.049	0.066	0.079	0.095	0.118	0.135	0.143
	增长率		−9.09	20	41.7	41.2	−66.7	37.5	−9.09	150	28	18.75	28.9	34.7	19.7	20.3	24.2	14.4	5.93
	排名	9	10	12	10	11	13	12	12	11	11	11	12	12	13	12	12	11	12
湖南	得分	0.005	0.005	0.007	0.009	0.021	0.004	0.004	0.004	0.016	0.019	0.028	0.046	0.062	0.083	0.092	0.106	0.117	0.134
	增长率		0	40	28.6	133.3	−81.0	0	0	300	18.8	47.4	64.3	34.8	33.9	10.8	15.2	10.4	14.5
	排名	18	17	16	15	14	17	20	19	16	16	14	13	14	12	13	14	14	13
广东	得分	0.038	0.047	0.057	0.093	0.152	0.279	0.384	0.379	0.493	0.519	0.637	0.727	0.821	0.903	0.98	1.075	1.21	1.289
	增长率		23.7	21.3	63.2	63.4	83.6	37.6	−1.30	30.1	5.27	22.7	14.1	12.9	9.99	8.53	9.69	12.6	6.53
	排名	3	2	3	2	1	1	1	1	1	1	1	1	1	1	1	1	1	1
广西	得分	0.005	0.005	0.005	0.008	0.013	0.001	0.002	0.001	0.006	0.007	0.012	0.017	0.026	0.036	0.045	0.058	0.067	0.074
	增长率		0	0	60	62.5	−92.3	100	−50	500	16.7	71.4	41.7	52.9	38.5	25	28.9	15.5	10.4
	排名	16	18	18	16	17	23	24	24	22	22	21	20	20	20	20	19	17	18

续表

年份		2001	2002	2003	2004	2005	2006	2007	2008	2009	2010	2011	2012	2013	2014	2015	2016	2017	2018
海南	得分	0	0.001	0.001	0.003	0.003	0	0.001	0	0.001	0.002	0.002	0.003	0.005	0.004	0.004	0.005	0.005	0.006
	增长率		150	0	200	0	−100	150	0	150	100	0	50	66.7	−20	0	25	0	20
	排名	30	27	25	24	26	28	27	27	27	27	26	26	26	27	27	27	28	27
重庆	得分	0.007	0.008	0.013	0.017	0.024	0.003	0.005	0.004	0.009	0.011	0.015	0.035	0.062	0.085	0.111	0.13	0.157	0.177
	增长率		14.3	62.5	30.8	41.2	−87.5	66.7	−20	125	22.2	36.4	133.3	77.1	37.1	30.6	17.1	20.8	12.7
	排名	12	13	11	11	10	18	18	20	20	20	19	15	13	11	11	9	8	8
四川	得分	0.009	0.009	0.015	0.016	0.023	0.014	0.022	0.018	0.042	0.049	0.064	0.1	0.13	0.167	0.177	0.167	0.192	0.229
	增长率		0	66.7	6.67	43.8	−39.1	57.1	−18.2	133.3	16.7	30.6	56.2	30	28.5	5.99	−5.65	15.0	19.3
	排名	10	12	9	12	12	10	9	10	9	9	9	7	6	5	5	7	6	5
贵州	得分	0.001	0.001	0.001	0.002	0.004	0.003	0.004	0.004	0.006	0.008	0.008	0.01	0.011	0.012	0.018	0.026	0.032	0.032
	增长率		0	0	100	100	−25	33.3	0	50	33.3	0	25	10	9.09	50	44.4	23.1	0
	排名	26	25	26	25	24	21	21	21	21	21	22	23	23	23	23	22	21	21
云南	得分	0.001	0.002	0.001	0.002	0.003	0.001	0.002	0.001	0.003	0.004	0.005	0.006	0.008	0.009	0.01	0.011	0.015	0.015
	增长率		100	−50	100	50	−66.7	100	−50	200	33.3	25	20	33.3	12.5	11.1	10	36.4	0
	排名	25	23	24	26	25	25	25	25	25	25	25	25	25	25	25	25	24	24

续表

年份		2001	2002	2003	2004	2005	2006	2007	2008	2009	2010	2011	2012	2013	2014	2015	2016	2017	2018
西藏	得分	0	0	0	0	0	0	0	0	0	0	0	0	0	0	0.001	0	0	0
	增长率		0	0	0	0	0	0	0	0	0	0	0	0	0	150	-100	0	0
	排名	31	30	31	31	31	31	31	31	31	31	31	31	31	31	31	31	31	31
陕西	得分	0.004	0.004	0.005	0.007	0.01	0.011	0.014	0.013	0.019	0.021	0.026	0.031	0.041	0.045	0.053	0.061	0.077	0.079
	增长率		0	25	40	42.9	10	27.3	-7.14	46.2	10.5	23.8	19.2	32.3	9.76	17.8	15.1	26.2	2.60
	排名	20	20	19	19	19	11	11	11	13	14	16	18	17	19	18	16	16	16
甘肃	得分	0.001	0.001	0.001	0.001	0.002	0.001	0.001	0.001	0.002	0.002	0.002	0.003	0.004	0.005	0.005	0.006	0.006	0.007
	增长率		0	0	0	100	-50	0	0	100	0	0	50	33.3	25	0	20	0	16.7
	排名	23	26	27	27	27	26	26	26	26	26	27	27	27	26	26	26	26	26
青海	得分	0	0	0	0	0	0	0	0	0	0	0.001	0.001	0.001	0.002	0.002	0.003	0.004	0.004
	增长率	0	0	0	0	0	0	0	0	0	0	150	0	0	100	0	50	33.3	0
	排名	29	31	30	30	30	30	30	30	30	30	30	30	28	28	28	29	29	29
宁夏	得分	0.001	0	0	0.001	0.001	0	0	0	0.001	0.001	0.001	0.001	0.001	0.001	0.001	0.004	0.006	0.005
	增长率		-100	0	150	0	-100	0	0	150	0	0	0	0	0	0	300	50	-16.7
	排名	27	29	29	28	29	27	28	28	28	28	28	28	29	29	29	28	27	28

续表

年份		2001	2002	2003	2004	2005	2006	2007	2008	2009	2010	2011	2012	2013	2014	2015	2016	2017	2018
新疆	得分	0	0	0.001	0	0.002	0	0	0	0.001	0.001	0.001	0.001	0.001	0.001	0.001	0.002	0.003	0.003
	增长率	0	0	150	-100	400	-100	0	0	150	0	0	0	0	0	0	100	50	0
	排名	28	28	28	29	28	29	29	29	29	29	29	29	30	30	30	30	30	30
东部	得分	0.27	0.31	0.4	0.53	0.84	0.8	1.11	1.05	1.51	1.59	1.93	2.24	2.64	2.86	3.05	3.28	3.51	3.73
	增长率		14.80	29.00	32.5	58.5	-4.760	38.75	-5.41	43.80	5.30	21.4	16.1	17.9	8.33	6.64	7.54	7.01	6.27
	排名	1	1	1	1	1	1	1	1	1	1	1	1	1	1	1	1	1	1
中部	得分	0.04	0.05	0.06	0.07	0.12	0.04	0.05	0.05	0.12	0.15	0.19	0.29	0.42	0.52	0.62	0.75	0.84	0.75
	增长率		25	20	16.7	71.4	-66.7	25	0	140	25	26.7	52.6	44.8	23.8	19.2	21.0	12	-10.7
	排名	2	2	2	2	2	2	3	2	2	2	2	2	2	2	2	2	2	2
西部	得分	0.03	0.03	0.04	0.06	0.09	0.04	0.05	0.05	0.09	0.11	0.14	0.21	0.29	0.37	0.44	0.48	0.57	0.64
	增长率		0	33.3	50	50	-55.6	25	0	80	22.2	27.3	50	38.1	27.6	18.9	9.091	18.8	12.3
	排名	3	3	3	3	3	3	2	3	3	3	3	3	3	3	3	3	3	3
东北	得分	0.02	0.03	0.04	0.04	0.06	0.03	0.03	0.03	0.06	0.07	0.08	0.1	0.13	0.14	0.15	0.14	0.13	0.15
	增长率		50	33.3	0	50	-50	0	0	100	16.7	14.3	25	30	7.69	7.14	-6.67	-7.14	15.4
	排名	4	4	4	4	4	4	4	4	4	4	4	4	4	4	4	4	4	4

附表 8 各省域历年技术合同流出金额得分、增长率及排名

	年份	2001	2002	2003	2004	2005	2006	2007	2008	2009	2010	2011	2012	2013	2014	2015	2016	2017	2018
北京	得分	0.089	0.11	0.129	0.153	0.218	0.26	0.345	0.413	0.483	0.541	0.67	0.789	0.956	0.086	0.089	0.07	0.063	1.644
	增长率		23.6	17.3	18.6	42.5	19.3	32.7	19.7	16.9	12.0	23.8	17.8	21.2	-91.0	3.49	-21.3	-10	2509.5
	排名	1	1	1	1	1	1	1	1	1	1	1	1	1	6	9	11	11	1
天津	得分	0.017	0.018	0.021	0.024	0.023	0.027	0.029	0.034	0.041	0.046	0.051	0.071	0.09	0.082	0.095	0.098	0.085	0.202
	增长率		5.88	16.7	14.3	-4.17	17.4	7.41	17.2	20.6	12.2	10.9	39.2	26.8	-8.89	15.9	3.16	-13.3	137.6
	排名	11	9	8	9	10	7	6	6	6	6	6	6	6	7	8	6	8	6
河北	得分	0.006	0.003	0.004	0.004	0.004	0.006	0.008	0.008	0.008	0.008	0.008	0.011	0.015	0.012	0.013	0.012	0.01	0.033
	增长率		-50	33.3	0	0	50	33.3	0	0	0	0	37.5	36.4	-20	8.33	-7.69	-167	230
	排名	17	24	22	24	25	23	18	19	20	20	21	21	22	18	19	20	20	17
山西	得分	0	0.001	0.002	0.002	0.003	0.003	0.003	0.004	0.006	0.007	0.008	0.009	0.012	0.014	0.018	0.02	0.035	0.034
	增长率		150	100	0	50	0	0	33.3	50	16.7	14.3	12.5	33.3	16.7	28.6	11.1	75	-2.86
	排名	27	27	26	26	26	26	25	24	21	21	23	23	23	16	17	17	14	16
内蒙古	得分	0.004	0.004	0.003	0.006	0.005	0.006	0.005	0.005	0.004	0.006	0.012	0.009	0.041	0	0.002	0.002	0.002	0.007
	增长率		0	-25	100	-16.7	20	-16.7	0	-20	50	100	-25	355.6	-100		0	0	250
	排名	23	23	23	19	21	22	21	21	22	22	19	22	11	29	26	24	24	24

续表

年份		2001	2002	2003	2004	2005	2006	2007	2008	2009	2010	2011	2012	2013	2014	2015	2016	2017	2018
辽宁	得分	0.022	0.024	0.03	0.036	0.039	0.046	0.04	0.044	0.047	0.052	0.055	0.067	0.09	0.023	0.024	0.023	0.027	0.141
	增长率		9.09	25	20	8.33	17.9	−13.0	10	6.82	10.6	5.77	21.8	34.3	−74.4	4.35	−4.17	17.4	422.2
	排名	5	5	5	5	4	6	4	4	4	4	5	7	7	12	16	16	16	9
吉林	得分	0.005	0.005	0.005	0.005	0.006	0.006	0.008	0.008	0.009	0.009	0.008	0.011	0.01	0.002	0.002	0.002	0.002	0.081
	增长率		0	0	0	20	0	33.3	0	12.5	0	−11.1	37.5	−9.09	−80	0	0	0	3950
	排名	19	17	18	21	20	20	19	18	18	19	22	20	24	23	24	26	25	12
黑龙江	得分	0.01	0.006	0.007	0.007	0.006	0.008	0.008	0.016	0.019	0.021	0.022	0.026	0.039	0.001	0.002	0.001	0.001	0.054
	增长率		−40	16.7	0	−14.3	33.3	0	100	18.8	10.5	4.76	18.2	50	−97.4	100	−50	0	5300
	排名	15	16	16	17	18	18	17	12	14	12	13	14	12	25	27	29	28	14
上海	得分	0.047	0.061	0.07	0.082	0.088	0.123	0.153	0.166	0.181	0.191	0.183	0.201	0.202	0.377	0.424	0.425	0.438	0.297
	增长率		29.8	14.8	17.1	7.32	39.8	24.4	8.50	9.04	5.52	−4.19	9.84	0.50	86.6	12.5	0.24	3.06	−32.2
	排名	2	2	2	2	2	2	2	2	2	2	2	2	2	3	3	3	3	4
江苏	得分	0.028	0.03	0.035	0.044	0.046	0.054	0.034	0.037	0.044	0.047	0.106	0.139	0.156	0.544	0.616	0.653	0.648	0.285
	增长率		7.14	16.7	25.7	4.55	17.4	−37.0	8.82	18.9	6.82	125.5	31.1	12.2	248.7	13.2	6.01	−0.77	−56.0
	排名	4	4	4	4	3	4	5	5	5	5	3	3	3	2	2	2	2	5

续表

	年份	2001	2002	2003	2004	2005	2006	2007	2008	2009	2010	2011	2012	2013	2014	2015	2016	2017	2018
浙江	得分	0.018	0.018	0.023	0.031	0.03	0.021	0.02	0.021	0.028	0.025	0.026	0.03	0.032	0.061	0.074	0.084	0.093	0.119
	增长率		0	27.8	34.8	-3.23	-30	-4.76	5	33.3	-10.7	4	15.4	6.67	90.6	21.3	13.5	10.7	28.0
	排名	9	8	7	7	7	10	10	9	10	10	11	10	14	11	10	8	6	10
安徽	得分	0.004	0.004	0.004	0.005	0.005	0.008	0.009	0.012	0.015	0.016	0.02	0.027	0.033	0.012	0.029	0.033	0.033	0.091
	增长率		0	0	25	0	60	12.5	33.3	25	6.67	25	35	22.2	-63.6	141.7	13.8	0	175.8
	排名	22	21	20	20	24	19	15	15	15	16	14	13	13	17	14	14	15	11
福建	得分	0.011	0.008	0.008	0.01	0.007	0.009	0.006	0.007	0.008	0.01	0.015	0.014	0.019	0.066	0.072	0.073	0.069	0.028
	增长率		-27.3	0	25	-30	28.6	-33.3	16.7	14.3	25	50	-6.67	35.7	247.4	9.09	1.39	-5.48	-59.4
	排名	14	14	15	15	15	16	20	20	19	18	17	18	17	10	11	10	10	21
江西	得分	0.004	0.004	0.004	0.005	0.005	0.006	0.005	0.005	0.004	0.004	0.01	0.014	0.015	0.015	0.025	0.026	0.024	0.035
	增长率		0	0	25	0	20	-16.7	0	-20	0	150	40	7.14	0	66.7	4	-7.69	45.8
	排名	20	22	21	22	22	21	22	22	23	24	20	19	21	15	15	15	17	15
山东	得分	0.018	0.019	0.02	0.03	0.038	0.052	0.011	0.021	0.031	0.031	0.043	0.053	0.054	0.074	0.098	0.088	0.082	0.187
	增长率		5.56	5.26	50	26.7	36.8	-78.8	90.9	47.6	0	38.7	23.3	1.89	37.0	32.4	-10.2	-6.82	128.0
	排名	7	7	10	8	5	5	13	10	7	8	8	8	9	9	7	7	9	7

续表

年份		2001	2002	2003	2004	2005	2006	2007	2008	2009	2010	2011	2012	2013	2014	2015	2016	2017	2018
河南	得分	0.013	0.012	0.01	0.011	0.01	0.014	0.012	0.012	0.012	0.012	0.012	0.016	0.016	0.088	0.105	0.138	0.157	0.028
	增长率		-7.69	-16.7	10	-9.09	40	-14.3	0	0	0	0	33.3	0	450	19.3	31.4	13.8	-82.2
	排名	12	13	13	13	13	12	12	17	17	17	18	16	20	5	5	5	4	20
湖北	得分	0.017	0.019	0.02	0.024	0.024	0.027	0.022	0.024	0.03	0.034	0.038	0.052	0.076	0.022	0.03	0.04	0.052	0.378
	增长率		11.8	5.26	20	0	12.5	-18.5	9.09	25	13.3	11.8	36.8	46.2	-71.1	36.4	33.3	30	626.9
	排名	10	6	9	10	9	8	9	7	8	7	9	9	8	13	13	13	13	2
湖南	得分	0.018	0.017	0.019	0.021	0.021	0.022	0.023	0.022	0.022	0.019	0.017	0.015	0.016	0.007	0.011	0.018	0.015	0.074
	增长率		-5.56	11.8	10.5	0	4.76	4.55	-4.35	0	-13.6	-10.5	-11.8	6.67	-56.2	57.1	63.6	-16.7	393.3
	排名	8	10	11	11	11	9	8	8	11	13	16	17	19	21	20	19	19	13
广东	得分	0.031	0.031	0.04	0.046	0.029	0.06	0.053	0.062	0.095	0.075	0.1	0.115	0.142	1.09	1.1	1.159	1.184	0.343
	增长率		0	29.0	15	-37.0	106.9	-11.7	17.0	53.2	-21.1	33.3	15	23.5	667.6	0.92	5.36	2.16	-71.0
	排名	3	3	3	3	8	3	3	3	3	3	4	4	4	1	1	1	1	3
广西	得分	0.001	0.002	0.003	0.002	0.005	0.005	0	0	0.001	0.001	0.002	0.002	0.001	0.008	0.014	0.018	0.02	0.014
	增长率		100	50	-33.3	150	0	-100	0	150	0	100	0	-50	700	75	28.6	11.1	-30
	排名	25	25	25	25	23	24	27	27	28	27	28	27	29	20	18	18	18	23

续表

年份		2001	2002	2003	2004	2005	2006	2007	2008	2009	2010	2011	2012	2013	2014	2015	2016	2017	2018
海南	得分	0	0.005	0.001	0.001	0	0.001	0	0	0.002	0	0.001	0.001	0	0.002	0.002	0.001	0.001	0.002
	增长率		1000*	-80	0	-100	150	-100	0	400	-100	150	0	-100	400	0	-50	0	100
	排名	29	19	29	28	30	30	28	28	27	30	29	30	30	22	28	27	27	25
重庆	得分	0.019	0.017	0.024	0.032	0.031	0.019	0.027	0.019	0.029	0.017	0.034	0.028	0.021	0.106	0.148	0.14	0.139	0.019
	增长率		-10.5	41.2	33.3	-3.12	-38.7	42.1	-29.6	52.6	-41.4	100	-17.6	-25	404.8	39.6	-5.41	-0.71	-86.3
	排名	6	11	6	6	6	11	7	11	9	14	10	11	16	4	4	4	5	22
四川	得分	0.007	0.007	0.005	0.007	0.008	0.01	0.013	0.014	0.02	0.024	0.023	0.028	0.043	0.082	0.1	0.076	0.087	0.149
	增长率		0	-28.6	40	14.3	25	30	7.69	42.9	20	-4.17	21.7	53.6	90.7	22.0	-24	14.5	71.3
	排名	16	15	19	16	14	13	11	13	13	11	12	12	10	8	6	9	7	8
贵州	得分	0	0	0	0.001	0.001	0.001	0	0	0.001	0.001	0.003	0.006	0.004	0.001	0.002	0.007	0.005	0.03
	增长率		0	150	0	0	0	-100	0	150	0	200	100	-33.3	-75	100	250	-28.6	500
	排名	28	30	27	27	27	29	29	30	29	26	26	25	26	27	25	21	22	19
云南	得分	0.012	0.015	0.01	0.013	0.011	0.008	0.004	0.005	0.002	0.004	0.005	0.005	0.018	0.009	0.007	0.006	0.008	0.031
	增长率		25	-33.3	30	-15.4	-27.3	-50	25	-60	100	25	0	260	-50	-22.2	-14.3	33.3	287.5
	排名	13	12	12	12	12	17	23	23	26	23	25	26	18	19	21	22	21	18

续表

年份		2001	2002	2003	2004	2005	2006	2007	2008	2009	2010	2011	2012	2013	2014	2015	2016	2017	2018
西藏	得分	0	0	0	0	0	0	0	0	0	0	0	0	0	0	0	0	0	0
	增长率		0	0	0	0	0	0	0	0	0	0	0	0	0	0	0	0	0
	排名	29	31	31	31	31	31	31	31	31	31	31	31	31	30	30	31	31	31
陕西	得分	0.006	0.005	0.009	0.01	0.007	0.01	0.009	0.014	0.021	0.031	0.043	0.09	0.13	0.02	0.038	0.049	0.062	0
	增长率		-16.7	80	11.1	-30	42.9	-10	55.6	50	47.6	38.7	109.3	44.4	-84.6	90	28.9	26.5	-100
	排名	18	18	14	14	16	14	16	14	12	9	7	5	5	14	12	12	12	26
甘肃	得分	0.002	0.002	0.003	0.004	0.006	0.009	0.011	0.012	0.014	0.016	0.018	0.022	0.028	0.001	0.001	0.002	0.003	0
	增长率	0	0	50	33.3	50	50	22.2	9.09	16.7	14.3	12.5	22.2	27.3	-96.4	0	100	50	-100
	排名	24	26	24	23	19	15	14	16	16	15	15	15	15	26	29	23	23	27
青海	得分	0	0	0.001	0.001	0.001	0.001	0.001	0.002	0.004	0.004	0.005	0.007	0.008	0	0	0	0	0
	增长率	0		150	-100	150	0	0	100	100	0	25	40	14.3	-100	0	0	0	0
	排名	29	29	28	30	29	28	26	26	24	25	24	24	25	31	31	30	30	28
宁夏	得分	0	0.001	0	0.001	0.001	0.001			0	0	0	0.002	0.001	0.001	0.002	0.001	0.001	0
	增长率	0	150	-100	150	0	0	-100	100	0	0	0	400	-50	0	100	-50	0	-100
	排名	26	28	30	29	28	27	30	29	30	29	30	29	28	28	23	28	29	29

年份		2001	2002	2003	2004	2005	2006	2007	2008	2009	2010	2011	2012	2013	2014	2015	2016	2017	2018
新疆	得分	0.004	0.005	0.006	0.007	0.007	0.004	0.004	0.003	0.003	0.001	0.002	0.002	0.002	0.001	0.002	0.002	0.002	0
	增长率		25	20	16.7	0	−42.9	0	−25	0	−66.7	100	0	0	−50	100	0	0	−100
	排名	21	20	17	18	17	25	24	25	25	28	27	28	27	24	22	25	26	30
东部	得分	0.29	0.33	0.38	0.46	0.52	0.66	0.7	0.81	0.97	1.03	1.26	1.49	1.76	2.42	2.61	2.69	2.7	3.28
	增长率		13.8	15.2	21.1	13.0	26.9	6.06	15.7	19.8	6.19	22.3	18.3	18.1	37.5	7.85	3.07	0.37	21.5
	排名	1	1	1	1	1	1	1	1	1	1	1	1	1	1	1	1	1	1
中部	得分	0.07	0.07	0.07	0.08	0.08	0.09	0.09	0.1	0.12	0.12	0.13	0.17	0.22	0.16	0.22	0.28	0.32	0.78
	增长率		0	0	14.3	0	12.5	0	11.1	20	0	8.33	30.8	29.4	−27.3	37.5	27.3	14.3	143.8
	排名	2	2	2	3	3	2	2	2	2	2	3	3	3	3	3	3	3	2
西部	得分	0.05	0.06	0.06	0.08	0.08	0.07	0.08	0.08	0.1	0.1	0.15	0.2	0.3	0.23	0.32	0.3	0.33	0.25
	增长率		20	0	33.3	0	−12.5	14.3	0	25	0	50	33.3	50	−23.3	39.1	−6.25	10	−24.2
	排名	3	3	3	2	2	3	3	3	3	3	2	2	2	2	2	2	2	4
东北	得分	0.04	0.04	0.04	0.05	0.05	0.06	0.06	0.07	0.08	0.08	0.09	0.1	0.14	0.03	0.03	0.03	0.03	0.28
	增长率		0	0	25	0	20	0	16.7	14.3	0	12.5	11.1	40	−78.6	0	0	0	833.3
	排名	4	4	4	4	4	4	4	4	4	4	4	4	4	4	4	4	4	3

*: 得分从0到0.005，增长率记为1000%，下同。

附表 9　各省域历年技术合同流入金额得分、增长率及排名

	年份	2001	2002	2003	2004	2005	2006	2007	2008	2009	2010	2011	2012	2013	2014	2015	2016	2017	2018
北京	得分	0.079	0.092	0.096	0.121	0.184	0.192	0.27	0.263	0.305	0.361	0.396	0.51	0.686	0.7	0.841	0.849	1.118	1.232
	增长率		16.5	6.25	26.0	52.1	4.35	40.6	-2.59	16.0	18.4	9.70	28.8	34.5	2.04	20.1	0.95	31.7	10.2
	排名	1	1	1	1	1	1	1	1	1	1	1	1	1	1	1	1	1	1
天津	得分	0.018	0.02	0.026	0.029	0.03	0.03	0.033	0.051	0.068	0.103	0.083	0.131	0.144	0.175	0.232	0.245	0.248	0.275
	增长率		11.11	30	11.5	3.45	0	10	54.5	33.3	51.5	-19.4	57.8	9.92	21.5	32.6	5.60	1.22	10.9
	排名	8	10	9	8	8	9	8	9	7	4	10	7	9	10	7	8	8	10
河北	得分	0.012	0.008	0.011	0.012	0.015	0.024	0.03	0.066	0.062	0.037	0.103	0.052	0.081	0.071	0.104	0.107	0.118	0.198
	增长率		-33.3	37.5	9.09	25	60	25	120	-6.06	-40.3	178.4	-49.5	55.8	-12.3	46.5	2.88	10.3	67.8
	排名	15	18	16	19	16	13	11	6	9	15	7	15	16	24	16	19	17	11
山西	得分	0.004	0.004	0.008	0.01	0.011	0.017	0.022	0.035	0.042	0.045	0.04	0.053	0.078	0.073	0.141	0.072	0.149	0.163
	增长率		0	100	25	10	54.5	29.4	59.1	20	7.14	-11.1	32.5	47.2	-6.41	93.2	-48.9	106.9	9.40
	排名	25	26	20	23	20	18	15	11	12	12	17	14	17	23	12	25	13	14
内蒙古	得分	0.006	0.006	0.008	0.012	0.012	0.024	0.021	0.026	0.07	0.049	0.069	0.054	0.153	0.117	0.107	0.14	0.091	0.103
	增长率		0	33.3	50	0	100	-12.5	23.8	169.2	-30	40.8	-21.7	183.3	-23.5	-8.55	30.8	-35	13.2
	排名	20	22	22	20	19	14	16	14	6	9	12	13	8	14	15	13	23	23

续表

年份		2001	2002	2003	2004	2005	2006	2007	2008	2009	2010	2011	2012	2013	2014	2015	2016	2017	2018
辽宁	得分	0.025	0.028	0.033	0.037	0.023	0.067	0.041	0.052	0.111	0.073	0.146	0.298	0.28	0.184	0.171	0.171	0.128	0.19
	增长率		12	17.9	12.1	-37.8	191.3	-38.8	26.8	113.5	-34.2	100	104.1	-6.04	-34.3	-7.07	0	-25.1	48.4
	排名	6	6	7	7	11	5	6	7	4	7	5	2	5	9	10	11	15	12
吉林	得分	0.006	0.008	0.008	0.009	0.008	0.011	0.012	0.013	0.022	0.02	0.033	0.025	0.033	0.035	0.035	0.04	0.059	0.13
	增长率		33.3	0	12.5	-11.1	37.5	9.09	8.33	69.2	-9.09	65	-24.2	32	6.06	0	14.3	47.5	120.3
	排名	21	19	21	24	26	24	24	25	20	22	20	25	26	28	28	27	26	17
黑龙江	得分	0.012	0.009	0.01	0.01	0.01	0.012	0.012	0.017	0.017	0.029	0.045	0.048	0.052	0.062	0.074	0.08	0.112	0.075
	增长率		-25	11.1	0	0	20	0	41.7	0	70.6	55.2	6.67	8.33	19.2	19.4	8.11	40	-33.0
	排名	16	17	19	22	23	23	25	23	24	17	15	16	20	25	23	24	18	25
上海	得分	0.048	0.07	0.081	0.099	0.111	0.136	0.157	0.215	0.238	0.204	0.262	0.256	0.288	0.32	0.305	0.377	0.276	0.465
	增长率		45.8	15.7	22.2	12.1	22.5	15.4	36.9	10.7	-14.3	28.4	-2.29	12.5	11.1	-4.69	23.6	-26.8	68.5
	排名	3	2	2	2	2	2	2	2	2	2	2	4	4	4	4	4	7	4
江苏	得分	0.031	0.036	0.042	0.058	0.057	0.066	0.049	0.075	0.08	0.083	0.261	0.282	0.362	0.443	0.477	0.752	0.578	0.6
	增长率		16.1	16.7	38.1	-1.72	15.8	-25.8	53.1	6.67	3.75	214.5	8.05	28.4	22.4	7.67	57.7	-23.1	3.81
	排名	4	4	4	4	4	6	4	4	5	5	3	3	2	2	2	2	2	3

续表

年份		2001	2002	2003	2004	2005	2006	2007	2008	2009	2010	2011	2012	2013	2014	2015	2016	2017	2018
浙江	得分	0.023	0.028	0.035	0.049	0.047	0.046	0.043	0.052	0.057	0.06	0.085	0.072	0.206	0.126	0.135	0.149	0.184	0.307
	增长率		21.7	25	40	-4.08	-2.13	-6.52	20.9	9.62	5.26	41.7	-15.3	186.1	-38.8	7.14	10.4	23.5	66.9
	排名	7	7	6	6	6	7	5	8	10	8	9	9	6	12	13	12	11	9
安徽	得分	0.005	0.006	0.007	0.008	0.01	0.016	0.014	0.022	0.028	0.039	0.041	0.037	0.06	0.084	0.087	0.126	0.129	0.177
	增长率		20	16.7	14.3	25	60	-12.5	57.1	27.3	39.3	5.13	-9.76	62.2	40	3.57	44.8	2.38	37.2
	排名	22	23	23	26	24	19	20	18	17	14	16	19	18	18	17	17	14	13
福建	得分	0.015	0.013	0.012	0.016	0.014	0.02	0.016	0.023	0.025	0.042	0.035	0.044	0.134	0.271	0.243	0.272	0.178	0.117
	增长率		-13.3	-7.69	33.3	-12.5	42.9	-20	43.8	8.70	68	-16.7	25.7	204.5	102.2	-10.3	11.9	-34.6	-34.3
	排名	11	14	14	14	17	16	19	17	18	13	18	18	11	5	6	7	12	20
江西	得分	0.005	0.005	0.006	0.013	0.012	0.01	0.008	0.02	0.01	0.018	0.025	0.032	0.04	0.08	0.051	0.08	0.12	0.13
	增长率		0	20	116.7	-7.69	-16.7	-20	150	-50	80	38.9	28	25	100	-36.25	56.9	50	8.33
	排名	23	24	24	18	18	25	26	21	27	24	23	20	24	21	26	23	16	18
山东	得分	0.026	0.032	0.038	0.058	0.067	0.089	0.035	0.066	0.065	0.077	0.101	0.141	0.128	0.185	0.275	0.286	0.322	0.441
	增长率		23.1	18.8	52.6	15.5	32.8	-60.7	88.6	-1.52	18.5	31.2	39.6	-9.22	44.5	48.6	4	12.6	37.0
	排名	5	5	5	5	3	4	7	5	8	6	8	6	12	8	5	6	6	6

续表

年份		2001	2002	2003	2004	2005	2006	2007	2008	2009	2010	2011	2012	2013	2014	2015	2016	2017	2018
河南	得分	0.014	0.015	0.016	0.019	0.017	0.028	0.027	0.028	0.034	0.027	0.035	0.047	0.044	0.081	0.081	0.094	0.098	0.132
	增长率		7.14	6.67	18.8	-10.5	64.7	-3.57	3.70	21.4	-20.6	29.6	34.3	-6.38	84.1	0	16.0	4.26	34.7
	排名	13	12	12	13	14	10	12	13	14	18	19	17	21	20	21	20	22	16
湖北	得分	0.015	0.021	0.025	0.024	0.025	0.031	0.033	0.039	0.041	0.046	0.109	0.065	0.135	0.16	0.224	0.366	0.41	0.442
	增长率		40	19.0	-4	4.17	24	6.45	18.2	5.13	12.2	137.0	-40.4	107.7	18.5	40	63.4	12.0	7.80
	排名	12	9	10	10	10	8	9	10	13	10	6	10	10	11	8	5	4	5
湖南	得分	0.017	0.018	0.022	0.022	0.035	0.028	0.026	0.022	0.032	0.025	0.03	0.029	0.04	0.081	0.084	0.112	0.065	0.116
	增长率		5.88	22.2	0	59.1	-20	-7.14	-15.4	45.5	-21.9	20	-3.33	37.9	102.5	3.70	33.3	-42.0	78.5
	排名	10	11	11	11	7	11	13	19	15	19	21	22	25	19	20	18	24	21
广东	得分	0.051	0.048	0.057	0.064	0.053	0.095	0.081	0.087	0.136	0.185	0.194	0.169	0.297	0.358	0.382	0.482	0.506	0.947
	增长率		-5.88	18.75	12.3	-17.2	79.2	-14.7	7.41	56.3	36.0	4.86	-12.9	75.7	20.5	6.70	26.2	4.98	87.2
	排名	2	3	3	3	5	3	3	3	3	3	4	5	3	3	3	3	3	2
广西	得分	0.003	0.004	0.005	0.006	0.009	0.009	0.013	0.008	0.009	0.008	0.012	0.014	0.023	0.095	0.078	0.043	0.044	0.051
	增长率		33.3	25	20	50	0	44.4	-38.5	12.5	-11.1	50	16.7	64.3	313.0	-17.9	-44.9	2.33	15.9
	排名	26	27	26	27	25	26	23	27	28	28	29	28	29	16	22	26	28	28

续表

年份		2001	2002	2003	2004	2005	2006	2007	2008	2009	2010	2011	2012	2013	2014	2015	2016	2017	2018
海南	得分	0.001	0.007	0.002	0.002	0.002	0.007	0.007	0.006	0.012	0.006	0.015	0.01	0.091	0.045	0.044	0.021	0.025	0.053
	增长率		600	−71.4	0	0	250	0	−14.3	100	−50	150	−33.3	810	−50.5	−2.22	−52.3	19.0	112
	排名	28	20	30	28	30	27	27	29	26	29	28	30	15	26	27	30	30	27
重庆	得分	0.013	0.014	0.026	0.024	0.029	0.025	0.032	0.021	0.02	0.023	0.07	0.063	0.159	0.12	0.13	0.136	0.335	0.153
	增长率		7.69	85.7	−7.69	20.8	−13.8	28	−34.4	−4.76	15	204.3	−10	152.4	−24.5	8.33	4.62	146.3	−54.3
	排名	14	13	8	9	9	12	10	20	21	20	11	11	7	13	14	14	5	15
四川	得分	0.01	0.011	0.01	0.015	0.021	0.018	0.024	0.03	0.045	0.045	0.058	0.061	0.099	0.2	0.157	0.217	0.212	0.35
	增长率		10	−9.09	50	40	−14.3	33.3	25	50	0	28.9	5.17	62.3	102.0	−21.5	38.2	−2.30	65.1
	排名	17	15	18	15	12	17	14	12	11	11	13	12	14	7	11	10	10	7
贵州	得分	0.001	0.002	0.003	0.008	0.004	0.004	0.004	0.011	0.012	0.021	0.017	0.024	0.031	0.027	0.086	0.13	0.107	0.126
	增长率		100	50	166.7	−50	0	0	175	9.09	75	−19.0	41.2	29.2	−12.9	218.5	51.2	−17.7	17.8
	排名	27	29	27	25	27	28	28	26	25	21	27	26	27	29	18	15	21	19
云南	得分	0.017	0.022	0.016	0.021	0.019	0.023	0.021	0.024	0.017	0.02	0.03	0.026	0.057	0.075	0.067	0.128	0.109	0.116
	增长率		29.4	−27.3	31.2	−9.52	21.1	−8.70	14.3	−29.2	17.6	50	−13.3	119.2	31.6	−10.7	91.0	−14.8	6.42
	排名	9	8	13	12	13	15	17	16	23	23	22	24	19	22	25	16	20	22

续表

年份		2001	2002	2003	2004	2005	2006	2007	2008	2009	2010	2011	2012	2013	2014	2015	2016	2017	2018
西藏	得分	0	0.001	0.001	0.001	0.002	0.001	0.001	0.001	0.001	0.001	0.003	0.002	0.003	0.005	0.007	0.013	0.012	0.014
	增长率		150	0	0	100	-50	0	0	0	0	200	-33.3	50	66.7	40	85.7	-7.69	16.7
	排名	31	31	31	31	31	31	31	31	31	31	31	31	31	31	31	31	31	31
陕西	得分	0.006	0.007	0.011	0.011	0.01	0.015	0.02	0.025	0.028	0.035	0.048	0.076	0.121	0.268	0.191	0.221	0.229	0.341
	增长率		16.7	57.1	0	-9.09	50	33.3	25	12	25	37.1	58.3	59.2	121.5	-28.7	15.7	3.62	48.9
	排名	18	21	15	21	22	20	18	15	16	16	14	8	13	6	9	9	9	8
甘肃	得分	0.004	0.005	0.006	0.013	0.011	0.014	0.013	0.019	0.022	0.017	0.024	0.03	0.042	0.091	0.084	0.087	0.11	0.096
	增长率		25	20	116.7	-15.4	27.3	-7.14	46.2	15.8	-22.7	41.2	25	40	116.7	-7.69	3.57	26.4	-12.7
	排名	24	25	25	17	21	21	22	22	19	26	24	21	23	17	19	22	19	24
青海	得分	0.001	0.001	0.002	0.002	0.002	0.002	0.003	0.006	0.009	0.017	0.02	0.021	0.031	0.041	0.034	0.035	0.051	0.051
	增长率		0	100	0	0	0	50	100	50	88.9	17.6	5	47.6	32.3	-17.1	2.94	45.7	0
	排名	30	30	28	29	28	30	29	28	29	25	26	27	28	27	29	28	27	29
宁夏	得分	0.001	0.002	0.002	0.002	0.002	0.003	0.003	0.005	0.006	0.005	0.01	0.012	0.022	0.024	0.019	0.021	0.027	0.05
	增长率		100	0	0	0	50	0	66.7	20	-16.7	100	20	83.3	9.09	-20.8	10.5	28.6	85.2
	排名	29	28	29	30	29	29	30	30	30	30	30	29	30	30	30	29	29	30

续表

年份		2001	2002	2003	2004	2005	2006	2007	2008	2009	2010	2011	2012	2013	2014	2015	2016	2017	2018
新疆	得分	0.006	0.009	0.011	0.014	0.015	0.012	0.013	0.015	0.019	0.014	0.022	0.028	0.042	0.097	0.069	0.09	0.06	0.064
	增长率		50	22.2	27.3	7.14	−20	8.33	15.4	26.7	−26.3	57.1	27.3	50	131.0	−28.9	30.4	−33.3	6.67
	排名	19	16	17	16	15	22	21	24	22	27	25	23	22	15	24	21	25	26
东部	得分	0.33	0.38	0.43	0.55	0.6	0.77	0.76	0.96	1.16	1.23	1.68	1.97	2.7	2.88	3.21	3.71	3.68	4.82
	增长率		15.2	13.2	27.9	9.09	28.3	−1.30	26.3	20.8	6.03	36.6	17.3	37.1	6.67	115	15.6	−0.81	31.0
	排名	1	1	1	1	1	1	1	1	1	1	1	1	1	1	1	1	1	1
中部	得分	0.08	0.09	0.1	0.11	0.13	0.15	0.15	0.2	0.23	0.25	0.36	0.34	0.48	0.66	0.78	0.97	1.14	1.36
	增长率		12.5	11.1	10	18.2	15.4	0	33.3	15	8.70	44	−5.56	41.2	37.5	18.2	24.4	17.5	19.3
	排名	2	2	2	3	3	2	3	2	3	3	3	4	3	3	3	3	3	3
西部	得分	0.07	0.08	0.1	0.13	0.14	0.15	0.17	0.19	0.26	0.26	0.38	0.41	0.78	1.16	1.03	1.26	1.39	1.51
	增长率		14.3	25	30	7.69	7.14	13.3	11.8	36.8	0	46.2	7.89	90.2	48.7	−11.2	22.3	10.3	8.63
	排名	3	3	3	2	2	3	2	3	2	2	2	2	2	2	2	2	2	2
东北	得分	0.04	0.04	0.05	0.06	0.04	0.09	0.06	0.08	0.15	0.12	0.22	0.37	0.36	0.28	0.28	0.29	0.3	0.4
	增长率		0	25	20	−33.3	125	−33.3	33.3	87.5	−20	83.3	68.2	−2.70	−22.2	0	3.57	3.45	33.3
	排名	4	4	4	4	4	4	4	4	4	4	4	3	4	4	4	4	4	4

附表 10　各省域历年研发人员全时当量得分、增长率及排名

年份		2001	2002	2003	2004	2005	2006	2007	2008	2009	2010	2011	2012	2013	2014	2015	2016	2017	2018
北京	得分	0.115	0.113	0.137	0.141	0.187	0.218	0.234	0.252	0.25	0.252	0.249	0.277	0.297	0.312	0.324	0.33	0.346	0.371
	增长率		-1.74	21.2	2.92	32.6	16.6	7.34	7.69	-0.79	0.8	-1.19	11.2	7.22	5.05	3.85	1.85	4.85	7.23
	排名	1	1	1	1	1	1	1	2	3	3	4	5	5	5	5	5	5	5
天津	得分	0.027	0.028	0.031	0.037	0.037	0.043	0.052	0.06	0.064	0.068	0.075	0.095	0.113	0.129	0.15	0.167	0.163	0.142
	增长率		3.70	10.7	19.4	0	16.2	20.9	15.4	6.67	6.25	10.3	26.7	18.9	14.2	16.3	11.3	-2.40	-12.9
	排名	17	17	15	14	16	16	17	16	16	17	17	14	13	13	12	11	12	14
河北	得分	0.034	0.033	0.039	0.044	0.043	0.053	0.061	0.061	0.061	0.074	0.08	0.093	0.099	0.115	0.133	0.144	0.152	0.156
	增长率		-2.94	18.2	12.8	-2.27	23.3	15.1	0	0	21.3	8.11	16.2	6.45	16.2	15.7	8.27	5.56	2.63
	排名	12	14	13	13	13	13	13	14	17	15	15	16	16	16	14	14	14	13
山西	得分	0.017	0.019	0.02	0.024	0.023	0.035	0.054	0.049	0.058	0.063	0.059	0.06	0.059	0.063	0.065	0.058	0.06	0.066
	增长率		11.8	5.26	10	-4.17	52.2	54.3	-9.26	18.4	8.62	-6.35	1.69	-1.67	6.78	3.17	-10.8	3.45	10
	排名	22	21	20	19	21	18	16	17	18	18	18	18	19	19	20	21	21	19
内蒙古	得分	0.01	0.009	0.01	0.011	0.014	0.017	0.02	0.021	0.024	0.028	0.032	0.035	0.04	0.048	0.048	0.051	0.054	0.045
	增长率		-10	11.1	10	27.3	21.4	17.6	5	14.3	16.7	14.3	9.38	14.3	20	0	6.25	5.88	-16.7
	排名	25	26	26	25	25	25	25	25	25	23	23	23	23	23	23	24	24	24

续表

年份		2001	2002	2003	2004	2005	2006	2007	2008	2009	2010	2011	2012	2013	2014	2015	2016	2017	2018
辽宁	得分	0.056	0.063	0.077	0.072	0.074	0.084	0.096	0.104	0.101	0.106	0.109	0.103	0.11	0.122	0.131	0.115	0.12	0.122
	增长率		12.5	22.2	-6.49	2.78	13.5	14.3	8.33	-2.88	4.95	2.83	-5.50	6.80	10.9	7.38	-12.2	4.35	1.67
	排名	7	5	5	7	7	8	7	8	8	10	9	13	14	14	15	16	16	16
吉林	得分	0.028	0.021	0.023	0.025	0.027	0.033	0.04	0.044	0.042	0.052	0.058	0.057	0.063	0.062	0.066	0.066	0.066	0.063
	增长率		-25	9.52	8.70	8	22.2	21.2	10	-4.55	23.8	11.5	-1.72	10.5	-1.59	6.45	0	0	-4.55
	排名	16	18	18	18	18	19	19	19	20	19	19	19	18	20	19	19	20	22
黑龙江	得分	0.03	0.038	0.041	0.044	0.049	0.056	0.063	0.065	0.067	0.071	0.079	0.085	0.082	0.081	0.083	0.076	0.075	0.065
	增长率		26.7	7.89	7.32	11.4	14.3	12.5	3.17	3.08	5.97	11.3	7.59	-3.53	-1.22	2.47	-8.43	-1.32	-13.3
	排名	13	12	12	12	12	12	12	12	13	16	16	17	17	17	17	18	18	20
上海	得分	0.069	0.062	0.065	0.072	0.073	0.085	0.111	0.121	0.126	0.175	0.173	0.189	0.194	0.213	0.222	0.231	0.251	0.252
	增长率		-10.1	4.84	10.8	1.39	16.4	30.6	9.01	4.13	38.9	-1.14	9.25	2.65	9.79	4.23	4.05	8.66	0.40
	排名	6	6	9	6	8	6	6	6	6	6	6	6	6	6	6	6	6	6
江苏	得分	0.083	0.093	0.108	0.126	0.128	0.163	0.193	0.215	0.258	0.359	0.406	0.436	0.507	0.6	0.659	0.699	0.742	0.77
	增长率		12.0	16.1	16.7	1.59	27.3	18.4	11.4	20	39.1	13.1	7.39	16.3	18.3	9.83	6.07	6.15	3.77
	排名	3	3	2	2	2	2	3	3	2	2	2	2	2	2	2	1	1	2

续表

年份		2001	2002	2003	2004	2005	2006	2007	2008	2009	2010	2011	2012	2013	2014	2015	2016	2017	2018
浙江	得分	0.029	0.043	0.048	0.06	0.078	0.102	0.143	0.174	0.211	0.243	0.287	0.323	0.351	0.4	0.447	0.49	0.514	0.547
	增长率		48.3	11.6	25	30	30.8	40.2	21.7	21.3	15.2	18.1	12.5	8.67	14.0	11.8	9.62	4.90	6.42
	排名	15	11	11	10	5	5	4	4	5	4	3	3	3	3	3	3	3	3
安徽	得分	0.029	0.029	0.028	0.032	0.03	0.036	0.041	0.049	0.065	0.078	0.082	0.103	0.13	0.154	0.171	0.179	0.186	0.193
	增长率		0	-3.45	14.3	-6.25	20	13.9	19.5	32.7	20	5.13	25.6	26.2	18.5	11.0	4.68	3.91	3.76
	排名	14	16	16	17	17	17	18	18	15	14	14	12	10	10	10	9	9	9
福建	得分	0.026	0.029	0.027	0.034	0.039	0.046	0.056	0.064	0.078	0.083	0.099	0.123	0.145	0.158	0.179	0.17	0.18	0.193
	增长率		11.5	-6.90	25.9	14.7	17.9	21.7	14.3	21.9	6.41	19.3	24.2	17.9	8.97	13.3	-5.03	5.88	7.22
	排名	18	15	17	16	14	15	14	13	12	13	11	9	9	9	9	10	10	10
江西	得分	0.021	0.018	0.018	0.022	0.024	0.028	0.036	0.036	0.037	0.043	0.045	0.048	0.048	0.056	0.057	0.062	0.069	0.085
	增长率		-14.3	0	22.2	9.09	16.7	28.6	0	2.78	16.2	4.65	6.67	0	16.7	1.79	8.77	11.3	23.2
	排名	20	22	21	21	20	21	21	21	21	21	21	22	22	21	21	20	19	18
山东	得分	0.056	0.055	0.086	0.1	0.089	0.116	0.134	0.156	0.212	0.216	0.244	0.291	0.321	0.36	0.378	0.4	0.412	0.419
	增长率		-1.79	56.4	16.3	-11	30.3	15.5	16.4	35.9	1.89	13.0	19.3	10.3	12.1	5	5.82	3	1.70
	排名	8	8	4	4	4	4	5	5	4	5	5	4	4	4	4	4	4	4

续表

年份		2001	2002	2003	2004	2005	2006	2007	2008	2009	2010	2011	2012	2013	2014	2015	2016	2017	2018
河南	得分	0.04	0.043	0.049	0.052	0.052	0.065	0.083	0.087	0.094	0.122	0.13	0.15	0.162	0.196	0.213	0.213	0.227	0.223
	增长率		7.5	14.0	6.12	0	25	27.7	4.82	8.05	29.8	6.56	15.4	8	21.0	8.67	0	6.57	-1.76
	排名	10	10	10	11	11	11	10	11	10	7	7	7	7	7	7	7	7	7
湖北	得分	0.052	0.052	0.066	0.067	0.062	0.078	0.086	0.091	0.096	0.12	0.126	0.145	0.155	0.171	0.186	0.182	0.187	0.193
	增长率		0	26.9	1.52	-7.46	25.8	10.3	5.81	5.49	25	5	15.1	6.90	10.3	8.77	-2.15	2.75	3.21
	排名	9	9	8	9	9	9	9	9	9	8	8	8	8	8	8	8	8	11
湖南	得分	0.034	0.034	0.035	0.035	0.039	0.048	0.055	0.06	0.066	0.084	0.093	0.109	0.126	0.133	0.142	0.154	0.163	0.18
	增长率		0	2.94	0	11.4	23.1	14.6	9.09	10	27.3	10.7	17.2	15.6	5.56	6.77	8.45	5.84	10.4
	排名	11	13	14	15	15	14	15	15	14	12	13	10	11	12	13	13	13	12
广东	得分	0.083	0.094	0.103	0.12	0.115	0.152	0.204	0.268	0.315	0.373	0.443	0.523	0.621	0.646	0.669	0.674	0.704	0.777
	增长率		13.3	9.57	16.5	-4.17	32.2	34.2	31.4	17.5	18.4	18.8	18.1	18.7	4.03	3.56	0.75	4.45	10.4
	排名	2	2	3	3	3	3	2	1	1	1	1	1	1	1	1	2	2	1
广西	得分	0.015	0.011	0.014	0.017	0.018	0.023	0.026	0.027	0.031	0.039	0.044	0.051	0.052	0.052	0.054	0.051	0.054	0.051
	增长率		-26.7	27.3	21.4	5.88	27.8	13.0	3.85	14.8	25.8	12.8	15.9	1.96	0	3.85	-5.56	5.88	-5.56
	排名	23	24	24	23	22	22	22	22	22	22	22	21	21	22	22	23	23	23

年份		2001	2002	2003	2004	2005	2006	2007	2008	2009	2010	2011	2012	2013	2014	2015	2016	2017	2018
海南	得分	0.001	0.001	0.001	0.001	0.002	0.002	0.002	0.002	0.002	0.006	0.006	0.007	0.009	0.009	0.01	0.01	0.011	0.011
	增长率		0	0	0	100	0	0	0	0	200	0	16.7	28.6	0	11.1	0	10	0
	排名	30	30	30	30	30	30	30	30	30	30	29	29	29	29	29	29	29	29
重庆	得分	0.019	0.02	0.021	0.023	0.026	0.031	0.037	0.042	0.045	0.046	0.048	0.052	0.058	0.068	0.077	0.083	0.093	0.109
	增长率		5.26	5	9.52	13.0	19.2	19.4	13.5	7.14	2.22	4.35	8.33	11.5	17.2	13.2	7.79	12.0	17.2
	排名	21	20	19	20	19	20	20	20	19	20	20	20	20	18	18	17	17	17
四川	得分	0.07	0.057	0.073	0.074	0.074	0.085	0.095	0.106	0.115	0.113	0.108	0.105	0.124	0.141	0.158	0.157	0.17	0.199
	增长率		-18.6	28.1	1.37	0	14.9	11.8	11.6	8.49	-1.74	-4.42	-2.78	18.1	13.7	12.1	-0.63	8.28	17.1
	排名	5	7	6	5	6	7	8	7	7	9	10	11	12	11	11	12	11	8
贵州	得分	0.009	0.011	0.011	0.011	0.01	0.012	0.015	0.015	0.015	0.017	0.019	0.02	0.024	0.031	0.032	0.032	0.033	0.039
	增长率		22.2	0	0	-9.09	20	25	0	0	13.3	11.8	5.26	20	29.2	3.23	0	3.12	18.2
	排名	26	25	25	26	26	26	26	26	26	26	26	26	26	26	26	26	26	25
云南	得分	0.013	0.014	0.017	0.017	0.018	0.019	0.022	0.024	0.026	0.028	0.029	0.032	0.035	0.037	0.04	0.053	0.056	0.064
	增长率		7.69	21.4	0	5.88	5.56	15.8	9.09	8.33	7.69	3.57	10.3	9.38	5.71	8.11	32.5	5.66	14.3
	排名	24	23	23	24	23	24	24	24	24	25	24	24	24	24	24	22	22	21

续表

年份		2001	2002	2003	2004	2005	2006	2007	2008	2009	2010	2011	2012	2013	2014	2015	2016	2017	2018
西藏	得分	0	0	0.001	0.001	0.001	0.001	0.001	0.001	0.001	0.002	0.002	0.001	0.002	0.002	0.002	0.002	0.002	0.002
	增长率		0	150	0	0	0	0	0	0	100	0	-50	100	0	0	0	0	0
	排名	31	31	31	31	31	31	31	31	31	31	31	31	31	31	31	31	31	31
陕西	得分	0.075	0.068	0.072	0.07	0.061	0.068	0.083	0.087	0.085	0.089	0.094	0.094	0.104	0.12	0.128	0.124	0.129	0.135
	增长率		-9.33	5.88	-2.78	-12.9	11.5	22.1	4.82	-2.30	4.71	5.62	0	10.6	15.4	6.67	-3.12	4.03	4.65
	排名	4	4	7	8	10	10	11	10	11	11	12	15	15	15	16	15	15	15
甘肃	得分	0.021	0.02	0.017	0.022	0.018	0.021	0.023	0.025	0.027	0.028	0.028	0.027	0.031	0.032	0.036	0.035	0.035	0.033
	增长率		-4.76	-15	29.4	-18.2	16.7	9.52	8.70	8	3.70	0	-3.57	14.8	3.23	12.5	-2.78	0	-5.71
	排名	19	19	22	22	24	23	23	23	23	24	25	25	25	25	25	25	25	26
青海	得分	0.003	0.002	0.002	0.003	0.003	0.003	0.004	0.004	0.003	0.006	0.006	0.006	0.007	0.006	0.006	0.005	0.006	0.008
	增长率		-33.3	0	50	0	0	33.3	0	-25	100	0	0	16.7	-14.3	0	-16.7	20	33.3
	排名	29	29	29	29	29	29	29	29	29	29	30	30	30	30	30	30	30	30
宁夏	得分	0.003	0.003	0.004	0.003	0.004	0.005	0.006	0.007	0.007	0.009	0.008	0.009	0.01	0.011	0.013	0.012	0.012	0.014
	增长率		0	33.3	-25	33.3	25	20	16.7	0	28.6	-11.1	12.5	11.1	10	18.2	-7.69	0	16.7
	排名	28	28	28	28	28	28	28	28	28	28	28	28	28	28	28	28	28	28

续表

年份		2001	2002	2003	2004	2005	2006	2007	2008	2009	2010	2011	2012	2013	2014	2015	2016	2017	2018
新疆	得分	0.005	0.005	0.006	0.007	0.008	0.009	0.01	0.012	0.012	0.017	0.018	0.02	0.02	0.02	0.021	0.023	0.023	0.021
	增长率		0	20	16.7	14.3	12.5	11.1	20	0	41.7	5.88	11.1	0	0	5	9.52	0	-8.70
	排名	27	27	27	27	27	27	27	27	27	27	27	27	27	27	27	27	27	27
东部	得分	0.58	0.61	0.72	0.81	0.87	1.06	1.29	1.48	1.68	1.96	2.17	2.46	2.77	3.06	3.3	3.43	3.6	3.76
	增长率		5.17	18.0	12.5	7.41	21.8	21.7	14.7	13.5	16.7	10.7	13.4	12.6	10.5	7.84	3.94	4.96	4.44
	排名	1	1	1	1	1	1	1	1	1	1	1	1	1	1	1	1	1	1
中部	得分	0.25	0.25	0.28	0.3	0.31	0.38	0.46	0.48	0.53	0.63	0.67	0.76	0.83	0.92	0.98	0.99	1.03	1.07
	增长率		0	12	7.14	3.33	22.6	21.1	4.35	10.4	18.9	6.35	13.4	9.21	10.8	6.52	1.02	4.04	3.88
	排名	2	2	2	2	2	2	2	2	2	2	2	2	2	2	2	2	2	2
西部	得分	0.24	0.22	0.25	0.26	0.25	0.3	0.34	0.37	0.39	0.42	0.44	0.45	0.51	0.57	0.61	0.63	0.67	0.72
	增长率		-8.33	13.6	4	-3.85	20	13.3	8.82	5.41	7.69	4.76	2.27	13.3	11.8	7.02	3.28	6.35	7.46
	排名	3	3	3	3	3	3	3	3	3	3	3	3	3	3	3	3	3	3
东北	得分	0.11	0.12	0.14	0.14	0.15	0.17	0.2	0.21	0.21	0.23	0.25	0.24	0.26	0.26	0.28	0.26	0.26	0.25
	增长率		9.09	16.7	0	7.14	13.3	17.6	5	0	9.52	8.70	-4	8.33	0	7.69	-7.14	0	-3.85
	排名	4	4	4	4	4	4	4	4	4	4	4	4	4	4	4	4	4	4

附表11 各省域历年研发人员比例得分、增长率及排名

	年份	2001	2002	2003	2004	2005	2006	2007	2008	2009	2010	2011	2012	2013	2014	2015	2016	2017	2018
北京	得分	0.117	0.114	0.13	0.042	0.157	0.179	0.184	0.198	0.2	0.21	0.211	0.233	0.254	0.251	0.254	0.251	0.253	0.262
	增长率		-2.56	14.0	-67.7	273.8	14.0	2.79	7.61	1.01	5	0.48	10.4	9.01	-1.18	1.20	-1.18	0.801	3.56
	排名	1	1	1	5	1	1	1	1	1	1	1	1	1	1	1	1	1	1
天津	得分	0.035	0.037	0.041	0.015	0.05	0.057	0.066	0.073	0.077	0.084	0.091	0.112	0.133	0.14	0.154	0.168	0.161	0.139
	增长率		5.71	10.8	-63.4	233.3	14	15.8	10.6	5.48	9.09	8.33	23.1	18.8	5.26	10	9.09	-4.17	-13.7
	排名	3	3	3	15	3	3	3	3	3	3	3	3	3	3	2	2	3	4
河北	得分	0.006	0.006	0.007	0.022	0.009	0.011	0.012	0.012	0.013	0.016	0.018	0.021	0.023	0.025	0.029	0.031	0.032	0.032
	增长率		0	16.7	214.3	-59.1	22.2	9.09	0	8.33	23.1	12.5	16.7	9.52	8.70	16	6.90	3.23	0
	排名	20	19	19	8	19	20	19	20	22	23	21	21	22	22	22	19	18	17
山西	得分	0.008	0.009	0.009	0.007	0.011	0.017	0.025	0.023	0.028	0.032	0.031	0.031	0.031	0.031	0.031	0.028	0.028	0.03
	增长率		12.5	0	-22.2	57.1	54.5	47.1	-8	21.7	14.3	-3.12	0	0	0	0	-9.68	0	7.14
	排名	14	14	15	22	16	12	10	12	11	10	13	14	15	16	18	22	18	19
内蒙古	得分	0.006	0.006	0.006	0.004	0.01	0.012	0.014	0.014	0.017	0.021	0.024	0.025	0.029	0.031	0.029	0.032	0.033	0.028
	增长率		0	0	-33.3	150	20	16.7	0	21.4	23.5	14.3	4.17	16	6.90	-6.45	10.3	3.12	-15.2
	排名	22	21	21	25	18	18	18	18	18	17	16	16	18	17	21	17	16	23

续表

年份		2001	2002	2003	2004	2005	2006	2007	2008	2009	2010	2011	2012	2013	2014	2015	2016	2017	2018
辽宁	得分	0.017	0.019	0.025	0.039	0.025	0.029	0.033	0.035	0.036	0.039	0.041	0.039	0.043	0.045	0.046	0.043	0.047	0.046
	增长率		11.8	31.6	56	-35.9	16	13.8	6.06	2.86	8.33	5.13	-4.88	10.3	4.65	2.22	-6.52	9.30	-2.13
	排名	5	5	5	6	4	4	4	6	7	7	7	10	11	10	10	12	11	12
吉林	得分	0.015	0.012	0.013	0.01	0.016	0.019	0.023	0.026	0.026	0.033	0.039	0.039	0.044	0.04	0.041	0.04	0.039	0.037
	增长率		-20	8.33	-23.1	60	18.8	21.1	13.0	0	26.9	18.2	0	12.8	-9.09	2.5	-2.44	-2.5	-5.13
	排名	6	9	9	18	10	10	11	10	13	9	9	12	10	12	12	13	13	15
黑龙江	得分	0.012	0.015	0.016	0.021	0.021	0.023	0.025	0.026	0.028	0.032	0.036	0.039	0.038	0.036	0.036	0.034	0.032	0.029
	增长率		25	6.67	31.2	0	9.52	8.70	4	7.69	14.3	12.5	8.33	-2.56	-5.26	0	-5.56	-5.88	-9.38
	排名	9	6	6	9	6	8	9	9	10	12	11	11	13	14	14	16	17	21
上海	得分	0.053	0.049	0.051	0.038	0.054	0.064	0.08	0.088	0.093	0.137	0.139	0.155	0.164	0.143	0.147	0.153	0.164	0.162
	增长率		-7.55	4.08	-25.5	42.1	18.5	25	12.9	5.68	47.3	1.46	11.5	5.81	-12.8	2.80	4.08	7.19	-1.22
	排名	2	2	2	7	2	2	2	2	2	2	2	2	2	2	3	3	2	2
江苏	得分	0.012	0.013	0.016	0.053	0.02	0.026	0.031	0.035	0.043	0.063	0.075	0.083	0.101	0.116	0.125	0.132	0.139	0.142
	增长率		8.33	23.1	231.2	-62.3	30	19.2	12.9	22.9	46.5	19.0	10.7	21.7	14.9	7.76	5.6	5.30	2.16
	排名	8	8	8	3	7	5	6	7	6	4	4	4	4	4	4	4	4	3

续表

年份		2001	2002	2003	2004	2005	2006	2007	2008	2009	2010	2011	2012	2013	2014	2015	2016	2017	2018
浙江	得分	0.007	0.01	0.011	0.049	0.019	0.024	0.033	0.038	0.047	0.056	0.069	0.079	0.09	0.099	0.109	0.118	0.122	0.127
	增长率		42.9	10	345.5	-61.2	26.3	37.5	15.2	23.7	19.1	23.2	14.5	13.9	10	10.1	8.26	3.39	4.10
	排名	17	12	11	4	8	7	5	4	4	5	5	5	6	5	5	5	5	5
安徽	得分	0.005	0.005	0.005	0.01	0.006	0.007	0.008	0.009	0.013	0.016	0.018	0.023	0.029	0.033	0.036	0.037	0.038	0.039
	增长率		0	0	100	-40	16.7	14.3	12.5	44.4	23.1	12.5	27.8	26.1	13.8	9.09	2.78	2.70	2.63
	排名	24	23	26	19	26	26	26	25	21	22	23	19	17	15	15	14	14	14
福建	得分	0.01	0.011	0.01	0.016	0.016	0.018	0.021	0.023	0.029	0.032	0.038	0.045	0.053	0.057	0.061	0.055	0.058	0.06
	增长率		10	-9.09	60	0	12.5	16.7	9.52	26.1	10.3	18.8	18.4	17.8	7.55	7.02	-9.8	5.45	3.45
	排名	10	10	14	14	11	11	12	11	9	11	10	7	8	8	8	8	8	8
江西	得分	0.006	0.006	0.006	0.007	0.008	0.009	0.011	0.011	0.012	0.015	0.016	0.017	0.018	0.02	0.02	0.022	0.023	0.028
	增长率		0	0	16.7	14.3	12.5	22.2	0	9.09	25	6.67	6.25	5.88	11.1	0	10	4.55	21.7
	排名	19	22	24	21	22	22	21	22	24	26	26	25	26	23	24	23	23	22
山东	得分	0.006	0.006	0.01	0.057	0.011	0.014	0.016	0.019	0.027	0.029	0.033	0.041	0.046	0.05	0.052	0.054	0.055	0.056
	增长率		0	66.7	470	-80.7	27.3	14.3	18.8	42.1	7.41	13.8	24.2	12.2	8.70	4	3.85	1.85	1.82
	排名	18	18	12	2	15	14	15	14	12	13	12	9	9	9	9	9	9	9

续表

年份		2001	2002	2003	2004	2005	2006	2007	2008	2009	2010	2011	2012	2013	2014	2015	2016	2017	2018
河南	得分	0.005	0.005	0.006	0.02	0.007	0.008	0.01	0.011	0.013	0.017	0.019	0.022	0.024	0.028	0.03	0.029	0.03	0.029
	增长率		0	20	233.3	−65	14.3	25	10	0.182	30.8	11.8	15.8	9.09	16.7	7.14	−3.33	3.45	−3.33
	排名	25	26	23	10	25	23	22	23	23	20	20	20	21	19	20	21	20	20
湖北	得分	0.01	0.01	0.012	0.018	0.013	0.016	0.018	0.019	0.021	0.028	0.03	0.036	0.04	0.043	0.046	0.045	0.046	0.047
	增长率		0	20	50	−27.8	23.1	12.5	5.56	10.5	33.3	7.14	20	11.1	7.5	6.98	−2.17	2.22	2.17
	排名	11	11	10	12	12	13	13	15	15	14	14	13	12	11	11	10	12	11
湖南	得分	0.006	0.006	0.006	0.019	0.007	0.009	0.01	0.012	0.013	0.018	0.021	0.025	0.03	0.03	0.032	0.035	0.037	0.041
	增长率		0	0	216.7	−63.2	28.6	11.1	20	8.33	38.5	16.7	19.0	20	0	6.67	9.38	5.71	10.8
	排名	21	20	20	11	23	21	23	21	20	19	18	18	16	18	17	15	15	13
广东	得分	0.013	0.015	0.016	0.078	0.018	0.022	0.028	0.037	0.044	0.055	0.066	0.079	0.098	0.097	0.098	0.098	0.1	0.11
	增长率		15.4	6.67	387.5	−76.9	22.2	27.3	32.1	18.9	25	20	19.7	24.1	−1.02	1.03	0	2.04	
	排名	7	7	7	1	9	9	8	5	5	6	6	6	5	6	6	6	6	10
广西	得分	0.004	0.003	0.004	0.008	0.005	0.006	0.007	0.007	0.009	0.011	0.013	0.016	0.018	0.017	0.018	0.016	0.017	0.016
	增长率		−25	33.3	100	−37.5	20	16.7	0	28.6	22.2	18.2	23.1	12.5	−5.56	5.88	−11.1	6.25	−5.88
	排名	27	29	28	20	28	27	27	27	26	27	27	27	27	26	26	27	26	29

续表

	年份	2001	2002	2003	2004	2005	2006	2007	2008	2009	2010	2011	2012	2013	2014	2015	2016	2017	2018
海南	得分	0.003	0.002	0.002	0.001	0.003	0.003	0.003	0.003	0.004	0.011	0.013	0.014	0.017	0.016	0.017	0.017	0.017	0.016
	增长率		-33.3	0	-50	200	0	0	0	33.3	175	18.2	7.69	21.4	-5.88	6.25	0	0	-5.88
	排名	30	30	31	29	29	31	31	31	30	28	28	28	28	28	27	26	25	28
重庆	得分	0.007	0.007	0.008	0.011	0.011	0.014	0.017	0.019	0.022	0.025	0.027	0.03	0.034	0.037	0.041	0.044	0.048	0.056
	增长率		0	14.3	37.5	0	27.3	21.4	11.8	15.8	13.6	8	11.1	13.3	8.82	10.8	7.32	9.09	16.7
	排名	15	17	16	17	14	15	14	13	14	15	15	15	14	13	13	11	10	10
四川	得分	0.009	0.008	0.01	0.017	0.011	0.013	0.015	0.017	0.019	0.02	0.02	0.02	0.024	0.027	0.03	0.029	0.031	0.036
	增长率		-11.1	25	70	-35.3	18.2	15.4	13.3	11.8	5.26	0	0	20	12.5	11.1	-3.33	6.90	16.1
	排名	12	15	13	13	13	16	16	17	16	18	19	22	20	21	19	20	19	16
贵州	得分	0.003	0.003	0.003	0.004	0.005	0.004	0.005	0.005	0.005	0.008	0.01	0.01	0.012	0.015	0.015	0.015	0.015	0.017
	增长率		0	0	33.3	0	33.3	25	0	0	60	25	0	20	25	0	0	0	13.3
	排名	29	28	30	26	30	29	30	29	29	31	29	29	29	29	29	30	30	27
云南	得分	0.004	0.004	0.005	0.005	0.005	0.006	0.006	0.007	0.008	0.009	0.009	0.01	0.012	0.012	0.012	0.016	0.017	0.019
	增长率		0	25	0	0	0.2	0	16.7	14.3	12.5	0	11.1	20	0	0	33.3	6.25	11.8
	排名	28	27	27	23	27	28	29	28	28	30	30	30	30	30	30	28	27	25

续表

年份		2001	2002	2003	2004	2005	2006	2007	2008	2009	2010	2011	2012	2013	2014	2015	2016	2017	2018
西藏	得分	0.001	0.001	0.003	0	0.003	0.004	0.007	0.004	0.004	0.009	0.008	0.007	0.007	0.007	0.007	0.006	0.005	0.006
	增长率		0	200	-100	550*	33.3	75	-42.9	0	125	-11.1	-12.5	0	0	0	-14.3	-16.7	20
	排名	31	31	29	31	31	30	28	30	31	29	31	31	31	31	31	31	31	31
陕西	得分	0.026	0.024	0.025	0.011	0.022	0.025	0.03	0.032	0.032	0.036	0.04	0.041	0.063	0.07	0.071	0.064	0.065	0.065
	增长率		-7.69	4.17	-56	100	13.6	20	6.67	0	12.5	11.1	2.5	5.37	11.1	14.3	-9.86	1.56	0
	排名	4	4	4	16	5	6	7	8	8	8	8	8	7	7	7	7	7	7
甘肃	得分	0.009	0.009	0.008	0.003	0.008	0.011	0.012	0.013	0.014	0.016	0.016	0.016	0.019	0.02	0.021	0.02	0.02	0.018
	增长率		0	-11.1	-62.5	166.7	37.5	9.09	8.33	7.69	14.3	0	0	18.8	5.26	5	-4.76	0	-10
	排名	13	13	18	27	20	19	20	19	19	25	25	26	24	24	23	24	24	26
青海	得分	0.006	0.005	0.005	0	0.008	0.008	0.009	0.009	0.008	0.017	0.018	0.019	0.02	0.018	0.018	0.015	0.016	0.021
	增长率		-1.67	0	-100	1800**	0	12.5	0	-11.1	112.5	5.88	5.56	5.26	-10	0	-16.7	6.67	31.2
	排名	23	24	25	30	21	25	25	26	27	21	24	24	23	25	25	29	29	24
宁夏	得分	0.007	0.008	0.008	0.002	0.01	0.012	0.014	0.018	0.018	0.023	0.022	0.025	0.028	0.028	0.032	0.031	0.03	0.032
	增长率		14.3	0	-75	400	20	16.7	28.6	0	27.8	-4.3	13.6	12	0	14.3	-3.12	-3.23	6.67
	排名	16	16	17	28	17	17	17	16	17	16	17	17	19	20	16	18	21	18

489

续表

年份		2001	2002	2003	2004	2005	2006	2007	2008	2009	2010	2011	2012	2013	2014	2015	2016	2017	2018
新疆	得分	0.005	0.005	0.006	0.005	0.007	0.008	0.009	0.011	0.011	0.016	0.018	0.019	0.019	0.017	0.016	0.017	0.016	0.015
	增长率		0	20	-16.7	40	14.3	12.5	22.2	0	45.5	12.5	5.56	0	-10.5	-5.88	6.25	-5.88	-6.25
	排名	26	25	22	24	24	24	24	24	25	24	22	23	25	27	28	25	28	30
东部	得分	0.28	0.28	0.32	0.41	0.38	0.44	0.51	0.56	0.61	0.73	0.79	0.9	1.02	1.04	1.09	1.12	1.15	1.15
	增长率		0	14.3	28.1	-7.32	15.8	15.9	9.80	8.93	19.7	8.22	13.9	13.3	1.96	4.81	2.75	2.68	0
	排名	1	1	1	1	1	1	1	1	1	1	1	1	1	1	1	1	1	1
中部	得分	0.07	0.07	0.07	0.11	0.09	0.11	0.13	0.14	0.15	0.19	0.21	0.23	0.25	0.26	0.27	0.27	0.27	0.28
	增长率		0	0	57.1	-18.2	22.2	18.2	7.69	7.14	26.7	10.5	9.52	8.70	4	3.85	0	0	3.70
	排名	3	3	3	2	3	3	3	3	3	3	3	3	3	3	3	3	3	3
西部	得分	0.09	0.08	0.09	0.07	0.11	0.12	0.14	0.16	0.17	0.21	0.22	0.24	0.28	0.3	0.31	0.31	0.31	0.33
	增长率		-11.1	12.5	-22.2	57.1	9.09	16.7	14.3	6.25	23.5	4.76	9.09	16.7	7.14	3.33	0	0	6.45
	排名	2	2	2	4	2	2	2	2	2	2	2	2	2	2	2	2	2	2
东北	得分	0.04	0.05	0.05	0.07	0.06	0.07	0.08	0.09	0.09	0.1	0.12	0.12	0.13	0.12	0.12	0.12	0.12	0.11
	增长率		25	0	40	-14.3	16.7	14.3	12.5	0	11.1	20	0	8.33	-7.69	0	0	0	-8.33
	排名	4	4	4	3	4	4	4	4	4	4	4	4	4	4	4	4	4	4

*：得分从0到0.003，增长率记为550%；**：得分从0到0.008，增长率记为550%；***：得分从0到0.003，增长率记为1800%，下同。

附表 12　各省域历年研发经费支出得分、增长率及排名

	年份	2001	2002	2003	2004	2005	2006	2007	2008	2009	2010	2011	2012	2013	2014	2015	2016	2017	2018
北京	得分	0.068	0.074	0.095	0.113	0.146	0.175	0.205	0.234	0.257	0.314	0.38	0.428	0.484	0.524	0.555	0.607	0.647	0.672
	增长率		8.82	28.4	18.9	29.2	19.9	17.1	14.1	9.83	22.2	21.0	12.6	13.1	8.26	5.92	9.37	6.59	3.86
	排名	1	1	1	1	1	1	1	1	2	2	2	3	3	3	4	4	4	4
天津	得分	0.011	0.011	0.014	0.018	0.025	0.033	0.045	0.053	0.073	0.084	0.106	0.136	0.164	0.189	0.203	0.224	0.234	0.195
	增长率		0	27.3	28.6	38.9	32	36.4	17.8	3.77	15.1	26.2	28.3	20.6	15.2	7.41	10.3	4.46	−16.7
	排名	13	13	12	11	11	11	10	10	9	11	10	9	9	9	8	8	9	14
河北	得分	0.012	0.011	0.015	0.017	0.02	0.027	0.036	0.042	0.051	0.063	0.072	0.092	0.112	0.125	0.137	0.154	0.167	0.192
	增长率		−8.33	36.4	13.3	17.6	35	33.3	16.7	21.4	23.5	14.3	27.8	21.7	11.6	9.6	12.4	8.44	15.0
	排名	11	12	11	12	13	12	13	13	14	16	16	16	16	16	16	16	15	15
山西	得分	0.004	0.005	0.006	0.007	0.011	0.012	0.017	0.023	0.029	0.038	0.042	0.052	0.06	0.068	0.067	0.058	0.058	0.063
	增长率		25	20	16.7	57.1	9.09	41.7	35.3	26.1	31.0	10.5	23.8	15.4	13.3	−1.47	−13.4	0	8.62
	排名	20	19	19	21	20	21	21	19	19	19	19	19	19	19	20	22	23	20
内蒙古	得分	0.001	0.002	0.002	0.003	0.004	0.005	0.008	0.011	0.016	0.024	0.029	0.039	0.046	0.052	0.053	0.06	0.064	0.056
	增长率		100	0	50	33.3	25	60	37.5	45.5	50	20.8	34.5	17.9	13.0	1.92	13.2	6.67	−12.5
	排名	26	26	26	26	26	25	25	24	22	22	22	22	22	22	22	21	20	23

续表

年份		2001	2002	2003	2004	2005	2006	2007	2008	2009	2010	2011	2012	2013	2014	2015	2016	2017	2018
辽宁	得分	0.018	0.023	0.031	0.037	0.049	0.057	0.064	0.077	0.089	0.109	0.133	0.166	0.178	0.197	0.19	0.159	0.162	0.183
	增长率		27.8	34.8	19.4	32.4	16.3	12.3	20.3	15.6	22.5	22.0	24.8	7.23	10.7	-3.55	-16.3	1.89	13.0
	排名	8	7	6	6	7	7	7	7	7	7	7	7	7	8	10	15	16	16
吉林	得分	0.006	0.007	0.011	0.012	0.016	0.018	0.019	0.024	0.025	0.038	0.035	0.041	0.05	0.053	0.057	0.062	0.061	0.054
	增长率		16.7	57.1	9.09	33.3	12.5	5.56	26.3	4.17	52	-7.89	17.1	22.0	6	7.55	8.77	-1.61	-11.5
	排名	18	18	14	18	17	18	18	18	21	18	21	21	21	21	21	20	21	24
黑龙江	得分	0.007	0.009	0.01	0.014	0.016	0.022	0.027	0.031	0.04	0.051	0.057	0.059	0.067	0.073	0.071	0.069	0.066	0.062
	增长率		28.6	11.1	40	14.3	37.5	22.7	14.8	29.0	27.5	11.8	3.51	13.6	8.96	-2.74	-2.82	-4.35	-6.06
	排名	17	17	18	15	18	15	16	17	17	17	17	17	18	18	18	19	19	21
上海	得分	0.032	0.038	0.048	0.057	0.079	0.096	0.123	0.143	0.166	0.199	0.223	0.273	0.31	0.343	0.377	0.41	0.457	0.513
	增长率		18.8	26.3	18.8	38.6	21.5	28.1	16.3	16.1	19.9	12.1	22.4	13.6	10.6	9.91	8.75	11.5	12.3
	排名	3	4	4	4	4	4	4	5	5	5	6	6	6	6	6	6	6	6
江苏	得分	0.032	0.04	0.051	0.066	0.098	0.124	0.164	0.2	0.271	0.329	0.397	0.487	0.587	0.657	0.723	0.789	0.883	0.961
	增长率		25	27.5	29.4	48.5	26.5	32.3	22.0	35.5	21.4	20.7	22.7	20.5	11.9	10.0	9.13	11.9	8.83
	排名	4	3	3	3	2	2	2	2	1	1	1	1	1	1	1	1	2	2

续表

年份		2001	2002	2003	2004	2005	2006	2007	2008	2009	2010	2011	2012	2013	2014	2015	2016	2017	2018
浙江	得分	0.015	0.018	0.024	0.033	0.053	0.075	0.106	0.131	0.161	0.187	0.229	0.273	0.329	0.361	0.397	0.443	0.493	0.539
	增长率		20	33.3	37.5	60.6	41.5	41.3	23.6	22.9	16.1	22.5	19.2	20.5	9.73	9.97	11.6	11.3	9.33
	排名	10	9	9	8	6	6	6	6	6	6	5	5	5	5	5	5	5	5
安徽	得分	0.009	0.009	0.011	0.014	0.017	0.021	0.028	0.033	0.046	0.064	0.076	0.098	0.128	0.156	0.172	0.189	0.207	0.24
	增长率		0	22.2	27.3	21.4	23.5	33.3	17.9	39.4	39.1	18.8	28.9	30.6	21.9	10.3	9.88	9.52	15.9
	排名	15	16	16	16	15	16	15	16	16	14	15	15	14	12	12	11	11	11
福建	得分	0.009	0.01	0.011	0.017	0.021	0.025	0.032	0.038	0.048	0.064	0.079	0.101	0.123	0.139	0.155	0.172	0.198	0.231
	增长率		11.1	10	54.5	23.5	19.0	28	18.8	26.3	33.3	23.4	27.8	21.8	13.0	11.5	11.0	15.1	16.7
	排名	14	15	17	13	12	14	14	14	15	15	14	14	15	15	15	14	13	12
江西	得分	0.004	0.003	0.005	0.007	0.01	0.013	0.018	0.023	0.029	0.036	0.04	0.044	0.052	0.06	0.067	0.076	0.09	0.109
	增长率		-25	66.7	40	42.9	30	38.5	27.8	26.1	24.1	11.1	10	18.2	15.4	11.7	13.4	18.4	21.1
	排名	22	23	21	20	21	20	19	20	18	21	20	20	20	20	19	18	18	18
山东	得分	0.023	0.026	0.038	0.046	0.065	0.09	0.111	0.145	0.202	0.244	0.311	0.386	0.465	0.52	0.571	0.625	0.682	0.746
	增长率		13.0	46.2	21.1	41.3	38.5	23.3	30.6	39.3	20.8	27.5	24.1	20.5	11.8	9.81	9.46	9.12	9.38
	排名	5	5	5	5	5	5	5	4	4	4	4	4	4	4	3	3	3	3

续表

年份		2001	2002	2003	2004	2005	2006	2007	2008	2009	2010	2011	2012	2013	2014	2015	2016	2017	2018
河南	得分	0.011	0.012	0.013	0.015	0.019	0.026	0.038	0.047	0.057	0.082	0.098	0.121	0.142	0.157	0.175	0.191	0.215	0.248
	增长率		9.09	8.33	15.4	26.7	36.8	46.2	23.7	21.3	43.9	19.5	23.5	17.4	10.6	11.5	9.14	12.6	15.3
	排名	12	11	13	14	14	13	12	12	12	12	12	11	11	11	11	10	10	9
湖北	得分	0.015	0.016	0.021	0.024	0.026	0.034	0.045	0.052	0.07	0.1	0.122	0.148	0.175	0.197	0.224	0.246	0.261	0.298
	增长率		6.67	31.2	14.3	8.33	30.8	32.4	15.6	34.6	42.9	22	21.3	18.2	12.6	13.7	9.82	6.10	14.2
	排名	9	10	10	10	10	10	11	11	10	9	9	8	8	7	7	7	7	7
湖南	得分	0.008	0.01	0.011	0.013	0.017	0.02	0.025	0.034	0.053	0.072	0.086	0.107	0.131	0.145	0.161	0.181	0.204	0.242
	增长率		25	10	18.2	30.8	17.6	25	36	55.9	35.8	19.4	24.4	22.4	10.7	11.0	12.4	12.7	18.6
	排名	16	14	15	17	16	17	17	15	13	13	13	13	12	14	13	12	12	10
广东	得分	0.047	0.059	0.068	0.079	0.097	0.112	0.149	0.187	0.235	0.306	0.374	0.478	0.563	0.638	0.703	0.788	0.887	0.997
	增长率		25.5	15.3	16.2	22.8	15.5	33.0	25.5	25.7	30.2	22.2	27.8	17.8	13.3	10.2	12.1	12.6	12.4
	排名	2	2	2	2	3	3	3	3	3	3	3	2	2	2	2	2	1	1
广西	得分	0.004	0.003	0.004	0.005	0.005	0.007	0.009	0.01	0.015	0.022	0.029	0.037	0.044	0.048	0.049	0.046	0.051	0.06
	增长率		-25	33.3	25	0	40	28.6	11.1	50	46.7	31.8	27.6	18.9	9.09	2.08	-6.12	10.9	17.6
	排名	21	22	24	23	24	24	24	25	23	23	23	23	23	23	23	24	24	22

续表

年份		2001	2002	2003	2004	2005	2006	2007	2008	2009	2010	2011	2012	2013	2014	2015	2016	2017	2018
海南	得分	0	0	0.001	0.001	0.001	0.001	0.001	0.001	0.002	0.003	0.003	0.005	0.006	0.007	0.007	0.007	0.009	0.01
	增长率		0	150	0	0	0	0	0	100	50	0	66.7	20	16.7	0	0	28.6	11.1
	排名	30	30	30	30	30	30	30	30	30	30	30	30	29	29	29	29	29	29
重庆	得分	0.004	0.004	0.005	0.008	0.011	0.015	0.018	0.022	0.028	0.037	0.046	0.059	0.073	0.078	0.088	0.108	0.132	0.155
	增长率		0	25	60	37.5	36.4	20	22.2	27.3	32.1	24.3	28.3	23.7	6.85	12.8	22.7	22.2	17.4
	排名	19	20	20	19	19	19	20	21	20	20	18	18	17	17	17	17	17	17
四川	得分	0.02	0.025	0.027	0.035	0.036	0.044	0.051	0.065	0.075	0.101	0.122	0.134	0.16	0.177	0.197	0.22	0.245	0.271
	增长率		25	8	29.6	2.86	22.2	15.9	27.5	15.4	34.7	20.8	9.84	19.4	10.6	11.3	11.7	11.4	10.6
	排名	7	6	7	7	9	8	8	8	8	8	8	10	10	10	9	9	8	8
贵州	得分	0.002	0.002	0.003	0.003	0.004	0.005	0.007	0.006	0.009	0.012	0.014	0.017	0.019	0.021	0.024	0.027	0.032	0.041
	增长率		0	50	0	33.3	25	40	-14.3	50	33.3	16.7	21.4	11.8	10.5	14.3	12.5	18.5	28.1
	排名	25	25	25	25	25	26	26	26	26	26	26	26	26	26	26	26	26	25
云南	得分	0.003	0.003	0.004	0.005	0.006	0.01	0.01	0.012	0.014	0.017	0.02	0.026	0.031	0.035	0.038	0.048	0.058	0.067
	增长率		0	33.3	25	20	66.7	0	20	16.7	21.4	17.6	30	19.2	12.9	8.57	26.3	20.8	15.5
	排名	24	24	23	24	23	22	23	22	25	25	24	24	24	24	24	23	22	19

续表

年份		2001	2002	2003	2004	2005	2006	2007	2008	2009	2010	2011	2012	2013	2014	2015	2016	2017	2018
西藏	得分	0	0	0	0	0	0	0	0	0.001	0.001	0.001	0.001	0.001	0.001	0.001	0.001	0.001	0.001
	增长率		0	0	0	0	0	0	0	150	0	0	0	0	0	0	0	0	0
	排名	31	31	31	31	31	31	31	31	31	31	31	31	31	31	31	31	31	31
陕西	得分	0.022	0.022	0.026	0.03	0.038	0.042	0.048	0.056	0.067	0.089	0.101	0.114	0.131	0.151	0.161	0.172	0.183	0.196
	增长率		0	18.2	15.4	26.7	10.5	14.3	16.7	19.6	32.8	13.5	12.9	14.9	15.3	6.62	6.83	6.40	7.10
	排名	6	8	8	9	8	9	9	9	11	10	11	12	13	13	14	13	14	13
甘肃	得分	0.003	0.004	0.005	0.006	0.007	0.009	0.011	0.012	0.015	0.017	0.019	0.022	0.028	0.03	0.034	0.036	0.038	0.038
	增长率		33.3	25	20	16.7	28.6	22.2	9.09	25	13.3	11.8	15.8	27.3	7.14	13.3	5.88	5.56	0
	排名	23	21	22	22	22	23	22	23	24	24	25	25	25	25	25	25	25	26
青海	得分	0.001	0.001	0.001	0.001	0.001	0.001	0.002	0.002	0.002	0.004	0.005	0.006	0.006	0.006	0.006	0.005	0.006	0.008
	增长率	0	0	0	0	0	0	100	0	0	100	25	20	0	0	0	-16.7	20	33.3
	排名	29	29	28	28	29	29	29	29	29	29	29	29	30	30	30	30	30	30
宁夏	得分	0.001	0.001	0.001	0.001	0.001	0.001	0.002	0.003	0.004	0.005	0.005	0.007	0.008	0.009	0.01	0.011	0.013	0.017
	增长率	0	0	0	0	0	0	100	50	33.3	25	0	40	14.3	1.25	11.1	10	18.2	30.8
	排名	28	28	29	29	28	28	28	28	28	28	28	28	28	28	28	28	28	28

年份		2001	2002	2003	2004	2005	2006	2007	2008	2009	2010	2011	2012	2013	2014	2015	2016	2017	2018
新疆	得分	0.001	0.001	0.002	0.002	0.003	0.003	0.004	0.005	0.007	0.01	0.012	0.015	0.018	0.02	0.022	0.023	0.025	0.024
	增长率		0	100	0	50	0	33.3	25	40	42.9	20	25	20	11.1	10	4.55	8.70	-4
	排名	27	27	27	27	27	27	27	27	27	27	27	27	27	27	27	27	27	27
东部	得分	0.27	0.31	0.39	0.48	0.65	0.81	1.04	1.25	1.55	1.9	2.31	2.82	3.32	3.7	4.02	4.38	4.82	5.24
	增长率		14.8	25.8	23.1	35.4	24.6	28.4	20.2	24	22.6	21.6	22.1	17.7	11.4	8.65	8.96	10.0	8.71
	排名	1	1	1	1	1	1	1	1	1	1	1	1	1	1	1	1	1	1
中部	得分	0.06	0.07	0.09	0.11	0.13	0.17	0.22	0.27	0.35	0.48	0.56	0.67	0.8	0.91	0.99	1.07	1.16	1.32
	增长率		16.7	28.6	22.2	18.2	30.8	29.4	22.7	29.6	37.1	16.7	19.6	19.4	13.8	8.79	8.08	8.41	13.8
	排名	2	2	2	2	2	2	2	2	2	2	2	2	2	2	2	2	2	2
西部	得分	0.06	0.07	0.08	0.1	0.12	0.14	0.17	0.2	0.25	0.34	0.4	0.48	0.57	0.63	0.68	0.76	0.85	0.93
	增长率		16.7	14.3	25	20	16.7	21.4	17.6	25	36	17.6	20	18.8	10.5	7.94	11.8	11.8	9.41
	排名	3	3	3	3	3	3	3	3	3	3	3	3	3	3	3	3	3	3
东北	得分	0.03	0.04	0.05	0.06	0.08	0.1	0.11	0.13	0.15	0.2	0.22	0.27	0.29	0.32	0.32	0.29	0.29	0.3
	增长率		33.3	25	20	33.3	25	10	18.2	15.4	33.3	10	22.7	7.41	10.3	0	-9.38	0	3.45
	排名	4	4	4	4	4	4	4	4	4	4	4	4	4	4	4	4	4	4

附表13 各省域历年研发经费投入强度得分、增长率及排名

年份		2001	2002	2003	2004	2005	2006	2007	2008	2009	2010	2011	2012	2013	2014	2015	2016	2017	2018
北京	得分	0.21	0.214	0.233	0.25	0.286	0.327	0.376	0.389	0.407	0.454	0.498	0.525	0.571	0.583	0.594	0.613	0.626	0.608
	增长率		1.90	8.88	7.30	14.4	14.3	15.0	3.46	4.63	11.5	9.69	5.42	8.76	2.10	1.89	3.20	2.12	−2.88
	排名	1	1	1	1	1	1	1	1	1	1	1	1	1	1	1	1	1	1
天津	得分	0.068	0.073	0.083	0.092	0.109	0.129	0.15	0.165	0.191	0.196	0.213	0.24	0.268	0.289	0.295	0.314	0.315	0.266
	增长率		7.35	13.7	10.8	18.5	18.3	16.3	10	15.8	2.62	8.67	12.7	11.7	7.84	2.08	6.44	0.32	−15.6
	排名	3	3	3	4	4	4	4	3	3	3	3	3	3	3	3	3	3	5
河北	得分	0.011	0.014	0.017	0.021	0.027	0.034	0.047	0.05	0.056	0.065	0.065	0.075	0.089	0.097	0.106	0.12	0.126	0.136
	增长率		27.3	21.4	23.5	28.6	25.9	38.2	6.38	12	16.1	0	15.4	18.7	8.99	9.28	13.2	5	7.94
	排名	27	26	26	25	25	25	22	23	21	22	22	22	20	20	20	17	18	17
山西	得分	0.029	0.031	0.034	0.038	0.044	0.052	0.052	0.062	0.071	0.091	0.084	0.092	0.105	0.119	0.119	0.106	0.108	0.107
	增长率		6.90	9.68	11.8	15.8	18.2	0	19.2	14.5	28.2	−7.69	9.52	14.1	13.3	0	−10.9	1.89	−0.93
	排名	14	14	14	15	16	17	19	19	19	19	18	17	16	16	16	20	20	21
内蒙古	得分	0.003	0.005	0.008	0.011	0.015	0.019	0.023	0.029	0.033	0.044	0.047	0.054	0.061	0.067	0.069	0.077	0.083	0.089
	增长率		66.7	60	37.5	36.4	26.7	21.1	26.1	13.8	33.3	6.82	14.9	13.0	9.84	2.99	11.6	7.79	7.23
	排名	30	30	30	30	29	28	28	27	27	28	28	28	27	25	25	25	25	25

续表

年份		2001	2002	2003	2004	2005	2006	2007	2008	2009	2010	2011	2012	2013	2014	2015	2016	2017	2018
辽宁	得分	0.065	0.066	0.07	0.074	0.084	0.095	0.103	0.112	0.114	0.126	0.133	0.149	0.151	0.16	0.152	0.129	0.178	0.194
	增长率		1.54	6.06	5.71	13.5	13.1	8.42	8.74	1.79	10.5	5.56	12.0	1.34	5.96	-5	-15.1	38.0	8.99
	排名	4	5	5	5	5	6	6	7	8	10	10	10	11	11	12	15	13	12
吉林	得分	0.042	0.042	0.045	0.048	0.053	0.06	0.068	0.073	0.067	0.092	0.075	0.077	0.088	0.089	0.095	0.103	0.099	0.09
	增长率		0	7.14	6.67	10.4	13.2	13.3	7.35	-8.2	37.3	-18.5	2.67	14.3	1.14	6.74	8.42	-3.88	-9.09
	排名	9	9	11	11	11	14	14	14	20	16	21	20	21	22	22	22	23	24
黑龙江	得分	0.046	0.046	0.05	0.052	0.059	0.066	0.065	0.071	0.085	0.105	0.102	0.093	0.102	0.111	0.107	0.107	0.104	0.098
	增长率		0	8.70	4	13.5	11.9	-1.52	9.23	19.7	23.5	-2.86	-8.82	9.68	8.82	-3.60	0	-2.80	-5.77
	排名	7	8	8	10	10	10	16	16	13	13	14	16	18	17	19	19	21	23
上海	得分	0.063	0.07	0.083	0.095	0.116	0.14	0.173	0.187	0.208	0.232	0.24	0.284	0.323	0.347	0.365	0.38	0.401	0.431
	增长率		11.1	18.6	14.5	22.1	20.7	23.6	8.09	11.2	11.5	3.45	18.3	13.7	7.43	5.19	4.11	5.53	7.48
	排名	5	4	4	3	3	2	2	2	2	2	2	2	2	2	2	2	2	2
江苏	得分	0.044	0.049	0.058	0.066	0.081	0.098	0.112	0.125	0.155	0.168	0.177	0.198	0.229	0.242	0.253	0.262	0.279	0.284
	增长率		11.4	18.4	13.8	22.7	21.0	14.3	11.6	24	8.39	5.36	11.9	15.7	5.68	4.55	3.56	6.49	1.80
	排名	8	6	6	6	6	5	5	5	5	5	5	4	4	4	4	4	4	3

续表

年份		2001	2002	2003	2004	2005	2006	2007	2008	2009	2010	2011	2012	2013	2014	2015	2016	2017	2018
浙江	得分	0.035	0.04	0.048	0.056	0.068	0.083	0.101	0.114	0.132	0.143	0.153	0.169	0.2	0.211	0.226	0.241	0.255	0.264
	增长率		1.43	20	16.7	21.4	22.1	21.7	12.9	15.8	8.33	6.99	10.5	18.34	5.5	7.11	6.64	5.81	3.53
	排名	12	11	9	8	7	7	7	6	6	6	6	8	6	6	6	6	6	6
安徽	得分	0.011	0.016	0.023	0.03	0.04	0.052	0.068	0.074	0.091	0.112	0.113	0.128	0.157	0.178	0.188	0.2	0.207	0.221
	增长率		45.5	43.8	30.4	33.3	30	30.8	8.82	23.0	23.1	0.89	13.3	22.7	13.4	5.62	6.38	3.5	6.76
	排名	26	23	23	20	19	16	13	13	12	12	12	11	10	9	9	9	9	9
福建	得分	0.018	0.022	0.027	0.032	0.04	0.05	0.063	0.068	0.077	0.091	0.099	0.115	0.132	0.14	0.147	0.154	0.167	0.181
	增长率		22.2	22.7	18.5	25	25	26	7.94	13.2	18.2	8.79	16.2	14.8	6.06	5	4.76	8.44	8.38
	排名	19	20	20	18	18	19	17	17	17	17	16	14	14	13	13	13	14	14
江西	得分	0.031	0.032	0.035	0.038	0.044	0.051	0.055	0.064	0.075	0.082	0.079	0.075	0.084	0.092	0.097	0.106	0.119	0.132
	增长率		3.23	9.38	8.57	15.8	15.9	7.84	16.4	17.2	9.33	-3.66	-5.06	12	9.52	5.43	9.28	12.3	10.9
	排名	13	13	13	14	17	18	18	18	18	20	19	21	22	21	21	20	19	18
山东	得分	0.016	0.022	0.03	0.038	0.05	0.065	0.075	0.092	0.115	0.127	0.147	0.17	0.196	0.207	0.219	0.231	0.246	0.26
	增长率		37.5	36.4	26.7	31.6	0.3	0.154	0.227	0.25	0.104	0.157	0.156	0.153	0.056	0.058	0.055	0.065	0.057
	排名	21	19	16	13	13	12	11	10	7	9	8	7	7	7	7	7	7	7

续表

年份		2001	2002	2003	2004	2005	2006	2007	2008	2009	2010	2011	2012	2013	2014	2015	2016	2017	2018
河南	得分	0.012	0.015	0.019	0.023	0.03	0.037	0.046	0.051	0.056	0.074	0.078	0.09	0.101	0.107	0.114	0.12	0.129	0.139
	增长率		25	26.7	21.1	30.4	23.3	24.3	10.9	9.80	32.1	5.41	15.4	12.2	5.94	6.54	5.26	7.5	7.75
	排名	24	25	24	24	24	22	23	22	21	21	20	18	19	18	17	17	16	16
湖北	得分	0.038	0.041	0.047	0.053	0.064	0.076	0.087	0.09	0.108	0.136	0.142	0.15	0.166	0.175	0.186	0.194	0.195	0.207
	增长率		7.89	14.6	12.8	20.8	18.8	14.5	3.45	20	25.9	4.41	5.63	10.7	5.42	6.29	4.30	0.52	6.15
	排名	11	10	10	9	9	9	8	11	10	8	9	9	9	10	10	10	10	10
湖南	得分	0.016	0.02	0.024	0.03	0.037	0.047	0.049	0.059	0.081	0.097	0.1	0.108	0.125	0.129	0.136	0.146	0.158	0.177
	增长率		25	20	25	23.3	27.0	4.26	20.4	37.3	19.8	3.09	8	15.7	3.2	5.43	7.35	8.22	12.0
	排名	20	21	22	21	20	20	20	21	16	15	15	15	15	15	15	14	15	15
广东	得分	0.013	0.019	0.028	0.037	0.05	0.066	0.083	0.096	0.113	0.137	0.15	0.179	0.208	0.225	0.236	0.252	0.269	0.281
	增长率		46.2	47.4	32.1	35.1	32	25.8	15.7	17.7	21.2	9.49	19.3	16.2	8.17	4.89	6.78	6.75	4.46
	排名	23	22	18	17	14	11	10	9	9	7	7	6	5	5	5	5	5	4
广西	得分	0.012	0.013	0.016	0.018	0.022	0.027	0.027	0.029	0.039	0.05	0.056	0.063	0.072	0.073	0.071	0.064	0.068	0.075
	增长率		8.33	23.1	12.5	22.2	22.7	0	7.41	34.5	28.2	12	12.5	14.3	1.39	−2.74	−9.86	6.25	10.3
	排名	25	27	27	27	27	27	27	27	26	26	25	25	24	24	24	26	26	27

续表

年份		2001	2002	2003	2004	2005	2006	2007	2008	2009	2010	2011	2012	2013	2014	2015	2016	2017	2018
海南	得分	0	0.001	0.003	0.005	0.008	0.011	0.014	0.016	0.018	0.029	0.029	0.037	0.046	0.045	0.048	0.047	0.057	0.056
	增长率		150	200	66.7	60	37.5	27.3	14.3	12.5	61.1	0	27.6	24.3	-2.17	6.67	-2.08	21.3	-1.75
	排名	31	31	31	31	31	31	30	30	31	30	30	30	30	30	30	30	29	30
重庆	得分	0.024	0.027	0.032	0.037	0.046	0.056	0.066	0.076	0.085	0.1	0.108	0.117	0.134	0.134	0.142	0.16	0.181	0.202
	增长率		12.5	18.5	15.6	24.3	21.7	17.9	15.2	11.8	17.6	8	8.33	14.5	0	5.97	12.7	13.1	11.6
	排名	18	15	15	16	15	15	15	12	13	14	13	13	13	14	14	12	11	11
四川	得分	0.046	0.048	0.053	0.058	0.068	0.079	0.087	0.1	0.104	0.125	0.132	0.128	0.141	0.148	0.157	0.17	0.181	0.186
	增长率		4.35	10.4	9.43	17.2	16.2	10.1	14.9	4	20.2	5.6	-3.03	10.2	4.96	6.08	8.28	6.47	2.76
	排名	6	7	7	7	8	8	8	8	11	11	11	12	12	12	11	11	11	13
贵州	得分	0.025	0.025	0.027	0.029	0.033	0.037	0.044	0.036	0.044	0.056	0.056	0.058	0.058	0.057	0.06	0.06	0.066	0.076
	增长率		0	8	7.41	13.8	12.1	18.9	-18.2	22.2	27.3	0	3.57	0	-1.72	5.26	0	10	15.2
	排名	15	16	19	22	22	23	24	25	25	25	26	26	28	28	28	27	27	26
云南	得分	0.014	0.015	0.018	0.02	0.025	0.03	0.037	0.041	0.044	0.05	0.052	0.057	0.064	0.066	0.067	0.082	0.093	0.103
	增长率		7.14	20	11.1	25	20	23.3	10.8	7.32	13.6	4	9.62	12.3	3.12	1.52	22.4	13.4	10.8
	排名	22	24	25	26	26	26	25	24	24	27	27	27	26	26	26	24	24	22

续表

年份		2001	2002	2003	2004	2005	2006	2007	2008	2009	2010	2011	2012	2013	2014	2015	2016	2017	2018
西藏	得分	0.01	0.011	0.011	0.012	0.014	0.015	0.012	0.015	0.025	0.027	0.025	0.017	0.024	0.028	0.025	0.031	0.02	0.024
	增长率		10	0	9.09	16.7	7.14	-20	25	66.7	8	-7.41	-32	41.2	16.7	-10.7	24	-35.5	20
	排名	28	28	28	29	30	30	31	31	30	31	31	31	31	31	31	31	31	31
陕西	得分	0.095	0.095	0.101	0.107	0.12	0.135	0.151	0.16	0.161	0.192	0.184	0.182	0.191	0.206	0.207	0.222	0.23	0.227
	增长率		0	6.32	5.94	12.1	12.5	11.9	5.96	0.62	19.3	-4.17	-1.09	4.95	7.85	0.49	7.25	3.60	-1.30
	排名	2	2	2	2	2	3	3	4	4	4	4	5	8	8	8	8	8	8
甘肃	得分	0.038	0.04	0.043	0.046	0.053	0.061	0.074	0.072	0.082	0.091	0.087	0.088	0.103	0.103	0.112	0.124	0.128	0.124
	增长率		5.26	7.5	6.98	15.2	15.1	21.3	-2.70	13.9	11.0	-4.40	1.15	17.0	0	8.74	10.7	3.23	-3.12
	排名	10	12	12	12	12	13	12	15	15	18	17	19	17	19	18	16	17	19
青海	得分	0.024	0.024	0.026	0.028	0.032	0.036	0.037	0.036	0.031	0.058	0.063	0.069	0.066	0.063	0.062	0.049	0.057	0.073
	增长率		0	8.33	7.69	14.3	12.5	2.78	-2.70	-13.9	87.1	8.62	9.52	-4.35	-4.55	-1.59	-21.0	16.3	28.1
	排名	17	18	21	23	23	24	25	25	28	24	23	23	25	27	27	29	29	28
宁夏	得分	0.024	0.025	0.028	0.031	0.036	0.042	0.049	0.061	0.052	0.064	0.058	0.066	0.075	0.079	0.087	0.09	0.1	0.122
	增长率		4.17	12	10.7	16.1	16.7	16.7	24.5	-14.8	23.1	-9.38	13.8	13.6	5.33	10.1	3.45	11.1	22
	排名	16	17	17	19	21	21	21	20	23	23	24	24	23	23	23	23	22	20

续表

年份		2001	2002	2003	2004	2005	2006	2007	2008	2009	2010	2011	2012	2013	2014	2015	2016	2017	2018
新疆	得分	0.007	0.008	0.01	0.012	0.015	0.019	0.02	0.021	0.031	0.042	0.042	0.046	0.051	0.052	0.053	0.057	0.062	0.056
	增长率		14.3	25	20	25	26.7	5.26	5	47.6	35.5	0	9.52	10.9	1.96	1.92	7.55	8.77	−9.68
	排名	29	29	29	28	28	29	29	29	28	29	29	29	29	29	29	28	28	29
东部	得分	0.54	0.59	0.68	0.77	0.92	1.1	1.3	1.41	1.59	1.77	1.9	2.14	2.41	2.55	2.64	2.74	2.92	2.96
	增长率		9.26	15.3	13.2	19.5	19.6	18.2	8.46	12.8	11.3	7.34	12.6	12.6	5.81	3.53	3.79	6.57	1.37
	排名	1	1	1	1	1	1	1	1	1	1	1	1	1	1	1	1	1	1
中部	得分	0.23	0.24	0.28	0.31	0.37	0.44	0.49	0.54	0.63	0.79	0.77	0.81	0.93	1	1.04	1.08	1.12	1.17
	增长率		4.35	16.7	10.7	19.4	18.9	11.4	10.2	16.7	25.4	−2.53	5.19	14.8	7.53	4	3.85	3.70	4.46
	排名	3	3	3	3	3	3	3	3	3	3	3	3	3	3	3	3	3	3
西部	得分	0.32	0.34	0.37	0.41	0.48	0.55	0.63	0.68	0.73	0.9	0.91	0.94	1.04	1.08	1.11	1.19	1.27	1.36
	增长率		6.25	8.82	6.25	17.1	14.6	14.5	7.94	7.35	23.3	1.11	3.30	10.6	3.85	2.78	7.21	6.72	7.09
	排名	2	2	2	2	2	2	2	2	2	2	2	2	2	2	2	2	2	2
东北	得分	0.15	0.15	0.16	0.17	0.2	0.22	0.24	0.26	0.27	0.32	0.31	0.32	0.34	0.36	0.35	0.34	0.38	0.38
	增长率		0	6.67	6.25	17.6	10	9.09	8.33	3.85	18.5	−3.12	3.23	6.25	5.88	−2.78	−2.86	11.8	0
	排名	4	4	4	4	4	4	4	4	4	4	4	4	4	4	4	4	4	4

后 记

本报告经过 5 年多的方法研究对比、科技创新竞争力指标的选择论证、算法的验证、数据的采集整理和计算等工作，如今终于完成。报告中的指标体系、核心算法主要来自赵新力教授指导下的张振山老师攻读博士期间的研究成果。

本报告在编写过程中得到了哈尔滨工业大学管理学院、中国科学技术交流中心、中智科学技术评价研究中心、中共中央党校（国家行政学院）经济学部、黑龙江科技大学、厦门理工学院、微志云创（厦门）等单位的有关领导、专家、同事、同学们方方面面的支持，在此表示衷心的感谢！

国家科技部二级专业技术岗位是国家科技部最高专业技术岗位，"粤港澳大湾区丝路科技创新研究智库"由中智科学技术评价研究中心、国际欧亚科学院中国科学中心、同济大学软件学院、重庆大学自动化学院和广东琴智科技研究院有限公司共同在横琴国家自贸区创立。本报告得到了国家科技部专业技术二级研究员专项经费资助研究，"粤港澳大湾区丝路科技创新研究智库"资助出版。

本报告属于学术研究成果，不代表作者所在单位和项目资助方的观点和结论，仅为编写人员的学术见解。报告中直接或间接引用、参考了其他研究者的相关研究文献，对这些文献的作者表示诚挚的感谢！

在本报告编写的关键阶段，新冠肺炎疫情暴发，工作被迫中断。疫情相对缓和后，编著团队克服种种困难，立刻继续写作，但时间仍显紧迫，加之编著团队知识和经验有限，纰漏和不妥之处在所难免，敬请各位读者不吝指正。